中国石油大学（北京）学术专著系列

水合物分离技术

郭绪强　孙 强　王逸伟　等 编著

化学工业出版社

·北京·

内容简介

本书对水合物分离技术中所涉及的热力学、动力学、添加剂以及不同分离条件对各种被分离体系的分离效果进行了全面的梳理、分析和总结，并对水合物分离技术目前的研究热点进行了描述。

本书可以作为天然气水合物相关研究领域研究人员的参考书，也可作为相关专业本科生和研究生的教学参考书。

图书在版编目（CIP）数据

水合物分离技术/郭绪强等编著. —北京：化学工业出版社，2023.8

ISBN 978-7-122-43416-6

Ⅰ.①水… Ⅱ.①郭… Ⅲ.①天然气水合物-分离 Ⅳ.①P618.13

中国国家版本馆 CIP 数据核字（2023）第 079554 号

责任编辑：戴燕红 刘 婧　　文字编辑：任雅航

责任校对：边 涛　　装帧设计：关 飞

出版发行：化学工业出版社

（北京市东城区青年湖南街 13 号　邮政编码 100011）

印　　装：北京建宏印刷有限公司

710mm×1000mm　1/16　印张 27¼　彩插 2　字数 520 千字

2023 年 8 月北京第 1 版第 1 次印刷

购书咨询：010-64518888　　售后服务：010-64518899

网　　址：http://www.cip.com.cn

凡购买本书，如有缺损质量问题，本社销售中心负责调换。

定　　价：168.00 元

丛书序

科技立则民族立，科技强则国家强。党的十九届五中全会提出了坚持创新在我国现代化建设全局中的核心地位，把科技自立自强作为国家发展的战略支撑。高校作为国家创新体系的重要组成部分，是基础研究的主力军和重大科技突破的生力军，肩负着科技报国、科技强国的历史使命。

中国石油大学（北京）作为高水平行业领军研究型大学，自成立起就坚持把科技创新作为学校发展的不竭动力，把服务国家战略需求作为最高追求。无论是建校之初为国找油、向科学进军的壮志豪情，还是师生在一次次石油会战中献智献力、艰辛探索的不懈奋斗；无论是跋涉大漠、戈壁、荒原，还是走向海外，挺进深海、深地，学校科技工作的每一个足印，都彰显着“国之所需，校之所重”的价值追求，一批能源领域国家重大工程和国之重器上都有我校的贡献。

当前，世界正经历百年未有之大变局，新一轮科技革命和产业变革蓬勃兴起，“双碳”目标下我国经济社会发展全面绿色转型，能源行业正朝着清洁化、低碳化、智能化、电气化等方向发展升级。面对新的战略机遇，作为深耕能源领域的行业特色型高校，中国石油大学（北京）必须牢记“国之大者”，精准对接国家战略目标和任务。一方面要“强优”，坚定不移地开展石油天然气关键核心技术攻坚，立足油气、做强油气；另一方面要“拓新”，在学科交叉、人才培养和科技创新等方面巩固提升、深化改革、战略突破，全力打造能源领域重要人才中心和创新高地。

为弘扬科学精神，积淀学术财富，学校专门建立学术专著出版基金，出版了一批学术价值高、富有创新性和先进性的学术著作，充分展现了学校科技工作者在相关领域前沿科学研究中的成就和水平，彰显了学校服务国家重大战略的实绩与贡献，在学术传承、学术交流和学术传播上发挥了重要作用。

科技成果需要传承，科技事业需要赓续。在奋进能源领域特色鲜明、世界一流研究型大学的新征程中，我们谋划出版新一批学术专著，期待学校广大专家学者继续坚持“四个面向”，坚决扛起保障国家能源资源安全、服务建设科技强国的时代使命，努力把科研成果写在祖国大地上，为国家实现高水平科技自立自强，端稳能源的“饭碗”作出更大贡献，奋力谱写科技报国新篇章！

中国石油大学（北京）校长

2021 年 11 月 1 日

前言

分离工艺是化工流程中的重要工艺之一，分离过程的能耗有时可达整个化工过程总能耗的70%，因此，化工科技工作者在不断地开发新型的分离技术和工艺，以降低分离过程的能耗和便于操作。水合物分离技术是一项新型分离技术，和常规的分离技术相比，虽然该技术出现较晚，但是在最近二三十年里获得了重视，也产生了很多科研成果，部分体系的研究成果已经接近工业应用。为了促进水合物分离技术的应用发展，本书对该技术的研究进行了整理和分析。

全书分为两大部分：第一部分是水合物研究基础，主要包括分离过程所涉及的热力学、动力学、促进剂、实验装置、研究方法、计算模型等，共十一章内容；第二部分是水合物法用于不同混合物体系分离过程的具体实验和模拟计算，共九章。

全书由中国石油大学（北京）组织编写，共二十章。郭绪强负责编写第一章；孙强负责编写第九、十二、十四、十五、十六、十八章；王逸伟负责编写第四、十三、十七、十九、二十章；李兴洵负责编写第三、五、七、八章；徐振负责编写第二、六、十章；刘爱贤和徐振共同负责编写第十一章。研究生刘曾奇、马蓉、张舒婷、陈君、罗嘉、李湍、邢希贝、李龙静、刘莹莹、王国虎、田雪铭、秦宗禹、杨宵参与了资料的搜集和文字校对工作。全书由郭绪强负责统稿。

由于水平所限，有部分资料未能搜集全面，不当之处在所难免，衷心希望读者能对本书给予批评指正。

编著者

2022年12月

目录

第一章 水合物分离技术概述

分离技术在化工过程中占据着非常重要的位置，对原料、中间产物和产品起到分离和提纯的作用。它一方面为反应提供适宜的物料配比，清除对反应或者催化剂有害的物质，保证反应的顺利进行；另一方面对反应产物起着分离提纯的作用，以得到质量合格的产品，并使得未参与反应的剩余反应物得以循环使用[1]。在许多情况下分离设备的投资可以占到设备总投资的50%～90%，分离过程的能耗和操作费用也可达到总运行成本的60%～70%[2]。虽然分离技术经过了长时间的研究发展，许多分离方法和工艺得到了广泛的应用，但全球的化学工程师们仍然在不断探索新的分离技术和方法。

水合物是水和小分子物质在低温和一定压力下形成的类似于雪花的笼形混合物。其中，水分子依靠氢键形成孔穴，称为主体分子；小分子物质填充到孔穴中，称为客体分子。客体分子的大小也会影响孔穴的情况，也就是水合物中孔穴的尺寸可以随着客体分子的大小发生一定的变化[3,4]。由于氢键作用距离的限制，孔穴的变化范围有限，即水合物中孔穴的直径有上限也有下限，与这些孔穴直径不匹配的物质就难以和水生成水合物。这些孔穴直径的大小也限制了客体分子的大小，分子直径太大的组分不能进入水合物的孔穴，而分子直径太小的组分则不能被限制在孔穴中。水合物就像一个分子筛，可以对混合物中各个组分进行筛分，从而实现混合物的分离。在能够生成水合物的多个组分共同存在时，一般情况下：分子直径大的组分较易生成水合物；在水中溶解度大的组分生成水合物的速度较快。所以可通过控制系统的温度和压力，利用不同组分生成水合物的难易程度实现混合物的分离。混合物中不容易生成水合物的组分留在气相中，得到富集，引出后得到富含难生成水合物组分的平衡气相物流；容易生成水合物的组分与水生成水合物，进入水合物浆液；将水合物浆液与平衡气相分开，并引入水合物化解器，提高化解器的温度或者降低压力使得水合物化解，得到化解气，将化解气引出得到富含容易生成水合物组分的物流。释放了化解气的水合物工作液（水＋热力学促进剂＋动力学促进剂＋防聚剂）可以返回水合物生成系统循环使用。由于混合物中有不同物质同时存在，所以混合物的水合物形成过程是多组分共同作用的结果，有时某一纯物质的水合物生成压力相对较高，但是当其与另外一个容易生成水合物的组分共同存在时，会受到共同存在组分的影响，在低于其自身水合物生成压力的情况下，和另外的组分同时进入水合物的孔穴中，从而起到稳定水合物的作用，而混合物中各个组分在孔穴中的占有率按照相平衡原则进行分配。

黄强等[5]、王林军等[6,7] 考察了 $CH_4+H_2S+CO_2$ 混合气的水合物生成条件；刘妮等[8] 研究了搅拌对 CO_2 水合物生成特性的影响；邹颖楠等[9] 对模拟烟气进行 CO_2 气体的分离；周诗岽等[10] 研究了 CO_2+N_2 混合气的水合物分离技术；Sun 等[11]、Dong 等[12]、Li 等[13] 对 CH_4+N_2 混合气进行了水合分离研究；李金平等[14] 研究了压力扰动对丙烷水合物生成过程的促进作用；Linga 等[15] 研究了 $CH_4+C_2H_6$ 和 $CH_4+C_3H_8$ 混合气在石英砂固定床上的水合过程；王秀林等[16] 研究了 $CH_4+C_2H_6$ 体系的水合物相平衡；孙强等[17] 考察了水合物法分离丁辛醇弛放气的效果；马昌峰等[18]、徐纯刚等[19]、华南理工大学[20]、中国石油大学（北京）[21] 对水合物法从含氢混合气中分离氢气进行了研究；孟凡飞等[22] 对水合物分离技术应用于炼厂气的研究进行了分析；也有专利[23] 介绍了一种分离轻烃类气体的设备；郑蕾[24] 对水合物与不同材料的表面黏附力进行了研究；陈波等[25] 对水合物法处理柴油加氢尾气进行了工业侧线试验。

对被分离体系中所含的组分进行汇总，可以看到：烃类组分主要包括甲烷、乙烷、乙烯、丙烷、丙烯，很少涉及碳数超过 4 的组分；而无机物组分主要包括二氧化碳、二氧化硫、硫化氢、氮气、氧气、空气和氩气，还有一个比较重要的组分是氢气。这些组分一般都属于常压下沸点比较低的物质。可以看到水合物分离过程一般适用于露点温度比较低的混合气体的分离，这是因为水合物分离过程涉及水到水合物的相变过程，相变热比较大，能耗会比较高，所以水合物分离技术不适用于可以在常规条件下利用精馏、吸收、吸附等方法完成分离的体系。一般情况下水合物的分离温度接近室温，分离过程的主要工作介质为水，没有中毒和失效的问题，所以水合物分离过程适用于常规分离方法需要深冷分离或者分离因子比较小或者组成比较复杂、预处理困难等混合物的分离要求。

水合物分离技术是利用混合物发生相变化后平衡的气液固三相中不同组分的组成不同来实现混合物的分离，所以和常规的相平衡分离过程相同，相平衡和分离能力的研究是水合物分离技术的基础。从目前已经积累的相平衡研究结果来看，水合物分离技术对于某些混合物的分离有着非常好的分离效果和适用性。水合物分离过程只用一个相平衡分离不能实现连续分离，还需要一个水合物的化解过程才能完成分离过程和水合物工作液的循环使用，所以水合物分离过程和吸收、吸附分离过程比较接近，一般包括水合物的生成过程和水合物的化解过程。综上，水合物分离过程的研究包括了水合物生成过程的热力学、生成过程的动力学、化解过程的热力学、化解过程的动力学。另外水合物分离过程是气液固三相平衡过程，生成的水合物和水合物工作液形成浆液后需要从水合物反应器（水合物生成过程是一个无化学反应的过程，但是习惯上仍称为反应器）流到化解器进行水合物的化解，释放出气体后，实现水合物工作液的循环使用。这个过程相比于吸收和精馏过程增加了水合物浆液的流动控制，所以水合物分离技术研究还需要包括水合物反应器中浆液的流动和反应器至化解器管道内水合物浆液的流动特性与稳定控制等方面的研究。

从所研究的被分离体系看，混合物主要分为以下几种类型：①含氢气体系，包括石油加工过程中各种加氢尾气、炼油厂催化裂化干气、炼油厂焦化干气、煤焦化炉尾气、合成氨尾气、煤化工合成气；②含二氧化碳体系，包括烟道气、煤化工合成气；③含硫化氢体系，包括石油加工加氢脱硫工艺尾气、沼气；④含氧气体系，包括煤矿瓦斯气、沼气；⑤含氩气体系，包括天然气等。从研究的目标分析，有的目标组分保留在与水合物相平衡的气相中（含氢气体系中的氢气、含氩气体系中的氩气），而有的时候目标组分为水合物所包含的组分（煤矿瓦斯气和沼气中的甲烷），所以水合物分离技术的研究涉及范围广，研究内容多。

从目前的研究进展和规模分析，室内研究积累的水合物分离成果比较丰富，研究人员对提高水合物分离能力并掌握控制方法、各种添加剂的促进效果和使用量、水合物分离过程的相平衡计算、水合物化解过程的控制等有了深入的认识，对于相应的设备也进行了广泛的研究。本书编著者所在的研究室完成了水合物法从柴油加氢装置尾气中回收氢气的工业侧线试验，获得了很好的分离效果，并基本掌握了水合物浆液的流动特性和控制性的关键因素。这些研究成果都为水合物分离技术走向工业化打下了基础。

参考文献

[1] 吴俊生. 分离工程 [M]. 上海：华东化工学院出版社，1992.

[2] 战树麟. 石油化工分离工程 [M]. 北京：石油工业出版社，1994.

[3] 陈光进. 气体水合物科学与技术 [M]. 2 版. 北京：化学工业出版社，2020.

[4] Mazloomi K，Gomes C. Hydrogen as an energy carrier：Prospects and challenges [J]. Renewable and Sustainable Energy Reviews，2012，16 (5)：3024-3033.

[5] 黄强，孙长宇，陈光进，等. 含 ($CH_4+CO_2+H_2S$) 酸性天然气水合物形成条件实验与计算 [J]. 化工学报，2005，56 (7)：1159-1163.

[6] 王林军，李金平，王建森，等. 沼气水合物形成条件的模拟计算 [J]. 中国沼气，2008 (05)：14-17.

[7] 王林军，张学民，张东，等. 从沼气中分离高纯甲烷的研究进展——水合物分离法 [J]. 中国沼气，2011，29 (5)：34-37.

[8] 刘妮，李菊，陈伟军，等. 机械强化制备二氧化碳水合物的特性研究 [J]. 中国电机工程学报，2011，31 (2)：51-54.

[9] 邹颖楠，徐纯刚. 水合物法模拟烟气分离 CO_2 的研究 [J]. 天然气化工：C1 化学与化工，2015，40 (5)：41-46.

[10] 周诗岽，张锦，赵永利，等. 水合物法分离 CO_2+N_2 混合气体效果研究 [J]. 天然气化工：C1 化学与化工，2015，40 (4)：29-36.

[11] Sun Q，Guo X，Liu A，et al. Experimental study on the separation of CH_4 and N_2 via hydrate formation in TBAB solution [J]. Industrial & Engineering Chemistry Research，2011，50 (4)：2284-2288.

[12] Dong Q，Su W，Liu X，et al. Separation of the N_2/CH_4 mixture through hydrate formation in ordered mesoporous carbon [J]. Adsorption Science & Technology，2014，32 (10)：821-832.

[13] Li X S，Cai J，Chen Z Y，et al. Hydrate-based methane separation from the drainage coalbed methane with tetrahydrofuran solution in the presence of sodium dodecyl sulfate [J]. Energy & Fuels，2012，26 (2)：1144-1151.

[14] 李金平，杨捷媛，王春龙，等. 压力扰动促进丙烷水合物生长过程的研究 [J]. 工程热物理学报，2014 (10)：1997-2000.

[15] Linga P，Daraboina N，Ripmeester J A，et al. Enhanced rate of gas hydrate formation in a fixed bed column filled with sand compared to a stirred vessel [J]. Chemical Engineering Science，2012，68 (1)：617-623.

[16] 王秀林，陈杰，宋波，等. 水合物法分离 CH_4-C_2H_6-H_2O 体系的相平衡研究 [J]. 石油与天然气化工，2011，40 (1)：15-17.

[17] 孙强，郭绪强，刘爱贤，等. 水合物法分离丁辛醇弛放气中的丙烷丙烯 [J]. 高校化学工程学报，2011，25 (1)：18-23.

[18] 马昌峰，王峰，孙长宇，等. 水合物氢气分离技术及相关动力学研究 [J]. 石油大学学报：自然科学版，2002，26 (2)：76-78.

[19] 徐纯刚，李小森，陈朝阳，等. 提高 IGCC 合成气水合物形成速度及提纯其中 H_2 的工艺 [J]. 化工学报，2011，62 (6)：1701-1707.

[20] 华南理工大学. 一种室温稳定的半笼形水合物在氢气分离提纯中的应用：105565271 A，2016-05-11.

[21] 中国石油大学（北京）. 一种催化裂化干气中氢气的分离方法及其系统：105502289 A，2016-04-20.

[22] 孟凡飞，张雁玲. 可用于炼厂气综合利用的水合物分离技术研究进展 [J]. 石油化工，2017，46 (7)：944-952.

[23] The United States of America as represented by the United States. Apparatus for recovering gaseous hydrocarbons from hydrocarbon-containing solid hydrates：US4424858 [P]. 1984-01-10.
[24] 郑蕾. 水合物与不同材料表面黏附力关系研究 [D]. 北京：中国石油大学（北京），2022.
[25] 陈波，刘爱贤，孙强，等. 柴油加氢尾气中氢气的水合物法回收工业侧线试验 [J]. 化工进展，2022，41（6）：2924-2930.

第二章　气体水合物基本知识

第一节　水合物结构及其检测技术

一、水合物结构

根据气体分子的类型和大小，气体水合物表现出不同的晶体结构。最常见的气体水合物结构为Ⅰ型、Ⅱ型和H型，其各自的晶胞结构如图2-1所示[1]。其中以Ⅰ型水合物为例，其晶胞是由2个十二面体孔穴（5^{12}）和6个十四面体孔穴（$5^{12}6^2$）组合而成的，其整个晶胞结构中总共包含46个水分子，晶体结构为体心立方结构。不同类型水合物结构的参数如表2-1所示[2,3]。

可以看出，每种晶胞结构是由不同尺寸的孔穴结构组合而成的，其中以$5^{12}6^2$孔穴结构为例，该数字编号代表该孔穴结构总共具有12个五边形面和2个六边形面，整体为一个14面体的结构。典型的笼形孔穴结构如图2-2所示[2]。

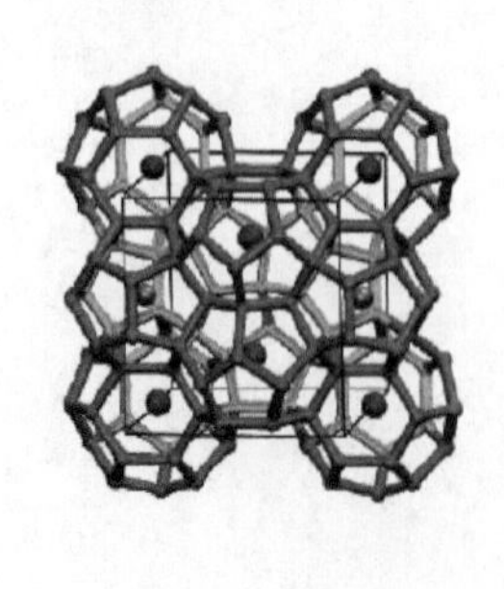
(a) Ⅰ型

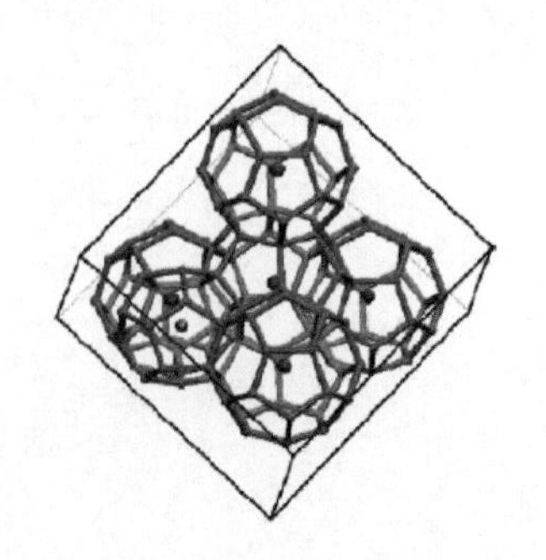
(b) Ⅱ型

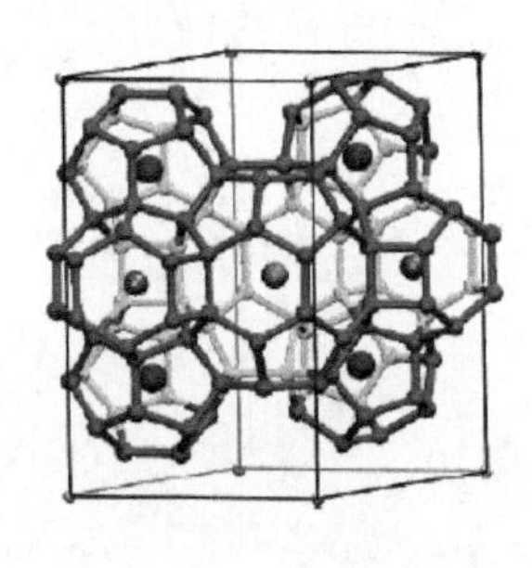
(c) H型

图2-1　常见气体水合物的晶胞结构[4]

表 2-1　三种水合物结构的有关参数

项目	Ⅰ型		Ⅱ型		H 型		
孔穴组成	5^{12}	$5^{12}6^{2}$	5^{12}	$5^{12}6^{4}$	5^{12}	$4^{3}5^{6}6^{3}$	$5^{12}6^{8}$
孔穴数	2	6	16	8	3	2	1
水分子数	46		136		32		
晶体结构	体心立方结构		面心立方结构		六面体结构		

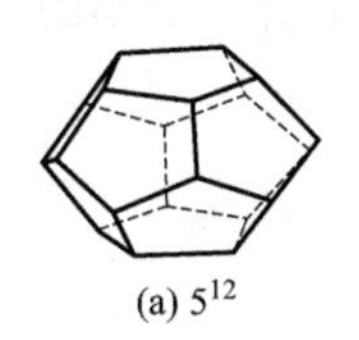
(a) 5^{12}

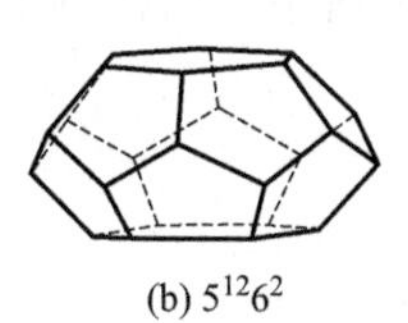
(b) $5^{12}6^{2}$

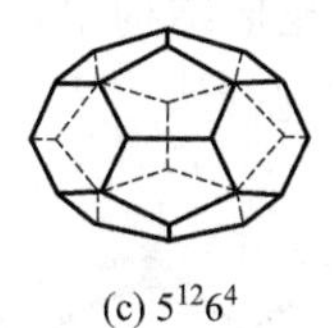
(c) $5^{12}6^{4}$

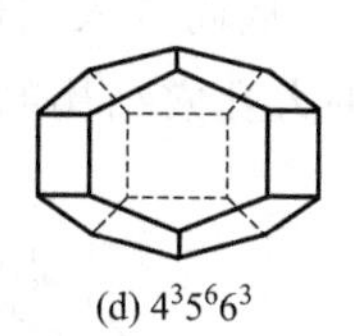
(d) $4^{3}5^{6}6^{3}$

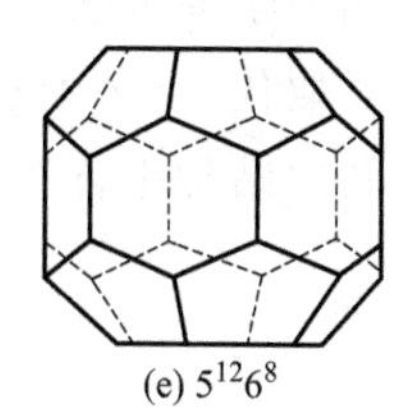
(e) $5^{12}6^{8}$

图 2-2　水合物笼形孔穴结构[5]

水合物的笼形结构对客体分子的尺寸也有着严格的要求，只有尺寸合适的客体分子才能够进入笼中，原则上直径大于 1nm 的气体分子无法进入已发现的最大笼形结构。包含甲烷、乙烷、二氧化碳和硫化氢在内的气体分子的直径范围为 0.42～0.6nm，这些气体分子能够形成Ⅰ型水合物，而较大的客体分子（包括直径为 0.6～0.7nm 的丙烷或异丁烷）则会形成Ⅱ型水合物。同时人们发现直径小于 0.42nm 的较小气体分子（包括氮气和氢气）也会形成Ⅱ型水合物，出现这种现象的原因可能是单位体积内Ⅱ型结构中较小的 5^{12} 孔穴的数量大约是Ⅰ型结构中的 3 倍之多，此时较小气体分子选择形成Ⅱ型结构有助于提高水合物整体结构的稳定性[6,7]。而直径为 0.7～0.98nm 的更大的气体分子（例如环庚烷或新已烷）只能形成 H 型水合物结构，并且该水合物结构能够稳定存在的前提是，有尺寸较小的气体分子（例如甲烷或氮气）同时进入其小的笼形结构之中，从而帮助维持整个笼形结构的稳定性。此外对于特定的气体成分，其形成的水合物结构也不尽相同：环戊烷会根据给定条件的不同形成Ⅰ型或Ⅱ型水合物结构；由甲烷和乙烷的混合气形成的水合物，可能会根据甲烷和乙烷比例的变化出现在Ⅰ型和Ⅱ型水合物结构之间转化的现象[8,9]。

除了气体水合物外，还有一种由季铵盐［四丁基溴化铵（TBAB）、四丁基氟化铵（TBAF）以及四丁基氯化磷（TBPC）等］形成的特殊结构的水合物，称为半笼形水合物[10-16]。这种半笼形水合物和气体水合物在结构上的主要区别在于：气体水合物的笼形结构全部由水分子组成，而半笼形水合物的笼形结构是由季铵盐的阴离子和水分子共同组成的，同时季铵盐的阴离子在取代一部分水分子位置的同时，会以氢键的形式与其他水分子相连接，从而能够形成更加稳定的笼形结构。而季铵盐的阳离子则位于半笼形水合物的大孔穴结构之中，而其余空的孔穴结构（通常是 5^{12} 型的小孔穴结构）则可以用于选择性地捕获 CH_4、CO_2 等较小的气体分子。由于半笼形水合物在接近室温和大气压的情况下也可以稳定存在[17,18]，所以季铵盐类添加剂能够很好地改善基于水合物法的气体分离等技术的操作条件，因此其经常作为水合物生成的热力学促进剂来使用。

在各类由季铵盐形成的半笼形水合物的应用研究中，四丁基溴化铵（TBAB）由于挥发性低、毒性低、易溶于水且热力学促进效果好，是研究中使用最广泛的热力学促进剂之一[19]。如图 2-3 所示，在 TBAB 半笼形水合物中，阴离子 Br^- 通过取代 1～2 个水分子从而掺入主体笼形结构中，阳离子 TBA^+ 则位于由 4 个小的孔穴结构组合而成的大孔穴结构的中心[20]。

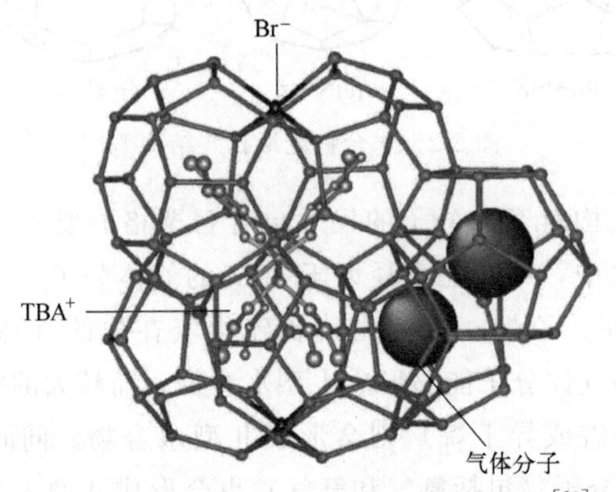

图 2-3　TBAB·$38H_2O$ 半笼形水合物结构[20]

同时根据相关文献调研发现，TBAB 水合物具有许多不同类型的结构，TBAB·$26H_2O$ 和 TBAB·$38H_2O$ 水合物是其中最稳定的两种结构[21,22]。TBAB·$38H_2O$ 水合物的每个晶体单元中包含 $6\times5^{12}+4\times5^{12}6^2+4\times5^{12}6^3$ 个孔穴结构和 2 个 TBA^+[23]，通常称之为 B 型水合物，其笼形结构中的 5^{12} 孔穴是空的，可以被小的气体分子所占据；TBAB·$26H_2O$ 水合物的结构尚未完全确定，其水合数在 24～32 之间变化，通常称之为 A 型水合物。Rodionova 等[24] 指出 TBAB·$26H_2O$ 属于四边形结构，其每个晶体单元包含 $10\times5^{12}+16\times5^{12}6^2+4\times5^{12}6^3$ 个孔穴和 6 个 TBA^+，同时其 5^{12} 孔穴也是空的。由于这两种类型的 TBAB 水合物仅保留 5^{12} 小孔穴结构处于空位的状态，这使它们在从混合气体中选择性地分离 CO_2 等小分子气体时具有出色的性能[25]。

此外，在 TBAC·$30H_2O$ 以及 TBAF·$38H_2O$ 半笼形水合物中，每个晶胞包含由 172 个水分子和 5 个 TBAC 或 TBAF 分子组成的 10 个小孔穴、16 个中孔穴和 4 个大孔穴。小孔穴为五边形十二面体（5^{12}），中孔穴是由 12 个五边形和 2 个六边形构成的十四面体（$5^{12}6^2$），大孔穴是由 12 个五边形和 3 个六边形构成的十五面体（$5^{12}6^3$）。在这类半笼形水合物的结构中，容纳阳离子 TBA^+ 的孔穴分为两种。

如图 2-4 所示，一种由 4 个中孔穴组成，另一种由 3 个中孔穴和 1 个大孔穴共同组成。与 TBAB・38H_2O 半笼形水合物的结构一样，没有被占据的小孔穴（5^{12}）也可以容纳尺寸合适的客体气体分子[26]。

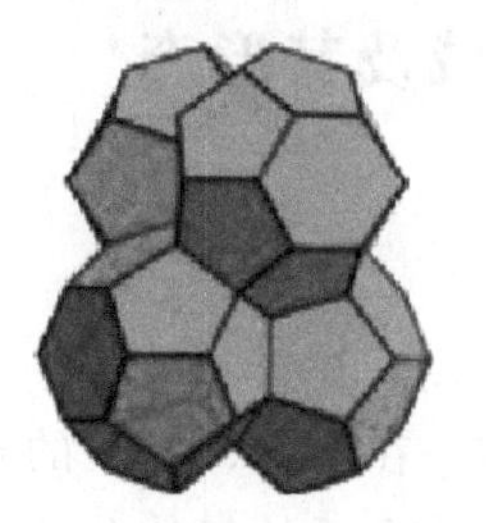

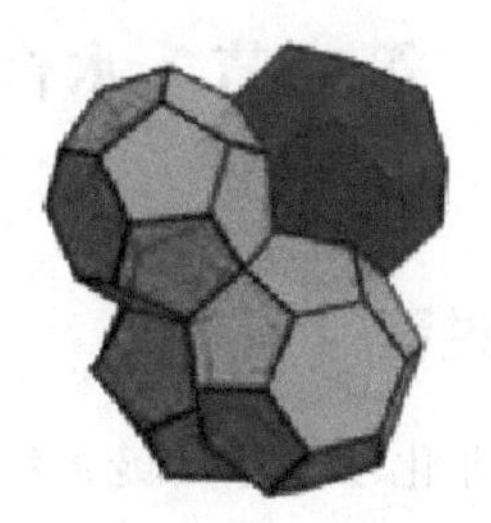

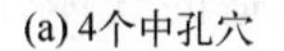

(a) 4个中孔穴　　(b) 3个中孔穴和1个大孔穴[26]

图 2-4　阳离子组合孔穴

图 2-5 为 TBAF・26H_2O 半笼形水合物的晶体结构示意图，其中每个晶胞包含由 368 个水分子和 12 个 TBAF 分子组成的 16 个小孔穴和 48 个中孔穴。小孔穴为五边形十二面体（5^{12}），中孔穴为 12 个五边形和 2 个六边形构成的十四面体（$5^{12}6^2$）。阳离子 TBA^+ 包络在 4 个中孔穴组成的大笼中。同样，空余的小孔穴（5^{12}）可以容纳尺寸合适的客体气体分子。

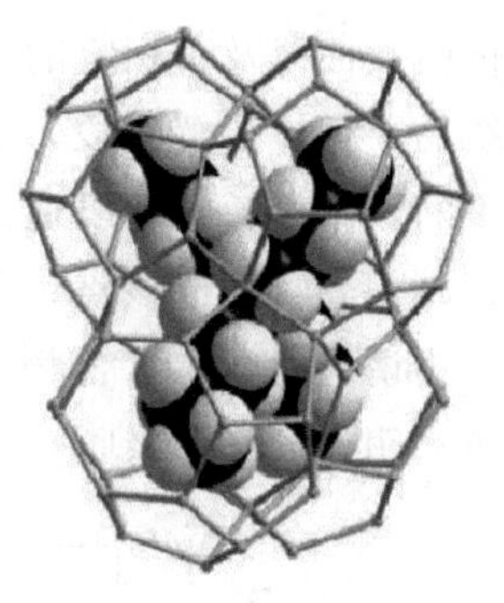

图 2-5　TBAF・26H_2O 晶体结构[26]

二、水合物检测技术

除了对水合物形态学层面的研究外，水合物分子层面的检测手段能够很好地辅助测定水合物的相关结构性质。粉末 X 射线衍射（PXRD）、拉曼（Raman）光谱和核磁共振（NMR）谱是用于固体结构以及气体水合物结构分析的常用工具，可以用于确定水合物晶体的结构、晶体的尺寸和体积、水合物结构内各个组成以及笼形结构的占用率等信息。除此之外还可以采用 CT 扫描法来测定水合物在例如岩石缝隙等复杂微孔道内的生长分布情况，通过该方法可以非常准确地对水合物分布进行定量表征[27-30]。

在各类检测方法之中，拉曼光谱和核磁共振谱已被广泛地应用于研究分子水平上的水合物结构信息。这两种检测方法由于基于不同的分析原理，因此也具有不同的优点和局限性：首先拉曼光谱的操作过程简单，所以非常适用于对水合物结构进行原位测定；同时相比于核磁共振谱，拉曼光谱的分辨率很高并且测样面积小，通常能够实现微米级别水合物结构的测定，所以其也可用于分辨水合物表面颗粒分布的情况；但是通过拉曼光谱有时很难分辨一些水合物的结构和组成信息，而核磁共振谱则对水合物局部环境的变化更加敏感，谱图所示的各种结构对应的化学位移具有更高的结构特异性，并且能够进行准确的定量分析[31-33]。

第二节 水合物生成及其形态

一、水合物生成过程

水合物是一种非化学计量的笼形结构晶体，在低温、高压的条件下水分子首先会通过氢键相连形成一种笼形结构，当有尺寸合适的气体分子进入该笼形结构之后，该气体分子就会通过范德华力与水分子相互作用，从而被固定在笼形结构之中并形成热力学稳定的水合物结构[6,34]。图 2-6 显示了水合物整个生长过程中的气体吸收曲线及其相应的温度变化曲线（彩图见书后），从图中可以看到气体吸收曲线始于气体溶解阶段，表现为反应器内的压力开始逐渐下降。随后水合物成核并不断聚集生长，可以通过气体吸收速率的突然升高和温度曲线中明显的放热峰来识别水合物的成核点，而从实验开始到出现稳定存在的水合物晶核的这段时间被称为诱导时间。水合物在成核后就会进入生长期，当生长阶段持续一定时间至不再有明显的气体吸收时，水合物的生长达到饱和，整个生长过程结束[35]。

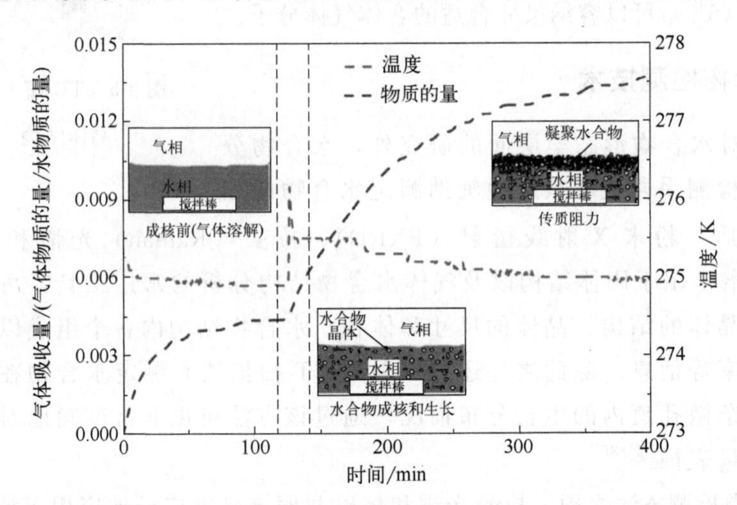

图 2-6 水合物整个生长过程中的气体吸收曲线以及相应的温度变化曲线[35]

二、水合物生成形态

水合物生成形态是水合物相关性质研究以及水合物相关技术利用的基础。水合物形态学研究主要涉及通过各类观测设备来观察水合物晶体的成核与生长过程以及晶体的形态特征（包括晶体的大小和形状）等，其观察范围大于分子尺寸，但远小于整个反应体系的尺寸。水合物形态学研究是分析水合物成核机理以及生长动力学的基础，同时也对准确建立水合物生长过程中的相关模型以及对水合物分子动力学模拟过程有非常重要的指导意义[36-38]。

同时由于不同结构的水合物的储气、蓄冷性能各不相同，所以确定不同操作条件下水合物结构的变化情况有利于高效利用相关水合物技术，以及指导设计适合工业化规模的水合物反应器等过程。并且在完整观察水合物晶体成核、生长的基础上，可以设计新的水合物生成流程以增加水合物储气量，促进水合物晶体的生长以及开发设计可以连续稳定操作的水合物气体分离设备。同时对于水合物造成天然气输送管道堵塞的实际情况而言，通过对水合物生成形态学的研究可以确定水合物生长以及聚集的过程，因此该研究在管路输送流动安全保障等方面也有很重要的指导意义[39-41]。通过 Makogon 等[42] 和 Smelik 等[43] 对不同水合物体系的生长形态和结构的大量研究，证实了不同类型的水合物形态确实各不相同，水合物在生长过程中会根据体系和操作条件的不同而呈现出针状、球粒状、膜状、树枝状等各种形态，因此可以根据水合物晶体形态的不同而直接原位判断出相应的水合物类型。

首先，对于笼形水合物而言，常见的水合物类型有Ⅰ型、Ⅱ型和 H 型，其中Ⅰ型水合物通常由 CO_2、CH_4 以及 C_2H_6 气体所形成。Ikeda 等[44]、Tohidi 等[45] 以及 Takeya 等[46] 发现，随着生成条件的改变，CO_2 气体水合物会分别呈现出骨架状、树枝状和针状等形态。Yang 等[47] 发现随着过冷度的增加，CO_2 水合物的形态会从完整的多面体晶体变为细小的树枝状晶体，如图 2-7 所示。他们认为水合物的生长形态发生改变的原因是增大水合物生成的过冷度会增强 CO_2 分子从气相向水合物结构内的传质，从而进一步提高了水合物的生长速率，而水合物生长速率则会直接影响水合物的生长形态。

(a) 多面体晶体

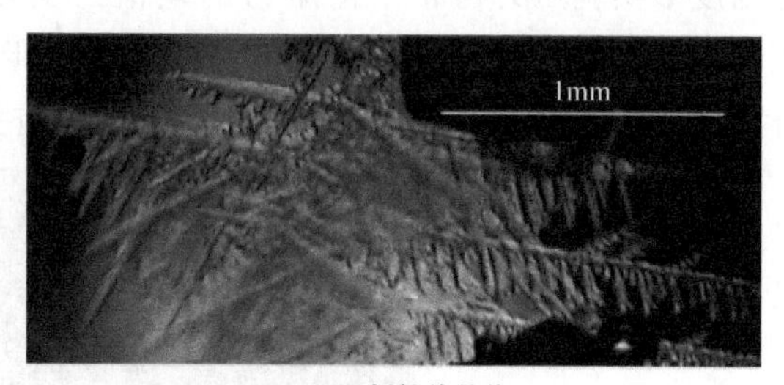

(b) 树枝状晶体

图 2-7　CO_2 水合物不同的晶体结构[48]

此外 Kodama 等[49] 研究了 CH_4、C_2H_6 以及 C_3H_8 混合气对应的水合物的生长过程。首先他们发现纯 CH_4 气体在低过冷度的条件下也是按照片状晶体结构生长，而当过冷度增大时水合物形态则向着树枝状结构转化，这一现象与上述 CO_2 气体水合物的生长特征一致。同时他们还发现混合气的组成越复杂，生成的水合物结构就会越杂乱，如图 2-8 所示。

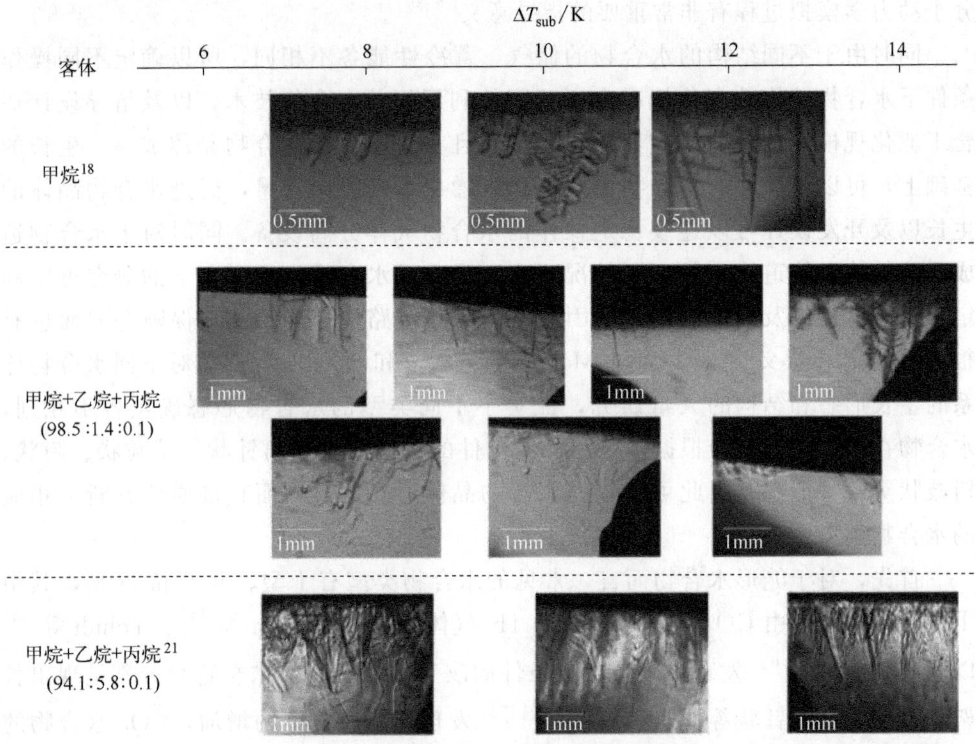

图 2-8　由 CH_4、C_2H_6 以及 C_3H_8 混合气生成的水合物在不同过冷度下的生长形态[49]

Servio 等[50] 进行了甲烷＋新己烷混合气体系形成 H 型水合物的生成形态学研究，生成的水合物形态如图 2-9 所示。他们在恒定温度下研究压力驱动力（在给定温度下实验压力与相平衡压力的差值）变化对水合物形态的影响，最终发现：压力驱动力对水合物成核时间有显著影响，但对水合物生长速率影响不大；而水合物晶体的生长形态则与混合气中甲烷的量有关，且不受压力驱动力大小的影响。

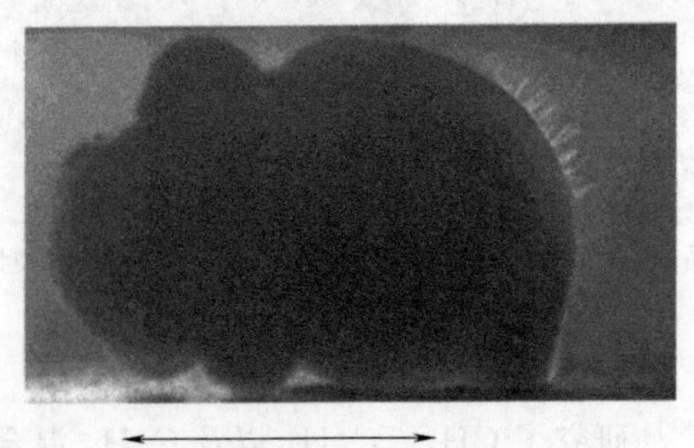

图 2-9　浸没于新己烷中的水滴上形成的针状水合物晶体[50]

除了笼形水合物外，人们对于由季铵盐形成的半笼形水合物的生成形态学也有一定的研究。Shimada 等[51,52] 对常压下形成的 TBAB 半笼形水合物晶体结构进行了研究，他们发现 TBAB 水合物晶体形态会随系统过冷度的变化而变化，同时发现了两种不同类型的 TBAB 水合物晶体在溶液中同时生长的现象，并将这两种水合物分别称为 A 型和 B 型水合物。Oyama 等[53] 详细测定了这两种水合物晶体的相关物性参数，并测定得到了这两种结构的水合数分别为 26 和 38，同时测定得到二者的相变热数据也不尽相同，A 型结构水合物的潜热为 (193.18±8.52) J/g，B 型为 (199.59±5.28) J/g；并且在 9.6℃、TBAB 溶液质量浓度为 35.7%的条件下，在生成的水合物中同时观察到了两种类型的 TBAB 水合物晶体结构。如图 2-10 所示，可以看到两种水合物晶体具有不同的透射率、折射率和晶体形态，其中 A 型水合物晶体对应的是柱状结构，而 B 型水合物则是薄片层结构的晶体。

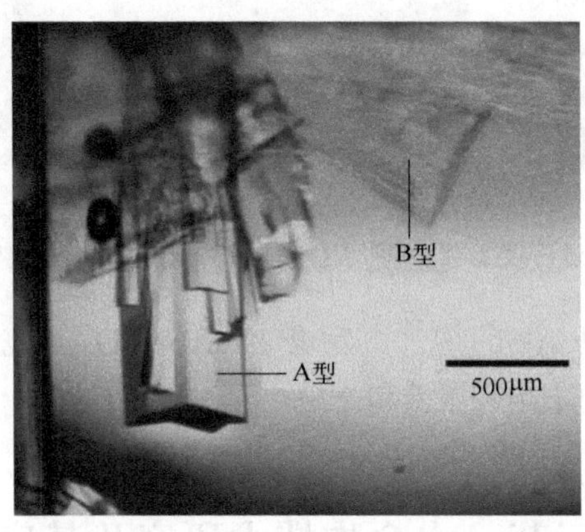

图 2-10　TBAB 半笼形水合物在溶液中同时存在的两种结构[53]

Sakamoto 等[54] 用四丁基氯化磷（TBPC）和丙烯酸四丁基铵（TBAAc）形成了两种新的半笼形水合物。他们发现这两种体系下形成的水合物的主要结构均为圆柱状，同时在 TBPC 体系中观察到了六边形的片层状晶体结构，还证实了在较大过冷度下生长的水合物晶体结构会更加细碎。Wang 等[55] 研究了不同类型的季铵盐生成半笼形水合物的构型情况，发现四丁基溴化铵（TBAB）和四丁基氟化铵（TBAF）水合物的晶体为柱状结构，而四丁基溴化磷（TBPB）的水合物晶体则呈六边形的片层状结构，如图 2-11 所示。

Ye 等[19] 发现 TBAB+CO_2 二元体系生成的水合物形态与常压下形成的纯 TBAB 水合物晶体的形态很相似，但也不完全相同。Koyanagi 等[56] 发现随着系统过冷度的变化，TBAB+CO_2 体系对应的水合物生长形态会随之发生改变。他们观察到在不断增大过冷度的过程中，水合物晶体结构会从楔形结构转变为柱状结构和针状结构，如图 2-12 所示，同时他们发现单个水合物晶体的尺寸会随着过冷

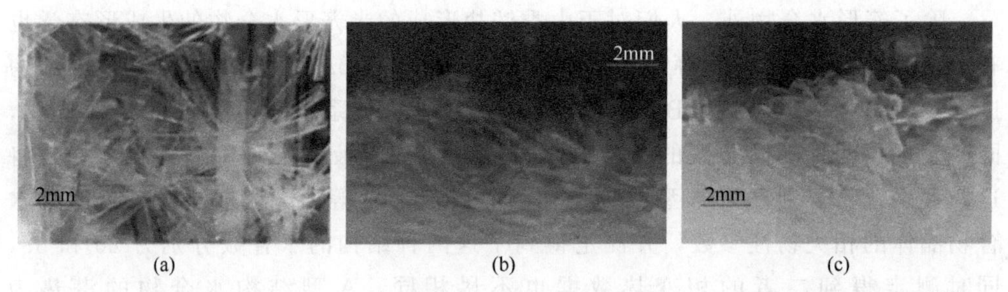

图 2-11 TBAB（a）、TBAF（b）以及 TBPB（c）半笼形水合物在溶液中的生长形态[54]

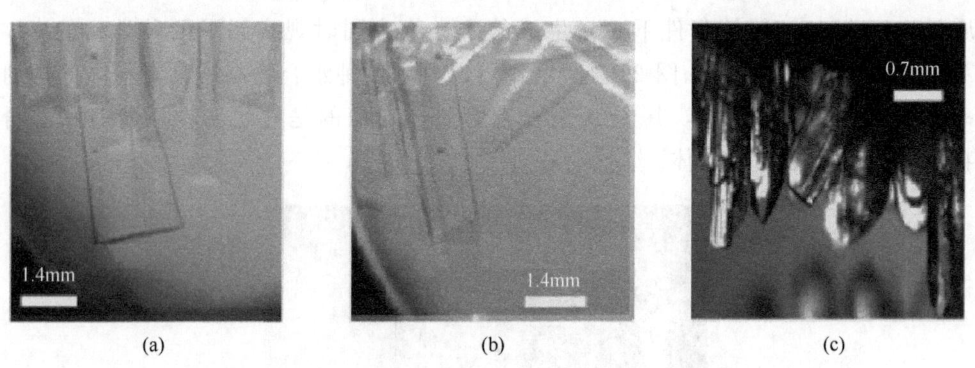

图 2-12 不同过冷度下 TBAB+CO_2 体系对应的水合物晶体生长形态[56]

度的增加而减小。此外 Akiba 等[57] 发现 TBAB+CO_2 半笼形水合物最初在气-液界面下方形成，之后向下生长至液相之中。

第三节 水合物技术研究及其应用

一、水合物安全问题

自 1810 年 Davy 首次发现氯气水合物以来，水合物相关研究工作从未停止。1934 年 Hammerschidt 在油气输送管线中发现水合物，开启了围绕油气输送管安全流动保障的科学技术研究，相关学者针对水合物的抑制和防治工作做了诸多研究。由水合物生成造成的油气输送管道的堵塞是长期困扰生产和运输部门的流动安全问题，对于深海油气田，水合物堵塞问题尤为突出。主要体现在三个方面：①在常规油气开采和水合物开采钻井过程中的水合物生成问题。在钻井过程中需要使用防水合物生成钻井液和有针对性地采取水合物预防措施以保障钻井人员和生产设施的安全。②在长距离油气输送管道及节流部件处的水合物生成问题。此类问题主要采用诸如减压、加热、脱水、注热力学抑制剂等热力学方法和添加动力学抑制剂、防聚剂的方法实现水合物抑制和控制的目的。③由水合物引发的气候变化和地质灾害问题。甲烷的温室效应要强于二氧化碳，天然气水合物被猜想为气候变化和温室效应的来源。此外深水环境中与水合物有关的诸如海底塌陷等地质运动也已见报道。开发有效的水合物抑制剂和控制技术是亟待解决的关键问题。

二、水合物勘探开发

20 世纪 60 年代后期，在发现自然形成的天然气水合物矿床后，人们开始对这个巨大的潜在天然气能源开展了广泛的研究，据估算天然气水合物中蕴含的碳含量是已探明传统化石燃料碳总和的 2 倍之多[58]。2017 年我国将天然气水合物列为第 173 种矿藏，天然气水合物的勘探开发登上研究热点。根据水合物分解位置的不同，水合物开采方法主要有两种思路：第一种是水合物在储层原位分解后采出气，第二种是采出矿藏后水合物在钻采平台分解。天然气水合物产业化可分为理论研究与模拟试验、探索性试验、试验性试采、生产性试采、商业开采五个阶段。我国走在天然气水合物勘探与开发的前列，2017 年我国在南海北部神狐海域采用垂直井钻采技术进行第一轮探索性试采，实现连续 7d 19h 的稳产，天然气日产量最高达 3.5 万立方米，平均日产 1 万立方米[59]，明确了天然气水合物是否可安全连续开采的问题。2020 年采用水平井钻采技术进行第二轮试验性试采，创造了产气总量 86.14 万立方米和日均 2.87 万立方米的开采记录，解决了如何提高产气规模的问题。天然气水合物能量密度高、资源潜力大，是一种洁净的能源，但同时也存在着开采利用难度大、安全问题突出、环境问题严峻的现状。水合物的勘探与开发仍然处于攻坚阶段，距离产业化生产还有诸多技术需要攻关。

三、水合物化工技术

有着笼形结构的水合物就像一个高效的分子水平的储气材料，每立方米水合物可储存 160～180m^3 天然气[60]。许多气体可以在一定温度和压力下自发形成气体水合物，水合物凭借其独特的物化性质，在气体储存与分离、海水淡化以及蓄冷等化工技术方面展现出了良好的应用前景。

在海水淡化领域，早在 20 世纪 40 年代就提出了基于水合物法的海水淡化技术。如图 2-13 所示（彩图见书后），当达到特定的温度和压力时，在液态海水中会出现固态形式的水合物，之后水合物晶体就会和溶解在海水中的离子和盐分离开来。而与常用的蒸馏、电渗析和反渗透方法相比，利用水合物法脱盐可以大大减少操作过程中所需的能耗[61,62]。Kang 等[63] 通过 ICP-AES（电感耦合等离子体-原子发射光谱）法证实了通过生成 CO_2 水合物的方法可以脱除盐溶液中 75%以上的离子，同时发现该方法对盐溶液中的阴、阳离子的脱除效率基本一致。除此

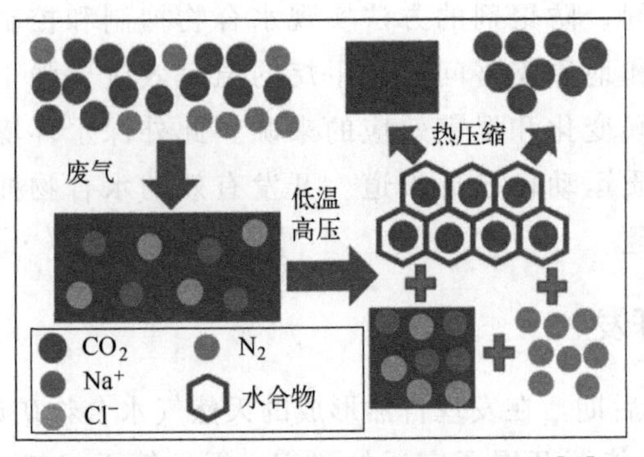

图 2-13　水合物法海水脱盐流程示意图[61]

之外 Cha 和 Liu 等[64-67] 利用 CO_2 和烷烃生成多元水合物，以及利用 CO_2 气体和 CH_3CClF_2（R141b）添加剂生成水合物等方法使得盐溶液中离子的脱除效率高达 90%以上，并且发现向溶液中添加 R141b（与海水的体积比为 1∶70）可将水合物脱盐效率提高 3 倍之多。

水合物也可以作为一种良好的相变材料（PCM）应用于制冷等领域。首先水合物与水相比具有更高的冷藏密度，并且可以提高相变温度；而与低温共熔盐相比，它具有更好的传热性能和循环稳定性。目前用作制冷介质的水合物主要是由二氧化碳、四丁基溴化铵（TBAB）、四丁基氯化铵（TBAC）以及四氢呋喃（THF）等形成的，同时大多数具有合适相变温度的水合物可在低于 1.0MPa 的压力下形成，且它们的熔解热比共晶盐、石蜡和脂肪酸更大[68,69]。Ogawa 等[70] 和 Jerbi 等[71] 也提出了一些基于水合物技术的制冷系统的概念设计，他们通过模拟发现，基于水合物法的制冷系统在热力学效率方面可以超越常规制冷系统。

不同气体形成水合物的温度、压力条件不同，水合物对混合气具有选择性，根据水合物的这一特性可以实现水合物的气体分离。以水合物法分离与捕集 CO_2 气体为例，与传统技术（如化学吸附、物理吸收、膜分离和低温分离）相比，该方法具有环境友好性和运行成本较低等优点，目前 CO_2 捕集和分离研究范围主要涉及从 CO_2/N_2、CO_2/H_2 以及 CO_2/CH_4 等混合气体系中分离出 CO_2 气体，从这些气体混合物中有效分离出 CO_2 不仅可以减少空气中 CO_2 的排放量，还可以净化 CH_4 等气体以供其他工业装置使用[48,72-75]。水合物分离技术的潜在领域相当广泛，如水合物法回收加氢尾气中的氢气、水合物法分离生物质气中的甲烷、水合物法分离含氧煤层气中的甲烷、水合物法分离合成氨尾气中的氢气和氮气、水合物法脱除煤合成气中的二氧化碳、水合物法分离石油裂解气中的乙烯、水合物法分离焦炉煤气中的氢气、水合物法脱除混合气中的硫化氢、水合物法回收挥发性有机物等。本书后续章节将重点介绍水合物法分离混合气的设备、工艺及强化手段等内容。

参 考 文 献

[1] 龙飞. 气体水合物添加剂性能研究 [D]. 广州：华南理工大学，2010.

[2] 陈光进，孙长宇，马庆兰. 气体水合物科学与技术 [J]. 天然气地球科学，2008，18 (6)：819-826.

[3] Mazloomi K，Gomes C. Hydrogen as an energy carrier：Prospects and challenges [J]. Renewable and Sustainable Energy Reviews，2012，16 (5)：3024-3033.

[4] Servio P，Englezos P. Morphology of methane and carbon dioxide hydrates formed from water droplets [J]. AIChE Journal，2003，49 (1)：269-276.

[5] Ohmura R，Shigetomi T，Mori Y H. Formation，growth and dissociation of clathrate hydrate crystals in liquid water in contact with a hydrophobic hydrate-forming liquid [J]. Journal of Crystal Growth，1999，196 (1)：164-173.

[6] Sloan E D. Clathrate hydrate measurements：Microscopic，mesoscopic，and macroscopic [J]. The Journal of Chemical Thermodynamics，2003，35 (1)：41-53.

[7] Sloan E D. Fundamental principles and applications of natural gas hydrates [J]. Nature，2003，426 (6964)：353-359.

[8] Subramanian S，Kini R A，Dec S F，et al. Evidence of structure Ⅱ hydrate formation from methane+ethane mixtures [J]. Chemical Engineering Science，2000，55 (11)：1981-1999.

[9] Subramanian S，Ballard A L，Kini R A，et al. Structural transitions in methane+ethane gas hydrates-Part Ⅰ：Upper transition point and applications [J]. Chemical Engineering Science，2000，55 (23)：5763-5771.

[10] Babu P，Yao M，Datta S，et al. Thermodynamic and kinetic verification of tetra-*n*-butyl ammonium nitrate ($TBANO_3$) as a promoter for the clathrate process applicable to pre-combustion carbon dioxide capture [J]. Environmental Science & Technology，2014，48 (6)：3550-3558.

[11] Darbouret M，Cournil M，Herri J M. Rheological study of TBAB hydrate slurries as secondary two-phase refrigerants [J]. International Journal of Refrigeration，2005，28 (5)：663-671.

[12] Kamata Y，Yamakoshi Y，Ebinuma T，et al. Hydrogen sulfide separation using tetra-*n*-butyl ammonium bromide semi-clathrate (TBAB) hydrate [J]. Energy & Fuels，2005，19 (4)：1717-1722.

[13] Li X S，Zhan H，Xu C G，et al. Effects of tetrabutyl-(ammonium/phosphonium) salts on clathrate hydrate capture of CO_2 from simulated flue gas [J]. Energy & Fuels，2012，26 (4)：2518-2527.

[14] Sun Z G，Liu C G，Zhou B，et al. Phase equilibrium and latent heat of tetra-n-butylammonium chloride semi-clathrate hydrate [J]. Journal of Chemical & Engineering Data,

2011, 56 (8): 3416-3418.

[15] Trueba A T, Radović I R, Zevenbergen J F, et al. Kinetic measurements and in situ Raman spectroscopy study of the formation of TBAF semi-hydrates with hydrogen and carbon dioxide [J]. International Journal of Hydrogen Energy, 2013, 38 (18): 7326-7334.

[16] Ye N, Zhang P. Phase equilibrium and morphology characteristics of hydrates formed by tetra-*n*-butyl ammonium chloride and tetra-*n*-butyl phosphonium chloride with and without CO_2 [J]. Fluid Phase Equilibria, 2014, 361: 208-214.

[17] McMullan R K, Bonamico M, Jeffrey G A. Polyhedral clathrate hydrates. V. structure of the tetra-*n*-butyl ammonium fluoride hydrate [J]. The Journal of Chemical Physics, 1963, 39 (12): 3295-3310.

[18] Muromachi S, Takeya S. Design of thermophysical properties of semiclathrate hydrates formed by tetra-*n*-butylammonium hydroxybutyrate [J]. Industrial & Engineering Chemistry Research, 2018, 57 (8): 3059-3064.

[19] Ye N, Zhang P. Equilibrium data and morphology of tetra-*n*-butyl ammonium bromide semiclathrate hydrate with carbon dioxide [J]. Journal of Chemical & Engineering Data, 2012, 57 (5): 1557-1562.

[20] Chapoy A, Anderson R, Tohidi B. Low-pressure molecular hydrogen storage in semiclathrate hydrates of quaternary ammonium compounds [J]. Journal of the American Chemical Society, 2007, 129 (4): 746-747.

[21] 李梦钖，高明，左启蓉，等. 过冷壁面液滴中四丁基溴化铵水合物生成的可视化研究 [J]. 化工学报，2021，72 (04)：2094-2101.

[22] Hashimoto H, Yamaguchi T, Ozeki H, et al. Structure-driven CO_2 selectivity and gas capacity of ionic clathrate hydrates [J]. Scientific Reports, 2017, 7 (1): 1-10.

[23] Muromachi S, Udachin K A, Shin K, et al. Guest-induced symmetry lowering of an ionic clathrate material for carbon capture [J]. Chemical Communications, 2014, 50 (78): 11476-11479.

[24] Rodionova T V, Komarov V Y, Villevald G V, et al. Calorimetric and structural studies of tetrabutylammonium bromide ionic clathrate hydrates [J]. The Journal of Physical Chemistry B, 2013, 117 (36): 10677-10685.

[25] Jin Y, Nagao J. Change in the stable crystal phase of tetra-*n*-butylammonium bromide (TBAB) hydrates enclosing xenon [J]. The Journal of Physical Chemistry C, 2013, 117 (14): 6924-6928.

[26] 史伶俐. 半笼形水合物形成的热力学及动力学研究 [D]. 北京：中国科学院大学，2015.

[27] Ripmeester J A, Ratcliffe C I. On the contributions of NMR spectroscopy to clathrate science [J]. Journal of Structural Chemistry, 1999, 40 (5): 654-662.

[28] 陈亮，叶旺全，李承峰，等. 基于时间演化的天然气水合物 CT 图像阈值分割 [J]. CT 理论与应用研究，2022，32 (0)：1-8.

[29] Tulk C A, Ripmeester J A, Klug D D. The application of Raman spectroscopy to the

study of gas hydrates [J]. Annals of the New York Academy of Sciences, 2000, 912 (1): 859-872.

[30] Kini R A, Dec S F, Sloan E D. Methane+propane structure Ⅱ hydrate formation kinetics [J]. The Journal of Physical Chemistry A, 2004, 108 (44): 9550-9556.

[31] Komai T, Kang S P, Yoon J H, et al. In situ Raman spectroscopy investigation of the dissociation of methane hydrate at temperatures just below the ice point [J]. The Journal of Physical Chemistry B, 2004, 108 (23): 8062-8068.

[32] Yoon J H, Kawamura T, Yamamoto Y, et al. Transformation of methane hydrate to carbon dioxide hydrate: in situ Raman spectroscopic observations [J]. The Journal of Physical Chemistry A, 2004, 108 (23): 5057-5059.

[33] Lu H, Ripmeester J A. A laboratory protocol for the analysis of natural gas hydrates [C] //6th International Conference on Gas Hydrates. Vancouver, British Columbia, CANADA, 2008.

[34] Englezos P, Kalogerakis N, Bishnoi P R. Formation and decomposition of gas hydrates of natural gas components [J]. Journal of Inclusion Phenomena and Molecular Recognition in Chemistry, 1990, 8 (1): 89-101.

[35] Kumar A, Bhattacharjee G, Kulkarni B D, et al. Role of surfactants in promoting gas hydrate formation [J]. Industrial & Engineering Chemistry Research, 2015, 54 (49): 12217-12232.

[36] 刘曾奇，刘智琪，王逸伟，等. 水合物形态学研究进展 [J]. 化工进展，2021，40 (S1): 88-100.

[37] Kumar R, Lee J D, Song M, et al. Kinetic inhibitor effects on methane/propane clathrate hydrate-crystal growth at the gas/water and water/n-heptane interfaces [J]. Journal of Crystal Growth, 2008, 310 (6): 1154-1166.

[38] Beltrán J G, Servio P. Morphological investigations of methane-hydrate films formed on a glass surface [J]. Crystal Growth & Design, 2010, 10 (10): 4339-4347.

[39] Lee J D, Song M, Susilo R, et al. Dynamics of methane-propane clathrate hydrate crystal growth from liquid water with or without the presence of *n*-heptane [J]. Crystal Growth & Design, 2006, 6 (6): 1428-1439.

[40] Saito K, Kishimoto M, Tanaka R, et al. Crystal growth of clathrate hydrate at the interface between hydrocarbon gas mixture and liquid water [J]. Crystal Growth & Design, 2011, 11 (1): 295-301.

[41] Lim Y A, Babu P, Kumar R, et al. Morphology of carbon dioxide-hydrogen-cyclopentane hydrates with or without sodium dodecyl sulfate [J]. Crystal Growth & Design, 2013, 13 (5): 2047-2059.

[42] Makogon Y F, Holditch S A. Experiments illustrate hydrate morphology, kinetics [J]. Oil & Gas Journal, 2001, 99 (7): 45-50.

[43] Smelik E A, King H E. Crystal-growth studies of natural gas clathrate hydrates using a

pressurized optical cell [J]. American Mineralogist, 1997, 82 (1-2): 88-98.
[44] Ikeda T, Mae S, Uchida T. Effect of guest-host interaction on Raman spectrum of a CO_2 clathrate hydrate single crystal [J]. The Journal of Chemical Physics, 1998, 108 (4): 1352-1359.
[45] Tohidi B, Anderson R, Clennell M B, et al. Visual observation of gas-hydrate formation and dissociation in synthetic porous media by means of glass micromodels [J]. Geology, 2001, 29 (9): 867-870.
[46] Takeya S, Hori A, Hondoh T, et al. Freezing-memory effect of water on nucleation of CO_2 hydrate crystals [J]. The Journal of Physical Chemistry B, 2000, 104 (17): 4164-4168.
[47] Yang D, Le L A, Martinez R J, et al. Kinetics of CO_2 hydrate formation in a continuous flow reactor [J]. Chemical Engineering Journal, 2011, 172 (1): 144-157.
[48] Ohmura R, Shimada W, Uchida T, et al. Clathrate hydrate crystal growth in liquid water saturated with a hydrate-forming substance: variations in crystal morphology [J]. Philosophical Magazine, 2004, 84 (1): 1-16.
[49] Kodama T, Ohmura R. Crystal growth of clathrate hydrate in liquid water in contact with methane+ethane+propane gas mixture [J]. Journal of Chemical Technology & Biotechnology, 2014, 89 (12): 1982-1986.
[50] Servio P, Englezos P. Morphology study of structure H hydrate formation from water droplets [J]. Crystal Growth & Design, 2003, 3 (1): 61-66.
[51] Shimada W, Ebinuma T, Oyama H, et al. Separation of gas molecule using tetra-*n*-butyl ammonium bromide semi-clathrate hydrate crystals [J]. Japanese Journal of Applied Physics, 2003, 42 (2A): L129.
[52] Shimada W, Shiro M, Kondo H, et al. Tetra-*n*-butylammonium bromide-water (1/38) [J]. Acta Crystallographica Section C: Crystal Structure Communications, 2005, 61 (2): o65-o66.
[53] Oyama H, Shimada W, Ebinuma T, et al. Phase diagram, latent heat, and specific heat of TBAB semiclathrate hydrate crystals [J]. Fluid Phase Equilibria, 2005, 234 (1-2): 131-135.
[54] Sakamoto H, Sato K, Shiraiwa K, et al. Synthesis, characterization and thermal-property measurements of ionic semi-clathrate hydrates formed with tetrabutylphosphonium chloride and tetrabutylammonium acrylate [J]. RSC Advances, 2011, 1 (2): 315-322.
[55] Wang X, Dennis M. An experimental study on the formation behavior of single and binary hydrates of TBAB, TBAF and TBPB for cold storage air conditioning applications [J]. Chemical Engineering Science, 2015, 137: 938-946.
[56] Koyanagi S, Ohmura R. Crystal growth of ionic semiclathrate hydrate formed in CO_2 gas+tetrabutylammonium bromide aqueous solution system [J]. Crystal Growth & Design, 2013, 13 (5): 2087-2093.

[57] Akiba H, Ueno H, Ohmura R. Crystal growth of ionic semiclathrate hydrate formed at the interface between CO_2 gas and tetra-n-butylammonium bromide aqueous solution [J]. Crystal Growth & Design, 2015, 15 (8): 3963-3968.

[58] Xu C G, Cai J, Yu Y S, et al. Effect of pressure on methane recovery from natural gas hydrates by methane-carbon dioxide replacement [J]. Applied Energy, 2018, 217: 527-536.

[59] 徐行，罗贤虎，彭登，等. 中国首次试采天然气水合物成功 [J]. 中国地质，2017，44 (3)：620-621.

[60] Sloan Jr E D, Koh C A. Clathrate Hydrates of Natural Gases [M]. Boca Raton: CRC Press, 2007.

[61] Yang M, Song Y, Jiang L, et al. Effects of operating mode and pressure on hydrate-based desalination and CO_2 capture in porous media [J]. Applied Energy, 2014, 135: 504-511.

[62] Babu P, Nambiar A, He T, et al. A review of clathrate hydrate based desalination to strengthen energy-water nexus [J]. ACS Sustainable Chemistry & Engineering, 2018, 6 (7): 8093-8107.

[63] Kang K C, Linga P, Park K, et al. Seawater desalination by gas hydrate process and removal characteristics of dissolved ions (Na^+, K^+, Mg^{2+}, Ca^{2+}, B^{3+}, Cl^-, SO_4^{2-}) [J]. Desalination, 2014, 353: 84-90.

[64] Cha J H, Seol Y. Increasing gas hydrate formation temperature for desalination of high salinity produced water with secondary guests [J]. ACS Sustainable Chemistry & Engineering, 2013, 1 (10): 1218-1224.

[65] Yu Z, Qi Y, Ji L, et al. Experimental study of effects on hydrate seawater desalination by CO_2 [J]. Diwen yu Teqi (Low Temperature and Specialty Gases), 2013, 31 (1): 21-25.

[66] Liu C L, Ren H B, Meng Q G, et al. An experimental study of CO_2 hydrate-based seawater desalination with the R141b as an accelerant [J]. Natural Gas Industry, 2013, 33 (7): 90-95.

[67] Kang K C, Hong S Y, Cho S J, et al. Evaluation of desalination by nanostructured hydrate formation and pellet production process [J]. Journal of Nanoscience and Nanotechnology, 2017, 17 (6): 4059-4062.

[68] Li G, Hwang Y, Radermacher R. Review of cold storage materials for air conditioning application [J]. International Journal of Refrigeration, 2012, 35 (8): 2053-2077.

[69] Wang X, Dennis M, Hou L. Clathrate hydrate technology for cold storage in air conditioning systems [J]. Renewable and Sustainable Energy Reviews, 2014, 36: 34-51.

[70] Ogawa T, Ito T, Watanabe K, et al. Development of a novel hydrate-based refrigeration system: A preliminary overview [J]. Applied Thermal Engineering, 2006, 26 (17-18): 2157-2167.

[71] Jerbi S, Delahaye A, Fournaison L, et al. Design of a new circulation loop and heat trans-

fer of CO_2 hydrate slurry [C] //Proceedings of 9th IIR conference on PCMs and slurries for refrigeration and air conditioning. Sofia, Bulgaria, 2010.
[72] Xu C G, Li X S, Lv Q N, et al. Hydrate-based CO_2 C (carbon dioxide) capture from IGCC (integrated gasification combined cycle) synthesis gas using bubble method with a set of visual equipment [J]. Energy, 2012, 44 (1): 358-366.
[73] Song Y, Wang X, Yang M, et al. Study of selected factors affecting hydrate-based carbon dioxide separation from simulated fuel gas in porous media [J]. Energy & Fuels, 2013, 27 (6): 3341-3348.
[74] Liu H, Wang J, Chen G, et al. High-efficiency separation of a CO_2/H_2 mixture via hydrate formation in W/O emulsions in the presence of cyclopentane and TBAB [J]. International Journal of Hydrogen Energy, 2014, 39 (15): 7910-7918.
[75] Luo Y, Guo X. Intensification of capture CO_2 from IGCC flue gas by hydrate formation under direct heat removal by phase change of n-tetradecane [C] //Abstracts of Papers of the American Chemical Society. Amer Chemical Soc, 2016.

第三章　水合物研究实验装置和测定方法

天然气水合物不仅是人类新的后续能源，也是人类逐步摆脱日益加剧的生存环境危机的期盼。水合物实验研究作为水合物的基础研究，受到了各国研究机构的重视。天然气水合物的模拟实验研究可以提高人们对天然气水合物在各个应用领域的基础认识。本章将具体讲述各种用途下的水合物研究实验装置及测定方法。

第一节　水合物研究实验装置

目前水合物的实验研究方向主要有水合物的热力学研究、水合物的动力学研究、水合物法气体分离、水合物的合成及水合物的开采模拟等方面。本节也将从这几个方面介绍水合物研究的实验装置。

一、水合物热力学研究实验装置

水合物的热力学实验研究目前主要有相平衡测定、热力学稳定性测定，以及相变热的测定。相平衡及热力学稳定性测定的展开主要围绕水合物的生成和分解过程，故水合物热力学研究的实验装置，所要达到的主要目的就是观察水合物的生成与分解，所运用的实验装置基本为各式的反应釜，如宏观盲釜、宏观可视釜。测量相变热主要运用差示扫描量热仪（DSC）。

（一）宏观盲釜

科罗拉多矿业大学的 Rovetto 等[1] 运用等容温度循环法测定水合物热力学相平衡数据所使用的设备如图 3-1 所示。将液体混合物（水＋对甲苯磺酸约 $180cm^3$）装入 $200cm^3$ 的不锈钢槽反应釜中，并放置在高于预期三相（液-水合物-气）平衡温度约 5K 的温度浴中，使用 RTD 探头（±0.2K）测量不锈钢槽温度；然后将反应釜连接至压力组件，并在 2MPa 下用试验气体吹扫三次，以排出反应釜中残余的空气；最后用测试气体将反应釜加压至特定实验所需的压力。使用 Heise 压力计(±0.015MPa) 监测反应釜的压力，并使用气动搅拌装置(>500r/min) 搅拌系统；然后通过以 1.0K/h 的阶跃变化冷却槽温度，开始温度循环程序，并使用 RTD 探针(±0.1K) 测量样品温度。当反应釜温度开始下降时，观察到压力线性下降。

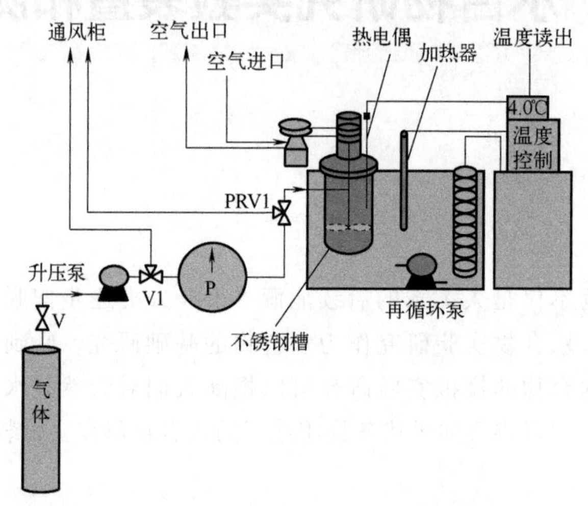

图 3-1 等容温度循环法相平衡实验装置[1]

此类反应釜结构简单，加工方便，能够承受较大的实验压力。

Nagashima 等[2] 用等容法测定了甲烷+水体系在 197.3～238.7K 温度下的三相(冰+蒸汽+水合物)平衡条件。研究中使用的实验装置示意图如图 3-2 所示。该装置的主要部分是一个不锈钢压力容器，内部体积为 $50cm^3$。甲烷水合物的形成和分解是在压力容器内进行的等容过程。容器内有一个电磁搅拌器，容器内压力

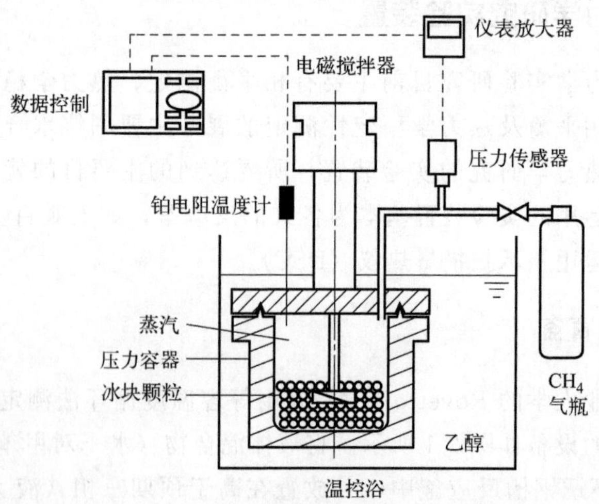

图 3-2 等容法相平衡实验装置示意图[2]

由压力传感器测量，并通过显示器显示。

邱钰文[3] 在恒温条件下测定受十二烷基硫酸钠（SDS）影响的 CH_4/CO_2 水合物热力学相平衡条件时，采用如图 3-3 所示的实验装置。为了适应实验的需要，专门设计制造了容积比较小的不可视水合物反应釜。该反应釜内径 70mm，内高度 62mm，可利用容积约 242cm³，合并连接管路的体积约 260cm³，设计压力 10MPa。反应釜底部有一个测温盲管，温度传感器插入其中。

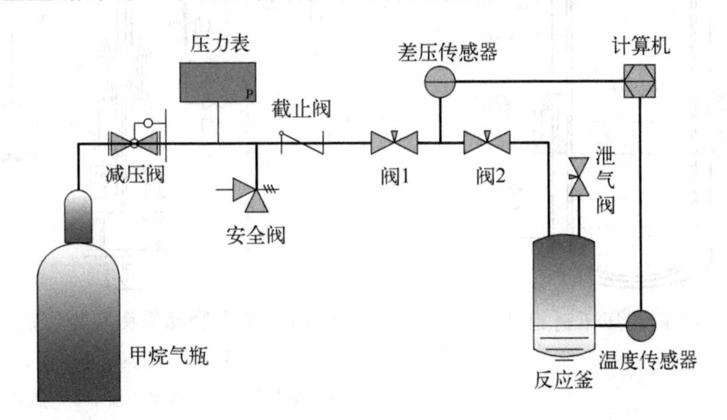

图 3-3 甲烷水合物相平衡实验装置[3]

（二）宏观可视釜

可视釜种类很多，能够实现宏观上观察水合物基本特性和生成过程的目的。中国石油大学（华东）的高压透明梯度试验管，由高强度石英玻璃制成，图像观测采用 CMOS 彩色图像监测系统[4]，如图 3-4 所示。

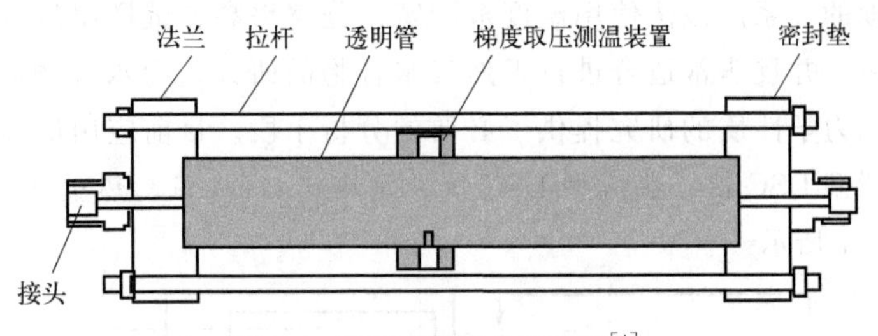

图 3-4 高压透明梯度试验管[4]

图 3-5 所示的上海理工大学的耐高压不锈钢可视反应釜采用摄像机观察水合物制备过程的形态特征，还可利用激光测粒技术测量雾化水滴的颗粒尺寸[5]。

孙志高等[6] 利用可视化高压流体测试系统对比图形法和观察法测定甲烷体系的水合物相平衡时，使用了宏观可视釜中最常见的反应釜——蓝宝石反应釜，如图 3-6 所示，主要包括反应釜、恒温空气浴、搅拌与体积调节装置、压力和温度测量系统、真空泵、数据采集系统及色谱分析仪等。反应釜是一可变容积的全透明蓝宝石釜，最大有效工作体积为 100cm^3，最小体积为 13.6cm^3，最高工作压力可达 40MPa，温度工作范围为－20～120℃。在空气浴内有一光源用于观察釜中水合物的形成/分解情况。釜中物质可通过搅拌器或循环泵进行混合。

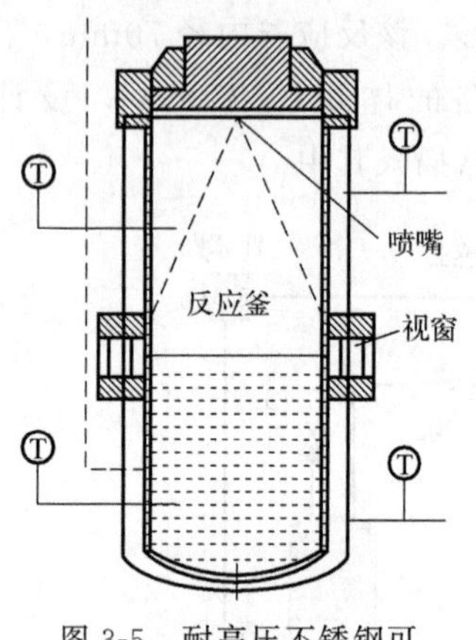

图 3-5 耐高压不锈钢可视反应釜[5]

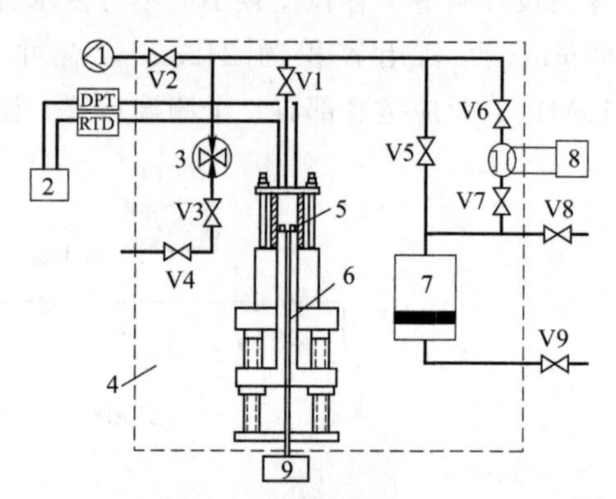

图 3-6 水合物相平衡实验装置系统示意图[6]

1—真空泵；2—数据采集系统；3—循环泵；4—空气浴；5—蓝宝石釜；6—活塞；7—转样器；8—气相色谱仪；9—搅拌电机；DPT—压力传感器；RTD—铂电阻温度器；V1～V9—阀门

（三）差示扫描量热仪

差示扫描量热法（differential scanning calorimetry，DSC）是一种热分析方法，其基本原理是在程序控制温度下，测量输入试样和参比物的功率差（以热的形式）与温度的关系。该法使用温度范围宽、分辨率高、试样用量少且已广泛应用于诸多领域，并且非常适合进行天然气水合物的研究，为水合物形成、分解以及水合物热动力学性质的研究提供了必要的分析手段。目前应用最多的热分析仪器是功率补偿型 DSC 仪、热流型 DSC 仪、差热式 DTA 仪、热重 TG 仪等。DSC 法原理如图 3-7 所示[7]。

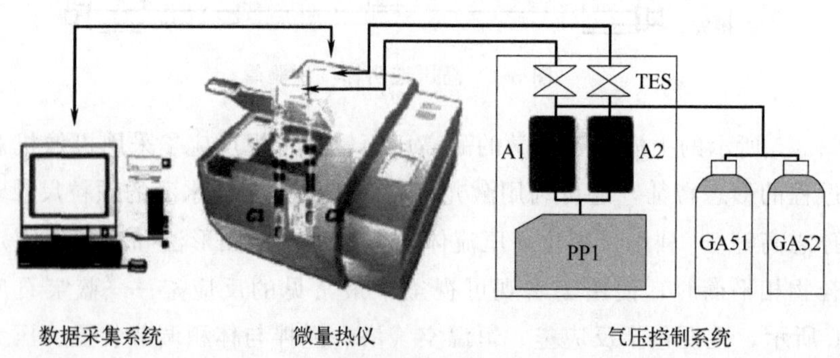

图 3-7 DSC 法原理示意图[7]

DSC 仪由于具备低温和高压功能，可以模拟天然气水合物的生成、分解条件，并可进行不同压力下的实验来得到水合物的平衡相图以及确定安全操作条件。借助其独特设计的可反复使用的样品池，该仪器可以方便地测量固、液、气及多相混合物等各种样品，同时可进行多相混合操作，实现反应热测定。差示扫描量热仪记录到的曲线称 DSC 曲线，它以样品吸热或放热的速率，即热流率 dH/dt（单位 mW）为纵坐标，以温度 T 或时间 t 为横坐标，可以测定多种热力学和动力学参数，例如比热容、反应热、相变热、相图、反应速率、结晶速率、高聚物结晶度、样品纯度等。

Le Parlouër 等[8] 利用高压差热分析仪研究了甲烷水合物的热物理性质及其生成分解的动力学特点，所得结果与传统的 PVT（物理气相传输）方法吻合较好，与传统的水合物试验技术进行了比较，指出高压 DSC 可以在多种条件下进行水合物的研究，具有很大的优越性。

Susilo 等[9] 应用 PXRD、DSC、NMR、Raman 光谱对水合物的结构特性进行了研究，测定了甲烷与水、甲基环己烷所形成的Ⅰ型、H 型水合物溶解过程中的热量变化；用 DSC 法测定了水合物的含量，根据文献中给出的溶解热值对峰值面积进行标定，可以计算出相应相位的量。

Delahaye 等[10] 将差热分析（DTA）和差示扫描量热法用于实验测定 THF 对二氧化碳水合物相平衡条件的影响，结果发现质量分数为 10.16%和 10.97%的 THF 在两种实验方法下得到的相平衡曲线有很好的吻合性，并且要比质量分数为 5.97%的 THF 改善二氧化碳水合物相平衡条件的效果更明显。

二、水合物动力学研究实验装置

水合物的动力学实验装置主要用于测定水合物生成与分解的本征动力学，获得水合物动力学实验数据，如水合物生成诱导时间、生成与分解速率、生成与分解动力学形貌等，分析水合物的生成与分解机理，建立水合物动力学模型。故水合物动力学研究的实验装置主要以各式水合釜为主。

（一）宏观装置

加拿大卡尔加里大学的 Bishnoi 课题组[11-14] 最先开始水合物动力学方面的研究。1987 年 Englezos 等[15] 运用 CSTR 反应器研究了甲烷和乙烷水合物形成的动力学。CSTR 反应釜是带温度和压力控制系统的连续搅拌釜式反应器，是典型的宏观盲釜。

Englezos 等[15] 所采用的测量设备原理如图 3-8 所示。它由带温度和压力控制系统的半间歇式搅拌釜式反应器和向反应器供应气体的变容釜以及数据采集设备组成。温度由来自 0.189m^3 温控浴槽的制冷剂调节。一台 LS1 11/23 小型计算机

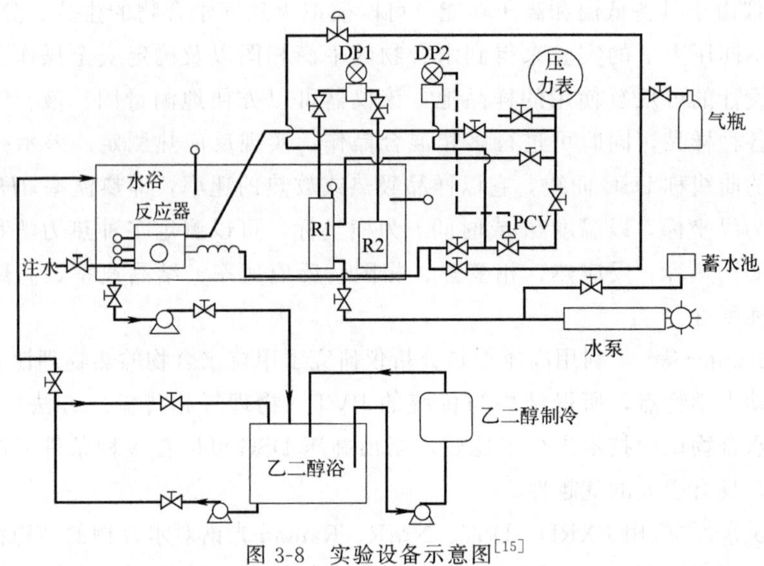

图 3-8 实验设备示意图[15]

用于直接采集工艺温度和压力的数据，并在整个实验过程中对气体消耗量进行在线计算。

中国石油大学（北京）油气藏流体相态重点研究室采用高压蓝宝石全透明反应釜，如图 3-9 所示[16]。高压釜内的温度由安装在釜底的精密铂电阻探头测定；搅拌系统由磁性搅拌子、U 形磁铁和传动系统组成。此类型反应釜可以实现可视化测量，同时通过搅拌装置可以提高水合物合成速度。所用的搅拌系统为磁力搅拌，可以有效避免因引入搅拌系统而造成的新增密封结构设计工作。

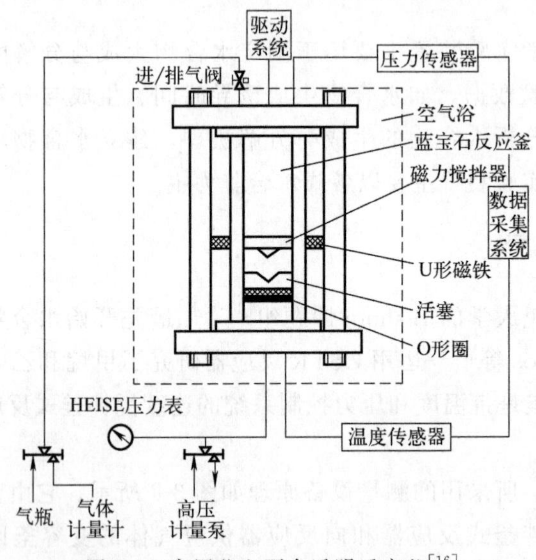

图 3-9 高压蓝宝石全透明反应釜[16]

黄婷等[17] 在研究水合物生成及分解机理时，也采用了宏观可视釜——高压全透明反应釜装置进行动力学实验，其外观如图 3-10 所示（彩图见书后）。通过该高压全透明反应釜，可以直接观察到水合物的形成、生长、聚集、堵塞和分解过程，也可以观察水合物颗粒在连续相介质，如气、油、水相中的分布情况。

图 3-10 高压全透明水合物反应釜外观[17]

（二）微观装置

Li 等[18] 在测量甲烷水合物膜的初始厚度时，为满足实验研究的需要，对 D. B. Robinson 公司生产的 JEFRI 垂坠式高压界面张力测定仪进行了改进。实验装置的原理如图 3-11 所示。该装置的主要部分是一个高压测试装置，其内部空间直径为 36mm，轴长为 15mm。在此装置的两侧安装有一对玻璃窗，通过它可以方便地用显微镜观察装置内发生的现象，并用 CCD 相机记录下来。一根直径为 2.996mm 的空心针从底部伸入装置内部，通过针将气体注入产生气泡。

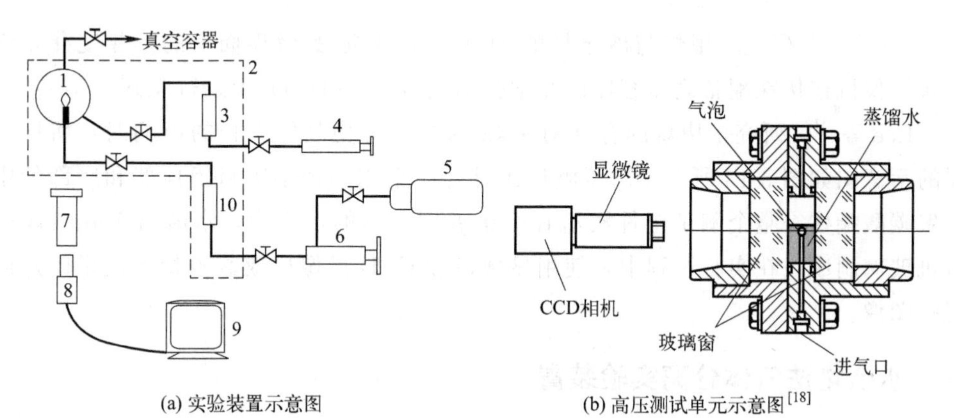

(a) 实验装置示意图　　(b) 高压测试单元示意图[18]

图 3-11 水合物生成过程测定实验装置图

1—测试单元；2—恒温器；3—液体取样筒；4—JEFRI 10-1-12-NA 泵；5—气瓶；6—JEFRI 100-1-10-HB 泵；7—显微镜；8—CCD 相机；9—计算机；10—气体样品瓶

Karanjkar 等[19] 研究了环戊烷水合物侧向表面生长过程中的晶体特征，图 3-12 为实验装置的示意图。测试部分是一个铝显微镜载玻片，有一个直径 12.5mm、深度 2mm 的圆形孔，孔中充满环戊烷（密度约为 $0.75g/cm^3$）。将 $4\mu L$ 水（约为 $1.0g/cm^3$）滴入孔中心，使环戊烷位于底部，铝显微镜载玻片置于

Linkam Peltier 装置（LTS 120）内，并配备了一个石英可视化窗口，可以看到水滴的俯视图，如图 3-12（c）所示。

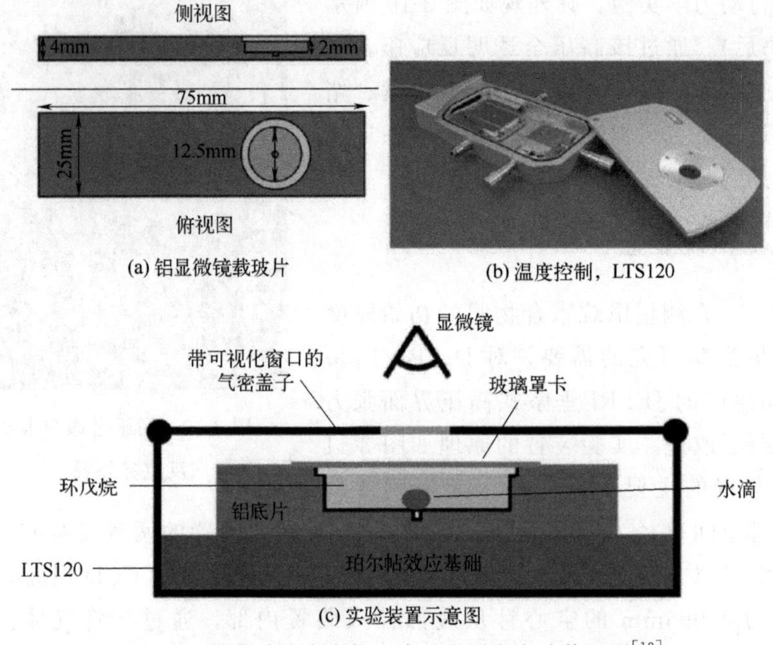

(a) 铝显微镜载玻片

(b) 温度控制，LTS120

(c) 实验装置示意图

图 3-12　铝载玻片水合物生成过程测定实验装置图[19]

Jin 等[20] 研究了甲烷与液态烃的 H 型水合物在液-液界面上的形貌变化，将一台摄像机连接在配备高压容器的光学扫描显微镜（OSM）上进行观察。

Lee 等[21] 研究正庚烷的存在对甲烷-丙烷水合物晶体生长的影响时，所用仪器的示意图如图 3-13 所示。高压测试组件是一个用不锈钢盖封闭顶部和底部的中空聚碳酸酯柱。整个测试组件浸泡在一个温度控制的水浴中，水浴由 10mm 厚的有机玻璃制成。在实验过程中，使用显微镜和 CCD 摄像机或数码相机记录图片或视频图像。

三、水合物法气体分离实验装置

水合物法气体分离可根据 CH_4、CO_2、H_2S、N_2、O_2 等气体形成水合物的热力学条件差异实现混合气体的分离，具有原料预处理简单、分离效率高、水合物工作液可循环利用等优势，也是实现低浓度瓦斯高效利用的一种重要途径，具有广阔的应用前景[22]。

2000 年 Kang 等[23] 开发了基于水合物的气体分离（hydrate-based gas separation，HBGS）工艺，用于从烟道气中回收 CO_2，工艺如图 3-14 所示。

陈广印等[24] 开发了一套水合物法连续气体分离工艺装置，混合气体在反应器

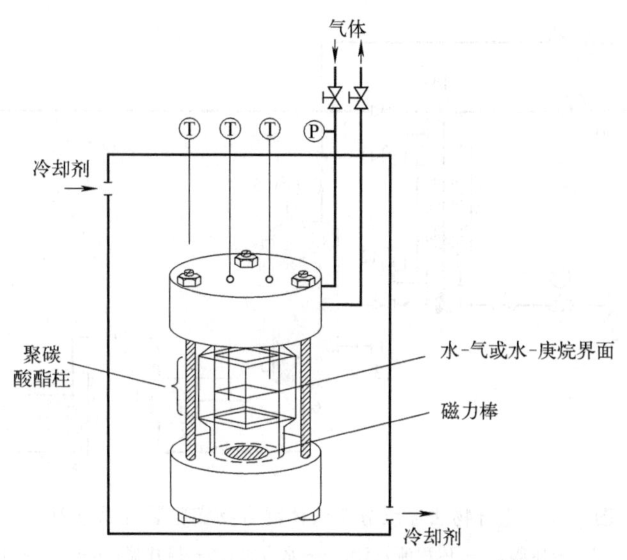

图 3-13 中空聚碳酸酯柱高压测试装置[21]

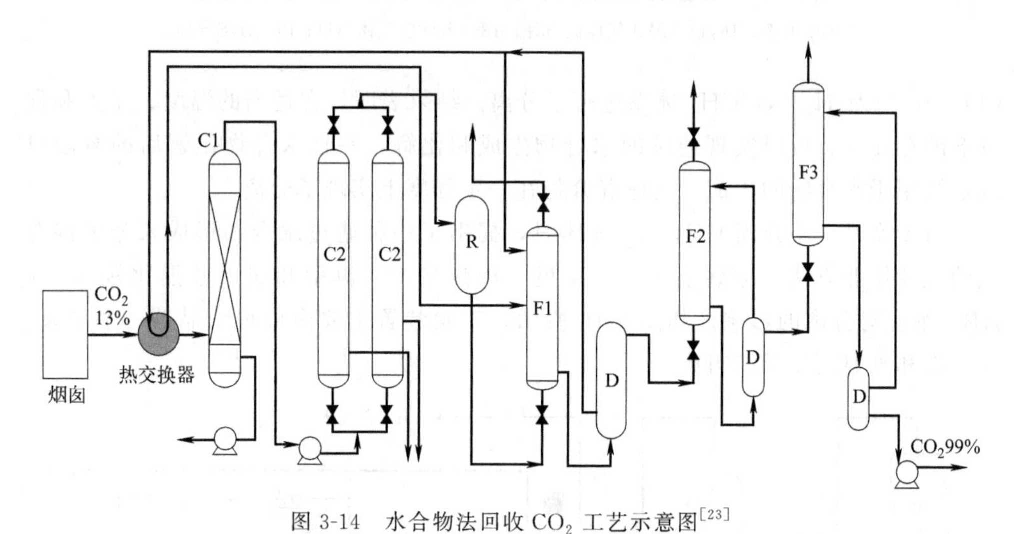

图 3-14 水合物法回收 CO_2 工艺示意图[23]

C1—沉淀器；C2—冷凝器；D—分离器；R—蓄水池；F1—含有 1% THF（摩尔分数）的第一水合器；F2，F3—第二和第三水合器

中生成水合物之后，将液相送至化解器中化解，且化解后的工作液能够循环利用。陈广印等利用该连续分离装置对 CH_4 摩尔分数为 50.44% 的 CH_4+N_2 模拟煤层气进行了水合分离实验研究。其实验装置流程如图 3-15 所示，该实验装置主要包括以下几部分：全透明水合反应器、水合物化解器、工作液循环泵、温度控制系统、数据采集系统。

Sun 等[25-27] 采用水合物法气体分离连续操作方法，对 CH_4/N_2、CH_4/H_2 和

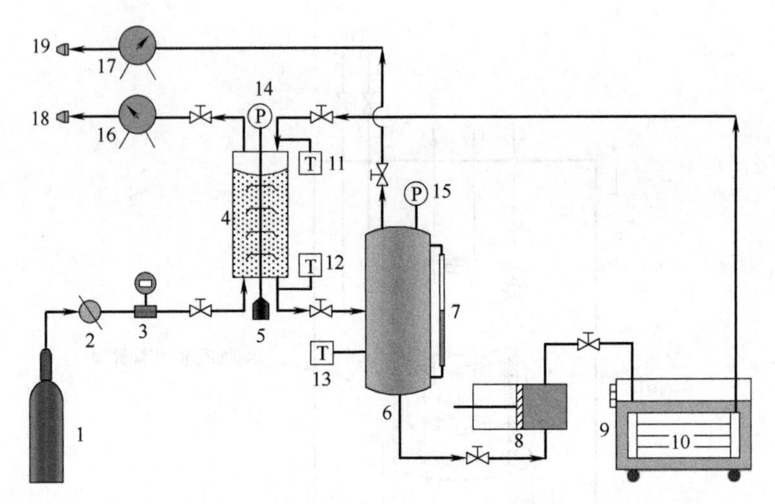

图 3-15　水合物法连续分离气体混合物实验装置示意图[23]

1—气瓶；2—减压阀；3—体积流量计；4—水合釜；5—搅拌器；6—水合物化解器；7—液位计；8—往复泵；9—制冷机；10—换热盘管；11～13—铂电阻温度计；14,15—压力表；16,17—湿式气体流量计；18—未反应气体出口；19—分解气体出口

CO_2/N_2 以及 $H_2/N_2/CH_4$ 体系进行了分离。结果表明，在适当的温度、压力和促进剂的存在下，可以实现连续的水合物生成和化解，并且水合物化解后的溶液可以继续用于水合物的生成，气体混合物在一定程度上实现了分离。

Sun 等[26] 在分离 CH_4/N_2 气体时，提出了一种通过水合物形成来分离混合气的连续作业方法，考察了压力、温度、液流量、气流量和四丁基溴化铵（TBAB）浓度对分离的影响。如图 3-16 所示，实验装置主要由可视结晶器、手动泵、空气浴和测温测压系统组成。

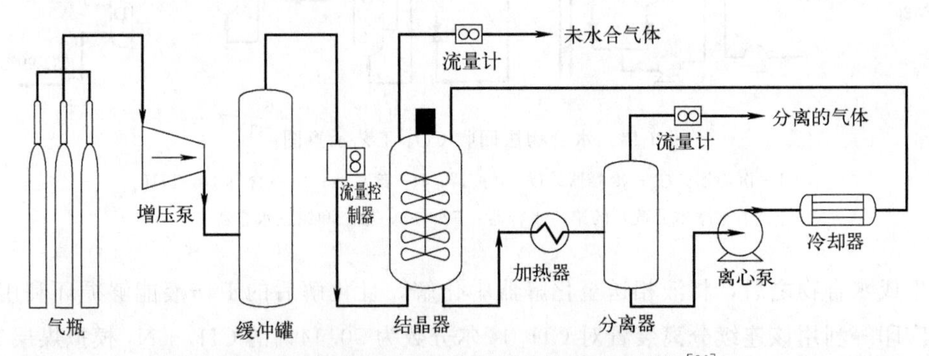

图 3-16　水合物法连续分离混合物装置示意图[26]

通过以上几种实验装置的对比不难发现：①目前大多数研究都是基于实验室规模的小型设备进行的，并且上述研究多是使用间歇式或半间歇式分离方法进行。在间歇式操作中，连续生产纯化气体需要两个或多个水合过程，不能同时从生成

水合物的反应器中分离出气相，气体分离不能连续进行操作。②随着分离目标气体浓度的减小，水合物的生成条件变得更为苛刻。另外，由于气体水合物的生成是气-液-固相平衡的过程，因此在水合物生成后，气相中仍残留一定含量的待水合气体。因此为了将水合物法气体分离技术应用于工业，有必要开发规模化的连续气体分离工艺、反应设备，以及水合物法与其他分离方法耦合的新分离方法[28]。

Kumar 等[29] 开发了一种水合物分离和膜分离耦合的气体分离工艺，从 CO_2/H_2 气体混合物中捕获 CO_2，工艺包括两级水合物分离和一级膜分离，其流程如图 3-17 所示。

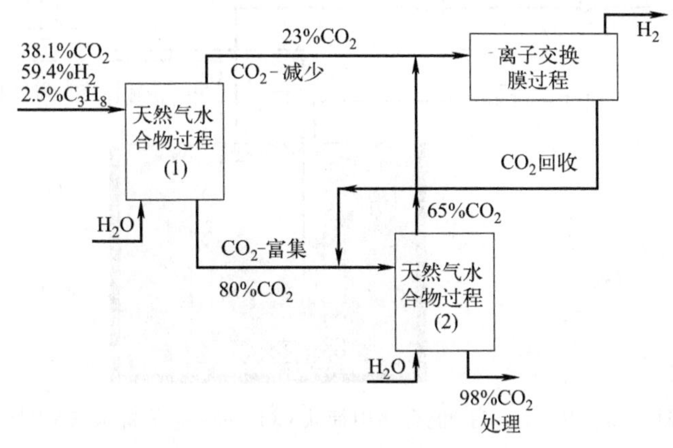

图 3-17　丙烷存在时从燃料气体中分离 CO_2 的水合物-膜组合工艺流程图[29]

Surovtseva 等[30] 开发了一种通过低温法和水合物法从整体煤气联合循环（IGCC）合成气中捕获 CO_2 的方法，其流程如图 3-18 所示。通过低温分离可以除

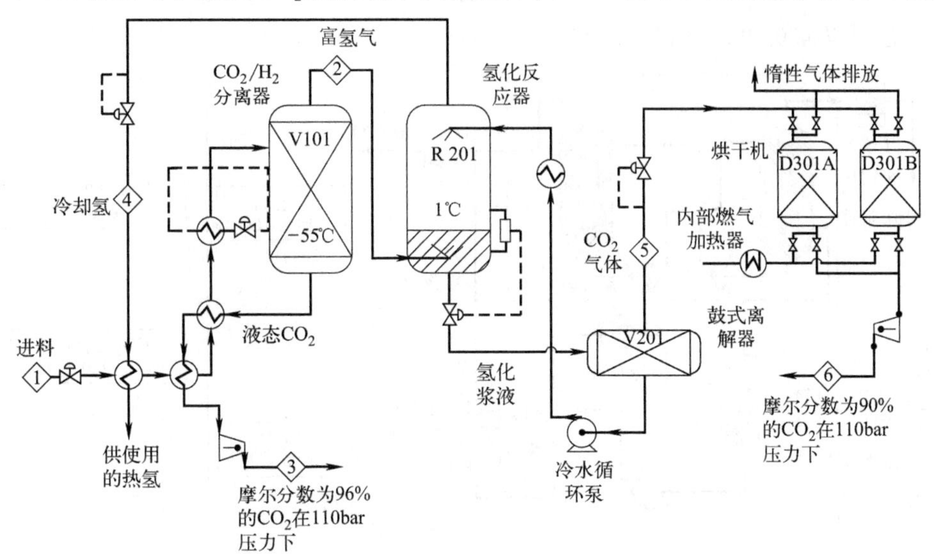

图 3-18　低温和水合物复合分离 CO_2 流程图[30]

（1bar＝0.1MPa）

去约70.0%的 CO_2，然后通过水合物法除去残留物。但是，此过程无法完全除去 CO_2。

Zhong 等[31] 使用吸附和水合物分离的耦合方法，利用固定的煤粉床从燃料气体中捕获 CO_2，其装置如图3-19所示。在此过程中，煤颗粒作为一种吸附剂提供了多通道来吸附 CO_2 气体，然后在一定温度和压力下，CO_2 气体与附着在煤颗粒表面的水一起转化为 CO_2 水合物，从而实现 CO_2 的捕获。

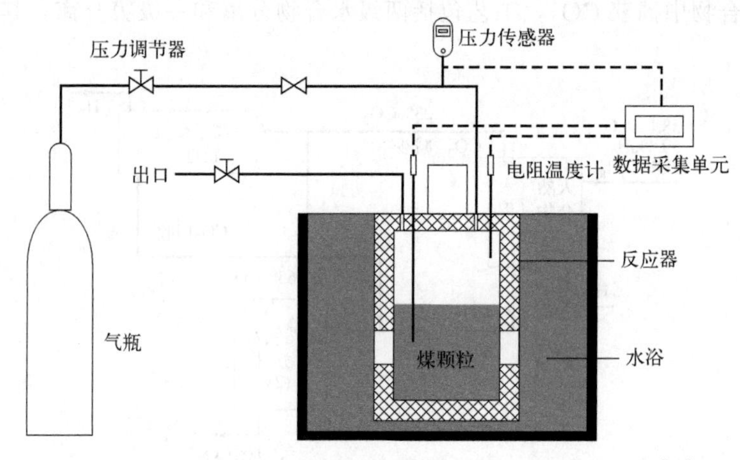

图3-19 从 CO_2/H_2 混合物中捕获 CO_2 的实验装置示意图[31]

Xu 等[32] 开发了一套水合物分离与化学吸收相耦合的连续气体分离工艺和装置，如图3-20所示。通过从IGCC合成气中分离 CO_2 的实验研究证明了该耦合方法和装置的可行性。该设备的气体处理量达到了 $521m^3/d$。实验结果表明，该耦合工艺可以捕获99.0%以上的 CO_2。

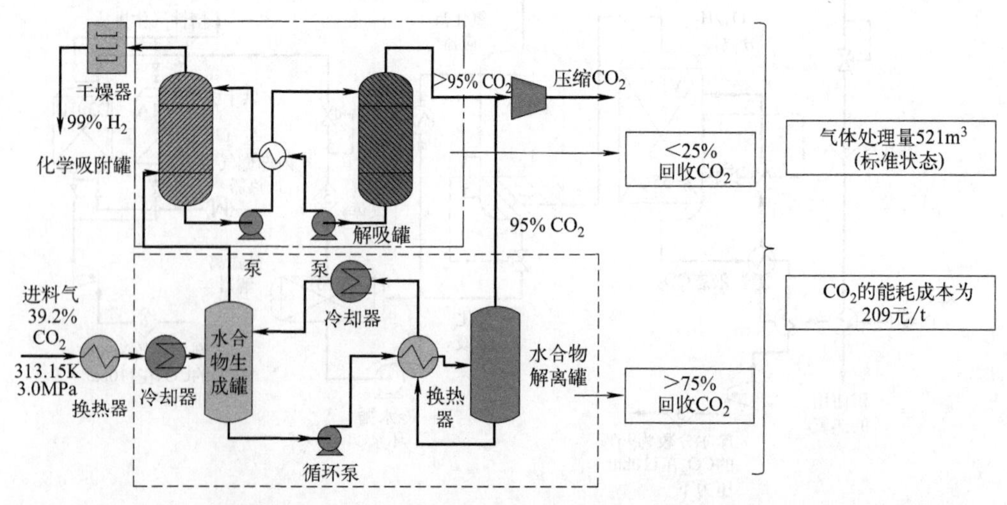

图3-20 采用水合物与化学吸附耦合方法分离IGCC合成气中 CO_2 的流程图[32]

四、水合物合成实验装置

目前水合物大量快速合成技术的关键难题在于合成速度慢、储气密度低，无法实现规模化生产。水合物合成技术主要包括机械强化、外场作用、化学强化及静态强化等技术。

（一）机械强化技术

机械强化水合物合成技术方法主要包括搅拌法、喷淋法及鼓泡法，通过增大气液接触面积，提高水合速率。

1. 搅拌法

搅拌法加快天然气水合物合成是研究最早、应用最成熟的机械强化方式。搅拌叶片旋转使气液接触面由平面变为锥形，增大了气液接触面积，湍流状态下水的传热系数与静态水相比提高了 2～4 倍。搅拌法通过强化传质传热过程，缩短了水合物合成的成核时间和生长时间，提高了水合速率。

Gudmundsson 等[33] 发明了三级连续搅拌式水合装置，将天然气与冰水混合液注入带有搅拌桨的反应器中，在 5.0MPa、10℃下经过搅拌可快速得到含气质量分数 30%的天然气水合物。Linga 等[34] 开发出一套新型装置来提高水合物形成速度，该装置在气液界面下安装一个叶片，如图 3-21 所示，可以阻止水合物晶体在气液界面处发生聚集、凝结，不断更新气液界面。与传统的搅拌装置相比，水合物颗粒悬浮时间可延长 1h，在 2.2MPa、1.5%四氢呋喃（THF）作用下，含 16.9% CO_2（摩尔分数）的 CO_2+N_2 诱导时间仅为 4min，有效地提高了水合物的合成效率。中国石油大学（华东）水合物实验室设计制造了高压搅拌式水合物实验仪，利用该实验装置可成功进行水合物相平衡、水合物动力学抑制剂、水合物热力学抑制剂及水合物防聚剂的研究，如图 3-22 所示[35]。

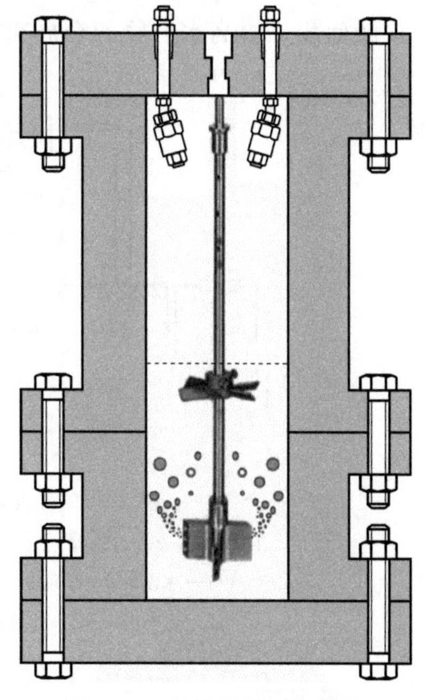

图 3-21　结晶器截面与搅拌器和喷嘴的布置[34]

2. 喷淋法

Kim 等[36] 设计了水合物合成实验回路系统，对搅拌喷淋作用于水合物的合成实验进行了研究，过冷度为 8K 以上时水合物合成速度较快，喷淋作用下水合物的合成速率为搅拌合成下的 3～4 倍。杨群芳等[37] 设计了一种喷雾合成天然气水合物的实验系统，采用喷雾方式

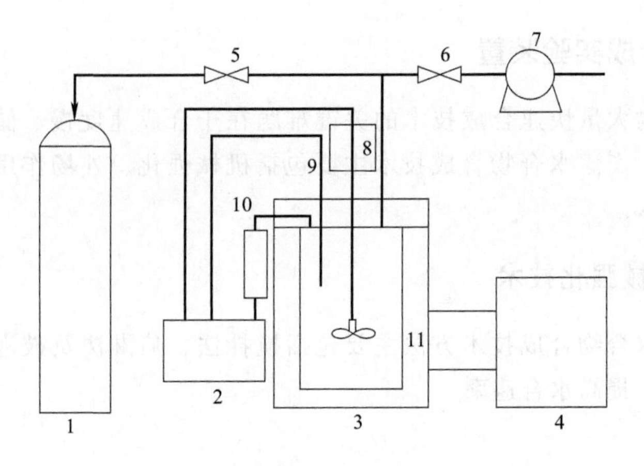

图 3-22　高压搅拌式水合物实验系统[35]

1—储气瓶；2—电子控制箱、数据采集仪；3—高压反应釜；4—恒温水浴；5—进气阀；6—单向阀；7—真空泵；8—搅拌装置；9—温度传感器；10—压力传感器；11—保温水套

强化低温水和天然气的直接接触传热，通过增加水分子与气体分子群的结合率、扩大接触面积来提高水合物合成速率。所用实验台由耐高压不锈钢可视反应釜、雾化系统、冷水供应系统、供气系统、恒温控制与数据采集系统等部分组成，如图 3-23 所示。Mori[38] 提出并设计了天然气水合物的间歇性生产、连续性生产两种生产方式，其特征在于在水合物的生产中采用鼓泡或喷淋方式，增大气体与水的接触面积，提高水合物的合成速率。

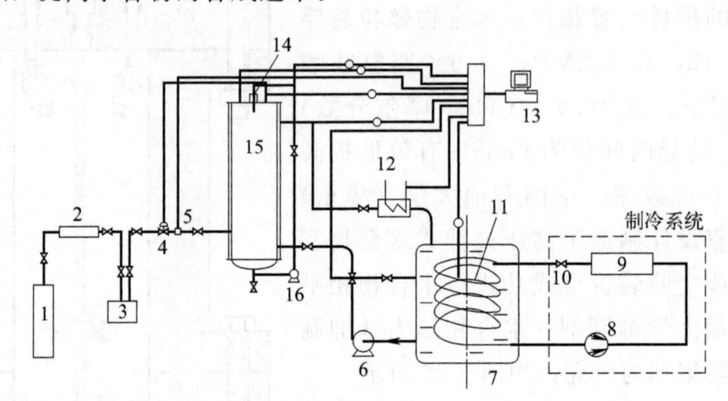

图 3-23　可视化天然气水合物制备实验台[37]

1—气瓶；2—过滤器；3—缓冲器；4—减压阀；5—流量计；6—循环泵；7—水浴；8—压缩机；9—冷凝器；10—节流阀；11—蒸发器；12—电热器；13—计算机；14—喷嘴；15—反应器；16—增压泵

3. 鼓泡法

周春艳等[39] 利用孔板鼓泡来增大气液接触面积，增强气体对液体的扰动，控

制气流速率、延长通气时间促进水合物形成，诱导期可缩短约 2/3。Takahashi 等[40] 将微气泡发生器产生的氙气微气泡通入装有 1% THF 溶液的透明反应釜内，验证了微气泡能够增加气体在水中的溶解度，从而加快了气体水合物成核速度，有助于形成水合物。他们表示微气泡系统是一种很有前景的水合物生成方法，其具有良好的气体溶解能力；由于微气泡在水下具有内部气体压力增大而体积减小的特性，使水合物成核的条件更加温和。Takahashi 等使用的微泡曝气器及微泡系统水合物生成实验装置如图 3-24 所示。

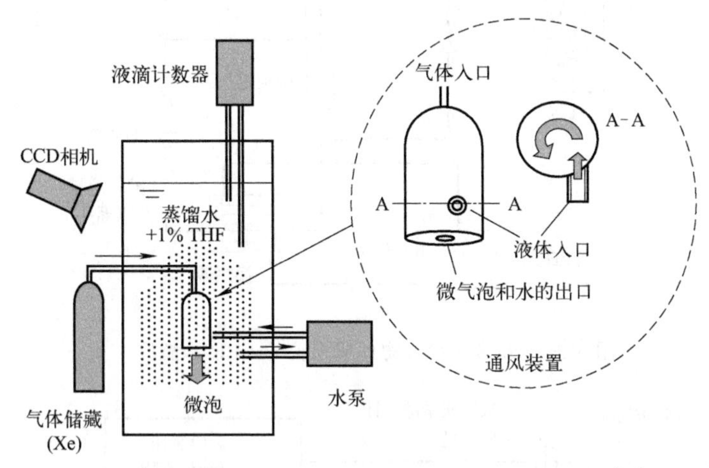

图 3-24　微泡曝气器及微泡系统水合物生成实验装置[40]

Tang 等[41] 研究了喷射循环反应器（ELR）中甲烷水合物的合成规律，如图 3-25 所示。发现在 1.5K 的过冷度并伴有静态混合器的情况下，甲烷水合物进行了快速合成，并且随着气体携带率的增加水合物的储气密度也会提高。

李海涛等[42] 基于上述机械方法基础，自主设计研制了非成岩水合物快速制备釜，开展了搅拌法、鼓泡法、喷淋法天然气水合物单一制备方法与“三合一”法（即喷淋法、鼓泡法与搅拌法三种方法结合）水合物制备对比实验，形成了我国独具特色的海洋非成岩水合物室内原位制备方法和实验研究平台。其流程图如图 3-26 所示。

（二）外场作用

外场作用即在合成装置中引入超声波、微波、磁场和超重力场等环境，提高传质系数，增强过饱和度，促进水合物的合成。超声波、微波、磁场等外场作用可以使水的黏度、表面张力、介电常数等很多物理性能发生变化，在水合过程中，水合速率也受到一定的影响。利用施加外场使天然气水合物快速合成的办法具有无污染、操作简便、耗能较低等优点。

孙始财等[43] 总结了近年的研究成果，认为超声波对天然气水合物的合成、分

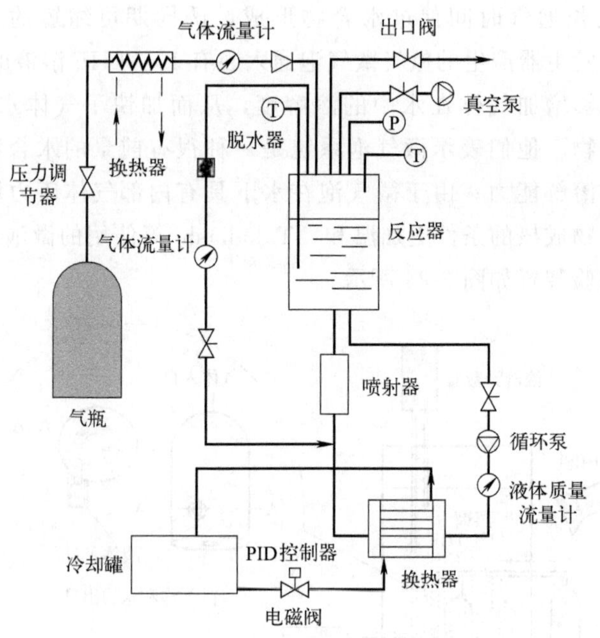

图 3-25　天然气水合物形成系统的 ELR 示意图[41]

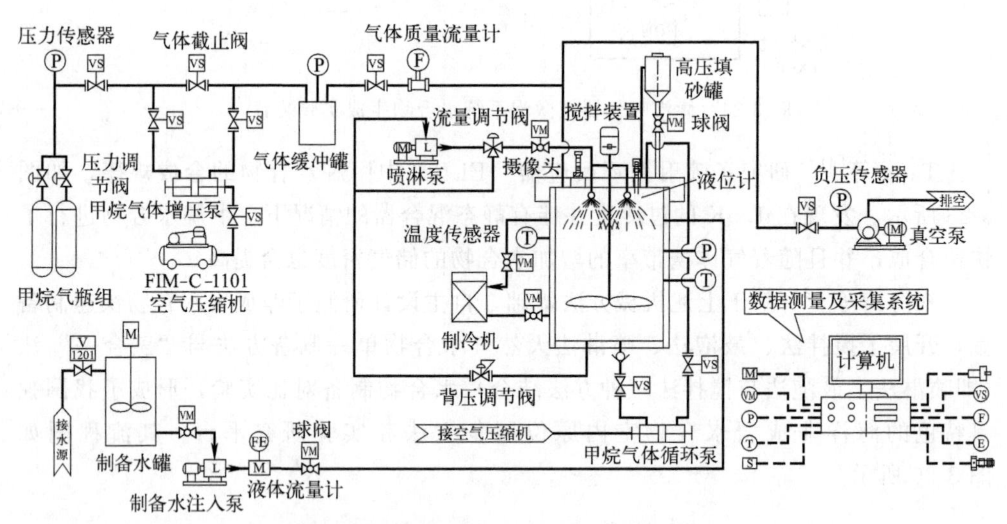

图 3-26　非成岩水合物快速制备流程图[42]

解影响主要来自超声空化，在超声波作用下，水合物的晶粒更细腻、更均匀，能够提高天然气水合物的储气密度。美国的 Rogers 等[44] 在研究天然气水合物储气的过程中，为加速天然气水合物的形成与分解，引入了频率为 20kHz、功率为 0～500W 的超声波，如图 3-27 所示。

Liang 等[45] 研究发现在 20W 微波条件下，水合物合成诱导时间从 4.5h 缩短到 1.3h，而且在同样的压力下，微波法可以提高水合物相平衡温度。

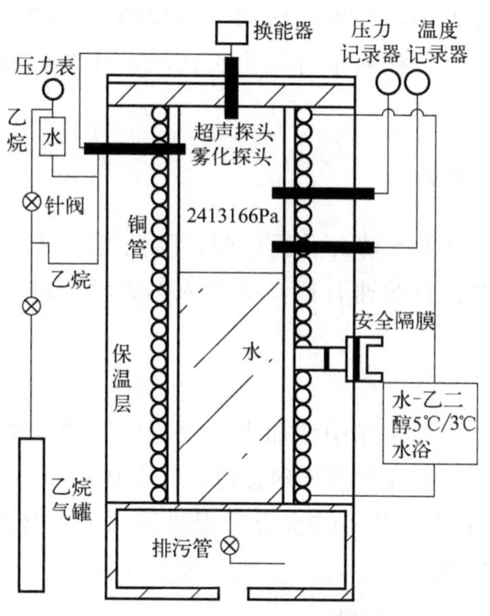

图 3-27 水合物形成分解装置图[43]

白净等[46] 研究了二氧化碳水合物在超重力反应器中的合成过程，通过对反应器内热量的测量，如图 3-28 所示，发现水合反应器热量利用率接近 90%，水合物能够快速连续地合成。

Saban 等[47] 研究了磁场对水合物晶体合成过程及其属性的影响，发现磁场能

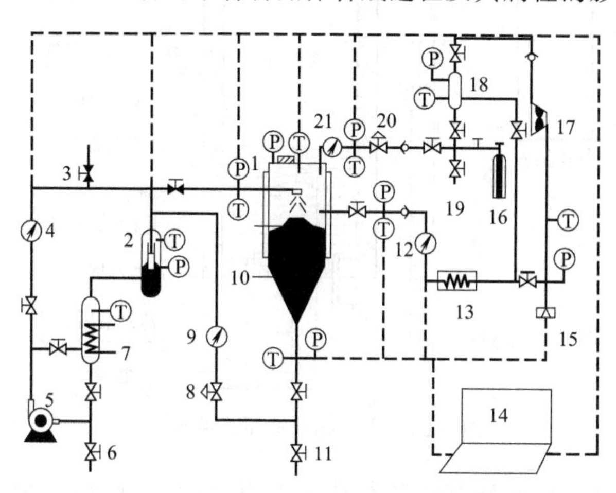

图 3-28 静态超重力气体水合物快速生成系统[46]

1—静态超重力反应器；2—分离和储存器；3—冰浆取样阀；4—进口冰水流量计；5—冰水泵；6—排污阀；7—冰水储罐；8—调压阀；9—出口冰水流量计；10—冷却器；11—排污阀；12—气体进口流量计；13—冷却器；14—计算机与数据采集系统；15—安全阀；16—气瓶；17—气体循环压缩机；18—气体储存与缓冲罐；19—放空阀；20—气体出口调压阀；21—气体出口流量计

影响水合物晶体结构的大小，在磁场作用下形成的水合物晶体结构较无磁场作用时大。磁场能提高水合率，扩展水合物生长区域，并能影响水合物形成结构的大小，进而利于水合物的生成。

（三）化学强化技术

化学强化方法主要是加入动力学促进剂，降低气液界面张力，加快气体溶解，缩短诱导时间，促进水合物快速合成，或加入热力学促进剂降低水合物相平衡生成条件。

1. 动力学促进剂

Zhong 和 Rogers[48] 在水相中添加十二烷基硫酸钠（SDS），水合物的形成速率比纯水体系高 700 倍，储气量接近理想值。静态体系下 SDS 对 CO_2 水合物促进体系的最佳浓度为 0.5g/L，对甲烷水合物促进体系的最佳浓度为 50～100mg/L。所用实验装置如图 3-29 所示。

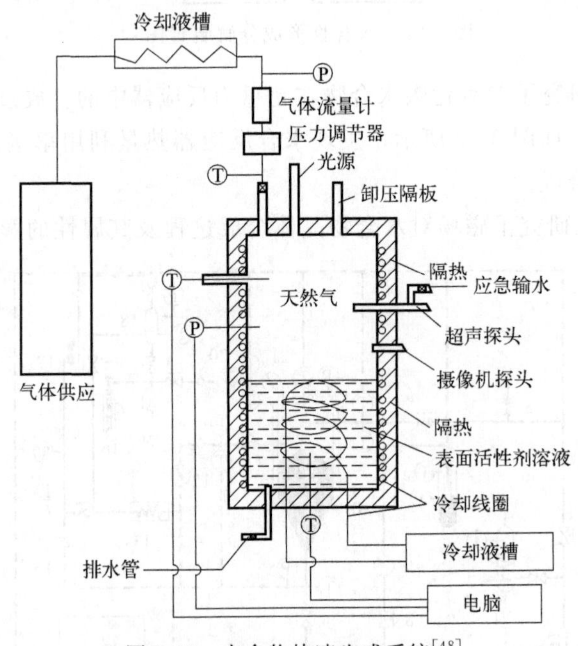

图 3-29　水合物快速生成系统[48]

熊文涛[49] 对木质素磺酸钠进行研究，当初始压力为 8.3MPa、水浴温度为 273.2K 时，0.5%（质量分数）木质素磺酸钠溶液在进气过程中压力还未达到目标压力时水合反应已开始，30min 水合储气量为 180.742m^3/m^3，二次水合最终储气量高达 204.142m^3/m^3。装置示意如图 3-30 所示。

2. 热力学促进剂

周麟晨等[50] 总结出：热力学促进剂通常通过填充水合物笼达到改善水合物形

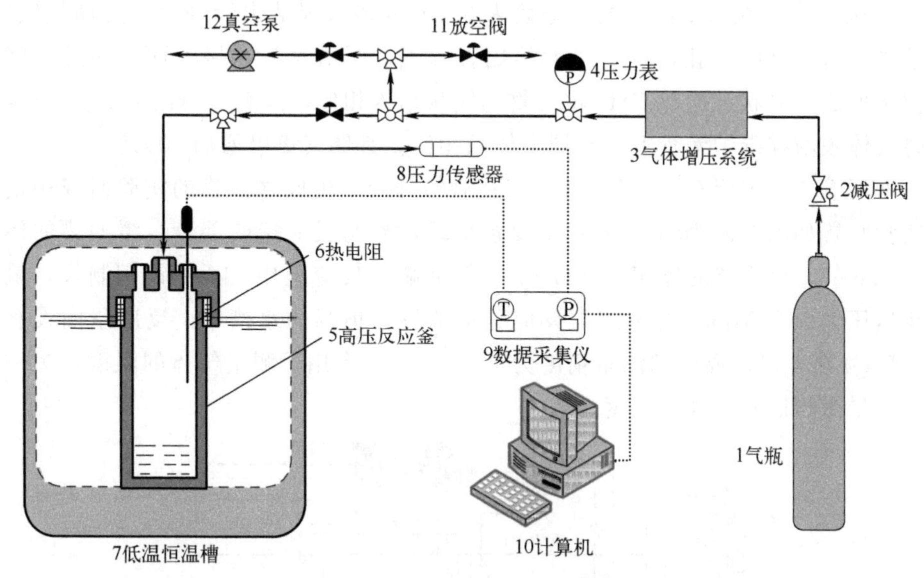

图 3-30　水合实验装置图[49]

成相平衡条件的目的，增大水合物形成的推动力，创造有利于水合物形成的热力学条件。热力学促进剂可分为可溶水相和不可溶水相热力学促进剂。可溶水相热力学促进剂主要有四氢呋喃（THF）和铵盐，其中铵盐主要有四丁基溴化铵（TBAB）和四丁基氯化铵（TBAC）等；不可溶水相热力学促进剂主要有环己烷、环戊烷、HCFC-141b和四氢吡喃（THP）等。

Yang 等[51] 研究了 THF 和 TBAB 混合物对 CO_2 水合物相平衡的影响。实验在 276.35～291.05K、0.9～4.4MPa 条件下研究了质量分数分别为 0.5%、1%、2%、3%和 5%的 TBAB，以及 5%THF 的水溶液中添加质量分数分别为 3%、5%和 8%的 TBAB 对二氧化碳水合物相平衡的影响。他们发现当加入含 5% THF 的混合物时，水合物平衡压力急剧下降。而与仅添加 THF、TBAB 或 THF 和 SDS 混合物相比，THF 和 TBAB 混合物会显著降低水合物相平衡压力。此外，Yang 等还发现，与其他测试浓度相比，5% THF+5% TBAB 的混合物添加剂可大大缩短水合物形成的诱导时间。

（四）静态强化技术

静态强化技术主要是在水合反应体系中加入导热性能较好的多孔介质材料，及时高效移除反应热，促进水合物合成。

Perrin 等[52] 研究了活性炭的干法和湿法储甲烷情况，结果表明：在 2℃、8MPa 条件下，水与活性炭质量比为 1∶1 时，湿活性炭最大储气能力为 $227m^3/m^3$，大于干活性炭储气量。

Park 等[53] 在水中添加质量分数为 0.004%多壁碳纳米管进行水合储气实验。碳纳米管有丰富的微孔，具有较大的比表面积，可增大气水接触面，而且其管壁碳原子形成的笼状结构与 CH_4 水合物的笼状结构相似，能有效地促进水合物合成；同时气体吸附在碳纳米管上，与纯水体系相比，其储气量可增加 300%。

刘军等[54] 进行 CO_2+N_2 混合气在微粉硅胶中生成水合物的实验研究中使用的实验装置如图 3-31 所示，装置主要包括缓冲罐与反应釜两部分，缓冲罐的体积为 1165cm³，反应釜的体积为 505cm³。缓冲罐与反应釜用 316 不锈钢制成，最大的承压压力为 20MPa。缓冲罐与反应釜被放置在恒温的水槽中。反应釜内设置两个 PT100 热电偶，温度的测量精度为±0.1℃，一个用于测量气体的温度，另一个用于测量微粉硅胶内部的温度。

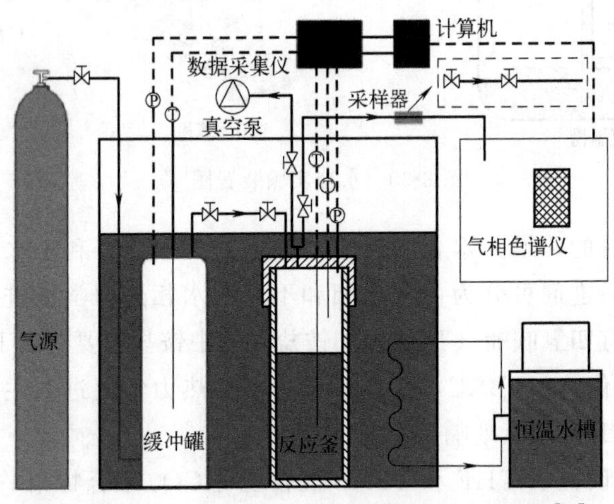

图 3-31　在微粉硅胶中生成水合物的装置原理图[54]

（五）合成实验装置

根据前文介绍的目前大量快速合成水合物的技术，这里简要概括实验室合成水合物技术所需的实验装置。

通过对比现有的天然气水合物合成装置，发现天然气水合物合成装置主要由三部分构成：高压反应系统、恒温制冷系统、测试及辅助系统。这些装置的基本原理一致，即天然气与水或水蒸气在恒低温的高压反应釜中发生分子间相互作用进而生成水合物[55]。

1. 高压反应系统

（1）可视与不可视反应釜

高压反应系统即装置的核心部分——反应釜，从外观上看可分为两类：可视反应釜与不可视反应釜。

不可视反应釜通常体积较大，由不锈钢铸造而成。1990 年我国与苏联学者合作在实验室里首次合成了天然气水合物，就是使用了不可视反应釜。当时设备十分简陋，由钢瓶、恒温浴、高压容器、压力表和温度计等组成，由于没有搅拌设备，通过人工摇晃容器加快反应速率。

可视反应釜又分为部分可视和全部可视。部分可视是指通过在反应釜中加装对称透镜实现对气、水界面部分的可视，透镜一般为经特殊处理的钢化玻璃。青岛海洋地质研究所利用该类型装置研究了深海天然气水合物的形成，这种装置考虑了海水的腐蚀性，用钛合金 TC4 锻造而成，带有管式视镜，配备了泄漏、超压报警系统，以及声学、光学、电学检测系统，对试验参数进行测量和记录。全部可视反应釜如前文所提到的全透明蓝宝石釜[16]，可直观地观察到水合物反应的全过程。

（2）定容与非定容反应釜

根据反应釜内容积是否可变将反应釜分为定容与非定容两类。传统的反应釜如连续搅拌反应釜（CSTR）就是定容反应釜；而非定容反应釜是在传统釜内加入可移动活塞，可通过改变活塞位置对釜内压力进行调整。

（3）气-液界面接触式、鼓泡式以及喷雾式反应釜

气-液界面接触式是大多数水合物反应釜所采用的生成方法。采用这种方式的反应釜用于水合物生成时，先通过泵向釜内注入一定量的蒸馏水，然后用真空泵抽真空，最后向釜内注入天然气至一定压力。维持压力温度一定，至肉眼观察到水合物生成。部分反应釜内配备磁力搅拌器使气液充分接触，加快生成速率。用这种方式生成水合物时，受气体在水中溶解度的限制，诱导期长，且生成的水合物含气率分布不均匀。

鼓泡式是在反应釜底部设置微孔孔板，使气体以气泡的形式与水接触，增大接触面积，缩短诱导期。这种方法在提高反应效率的同时，可利用气泡破裂带走反应产生的热量，有利于维持低温，但同时也增加了与多孔板配套的增压系统的复杂程度。

喷雾式与鼓泡式水合物反应釜将气体分散到液体的方法相似，喷雾式是将水雾化喷入反应釜内与高压气体反应。在基本组成的基础上增加雾化系统，可使水与气体充分接触反应，是最高效的合成方法。其不足之处在于，反应放热会使釜内温度升高而使反应放缓，需加大夹套的制冷量来带走水合反应热。

2. 循环制冷系统

水合物生成试验装置中所用的制冷系统主要有两类：一类是在反应釜外层设置夹套，利用夹套内的冷介质（水）对反应釜进行冷却；另一类是把反应釜整个浸入恒温水浴或空气浴内进行冷却。这两种制冷系统主要由液体或空气恒温浴槽和温度控制系统组成。

3. 测试及辅助系统

测试系统是对试验过程中的温度、压力以及流量等参数进行测量和记录的系

统。为了提高数据的精度，现代科技将声学、光学以及电学都加入测试系统中。除了记录图像，美国橡树岭国家实验室（ORNL）建成的海底过程模拟器（SPS）还带有显微视像系统（分辨率 10 mm），便于对晶核的生长进行微观研究[56]。

为了使实验结果与实际更加接近，设计者增加设备以模拟自然环境，如加入反应储气缸，在该储气缸外围还配有带有恒压溢流阀的环境控制室，可对海底沉积物环境下天然气水合物的生成进行更加真实的模拟，同时避免了气体溢出而对环境造成危害。向军等[57] 设计的天然气水合物模拟试验装置，基于相似准则，即试验中的模型与实际情况中的全部物理量成比例，可通过测量记录在该试验平台上的结果推测实际情况中的各个几何点及瞬态时间点的参数。该装置还在进液平流泵与反应生成釜之间增加了一个中间容器，避免了平流泵受到工作液类型的限制，从而便于对不同液体的水合物生成进行研究。

五、水合物开采模拟实验装置

注热法和降压法是目前研究最为广泛的天然气水合物开采方法[58]。蒋宇静等[59] 基于注热法为研究天然气水合物的合成及分解特性、储层的开采特性以及开采过程中的出砂防砂等问题，自主研制了一套多维天然气水合物开采模拟试验系统，如图 3-32 所示。该试验系统主要由气体注入系统、稳压供液系统、蒸汽或热水注入系统、一维/二维/三维模型、回压控制系统、出口计量系统、数据采集控

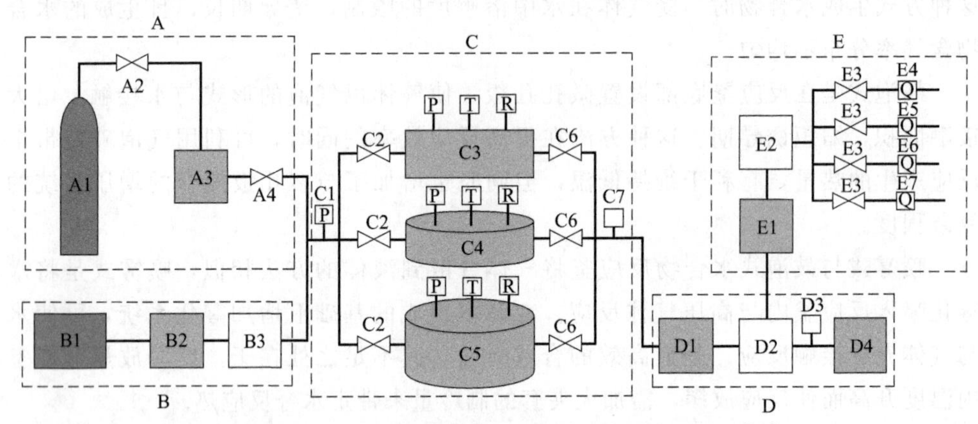

图 3-32　多维天然气水合物开采模拟试验系统原理图[59]

⋈—气、液阀；P—压力传感器；T—温度传感器；R—电阻传感器；Q—流量计；A—气体注入系统；B—稳压供液系统；C—一维/二维/三维模型；D—回压控制系统；E—出口计量系统；A1—气瓶；A2—减压阀；A3—高压储罐；A4—调压阀；B1—气泵；B2—恒速恒压泵；B3—活塞容器；C1—入口压力传感器；C2—入口阀门；C3—一维模型；C4—二维模型；C5—三维模型；C6—出口阀门；C7—出口压力传感器；D1—气固液分离器；D2—回压阀；D3—回压传感器；D4—回压泵；E1—气液分离器；E2—电子天平；E3—排气阀；E4—30mL/min 气体流量计；E5—300mL/min 气体流量计；E6—1000mL/min 气体流量计；E7—0.5m^3/h 湿式流量计

制处理系统等组成。

黄婷等[60] 基于降压法采用实验室自行搭建的三维水合物模拟装置，建立了一套含有游离气层的第一类水合物储层制备新方法，研究了水合物藏降压开采过程的产气产水特性。如图 3-33 所示，实验装置主要由高压反应器系统、气体收集系统和数据监测记录系统（MCGS）组成。

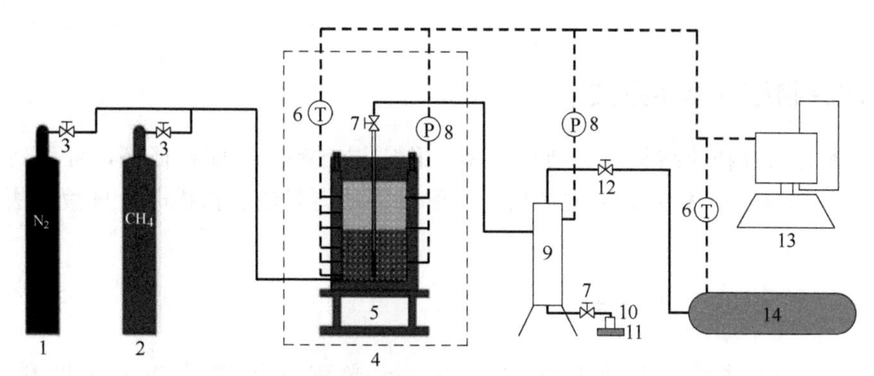

图 3-33　水合物藏降压开采实验模拟装置图[60]

1—氮气钢瓶；2—甲烷钢瓶；3—减压阀；4—空气浴；5—反应釜；6—温度传感器；7—阀门；8—压力传感器；9—气水分离罐；10—烧杯；11—天平；12—背压阀；13—电脑及数据采集系统；14—气体收集罐

而针对海底的开采情况，美国橡树岭国家实验室海底过程模拟器是一个温控高压容器，它能够模拟水合物稳定存在的深海底部压力和温度条件[61]，如图 3-34 所示。容器由 C22-Hastelloy（UNS N06022）镍基合金制成，这种材料可抗氯化

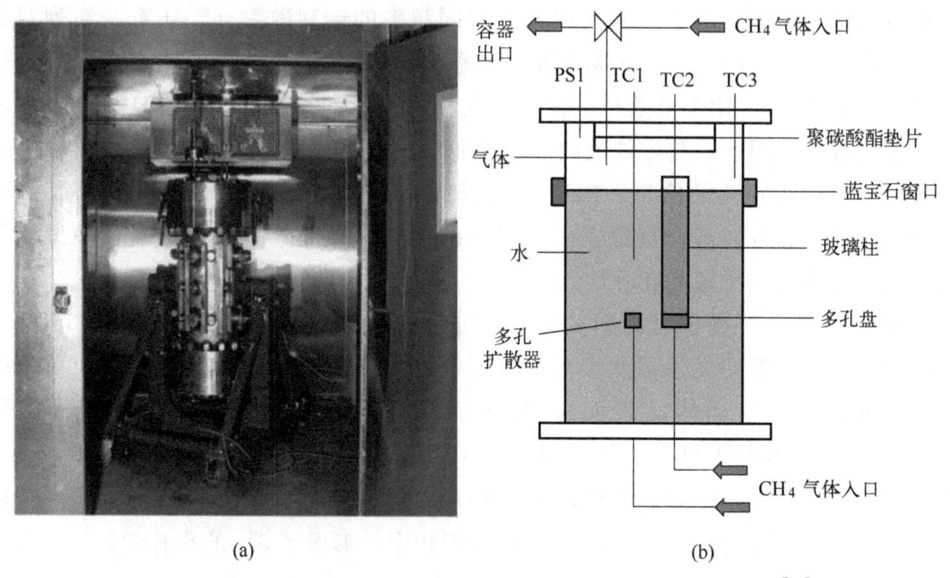

图 3-34　海底过程模拟器示意图（a）和蓝宝石窗口示意图（b）[61]

物或硫化物引起的应力腐蚀开裂。仪器的最大工作压力为20.7MPa，最低设计温度−40℃，具有良好的温控能力。

第二节　水合物研究测定方法

一、水合物结构测定方法

在测定水合物的结构，如结构类型、孔穴占有率、表面特征等，可用到拉曼(Raman)光谱法、核磁共振波谱法、X射线多晶衍射法、扫描电子显微镜法、光学成像法等。

（一）Raman光谱法

Raman光谱是一种散射光谱。Raman光谱分析法是基于印度科学家C. V. Raman所发现的Raman散射效应，对与入射光频率不同的散射光谱进行分析以得到分子振动、转动方面的信息，并应用于分子结构研究的一种分析方法。

光照射到物质上发生弹性散射和非弹性散射。弹性散射的散射光是与激发光波长相同的成分，非弹性散射的散射光有比激发光波长长的和短的成分，统称为Raman效应。Raman效应是光子与光学声子相互作用的结果。

当用波长比试样粒径小得多的单色光照射气体、液体或透明试样时，大部分的光会按原来的方向透射，而一小部分则按不同的角度散射开来，产生散射光。在垂直方向观察时，除了与原入射光有相同频率的瑞利散射外，还有一系列对称分布着若干条很弱的与入射光频率发生位移的Raman谱线，这种现象称为Raman效应。由于Raman谱线的数目、位移的大小、谱线的长度直接与试样分子振动或转动能级有关，因此，与红外吸收光谱类似，对Raman光谱的研究，也可以得到有关分子振动或转动的信息。Raman光谱的分析方法不需要对样品进行前处理，也没有样品的制备过程，避免了一些误差的产生，并且具有在分析过程中操作简便、测定时间短、灵敏度高等优点。

Schicks等[62]在水合物研究中使用的Raman光谱实验原理如图3-35所示(彩图见书后)。他们使用了共聚焦拉曼光谱仪，它允许激光束聚焦在一个精确的点上(例如水合物晶体的表面)，从而确保只分析选定的相。Schicks等利用Raman光谱对冰与CH_4、CH_4+H_2S、CH_4+CO_2、$CH_4+C_3H_8$、$CH_4+iso\text{-}C_4H_{10}$和$CH_4+neo\text{-}C_5H_{12}$形成的水合物进行了时间分辨研究。所有研究体系都显示，在形成过程的初始阶段，CH_4融入固相中，形成了5^{12}的小孔穴。

Raman光谱法可应用于水合物的结构[63]、生成机理[64]、分解机理、占有

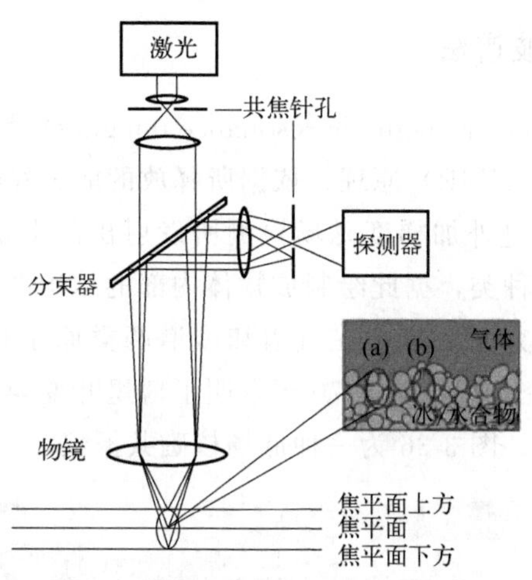

图 3-35 含封闭气体的冰/水合物样品的共聚焦拉曼光谱原理[62]

率[65,66]、水合物的组成和分子动力学研究[62]中。通过已知的 Raman 位移数据表或已知图谱进行对比研究，或结合其他图谱提供的信息综合考虑，可以推断出水合物的基本类型及客体占据孔穴类型和占有率[67]。表 3-1 是部分水合物客体的不同振动类型在不同孔穴中的 Raman 位移。

表 3-1 水合物客体的不同振动类型在不同孔穴中的 Raman 位移

客体分子	腔体类型	测量位移 /cm^{-1}	文献位移 /cm^{-1}	振动模式	文献来源
CH_4	Ⅰ型 5^{12}	2915	2915	ν_1 C—H 对称振动	[65]
	Ⅰ型 $5^{12}6^2$	2905	2905		
	Ⅱ型 5^{12}	2913	2914		
	Ⅱ型 $5^{12}6^4$	2904	2904		
	气相	2917	2917		
CO_2	Ⅰ型 $5^{12}6^2$	1273	1274	ν_1 C—O 对称振动	[68]
	气相	1285	1285		[69]
	Ⅰ型 $5^{12}6^2$	1377	1377	ν_2 弯曲振动	[68]
	气相	1388	1388		[69]
H_2S	Ⅰ型 $5^{12}6^2$	2592	2593	ν_1 S—H 对称振动	[70]
	Ⅰ型 5^{12}	2602	2604		
C_3H_8	Ⅱ型 $5^{12}6^4$	2873,2881	2865,2876	C—H 对称振动	[71]
			2870,2878		[72]
	Ⅱ型 $5^{12}6^4$	2945,2986	2984	C—H 不对称振动	[72]
iso-C_4H_{10}	Ⅱ型 $5^{12}6^4$	2875	2872	C—H 振动	[73]
	Ⅱ型 $5^{12}6^4$	2940,2947	2938,2969	C—H 不对称振动	[73]
neo-C_5H_{12}	Ⅱ型 $5^{12}6^4$	2877,2924	—	C—H 对称振动	[74,75]
	Ⅱ型 $5^{12}6^4$	2956,2976	—	C—H 不对称振动	[74,75]

（二）核磁共振波谱法

核磁共振成像（nuclear magnetic resonance imaging）是利用核磁共振（nuclear magnetic resonance，NMR）原理，依据所释放的能量在物质内部不同结构环境中不同的衰减程度，通过外加梯度磁场检测所发射出的电磁波，得知构成这一物体原子的原子核位置和种类，据此绘制成物体内部的结构图像。

核磁共振波谱的研究主要集中在氢谱和碳谱两类原子核波谱。核磁共振碳谱早在1957年就开始研究，但直至1970年发明了傅里叶变换核磁共振谱仪后，有关碳谱的研究才开始增加。图3-36为一种低场核磁共振仪。

图3-36　MacroMR12-150H-I低场核磁共振仪[76]

NMR同样可以用于研究水合物结构，与Raman光谱法有类似之处。通过NMR谱图提供的化学位移、质子的裂分峰数、耦合常数及各组分相对峰面积，与已知的NMR图谱进行对比分析，即可推断水合物的结构。比如，Susilo等[77]就运用NMR图谱法研究了甲烷水合物的生长和分解动力学。如图3-37所示，其中宽峰对应水合物相中的甲烷，尖峰对应气体中的甲烷和溶解在非水相中的甲烷，通过观察发现，宽峰强度的增加（虚线部分）有助于可视化水合物的增长。Kini等[78]和Fleyfel等[79]在研究气体混合物生成的水合物结构时，虽得出的结论存在差异，但都使用了NMR碳谱技术。

（三）X射线多晶衍射法

物质结构的分析尽管可以采用中子衍射、电子衍射、红外光谱、穆斯堡尔谱等方法，但是X射线衍射是最有效的、应用最广泛的手段，而且X射线衍射是人类用来研究物质微观结构的第一种方法。图3-38是一种X射线衍射仪。

X射线多晶衍射法是利用晶体对X射线的衍射效应，获得多晶样品X射线衍射图的方法。该法给出衍射面间距和衍射强度，根据这些数据可进行物相分析、计算晶胞参数、确定空间点阵形式以及测定简单金属和化合物的晶体结构。样品

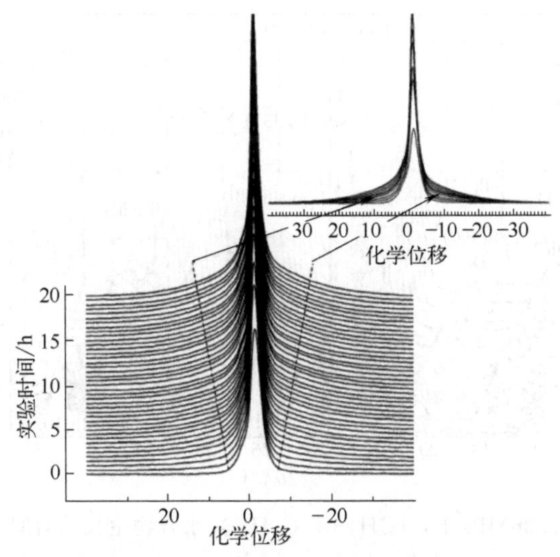

图 3-37　冰＋新己烷＋CD_4 的氘（2H）NMR 谱在 20h 内的变化[77]

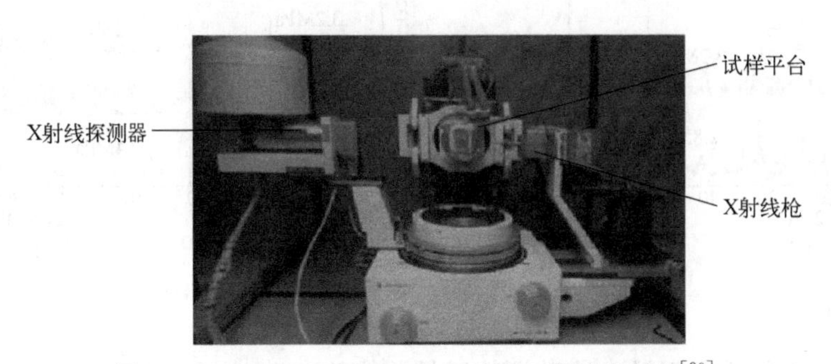

图 3-38　SEIFERT XRD3000PTS 型 X 射线衍射仪[80]

通常为块状或粉末状，若是后者，又称为 X 射线粉末衍射法。

Luzi 等[81] 通过 Raman 实验和时间分辨的 X 射线衍射实验，研究了低浓度大烃客体分子结构 H 型水合物的形成。图 3-39 是时间分辨的 PXRD 实验结果。在实验过程中，水合物的反射强度增大，而冰的反射强度减小。由此得出冰相转化为结构Ⅱ型天然气水合物的结论，衍射峰的积分强度与晶体体积成正比。因此，综合强度的变化与水合物或冰相的体积变化有关。变化速率提供了有关水合物晶体形成、解离或转化率的信息。

张娜等[63] 在考察小孔径 5A 分子筛中 CO_2 水合物的相平衡条件时，运用 XRD 对分子筛内水合物进行了表征。如图 3-40 所示，发现过程中没有 CO_2 水合物生成，且孔径内的水分子反而抑制了气体的吸附。

（四）扫描电子显微镜法

扫描电子显微镜（SEM）成像是依据电子与物质的相互作用。当一束高能的

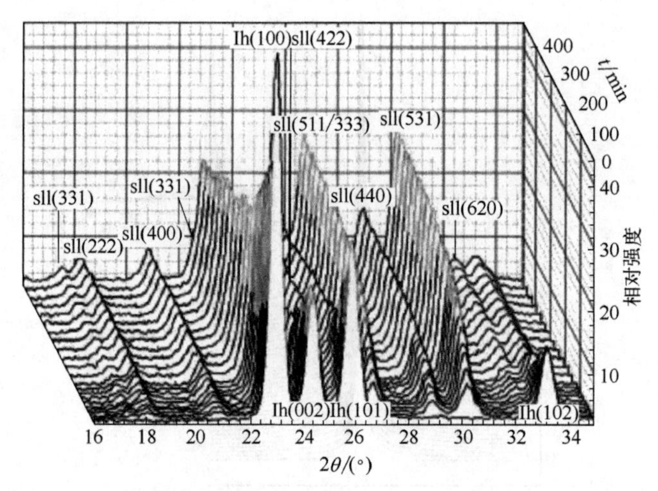

图 3-39　267K 和 2.36MPa 下，($CH_4+n\text{-}C_4H_{10}$) 水合物生长的时间分辨 PXRD 图[81]

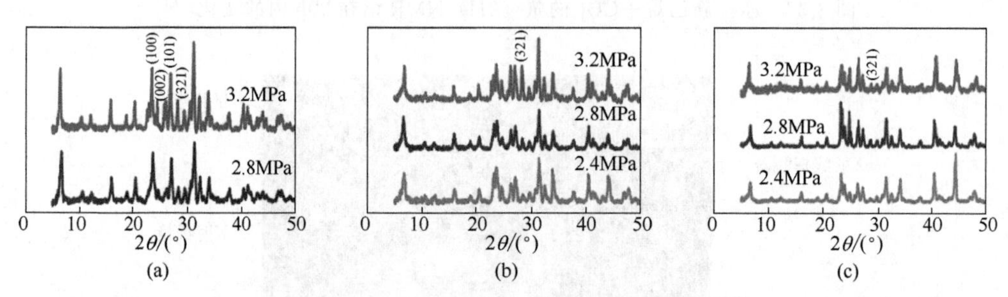

图 3-40　分子筛中 CO_2 水合物的 XRD 谱图[63]

入射电子轰击物质表面时，被激发的区域将产生二次电子、俄歇电子、特征 X 射线和连续 X 射线、背散射电子、透射电子，以及在可见、紫外、红外光区域产生的电磁辐射；同时，也可产生电子-空穴对、晶格振动（声子）、电子振荡（等离子体）。原则上讲，利用电子和物质的相互作用，可以获取被测样品本身的各种物理、化学性质的信息，如形貌、组成、晶体结构、电子结构和内部电场或磁场等。

SEM 的工作原理是用一束极细的电子束扫描样品，在样品表面激发出次级电子，次级电子的多少与电子束入射角有关，也就是说与样品的表面结构有关；次级电子由探测体收集，并在那里被闪烁器转变为光信号，再经光电倍增管和放大器转变为电信号来控制荧光屏上电子束的强度，显示出与电子束同步的扫描图像。图像为立体形象，反映了标本的表面结构。为了使标本表面发射出次级电子，标本在固定、脱水后，要喷涂上一层重金属微粒，重金属在电子束的轰击下发出次级电子信号。图 3-41 是一种 SEM 仪器。

扫描电镜工作者面临着的一个不可回避的事实是：所有生命科学以及许多材料科学的样品都含有液体成分。而冷冻扫描电镜技术（Cryo-SEM）是克服样品含水问题的一个快速、可靠和有效的方法。Cryo-SEM 能保持可溶性物质，其可弥漫物质很少移位，机械损伤小，是对样品进行动态分析的方法，很适合液体、半液体和电子束敏感样品的表征。

张娜等[63] 为了区别水合物与冰，采用 Cryo-SEM 对纯分子筛以及水和分子筛均匀混合的试样进行表面形貌分析，分子筛中 CO_2 水合物分解的 Cryo-SEM 图像见图 3-42。由图可知，随含水量的增加，分子筛颗粒间隙的水分子增多，分子筛颗粒冰结构由冰“颗粒”聚集为冰“网”，再聚成冰“板”结构；分子筛表面的水也增加，当含水量为 42.11% 时，分子筛表面出现网格状的结构。

图 3-41　Quanta FEG 450 场发射扫描电镜仪[76]

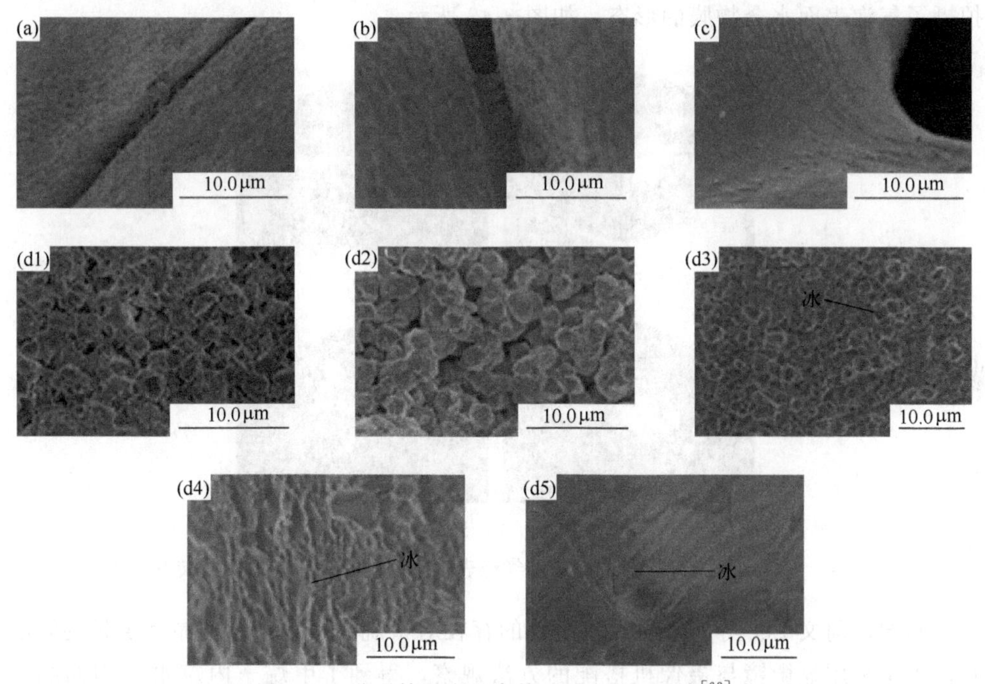

图 3-42　分子筛和水混合的 Cryo-SEM 照片[63]

此外，电阻法根据测量水消耗引起的电阻减少量来判断水合物生成，在测量 CO_2 水合物形成过程中观测效果明显。时域反射技术（TDR）通过测量水合物在生成和分解时水合物沉积物的介电常数，并根据介电常数随含水量变化的关系式，得到水合物的饱和度。目前 TDR 测量探头有很多类型，可实现非扰动定位的瞬时测量。CT 及中子衍射技术是观测水合物生成微细观结构的理想方法，可观察水合物沉积物生成、分解过程中样品的密实度、水合物分布情况以及剪切过程中内部微观裂缝的发生和发展情况。

（五）光学成像法

光学成像检测可分为光学摄像和光纤传感。

通过光学摄像也可较准确地观测到水合物的生成，摄像仪器的应用对水合物的研究有很大帮助。利用先进的摄影、摄像系统，可直观地观察水合物的生成和分解，有助于对水合物生成分解特性的分析；同时可将实验现象很好地保留，这对资源共享和对比分析有重要的作用。值得注意的是，光学检测要求反应物和反应釜必须是透光的，这也决定其应用的局限性：反应釜应是透明或带有视孔（窗）的；不透明的反应基质，光学检测也无法完成[82]。

光学摄像典型的例子如前文提到的 Li 等[18] 在测量甲烷水合物膜的初始厚度时所用的方法。该装置通过可视窗口观察，采用显微镜及 CCD 相机的搭配，成功拍摄了气泡表面水合物膜的形态，如图 3-43 所示。

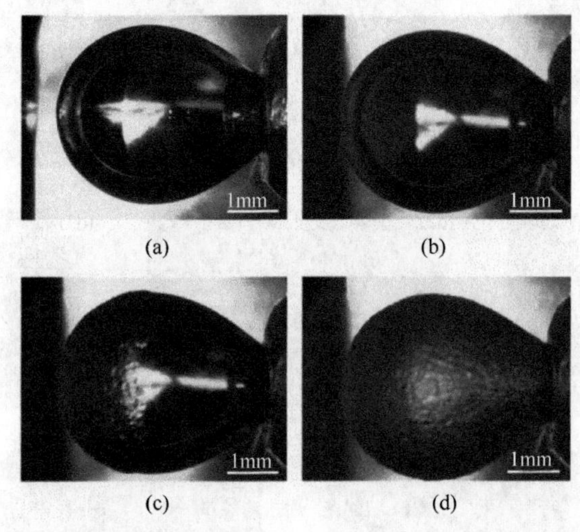

图 3-43　甲烷水合物薄膜在水中悬浮气泡表面生长的图片（逆时针旋转 90°）[18]

同样，前文 Lee 等[21] 研究正庚烷的存在对甲烷＋丙烷水合物晶体生长的影响时，也是采用显微镜与摄像机搭配的方法观察，得到了甲烷＋丙烷水合物的晶体生长尖端图像，如图 3-44 所示。

前文 Karanjkar 等[19] 研究环戊烷水合物侧向表面生长过程中的晶体特征时则单独使用显微镜进行观察，观察到在环戊烷中，当 Span 80 浓度大于 0.01%时，水合物会形成一种独特的空心锥晶，其图像如图 3-45（d）～(g) 所示。

光纤传感器可以探测水合物形成与分解过程中光的通过率，从而测定水合物的相态。

业渝光等[83] 利用 $400cm^3$ 高压釜进行了甲烷在纯水中平衡条件探究的实验，

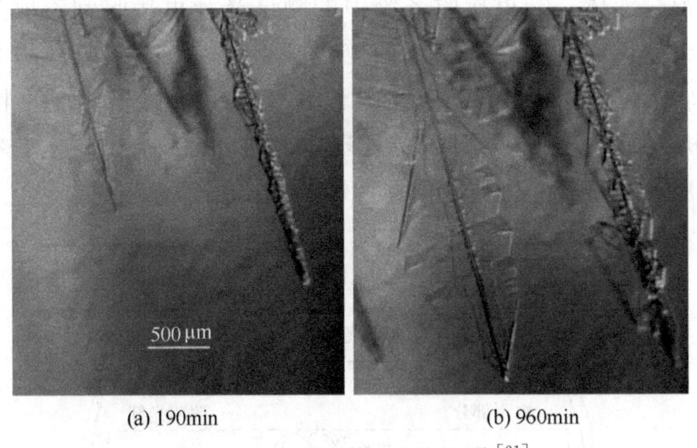

图 3-44　向下晶体尖端的图像[21]

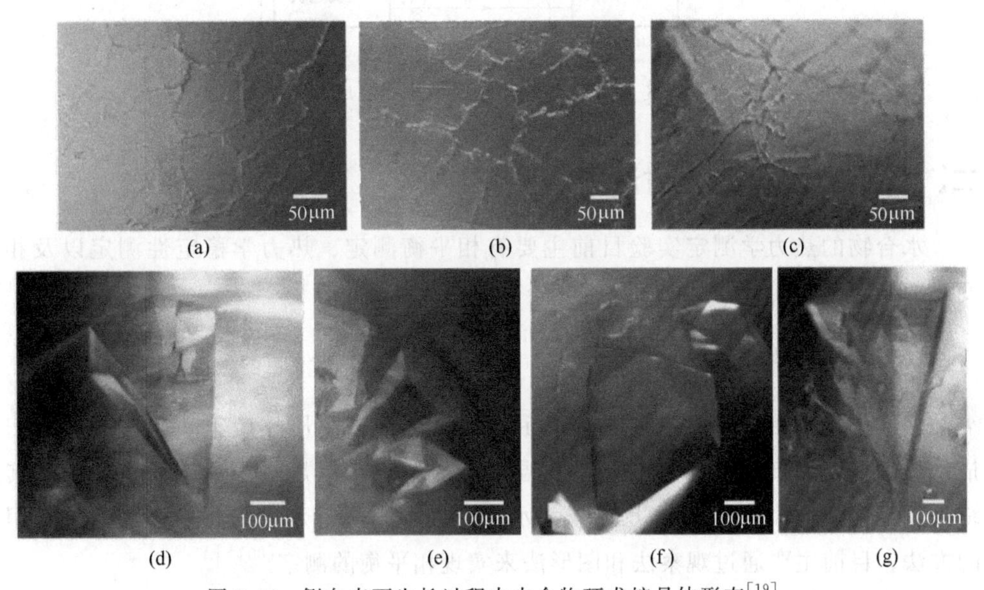

图 3-45　侧向表面生长过程中水合物环戊烷晶体形态[19]

发现当温度降到一定值时，光通过率综合值突然降低，此时水合物大量生成。随后升高体系的温度，当温度升到一定值时，光通过率综合值开始上升，表明水合物开始分解。该实验验证了光学检测的可行性和可信性。

陈文建等[84] 同样采用了光纤传感器测量天然气水合物的相变。他们采用的光透射比光纤传感器系统组成如图 3-46 所示，主要包括：光纤光源、光纤照明系统、光信号接收系统、光电转换电路以及计算机数据采集与处理系统等。其工作原理为：光纤光源产生的白光分别耦合到参考光纤束与照明光纤束，其中参考光纤束的光信号直接传输到光电转换信号处理部分，用于监测光源信号的起伏；照明光纤束将光信号传输到光束发射系统，照射到随压力和温度条件变化而状态变化的天然气和水的混合液体，光束接收系统中的测试光纤束接收到透射光信号，其强弱大小可反映天然气水合物状态特性的变化。测试光纤束接收到的光信号经光电探测器接收、转换以及信号处理后，产生计算机 A/D 转换所要求的电压信号（0～5V），送计算机数据采集口，经计算机处理后，即可得到天然气水合物状态变化过程中透射比随压力和温度变化的数据和特性曲线。

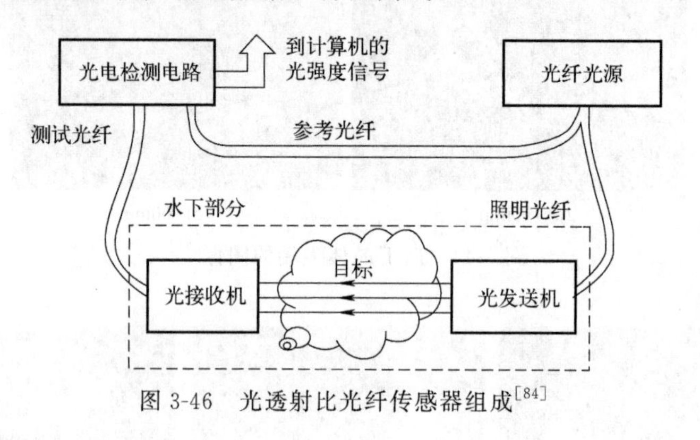

图 3-46　光透射比光纤传感器组成[84]

二、水合物热力学测定方法

水合物的热力学测定实验目前主要有相平衡测定、热力学稳定性测定以及相变热的测定。

（一）水合物相平衡测定

气体水合物相平衡测定方法有差示扫描量热法和高压反应釜实验法。差示扫描量热法可以直接测定材料的相平衡温度和分解焓，但是由于测试样本较少，其结果较真实值低[85]。以高压反应釜为水合反应容器进行水合物相平衡测定是常用的方法，目前主要通过观察法和图形法来实现相平衡的测定[86]。

1. 观察法

观察法是水合物相平衡测量中最常用的一种方法，现有文献中气体水合物相平衡的数据大多都是采用观察法测量的。运用观察法测量水合物相平衡要求反应釜是透明材料的（如蓝宝石），以便观察水合物的形成和分解，确定水合物在某种条件下的相平衡数据。

观察法测量相平衡的判断准则是：在一定的条件（压力、温度）下，使一定量的水合物在反应釜中形成；保持一个参数不变，然后通过降低压力或升高温度使水合物分解；当研究体系中仅有极少量的水合物晶体存在时，保持反应釜内的参数（压力、温度）不变；如果反应釜中的水合物能存在 3～4h，则保持反应釜中的温度不变，使压力降低 0.05MPa；如果反应釜中的水合物完全溶解，则反应釜中压力、温度可看成该体系的相平衡数据[6]。

按照相平衡测定过程中反应釜内设定参数是否变化，可分为等压法、等温法和等容法。其中，等容测量法比较常见：即保持反应釜容积不变，通过控制温度的升降实现水合物的分解和生成，通过记录反应釜内的温度和压力，获得相平衡条件。图 3-47 所示为恒温条件下水合物相平衡压力搜索法示意图。

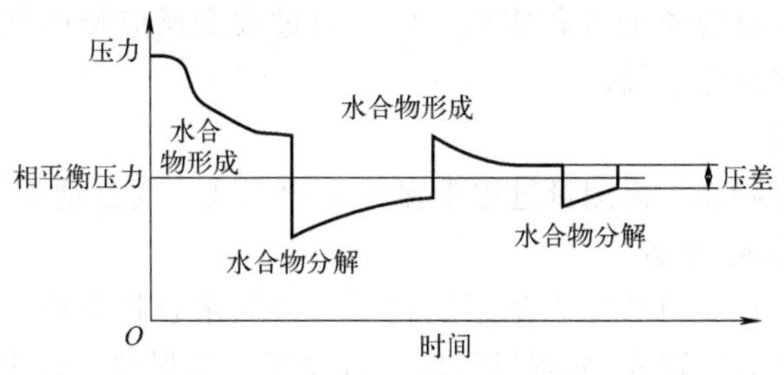

图 3-47　水合物相平衡压力搜索法示意图[6]

2. 图形法

图形法是 20 世纪 50 年代发展起来的一种测量水合物相平衡的研究手段，分为定压、定容和定温三种方法。对于没有视窗的反应釜而言，可以采用图形法测定相平衡条件。首先将反应釜降温至实验温度，此时反应釜内的温度开始下降；当到达水合物的合成温度时，水合物开始生成，放出大量的热，表现为温度基本不变，同时由于水合物的持续生成，气体被消耗，压力急剧下降；当水合物生成结束，体系温度开始继续下降，直至到达设定温度。稳定一段时间后，调节恒温槽的温度，使反应釜内温度缓慢升高（升温速率低于 0.15K/h），水合物开始分解，直到压力-温度的斜率再次发生变化，表明水合物分解基本结束，与初始状态反应过程的交点即为相平衡点（phase equilibrium point）[87]，如图 3-48 所示。

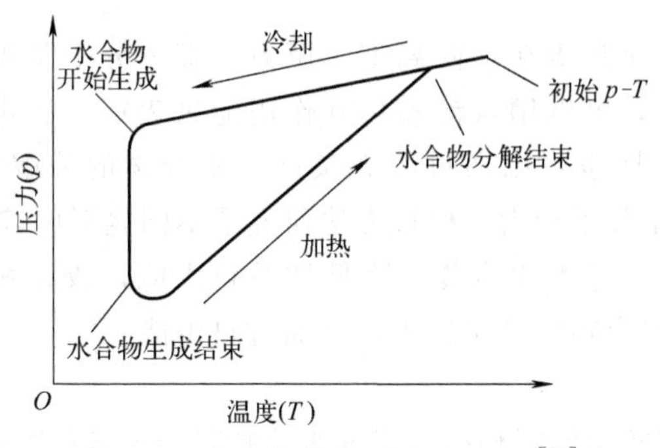

图 3-48　水合物形成/分解 p-T 图[46]

（1）定温测量

在水合相平衡定温测量过程中反应釜中的温度保持不变，通过增加/降低反应釜中的压力使水合物形成/分解，压力的增加/降低可通过改变反应釜中气体量或气体容积来实现。通过改变反应釜中气体量的方法来调节压力不能用于多组分系统，因为在改变气体量的过程中可能会改变气体的成分。

(2) 定压测量

定压法就是在相平衡测量过程中保持反应釜中的压力不变，水合物的形成/分解通过增加/降低反应釜的温度来实现。压力的保持可通过改变反应釜中气体量实现，也可通过改变反应釜的容积实现。同样通过改变反应釜中气体量的方法来保持压力不能用于多组分系统。

(3) 定容测量

定容即在水合物相平衡测量过程中保持容积不变，通过增加/降低压力或温度来实现水合物的形成/分解。

图形法可通过计算机数据采集系统记录、存储水合物形成/分解过程的压力、温度参数，绘制水合物形成/分解过程图，减少了人为误差，较为客观。对一些可视性差、不易观察的体系（如油系统）只能用图形法测量，但对无气相的体系只有用观察法测量水合物的相平衡条件。

3. 分子模拟法

水合物相平衡还可以通过分子动力学模拟的方法测定。Míguez 等[88] 建立了水合物-水-二氧化碳-水四层模型体系，使用 GROMACS 模拟软件，在 NPT 系综下运行 50～400ns，得到了水合物-水-二氧化碳三相相平衡线。此外，Lasich 等[89] 通过模拟计算自由能，得到了甲烷水合物的相平衡曲线。

可以用分子动力学模拟的方法，获得实验室测定有困难的、较高压力范围下水合物的相平衡参数；或者预测不同的热力学促进剂对水合物相平衡的影响，然后针对预选效果较好的体系，再通过实验验证，节省实验资源。

（二）水合物热力学稳定性测定

热力学稳定性，通常指在不同温度、压力、客体分子及添加剂作用下，水合物笼形结构的稳定性，可以用氢键和相互作用能来表征。稳定性越好，水合物分解越困难，因此稳定性也可以通过微观条件下水合物的分解特性来表征。例如，Myshakin 等[90] 采用分子动力学模拟方法研究了不同笼形甲烷水合物的分解过程。热力学促进剂能够形成Ⅱ型水合物，降低体系自由能，改善相平衡条件，增强水合物的稳定性[86]。水合物的稳定性也可以通过自由能[91,92]、化学势能[92] 和活化能[93] 进行表征。

通过分子模拟与实验测定相结合研究水合物将是未来研究的主要方向。

（三）水合物相变热测定

1. 直接法——差示扫描量热法

差示扫描量热法是一种在程序控温下，测量输入到试样与参比物间功率差

（或热流差）同温度之间关系的热分析方法。差示扫描量热法记录得到的曲线称为DSC曲线，如图3-49所示，DSC曲线的横轴是温度或时间，纵轴是样品的吸放热速率，也被称为热流率（单位：mW），DSC曲线中向上凸起峰为放热峰，向下凹陷峰为吸热峰。相变热可以通过公式 $\Delta H=K(T)A$ 计算获得，其中，ΔH 为试样的相变热，$K(T)$ 为仪器常数，A 为DSC曲线与内插基线间的面积。将 ΔH 除以试样质量即可得到单位试样的相变潜热 Δh。图3-49为典型的气体水合物DSC测试曲线，曲线上有两个向下的凹陷峰，分别为冰（自由水转化得到）和气体水合物分解时的吸热峰，通过分析软件获取吸热峰与基线间的面积 A，再通过公式 $\Delta H=K(T)A$ 及相关计算便可得到水合物分解热[94]。

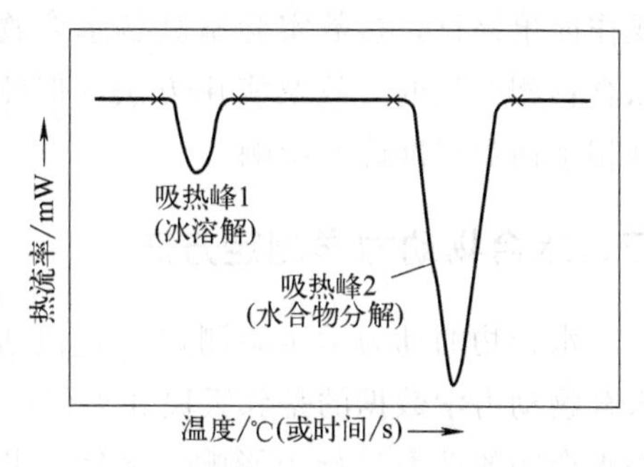

图3-49　气体水合物DSC测试曲线[94]

因气体水合物的结晶成核具有一定的随机性，水合物的生成过程不及分解过程稳定和方便控制，故利用DSC仪器测量气体水合物相变热时通常采用升温法来测定水合物分解热。使用DSC测定气体水合物相变热时，DSC曲线上往往存在冰吸热峰，这部分冰来源于水合物间隙水，计算气体水合物相变热时需将冰吸收的热量扣除，如此才能获得准确的水合物分解热数据。

直接测定法所用DSC设备昂贵，实验操作条件要求较高，但测得相变热时间较短，生成达到测量要求的样品后则测量结果准确度高。

2. 间接法——基于相平衡数据的Clausius-Clapeyron计算法

单组分物质体系处于相平衡状态时，基于气液两相的相平衡数据，可以使用Clapeyron方程计算得到蒸发潜热，将难以直接测量的相变热通过易于测量的相平衡数据间接得到。

$$\frac{\mathrm{d}p_{\mathrm{s}}}{\mathrm{d}T_{\mathrm{s}}}=\frac{\Delta h}{T_{\mathrm{s}}(v''-v')} \tag{3-1}$$

式中，p_{s} 为蒸气压；T_{s} 为温度；Δh 为蒸发潜热；$(v''-v')$ 为摩尔相变体积。

形成气体水合物的体系中至少含有两个组分，但Clapeyron方程主要针对单组分体系。Sloan等[95]进一步指出，水合物体系自由度为1时可使用Clapeyron方程来计算水合物分解热，若将水合物分解前固态水合物的体积与分解后水的体积看作相等，此时Clapeyron方程可进一步表达为Clausius-Clapeyron方程：

$$\frac{-\Delta H}{zR}=\frac{\mathrm{d}\ln p}{\mathrm{d}(1/T)} \tag{3-2}$$

式中，p 为压力；T 为温度；ΔH 为水合物的分解焓；z 为压缩因子；R 为气体常数。

计算气体水合物相变热时，只需将水合物相平衡数据（压力 p 和温度 T）代入上式便可得到相变热数值。

对于间接计算法而言，计算仅需相平衡数据，且部分相平衡数据已有文献报道，未知的相平衡数据可以通过实验测得，并且当前测量相平衡数据的方法成熟、操作简单易行，多数实验室具备水合物相平衡测量条件。间接计算法是确定气体水合物相变热的有效及实用方法，但测量相平衡所需时间较长，并且结果直接受到相平衡数据准确性影响。

三、水合物动力学测定方法

水合物的动力学实验测定主要包括水合物的生成和分解。我国最早公开发表水合物动力学数据的是郭天民和裘俊红[96]，他们初步考察了压力和温度对纯水甲烷水合物的动力学行为影响。之后一些学者研究了在多孔介质、油包水乳状液等体系下，温度、压力和搅拌速率等因素对水合物形成和分解的影响[97-100]。但是，现有水合物生长和分解速率基础实验数据积累不足，难以验证动力学预测模型。水合物的生长和分解受到介质组成、温度、压力和搅拌速率等多方面因素的影响，受传热传质和本征动力学共同控制。

水合物的生成与分解动力学实验有着异曲同工之处，实验中可以通过前文所描述的水合物结构测定的方式结合本节的实验观察共同分析水合物的生成及分解动力学。

（一）不可视反应釜中水合物动力学测定方法

1987 年 Englezos 等[15] 使用 CSTR 反应器测定甲烷和乙烷水合物的形成动力学实验，针对不可视反应釜，测定水合物动力学主要依据水合物生成/分解中的压力及温度变化。除了水合物生成实验外，Englezos 等对每条等温线也进行了溶解度测试，采用相同的程序，压力略低于相应温度下的三相平衡压力。通过测量气体在液态水中的溶解速率，可以估计出液相传质系数和溶解气体的浓度与气液界面分压的平衡关系。此外，Englezos 等将式（3-3）用于在线计算任何时间点由于溶解或水合物形成而消耗的气体的物质的量。得到所消耗气体的物质的量与时间的关系图，得到了实验气体消耗曲线，用以分析水合物生成诱导期，曲线如图 3-50 所示。

$$n=V_{\mathrm{R}}\left(\frac{p}{zRT}\right)_{\mathrm{R},0}+V_{\mathrm{S}}\left(\frac{p}{zRT}\right)_{\mathrm{S},0}-V_{\mathrm{R}}\left(\frac{p}{zRT}\right)_{\mathrm{R},t}-V_{\mathrm{S}}\left(\frac{p}{zRT}\right)_{\mathrm{S},t} \tag{3-3}$$

式中，V_{R} 为反应器（包括油管）气相的体积；V_{S} 为供应储层的体积；z 为压缩因子；t 为时间。

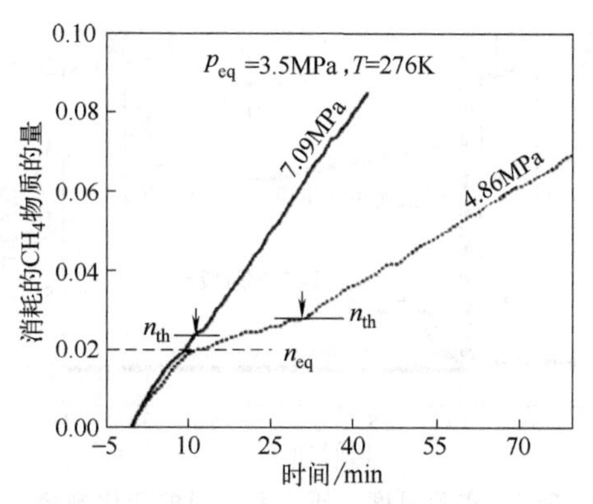

图 3-50 不同驱动力下甲烷水合物形成的实验耗气量曲线[15]

（二）可视反应釜中水合动力学测定方法

黄婷等[17]运用全透明高压反应釜，测量了温度、压力和扭矩数值（图 3-51），但水合物的生长分解速率和体积是不能直接测量得到的，因此需要通过已知参数进行计算。图 3-52 为实验过程中测得的温度、压力和扭矩随时间的变化规律（彩图见书后）。

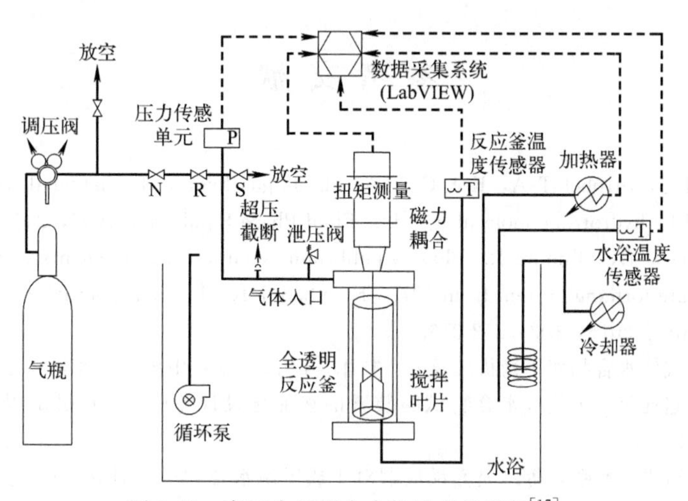

图 3-51 高压全透明水合物反应釜流程[17]

利用可视反应釜，在实验过程中可通过 3 种完全独立的方式获得水合物的动力学特征：

① 肉眼直接观察或借助电子设备拍照录像进行图像处理，获取水合物颗粒形态和分布信息；

② 压力和温度传感器采集反应釜压力和温度，由气体的 pVT 关系和质量守恒原理计算得到水合物的生长、分解速率；

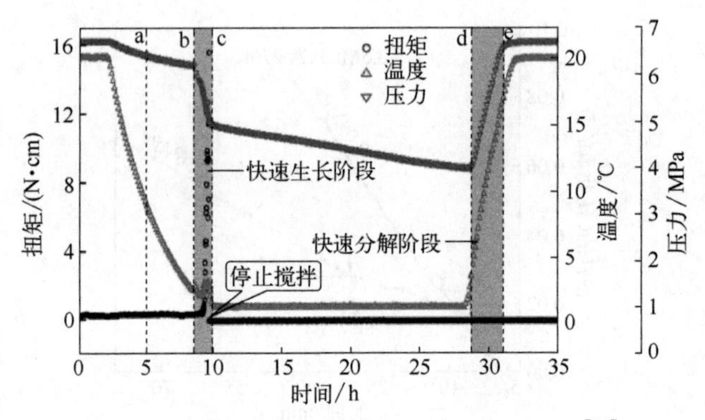

图 3-52 实验温度、压力和扭矩的变化规律[17]

③ 扭矩测量装置测得克服流动阻力，维持叶片在恒定转速下搅拌所需的电机扭矩，从而反映出含水合物颗粒多相流体的流动特性。

根据温度、压力、扭矩这 3 个参数的信息，可以准确区分水合物的诱导期、快速生长期、缓慢生长期以及快速分解期这 4 个阶段。实验过程中能够测量温度、压力和扭矩数值，但水合物的生长分解速率和体积一般是不能直接测量得到的，因此需要通过已知参数进行计算。

参考文献

[1] Rovetto L J, Strobel T A, Koh C A, et al. Is gas hydrate formation thermodynamically promoted by hydrotrope molecules? [J]. Fluid Phase Equilibria, 2006, 247 (1-2): 84-89.

[2] Nagashima H D, Ohmura R. Phase equilibrium condition measurements in methane clathrate hydrate forming system from 197.3 K to 238.7 K [J]. The Journal of Chemical Thermodynamics, 2016, 102: 252-256.

[3] 邱钰文. 气体水合物相平衡机理及分离技术 [D]. 北京：中国石油大学（北京），2009.

[4] 李素侠，赵仕俊. 天然气水合物试验装置的智能化设计 [J]. 计算机工程与设计，2006 (01): 159-161.

[5] 张亮，刘道平，樊燕，等. 喷雾反应器对生成甲烷水合物影响研究 [J]. 齐鲁石油化工，2008 (03): 165-168.

[6] 孙志高，石磊，樊栓狮，等. 气体水合物相平衡测定方法研究 [J]. 石油与天然气化工，2001, 30 (4): 164-166.

[7] 岳宏，韩晓强，何继平，等. DSC 技术在天然气水合物研究中的应用 [J]. 新疆石油天然气，2012, 8 (01): 16-20+4-5.

[8] Le Parlouër P, Etherington G. Characterisation of gas hydrates formation and dissociation using high pressure DSC [D]. Vancouver: British Columbia Univ., 2008.

[9] Susilo R, Ripmeester J A, Englezos P. Characterization of gas hydrates with PXRD, DSC,

NMR, and Raman spectroscopy [J]. Chemical Engineering Science, 2007, 62 (15): 3930-3939.
[10] Delahaye A, Fournaison L, Marinhas S, et al. Effect of THF on equilibrium pressure and dissociation enthalpy of CO_2 hydrates applied to secondary refrigeration [J]. Industrial & Engineering Chemistry Research, 2006, 45 (1): 391-397.
[11] Bishnoi P R, Natarajan V. Formation and decomposition of gas hydrates [J]. Fluid Phase Equilibria, 1996, 117 (1-2): 168-177.
[12] Clarke M A, Bishnoi P R. Determination of the intrinsic rate constant and activation energy of CO_2 gas hydrate decomposition using in-situ particle size analysis [J]. Chemical Engineering Science, 2004, 59 (14): 2983-2993.
[13] Vysniauskas A , Bishnoi P R. A kinetic study of methane hydrate formation [J]. Chemical Engineering Science, 1983, 38 (7): 1061-1072.
[14] Vysniauskas A, Bishnoi P R. Kinetics of ethane hydrate formation [J]. Chemical Engineering Science, 1985, 40 (2): 299-303.
[15] Englezos P, Kalogerakis N, Dholabhai P D, et al. Kinetics of formation of methane and ethane gas hydrates [J]. Chemical Engineering Science, 1987, 42 (11): 2647-2658.
[16] 孙长宇，马昌峰，陈光进，等. 二氧化碳水合物分解动力学研究 [J]. 石油大学学报 (自然科学版), 2001, 25 (3): 8-10.
[17] 黄婷，李长俊，李清平，等. 全透明高压反应釜甲烷水合物动力学实验 [J]. 化工进展, 2020, 39 (07): 2624-2631.
[18] Li S L, Sun C Y, Liu B, et al. Initial thickness measurements and insights into crystal growth of methane hydrate film [J]. AIChE Journal, 2013, 59 (6): 2145-2154.
[19] Karanjkar P U, Lee J W, Morris J F. Surfactant effects on hydrate crystallization at the water-oil interface: hollow-conical crystals [J]. Crystal Growth & Design, 2012, 12 (8): 3817-3824.
[20] Jin Y, Nagao J. Morphological change in structure H clathrates of methane and liquid hydrocarbon at the liquid-liquid interface [J]. Crystal Growth & Design, 2011, 11 (7): 3149-3152.
[21] Lee J D, Song M, Susilo R, et al. Dynamics of methane-propane clathrate hydrate crystal growth from liquid water with or without the presence of n-heptane [J]. Crystal Growth & Design, 2006, 6 (6): 1428-1439.
[22] 王兰云，谢辉龙，卢晓冉，等. 水合物法分离气体的促进剂及促进机理研究进展 [J]. 工程科学学报, 2021, 43 (01): 33-46.
[23] Kang S P, Lee H. Recovery of CO_2 from flue gas using gas hydrate: thermodynamic verification through phase equilibrium measurements [J]. Environmental Science & Technology, 2000, 34 (20): 4397-4400.
[24] 陈广印，孙强，郭绪强，等. 水合物法连续分离煤层气实验研究 [J]. 高校化学工程学报, 2013, 27 (04): 561-566.

[25] Sun Q, Chen G, Guo X, et al. Experiments on the continuous separation of gas mixtures via dissolution and hydrate formation in the presence of THF [J]. Fluid Phase Equilibria, 2014, 361: 250-256.

[26] Sun Q, Zhao Y, Liu A, et al. Continuous separation of CH_4/N_2 mixture via hydrates formation in the presence of TBAB [J]. Chemical Engineering and Processing: Process Intensification, 2015, 95: 284-288.

[27] Sun Q, Liu J, Liu A, et al. Experiment on the separation of tail gases of ammonia plant via continuous hydrates formation with TBAB [J]. International Journal of Hydrogen Energy, 2015, 40 (19): 6358-6364.

[28] 薛倩，王晓霖，李遵照，等. 水合物利用技术应用进展 [J]. 化工进展，2021，40 (02): 722-735.

[29] Kumar R, Linga P, Ripmeester J A, et al. Two-stage clathrate hydrate/membrane process for precombustion capture of carbon dioxide and hydrogen [J]. Journal of Environmental Engineering, 2009, 135 (6): 411-417.

[30] Surovtseva D, Amin R, Barifcani A. Design and operation of pilot plant for CO_2 capture from IGCC flue gases by combined cryogenic and hydrate method [J]. Chemical Engineering Research and Design, 2011, 89 (9): 1752-1757.

[31] Zhong D L, Wang J L, Lu Y Y, et al. Precombustion CO_2 capture using a hybrid process of adsorption and gas hydrate formation [J]. Energy, 2016, 102: 621-629.

[32] Xu C G, Yu Y S, Xie W J, et al. Study on developing a novel continuous separation device and carbon dioxide separation by process of hydrate combined with chemical absorption [J]. Applied Energy, 2019, 255: 113791.

[33] Gudmundsson J S, Parlaktuna M, Khokhar A A. Storage of natural gas as frozen hydrate [J]. Oil Production & Facilities, 1994, 9 (1): 69-73.

[34] Linga P, Kumar R, Lce J D, et al. A new apparatus to enhance the rate of gas hydrate formation: Application to capture of carbon dioxide [J]. International Joumal of Greenhouse Gas Control , 2010 , 4 (4): 630-637.

[35] 张新军. 天然气水合物藏降压开采实验与数值模拟研究 [D]. 北京：中国石油大学（北京），2008.

[36] Kim N J, Lee J H, Cho Y S, et al. Formation enhancement of methane hydrate for natural gas transport and storage [J]. Energy, 2010, 35 (6): 2717-2722.

[37] 杨群芳，刘道平，谢应明，等. 一种喷雾方式合成天然气水合物的实验系统 [J]. 石油与天然气化工，2006，35 (4): 256-259.

[38] Mori H. Recent advances in hydrate-based technologies for natural gas storage—A review [J]. 化工学报，2003 (z1): 1-17.

[39] 周春艳，郝文峰，冯自平. 孔板气泡法缩短天然气水合物形成诱导期 [J]. 天然气工业，2005 (07): 27-29.

[40] Takahashi M, Kawamura T, Yamamoto Y, et al. Effect of shrinking microbubble on gas

hydrate formation [J]. The Journal of Physical Chemistry B, 2003, 107 (10): 2171-2173.

[41] Tang L G, Li X S, Feng Z P, et al. Natural gas hydrate formation in an ejector loop reactor: Preliminary study [J]. Industrial & Engineering Cchemistry Research, 2006, 45 (23): 7934-7940.

[42] 李海涛，赵金洲，刘安琪，等. 海洋非成岩天然气水合物原位快速制备实验及评价 [J]. 天然气工业，2019，39 (07)：151-158.

[43] 孙始财，樊栓狮. 超声波作用于天然气水合物形成分解研究进展 [J]. 化工进展，2004 (05)：472-475.

[44] Rogers R, Yevi G, Swalm M. Hydrate for storage of natural gas [C] //NGH 96: 2nd international conference on natural gaz hydrates (Toulouse, June 2-6, 1996), 1996: 423-429.

[45] Liang D, He S, Li D. Effect of microwave onformation/decomposition of natural gas hydrate [J]. Chinese Science Bulletin, 2009, 54 (6): 965-971.

[46] 白净，梁德青，李栋梁，等. CO_2 水合物在静态超重力反应器中的生成过程 [J]. 工程热物理学报，2010，31 (08)：1285-1288.

[47] Saban K V, Jini T, Varghese G. Influence of magnetic field on the growth and properties of calcium tartrate crystals [J]. Journal of Magnetism and Magnetic Materials, 2003, 265 (3): 296-304.

[48] Zhong Y, Rogers R E. Surfactant effects on gas hydrate formation [J]. Chemical Engineering Science, 2000, 55 (19): 4175-4187.

[49] 熊文涛. 高密度和可逆水合物储甲烷技术 [D]. 广州：华南理工大学，2014.

[50] 周麟晨，孙志高，李娟，等. 水合物形成促进剂研究进展 [J]. 化工进展，2019，38 (09)：4131-4141.

[51] Yang M, Jing W, Wang P, et al. Effects of an additive mixture (THF+TBAB) on CO_2 hydrate Phase Equilibrium [J]. Fluid Phase Equilibria, 2015, 401: 27-33.

[52] Perrin A, Celzard A, Marêché J F, et al. Improved methane storage capacities by sorption on wet active carbons [J]. Carbon, 2004, 42 (7): 1249-1256.

[53] Park S S, Lee S B, Kim N J. Effect of multi-walled carbon nanotubes on methane hydrate formation [J]. Journal of Industrial and Engineering Chemistry, 2010, 16 (4): 551-555.

[54] 刘军，梁德青. 二氧化碳-氮气混合气体在微粉硅胶中生成水合物的实验研究 [J]. 新能源进展，2019，7 (4)：309-317.

[55] 牛冉，王岳，张铄，等. 天然气水合物合成实验装置研究进展 [J]. 当代化工，2015，44 (03)：548-550.

[56] Phelps T J, Peters D J, Marshall S L, et al. A new experimental facility for investigating the formation and properties of gas hydrates under simulated seafloor conditions [J]. Review of Scientific Instruments, 2001, 72 (2): 1514-1521.

[57] 向军，韩兵奇，张军. 天然气水合物一维模拟试验装置研究 [J]. 石油矿场机械，2014，

43 (2)：39-42.
[58] 祝有海. 加拿大马更些冻土区天然气水合物试生产进展与展望 [J]. 地球科学进展，2006 (05)：513-520.
[59] 蒋宇静，颜鹏，栾恒杰，等. 多维天然气水合物开采模拟试验系统的研制与初步应用 [J]. 岩土力学，2022，43 (01)：286-298.
[60] 黄婷，李清平，李锐，等. 第一类水合物藏降压开采实验模拟 [J]. 化工进展，2022，41 (8)：4120-4128.
[61] Riestenberg D，West O，Lee S，et al. Sediment surface effects on methane hydrate formation and dissociation [J]. Marine Geology，2003，198 (1-2)：181-190.
[62] Schicks J M，Luzi-Helbing M. Cage occupancy and structural changes during hydrate formation from initial stages to resulting hydrate phase [J]. Spectrochimica Acta Part A：Molecular and Biomolecular Spectroscopy，2013，115：528-536.
[63] 张娜，万丽，梁德青. 5A 分子筛中 CO_2 水合物生成实验 [J]. 石油化工，2020，49 (4)：352-359.
[64] Schicks J M，Ripmeester J A. The coexistence of two different methane hydrate phases under moderate pressure and temperature conditions：Kinetic versus thermodynamic products [J]. Angewandte Chemie International Edition，2004，43 (25)：3310-3313.
[65] Subramanian S，Sloan Jr E D. Molecular measurements of methane hydrate formation [J]. Fluid Phase Equilibria，1999，158：813-820.
[66] Uchida T，Okabe R，Mae S，et al. In situ observations of methane hydrate formation mechanisms by Raman spectroscopy [J]. Annals of the New York Academy of Sciences，2000，912 (1)：593-601.
[67] 陈光进，孙长宇，马庆兰. 气体水合物科学与技术 [M]. 北京：化学工业出版社，2008.
[68] Schicks J M，Luzi M，Beeskow-Strauch B. The conversion process of hydrocarbon hydrates into CO_2 hydrates and vice versa：Thermodynamic considerations [J]. The Journal of Physical Chemistry A，2011，115 (46)：13324-13331.
[69] Burke E A J. Raman microspectrometry of fluid inclusions [J]. Lithos，2001，55 (1-4)：139-158.
[70] Schicks J M，Ziemann M A，Lu H，et al. Raman spectroscopic investigations on natural samples from the Integrated Ocean Drilling Program (IODP) Expedition 311：Indications for heterogeneous compositions in hydrate crystals [J]. Spectrochimica Acta Part A：Molecular and Biomolecular Spectroscopy，2010，77 (5)：973-977.
[71] Uchida T，Moriwaki M，Takeya S，et al. Two-step formation of methane-propane mixed gas hydrates in a batch-type reactor [J]. AIChE Journal，2004，50 (2)：518-523.
[72] Daraboina N，Ripmeester J，Walker V K，et al. Natural gas hydrate formation and decomposition in the presence of kinetic inhibitors. 3. Structural and compositional changes [J]. Energy & Fuels，2011，25 (10)：4398-4404.
[73] Uchida T，Takeya S，Kamata Y，et al. Spectroscopic measurements on binary，ternary，

and quaternary mixed-gas molecules in clathrate structures [J]. Industrial & Engineering Chemistry Research, 2007, 46 (14): 5080-5087.

[74] Lii J H, Allinger N L. Molecular mechanics. The MM3 force field for hydrocarbons. 2. Vibrational frequencies and thermodynamics [J]. Journal of the American Chemical Society, 1989, 111 (23): 8566-8575.

[75] Mirkin N G, Krimm S. Ab initio analysis of the vibrational spectra of conformers of some branched alkanes [J]. Journal of Molecular Structure, 2000, 550: 67-91.

[76] 郑涵. 基于CT与NMR技术的煤岩孔裂隙表征及渗流机理研究 [D]. 西安：西京学院，2021.

[77] Susilo R, Moudrakovski I L, Ripmeester J A, et al. Hydrate kinetics study in the presence of nonaqueous liquid by nuclear magnetic resonance spectroscopy and imaging [J]. The Journal of Physical Chemistry B, 2006, 110 (51): 25803-25809.

[78] Kini R A, Dec S F, Sloan E D. Methane+ propane structure Ⅱ hydrate formation kinetics [J]. The journal of Physical Chemistry A, 2004, 108 (44): 9550-9556.

[79] Fleyfel F, Song K Y, Kook A, et al. 13C NMR of Hydrate Precursors in Metastable Regions a [J]. Annals of the New York Academy of Sciences, 1994, 715 (1): 212-224.

[80] 万鑫. X射线衍射方法分析多晶铝合金和粗晶铁硅合金的残余应力 [D]. 上海：上海交通大学，2014.

[81] Luzi M, Schicks J M, Naumann R, et al. Systematic kinetic studies on mixed gas hydrates by Raman spectroscopy and powder X-ray diffraction [J]. The Journal of Chemical Thermodynamics, 2012, 48: 28-35.

[82] 宋永臣，杨明军，刘瑜. 天然气水合物生成与分解实验检测技术进展 [J]. 天然气工业，2008，28 (8)：111-113.

[83] 业渝光，张剑，刁少波，等. 海洋天然气水合物模拟实验技术 [J]. 海洋地质与第四纪地质，2003，23 (1)：119-123.

[84] 陈文建，迟泽英，李武森. 天然气水合物相变测试用光纤传感器 [J]. 光子学报，2005，34 (12)：1814-1817.

[85] 焦丽君. CO_2气体水合物相平衡条件和热力学稳定性研究进展 [J]. 制冷，2021，40 (01)：66-73.

[86] 孙建. 细粒沉积物粒径及孔隙水盐度对甲烷水合物稳定温压条件的影响 [D]. 北京：中国地质大学（北京），2016.

[87] Sánchez-Mora M F, Galicia-Luna L A, Pimentel-Rodas A, et al. Experimental determination of gas hydrates dissociation conditions in CO_2/N_2 + ethanol/1-propanol/TBAB/TBAF + water systems [J]. Journal of Chemical & Engineering Data, 2019, 64 (2): 763-770.

[88] Míguez J M, Conde M M, Torré J P, et al. Molecular dynamics simulation of CO_2 hydrates: Prediction of three phase coexistence line [J]. The Journal of Chemical Physics, 2015, 142 (12): 124505.

[89] Lasich M, Mohammadi A H, Bolton K, et al. Phase equilibria of methane clathrate hydrates from Grand Canonical Monte Carlo simulations [J]. Fluid Phase Equilibria, 2014, 369: 47-54.

[90] Myshakin E M, Jiang H, Warzinski R P, et al. Molecular dynamics simulations of methane hydrate decomposition [J]. The Journal of Physical Chemistry A, 2009, 113 (10): 1913-1921.

[91] Nohra M, Woo T K, Alavi S, et al. Molecular dynamics Gibbs free energy calculations for CO_2 capture and storage in structure I clathrate hydrates in the presence of SO_2, CH_4, N_2, and H_2S impurities [J]. The Journal of Chemical Thermodynamics, 2012, 44 (1): 5-12.

[92] Wierzchowski S J, Monson P A. Calculation of free energies and chemical potentials for gas hydrates using Monte Carlo simulations [J]. The Journal of Physical Chemistry B, 2007, 111 (25): 7274-7282.

[93] Clarke M, Bishnoi P R. Determination of the activation energy and intrinsic rate constant of methane gas hydrate decomposition [J]. The Canadian Journal of Chemical Engineering, 2001, 79 (1): 143-147.

[94] 胡亚飞，蔡晶，徐纯刚，等. 气体水合物相变热研究进展 [J]. 化工进展，2016，35 (07): 2021-2032.

[95] Sloan Jr E D, Koh C A. Clathrate hydrates of natural gases [M]. Boca Raton: CRC Press, 2007.

[96] 裘俊红，郭天民. 甲烷水合物在纯水中的生成动力学 [J]. 化工学报，1998，49 (3): 383-386.

[97] 李淑霞，陈月明，王瑞，等. 初始压力对多孔介质中气体水合物生成的影响 [J]. 实验力学，2009，24 (4): 313-319.

[98] 孙长宇. 水合物生成/分解动力学及相关研究 [D]. 北京：中国石油大学（北京），2001.

[99] 丁麟，史博会，吕晓方，等. 天然气水合物的生成对浆液流动稳定性影响综述 [J]. 化工进展，2016，35 (10): 3118-3128.

[100] 左江伟，岳铭亮，吕晓方，等. 高压流动体系 CO_2 水合物生长动力学特性 [J]. 科学技术与工程，2019，19 (20): 187-195.

第四章　水合物相关热力学

第一节　引　言

将水合物技术应用于混合气分离的思路在 1994 年就已被提出[1]，其分离机理是基于不同物质生成水合物所需的热力学条件的差异性[2]，即在混合气生成水合物的过程中，能在更高温度和更低压力下生成水合物的组分会在水合物相中富集，而需要更低温度和更高压力才能生成水合物的组分则会在气相中富集[3,4]。相比于传统的低露点混合气的分离方法，水合物分离技术具有反应条件温和[5,6]、单位体积储气量大[7,8]、工艺简单[9,10]和能耗较低[10,11]等特点。在实验室范围内，水合物分离技术被证明可以有效分离 CH_4+N_2[12,13]、$CH_4+N_2+O_2$[14]、CH_4+CO_2[15,16]、CO_2+H_2[17,18]等混合气以及催化裂化干气[3,4]、炼厂干气[19]和加氢装置尾气[20]等工业混合气。本书编著者在中国石化茂名分公司建立了用于分离柴油加氢尾气（标准状态）的 $500m^3/h$ 水合物中试装置，并于 2019 年 8 月完成中试实验，柴油加氢尾气经过一级分离之后，氢浓度重新达到柴油加氢原料气的浓度要求，从而证明了水合物分离混合气技术在工业上具有可行性。

与水合物分离各种混合气实验研究并行的是相关热力学模型的研究，水合物热力学模型对于水合物分离混合气的工业化具有重要的作用。

水合物分离混合气是通过混合气生成水合物来实现的，所以能够生成水合物是分离混合气的前提，而能够准确预测给定气、液组成下的水合物生成所需要的温度、压力等条件是水合物分离混合气工艺设计的基础，水合物生成热力学条件的预测需要通过水合物生成热力学模型来完成。

水合物分离混合气的效果受到气液相组成、温度、压力、气液比等因素影响，工业化的水合物分离混合气技术必须可以数控化，而不同温度、压力和原料组成混合气分离效果的准确预测是水合物分离混合气技术可数控化的前提，分离效果的准确预测需要基于水合物生成热力学模型来完成。

水转化为水合物的转化率是影响水合物分离混合气经济价值的两个主要因素之一，该转化率越高，分离同样物质的量的混合气所需要的工作液循环量和制冷能耗就越少[15,21,22]，该转化率的理论上限是各相达到热力学平衡时的水合物转化率，所以既定操作条件下工艺允许的最大处理量等参数的设定离不开相应水合物热力学模型的辅助。

影响水合物分离混合气经济价值的另一个主要因素是水合物生成速率，水合物生成一般分为热力学生成推动力控制、传质控制和传热控制[23]，从能耗角度考虑一般维持在热力学推动力控制。热力学推动力的计算需要通过水合物生成热力学模型来完成，因此，水合物在分离混合气过程中的生成速率的数控化离不开相应水合物热力学模型的辅助。

伴随着高水合物生成速率和高水合物转化率的是“铠甲效应”（限制了水合物的转化率）[24] 和水合物结块堵塞管路（中断生产过程）[25] 问题。在同样的转化率和生成速率下，致密的水合物比疏松的水合物更易发生“铠甲效应”和堵管问题，所以水合物生长形态学[26, 27] 对于水合物技术分离混合气的效果影响很大。水合物生长形态学的相关描述和预测是通过水合物热力学模型中相关数值（如过冷度等参数）的计算来实现的[28,29]，所以水合物分离混合气过程中的“铠甲效应”和管路堵塞等问题的解决离不开相应的水合物热力学模型。

如上所述，水合物热力学模型对水合物分离混合气的方方面面都至关重要。水合物分离混合气体的热力学预测模型以水合物生成热力学的相平衡计算为基础，而热力学相平衡计算又以水合物生成的基础热力学模型为基础，所以本章首先对 van der Waals-Platteeuw（vdW-P）模型[30] 和 Chen-Guo 模型[31,32] 这两个经典的水合物生成基础热力学模型进行介绍，再在此基础之上，介绍两大模型在复杂体系中的各类相平衡计算。最后，在水合物热力学相平衡计算的基础上介绍基于均匀水合物相和非均匀水合物相而提出的两类不同水合物分离混合气效果预测模型。

第二节　水合物生成热力学模型

水合物生成的基础热力学模型是水合物相平衡计算和水合物分离混合气预测模型的基础，目前使用最为广泛的是 vdW-P 模型、Chen-Guo 模型以及上述两种模型的改进模型，所以本节主要围绕上述两个热力学模型展开介绍。

一、 van der Waals-Platteeuw（vdW-P）模型

vdW-P 模型自 1959 年提出以来历经几十年不断优化改进，是目前使用最为广泛的水合物热力学模型，而 van der Waals 和 Platteeuw 也被看作水合物热力学理论的创始人[2]。所有模型都有一定的假设，前提假设是模型构建的基础，也限定了模型的适用范围，决定了模型在各方面的表达能力，还决定了模型会存在的系统性不足，所有关于模型的叙述、解析和比较都是在模型假设的基础之上展开的[2,30]。vdW-P 模型的假设包括以下 6 点：

① 水合物相中水分子对水合物自由能的作用不受孔穴被填充的状况所影响；

② 每个孔穴最多只能容纳一个客体分子，客体分子不能在孔穴之间交换位置；

③ 客体分子间不存在相互作用，气体分子只与紧邻的水分子存在相互作用；

④ 模型无需考虑量子效应，经典统计力学适用于模型体系；

⑤ 客体分子的内运动配分函数与理想气体分子相同；

⑥ 客体分子在孔穴中的位能可用球形引力势来表示。

通过上述假设对水合物生成热力学模型进行适度简化，以提高热力学计算的可行性。同时因为假设的限定，热力学模型描述会与实际水合物生成情况有所不同，例如第一条假设忽略了孔穴内填充分子对晶体结构和孔穴壁面上水分子运动状态的影响以简化计算，第二条假设忽略氢气等分子在高压下会发生两个分子占据一个孔穴的情况和氢气分子可以穿透水合物的情况以简化计算，等等。

基于 vdW-P 模型的热力学相平衡计算所采用的判定条件一般为各组分在各相化学位相等。因为水在水合物生成条件下（低温、高压）的挥发度和在油相中的溶解度较低，所以考察化学位相等的时候，主要看的是富水相（可以是液相也可是冰相）中水的化学位是否和水合物相中的化学位相等［式（4-1）或式（4-2）］。此外，对于没有自由水存在的体系也会使用逸度相等［式（4-3）］作为判据。

$$\mu_{\mathrm{w}}^{\mathrm{H}}=\mu_{\mathrm{w}}^{\mathrm{L}} \tag{4-1}$$

$$\mu_{\mathrm{w}}^{\mathrm{H}}=\mu_{\mathrm{w}}^{\mathrm{ice}} \tag{4-2}$$

$$f_{\mathrm{w}}^{\mathrm{H}}=f_{\mathrm{w}}^{\mathrm{V}} \tag{4-3}$$

式中，$\mu_{\mathrm{w}}^{\mathrm{H}}$ 是水在水合物中的化学位；$\mu_{\mathrm{w}}^{\mathrm{L}}$ 是水在液相富水相中的化学位；$\mu_{\mathrm{w}}^{\mathrm{ice}}$ 是水在冰相中的化学位；$f_{\mathrm{w}}^{\mathrm{H}}$ 是水在水合物中的逸度；$f_{\mathrm{w}}^{\mathrm{V}}$ 是水在气相中的逸度。为了便于式（4-1）和式（4-2）在相平衡计算中作为相平衡判据使用，化学位要便于计算，常用所有孔穴全空的水合物的化学位（$\mu_{\mathrm{w}}^{\mathrm{emH}}$）为参考系，上述平衡判据公式还可以表达为：

$$\Delta\mu_{\mathrm{w}}^{\mathrm{H}}=\Delta\mu_{\mathrm{w}}^{\mathrm{L}} \tag{4-4}$$

$$\Delta\mu_{\mathrm{w}}^{\mathrm{H}}=\Delta\mu_{\mathrm{w}}^{\mathrm{ice}} \tag{4-5}$$

$$\Delta\mu_w^H = \mu_w^{emH} - \mu_w^H \tag{4-6}$$

$$\Delta\mu_w^L = \mu_w^{emH} - \mu_w^L \tag{4-7}$$

$$\Delta\mu_w^{ice} = \mu_w^{emH} - \mu_w^{ice} \tag{4-8}$$

式中，$\Delta\mu_w^H$ 是孔穴全空的水合物转化为最终态水合物的化学位能差；$\Delta\mu_w^L$ 是孔穴全空的水合物化解为液相水的化学位能差；$\Delta\mu_w^{ice}$ 是孔穴全空的水合物转化为冰的化学位能差。

（一）$\Delta\mu_w^H$的计算

基于 vdW-P 模型的假设，van der Waals 和 Platteeuw 用巨正则配分函数推导出了水合物化学位的计算公式[30]：

$$\mu_w^H = \mu_w^{emH} + RT\sum_i v_i \ln(1 - \sum_j \theta_{ji}) \tag{4-9}$$

或表达为：

$$\Delta\mu_w^H = \mu_w^{emH} - \mu_w^H = -RT\sum_i v_i \ln(1 - \sum_j \theta_{ji}) \tag{4-10}$$

式中，R 是气体常数，8.314J/(mol·K)；T 是温度，K；v_i 是每个水分子所拥有的 i 型孔穴的数量；θ_{ji} 是客体分子 j 对 i 型孔穴的占有率。在相平衡计算中，通过式（4-4）或式（4-5）判定相平衡状态。

关于客体分子对孔穴占有率（θ）的计算，vdW-P 模型将客体分子被水分子包裹成为水合物的过程近似为 Langmuir 等温吸附过程。而 Langmuir 等温吸附的假设为[2,30]：

① 气体分子的吸附发生在表面未被占据的空位上；

② 分子表面吸附能不受周围有无被吸附的分子以及被吸附分子种类的影响；

③ 吸附为单层吸附，最大吸附量取决于吸附层所拥有的吸附位的总数（也可表达为单位吸附面积的空位数和吸附面积的乘积），一个吸附位只可容纳一个分子；

④ 吸附由气体分子与吸附空位的碰撞引起；

⑤ 解吸速度只取决于表面吸附物质的量。

总体而言，根据假设，吸附和解吸过程中分子间互不干扰；各吸附空位吸附能力相同；各个吸附位的解吸能力相同；Langmuir 等温吸附速率（r_{ad}）和解吸速率（r_{de}）可以表示为：

$$r_{ad} = K_{ad} f(1-\theta) \tag{4-11}$$

$$r_{de} = K_{de}\theta \tag{4-12}$$

式中，K_{ad} 为吸附速率常数；K_{de} 为解吸速率常数；f 为对应被吸附和解吸组分的逸度。当等温吸附达到平衡时（$r_{ad}=r_{de}$），吸附率（θ）为：

$$\theta = \frac{K_{ad} f}{K_{de} + K_{ad} f} = \frac{Cf}{1+Cf} \tag{4-13}$$

$$C = K_{ad}/K_{de} \tag{4-14}$$

对于混合气体生成的水合物，组分 j 对种类 i 的孔穴的占有率（θ_{ij}）可表达为：

$$\theta_{ji}=\frac{C_{ji}f_j}{1+\sum_q C_{qi}f_q} \tag{4-15}$$

式中，C 为 Langmuir 常数，C 仅是温度的函数，反映的是孔穴对客体分子吸引能力的大小；f_j 为气相组分 j 的逸度；f_q 为水合物 q 种气相组分中任意一个组分的气相逸度；C_{qi} 为 f_q 对应组分在 i 型水合物孔的吸附常数。关于 C 的计算，van der Waals 和 Platteeuw 采用的是 Lennard-Jones-Devonshire 晶格势能理论[33]，i 型孔穴对客体分子 j 的吸附常数（C_{ij}）可以表达为：

$$C_{ij}=\frac{4\pi}{kT}\int_0^{R_i'}\exp\left[-\frac{w(r)}{kT}\right]r^2\mathrm{d}r \tag{4-16}$$

式中，k 是 Boltzmann 常数；T 是温度，K；R_i'是 i 型孔穴的半径；$w(r)$ 是以孔穴内客体分子距离孔穴中心距离为 r 时与周围水分子相互作用的总势能，$w(r)$ 的表达式取决于采用的分子势能模型。van der Waals 和 Platteeuw 在 1959 年第一次提出模型时采用的是 Lennard-Jones 势能模型[2,30]，Kihara 的势能模型在 1951 年提出[34]，于 1963 年被 McKoy 和 Sinanoğlu 推荐为适用于水合物计算的模型[35]，是目前 vdW-P 模型体系下使用最广泛的 $w(r)$ 计算模型[36]，其表达式为：

$$w(r)=2z\varepsilon\left[\frac{\sigma^{12}}{R'^{11}r}\left(\delta^{10}+\frac{r_a}{R'}\delta^{10}\right)-\frac{\sigma^6}{R'^5r}\left(\delta^4+\frac{r_a}{R'}\delta^5\right)\right] \tag{4-17}$$

$$\delta^N=\frac{1}{N}\left[\left(1-\frac{r}{R'}-\frac{r_a}{R'}\right)^{-N}-\left(1+\frac{r}{R'}-\frac{r_a}{R'}\right)^{-N}\right] \tag{4-18}$$

式中，z 是孔穴配位数；ε 是最大引力势（半径 $r=\sqrt[6]{2\sigma}$ 处对应的引力势）；σ 是气体分子与水分子碰撞距离之和；r_a 是分子核半径；R' 是孔穴半径；N 是式(4-17）中的指数（4、5、10、11 或 12）；δ 为计算参数。参数 ε/k、σ 和 r_a 被称为 Kihara 势能参数，可由单组分气体水合物生成条件实验数据拟合得到。需要注意的是，对于单一组分气体，得到的与实验数据高度相符的计算数据的参数（ε/k、σ 和 r_a）取值并不唯一[37]。Sloan 等[6] 和 Ma 等[38] 给出的 Kihara 能量参数见表 4-1 和表 4-2。

表 4-1　Ⅰ型和Ⅱ型水合物生成气体的 Kihara 势能参数[6]

组分	(ε/k)/K	σ/Å①	r_a/Å
甲烷	154.54	3.1650	0.3834
乙烷	176.40	3.2641	0.5651
丙烷	203.31	3.3093	0.6502
异丁烷	225.16	3.0822	0.8706
正丁烷	209.00	2.9125	0.9379
硫化氢	204.85	3.1530	0.3600
氮气	125.15	3.0124	0.3526
二氧化碳	168.77	2.9818	0.6805

① 1Å=0.1nm。

表 4-2 H型水合物生成物的 Kihara 势能参数[6,46]

组成	$(\varepsilon/k)/K$		$\sigma/\mathring{A}$		$r_a/\mathring{A}$	
	[6]	[46]	[6]	[46]	[6]	[46]
2-甲基丁烷	307.09	307.09	3.3250	3.2955	0.9868	0.9868
2,2-二甲基丁烷	367.70	367.70	3.2497	3.2317	1.0481	1.0481
2,3-二甲基丁烷	287.57	287.57	3.4453	3.4194	1.0790	1.0790
2,2,3-三甲基丁烷	421.94	420.94	3.1287	3.1178	1.1286	1.1288
2,2-二甲基戊烷	357.69	357.69	3.1195	3.0820	1.2207	1.2134
3,3-二甲基戊烷	364.31	364.61	3.1635	3.1474	1.2219	1.2219
甲基环戊烷	353.66	353.66	4.5380	4.5420	1.0054	1.0054
乙基环戊烷	—	304.71	—	3.4045	—	1.1401
甲基环己烷	407.29	407.29	3.2148	3.1931	1.0693	1.0693
1,2-二甲基环己烷(顺式)	314.79	314.79	3.4356	3.4232	1.1494	1.1494
1,1-二甲基环己烷	487.49	487.49	3.0647	3.0532	1.1440	1.1440
乙基环己烷	—	281.11	—	3.2929	—	1.1606
环庚烷	312.44	312.44	3.5199	3.5012	1.0575	1.0575
环辛烷	277.80	277.80	3.6550	3.6337	1.1048	1.1048
金刚烷	538.76	471.43	3.0424	3.1030	1.1041	1.3378
2,3-二甲基-1-丁烯	339.80	339.80	3.2725	3.2459	1.0175	1.0175
3,3-二甲基-1-丁烯	353.99	353.99	3.4146	3.3876	0.7773	0.7773
环庚烯	—	453.06	—	3.1441	—	1.0301
环辛烯(顺式)	401.47	401.47	3.2458	3.2451	1.1150	1.1150
3,3-二甲基-1-丁炔	318.47	318.47	3.4113	3.4028	0.7961	0.7961

由上述内容可以看出，vdW-P 模型中 $\Delta\mu_w^H$ 的计算难点主要集中于 Langmuir 常数的计算，计算过程涉及参数较多，且部分参数的拟合工作量较大。研究者们多采用经验表达式替代式（4-16）以简化 Langmuir 常数的计算。

1. Parrish-Prausnitz 模型与 Ng-Robinson 模型

Parrish 和 Prausnitz 于 1972 年提出采用经验表达式来对 Langmuir 常数进行计算，并将 vdW-P 模型的应用范围拓宽到了多元体系水合物的相平衡计算，温度 T 下 i 型孔穴对容体分子 j 的吸附常数［$C_{ij}(T)$］为：

$$C_{ij}(T)=\frac{A_{ij}}{T}\exp\left(\frac{B_{ij}}{T}\right) \tag{4-19}$$

式中，A_{ij} 和 B_{ij} 均为基于水合物相平衡实验结果的拟合参数。Ⅰ型和Ⅱ型水合物的拟合值见表 4-3。该方法被证明也可应用于含水合物抑制剂体系的相平衡计算[2,37,39-42]。

表 4-3 式 (4-19) 的常数

组成	Ⅰ型水合物				Ⅱ型水合物			
	小孔		大孔		小孔		大孔	
	$A_{ij}\times 10^3$/K	$B_{ij}\times 10^{-3}$/K	$A_{ij}\times 10^2$/K	$B_{ij}\times 10^{-3}$/K	$A_{ij}\times 10^3$/K	$B_{ij}\times 10^{-3}$/K	$A_{ij}\times 10^2$/K	$B_{ij}\times 10^{-3}$/K
CH_4	3.7237	2.7088	1.8372	2.7379	2.9560	2.6951	7.6068	2.2027
C_6H_6	0	0	0.6906	3.6316	0	0	4.0818	3.0384
C_2H_4	0.0830	2.3969	0.5448	3.6638	0.0641	2.0425	3.4940	3.1071
C_3H_8	0	0	0	0	0	0	1.2353	4.4061
C_3H_6	0	0	0	0	0	0	20.174	4.0057
c-C_3H_6	0	0	0.1449	4.5796	0	0	1.3136	4.6534
i-C_4H_{10}	0	0	0	0	0	0	1.5730	4.4530
N_2	3.8087	2.2055	1.8420	2.3013	3.0284	2.1750	7.5149	1.8606
O_2	17.3629	2.2893	5.7732	1.9354	14.4306	2.3826	15.3820	1.5187
CO_2	1.1978	2.8605	0.8507	3.2779	0.9091	2.6954	4.8262	2.5718
H_2S	3.0343	3.7360	1.6740	3.6109	2.3758	3.7506	7.3631	2.8541
Ar	25.7791	2.2270	7.5413	1.9181	21.8923	2.3151	186.6043	1.5387
Kr	16.8620	2.8405	5.7202	2.4460	13.9926	2.9478	154.7221	1.9492
Xe	4.0824	3.6063	2.0657	3.4133	3.2288	3.6467	8.3580	2.7090
F_6S	0	0	0	0	0	0	1.4122	4.5653

式（4-19）在计算上较式（4-16）有了较大简化，但计算非对称混合体系的水合物生成压力时，计算结果普遍比实验值高，Ng 和 Robinson[43] 通过在 vdW-P 模型的式（4-10）前增加修正项进行修正的方法来解决这一问题，孔穴全空的水合物转化为最终态水合物的化学位能差（$\Delta\mu_w^H$）为：

$$\Delta\mu_w^H=\left\{\prod_q[1+3(a_q-1)Y_q^2-2(a_q-1)Y_q^3]\right\}\left[-RT\sum_i v_i\ln(1-\sum_j\theta_{ji})\right] \tag{4-20}$$

式中，a_q 为混合物中最轻的组分与其它组分 q 之间的交互作用参数（Ng 和 Robinson[43] 通过二元回归得到的交互作用参数见表 4-4）；Y_q 为混合物中某一组分 q 的摩尔分数（干基）；R 为气体常数，8.314J/(mol・K)；T 为温度，K；v_i 为每个水分子所拥有的 i 型孔穴的数量；θ_{ji} 为客体分子 j 对 i 型孔穴的占有率。

表 4-4 式 (4-20) 中的交互作用参数 α

组分	CH_4	N_2	CO_2	C_2H_6	C_3H_8	i-C_4H_{10}
N_2	1.03	1.00	1.00	1.00	1.00	1.00
CO_2	1.01	1.00	1.00	1.00	1.00	1.00
H_2S	1.01	1.00	1.01	1.00	1.00	1.00
C_2H_6	1.02	1.00	1.00	1.00	1.00	1.00

续表

组分	CH_4	N_2	CO_2	C_2H_6	C_3H_8	i-C_4H_{10}
C_3H_6	1.04	1.00	1.00	1.00	1.00	1.00
C_3H_8	1.02	1.03	1.08	1.00	1.00	1.00
i-C_4H_{10}	1.06	1.03	1.08	1.02	1.02	1.00
n-C_4H_{10}	1.06	1.03	1.08	1.02	1.02	1.02

2. John-Holder 模型与 Du-Guo 模型

John 和 Holder 将客体分子的非球形影响、外层水分子对 $w(r)$ 的影响纳入计算 Langmuir 常数的考虑范围，对 vdW-P 模型的式（4-16）进行了改进，Langmuir 常数为[44]：

$$C=Q^* C^* \tag{4-21}$$

式中，Q^* 是将客体分子非球形影响纳入计算的修正项；C^* 是在式（4-16）基础上将外层水分子对孔穴内客体分子势能影响纳入计算考虑范围的 Langmuir 常数计算式[44]：

$$Q^*=\exp\left\{-a_0\left[w\left(\frac{\sigma}{R'-a}\right)\left(\frac{\varepsilon}{kT_0}\right)\right]^{n_0}\right\} \tag{4-22}$$

$$C^*=\frac{4\pi}{kT}\int_0^R \exp\left[-\frac{w_1(r)+w_2(r)+w_3(r)}{kT}\right]r^2\mathrm{d}r \tag{4-23}$$

式中，a_0 和 n_0 为经验常数，与客体分子种类无关，与水合物孔穴类型有关，其取值见表 4-5；w 为客体分子的偏心因子；σ 为气体分子与水分子碰撞距离之和；R'为孔穴半径；a 为对应参数；k 为 Boltzmann 常数；T 是温度，K；R 是特性参数；ε 为最大引力势（半径 $r=\sqrt[6]{2\sigma}$ 处对应的引力势）；r 为半径；T_0 为基准温度，通常取 273.15K；$w_1(r)$、$w_2(r)$ 和 $w_3(r)$ 分别代表第一、二、三层水分子对势能的贡献，并通过式（4-17）和式（4-18）进行计算，其相关参数取值见表 4-6。其中 $w_2(r)$ 和 $w_3(r)$ 可看作常数，但由于 C^* 是积分式，所以 $w_2(r)$ 和 $w_3(r)$ 对 C^* 的贡献不能看作常数。

表 4-5　式（4-22）中的参数值

参　数	Ⅰ型	Ⅱ型
a_0(小孔)	35.3446	35.3446
a_0(大孔)	14.1161	782.8469
n_0(小孔)	0.9730	0.9730
n_0(大孔)	0.8260	2.3129

作为反映客体分子非球形影响的修正项，Q^* 具有以下特点[2,44]：

① 对于球形对称的客体分子，Q^* 的值为 1；

表 4-6　三层球模型的特性参数（R、z）

结构	孔型	第一层		第二层		第三层	
		R	z	R	z	R	z
Ⅰ型	小孔	387.5	20	659.3	20	805.6	50
	大孔	415.2	21	707.8	24	825.5	50
Ⅱ型	小孔	387.0	20	669.7	20	807.9	20
	大孔	470.3	28	746.4	28	878.2	50

② 客体分子不对称性越大，则 Q^* 越大，反映在式（4-22）则为偏心因子 w 越大，Q^* 越大；

③ 客体分子尺寸越大，则分子和孔穴壁间距离越小，即（$R'-a$）越小、$\frac{\sigma}{R'-a}$越大，Q^* 越小；

④ 分子间相互作用能量越大，即 ε 越大，Q^* 越小。

John 和 Holder 由纯气体的第二位力系数和黏度数据回归了 Langmuir 常数计算式中的 Kihara 势能参数（ε/k、σ 和 r_a），并通过下列混合规则计算了水（下标 w）和客体分子（下标 g）之间相互作用的 Kihara 势能参数：

$$\sigma=(\sigma_w+\sigma_g)/2 \tag{4-24}$$

$$\varepsilon/k=(\varepsilon_w\varepsilon_g)^{1/2} \tag{4-25}$$

$$r_a=(r_{a_w}+r_{a_g})/2 \tag{4-26}$$

John 等[44] 通过数据回归得到的 Kihara 势能参数见表 4-7。

表 4-7　15 种气体的 Kihara 势能参数

组成	σ_g/Å	(ε_g/k)/K	r_{a_g}/Å	ω
CH_4	3.501	197.39	0.260	0.0
C_2H_6	4.036	393.20	0.574	0.105
C_2H_4	3.819	354.33	0.534	0.097
C_3H_8	4.399	539.99	0.745	0.152
C_3H_6	4.232	527.91	0.714	0.148
c-C_3H_6	4.191	602.40	0.653	0.128
i-C_4H_8	4.838	662.09	0.859	0.176
N_2	3.444	158.97	0.341	0.04
O_2	3.272	165.52	0.272	0.021
CO_2	3.407	506.25	0.677	0.225
H_2S	3.476	478.94	0.492	0.1
Ar	3.288	156.08	0.217	0.0
Kr	3.531	216.40	0.232	0.0
Xe	3.648	314.51	0.252	0.0
n-C_4H_8	4.674	674.91	0.891	0.193

Du 和 Guo[45] 在 John-Holder 模型基础上，对不同客体分子的 Langmuir 常数 $C_{ij}(T)$ 和温度进行了关联，Ⅰ型水合物和Ⅱ型水合物对应的 A_{ij}、B_{ij} 和 D_{ij} 在表 4-8 中给出[2,45]：

$$C_{ij}(T)=\frac{A_{ij}}{T}\exp\left(\frac{B_{ij}}{T}+\frac{D_{ij}}{T^2}\right) \tag{4-27}$$

表 4-8 式 (4-27) 中的常数值

水合物结构	组成	小孔			大孔		
		$A_{ij}\times10^3$ /(K·kPa)	$B_{ij}\times$ 10^{-3}/K	$D_{ij}\times$ 10^{-6}/K^2	$A_{ij}\times10^3$ /(K·kPa)	$B_{ij}\times$ 10^{-3}/K	$D_{ij}\times$ 10^{-6}/K^2
Ⅰ型	CH_4	0.0430970	2.49166	0.04483	0.172180	2.48524	0.03437
	C_2H_6	0	0	0	0.006598	3.99042	0.04418
	C_2H_4	0.0010880	3.17706	0.05203	0.015602	3.65183	0.04236
	C_3H_8	0	0	0	0.079637	3.75878	0.05126
	i-C_4H_{10}	0	0	0	0	0	0
	n-C_4H_{10}	0	0	0	0	0	0
	N_2	0.0450400	2.23834	0.03760	0.154930	2.01910	0.02648
	CO_2	0.0000566	4.18253	0.04477	0.007879	3.64536	0.03139
	H_2S	0.0020283	4.13262	0.04971	0.029577	3.86393	0.03504
Ⅱ型	CH_4	0.0464310	2.477778	0.04361	0.8927600	2.23760	0.01367
	C_2H_6	0	0	0	0.0798600	3.99929	0.02296
	C_2H_4	0.0000192	2.850100	0.04363	1.6277720	3.35852	0.01894
	C_3H_8	0	0	0	0.0018780	5.49173	0.03779
	i-C_4H_{10}	0	0	0	0.0000048	7.22478	0.04585
	n-C_4H_{10}	0	0	0	0.0000014	6.84938	0.04332
	N_2	0.0636990	2.215760	0.03924	1.1917300	1.74779	0.01203
	CO_2	0.0000729	4.170490	0.04474	0.0754300	2.90428	0.01415
	H_2S	0.0018588	4.123480	0.04761	0.2691700	3.21627	0.01449

（二）$\Delta\mu_w^L$ 和 $\Delta\mu_w^{ice}$ 的计算

$\Delta\mu_w^L$ 和 $\Delta\mu_w^{ice}$ 是采用 Holder 基于 Satio 提出的计算方法[46] 提出的简化计算方法得到的，相关常数数值见表 4-9[2,47]：

$$\left(\frac{\Delta\mu_w}{RT}\right)=\left(\frac{\Delta\mu_w}{RT}\right)_{T_0,p_0}-\int_{T_0}^{T}\left(\frac{\Delta h_w}{RT^2}\right)\mathrm{d}T+\int_{p_0}^{p}\left(\frac{\Delta v_w}{RT}\right)\mathrm{d}p-\ln a_w \tag{4-28}$$

$$\Delta h_w=\Delta h_w^0+\int_{T_0}^{T}\Delta C_{p_w}\mathrm{d}T \tag{4-29}$$

$$\Delta C_{p_w}=C_{p_w}^0+a(T-T_0) \tag{4-30}$$

式中，$\Delta\mu_w$ 为既定条件下水的化学位差；Δh_w 和 Δv_w 分别为液态水或冰与孔穴全空的水合物之间焓的差值和摩尔体积的差值；T_0 和 p_0 分别为参考温度和参考压力，一般取值为 273.15K 和 1MPa；Δh_w^0 为理想态数值；ΔC_{p_w} 为水等压热容随温度变化值；$C_{p_w}^0$ 为水理想状态等压热容；a 为计算常数；a_w 为水的活度，对于纯水和纯冰，a_w 的值为 1，对于非纯水液相中水的活度，可采用状态方程或活度系数方程进行计算，具体方法在本章后续内容中有详细介绍，不在此处赘述。

表 4-9 式（4-28）～式（4-30）中的常数及其他常数

物理量	Ⅰ型水合物	Ⅱ型水合物	H 型水合物
$\Delta\mu_w^0$①/(J/mol)	1263	883.8	1187.5
Δh_w^0/(J/mol)	1389	1025	846.57
$\Delta v_w^0$②/(mL/mol)	3.0	3.4	3.85
$\Delta v_{\text{wice-L}}$③/(mL/mol)	1.598		
$\Delta C_{p\text{ice-L}}$④/[J/(mol·K)]	$=38.12-0.141\times(T-273.15)$		

① $\Delta\mu_w^0$ 是 $\Delta\mu_w$ 在参考温度和参考压力下的对应值。

② Δv_w^0 是 Δv_w 在参考温度和参考压力下的对应值。

③ $\Delta v_{\text{wice-L}}$ 是 Δv_w 的相变对应值。

④ $\Delta C_{p\text{ice-L}}$ 是 ΔC_p 的相变对应值。

基于式（4-28），在温度 T 和压力 p 下，水在液相中的化学位 $\Delta\mu_w^L$ 可表示为[2]：

$$\Delta\mu_w^L(T,p)=\Delta\mu_{w_0}^L(T,p)-RT\ln a_w \tag{4-31}$$

$$\Delta\mu_{w_0}^L(T,p)=\Delta\mu_{w_0}^L(T,p_R)+\Delta v_w^L(p-p_R) \tag{4-32}$$

$$\frac{\Delta\mu_{w_0}^L(T,p_R)}{RT}=\frac{\Delta\mu_{w_0}(T_0,p_0)}{RT_0}-\int_{T_0}^{T}\frac{\Delta h_w^L}{RT^2}\mathrm{d}T+\int_{T_0}^{T}\frac{\Delta v_w^L}{RT}(\mathrm{d}p/\mathrm{d}T)\mathrm{d}T \tag{4-33}$$

$$\Delta v_w^L=\Delta v_{w_0}+\Delta v_w^{\text{ice-L}} \tag{4-34}$$

式中，p_R 为参照水合物的生成压力；$\Delta\mu_{w_0}^L(T,p)$ 为在温度 T 和压力 p 下的理想值；R 为气体常数，8.314J/(mol·K)；a_w 为水的活度，对于纯水和纯冰，a_w 的值为 1；$\Delta\mu_{w_0}^L(T,p_R)$ 为在温度 T、参照水合物的生成压力下的理想状态液态水的化学位变化值；$\Delta\mu_{w_0}(T_0,p_0)$ 为在理想温度、压力下的水的化学位差；Δv_{w_0} 为理想水的体积变化；$\Delta v_w^{\text{ice-L}}$ 为发生冰-水相变造成的水的体积变化；Δv_w^L 为水在液相中的体积变化，采用经验关联式进行计算：

$$\ln p_R=A+\frac{B}{T}+D\ln T \tag{4-35}$$

式中，A、B 和 D 均为参考水合物生成压力的拟合参数，对于不同温度范围的结构水合物，选取的参照水合物是不同的。各个结构水合物在不同温度段选择的参照水合物以及相应参数值见表 4-10。

表 4-10 式 (4-35) 中的参数值

参数	$T<273.15\text{K}$	$T>273.15\text{K}$
参考水合物	氙的Ⅰ型水合物[48]	甲烷的Ⅰ型水合物[2]
A	23.0439	−1212.2
B	−3357.57	44344.0
D	−1.85000	187.719
参考水合物	二氟一氯溴甲烷的Ⅱ型水合物[49]	天然气混合物的Ⅰ型水合物
A	11.5115	−1023.14[2]
		4071.64[50]
B	4092.37	34984.3[2]
		−193428.8[50]
D	0.316033	159.923[2]
		−599.755[50]
参考水合物	氙+2,2,-二甲基丁烷混合物的 H 型水合物[2]	
A	−62.32382	−2533.64771
B	2254.51434	98334.74905
D	9.66097	389.55989

基于式 (4-28)，在温度 T 和压力 p 下，水在冰中的化学位 $\Delta\mu_{\text{w}}^{\text{ice}}$ 可表示为[2]：

$$\Delta\mu_{\text{w}}^{\text{ice}}(T,p)=\Delta\mu_{\text{w}}^{\text{ice}}(T,p_{\text{R}})+\Delta v_{\text{w}}^{\text{ice}}(p-p_{\text{R}}) \tag{4-36}$$

$$\frac{\Delta\mu_{\text{w}}^{\text{ice}}(T,p_{\text{R}})}{RT}=\frac{\Delta\mu_{\text{w}_0}(T_0,p_0)}{RT_0}-\int_{T_0}^{T}\frac{\Delta h_{\text{w}}^{\text{ice}}}{RT^2}\text{d}T+\int_{T_0}^{T}\frac{\Delta v_{\text{w}}^{\text{ice}}}{RT}(\text{d}p/\text{d}T)\text{d}T \tag{4-37}$$

式中，$\Delta v_{\text{w}}^{\text{ice}}$ 为水在冰中的体积变化；p_{R} 为参照水合物的生成压力；T_0 和 p_0 分别是参考温度和参考压力，一般取值为 273.15K 和 1MPa；$\Delta h_{\text{w}}^{\text{ice}}$ 为冰中水随温度的焓值变化。$\Delta C_p=0$，$\Delta h_{\text{w}}^{\text{ice}}=\Delta h_{\text{w}}^{0}$，$\Delta v_{\text{w}}^{\text{ice}}=\Delta v_{\text{w}}^{0}$。基于经典热力学理论，水在水合物晶格中的逸度（$f_{\text{w}}^{\text{H}}$）可按照下式进行计算[2]：

$$f_{\text{w}}^{\text{H}}=f_{\text{w}}^{\text{em}}\exp\left(-\frac{\Delta\mu_{\text{w}}^{\text{H}}}{RT}\right) \tag{4-38}$$

$$f_{\text{w}}^{\text{em}}=p_{\text{w}}^{\text{em}}\phi_{\text{w}}^{\text{em}}\exp\left(\int_{p_{\text{w}}^{\text{em}}}^{p}\frac{v_{\text{w}}^{\text{em}}}{RT}\text{d}p\right)=p_{\text{w}}^{\text{em}}\phi_{\text{w}}^{\text{em}}\exp\frac{pv_{\text{w}}^{\text{em}}-v_{\text{w}}^{\text{em}}p_{\text{w}}^{\text{em}}}{RT} \tag{4-39}$$

式中，f_{w}^{H} 为水在水合物相中的逸度；f_{w}^{em} 为水在孔穴全空时的逸度；$\Delta\mu_{\text{w}}^{\text{H}}$ 为

水在水合物相中化学位变化；R 为气体常数，8.314J/(mol·K)；T 为温度；p 为压力；$p_{\mathrm{w}}^{\mathrm{em}}$ 为水在孔穴全空时的压力；$\phi_{\mathrm{w}}^{\mathrm{em}}$ 为水在孔穴全空时的逸度系数；$v_{\mathrm{w}}^{\mathrm{em}}$ 为水在孔穴全空时的体积。

$$\ln f_{\mathrm{w}}^{\mathrm{em}}=\ln f_{\mathrm{w}}^{\mathrm{em}}{}_{T}(T)+\frac{p v_{\mathrm{w}}^{\mathrm{em}}}{RT} \tag{4-40}$$

式中，上标 em 为孔穴全空状态；下标 w 为水。在相平衡状态下，即式（4-3）成立，则：

$$\ln f_{\mathrm{w}}^{\mathrm{em}}=\ln f_{\mathrm{w}}^{\mathrm{V}}+\exp\left(-\frac{\Delta\mu_{\mathrm{w}}^{\mathrm{H}}}{RT}\right) \tag{4-41}$$

式中，$f_{\mathrm{w}}^{\mathrm{V}}$ 为水在气相中的逸度。通过对无自由水时生成水合物的实验数据进行关联拟合，可以得到不同结构气体水合物的关联式（温度单位为 K，压力单位为 bar，1bar=0.1MPa）。

Ⅰ型：$$\ln f_{\mathrm{w}}^{\mathrm{em}}=14.269-5393/T+0.00036T-0.1025p \tag{4-42}$$

Ⅱ型：$$\ln f_{\mathrm{w}}^{\mathrm{em}}=18.026-6512/T+0.002304T-0.066339p \tag{4-43}$$

H 型：$$\ln f_{\mathrm{w}}^{\mathrm{em}}=9.70045-5056.806367/T+0.14609T-0.282p/T \tag{4-44}$$

二、Chen-Guo 模型

vdW-P 模型中气体分子被水合物包容过程为 Langmuir 等温吸附过程，但在实际水合物生成过程中气体分子被水分子包裹和水合物的生成是同一个过程，而非水分子生成笼形晶体结构之后再发生气体分子的吸附，这种差异性会对水合物相关相平衡的计算造成一定的影响。陈光进与郭天民基于局部稳定概念提出准均匀占据理论[32]，将客体分子与周围水分子生成水合物大孔结构的过程认为围绕客体分子的水分子通过氢键形成络合孔的过程，以使得模型描述更加接近水合物实际生成情况。基于准均匀占据理论的客体分子与水分子的处理方式，结合 Sloan 等提出的水合物两步生成机理[51]，陈光进与郭天民于 1996 年提出了新的水合物生成模型[32]，后被称为 Chen-Guo 模型。该模型的物理假设包括[2]：

① 水合物相中水分子对水合物自由能的作用不受孔穴被填充的状况影响。

② 水合物的大孔为络合孔，每个络合孔中含有一个客体分子；小孔为连接孔，每个孔中最多只能含有一个客体分子，相同客体分子在每个小孔中出现的概率是相同的。

③ 水合物内客体分子（大孔内的分子）间无相互作用。

④ 模型无需考虑量子效应，经典统计力学适用于模型体系。

⑤ 客体分子的内运动配分函数与理想气体分子相同。

⑥ 客体分子在孔穴中的位能可用球形引力势来表示。

上述六条假设，除第二条之外，均与 vdW-P 模型的假设相同，第二条假设是

Chen-Guo 模型对水合物大、小孔结构区别处理和模型计算的重要基础。

（一）单组分客体分子生成Ⅰ型和Ⅱ型水合物

Chen-Guo 模型对水合物生成过程的描述分为两步[2,32]。第一步可看作是将 Sloan 等提出的水合物两步生成机理[51] 合并为一步：溶于水相中的客体分子（G）周围的水分子在氢键作用下形成一个以气体分子为中心的胞腔，被称为络合孔；之后，络合孔结构相互连接起来并向周围发展从而形成稳定的晶体结构物质，该物质被称作基础水合物，连接络合孔的多面体形成的胞腔称为连接孔，用化学式可表达为：

$$\lambda_2 G + H_2O \longrightarrow H_2O \cdot G_{\lambda_2} \tag{4-45}$$

$$\mu_w + \lambda_2 \mu_g = \mu_B \tag{4-46}$$

式中，λ_2 是水合物中客体分子和水分子数量比；μ_g 是客体分子的化学位；μ_w 是水的化学位；μ_B 是基础水合物的化学位。这里需要注意胞腔的直径由客体分子的体积决定，孔壁上水分子的氢键处于饱和状态，客体分子对络合孔起到支撑作用，在没有客体分子支撑的情况下，络合孔无法稳定地存在。正如模型第二条假设所述，每个络合孔中含有一个客体分子，所以 Chen-Guo 模型中水合物的第一步是符合化学计量的。此外，因为氢键的方向性要求水分子间相对位置满足一定的几何结构要求，所以胞腔的尺寸不会随着胞腔内客体分子的大小而连续变化，而是根据客体分子尺寸范围划分，在不同尺寸范围内的客体分子与水分子形成不同结构的胞腔，而在同一尺寸范围内的不同客体分子则形成同一种结构的胞腔。

第二步，小分子溶解于连接孔，使水合物结构更加稳定，同时降低水合物的化学位。

$$\mu_B = \mu_B^0(T) + \lambda_1 RT\ln(1-\theta) \tag{4-47}$$

式中，R 是气体常数，8.314J/(mol・K)；T 是温度，K；λ_1 是水合物中连接孔数量和水分子数量的比值；μ_B^0 是基础水合物连接孔全空时的化学位；θ 是水合物中被小分子占据的连接孔在总连接孔中的比例。

式（4-46）和式（4-47）是水合物化学位的两种表达形式，前者是以水和小分子化学位的形式表达，后者是以连接孔全空的基础水合物和小分子吸附贡献的形式表达，在水合物生成临界状态时，式（4-46）和式（4-47）计算得到的 μ_B 是相等的；而外在条件达不到水合物生成条件时，式（4-46）计算得到的 μ_B 小于式（4-47）计算得到的 μ_B；当外在条件可以生成水合物且水合物生成推动力为正值时，式（4-46）计算得到的 μ_B 大于式（4-47）计算得到的 μ_B[52]。

所以，令：

$$\Delta\mu = [\mu_B^0(T) + \lambda_1 RT\ln(1-\theta)] - [\mu_w + \lambda_2 \mu_g] \tag{4-48}$$

式中，$\Delta\mu$ 为系统化学位的差。当 $\Delta\mu=0$ 时，外界条件处于水合物生成临界状态；$\Delta\mu>0$ 时，水合物无法生成；$\Delta\mu<0$ 时，水合物持续生成。因为 $\Delta\mu$ 随压力升高而单调降低，随温度升高而单调升高，可以通过最小二乘法用较少的迭代次数获得既定条件下的水合物临界生成压力和水合物临界生成温度[52]。

对于水合物生成过程的第二步，由于连接孔具有一定的尺寸，当气体分子都大于 CO_2 分子直径而无法进入连接孔时，这一步不会发生。则

$$\mu_B=\mu_B^0(T) \tag{4-49}$$

根据热力学基本方程：

$$\mu_g=\mu_g^0(T)+RT\ln f_g \tag{4-50}$$

式中，μ_g^0 为客体分子在理想状态下的化学位；f_g 为客体分子在非水合物相中的逸度。所以对于不发生第二步的水合物生成过程，联立式（4-45）、式（4-48）和式（4-49），可得：

$$f_g=\exp\left[\frac{\mu_B^0-\mu_w-\lambda_2\mu_g^0(T)}{\lambda_2 RT}\right] \tag{4-51}$$

对于发生第二步的水合物生成过程，联立式（4-45）、式（4-48）和式（4-51），可得：

$$f_g=\exp\left[\frac{\mu_B^0-\mu_w-\lambda_2\mu_g^0(T)}{\lambda_2 RT}\right](1-\theta)^{\lambda_1/\lambda_2} \tag{4-52}$$

定义 $f_g^0=\exp\left[\frac{\mu_B^0-\mu_w-\lambda_2\mu_g^0(T)}{\lambda_2 RT}\right]$，$\alpha=\lambda_1/\lambda_2$，则式（4-52）和式（4-48）可表示为：

$$f_g=f_g^0(1-\theta)^\alpha \tag{4-53}$$

$$\Delta\mu=RT\left[\lambda_2\ln\frac{f_g^0}{f_g}+\lambda_1\ln(1-\theta)\right] \tag{4-54}$$

f_g^0 是温度、压力、水的活度和水合物结构的函数，根据热力学函数关系式[32]：

$$\mu_B^0=HE_B^0+pV_B^0 \tag{4-55}$$

$$\mu_w=HE_w+pV_w+RT\ln a_w \tag{4-56}$$

$$\mu_B^0-\mu_w=\Delta HE+p\Delta V^0-\ln a_w \tag{4-57}$$

式中，下标 B 为水合物；HE 为 Helmholtz 自由能，主要受体系温度影响；HE_B^0 为标况下基础水合物的 Helmholtz 自由能；V_B^0 为标况下基础水合物的体积；HE_w 为水的 Helmholtz 自由能；V_w 为水的体积；ΔHE 为系统 Helmholtz 自由能的变化量；a_w 为水的活度，对于纯水，a_w 的值为 1；ΔV^0 为摩尔体积变化，可近似为常量。因此，Chen-Guo 模型将 f_g^0 表达为三个量的乘积用以代表温度、压力

和水的活度对 f_g^0 的贡献：

$$f_g^0 = f_g^0(T) f_g^0(p) f_g^0(a_w) \tag{4-58}$$

$f_g^0(T)$ 是温度的函数，其具体函数形式随客体分子的特征而改变，Chen-Guo 模型采用 Antoine 公式的形式对函数进行关联：

$$f_g^0(T) = X\exp\left(\frac{Y}{T-Z}\right) \tag{4-59}$$

式中，T 为温度；各种气体与液相水生成水合物对应的 Antoine 常数（X、Y、Z）见表 4-11。对于冰与表中气体生成水合物的计算，则需要在式（4-59）的基础上增加修正项以对计算结果进行校正：

$$f_g^0(T) = \exp\left[\frac{D(T-273.15)}{T}\right] X\exp\left(\frac{Y}{T-Z}\right) \tag{4-60}$$

式中，D 为常数，D 和水合物结构常数见表 4-12。需要注意，通过引入 $f_g^0(T)$，Chen-Guo 模型修正了模型假设和实际情况存在的差异[2]：对于客体分子尺寸接近孔穴尺寸的水合物体系，客体分子和孔穴壁面的水分子存在一定程度的相互影响，因此 vdW-P 模型和 Chen-Guo 模型的第一条假设与实际情况是存在差异的，而 $f_g^0(T)$ 将客体分子和水分子的运动状态作为一个总效果呈现，从而避免了第一条假设和实际水合物生成情况差异对计算造成的负面影响；Chen-Guo 模型中的络合孔是大孔，而实际水合物中的大孔不是球对称的，这与模型假设的第六条存在差异，而 $f_g^0(T)$ 的计算则不会受此差异的影响。综合而言，$f_g^0(T)$ 的引入减少了模型假设和现实差异对模型计算造成的负面影响，有助于减小模型的系统性误差进而提高计算的准确性。

表 4-11 各种气体生成水合物时的 Antoine 常数

气体种类	Ⅰ型水合物			Ⅱ型水合物		
	$X\times10^{-9}$/MPa	Y/K	Z/K	$X\times10^{-22}$/MPa	Y/K	Z/K
Ar	58.705	−5393.68	28.81	7.3377	−12889	−2.61
Kr	38.719	−5682.08	34.70	3.1982	−12893	4.11
N_2	97.939	−5286.59	31.65	6.8165	−12783	−1.10
O_2	62.498	−5353.95	25.93	4.3195	−12505	−0.35
CO_2	4.63726	−4004.18	90.67	3.4474	−13470	6.79
H_2S	4434.2	−7540.62	31.88	3.2794	−14000	6.70
CH_4	1584.4	−6591.43	27.04	5.2602	−13088	4.08
C_2H_4	48.418	−5597.59	51.80	0.0377	−13841	0.55
C_2H_6	47.5	−5465.60	57.93	0.0399	−11491	30.36
C_3H_6	0.94968	−3732.47	113.59	4.1023	−13106	30.20
C_3H_8	100.0	−5400	55.00	2.3854	−13968	8.78
i-C_4H_{10}	1.0	0.00	0.00	3.5907	−12312	39.00
n-C_4H_{10}	1.0	0.00	0.00	4.5138	−12850	37.00

表 4-12 水合物结构参数

结构	α	β/(K/bar)	λ_2	D
Ⅰ型	1/3	0.4242	3/23	−22.5
Ⅱ型	2	1.0224	1/17	−49.5

$$f_g^0(p)=\exp\left(\frac{p\Delta V^0}{\lambda_2 RT}\right) \tag{4-61}$$

因为 ΔV^0 和 λ_2 是与水合物结构有关的常数，因此 Chen-Guo 模型采用 β 来表示 $\Delta V^0/\lambda_2$，从而将式（4-61）简化为：

$$f_g^0(p)=\exp\left(\frac{\beta p}{T}\right) \tag{4-62}$$

$$f_g^0(a_w)=a_w^{-1/\lambda_2} \tag{4-63}$$

$$a_w=f_w/f_w^0 \tag{4-64}$$

Chen-Guo 模型中第二步中客体分子在连接孔中的占有率 θ 的计算既可以采用准均匀占据理论描述，也可以采用 Langmuir 等温吸附理论来描述。按照准均匀占据理论[2]：

$$\theta=f_g C/\mathrm{e} \tag{4-65}$$

式中，C 是吸附常数；e 是自然对数的底数（2.718）。在 Chen-Guo 模型中，客体分子对络合孔的占有率是固定值（值为 1），不需要通过式（4-65）进行计算；而客体分子对连接孔的占有率是变量，受温度、压力等因素影响，是水合物成为非化学计量型化合物的原因，需要通过式（4-65）进行计算，但 $\theta \leqslant 1$ 时公式才有意义，所以式（4-65）是有限定适用范围的，适用范围为 $f_g C \leqslant \mathrm{e}$。为了计算方法的使用范围不受限制，Chen-Guo 模型对于连接孔占有率的计算通常采用 Langmuir 等温吸附理论［式（4-15）］并保证模型整体的热力学一致性。

关于 Langmuir 吸附常数的计算，Chen-Guo 模型采用 Antoine 公式对函数进行关联：

$$C(T)=A\exp\left(\frac{B}{T-D}\right) \tag{4-66}$$

式中的常数 A、B 和 D 可以采用 Lennard-Jones 势能模型拟合得到，相关气体计算吸附常数的 Antoine 常数见表 4-13。Ⅰ型和Ⅱ型水合物小孔均由 12 个五边形的面组成，两者的细微差异性对模型中的计算结果影响较小，所以表 4-13 中的常数对于Ⅰ型和Ⅱ型水合物在冰点上下的计算均可使用[2]。

表 4-13　计算各种气体吸附常数的 Antoine 常数

气体	$A\times10^6$	B/K	D/K
Ar	5.6026	2657.94	−3.42
Kr	4.5684	3016.70	6.24
N_2	4.3151	2472.37	0.64
O_2	9.4987	2452.29	1.03
CO_2	1.6464	2799.66	15.90
H_2S	4.0596	3156.52	27.12
CH_4	2.3048	2752.29	23.01

（二）混合组分客体分子生成Ⅰ型和Ⅱ型水合物

根据 Chen-Guo 模型两步生成机理，水合物晶型结构在第一步时已经确定。对于混合气生成水合物过程，连接孔内小分子的存在有助于提高水合物结构的稳定性，而这一特性可以降低大分子生成水合物所需要的压力。此外，相比于大分子和水生成连接孔全空的水合物，在有小分子为连接孔结构提供一定稳定性的情况下，大分子和水分子对连接孔结构稳定性的贡献要求会降低，这对大分子在生成水合物时的晶体结构类型的选择会产生一定影响。所以混合气生成水合物的结构类型并不是一个简单的累加关系，而是会随着组成的变化而变化。所以在多元混合气体系的计算时要遵循以下几点[2]：

① 分子尺寸大于乙烷的分子只能生成Ⅱ型水合物，当混合气生成Ⅰ型水合物时，则这部分大分子气体组分为惰性组分，不参加水合物生成；

② 当混合气中不含有可形成Ⅱ型水合物的组分时，只需按照Ⅰ型水合物进行计算；

③ 当混合气中既含有能生成Ⅰ型水合物的组分也含有能生成Ⅱ型水合物的组分时，按照生成Ⅰ型水合物和Ⅱ型水合物两种方案都算一遍，生成压力更低的水合物优先生成，更低的那个压力值就是体系的水合物临界生成压力；

④ 对于天然气（主体为甲烷等尺寸小于连接孔直径的分子组分），由于通常大分子组分占足够的物质的量的比，生成Ⅰ型水合物概率较小，通常按照Ⅱ型水合物进行计算，只有在体系乙烷含量较高（通常摩尔分数在30%以上，乙烷分子尺寸大于连接孔且主要生成Ⅰ型水合物）的情况下，才按照Ⅰ型水合物进行计算。

相较于纯组分气体生成的水合物，混合气生成的水合物有所不同，可将多元混合气生成的基础水合物视作由多个单一组分生成的基础水合物形成的固体溶液[2]。因为水合物具有特定结构，孔穴尺寸不会随客体分子尺寸变化而连续变化，所以由不同组分客体分子生成的相同结构水合物的摩尔体积差异性非常小，且由不同客体分子生成的基础水合物固体溶液的过剩体积和过剩熵接近零，可将混合的基础水合物视为正规溶液，忽略不同客体分子间的相对作用，则可将其简化为理想溶液处理[2]。当有 N 个组分的客体分子参与水合物生成第一步时：

$$\lambda_2 \sum_j^N X_j^* G_j + H_2O \longrightarrow H_2O \cdot G_{1_{\lambda_2 X_1^*}} \cdot G_{2_{\lambda_2 X_2^*}} \cdots G_{N_{\lambda_2 X_N^*}} \tag{4-67}$$

$$\mu_w + \lambda_2 \sum_j X_j^* \mu_{g_j} = \mu_B \tag{4-68}$$

式中，X_j^* 是第 j 个组分的客体分子在水合物相的 N 个组分客体分子中所占的物质的量的比；μ_{g_j} 是第 j 个组分的客体分子的化学位；G 为客体分子的分子式；下标 j 为混合气中的第 j 个组分；λ_2 为水合物中客体分子和水分子数量比；λ_1 为水合物中连接孔数量和水分子数量的比值。需要注意的是，并不一定混合气内所有组分都参与水合物生成的第一步，是否参与第一步的生成与组分的逸度有关。

水合物生成的第二步可表示为：

$$\mu_B = \mu_B^0(T) + \lambda_1 RT \ln\left(1 - \sum_j \theta_j\right) \tag{4-69}$$

$$\theta_j = \frac{C_j f_j}{1 + \sum_{jj} C_j f_j} \tag{4-70}$$

式中，θ_j 是第 j 个组分的客体分子对连接孔的占有率；f_j 是气相组分 j 的逸度；C_j 是水合物对组分 j 的吸附常数。分子直径大于连接孔直径的组分不参与第二步。相应地，其它公式为：

$$f_{g_j} = X_j^* f_{g_j}^0 \left(1 - \sum_q \theta_q\right)^{\alpha} \tag{4-71}$$

$$\sum_j X_j^* = 1 \tag{4-72}$$

对于有液相水的水合物生成：

$$f_{g_j}^0 = X_j \exp\left(\frac{Y_j}{T - Z_j}\right) \exp\left(\frac{\beta p}{T}\right) a_w^{-1/\lambda_2} \tag{4-73}$$

对于固态冰生成水合物：

$$f_{g_j}^0 = \exp\left[\frac{D(T - 273.15)}{T}\right] X_j \exp\left(\frac{Y_j}{T - Z_j}\right) \exp\left(\frac{\beta p}{T}\right) a_w^{-1/\lambda_2} \tag{4-74}$$

考虑到大孔和小孔内客体分子之间的相互作用，对式（4-73）和式（4-74）进行修正：

$$f_{g_j}^0 = \exp\left(\frac{-\sum_q AA_{qj} \theta_q}{T}\right) X_j \exp\left(\frac{Y_j}{T - Z_j}\right) \exp\left(\frac{\beta p}{T}\right) a_w^{-1/\lambda_2} \tag{4-75}$$

$$f_{g_j}^0 = \exp\left[\frac{D(T - 273.15) - \sum_q AA_{qj} \theta_q}{T}\right] X_j \exp\left(\frac{Y_j}{T - Z_j}\right) \exp\left(\frac{\beta p}{T}\right) a_w^{-1/\lambda_2} \tag{4-76}$$

式中，f_{g_j} 为气体第 j 个组分的逸度；X_j^* 是第 j 个组分的客体分子在水合物相中的 N 个组分客体分子中所占的物质的量的比；$f_{g_j}^0$ 为气体第 j 个组分的理想状态下的逸度；$\sum_q \theta_q$ 为小孔的组吸附率；α 为大孔和小孔的数量比；X_j、Y_j 和 Z_j 为气体生成水合物时 Antoine 常数；β 为水合物结构常数；a_w 为水的活度；D 为计算常数；AA_{qj} 是大孔中客体分子 j 和连接孔中分子 q 之间的二元交互作用参数，其中 $AA_{qj}=AA_{jq}$，$AA_{qq}=AA_{jj}=0$，小孔和小孔内客体分子间的交互作用可以忽略。AA_{qj} 相关数值见表 4-14[2,31]。

表 4-14　AA_{qj} 相关数值

组分	C_2H_6	C_3H_8	i-C_4H_{10}	n-C_4H_{10}	C_4H_{10} ①
CH_4	100	300	530	100	0
N_2	50	150	300	50	0
CO_2	100	300	530	100	0
H_2S	100	300	530	100	0

① 当 C_4 没有明确正丁烷和异丁烷的组成，而以其总组成出现时，分子位能参数以异丁烷计，AA_{qj} 以等于零计[2]。

（三）H 型水合物的生成

H 型水合物存在三种结构的孔，包括小孔（由 12 个五边形构成，结构与Ⅰ型水合物、Ⅱ型水合物、季铵盐的半笼形水合物的小孔相同）、中孔（由 3 个四边形、6 个五边形和 3 个六边形构成）和大孔（由 12 个五边形和 8 个六边形组成）。需要注意的是，单一组分大分子气体无法独自生成水合物，这与Ⅰ型、Ⅱ型气体水合物以及季铵盐半笼形水合物可以由对应大分子的纯组分物质与水直接生成的情况有所不同。大分子必须与小分子组分以混合气的方式才能生成 H 型水合物，这些小分子被称为辅助气体[2]，可为中孔和小孔提供支撑。不同于Ⅰ型、Ⅱ型和季铵盐半笼形水合物只有两种孔（季铵盐半笼形水合物中由多个半笼形组成的可包裹季铵盐离子的孔穴在模型中是按照同一类络合孔/大孔处理），H 型水合物具有三种孔穴的特性使其在 Chen-Guo 模型的计算中与上述三种结构的水合物的计算有所不同。

对于 H 型水合物生成第一步，当混合气中只有一个大分子组分时，基础水合物生成表示为式（4-77），当混合气中有 N 个大分子组分时，基础水合物的生成表示为式（4-78）：

$$\lambda_3 G + H_2O \longrightarrow H_2O \cdot G_{\lambda_3} \tag{4-77}$$

$$\lambda_3 \sum_j^N X_j^* G_j + H_2O \longrightarrow H_2O \cdot G_{1_{\lambda_3 X_j^*}} \cdot G_{2_{\lambda_3 X_2^*}} \cdot G_{N_{\lambda_3 X_N^*}} \tag{4-78}$$

式中，λ_3 是 H 型水合物大笼中客体分子和水分子数量比。在水合物生成第二步中，中孔和小孔均作为连接孔处理，当混合气中只有一个大分子组分时：

$$f_g = f_g^0 (1-\theta_s)^{\lambda_1/\lambda_3} (1-\theta_m)^{\lambda_2/\lambda_3} = f_g^0 (1-\theta_s)^2 (1-\theta_m)^3 \tag{4-79}$$

式中，θ_s 和 θ_m 是 H 型水合物小孔和中孔的占有率。

f_g^0、$f_g^0(T)$ 和 $f_g^0(p)$ 仍采用式（4-58）、式（4-59）和式（4-62）进行计算，计算 $f_g^0(T)$ 的 Antoine 常数见表 4-15，$f_g^0(a_w)$ 计算方法调整为：

$$f_g^0(a_w)=a_w^{-1/\lambda_3} \tag{4-80}$$

对于存在多个大分子组分和多个辅助气体组分的混合气可表示为下式，辅助气体的 Langmuir 常数计算的参数值见表 4-16：

$$f_{g_j}=X_j^* f_{g_j}^0 (1-\sum_q \theta_{s_q})^3 (1-\sum_q \theta_{m_q})^2 \tag{4-81}$$

式中，f_{g_j} 为组分 j 的气相逸度；$f_{g_j}^0$ 为 j 组分的纯气体时的气相逸度；θ_{s_q} 为气相中有 q 各组分，水合物小孔对任一组分的吸附率；θ_{m_q} 为水合物中孔对任一组分的吸附率。

$$\theta_i=\frac{\sum_j C_{ji} f_j}{1+\sum_j C_{ji} f_j} \tag{4-82}$$

$$C_{ij}=A_{ji}\exp\left(\frac{B_{ji}}{T-D_{ji}}\right) \tag{4-83}$$

表 4-15 各种物质生成 H 型水合物时的 Antoine 常数

H 型水合物生成物	A/MPa	B/K	C/K
2-甲基丁烷	2.680×10^{-81}	−123997.04	924.63
2,2-二甲基丁烷	7.059×10^{69}	−79297.09	−225.84
2,3-二甲基丁烷	9.105×10^{69}	−75588.18	−203.37
2,2,3-三甲基丁烷	1.697×10^{73}	−96183.95	−299.47
2,2-二甲基戊烷	2.913×10^{46}	−44982.83	−161.61
3,3-二甲基戊烷	2.335×10^{13}	−2305.14	195.57
甲基环戊烷	1.516×10^{16}	−3235.73	182.36
乙基环戊烷	9.947×10^{43}	−29122.05	−15.96
甲基环己烷	8.601×10^{16}	−3901.40	173.19
顺-1,2-二甲基环己烷	2.692×10^{76}	−92097.15	−248.22
1,1-二甲基环己烷	2.222×10^{16}	−3750.14	178.92
环庚烷	1.783×10^{-13}	−3257.38	386.06
环辛烷	2.316×10^{-9}	−1623.88	358.06
金刚烷	1.813×10^{12}	−3208.77	170.84
2,3-二甲基-1-丁烯	4.431×10^{34}	−17777.20	40.31
3,3-二甲基-1-丁烯	3.211×10^{-65}	−75621.15	771.72
环庚烯	3.783×10^{45}	−43255.07	−141.72
顺-环辛烯	1.464×10^{10}	−1586.60	209.92
3,3-二甲基-1-丁烯	2.032×10^{-68}	−87355.02	817.83
1,3-二甲基环己烷	4.677×10^{35}	−21792.05	2.3779

表 4-16 辅助气体的 Langmuir 常数计算参数值

辅助气体	小孔(5^{12})			中孔($4^3 5^6 6^3$)		
	$X_s\times10^7$/MPa	Y_s	Z_s	$X_s\times10^7$/MPa	Y_s	Z_s
CH_4	2.3048	2752.29	23.01	14.33	2625.04	19.93
N_2	4.3151	2472.37	0.64	12.57	2335.14	0.64

注：X_s、Y_s、Z_s 为计算辅助气体吸附常数的 Antoine 常数。

第三节　水合物生成的热力学条件

水合物生成条件的计算一般是在各相组成已知的情况下计算既定温度下的临界生成压力（或既定压力下的临界生成温度），本节主要围绕以化学位相等为收敛条件的 vdW-P 模型、以摩尔浓度总和为收敛条件的 Chen-Guo 模型和以化学位相等为收敛条件的 Chen-Guo 模型三种计算方法，并对上述三种计算方法在不同体系的应用做补充说明。

一、水合物生成热力学条件计算方法

（一）以化学位相等为收敛条件的 vdW-P 模型

vdW-P 模型的计算步骤主要为：

① 输入气、液相组成，计算既定温度下临界生成压力时，输入既定温度 T 和压力初始值 p_0；计算既定压力下临界生成温度时，输入既定压力 p 和温度初始值 T_0。

② 计算对应温度下的每个组分在不同类型孔中的 Langmuir 吸附常数 $C_{ij}(T)$，本步有积分式［式（4-16）］和关联式［式（4-19）、式（4-21）、式（4-27）］两类方法。

③ 对应 Tp 闪蒸计算，得到气相各组分的组成 y_i 以及各组分的逸度 f_{g_j}。

④ 由式（4-15）计算出组分 j 对类型 i 的孔穴占有率 θ_{ij}。

⑤ 由式（4-10）计算出水在水合物相中的化学位 $\Delta\mu_w^H$。

⑥ 计算水的活度 a_w，当富水相为纯水且忽略气体在水中溶解度的情况下，$a_w=1$。

⑦ 由式（4-31）到式（4-37）计算水在富水液相或冰相中的化学位 $\Delta\mu_w^L$ 或 $\Delta\mu_w^{ice}$。

⑧ 判断 $\Delta\mu_w^H$ 与 $\Delta\mu_w^L$ 或 $\Delta\mu_w^{ice}$ 是否相等［两者差值在规定误差范围内（$\Delta\mu_u$）视为相等］。

⑨ 如果相等，计算跳出，本轮猜测值即为所求临界值（计算临界生成压力时，猜测值为本轮计算压力赋值；计算临界生成温度时，猜测值为本轮计算温度的赋值）；如果不相等，则对猜测值进行重新赋值（$\Delta\mu_w^H-\Delta\mu_w^L>\Delta\mu_u$ 时，增大临界压力赋值/减小临界温度赋值；$\Delta\mu_w^L-\Delta\mu_w^H>\Delta\mu_u$ 时，减小临界压力赋值/增大临界温度赋值），之后重复步骤②至步骤⑧，直至计算满足精度为止。

模型计算的流程图可简要表达为图 4-1。

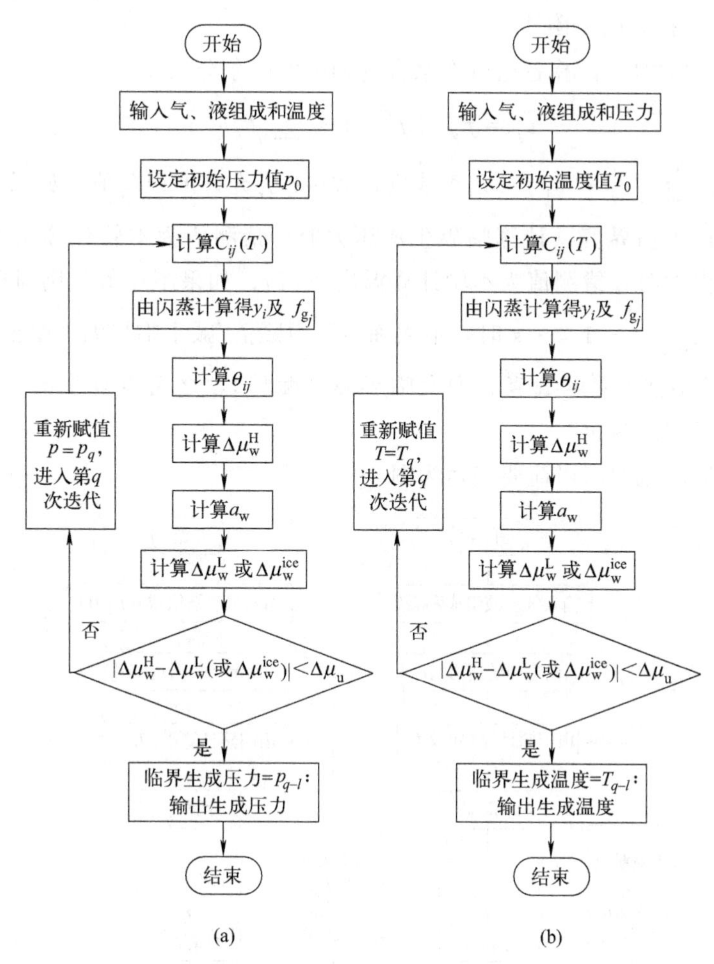

图 4-1　vdW-P 模型计算水合物生成临界压力和临界温度的计算程序流程图

（二）以摩尔浓度总和为收敛条件的 Chen-Guo 模型

该计算方法步骤主要为：

① 输入气、液相组成，计算既定温度下临界生成压力时，输入既定温度 T 和压力初始值 p_0；计算既定压力下临界生成温度时，输入既定压力 p 和温度初始值 T_0。

② 计算对应 T、p 下的相平衡闪蒸计算，得到气相各组分的组成 y_i 以及各组分的逸度 f_{g_j}。

③ 利用式（4-71）至式（4-76）计算 $f_{g_j}^0$。

④ 计算对应温度下的每个组分在不同类型连接孔中的 Langmuir 吸附常数 $C_{ij}(T)$，Ⅰ型、Ⅱ型和季铵盐半笼形水合物只有一种连接孔，H 型水合物有两种连接孔。

⑤ 计算连接孔的吸附率 θ_i。

⑥ 由式（4-84）计算各组分在水合物相中的摩尔分数 x_j。

$$x_j = f_{g_j} / [f_{g_j}^0 (1 - \sum_q \theta_q)^\alpha] \tag{4-84}$$

⑦ 判断 $\left|\sum_j x_j - 1\right| < \varepsilon$ 是否成立，式中ε为允许的误差值。如果满足则本轮猜测值即为所求临界值（计算临界生成压力时，猜测值为本轮计算压力赋值；计算临界生成温度时，猜测值为本轮计算温度赋值）；如果不相等，则对猜测值进行调整赋值（$\sum_j x_j - 1 < -\varepsilon$ 时，增大临界压力赋值/减小临界温度赋值；$\sum_j x_j - 1 > \varepsilon$ 时，减小临界温度赋值 / 增大临界温度赋值），之后重复步骤②至步骤⑥，直至计算满足精度为止。

模型计算的流程图可简要表达为图 4-2。

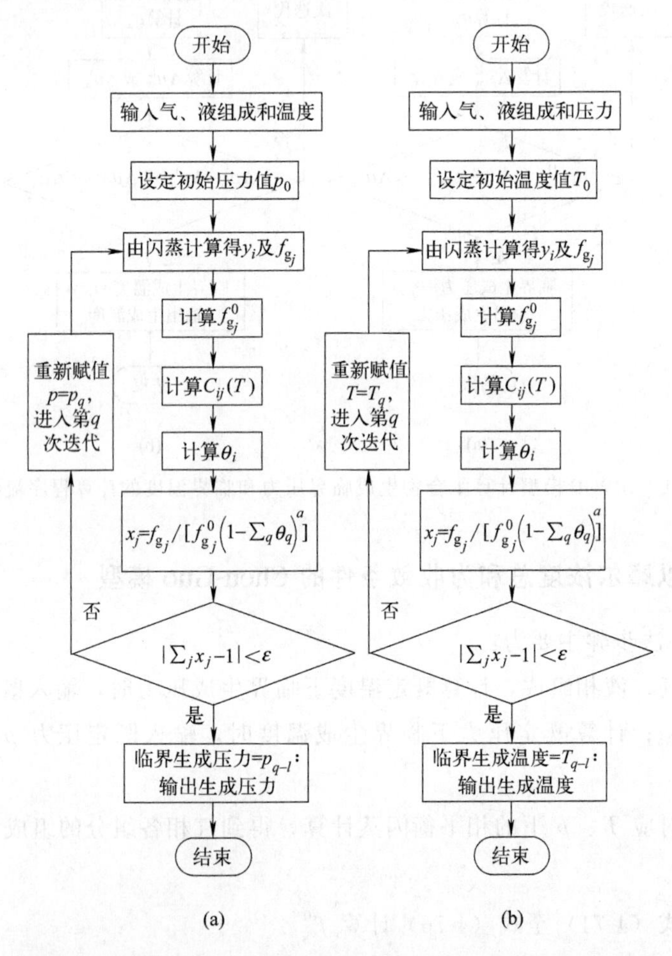

图 4-2　使用 Chen-Guo 模型基于逸度相等计算水合物生成临界压力和临界温度的计算程序流程图

（三）以化学位相等为收敛条件的 Chen-Guo 模型

该计算方法步骤主要为：

① 输入气、液相组成，计算既定温度下临界生成压力时，输入既定温度 T、压力初始值 p_0 和允许的最大误差 p_u（p_u 为正数）；计算既定压力下临界生成温度时，输入既定压力 p、温度初始值 T_0 和允许的最大误差 T_u（T_u 为正数）。

② 计算既定温度下临界生成压力时，计算压力猜测值在允许误差范围上限值（$p+0.5p_u$）和误差范围下限值（$p-0.5p_u$）对应的 $\Delta\mu$；计算既定压力下临界生成温度时，计算温度猜测值在允许误差范围上限值（$T+0.5T_u$）和误差范围下限值（$T-0.5T_u$）对应的 $\Delta\mu$。

③ 计算既定温度下临界生成压力时：

如果 $\Delta\mu(p+0.5p_u)>0$ 且 $\Delta\mu(p-0.5p_u)<0$，说明水合物不能在 $p+0.5p_u$ 时生成却能在 $p-0.5p_u$ 时生成，这与压力越高越有利于水合物生成以及 $\Delta\mu$ 随压力升高而单调减的常识规律相违背，说明程序及编辑有错误，需要跳出计算寻找错误；

如果 $\Delta\mu(p+0.5p_u)>0$ 且 $\Delta\mu(p-0.5p_u)>0$，说明在压力猜测值的允许误差范围内（$p\in[p-0.5p_u, p+0.5p_u]$）都无法生成水合物，则压力猜测值需要上调，之后计算跳回到第 2 步；

如果 $\Delta\mu(p+0.5p_u)<0$ 且 $\Delta\mu(p-0.5p_u)<0$，说明在压力猜测值的允许误差范围内（$p\in[p-0.5p_u, p+0.5p_u]$）都能生成水合物，则压力猜测值需要下调，之后计算跳回到第 2 步；

如果 $\Delta\mu(p+0.5p_u)<0$ 且 $\Delta\mu(p-0.5p_u)>0$，说明在 $p+0.5p_u$ 压力下水合物可以生成，而在 $p-0.5p_u$ 压力下水合物不能生成，所以水合物生成临界点介于 $p-0.5p_u$ 和 $p+0.5p_u$ 之间，误差符合计算精度要求，猜测值 p 可被视作水合物生成临界压力。

计算既定温度下临界生成温度时：

如果 $\Delta\mu(T+0.5T_u)<0$ 且 $\Delta\mu(T-0.5T_u)>0$，说明水合物不能在 $T-0.5T_u$ 时生成却能在 $T+0.5T_u$ 时生成，这与温度越低越有利于水合物生成以及 $\Delta\mu$ 随温度升高而单调增的常识规律相违背，说明程序及编辑有错误，需要跳出计算寻找错误；

如果 $\Delta\mu(T+0.5T_u)>0$ 且 $\Delta\mu(T-0.5T_u)>0$，说明在温度猜测值的允许误差范围内（$T\in[T-0.5T_u, T+0.5T_u]$）都无法生成水合物，则温度猜测值需要上调，之后计算跳回到第 2 步；

如果 $\Delta\mu(T+0.5T_u)<0$ 且 $\Delta\mu(T-0.5T_u)<0$，说明在温度猜测值的允许误差范围内（$T\in[T-0.5T_u, T+0.5T_u]$）都能生成水合物，则温度猜测值需要

下调，之后计算跳回到第 2 步；

如果 $\Delta\mu(T+0.5T_u)>0$ 且 $\Delta\mu(T-0.5T_u)<0$，说明在 $T-0.5T_u$ 温度下水合物可以生成，而在 $T+0.5T_u$ 温度下水合物不能生成，所以水合物生成临界点介于 $T-0.5T_u$ 和 $T+0.5T_u$ 之间，误差符合计算精度要求，猜测值 T 可被视作水合物生成临界温度。

④ 输出结算结果，计算结束。

模型计算的流程可简要表达为图 4-3。

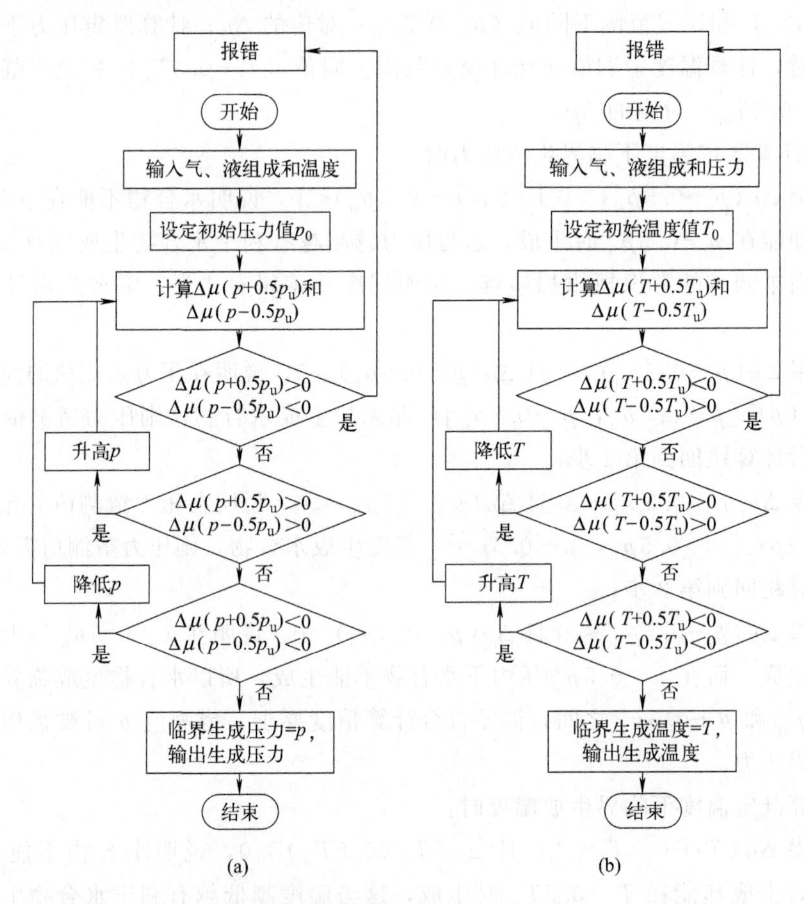

图 4-3 Chen-Guo 模型基于化学位相等计算水合物生成临界压力和临界温度的计算程序流程图

二、不同溶液体系的水合物生成热力学条件

实际生产和研究中，涉及的富水相通常都不是纯水，例如为了防止油气运输过程中水合物造成的管道堵塞，体系中会加入甲醇、乙二醇等极性抑制剂；为了便于水合物技术应用于气体分离、储气等领域，体系中会加入四氢呋喃、季铵盐

等热力学促进剂；海底开采天然气水合物过程中面对的天然气水合物大多是在多孔介质中存在；原油管道运输过程中生成水合物的环境通常为油包水的环境。在上述体系中，水的活度不再是 1，而是需要通过式（4-64）进行计算，从而将问题归结为相应体系的水的逸度系数或活度系数的计算。本部分通过以醇类为代表的极性溶液体系、电解质（盐）溶液体系、多孔介质体系和油包水乳状液体系四个部分进行介绍[2]。

（一）以醇类为代表的极性溶液体系

醇的水溶液体系中水的活度计算可以采用活度系数方程和状态方程，常用的有 Margules 方程、Wilson 方程、基团贡献法和 UNIQUAC 法[2]。这里结合 P-R 状态方程[53] 和 P-T 状态方程[54] 的算法进行介绍。

1. 基于随机-非随机理论的 P-R 方程修正

P-R 状态方程[53] 是最常使用的热力学方程之一，其形式如下：

$$p=\frac{RT}{v-b}-\frac{a(T)}{v(v+b)+b(v-b)} \tag{4-85}$$

其中方程参数：

$$a(T)=\alpha(T)a_c \tag{4-86}$$

$$a_c=\Omega_a R^2 T_c^2/p_c \tag{4-87}$$

$$b_c=b=\Omega_b R^2 T_c/p_c \tag{4-88}$$

$$a(T)=[1+k(1-T_r^{0.5})]^2 \tag{4-89}$$

$$k=0.37464+1.54226\omega-0.26992\omega^2 \tag{4-90}$$

式中，常数 $\Omega_a=0.45724$；常数$\Omega_b=0.07780$；ω 为偏心因子；T_c 为临界温度；p_c 为临界压力；T_r 为对比温度；R 是气体常数，8.314J/(mol·K)；$a(T)$ 为计算常数，该常数受温度 T 的影响；a_c、b_c 以及 k 均为计算过程中的常数。通过压缩因子 z 表示的 P-R 方程如下：

$$z^3-(1-B)z^2+(A-2B-3B^2)z-(AB-B^2-B^3)=0 \tag{4-91}$$

$$A=ap/(R^2T^2) \tag{4-92}$$

$$B=bp/(RT) \tag{4-93}$$

$$\ln\phi_{\text{pure},i}=\ln\left(\frac{f_{\text{pure},i}}{P}\right)=(z-1)-\ln(z-B)-\frac{A}{2\sqrt{2}B}\ln\left[\frac{z+(1+\sqrt{2})B}{z+(1-\sqrt{2})B}\right] \tag{4-94}$$

$$\frac{h-h^0}{RT}=(z-1)+\frac{T\dfrac{\mathrm{d}a}{\mathrm{d}T}-a}{2\sqrt{2}bRT}\ln\left[\frac{z+(1+\sqrt{2})B}{z+(1-\sqrt{2})B}\right] \tag{4-95}$$

$$a_m=(\sum\nolimits_q y_q a_q^{0.5})^2 \tag{4-96}$$

$$b_m=\sum\nolimits_q y_q b_q \tag{4-97}$$

式中，$f_{\mathrm{pure},i}$ 为气相由组分 i 构成的单一组分气体时，i 组分的气相逸度；h 为既定条件下的焓值；h^0 为标况下的焓值；y_q 为气相中有 q 各组分时，任一组分在气相中的占比。

$$\ln\phi_{\mathrm{pure},i}=\frac{b_i}{b_m}(z-1)-\ln(z-B)-\frac{A}{2\sqrt{2}B}\left(\frac{2\sum_j x_j a_{ij}}{a_m}-\frac{b_i}{b_m}\right)\ln\left[\frac{z+(1+\sqrt{2})B}{z+(1-\sqrt{2})B}\right] \tag{4-98}$$

式中，R 是气体常数，8.314J/(mol·K)；T 为温度；p 为压力；a、b、k、A、B 等为状态方程计算过程中的参数，因为没有具体意义，之后不再一一标注；$\phi_{\mathrm{pure},i}$ 为纯组分 i 气体的逸度系数；下标 m 为均值。基于 P-R 状态方程[53] 计算极性溶液体系水合物生成热力学条件参数的常用方法，由王艳花等[55] 提出计算方法，该方法以随机-非随机理论相平衡模型[56,57] 和改进的 John-Holder 水合物模型[44] 为基础，增加了关于极性组分作用的修正[58]，得到组分 j 的逸度系数（ϕ_j）计算方法：

$$\ln\phi_j=-\ln\frac{p-(V-b)}{RT}+\frac{b'_j}{V-b}-\frac{f'_j}{T}+\frac{f}{T}(a-a'_j)-\ln\sum_q x_q E_{qj}+1 -\sum_q x_q\frac{E_{qj}-a_{qj}lc_{qj}f'_j\sum_i x_i E_{ij}/T}{\sum_i x_i E_{ij}} \tag{4-99}$$

式中，V 是气体体积；f 是对应组分的逸度；E_{qj}，E_{ij}，a，b 都是计算过程中的常数；a_{qi} 是组分 q 和组分 i 关于 a 开方的平均数；c_{qj} 是组分 q 和组分 j 的关于 c 的算术平均数；a'_j 和 b'_j 是混合体系依据既定规则算出的关于 a 和 b 的均值；x_q 和 x_i 都是表达对应混合物中各组分物质的量的占比。

其中相关参数的计算如下：

$$E_{qj}=\exp(a_{qi}lc_{qi}f/T) \tag{4-100}$$

$$f=\frac{1}{2\sqrt{2}Rb}\ln\frac{V+b(1+\sqrt{2})}{V+b(1-\sqrt{2})} \tag{4-101}$$

$$a=\sum_q\sum_i x_q x_i a_{qi}(1-la_{qi}) \tag{4-102}$$

$$b=\sum_q\sum_i x_q x_i b_{qi}(1-lb_{qi}) \tag{4-103}$$

$$a_{qi}=\sqrt{a_q a_i} \tag{4-104}$$

$$b_{qi}=(b_q+b_i)/2 \tag{4-105}$$

$$a'_j=2\sum_q x_q a_{qj}(1-la_{qi}) \tag{4-106}$$

$$b'_j=2\sum_q x_q a_{qj}(1-lb_{qi})-b \tag{4-107}$$

$$f'=\frac{1}{2\sqrt{2}Rb}\left(1-\frac{b'_j}{b}\right)\ln\frac{V+b(1+\sqrt{2})}{V+b(1-\sqrt{2})}+\frac{b'_j V}{Rb(V^2+2bV-b^2)} \tag{4-108}$$

式中，la、lb 和 lc 为二元交互作用参数，两个非极性组分间的二元交互作用参数为零，甲醇、水和水合物生成过程中常见气体三者间两两二元交互作用参数见表 4-17 和表 4-18。

表 4-17 甲醇-水的二元交互作用参数值

温度范围/K	la_{qi}	lb_{qi}	lc_{qj}
248.2～273.2	−0.0975	0.0310	0.0137
>273.2	0.5000	0.1280	0.0077

表 4-18 气体-甲醇和气体-水的二元交互作用参数值

组分	la_{qi}		lb_{qi}		lc_{qj}	
	CH_4O	H_2O	CH_4O	H_2O	CH_4O	H_2O
N_2	−0.0512	0.1525	0.1617	0.0195	0.5095	−0.4369
CO_2	0.0474	0.4062	0.0293	0.0611	0.0224	−0.2396
H_2S	−0.0233	0.2734	0.0515	−0.0060	0.1851	−0.1797
CH_4	−0.7081	0.7702	−0.1424	0.1663	0.5048	−0.3394
C_2H_6	−0.1900	0.4148	0.0190	0.0390	0.4267	−0.2320
C_3H_8	−0.0675	0.3750	0.0737	0.1359	0.2416	−0.1608
i-C_4H_{10}	−0.5600	0.6860	−0.0070	0.3820	0.3260	−0.1353
n-C_4H_{10}	−0.5600	0.5354	−0.0070	0.2866	0.3260	−0.1319
i-C_5H_{12}	−0.1094	0.5000	−0.0070	0.3000	0.1590	−0.1500
n-C_5H_{12}	−0.1094	0.5000	−0.0070	0.3000	0.1590	−0.1500
c-C_3H_6	−0.0675	0.3750	0.0737	0.1359	0.2416	−0.1608

2. 采用 Kurihara 混合规则的 P-T 方程

P-T 状态方程[54] 是最常使用的热力学方程之一，其形式如下：

$$p=\frac{RT}{v-b}-\frac{a(T)}{v(v+b)+c(v-b)} \tag{4-109}$$

其中方程参数为：

$$a(T)=\Omega_a\alpha(T)R^2T_c^2/p_c \tag{4-110}$$

$$b=\Omega_bRT_c/p_c \tag{4-111}$$

$$c=\Omega_cRT_c/p_c \tag{4-112}$$

$$\Omega_c=1-3\xi_c \tag{4-113}$$

$$\Omega_a=3\xi_c^2+3(1-2\xi_c)\Omega_b+\Omega_b^2+1-3\xi_c \tag{4-114}$$

$$\Omega_b^3+(2-3\xi_c)\Omega_b^2+3\xi_c^2\Omega_b-\xi_c^3=0 \tag{4-115}$$

$$\alpha=[1+F(1-T_r^2)]^2 \tag{4-116}$$

$$\alpha=\exp[C(1-T_r^\eta)] \tag{4-117}$$

$$F=0.452413+1.304982\omega-0.295937\omega^2 \tag{4-118}$$

$$\xi_c=0.329032-0.076799\omega+0.0211947\omega^2 \tag{4-119}$$

$$z^3+(C-1)z^2+(A-2BC-B^2-B-C)z+(BC+C-A)B=0 \tag{4-120}$$

$$A=\frac{ap}{R^2T^2} \tag{4-121}$$

$$B=\frac{bp}{RT} \tag{4-122}$$

$$C=\frac{cp}{RT} \tag{4-123}$$

$$a=\sum_i \sum_j x_i x_j a_{ij} \tag{4-124}$$

$$a_{ij}=(a_i a_j)^{0.5}(1-k_{ij}) \tag{4-125}$$

$$b=\sum_i x_i b_i \tag{4-126}$$

$$c=\sum_i x_i c_i \tag{4-127}$$

$$\ln\phi_{\text{pure},i}=(z-1)-\ln(z-B)+\frac{a}{2NRT}\ln\left(\frac{z+M}{z+Q}\right) \tag{4-128}$$

$$\frac{h-h^0}{RT}=(z-1)+\left(T\frac{\mathrm{d}a}{\mathrm{d}T}-a\right)\left[\frac{1}{2NRT}\ln\left(\frac{z+M}{z+Q}\right)\right] \tag{4-129}$$

$$N=\left[bc+\left(\frac{b+c}{2}\right)\right]^{\frac{1}{2}} \tag{4-130}$$

$$M=\left(\frac{b+c}{2}-N\right)\frac{p}{RT} \tag{4-131}$$

$$Q=\left(\frac{b+c}{2}+N\right)\frac{p}{RT} \tag{4-132}$$

水合物计算常用物质的 P-T 方程参数见表 4-19。

表 4-19 水合物计算常用物质的 P-T 方程参数

组分	ξ_c	F	C	η
氩	0.328	0.450751	0.524130	0.895275
氮	0.329	0.516798	0.673567	0.805805
氧	0.327	0.487035	0.545990	0.935180
甲烷	0.324	0.455336	0.526324	0.904570
乙烷	0.317	0.561567	0.708265	0.800910
乙烯	0.318	0.554369	0.642236	0.889410
丙烷	0.317	0.648049	0.763276	0.860655
丙烯	0.324	0.661305	0.750739	0.898305
乙炔	0.310	0.664179	0.659602	1.013775
正丁烷	0.309	0.678389	0.831715	0.816840
异丁烷	0.315	0.683133	0.775633	0.896125
1-丁烯	0.315	0.696423	0.742573	0.958385
正戊烷	0.308	0.746470	0.851904	0.882260
异戊烷	0.314	0.741095	0.854607	0.875455
正己烷	0.305	0.801605	0.868581	0.934715
正庚烷	0.305	0.868856	0.890894	0.992105
正辛烷	0.301	0.918544	1.057530	0.861175
正壬烷	0.301	0.982750	1.247160	0.759605
正癸烷	0.297	1.021919	1.299741	0.755210
正十一烷	0.297	1.080416	1.291079	0.809660
正十二烷	0.294	1.115585	1.339256	0.802980
正十三烷	0.295	1.179982	1.319386	0.869535

续表

组分	ξ_c	F	C	η
正十四烷	0.291	1.188785	1.427823	0.798090
正十五烷	0.283	1.297054	1.354358	0.935665
正十八烷	0.276	1.276058	1.538739	0.791235
正二十烷	0.277	1.409671	1.741225	0.763225
二氧化碳	0.309	0.707727	0.865847	0.816080
一氧化碳	0.328	0.535060	0.678260	0.799145
二氧化硫	0.307	0.754966	0.871496	0.871745
硫化氢	0.320	0.583165	0.855553	0.669095
水	0.269	0.689803	0.987468	0.680260
氨	0.282	0.627090	1.425590	0.418730
苯	0.310	0.704657	0.880833	0.797500
甲醇	0.272	0.972708	0.939465	1.064985
乙醇	0.300	1.230395	1.221152	1.001250
1-丙醇	0.303	1.241347	1.806248	0.629465
1-丁醇	0.304	1.199787	3.503814	0.298255
1-戊醇	0.311	0.242855	2.811893	0.384015

$$\ln\phi_i=-RT\ln(z-B)+RT\left(\frac{b_i}{v-b_m}\right)-\frac{\sum_i x_i a_{ij}}{d}\ln\left(\frac{Q+d}{Q-d}\right)+\frac{a_m(b_i+c_i)}{2(Q^2-d^2)}$$
$$+\frac{a_m}{8d^3}[c_i(3b_m+c_m)+b_i(3c_m+b_m)]\left[\ln\left(\frac{Q+d}{Q-d}\right)-\frac{2Qd}{Q^2-d^2}\right] \quad (4\text{-}133)$$

其中，相关参数计算如下：

$$d=\left[b_m c_m+\left(\frac{b_m+c_m}{2}\right)\right]^{1/2} \quad (4\text{-}134)$$

$$Q=v+\frac{b_m+c_m}{2} \quad (4\text{-}135)$$

其中，基于 P-T 状态方程计算极性溶液体系水合物生成热力学条件参数时通常采用马庆兰[59] 提出的基于局部组成概念的 Kurihara 混合规则[60] 的 P-T 状态方程[55]，Kurihara 混合规则在这里主要是解决 van der Waals 单流体混合规则对于机型体系不适用的问题，基于该方法得到的组分 j 的逸度系数计算方法：

$$\ln\phi_j=-RT\ln(Z-B)+RT\left(\frac{b_j}{V-b}\right)-\frac{a'}{2d}\ln\left(\frac{Q+d}{Q-d}\right)+\frac{a(b_j+c_j)}{2(Q^2-d^2)}$$
$$+\frac{a}{8d^3}[c_j(3b+c)+b_j(3c+b)]\left[\ln\left(\frac{Q+d}{Q-d}\right)-\frac{2Qd}{2(Q^2-d^2)}\right] \quad (4\text{-}136)$$

其中，相关参数计算如下：

$$d=\sqrt{bc+(b+c)^2/4} \quad (4\text{-}137)$$

$$Q=b+(b+c)/2 \quad (4\text{-}138)$$

$$a'=2\sum_q x_q\sqrt{a_q a_j}(1-la_{jq})+\left(\ln\frac{3+\psi-\xi}{3+\psi+\xi}\right)^{-1}\{b_j g^E\xi+RT\ln\gamma_j b\xi$$

$$-b_j g^E \left(\ln \frac{3+\psi-\xi}{3+\psi+\xi}\right)^{-1} \left[\frac{\psi^2-\psi\psi_j+3\psi-3\psi_j}{\xi}+2(\psi-\psi_j)\right]\Bigg\} \tag{4-139}$$

式中，ξ、ψ、b_j、γ_j 是计算过程中的常数；g^E 是自由能。

$$a=\sum_q \sum_i x_q x_i a_{qi}(1-la_{qi})+b_j g^E \xi \left(\ln \frac{3+\psi-\xi}{3+\psi+\xi}\right)^{-1} \tag{4-140}$$

$$b=\sum_q x_q b_q \tag{4-141}$$

$$c=\sum_q x_q c_q \tag{4-142}$$

$$\psi=\sum_q x_q \psi_q=\sum_q x_q \frac{c_q}{b_q} \tag{4-143}$$

$$\xi=\sqrt{\psi^2-6\psi+1} \tag{4-144}$$

$$g^E=-RT\sum_q x_q \ln(\sum_i \Lambda_{qi} x_i) \tag{4-145}$$

$$\Lambda_{qi}=\frac{v_i^L}{v_q^L}\exp[-(\lambda_{qi}-\lambda_{ii})/RT] \tag{4-146}$$

$$\ln\gamma_j=1-\ln(\sum_q x_q \Lambda_{iq})-\sum_i \frac{x_i \Lambda_{ij}}{\sum_q x_q \Lambda_{iq}} \tag{4-147}$$

式中，la_{qi}、($\lambda_{qi}-\lambda_{ii}$) 和 ($\lambda_{iq}-\lambda_{qq}$) 为二元交互作用参数，由相应的二元气液相平衡数据回归得到。不同二元体系的交互作用参数见表 4-20[2]。

表 4-20 Kurihara 及 ver der Waals 单流体混合规则的二元交互作用参数

组成		la_{qi}①	$(\lambda_{qi}-\lambda_{qq})$ /(J/mol)	$(\lambda_{iq}-\lambda_{ii})$ (J/mol)	la_{iq}②
q	i				
CO_2	H_2O	−0.131	−347.54	97595	−0.044
CO_2	CH_3OH	0.089	762.46	−1791.7	0.025
C_2H_6	CH_3OH	0.039	−3178.3	84273	0.010
CO_2	C_2H_5OH	0.012	488.33	1690.5	0.078
C_2H_6	C_2H_5OH	0.038	1042.4	−1029.8	0.031
C_3H_8	C_2H_5OH	0.022	−2529.5	5288.8	0.018
CO_2	EG	0.157	−3048.9	5258.6	0.141
CH_4	EG	−0.110	2217.6	4135.1	0.137
CO_2	TEG	0.111	−3395.4	399.8	−0.012
H_2S	TEG	0.034	−2594.6	−501.72	−0.071
CH_4	TEG	0.065	1623.6	−1890.4	−0.013
C_2H_6	TEG	0.040	1450	−1085	0.042
C_3H_8	TEG	0.127	−405.25	−1722.4	0.052
H_2O	CH_3OH	−0.150	2085.2	479.59	−0.143
H_2O	C_2H_5OH	−0.128	4000.3	1600.6	−0.130
H_2O	EG	−0.102	5300.5	−5299.4	−0.138
H_2O	TEG	−0.180	−2141.2	879.02	−0.180

① la_{qi}：Kurihara 混合规则中的参数。

② la_{iq}：vdW 单流体混合规则中的参数。

（二）电解质（盐）溶液体系

对于盐溶液体系，由于盐的饱和蒸气压极低，一般认为盐只在液相中存在。电解质溶液中水的分逸度采用 Zuo 等[61,62] 改进的 P-T 方程进行计算。Zuo 等在逸度系数的公式中加入了 Debye-Hückel 远程作用修正项（对于气相，Debye-Hückel 项被忽略）：

$$\ln\phi_j = \ln\phi_{j,\mathrm{EOS}} + \ln\phi_{j,\mathrm{DH}} \tag{4-148}$$

$\ln\phi_{j,\mathrm{EOS}}$ 项为原来的 P-T 状态方程计算项，离子参数 a、b、c 的计算式可采用以下各式：

$$a = 15.40272\pi\varepsilon N_A^2\psi^3 \times 10^{-13} \tag{4-149}$$

$$b = \frac{2}{3}\pi N_A\psi^3 \times 10^{-6} \tag{4-150}$$

$$c = b \tag{4-151}$$

$$\frac{\varepsilon}{k} = 2.2789 \times 10^{-8}\eta^{0.5}a_0^{1.5}\psi^{-6} \tag{4-152}$$

式中，N_A 为阿伏伽德罗常数，$N_A = 6.022 \times 10^{23}$；$\eta$ 为离子所带的电子总和；ε 为能量参数；k 为 Boltzmann 常数，$k = 1.38006 \times 10^{-23}$ J/K；ψ 为离子的直径；a_0 为极化率。

对于式（4-148）中 $\ln\phi_{j,\mathrm{DH}}$ 项，采用以完全溶解的盐作标准态的 Debye-Hückel 表达式：

$$\ln\phi_{j,\mathrm{DH}} = -A\left[\frac{2Z_i^2}{B}\ln\left(\frac{1+BI^{0.5}}{1+\sqrt{2}B}\right) + \frac{I^{0.5}Z_i^2 - 2I^{1.5}}{1+BI^{0.5}}\right] \tag{4-153}$$

$$I = 0.5\sum_i x_i Z_i^2 \tag{4-154}$$

$$A = \frac{1}{3}\left(\frac{2\pi N_A d_0}{M_s}\right)^{0.5}\left(\frac{e^2}{DkT}\right)^{1.5} \tag{4-155}$$

$$B = 2150\left(\frac{d_0}{DT}\right) \tag{4-156}$$

$$D = 78.54(1 - 4.579 \times 10^{-3}t + 1.19 \times 10^{-5}t^2 - 2.8 \times 10^{-8}t^3) \tag{4-157}$$

$$t = T - 298.15 \tag{4-158}$$

式中，Z_i 为 i 离子的电价总数；d_0 为溶剂（水）的密度；M_s 为溶剂的分子量；e 为单位的电荷电量，$e = 1.602177 \times 10^{-19}$C；$D$ 为水的介电常数（无量纲）；T 为温度；t、I、B、A 为 $\ln\phi_{j,\mathrm{DH}}$ 项计算参数，没有明确物理实际意义。相关参数见表 4-21 和表 4-22。

表 4-21　常见离子的物性参数值

离子	$\sigma \times 10^{10}$/m	$\alpha_0 \times 10^{30}$/m^3	η
Na^+	1.92	0.18	10
K^+	2.66	0.84	18
H^+	1.2	0.0	0
Ca^{2+}	1.98	0.4	18

续表

离子	$\sigma\times10^{10}$/m	$\alpha_0\times10^{30}$/m^3	η
Mg^{2+}	1.3	0.01	10
Cl^-	3.61	3.69	18
OH^-	2.6	2.04	10
HCO_3^-	1.83	1.15	32

表 4-22　离子-水交互作用参数

离子	Na^+	K^+	H^+	Ca^{2+}	Mg^{2+}	Cl^-	OH^-	HCO_3^-
k_{ij}	−0.1095	0.0269	−0.2235	−0.1966	−0.2050	−0.1715	−0.2045	−0.3512

（三）多孔介质体系

多孔介质体系的水合物生成热力学条件计算仍采用本节介绍的三种计算方法，但由于在多孔介质体系的水合物生成过程中，毛细管作用等（在大容器内的水合物生成过程中可以忽略）会降低水的活度，从而对水合物的生成在热力学上具有一定的抑制作用[63]，所以计算过程中部分参数的计算方法会有所不同。需要注意的是，在动力学上，多孔介质往往表现出一定的促进作用，常被作为动力学促进剂使用[64]。

Clarke 和 Bishnoi 等[65] 将毛细管作用的影响纳入水活度的计算，结合式（4-64），将多孔介质中水的活度表示为：

$$\ln a_{\mathrm{w}}=\ln\frac{f_{\mathrm{w}}}{f_{\mathrm{w}}^0}=\frac{V_1}{RT}(p_1-p_{\mathrm{g}})=-\frac{V_1}{RT}\times\frac{2\sigma\cos\theta}{r} \tag{4-159}$$

式中，V_1 是液体体积；p_1 是液相压强；p_{g} 是气相压强；σ 是气-液界面张力；r 是空隙半径；θ 是润湿角。式（4-159）只考虑气相和富液相水之间的界面张力而不考虑孔径分布情况，这与实际水合物生成环境中的多孔介质的孔穴情况有较大的出入，从而会造成水合物生成热力学条件计算值与实际值存在较大差异。Klauda 与 Sandler[66,67] 将孔径分布的影响纳入模型，将水合物和水之间的界面张力作为模型考虑的界面张力，从而将多孔介质中水的活度表达为：

$$\begin{aligned}\ln a_{\mathrm{w}}&=\ln(x_{\mathrm{w}}\gamma_{\mathrm{w}})-\int_{-R_p/sd}^{z_m(T)}\varphi(z)\,\frac{V_{\mathrm{w}}\zeta_{\mathrm{Hw}}\sigma_{\mathrm{Hw}}\cos\theta}{r(z)RT}\mathrm{d}z\\&=\ln(x_{\mathrm{w}}\gamma_{\mathrm{w}})-\int_0^{\infty}\varphi(r)\,\frac{V_{\mathrm{w}}\zeta_{\mathrm{Hw}}\sigma_{\mathrm{Hw}}\cos\theta}{r(z)RT}\mathrm{d}r\end{aligned} \tag{4-160}$$

$$r(z)=R_p+zsd \tag{4-161}$$

式中，x_{w} 为液相中水的物质的量的百分比；γ_{w} 为水在液相中的活度系数；z 为折合半径；z_m 为熔化半径（水温高于正常冰点时，z_m 取无穷大）；sd 为孔半径尺寸的标准差；$\varphi(z)$ 为孔的尺寸的概率分布函数，采用折合半径的函数形式表达；R_p 的平均半径；ζ_{Hw} 为水合物-水界面形状因子（对于完全球形接触，$\zeta_{Hw}=2$；对于圆柱形接触，$\zeta_{Hw}=1$）；σ_{Hw} 为水合物和水之间的界面张力；$r(z)$ 为孔半径；$\varphi(r)$ 为孔的尺寸的概率分布函数，Klauda 与 Sandler 将其作位正态分布处理：

$$\varphi(z)=\frac{1}{\sqrt{2\pi}}\exp\left(\frac{z^2}{2}\right) \tag{4-162}$$

对于自然界中多孔介质体系的水合物生成热力学条件计算，需要掌握 R_p 的数值。涉及自然界中水合物生长的一般是海底或冻土，它们含有的多孔介质按照孔径从小到大可粗分为三大类[66]：黏土、泥沙、沙子。基于 Dewhurst 等的研究数据[68,69]，Klauda 与 Sandler 将平均孔径关联为压力和土壤中黏土含量的函数(R_p)[66]：

$$\ln R_p=15.4215-21.9773x_{clay}+11.5670x_{clay}^2+0.2\exp(-0.0278p) \tag{4-163}$$

式中，x_{clay} 是土壤样本中黏土类颗粒所占的比例，压力计算单位采用 MPa。因为没有研究表明 sd 与 x_{clay} 有关，所以自然界中所有多孔介质的 sd 统一取 10Å。自然界多孔介质的结构认为是孔柱形，水合物-水、水合物-冰的界面都形成凸形球冠[69]。

因为水合物和水之间的界面张力 σ_{Hw} 受物理性质和热力学条件影响，σ_{Hw} 表示为[2,70]：

$$\sigma_{Hw}=\sigma_{Hw}^{\infty}/(1-\delta/r_e) \tag{4-164}$$

式中，σ_{Hw}^{∞} 为界面为平面时水合物与水之间的界面张力；δ 为两相界面厚度（取 4nm）；r_e 为圆柱形-水界面的有效半径（$r_e=r-\delta$）。

当使用 vdW-P 模型计算水合物生成热力学条件时，计算步骤仍采用本节介绍的方法，水在水合物相中用的化学位 $\Delta\mu_w^H$ 仍采用式（4-10）进行计算，而水在富水液相或冰相中的化学位（用 $\Delta\mu_w^{\pi}$ 表示）[66]：

$$\frac{\Delta\mu_w^{\pi}(T,p)}{RT}=\int_0^{\infty}\varphi(r)\frac{\Delta\mu\left[T_0(z),p_0\right]}{RT_0(z)}dz-\int_{-\frac{R_p}{sd}}^{z_m(T)}\left[\int_{T_0(z)}^{T}\frac{\Delta H_w^L}{RT^2}-\int_{p_0}^{p_l}\frac{\Delta V_w^L}{RT}\right]\varphi(z)dz$$

$$-\int_{z_m(T)}^{\infty}\left[\int_{T_0(z)}^{T}\frac{\Delta H_w^{ice}}{RT^2}-\int_{p_0}^{p_{ice}}\frac{\Delta V_w^{ice}}{RT}\right]\varphi(z)dz+\ln a_w \tag{4-165}$$

式中，$T_0(z)$ 是对应于折合半径 z 的水的冰点温度。水的熔化温度和孔径的关系可以通过实验数据拟合回归得到[71]：

$$T(z)=T_{nfp}+\frac{323.3}{0.68-R_p-sdz} \tag{4-166}$$

$$z_m(T)=\frac{1}{sd}\left(-\frac{323.3}{T-T_{nfp}}+0.68-R_p\right) \tag{4-167}$$

式中，T_{nfp} 为水的正常冰点，温度单位为 K，孔穴尺寸单位为 Å。其中，水合物和水的接触角按照 0°处理；水合物与冰的接触角按照 180°处理。

当使用 Chen-Guo 模型计算水合物生成热力学条件时，计算步骤仍采用本节介绍的两种方法，式（4-60）和式（4-76）以及活度的计算方法需要做调整：

$$f_{g_j}^0 = \exp\left[\frac{D(T-T_Q)}{T}\right] X_j \exp\left(\frac{Y_j}{T-Z_j}\right) \exp\left(\frac{\beta p}{T}\right) a_w^{-1/\lambda_2} \tag{4-168}$$

$$f_{g_j}^0 = \exp\left[\frac{D(T-T_Q) - \sum_q AA_{qj}\theta_q}{T}\right] X_j \exp\left(\frac{Y_j}{T-Z_j}\right) \exp\left(\frac{\beta p}{T}\right) a_w^{-1/\lambda_2} \tag{4-169}$$

不考虑孔径分布时：

$$\ln a_w = \ln a_w^0 - \frac{V_w \zeta_{Hw} \sigma_{Hw} \cos\theta}{r(z)RT} \tag{4-170}$$

考虑孔径分布时：

$$\ln a_w = \ln a_w^0 - \int_0^\infty \varphi(z) \frac{V_w \zeta_{Hw} \sigma_{Hw} \cos\theta}{r(z)RT} dz \tag{4-171}$$

式中，a_w^0 为主体水相中水的活度。需要注意，微孔中的水合物在形成和分解两种情况下的两相界面的形状是不一样的。假设多孔介质微孔均为圆柱形，水合物形成时是由孔外向孔内突出生长，其生长面为球面，$\zeta_{Hw}=2$；而水合物化解时则是孔中水合物整体分解，其分解界面为柱面，$\zeta_{Hw}=1$。因为微孔壁上有水膜，所以 $\theta=0°$。

（四）油包水乳状液体系

油相的存在[72,73] 以及油包水乳状液中水滴的尺寸[74] 对水合物热力学生成条件、动力学生成情况都会产生影响，所以该体系水合生成热力学条件计算虽然仍是采取本节介绍的三种计算流程，但部分参数的计算方法需要做出调整或修正。乳状液体系水合物生成条件热力学计算采用 Chen 等提出的乳液体系亚稳态边界条件模型[75]，该模型以 Taylor 等[76] 提出的自由水转化为水合物的机理为基础。Chen 等假设油包水乳状液中水滴生成水合物是一个可逆的过程，则水滴生成水合物前后的自由能变化量应该为零。水滴生成水合物之前的自由能（$G_{initial}$）为水滴的自由能和参与水合物生成的气体的自由能之和，所以对于纯组分气体和混合气：

$$G_{initial} = n_{w0}\mu_w^{bulk} + 4\pi r_0^2 \sigma_{w0} + n_G \lambda_2 \mu_g \tag{4-172}$$

$$G_{initial} = n_{w0}\mu_w^{bulk} + 4\pi r_0^2 \sigma_{w0} + n_G \lambda_2 \sum_j X_j^* \mu_{g_j} \tag{4-173}$$

式中，n_{w0} 为初始水滴中水的物质的量；n_G 为参与水合物生成的客体分子的物质的量；r_0 为初始水滴的半径；σ_{wo} 为水-油界面的张力；μ_w^{bulk} 为主体水相的化学位。水合物在水滴-油的相界面生成，从界面向水滴内部生长，水滴部分生成水合物之后，自由能（G_{df}）为剩余水的化学位、水合物的化学位、水合物-油的界面能与水-水合物界面能之和：

$$G_{df}=n_w\mu_w^{bulk}+\Delta n_w\mu_B^{bulk}+4\pi r^2\sigma_{wH}+4\pi(r+r_c)^2\sigma_{HO} \tag{4-174}$$

$$\Delta n_w=n_{w0}-n_w \tag{4-175}$$

式中，n_w 为生成水合物后液滴剩余的水的物质的量；Δn_w 为生成的水合物中水的物质的量；μ_B^{bulk} 为主体相基础水合物的化学位；r_c 为水合物层的厚度；r 为水合物层包裹的剩余水滴的半径；σ_{wH} 为水-水合物的界面张力；σ_{HO} 为水合物-油的界面张力。因为水分子在水合物相和富水相的摩尔体积不同，两者摩尔体积比取 1.25[75]，所以有：

$$(r+r_c)^3=1.25(r_0^3-r^3)+r^3 \tag{4-176}$$

$$\Delta n_w=\frac{4}{3}\pi[(r+r_c)^3-r^3]/V_H^0 \tag{4-177}$$

式中，V_H^0 为空水合物晶格的摩尔体积。由于水合物生成过程可逆，$G_{initial}=G_{df}$，结合式（4-47）和式（4-69）可得：

$$\mu_w^{bulk}+\lambda_2\mu_g-\mu_B^{bulk}=-3V_H^0[r^2\sigma_{wH}+(r+r_c)^2\sigma_{HO}-r_0^2\sigma_{wo}]/[(r+r_c)^3-r^3] \tag{4-178}$$

为简化上式，Chen 等[75] 直接将水合物形成时毛细效应的有效活度（$a_{w,ef}$）定义为水合物形成是考虑毛细效应的有效活度，即：

$$RT\ln a_{w,ef}=-3V_H^0[r^2\sigma_{wH}+(r+r_c)^2\sigma_{HO}-r_0^2\sigma_{wo}]/[(r+r_c)^3-r^3] \tag{4-179}$$

则

$$\mu_w^{bulk}+\lambda_2\mu_g=\mu_B^{bulk}+RT\ln a_{w,ef} \tag{4-180}$$

将式（4-69）、式（4-50）和式（4-69）代入上式：

$$f_g=f_g^0(1-\theta)^\alpha a_{w,ef}^{-1/\lambda_2} \tag{4-181}$$

即油包水体系的计算中与之前大容器内的水合生成相似，只是引入了有效活度即毛细效应的影响。

第四节　水合物技术分离混合气的热力学计算

水合物技术分离气体是利用混合气中各组分在气相和水合物相中分布的差异性进行分离，该过程热力学计算一般是给定原料气组成、用于进行分离的液相组成、温度、压力和气液比等条件，通过上述条件计算水合物生成过程达到热力学平衡时各相的组成和物质的量，即计算水合物技术在既定条件下分离能力的上限。

模型均是以热力学相平衡作为分离过程的热力学终止条件，以化学位或逸度的相等作为模型迭代计算的终止条件，计算方法的主要区别在于对分离过程的处理。按照这一不同，水合物技术分离混合气热力学的计算方式主要分为两大类：一类是将水合物分离过程当作一个平衡闪蒸，且忽略分离过程中气相组成等因素变化对分离的影响，水合物生成过程达到热力学平衡时，水合物相内组成均匀[2,77-79]；另一类是将水合物分离混合气过程作为一个渐变过程考虑，对分离过程进行时间轴微分，每个时间微分单元内忽略气相组成等因素的变化，且每个微分单元时间段的结尾各相均达到平衡，不同时间微分之间各相组成等因素是以分离情况变化的，分离结束时，水合物内气体的局部组成因为过程原因会存在差异[4,13]。本节将按照上述两大类对水合物分离气体计算的处理方法进行介绍。

一、用闪蒸计算方法处理水合物分离气体过程

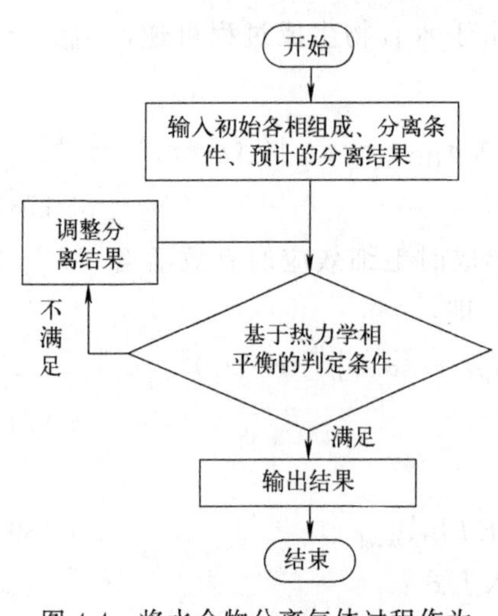

图 4-4　将水合物分离气体过程作为闪蒸处理的模型计算方法

本部分的模型计算方法是将水合物分离气体的过程作为一个类似闪蒸的过程，分离过程达到热力学平衡时，各相内组成分布均匀，水合物生成过程中（即水合物分离气体过程）各相组成等因素变化对最终热力学平衡情况没有影响，计算只需要考虑分离开始的状态和结束的状态即可。该类计算过程可以简单表达为图 4-4，由图可以看出该类计算方法可以简化为关于封闭系统内物质的量守恒计算的“调节分离结果”和关于热力学计算的“各相热力学平衡”的判定，根据热力学相平衡判定计算方法使用的水合物生成模型种类不同，按照 vdW-P 模型和 Chen-Guo 模型对相关模型进行介绍：

（一）以 vdW-P 模型为基础的计算方法

1. 以客体分子组分与水的物质的量的比为收敛条件的多相闪蒸模型

多相闪蒸模型计算和上一节水合物热力学生成条件的计算区别在于自变量的选取以及相应的因变量[77]：水合物生成热力学条件的计算是给定气液的组成，计算既定温度下的临界生成压力或既定压力下的临界生成温度，因为是临界生成状态，水合物相物质的量是零，水合物相的组成可以计算，但是不需要按照单独的一部分进行计算也不用考虑水合物相对其它各相物质的量和组成的影响；而水合物分离气体计算是给定整个体系的总组成、温度和压力，计算各相的物质的量以

及各项的组成情况，计算通过吉布斯自由能最小这一条件来确定分离完成时各相的物质的量以及各相的组成[80,81]。

Cole[77] 于1990年发表多相闪蒸模型，该模型使水合物相中各组分逸度的计算与 Michelsen 闪蒸计算方法[80,81] 相兼容，从而使模型可用于水合物相中各组分的逸度的计算，进而可用于水合物分离气体的计算。

该模型以水合物相中各客体分子组分的物质的量为热力学相平衡判定条件（迭代计算收敛条件），客体分子组分 j 在水合物相中的物质的量（x_j）与水合物相中水的物质的量 x_w 的比（$X_{j/w}$）可以表示为：

$$X_{j/w}=x_j/x_w \tag{4-182}$$

此外，水合物中客体分子组分与水的物质的量的比还可以通过孔穴吸附率的形式来表达：

$$X_{j/w}=\sum_i \theta_{ji}v_i=\sum_i \frac{C_{ji}f_j^{H}v_i}{1+\sum_q C_{qi}f_q^{H}} \tag{4-183}$$

式中，f_q^{H} 是水合物相中有 q 种气体组分，其中任一组分在水合物相中的逸度；θ_{ji} 是组分 j 对种类 i 的孔穴占有率；C_{ij} 是 i 型孔穴对客体分子 j 的吸附常数；f_j^{H} 是客体分子 j 组分在水合物相中的逸度；v_i 是每个水分子所拥有的 i 型孔穴的数量。令

$$\Delta X_{j/w}=\left|\sum_i \frac{C_{ji}f_j^{H}v_i}{1+\sum_q C_{qi}f_q^{H}}-\frac{x_j}{x_w}\right| \tag{4-184}$$

则对所有组分均满足 $\Delta X_{j/w}=0$（此处需注意，是对于所有组分均有 $\Delta X_{j/w}=0$），系统内各相达到热力学相平衡，即水合物分离气体过程达到热力学相平衡，实际计算时，所有组分均满足 $\Delta X_{j/w}<10^{-10}$ 即可视为满足迭代计算的收敛条件。

水合物相中各客体分子组分的逸度通过 vdW-P 模型进行计算：

$$f_w^{H}=f_w^{\pi}\exp\left(\frac{\Delta\mu_w^{\pi}}{RT}-\frac{\Delta\mu_w^{H}}{RT}\right) \tag{4-185}$$

式中，π 代表液相或冰相。Cole 等采用前文介绍的 Parrish[82] 提出的经验表达式来计算 C_{ij} 的 Langmuir 常数。分离结果（各相的物质的量以及各项的组成）不满足热力学相平衡判定条件时，Cole 等采用 Newton-Raphson 迭代法求解方程组 $\Delta X_{j/w}=0$，与之相应的 Jacobian 矩阵为：

$$\frac{\partial \Delta X_{j/w}}{\partial f_m}=\sum_i\left[\frac{C_{ji}\delta_{jm}v_i}{(1+\sum_q C_{qi}f_q^{H})}-\frac{C_{ji}C_{mi}f_j^{H}v_i}{(1+\sum_q C_{qi}f_q^{H})^2}\right] \tag{4-186}$$

式中，δ_{jm} 为计算参数。对于只有两种孔穴结构的水合物，Cole 等关于逸度的初值选取采用的是将式（4-183）变换为二次方程：

$$f_j^{H^2}C_{j1}C_{j2}\left(1-\frac{v_1}{N_j}-\frac{v_2}{N_j}\right)+f_j^H\left[C_{j1}\left(1-\frac{v_1}{N_j}\right)\left(1+\sum\nolimits_{q-1}C_{q2}f_q^H\right)+C_{j2}\left(1-\frac{v_2}{N_j}\right)\left(1+\sum\nolimits_{q-1}C_{q1}f_q^H\right)\right]+\left(1+\sum\nolimits_{q-1}C_{q2}f_q^H\right)\left(1+\sum\nolimits_{q-1}C_{q2}f_q^H\right)=0 \quad (4\text{-}187)$$

求 j 组分初始逸度值时假设水合物中的客体分子只有 j 组分，则其他 $q-1$ 个组分的物质的量均为零，式（4-187）变换为：

$$f_j^{H^2}C_{j1}C_{j2}\left(1-\frac{v_1}{N_j}-\frac{v_2}{N_j}\right)+f_j^H\left[C_{j1}\left(1-\frac{v_1}{N_j}\right)+C_{j2}\left(1-\frac{v_2}{N_j}\right)\right]+1=0 \quad (4\text{-}188)$$

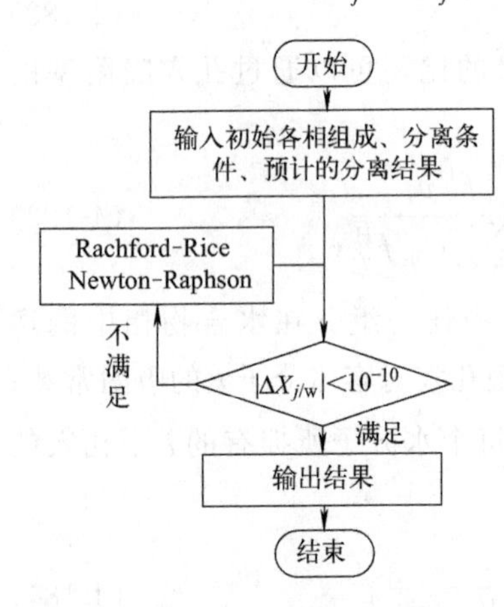

图 4-5　Cole 模型计算方法

初始值为式（4-188）的最小整根。在迭代时除了采用 Newton-Raphson 迭代法求解之外，还需要注意系统内各相的物质的量与各组成满足物质的量守恒定律，关于系统内物质的量的守恒可以通过联立求解 Rachford-Rice 方程组来实现[2]。所以，按照图 4-4 的计算流程结构表达方法，Cole 的计算模型计算流程如图 4-5 所示。

2. 水合物分离二元混合气的简化计算

Cole 等提出的多相闪蒸模型可以应用于多相多组分气体分离的计算，但对于采用闪蒸方式处理水合物分离混合气的计算，无论是采用逐次代入法、Newton-Raphson 法还是 Gibbs 自由能直接最小化的方法，都会存在复杂体系下不容易得到收敛结果的问题。对于相对简单的体系，Tumba 等[78] 提出了简化的计算方法。

Tumba 等[78] 提出，对于较为简单的二元混合气和纯水体系，组分在液相中的逸度采用 vdW-P 模型计算，在液相中的逸度采用 Valderrama-Patel-Teja 状态方程[83] 结合忽略密度影响的混合规则[84]，并假设：

① 客体分子在水中的溶解度可忽略；

② 水在气相中的含量可忽略；

③ vdW-P 的固体溶液理论可用[30]；

④ 达到热力学平衡时系统内存在的相的数量是已知的。

计算中对于水（系统内组分 1）、两个客体分子组分（系统内组分 2 和 3）均有方程组（q 取值为 1、2 和 3，分别代表上述三个组分；p 代表 L、S 和 V 三相）：

$$x_q^L x_L + x_q^S x_S + x_q^V x_V = x_q \quad (4\text{-}189)$$

$$x_L + x_S + x_V = 1 \quad (4\text{-}190)$$

$$\sum\nolimits_q x_q^p = 1 \quad (4\text{-}191)$$

式中，x_L、x_S、x_V 分别为液相、水合物相、气相的物质的量在系统内总物质的量的占比；x_q^L、x_q^S、x_q^V 分别为组分 q 在液相、水合物相、气相的物质的量的占比；x_q 为组分 q 在整个系统内物质的量的占比；x_q^p 为任一组分在任一相中的物质的量占系统总物质量的比。

基于模型前两条假设（$x_2^L=x_3^L=0$；$x_1^V=0$），式（4-189）可简化为：

$$x_L+(1-x_2^S-x_3^S)x_S=x_1 \tag{4-192}$$

$$x_2^S x_S+x_2^V x_V=x_2 \tag{4-193}$$

$$x_3^S x_S+(1-x_2^V)x_V=x_3 \tag{4-194}$$

式中，x_2^L 和 x_3^L 为气体组分溶解在液相中的物质的量占液相物质的量的比；x_1^V 为水在气相的量占气相总物质的量的比。

水合物相中的水的浓度（x_q^S，摩尔分数，$q=1$）：

$$x_q^S=1/[1+\sum_i\sum_j v_i\theta_{ij}] \tag{4-195}$$

水合物相中的客体分子的浓度（x_q^S，摩尔分数，$q=2$ 或 3）：

$$x_q^S=\sum_i v_i\theta_{iq}/[1+\sum_i\sum_j v_i\theta_{ij}] \tag{4-196}$$

计算过程以“$|x_L+x_S+x_V-1|$<规定值”作为图 4-4 中的“基于热力学的相平衡的判定条件”，“调整分离结果”采用的是逐次代入法（x_2^V 初始值取零，之后每次迭代增加 0.001），计算流程如图 4-6 所示，气相中客体分子组分的逸度计算方法和 Langmuir 常数计算方法在第二节已经详细介绍，这里不做赘述。

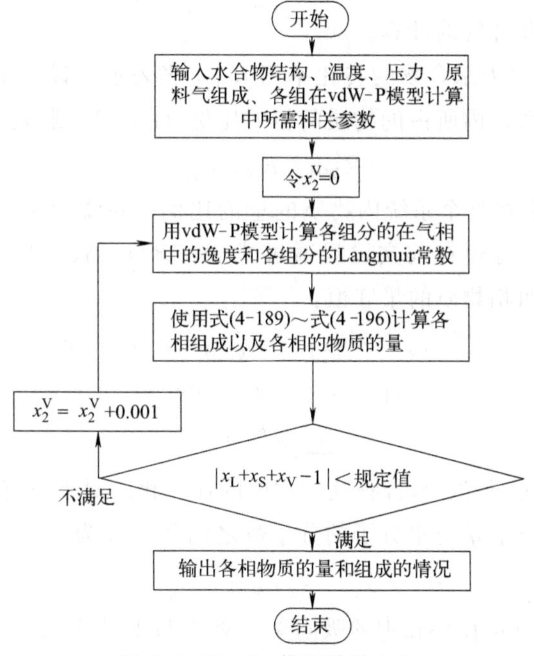

图 4-6　Tumba 模型计算方法

（二）以Chen-Guo模型为基础的计算方法

1. 按照多相闪蒸处理计算

为了避免前文提到的Cole等提出的多相闪蒸模型在组分复杂的体系计算时存在迭代过程中赋值困难和难收敛的问题，陈光进等[2] 提出过程相对简单的计算方法：

① 该方法首先根据 Michelsen[80] 相稳定判别方法计算流体的相态数（此处无水合物相），之后根据已知的温度、压力和系统内各组分的物质的量和组成情况进行平衡闪蒸计算（按照无水合物相计算），得到各流体相在系统内的组成含量（只有气、液两相时：x_{L}、x_{V}。有气、液、液三相时：x_{L1}、x_{L2}、x_{V}）、各相的组成（只有气、液两相时：x_q^{L}、x_q^{V}。有气、液、液三相时：x_q^{Lw}、x_q^{Lo}、x_q^{V}）和各相的逸度（f_q）。

② 计算各连接孔的占有率θ和基础水合物的理论组成X_q^*。其中，X_q^*按照下式计算：

$$X_q^* = \frac{f_q}{f_q^0 (1 - \sum_j \theta_j)^{\alpha}} \tag{4-197}$$

$$F(R_{\mathrm{WH}}) = \sum_q X_q^* - 1 \tag{4-198}$$

式中，f_q^0为标准状态下各相的逸度；$F(R_{\mathrm{WH}})$为判定函数。如果$F(R_{\mathrm{WH}})$为负数，则水合物无法生成；如果$F(R_{\mathrm{WH}})$为零，则操作条件正好为水合物生成的临界点，水合物的量极少，水合物对其他各相的物质的量以及组成基本没有影响，可以理解为无法起到分离混合气的效果；$F(R_{\mathrm{WH}})$为正数则水合物可以生成，可继续水合物分离混合气的计算。

③ 系统内水转化为水合物的转化率用R_{WH}来表示，设一个R_{WH}值，转化为水合物的水在整个系统内所占的物质的量的比例（R'_{WH}）则为：

$$R'_{\mathrm{WH}} = R_{\mathrm{WH}} x_{\mathrm{ow}} \tag{4-199}$$

式中，x_{ow}为水在整个系统内物质的量的比例。系统内物质的量守恒，气-液-水合物三相物质的量守恒在前文已经通过式（4-189）～式（4-194）表达，这里给出气-液-液-水合物四相物质的量守恒：

$$x_q^{\mathrm{Lw}} x_{\mathrm{Lw}} + x_q^{\mathrm{Lo}} x_{\mathrm{Lo}} + x_q^{\mathrm{S}} x_{\mathrm{S}} + x_q^{\mathrm{V}} x_{\mathrm{V}} = x_q \tag{4-200}$$

$$x_{\mathrm{Lw}} + x_{\mathrm{Lo}} + x_{\mathrm{S}} + x_{\mathrm{V}} = 1 \tag{4-201}$$

$$\sum_q x_q^p = 1 \tag{4-202}$$

式中，p表示气-液-液-水合物这四相中的任一相。对于只有一种连接孔的水合物，水合物中客体分子q与水分子的分子数之比（x'_q）为：

$$x_q^{\mathrm{S'}} = \lambda_2 x_q^* + \lambda_1 \theta_q \tag{4-203}$$

式中，θ_q为组分q在小孔中的吸附率。对于H型水合物：

$$x_q^{S'}=\lambda_3 x_q^* +\lambda_2\theta_{m,q}+\lambda_1\theta_{s,q} \tag{4-204}$$

式中，$\theta_{m,q}$ 和 $\theta_{s,q}$ 分别为组分 q 在中孔和小孔的吸附率；λ_3、λ_2、λ_1 分别为大孔、中孔和小孔与水分子的数量比。水合物相中水的浓度（x_w^S，摩尔分数）：

$$x_w^S=1/(1+\sum x_q^{S'}) \tag{4-205}$$

水合物相中的客体分子 q 的摩尔浓度：

$$x_q^S=x'_q/[1+\sum x_q^{S'}] \tag{4-206}$$

水合物相的物质的量的比例（x_S）为：

$$x_S=R'_{WH}+R'_{WH}\sum x_q^{S'} \tag{4-207}$$

生成水合物之后，整个系统扣除水合物后剩下物质的组分 q 的组成（$x_{1,q}$）为：

$$x_{1,q}=(x_{0,q}-x_S x_q^S)/(1-x_S) \tag{4-208}$$

根据上述算式算出 R'_{WH}、x_S、x_q^S、$x_{1,q}$。

④ 由温度、压力和 $x_{1,q}$ 对水合物相之外的系统再次进行平衡闪蒸计算，由式(4-197) 再次计算得到 x_q^*，进而得到这一轮计算的 $F(R_{WH})$ 值。如果 $F(R_{WH})$ 值在误差范围以内，则跳出迭代计算，输出各相在系统内的摩尔分数以及各相内的组分组成。如果 $F(R_{WH})$ 值不在误差范围以内，则采用正割法调整 R_{WH}，整个计算公式为：

$$R_{WH\,jj}=R_{WH\,jj-1}-\frac{(R_{WH\,jj-1}-R_{WH\,jj-2})F(R_{WH\,jj-1})}{F(R_{WH\,jj-1})-F(R_{WH\,jj-2})} \tag{4-209}$$

式中，jj 为迭代次数；R_{WH} 前两次迭代取值分别为 0.1 和 0.3[2]。从第 3 次迭代开始：

a. 如果调整后，$R_{WH}<1$，则计算回到第三步；

b. 如果调整后，$R_{WH}\geqslant 1$ 或 $x_{Lw}=0$，则说明自由水已经完全转化为水合物，则富水相消失，但气相中仍有少量水，需要考察这部分水有多少会形成水合物，这时，将总体系水合物之外的部分作为一个新体系，这个新体系内各相组成为：

$$x_{2,q}=x_q^{Lo}x_{Lo}+x_q^V x_V \tag{4-210}$$

气相逸度：

$$f_w=x_w^V\phi_w p \tag{4-211}$$

针对新系统设定 R'_{WH}，前两次迭代取值分别为 0.1 和 0.3，对这个新系统进行迭代计算：

$$x_{3,q}=\frac{x_{2,q}-x_{1,S}x_q^{S,1}}{1-Hx_{1,S'}} \tag{4-212}$$

通过迭代实现这个新体系 $F(R'_{WH})$ 值在误差范围以内，则关于气相中水生成水合物的计算达到收敛，跳出计算。

$$x_q^{S,total}=x_q^S+x_q^{S,1} \tag{4-213}$$

$$x_{q,total}^S=x_q^S x_S+x_q^{S,1} x_{1,S}(1-x_S) \tag{4-214}$$

c. 如果调整后，$x_{Lo}=0$ 且 $x_V=0$，则说明油相或气相已经完全转化为水合物，则油相或气相消失，但富水相中仍有少量烃类可以生成水合物，需要考察这部分水有多少会形成水合物。这时，将总体系水合物之外的部分作为一个新体系，这个新体系内各相组成（$x_{4,q}$）为：

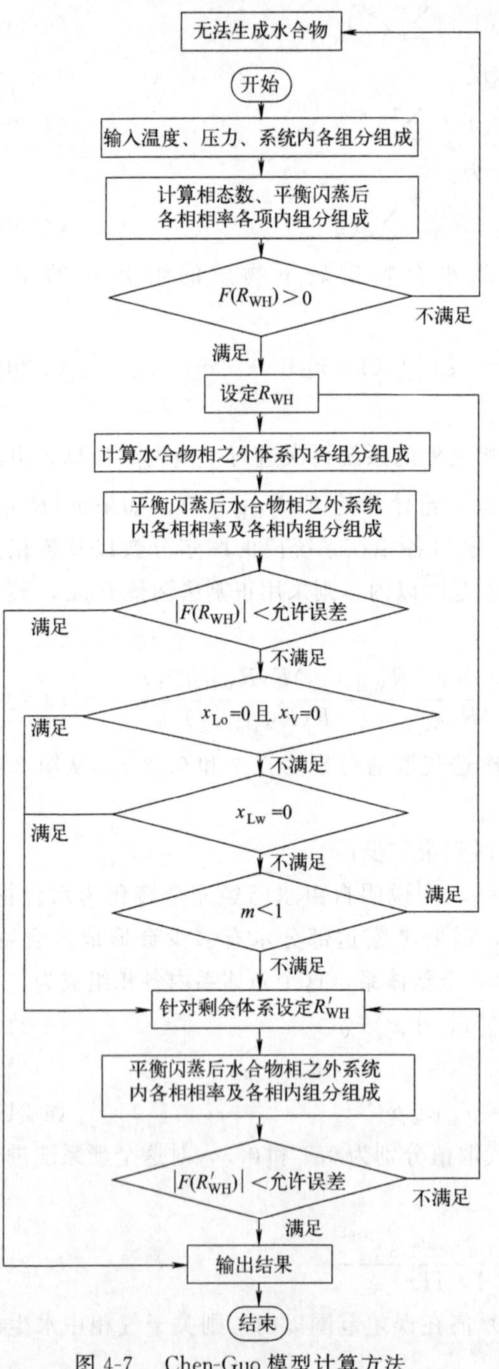

图 4-7　Chen-Guo 模型计算方法

$$x_{4,q}=x_{Lo} \tag{4-215}$$

$$f_w=x_w^{Lw}\phi_w^{Lw}p \tag{4-216}$$

R'_{WH}前两次迭代取值分别为 0 和 0.0005，对这个新系统进行迭代计算，通过迭代实现这个新体系 $F(R'_{WH})$ 值在误差范围以内，并且：

$$x_q^{S,total}=x_q^S+x_q^{S,2} \tag{4-217}$$

$$x_{q,total}^S=x_q^S x_S+x_q^{S,2} x_{2,S}(1-x_S) \tag{4-218}$$

上述计算方法可简要表达为图 4-7。

2. 气-水合物两相简化计算

对于气相中的水含量和水溶液中客体分子组分可以忽略、分离结束时水完全转化为水合物的体系，可将体系直接作为气-水合物两相闪蒸来简化处理，通过 Chen-Guo 模型进行计算[2]。计算流程大致为：

① 首先输入温度、压力和系统内各组分的总组成情况和物质的量。

② 计算指定温度、气液总组成下的水合物临界生成压力（p_{eq}）和水合物相中的客体分子组分的组成（x_q）。这里需要注意，有可能生成的各种类型水合物的临界生成压力都需

要计算，临界压力低于指定压力的水合物都按照会生成进行计算；如果所有类型水合物的临界生成压力均高于或等于指定压力，则没有水合物生成，分离无法进行，计算终止。

③ 计算气化率（e）的初次迭代值。

对于只有一种连接孔的水合物和纯水体系：

$$e=1-\frac{W}{1-W}\sum_q(\lambda_1\theta_q+\lambda_2 x_q^*) \tag{4-219}$$

式中，W 为进料中水的摩尔比。对于只有一种连接孔的水合物和添加剂溶液体系：

$$e=1-\frac{W(1-x_{\text{add}})}{1-W}\sum_q(\lambda_1\theta_q+\lambda_2 x_q^*) \tag{4-220}$$

式中，x_{add} 为添加剂在水相中的摩尔比。对于 H 型水合物和纯水体系：

$$e=1-\frac{W}{1-W}\sum_q(\lambda_1\theta_{\text{s,q}}+\lambda_2\theta_{m,q}+\lambda_3 x_q^*) \tag{4-221}$$

对于 H 型水合物和添加剂溶液体系：

$$e=1-\frac{W(1-x_{\text{add}})}{1-W}\sum_q(\lambda_1\theta_{s,q}+\lambda_2\theta_{m,q}+\lambda_3 x_q^*) \tag{4-222}$$

式中，$\theta_{m,q}$ 和 $\theta_{s,q}$ 分别为组分 q 在中孔和小孔中的吸附率；λ_3、λ_2、λ_1 分别为大孔、中孔和小孔与水分子的数量比。

④ 根据代入的气化率（e）计算相应的连接孔吸附率和基础水合物组成情况。由气化率可求分离结束（热力学平衡）时的气相组成（y_q）：

$$y_q=\frac{z_q-(1-e)x_q}{e} \tag{4-223}$$

式中，z_q 为组合 q 在原料中的物质的量的比。

由气相组成可求出各组分在指定温度和压力下的气相中的逸度（f_q^{V}）：

$$f_q^{\text{V}}=\varphi_q^{\text{V}} y_q p \tag{4-224}$$

利用式（4-70）计算各组分在连接孔中的吸附率（θ_q），利用式（4-197）计算各组分在基础水合物中所占比例（x_q^*）。

⑤ 利用第 3 步新算出来的 θ_q、x_q^*，根据水合物的结构和溶液体系情况选择式(4-219)～式（4-223）中的合适公式再次计算气化率（e'）。

⑥ 第 5 步计算得到的新气化率（e'）与第 3 步开始时的气化率（e）进行对比：

$$F(e)=|(e'-e)/e| \tag{4-225}$$

当 $F(e)<10^{-3}$ 时，计算满足要求，进入下一步；

当 $F(e)\geqslant 10^{-3}$ 时，令 $e=e'$，计算回到第 3 步。

⑦ 根据第 3 步得到的参数计算水合物相中客体分子组分的组成，只有一种连

接孔的水合物采用式（4-226），H 型水合物采用式（4-227）：

$$x_q=\frac{x_q^*+\lambda_1\theta_q/\lambda_2}{\sum(x_q^*+\lambda_1\theta_q/\lambda_2)} \tag{4-226}$$

$$x_q=\frac{x_q^*+\lambda_1\theta_{s,q}/\lambda_3+\lambda_2\theta_{m,q}/\lambda_3}{\sum(x_q^*+\lambda_1\theta_{s,q}/\lambda_3+\lambda_2\theta_{m,q}/\lambda_3)} \tag{4-227}$$

之后利用客体分子在气相和水合物相的组成结合系统内物质的量守恒可得到系统内各相的相率。

计算流程可以简要表述为图 4-8。

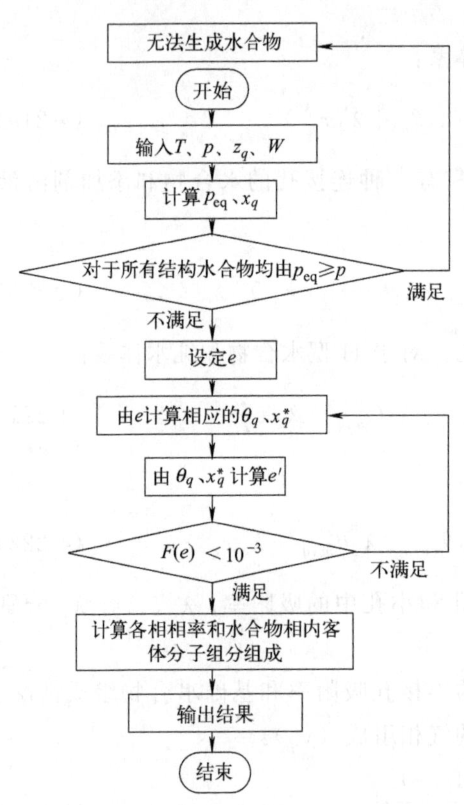

图 4-8　Chen-Guo 两相模型计算方法

二、将水合物分离气体过程作为渐变过程处理的模型计算方法

水合物是非化学计量型化合物，无论是 vdW-P 模型还是 Chen-Guo 模型，都涉及客体分子在水合物孔穴中吸附率的计算（θ_q），θ_q 是由组分 q 的逸度和孔穴结构对组分 q 的选择性共同决定的。所以，水合物相内各客体分子组分的浓度与它们在气、液相中的浓度不同，且水合物相内各组分的浓度受它们在其他相中浓度的影响。所以随着水合物的生成，生成水合物的组分在气、液相中的浓度会持续变化，而气、液相组成的持续变化又会造成水合物相的持续变化。

如图 4-9 所示，在水合物含量极少的相平衡状态下，水合物可被视作厚度可以忽略、内外晶格没有差别、各组分在水合物内分布均匀，其每一部分均与气、液两相达到平衡，体系情况与闪蒸类似，可以用处理闪蒸的方式对体系进行计算。

而当体系中水合物的量较大时，水合物颗粒的厚度、气相组成因水合物生成而造成的变化不可忽略。理想状态下，如图 4-9（b），水合物颗粒由内向外生长，且在同一微元时间段（极短的时间，该时间内各相组成和外界条件的变化可忽略）内新生成的水合物层厚度和物质的量相同，且各客体分子组分分布均匀。

在水合物生成的量大时，水合物生成过程中的气、液相组成的变化对水合物生成的影响不能忽略（在一些研究中，水合物生成过程中的温度、压力等条件也会改变[85-87]）。从前文叙述中可知，水合物组成受其生成时气、液相组成以及温

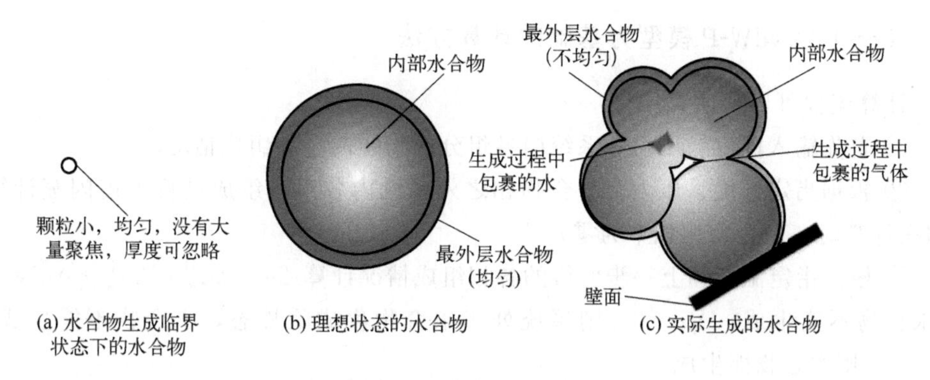

图 4-9 水合物示意图

度和压力的影响，所以对不同微元时间段内形成的水合物进行比较，相同微元时间段内新生成的水合物的量和水合物的组成都是不同的，而且当不同微元时间段之间时间间隔越大，系统中水合物量的差异就越大，气相组成等条件的差异就越大，不同微元时间段内新生成水合物的物质的量的差异性和水合物的组成差异性也就越大。

当达到相平衡状态时，只有最外层水合物与气、液接触，所以只是最外层水合物与气、液相达到相平衡。而被包裹在大块水合物内部的水合物不与外界发生接触，笼形框架内部的各客体分子在笼形结构不被破坏的情况下不能在水合物内自由移动（小分子氢有可能穿过水合物的小孔从而移动，氮气分子及更大的分子难以移动），所以一旦之前生成的水合物被新生成的水合物完全覆盖，这部分水合物便停止与外界接触，组成不再改变。

所以就单个微元时间段内生成的水合物而言，其组成分布是均匀的；而就生成过程中的整个水合物颗粒而言，水合物组成是不均匀的。也就是说，即使不考虑任何动力学方面因素，水合物分离气体的过程也同闪蒸有较大的差异性，主要体现在分离过程变化对最终结果的影响，以及水合物相并非客体分子组分分布均匀的相。

当然，相比于理想状况［图 4-9（b）］，实际水合物的生成［图 4-9（c）］会更复杂一些：比如水合物颗粒会聚合，聚集过程中会包裹一些水和气体；由于各区域传质阻力等动力学条件的不同，即使它们的热力学推动力相同，水合物生成速度以及新生成水合物的组成也会不同；水合物表面层热力学推动力不同的区域其水合物生长速度和新生水合物组成不同，甚至在有的区域仍在生长时，其他区域已经达到平衡甚至开始化解。上述情况需要在图 4-9（b）建模的基础上引入动力学方面的参数进行修正以实现更精确的表述。

因为本章只针对热力学，所以“将水合物分离气体过程作为渐变过程处理的模型计算方法”以图 4-9（b）的情况进行建模[4,13]。

（一）以 vdW-P 模型为基础的计算方法

计算流程可以简述为：

① 首先输入温度、压力和系统内各组分的物质的量和组成情况。

② 根据指定温度、压力和水合物相之外系统内各组分组成进行平衡闪蒸计算（初次计算时，水合物相相率为零）。

③ 根据指定温度和上一步所得的各相组成情况计算 $\Delta\mu=\Delta\mu_{\mathrm{w}}^{\mathrm{H}}-\Delta\mu_{\mathrm{w}}^{\mathrm{L}}$。$\Delta\mu>0$，则水合物不能生成；$\Delta\mu=0$，则系统处于水合物生成临界态，水合物不能生成；$\Delta\mu<0$，则水合物能生成。

这里需要注意，有可能生成的各种类型水合物的对应 $\Delta\mu$ 都需要计算，满足 $\Delta\mu<0$ 的水合物在后面分离计算中都需要纳入考虑范围；

所以只要有一种水合物满足 $\Delta\mu<0$，则计算跳至第 4 步；

当所有类型水合物的 $\Delta\mu>0$，则没有水合物生成，分离无法进行，计算跳出。

④ 计算过程是将水合物分离气体过程微分，即将水合物生成过程切割为成千上万个微元时间段（dt），微元时间段时长极短（无具体时长意义），生成水合物量极少，其间气相组成等影响因素的变化可以忽略。因此，微元时间段内水合物的生成条件可视为恒定，在微元时间段内进行恒定条件水合物生成计算，则第 j 个微元时间段（jth dt）中，进入水合物相的水和客体分子组分 q 的物质的量（$h_{\mathrm{w},j}$ 和 $h_{q,j}$）可以表达为水合物生成推动力（$-\Delta\mu$）的函数：

$$\mathrm{d}N_{\mathrm{w},j}=r_{\mathrm{w},j}\,\mathrm{d}t=h_{\mathrm{w},j}=N_{\mathrm{w},j-1}k\left(\mathrm{e}^{\frac{-\Delta\mu_{j-1}}{RT}}-1\right) \tag{4-228}$$

$$-\mathrm{d}Ng_{q,j}=\mathrm{d}Hg_{q,j}=r_{q,j}\,\mathrm{d}t=h_{q,j}=h_j\sum_l x^l\sum_i\theta_{qi}^l v_i^l \tag{4-229}$$

$$x^{l1}/x^{l2}=\left(\frac{f_{\mathrm{w}}^{\pi}}{f_{\mathrm{w}}^{\mathrm{H1}}}\right)\Big/\left(\frac{f_{\mathrm{w}}^{\pi}}{f_{\mathrm{w}}^{\mathrm{H2}}}\right) \tag{4-230}$$

$$\sum_l x^l=1 \tag{4-231}$$

式中，上标 π 指代液相或冰相；$r_{\mathrm{w},j}$ 是水在第 j 个微元时间段内生成水合物的速率；$r_{q,j}$ 是客体分子组分 q 在第 j 个微元时间段内生成水合物的速率；$N_{w,j-1}$ 为第 $j-1$ 个微元时间结束后液相中水的物质的量；k 为水合物生成速率常数，$\mathrm{mol\cdot mol^{-1}}$ 水 $\cdot\,\mathrm{d}t^{-1}$；$\Delta\mu_{j-1}$ 是基于第 $j-1$ 个微元时间结束后的各相组成和环境条件计算得到的化学位能差值；x^l 是 l 型（表示Ⅰ型、Ⅱ型、H 型、半笼形等水合物中的任一类型）水合物在基础水合物中占的比例；θ_{qi}^l 是组分 q 在 l 型水合物的 i 型孔穴中的占有率；v_i^l 是 l 型水合物中水分子占有的 i 型孔穴的数量；$\mathrm{d}Ng_{q,j}$ 为第 j 个微元时间段内水合物相之外组分 q 的物质的量的变化量；$\mathrm{d}Hg_{q,j}$ 为第 j 个微元时间段内水合物相内组分 q 的物质的量的变化量。

这里需要说的是，当水合物生成推动力（$-\Delta\mu$）为正数时，$\mathrm{d}N_{\mathrm{w},j}$ 为正数，代表着水合物还在持续生长；当水合物生成推动力（$-\Delta\mu$）为负数时，$\mathrm{d}N_{\mathrm{w},j}$ 为负数，代表着水合物化解，水合物物质的量减少。最终分离结果取决于水合物生成推动力的变化（$-\Delta\mu$）。因为本章考虑的是最终分离达到热力学平衡状态时的情况，因此 $\mathrm{d}t$ 只是代表一个非常短的时间，而非一个具体的时间量，只需保证在 $\mathrm{d}t$ 的时长之内，各项数值的变化可以忽略不计即可。由式（4-228）可知，k 的大小直接影响每一个 $\mathrm{d}t$ 时间内水合物生成量的大小，从而影响每一个 $\mathrm{d}t$ 时间内各项数值变化的大小，因此 k 越小，每一个 $\mathrm{d}t$ 时间内的变化越小，计算过程越接近连续变化过程。但与此同时，k 数值越小，从分离开始到分离平衡所需要的 $\mathrm{d}t$ 数量也就越多，即所需要计算的迭代次数也就越多，增加计算负荷。因此，k 值的选择需要在一个合理范围之内，确保最终计算数值稳定性的同时保证计算量的适宜。

当第 j 个微元时间段结束时，对水合物相之外的系统进行物质的量守恒计算：

$$Ng_{\mathrm{w},j}=Ng_{\mathrm{w},j-1}-h_{\mathrm{w},j} \tag{4-232}$$

$$Ng_{q,j}=Ng_{q,j-1}-h_{q,j} \tag{4-233}$$

$$Hg_{\mathrm{w},j}=Hg_{\mathrm{w},j-1}+h_{\mathrm{w},j} \tag{4-234}$$

$$Hg_{q,j}=Hg_{q,j-1}+h_{q,j} \tag{4-235}$$

需要说明，在第 1 个 $\mathrm{d}t$ 结束时，因为之前没有水合物生成，所以 $Hg_{\mathrm{w},0}=Hg_{q,0}=0$，$Ng_{\mathrm{w},0}$ 和 $Ng_{q,0}$ 即为初始系统内水和客体分子组分的物质的量。当第 j 个 $\mathrm{d}t$ 结束时，因为各组分在水合物相和水合物相之外的系统内的物质的量都发生了变化，而这一变化会改变水合物生成推动力（$-\Delta\mu$）、不同结构的水合物在基础水合物中的比例（x^l）、各组分在水合物孔穴中的吸附率（$\theta^l_{q,i}$），因此，在计算进入第 $j+1$ 个 $\mathrm{d}t$ 之前，各组分在水合物相（$x_{q,j}$）和水合物相之外的系统内的组成（$z_{q,j}$）需要重新计算：

$$z_{q,j}=\frac{Ng_{q,j}}{\sum_q Ng_{q,j}} \tag{4-236}$$

$$x^{\mathrm{H}}_{q,j}=\frac{Hg_{q,j}}{\sum_q Hg_{q,j}} \tag{4-237}$$

⑤ 对水合物相之外的系统进行平衡闪蒸计算以模拟生成过程中水合物之外各相的传质情况（水合物相之外的传质都看作可以瞬时完成），并得到此系统的气、液组成（$x^{\mathrm{V}}_{q,j}$ 和 $x^{\mathrm{L}}_{q,j}$）。

⑥ 在完成了第 j 个微元时间段内的水合物生成和传质计算之后，再一次根据水合物相之外的各相的情况进行水合物生成推动力（$-\Delta\mu_j$）计算。

如果$-\Delta\mu_j>$设定最小值，说明水合物还会继续生成，$j=j+1$，计算跳到第4步。

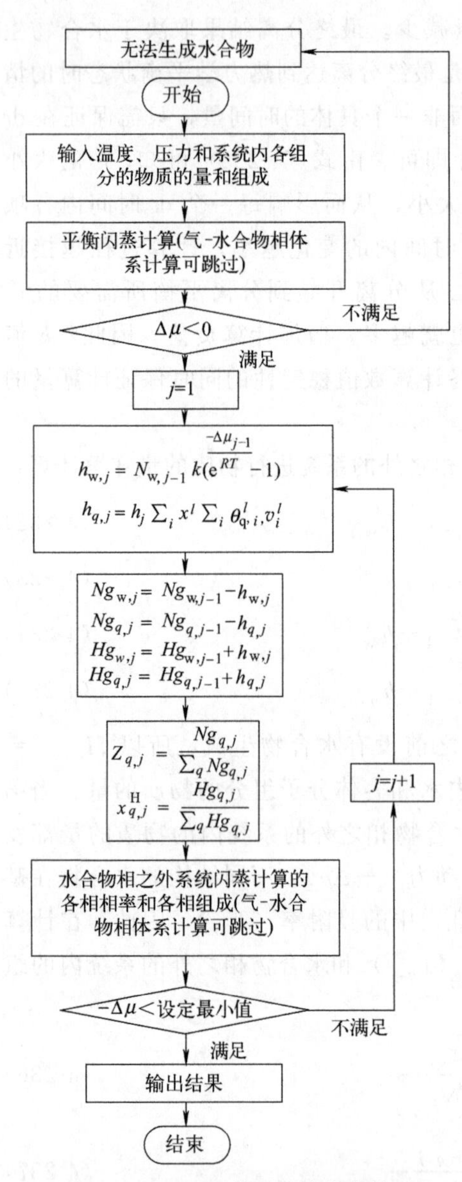

图 4-10　vdW-P 模型下的分离模型

如果$-\Delta\mu_j\leqslant$设定最小值（小于该值，则可近似认为$-\Delta\mu_j=0$，水合物生成达到热力学平衡），则气体分离过程在第j个微元时间段结束时达到热力学稳定，各相的物质的量以及各相组成不会再随时间的变化而变化，分离结束，计算跳出，输出结果。计算过程可简要表示为图4-10。

定义j_{eq}为达到热力学平衡需要的微元时间个数，定义t_{eq}为达到热力学平衡需要的时间，则：

$$t_{eq}=j_{eq}dt \tag{4-238}$$

通过上述计算方法可以看出，混合气分离达到热力学平衡时水合物相内各组分物质的量以及水合物相之外系统内各组分的物质的量的计算是将一个连续变化过程按照时间轴微分处理，通过控制k的取值将微分单元内各影响因素的变化控制在可以忽略的范围内，进而将微分单元内的计算简化为恒定条件下的计算，最后再通过单元叠加来代替积分，进而获得气体分离过程达到平衡态之后的结果［如式（4-235）～式（4-238）所示］。

对于水合物内各组分：

$$Hg_{w,j}=\int_0^{\infty}r_{w,j}\,dt=\int_0^{t_{eq}}r_{w,j}\,dt$$

$$=\sum_j^{j_{eq}}h_{w,j} \tag{4-239}$$

$$Hg_{q,j}=\int_0^{\infty}r_{q,j}\,dt=\int_0^{t_{eq}}r_{q,j}\,dt$$

$$=\sum_j^{j_{eq}}h_{q,j} \tag{4-240}$$

对于水合物相之外的系统内各组分：

$$Hg_{w,j}=\int_0^{\infty}r_{w,j}\,dt=\int_0^{t_{eq}}r_{w,j}\ dt=\sum_j^{j_{eq}}h_{w,j} \tag{4-241}$$

$$Hg_{q,j}=\int_0^{\infty}r_{q,j}\,dt=\int_0^{t_{eq}}r_{q,j}\ dt=\sum_j^{j_{eq}}h_{q,j} \tag{4-242}$$

此外，对于气相中的水含量和水溶液中客体分子组分可以忽略、分离结束时水完全转化为水合物的体系，可将体系直接作为气-水合物两相闪蒸来简化处理，第 2 步和第 5 步闪蒸可以跳过，水合物相外各客体组分均仅存在于气相之中。

（二）以 Chen-Guo 模型为基础的计算方法

Chen-Guo 模型计算流程大致和 vdW-P 模型计算流程相似，只是水合物生成的相应表达式有所不同：

① 首先输入温度、压力和系统内各组分的物质的量和组成情况。

② 根据指定温度、压力和水合物相之外系统内各组分组成进行平衡闪蒸计算(初次计算时，水合物相相率为零)。

③ 根据指定温度和上一步所得的各相组成情况由式（4-54）计算 $\Delta\mu$。$\Delta\mu>0$，则水合物不能生成；$\Delta\mu=0$，则系统处于水合物生成临界态，水合物不能生成；$\Delta\mu<0$，则水合物能生成。

这里需要注意，有可能生成的各种类型水合物的对应 $\Delta\mu$ 都需要计算，满足 $\Delta\mu<0$ 的水合物在后面分离计算中都需要纳入考虑范围；所以只要有一种水合物满足 $\Delta\mu<0$，则计算跳至第 4 步；当所有类型水合物的 $\Delta\mu>0$，则没有水合物生成，分离无法进行，计算跳出。

④ 这里和 vdW-P 模型第 4 步采取的方法相同，也是将水合物分离气体过程微分，即将水合物生成过程切割为成千上万个微元时间段（dt）。第 j 个微元时间段（jth dt）中，进入水合物相的水和客体分子组分 q 的物质的量（$h_{w,j}$ 和 $h_{q,j}$）可以表达为水合物生成推动力（$-\Delta\mu$）的函数，$h_{w,j}$ 采用式（4-228）计算，其他参数计算采用下式：

$$-dNg_{q,j}=dHg_{q,j}=r_{q,j}\,dt=h_{q,j}=h_{w,j}\sum_l x^l\sum_q(\lambda_1\theta_q+\lambda_2 x_q^{*,l}) \tag{4-243}$$

$$\frac{x_q^{*,l1}}{x_q^{*,l2}}=\left(\frac{f_q^{\pi}}{f_q^{H1}}\right)\Big/\left(\frac{f_q^{\pi}}{f_q^{H2}}\right) \tag{4-244}$$

$$\frac{x_{q1}^{*,l}}{x_{q2}^{*,l}}=\left(\frac{f_{q1}^{\pi}}{f_q^{H}}\right)\Big/\left(\frac{f_{q2}^{\pi}}{f_q^{H}}\right) \tag{4-245}$$

$$\sum_l x^l\sum_q x_q^{*,l}=1 \tag{4-246}$$

式中，$x_q^{*,l}$ 是以客体分子组分 q 生成络合孔结构进而生成的 l 型水合物在基础水合物中占的比例。当第 j 个微元时间段结束时，对水合物相之外的系统进行物质的量守恒，通过式（4-232）～式（4-235）可求得 $Ng_{\mathrm{w},j}$、$Ng_{q,j}$、$Hg_{\mathrm{w},j}$ 和 $Hg_{q,j}$。

当第 j 个 $\mathrm{d}t$ 结束时，因为各组分在水合物相和水合物相之外的系统内的物质的量都发生了变化，因此，在计算进入第 $j+1$ 个 $\mathrm{d}t$ 之前，采用式（4-236）和式（4-237）求得各组分在水合物相（$x_{q,j}$）和水合物相之外的系统内的组成（$x_{q,j}^{\mathrm{H}}$）。

⑤ 对水合物相之外的系统进行平衡闪蒸计算以模拟生成过程中水合物之外各相的传质情况（水合物相之外的传质都看作可以瞬时完成），并得到此系统的气、液组成（$x_{q,j}^{\mathrm{V}}$ 和 $x_{q,j}^{\mathrm{L}}$）。

⑥ 在完成了第 j 个微元时间段内的水合物生成和传质计算之后，再一次根据水合物相之外各相的情况进行水合物生成推动力（$-\Delta\mu_j$）计算。

如果 $-\Delta\mu_j>$ 设定最小值，说明水合物还会继续生成，$j=j+1$，计算跳到第4步。

如果 $-\Delta\mu_j\leqslant$ 设定最小值，分离结束，计算跳出，输出结果。

因为本计算流程和图4-10除去 $h_{q,j}$ 的计算方法之外，其它均相同，因此不再给出计算流程图以免赘述。

参考文献

[1] Happel J，Hnatow M A，Meyer H. The study of separation of nitrogen from methane by hydrate formation using a novel apparatus [J]. Annals of the New York Academy of Sciences，1994，715 (1)：412-424.

[2] 陈光进，孙长宇，马庆兰. 气体水合物科学与技术 [M]. 北京：化学工业出版社，2008.

[3] Wang Y，Deng Y，Guo X，et al. The use of hydrate formation for the continuous recovery of ethylene and hydrogen from fluid catalytic cracking dry gas [J]. Separation and Purification Technology，2017，187：162-172.

[4] Wang Y，Zhang J，Guo X，et al. Experiments and modeling for recovery of hydrogen and ethylene from fluid catalytic cracking (FCC) dry gas utilizing hydrate formation [J]. Fuel，2017，209：473-489.

[5] Sloan E D. Fundamental principles and applications of natural gas hydrates [J]. Nature，2003，426 (6964)：353-359.

[6] Sloan Jr E D，Koh C A. Clathrate hydrates of natural gases [M]. Boca Raton：CRC Press，2007.

[7] Lee H，Lee J，Kim D Y，et al. Tuning clathrate hydrates for hydrogen storage [J]. Na-

ture, 2005, 434 (7034): 743-746.

[8] Pivezhani F, Roosta H, Dashti A, et al. Investigation of CO_2 hydrate formation conditions for determining the optimum CO_2 storage rate and energy: Modeling and experimental study [J]. Energy, 2016, 113: 215-226.

[9] Lee Y, Kim Y, Lee J, et al. CH_4 recovery and CO_2 sequestration using flue gas in natural gas hydrates as revealed by a micro-differential scanning calorimeter [J]. Applied Energy, 2015, 150: 120-127.

[10] Babu P, Linga P, Kumar R, et al. A review of the hydrate based gas separation (HBGS) process for carbon dioxide pre-combustion capture [J]. Energy, 2015, 85: 261-279.

[11] Wang Y, Lang X, Fan S. Hydrate capture CO_2 from shifted synthesis gas, flue gas and sour natural gas or biogas [J]. Journal of Energy Chemistry, 2013, 22 (1): 39-47.

[12] Wang Y, Du M, Guo X, et al. Experiments and simulations for continuous recovery of methane from coal seam gas (CSG) utilizing hydrate formation [J]. Energy, 2017, 129: 28-41.

[13] Wang Y, Deng Y, Guo X, et al. Experimental and modeling investigation on separation of methane from coal seam gas (CSG) using hydrate formation [J]. Energy, 2018, 150: 377-395.

[14] Zhong D L, Wang W C, Zou Z L, et al. Investigation on methane recovery from low-concentration coal mine gas by tetra-*n*-butyl ammonium chloride semiclathrate hydrate formation [J]. Applied Energy, 2018, 227: 686-693.

[15] Zheng J, Loganathan N K, Zhao J, et al. Clathrate hydrate formation of CO_2/CH_4 mixture at room temperature: Application to direct transport of CO_2-containing natural gas [J]. Applied Energy, 2019, 249: 190-203.

[16] Xu C G, Yan R, Fu J, et al. Insight into micro-mechanism of hydrate-based methane recovery and carbon dioxide capture from methane-carbon dioxide gas mixtures with thermal characterization [J]. Applied Energy, 2019, 239: 57-69.

[17] Li Z Y, Xia Z M, Chen Z Y, et al. The plateau effects and crystal transition study intetrahydrofuran (THF) /CO_2/H_2 hydrate formation processes [J]. Applied Energy, 2019, 238: 195-201.

[18] Horii S, Ohmura R. Continuous separation of CO_2 from a H_2+CO_2 gas mixture using clathrate hydrate [J]. Applied Energy, 2018, 225: 78-84.

[19] Liu H, Mu L, Wang B, et al. Separation of ethylene from refinery dry gas via forming hydrate in w/o dispersion system [J]. Separation and Purification Technology, 2013, 116: 342-350.

[20] Luo Y, Liu A, Guo X, et al. Experiment on the continuous recovery of H_2 from hydrogenation plant off-gas via hydrate formation in tetra-n-butyl ammonium bromide solution [J]. International Journal of Hydrogen Energy, 2015, 40 (46): 16248-16255.

[21] Ozaki M, Tomura S, Ohmura R, et al. Comparative study of large-scale hydrogen storage technologies: Is hydrate-based storage at advantage over existing technologies? [J]. International Journal of Hydrogen Energy, 2014, 39 (7): 3327-3341.

[22] Bhattacharjee G, Veluswamy H P, Kumar R, et al. Rapid methane storage via sII hydrates at ambient temperature [J]. Applied Energy, 2020, 269: 115142.

[23] Li Y, Li X, Zhou W, et al. Kinetics of ethylene hydrate formation in water-in-oil emulsion [J]. Journal of the Taiwan Institute of Chemical Engineers, 2017, 70: 79-87.

[24] Veluswamy H P, Wong A J H, Babu P, et al. Rapid methane hydrate formation to develop a cost effective large scale energy storage system [J]. Chemical Engineering Journal, 2016, 290: 161-173.

[25] Prah B, Yun R. CO_2 hydrate slurry transportation in carbon capture and storage [J]. Applied Thermal Engineering, 2018, 128: 653-661.

[26] Sun Y, Jiang S, Li S, et al. Growth kinetics of hydrate formation from water-hydrocarbon system [J]. Chinese Journal of Chemical Engineering, 2019, 27 (9): 2164-2179.

[27] Jiang L, Xu N, Liu Q, et al. Review of morphology studies on gas hydrate formation for hydrate-based technology [J]. Crystal Growth & Design, 2020, 20 (12): 8148-8161.

[28] Ueno H, Akiba H, Akatsu S, et al. Crystal growth of clathrate hydrates formed with methane+carbon dioxide mixed gas at the gas/liquid interface and in liquid water [J]. New Journal of Chemistry, 2015, 39 (11): 8254-8262.

[29] Koyanagi S, Ohmura R. Crystal growth of ionic semiclathrate hydrate formed in CO_2 gas +tetrabutylammonium bromide aqueous solution system [J]. Crystal Growth & Design, 2013, 13 (5): 2087-2093.

[30] Van Der Waals J. H., Platteeuw J. C. Clathrate Solutions [J]. Advances in Chemical Physics, 1959 (2): 1-57.

[31] Chen G J, Guo T M. A new approach to gas hydrate modelling [J]. Chemical Engineering Journal, 1998, 71 (2): 145-151.

[32] Chen G J, Guo T M. Thermodynamic modeling of hydrate formation based on new concepts [J]. Fluid Phase Equilibria, 1996, 122 (1-2): 43-65.

[33] Lennard-Jones J E, Devonshire A F. Critical phenomena in gases-I [J]. Proceedings of the Royal Society of London. Series A-Mathematical and Physical Sciences, 1937, 163 (912): 53-70.

[34] Kihara T. The second virial coefficient of non-spherical molecules [J]. Journal of the Physical Society of Japan, 1951, 6 (5): 289-296.

[35] McKoy V, Sinanoğlu O. Theory of dissociation pressures of some gas hydrates [J]. The Journal of Chemical Physics, 1963, 38 (12): 2946-2956.

[36] Jarrahian A, Nakhaee A. Hydrate-liquid-vapor equilibrium condition of $N_2+CO_2+H_2O$ system: Measurement and modeling [J]. Fuel, 2019, 237: 769-774.

[37] Avlonitis D. The determination of Kihara potential parameters from gas hydrate data [J]. Chemical Engineering Science, 1994, 49 (8): 1161-1173.

[38] Ma Q L, Chen G J, Guo T M, et al. Prediction of structure-H gas hydrate formation conditions for reservoir fluids [J]. Chinese Journal of Chemical Engineering, 2005, 13 (4): 484-490.

[39] Anderson F E, Prausnitz J M. Inhibition of gas hydrates by methanol [J]. AIChE Journal, 1986, 32 (8): 1321-1333.

[40] Munck J, Skjold-Jørgensen S, Rasmussen P. Computations of the formation of gas hydrates [J]. Chemical Engineering Science, 1988, 43 (10): 2661-2672.

[41] Englezos P, Bishnoi P R. Experimental study on the equilibrium ethane hydrate formation conditions in aqueous electrolyte solutions [J]. Industrial & Engineering Chemistry Research, 1991, 30 (7): 1655-1659.

[42] Avlonitis D. A scheme for reducing experimental heat capacity data of gas hydrates [J]. Industrial & Engineering Chemistry Research, 1994, 33 (12): 3247-3255.

[43] Ng H J, Robinson D B. The measurement and prediction of hydrate formation in liquid hydrocarbon-water systems [J]. Industrial & Engineering Chemistry Fundamentals, 1976, 15 (4): 293-298.

[44] John V T, Papadopoulos K D, Holder G D. A generalized model for predicting equilibrium conditions for gas hydrates [J]. AIChE Journal, 1985, 31 (2): 252-259.

[45] Du Y, Guo T M. Prediction of hydrate formation for systems containing methanol [J]. Chemical Engineering Science, 1990, 45 (4): 893-900.

[46] Saito S, Marshall D R, Kobayashi R. Hydrates at high pressures: Part II. Application of statistical mechanics to the study of the hydrates of methane, argon, and nitrogen [J]. AIChE Journal, 1964, 10 (5): 734-740.

[47] Holder G D, Grigoriou G C. Hydrate dissociation pressures of (methane+ethane+water) existence of a locus of minimum pressures [J]. The Journal of Chemical Thermodynamics, 1980, 12 (11): 1093-1104.

[48] Barrer R M, Edge A V J. Gas hydrates containing argon, krypton and xenon: Kinetics and energetics of formation and equilibria [J]. Proceedings of the Royal Society of London. Series A. Mathematical and Physical Sciences, 1967, 300 (1460): 1-24.

[49] Glew D N. The gas hydrate of bromochlorodifluoromethane [J]. Canadian Journal of Chemistry, 1960, 38 (2): 208-221.

[50] McLeod H O, Campbell J M. Natural gas hydrates at pressures to 10000 psia [J]. Journal of Petroleum Technology, 1961, 13 (06): 590-594.

[51] Long J, Sloan Jr E D. Quantized water clusters around apolar molecules [J]. Molecular Simulation, 1993, 11 (2-4): 145-161.

[52] Wang Y, Yang B, Liu Z, et al. The hydrate-based gas separation of hydrogen and ethylene

from fluid catalytic cracking dry gas in presence of poly (sodium 4-styrenesulfonate) [J]. Fuel, 2020, 275: 117895.
[53] Peng D Y, Robinson D B. A new two-constant equation of state [J]. Industrial & Engineering Chemistry Fundamentals, 1976, 15 (1): 59-64.
[54] Patel N C, Teja A S. A new cubic equation of state for fluids and fluid mixtures [J]. Chemical Engineering Science, 1982, 37 (3): 463-473.
[55] 王艳花，张红梅，康威. 天然气水合物生成条件的预测 [J]. 油气田地面工程，1999，18 (6): 19.
[56] Mollerup J. Correlation of thermodynamic properties of mixtures using a random-mixture reference state [J]. Fluid Phase Equilibria, 1983, 15 (2): 189-207.
[57] Mollerup J. Correlation of gas solubilities in water and methanol at high pressure [J]. Fluid Phase Equilibria, 1985, 22 (2): 139-154.
[58] Mathias P M. A versatile phase equilibrium equation of state [J]. Industrial & Engineering Chemistry Process Design and Development, 1983, 22 (3): 385-391.
[59] Ma Q L, Chen G J, Guo T M. Modelling the gas hydrate formation of inhibitor containing systems [J]. Fluid Phase Equilibria, 2003, 205 (2): 291-302.
[60] Kurihara K, Tochigi K, Kojima K. Mixing rule containing regular-solution and residual excess free energy [J]. Journal of Chemical Engineering of Japan, 1987, 20 (3): 227-231.
[61] Ma Q L, Qi J L, Chen G J, et al. Modeling study on phase equilibria of semiclathrate hydrates of pure gases and gas mixtures in aqueous solutions of TBAB and TBAF [J]. Fluid Phase Equilibria, 2016, 430: 178-187.
[62] Zuo Y X, Guo T M. Extension of the Patel-Teja equation of state to the prediction of the solubility of natural gas in formation water [J]. Chemical Engineering Science, 1991, 46 (12): 3251-3258.
[63] Handa Y P, Stupin D Y. Thermodynamic properties and dissociation characteristics of methane and propane hydrates in 70Å-radius silica gel pores [J]. The Journal of Physical Cchemistry, 1992, 96 (21): 8599-8603.
[64] Zhao Y, Zhao J, Liang W, et al. Semi-clathrate hydrate process of methane in porous media-microporous materials of 5A-type zeolites [J]. Fuel, 2018, 220: 185-191.
[65] Clarke M A, Pooladi-Darvish M, Bishnoi P R. A method to predict equilibrium conditions of gas hydrate formation in porous media [J]. Industrial & Engineering Chemistry Research, 1999, 38 (6): 2485-2490.
[66] Klauda J B, Sandler S I. Modeling gas hydrate phase equilibria in laboratory and natural porous media [J]. Industrial & Engineering Chemistry Research, 2001, 40 (20): 4197-4208.
[67] Klauda J B, Sandler S I. Predictions of gas hydrate phase equilibria and amounts in natural

sediment porous media [J]. Marine and Petroleum Geology, 2003, 20 (5): 459-470.

[68] Dewhurst D N, Aplin A C, Sarda J P. Influence of clay fraction on pore-scale properties and hydraulic conductivity of experimentally compacted mudstones [J]. Journal of Geophysical Research: Solid Earth, 1999, 104 (B12): 29261-29274.

[69] Dewhurst D N, Aplin A C, Sarda J P, et al. Compaction-driven evolution of porosity and permeability in natural mudstones: An experimental study [J]. Journal of Geophysical Research: Solid Earth, 1998, 103 (B1): 651-661.

[70] Tolman R C. The effect of droplet size on surface tension [J]. The Journal of Chemical Physics, 1949, 17 (3): 333-337.

[71] Brun M, Lallemand A, Quinson J F, et al. A new method for the simultaneous determination of the size and shape of pores: the thermoporometry [J]. Thermochimica Acta, 1977, 21 (1): 59-88.

[72] Ding L, Shi B, Liu Y, et al. Rheology of natural gas hydrate slurry: Effect of hydrate agglomeration and deposition [J]. Fuel, 2019, 239: 126-137.

[73] Sa J H, Sum A K. Promoting gas hydrate formation with ice-nucleating additives for hydrate-based applications [J]. Applied Energy, 2019, 251: 113352.

[74] Aichele C P, Chapman W G, Rhyne L D, et al. Nuclear magnetic resonance analysis of methane hydrate formation in water-in-oil emulsions [J]. Energy & Fuels, 2009, 23 (2): 835-841.

[75] Chen J, Sun C Y, Liu B, et al. Metastable boundary conditions of water-in-oil emulsions in the hydrate formation region [J]. AIChE Journal, 2012, 58 (7): 2216-2225.

[76] Taylor C J, Miller K T, Koh C A, et al. Macroscopic investigation of hydrate film growth at the hydrocarbon/water interface [J]. Chemical Engineering Science, 2007, 62 (23): 6524-6533.

[77] Cole W A. Flash calculations for gas hydrates: A rigorous approach [J]. Chemical Engineering Science, 1990, 45 (3): 569-573.

[78] Tumba K, Mohammadi A H, Naidoo P, et al. Assessing hydrate formation as a separationprocess for mixtures of close-boiling point compounds: A modelling study [J]. Journal of Natural Gas Science and Engineering, 2016, 35: 1405-1415.

[79] Fukumoto A, Silva L P S, Paricaud P, et al. Modeling of the dissociation conditions of H_2+CO_2 semiclathrate hydrate formed with TBAB, TBAC, TBAF, TBPB, and $TBNO_3$ salts. Application to CO_2 capture from syngas [J]. International Journal of Hydrogen Energy, 2015, 40 (30): 9254-9266.

[80] Michelsen M L. The isothermal flash problem. Part I. Stability [J]. Fluid Phase Equilibria, 1982, 9 (1): 1-19.

[81] Michelsen M L. The isothermal flash problem. Part II. Phase-split calculation [J]. Fluid Phase Equilibria, 1982, 9 (1): 21-40.

[82] Parrish W R, Prausnitz J M. Dissociation pressures of gas hydrates formed by gas mixtures [J]. Industrial & Engineering Chemistry Process Design and Development, 1972, 11 (1): 26-35.
[83] Valderrama J O. A generalized Patel-Teja equation of state for polar and nonpolar fluids and their mixtures [J]. Journal of Chemical Engineering of Japan, 1990, 23 (1): 87-91.
[84] Avlonitis D, Danesh A, Todd A C. Prediction of VL and VLL equilibria of mixtures containing petroleum reservoir fluids and methanol with a cubic EoS [J]. Fluid Phase Equilibria, 1994, 94: 181-216.
[85] Xia Z M, Li X S, Chen Z Y, et al. Hydrate-based CO_2 capture and CH_4 purification from simulated biogas with synergic additives based on gas solvent [J]. Applied Energy, 2016, 162: 1153-1159.
[86] Li Z, Zhong D L, Lu Y Y, et al. Preferential enclathration of CO_2 into tetra-n-butyl phosphonium bromide semiclathrate hydrate in moderate operating conditions: Application for CO_2 capture from shale gas [J]. Applied Energy, 2017, 199: 370-381.
[87] Hashimoto H, Yamaguchi T, Kinoshita T, et al. Gas separation of flue gas by tetra-n-butylammonium bromide hydrates under moderate pressure conditions [J]. Energy, 2017, 129: 292-298.

第五章 水合物生成动力学

第一节 引　言

水合物生成动力学主要研究水合物成核、结晶和生长过程，属于与时间相关的成因动力学。水合物生成动力学的研究对于研究天然气水合物在体系中形成的缘由、水合物生成过程中成核至大量生长的条件、水合物晶体形成后稳定存在的条件，以及不同晶体结构的天然气水合物的形成机理和过程具有重要意义。同时气体水合物生成动力学研究也具有重要的实际应用意义，是气体分离、海水淡化等技术的基础。

研究气体水合物形成的动力学，有两个方面的意义[1]：其一为抑制，如防止因水合物生成而堵塞油气输送管线，使水合物晶粒生长缓慢甚至停止，推迟或者延长水合物成核和生长的时间，防止水合物晶粒长大；其二为促进，如在水合物法分离低沸点气体混合物、水合物固态储存天然气、水合物蓄能、水合物法淡化海水等[2-5] 应用技术的开发过程中，需要水合物的快速生成，提高反应速度。其中，水合物分离技术主要集中在混合气体的分离，如二氧化碳和甲烷混合气、二氧化碳和氮气混合气以及氮气和甲烷混合气等的分离[6]。

目前，对水合物生成动力学的研究既涉及宏观的自然环境如海底沉积物或高原冻土，也涉及人类生活的环境如油气运输管线等。学者对水合物的研究也从一开始为了防范水合物堵塞管线，逐步发展到现在对水合物的各种有益应用上，尤以能源性应用和分离性应用发展最为活跃。近些年来对水合物生成动力学的研究也深入到微观的物理化学过程，利用显微成像技术和光谱技术判断水合物微观生成动力学以尽可能消除设备对水合物生成过程的影响，所得数据更接近水合物的本征动力学生成数据，但由于水合物生成的条件和测量手段所限，使得许多过程难以测量和复制。

气体水合物生成过程是一个多元、多相相互作用的动力学过程。由于水合物不是一个具有化学计量性的化合物，因此水合物生成过程不能算是一个反应动力学过程，它是一个由流体相向固体相转变的过程，因此更像是一个结晶动力学过程。与结晶相似，水合物形成过程可分为成核、生长两个过程。水合物成核是指形成临界尺寸、稳定水合物核的过程[1]。水合物生长是指稳定核的成长过程。在成核过程中，从过饱和溶液中生成稳定的水合物核，这些核在生长阶段不断生长，形成水合物晶体[7,8]。成核与生长相比，微观机理更复杂、实验测试更困难。如果将气体和水生成水合物的过程看成是一个拟化学反应过程，那么它可以用下面的公式来表示：

$$M(g)+n_w H_2O(l) \longrightarrow M \cdot n_w H_2O(s) \tag{5-1}$$

水合物的潜在应用如气体分离技术等目前受到的主要阻碍包括水合物形成时的低速率、低转化率、工艺放大和工艺的低经济效益。为了克服这些挑战，需要更好地了解水合物的形成动力学。但与水合物热力学相比，对水合物动力学的认识仍较差[9]。

第二节　水合物成核动力学

水合物的生成过程与晶体的结晶过程类似，当溶液处于过饱和状态时，溶解气体的吉布斯（Gibbs）自由能大于气体水合物的 Gibbs 自由能，便可能发生水合物的成核现象[10]。

水合物的形成需要一个过饱和环境才能发生。在这种过饱和环境中，溶解在液体中的气体的 Gibbs 自由能大于气体水合物的 Gibbs 自由能，这有利于水分子和气体分子的聚集从而形成水合物。在界面处，由于吸附作用，形成较高的浓度，利于分子簇的生长。界面处的水合物结构为大量气体与液体的组合提供了模板，充分地混合引起界面的气-液晶体结构向液体内部扩散，而导致大量成核的出现。且由于 Gibbs 自由能的正变化，新相的分离需要界面的形成，在界面区域的分子总是比在体相的分子具有更多的能量。在水合物生成过程开始时，与界面面积相关的因素占主导地位，界面面积随簇半径的平方增长，因此形成的簇更容易分解而不是增长。由于与体积相关的项的大小随着团簇半径的立方增加，最终会达到一个最小半径，称为临界半径 r_c，此时体系的吉布斯自由能（G_{sys}）达到其最大值，$dG_{sys}/dr=0$，团簇增长和分解的概率相等[9]。Englezos 等[11] 建立了水合物临界半径的估算式：

$$r_c = -\frac{2\sigma}{\Delta g} \tag{5-2}$$

式中，r_c 为原子核的临界大小；σ 为水与水合物之间的表面张力；Δg 为单位体积产物的自由能变化量。

$$(-\Delta g) = \frac{RT}{v_h}\left[\sum_1^2 \theta_j \ln\left(\frac{f_{b,j}}{f_{\infty,j}}\right) + \frac{n_w v_w (p - p_\infty)}{RT}\right] \tag{5-3}$$

式中，Δg 为单位体积产物的自由能变化量；v_h 为水合物的摩尔体积；f 为气体逸度；n_w 为水分子与气体分子的比值；v_w 为水的摩尔体积；p 为实验条件压力；p_∞ 为三相平衡压力；参数 θ_j 为三相平衡时计算得到的水合物中气体组分在无水基础上的摩尔分数。

水合物成核可分为均相成核和非均相成核两种[12]，均相成核是指纯流体在没有任何杂质的情况下的固体化过程。均相成核不是一瞬间从纯流体中生成水合物核的，而是经历一个渐进过程。形成水合物核的分子不是在一瞬间就聚集形成一定尺寸的晶核，而更可能是在自催化作用下，先发生一系列的二元分子对碰撞形成分子群，之后分子群逐渐增大形成分子簇，在达到临界尺寸之前，分子簇可能生长，也可能收缩，直至形成一个临界分子簇，之后该分子簇尺寸单调变大成为晶核。由于在实际的成核过程中，流体内部不可能完全排除其他粒子的存在，所以均相成核只是一种特殊的情况。

一般情况下水合物成核过程发生的都是非均相成核，非均相成核是指在流体的过冷度小于均相成核所需过冷度下，由于流体中存在外来物（如尘埃、杂质）或其他物体界面而发生的水合物成核现象。水合物一般易于在杂质或界面上成核，因为在此处成核的 Gibbs 自由能较低。对于气体水合物，气-液界面处气体和液体的浓度都较大，分子容易集结成分子簇，继而聚集生长直至临界晶核大小。

一般认为水合物成核是随机的，特别是在推动力较低的区域，得到的诱导时间数据极为发散，无法预测，只能通过概率分析。然而，若推动力较高，成核将趋于可预测性，减少了随机性。

在成核过程中分子簇的生长与衰竭扮演着重要角色。文献中曾报道了多种水合物成核模型，其中有：成簇成核模型，分子簇在界面的液相侧或气相侧聚集而成核；界面成核模型，分子在界面气相侧吸附并成簇；笼吸附成核模型；团簇成核模型；双过程水合物成核模型；等等。

一、成簇成核模型

Frank 和 Evans[13] 提出了一种以甲烷等非极性分子形成水合物的冰山理论模型，即当能形成水合物的非极性分子溶解到水中后，水分子会在非极性分子周围形成类似冰的一种壳状结构，随着这种水分子壳的形成，溶解的非极性分子会提高周围水分子的有序性，并且会降低周围水分子的活动性。基于这种冰山理论模型发展出了水合物的成簇成核模型，该模型认为水合物的成核过程中：

① 在适宜水合物生成的温度及压力范围内，在液态纯水中存在着一些寿命短、不稳定的五边形、六边形的环状结构，能形成水合物的客体分子溶于水后，这些环状结构和水分子包围客体分子，此时其周围的水分子配位数通常为 20 和 24（形成 5^{12}、$5^{12}6^{2}$ 笼），或者 20 和 28（形成 5^{12}、$5^{12}6^{4}$ 笼）。这些客体分子和周围的水分子形成不稳定的类笼形结构的水合物簇，这种结构通常被认为是水合物成核的“前驱体”。

② 之后在不稳定簇之间存在快速转变的过程。但如果液相中仅含有一种配位数的分子簇，则成核过程会受到限制，这些不稳定分子簇通过氢键的形成与断裂可以变为另一种配位数的分子簇，此时成核继续进行。这些不稳定的簇可能会发生：配位数的转化、连接形成单晶、单晶反向转变为不稳定簇、单晶相互结合的过程。最终体系中的单晶相互结合形成具有一定尺寸的稳定晶核，晶核与笼形结构分子簇及水分子簇继续碰撞生长，随后晶核开始进入快速生长期。

Long[14] 通过对非极性分子为客体的水合物成核过程的研究发现，非极性分子能够促使周围水分子形成不稳定的类笼状结构；Subramanian 和 Sloan[15] 通过观察甲烷水合物形成过程液相中溶解的甲烷拉曼峰的位移，说明形成了围绕在甲烷分子周围的水分子簇的存在，并且认为这种团簇结构与水合物的 5^{12} 结构相似。Schicks 和 Luzi-Helbing[16] 利用 X 射线衍射和原位拉曼光谱技术研究了甲烷/冰以及混合气/冰体系的水合物成核过程，发现体系初期水合物中存在多余的 5^{12} 笼子，也证明了水合物的成簇成核假说。

成簇成核模型认为影响水合物生长的因素有不稳定簇的量度和竞争结构两点[12]：

① 不稳定簇的量度因素是指由于不同体系和条件下形成单晶、稳定晶核所需簇的数量不同，水合物的成核时间也不同。

② 竞争结构是指配位数不同的不稳定簇同时存在时，形成的不同结构间互相竞争会对水合物生长的过程起延缓作用。Ⅰ型水合物结构的十四面体（$5^{12}6^{2}$）孔穴因是对称结构，其中的六边形只有一种连接方式，而Ⅱ型水合物的十六面体（$5^{12}6^{4}$）孔穴中的六边形互相连接的方式有两种，这两种结构互相竞争延缓了水合物的成核过程，从而增加了水合物成核诱导时间。因此结构Ⅱ型水合物的诱导时间一般长于结构Ⅰ型水合物的诱导时间。

图 5-1 是水合物形成的可视化模型，描述了水合物从水［图 5-1（a)］到不稳定团簇［图 5-1（b)］到亚稳凝聚物［图 5-1（c)］到稳定核［图 5-1（d)］在初级成核期结束和生长开始时的进展。

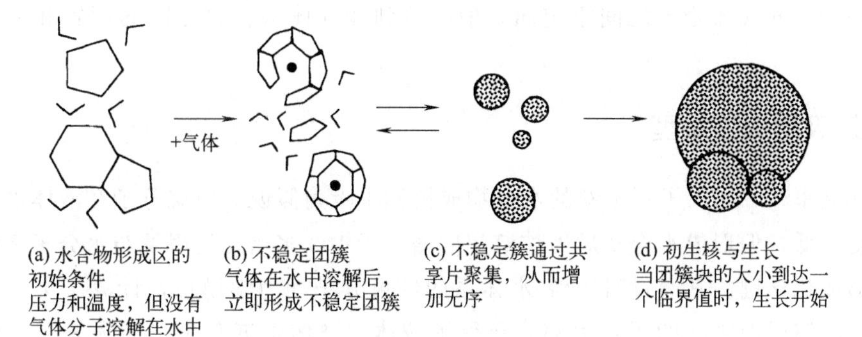

图 5-1 水合物形成的可视化模型[17]

二、界面成核模型

Rodger[18] 在运用分子模拟计算天然气水合物的形成时发现，晶体的自由能不受晶格结构间隙中客体分子的影响这一假设不适用于天然气水合物。故推测了一个新的模型来解释天然气水合物的形成和稳定性。依旧遵循以下四个基本假设：

① 晶格的自由能与哪些分子占据孔洞无关。当晶格中的所有空腔都被一个客体分子占据时，主晶格对系统自由能的贡献必须是相同的。空水合物晶格必须至少亚稳。

② 封闭的分子被限制在不包含一个以上的客体分子的腔内。

③ 客体分子之间的互动可以忽略不计。

④ 可以忽略量子效应。

在这个模型中，他们认为，色散力导致一层客体分子吸附在水或冰的表面，这种被吸附的“污染物”随后被添加到表面的任何水分子的结构形式，使它们形成开放的氢键网络。如果吸附范围足够大，且表面结构重排的势能势垒足够高，则表面将得到动力学稳定，从而导致水合物晶体的生长。

Long[14] 提出，成核过程发生在气相侧界面，对于非均相成核有以下几个步骤：

① 气体分子向界面流动，穿越停滞边界流动。

② 气体分子吸附于水溶液表面。表面扩散或水分子成簇之前，在部分形成的孔穴内可能发生吸附现象。

③ 通过表面扩散，气体向易于吸附的位置迁移，在此位置，水分子围绕被吸附分子形成孔穴结构。

④ 在界面的气相侧，分子簇不断加入并生长，一直达到临界尺寸。

成簇成核理论与界面成核理论是相互补充的，两者都不会独立存在。界面成核理论强调在扩散和吸附的作用下，气体分子局部排列变得有序，而水分子在局部有序排列的气体分子之间重定向，最终达到和固体水合物相同的配置和氢键网络结构。

三、笼吸附成核模型

郭光军[19] 提出了一个新的水合物成核笼子吸附假说。甲烷分子在液体水中的溶解度很低，但形成水合物后甲烷溶解度增大了100多倍，但甲烷与水分子之间并没有形成化学键。其通过对甲烷-水体系的约束分子动力学模拟，计算了十二面体水笼与溶解甲烷之间的平均力势，获得了液体水环境中五角十二面体笼子和溶解甲烷之间的平均力势能曲线，证明水笼和甲烷之间存在很强的吸附作用。他们认为这种吸附作用与笼子内的客体分子没有关系，即使是空笼子也能够吸附甲烷；吸附作用的强度与水分子之间的氢键强度相当；吸附作用最强的方向在笼子中心与五边形面心的连线上。这种笼子-甲烷吸附作用可以解释成溶解甲烷分子之间厌水相互作用的一种特例，这种笼形吸附作用可能是控制水合物形成的内在驱动力。

四、团簇成核模型

Jacobson等[20] 采用分子动力学方法，研究了类似于甲烷或二氧化碳等疏水气体水合物的成核和生长。结晶过程分为两个步骤。首先，客体分子以“团簇”的形式集中，即以水为媒介的多个客体分子组成的无定形簇。这些小团与稀释溶液处于动态平衡，并产生笼状物，笼状物最终将其转化为无定形笼状物核。在第二步中，无定形笼状物转变为结晶络合物。在低温下，该体系可以在亚稳非晶笼状物相中停留足够长的时间，使其成为笼状物结晶过程中的中间体。Jacobson等提出的机制综合了不稳定团簇成核理论和局部结构成核的假说。

五、双过程水合物成核模型

20世纪90年代，陈光进和郭天民提出了水合物形成的Chen-Guo模型[21]，该模型认为水合物的成核过程同时进行着以下两种动力学过程。

① 准化学反应动力学过程：溶于水中的气体小分子与包围它的水分子形成不稳定的分子簇，分子簇的大小取决于气体分子的大小，一种分子只能形成一种大小的分子簇。分子簇实际上是一种多面体，它们在缔合过程中为保持水分子4个氢键处于饱和状态，不可能做到紧密堆积，缔合过程中必然形成空的胞腔，称其为连接孔，这就是水合物中另一种大小不同的孔穴。此过程中气体分子和水络合生成化学计量型的基础水合物。

② 吸附动力学过程：上述形成的基础水合物存在孔穴，一些气体小分子可以吸附于其中，导致整个水合物的非化学计量性。

按照 Langmuir 吸附理论，在吸附过程中，溶于水的气体分子如果过大（如 C_2H_6、C_3H_8 等），则不会进入连接孔中，而小分子会进入连接孔中。基于上述双过程水合物生成机理，当体系达到平衡时也应存在两种平衡，即拟化学反应平衡和气体分子在连接孔中的物理吸附平衡。

六、两步成核机制

Vatamanu 等[22] 发现在适当的条件下，甲烷水合物的均匀成核可以是一个非常快速的过程，在几十纳秒内实现。他们提出天然气水合物晶体的成核是一个两步过程。它开始于无序固体状结构的形成，然后自发地演变成更容易识别的晶体形式。在 Vatamanu 等的研究中，成核似乎并不始于Ⅰ型或Ⅱ型对称性的小晶体的立即形成，而是始于含有对称和不规则水笼的混合物的某种无序固体。这种中间固体的形成显然是有利的。

七、成核驱动力

水合物成核模型的一个重要问题是对其驱动力的正确定义。这种驱动力可以用不同的方式表达。Englezos 等[23] 将水合物生长模型中的驱动力定义为在实验温度下溶解气体的逸度和三相平衡逸度的差异（$f-f_{eq}$）。Natarajan 等[24] 也使用了相同的驱动力。在 Skovborg 等[25] 的工作中，驱动力表示为在系统压力和温度下水和水合物相的化学势之差（$\Delta\mu_{wat}$）。但是，Skovborg 等认为当水合物尚未形成时，这两种驱动力的表达方式都对应于以过冷度（ΔT）表示的驱动力，即 Vysniauskas 和 Bishnoi[26] 提出的过冷度驱动力，即水合物形成的操作温度与平衡温度之差。

这三种形式实际上是对应于由系统吉布斯自由能变化所表示的驱动力的特殊情况。Kashchiev 和 Firoozabadi[27] 在他们的热力学分析中表示，根据定义，新相形成的动力是旧相与新相之间的化学电位差，这种差别叫做过饱和。用一般方程描述纯气体及其水溶液形成水合物的过程：

$$G+n_w H_2O \rightleftharpoons G\cdot n_w H_2O \tag{5-4}$$

Kashchiev 和 Firoozabadi 将水合物形成的过饱和度（Δg）表示为：

$$\Delta g=\mu_{GS}+n_w\mu_w-\mu_H \tag{5-5}$$

式中，μ_{GS}、μ_w 分别为水溶液中气体分子和水分子的化学势；μ_H 为水合物晶体中一个单元（一个气体分子和 n_w 个水分子）的化学势。

根据热力学，将 μ_{GS} 表示为气体浓度的函数，用溶液体积与水分子体积的比值（v_w）近似地表示溶液中水分子的数量，式（5-5）可改写为：

$$\Delta g=\mu^{\circ}_{GS}(p,T)+kT\ln[\gamma(p,T,X)v_w X]+n_w(p,T)\mu_w(p,T)-\mu_H(p,T) \tag{5-6}$$

式中，μ_{GS}°为气体的参考化学势；k 是玻尔兹曼常数；γ 为溶解气体的活度系数；X 为溶液中气体分子数密度，分子数/m^3。因此，在式（5-6）中，$v_w X$ 是水相中溶解气体的摩尔分数。式（5-6）构成了 Kashchiev 和 Firoozabadi 研究中天然气水合物成核驱动力的一般公式。特别是当驱动力值随液相中气体分子的数量密度呈对数增长时，气体溶解度的重要性得到了明确的证明。

但以上方程仅限于从纯气体中获得的水合物。在实际应用中，如天然气储存，当存在多种气体均可形成水合物时，需要适用于多组分系统的表达式。Anklam 和 Firoozabadi[28] 证明，对于等温操作，假设液体被气体饱和，溶液中水的活度系数单一，液体和水合物的压缩系数可忽略，水合物的组成为固定，与过饱和度无关，与平衡比相等，给出了水合物成核的驱动力：

$$\Delta g = \sum_{i=1}^{NG} n_i(T, p_{eq}, y) kT \ln\left[\frac{f_i^G(T, p_{op}, y)}{f_i^G(T, p_{eq}, y)}\right] + \Delta v_{eq}(p_{op} - p_{eq}) \tag{5-7}$$

式中，n_i 为水合物单位胞内气体分子的数目；y 为气相中组分空间；f_i^G 为气相中 i 的逸度；p_{eq} 是气体、水溶液和水合物之间三相平衡时的压力；p_{op} 为实际压力；Δv_{eq} 为平衡压力 p_{eq} 下溶液中水分子的体积与水合物构建单元的体积之差，$\Delta v_{eq} = n_w(p_{eq}, T) v_w(p_{eq}, T) - v_H(p_{eq}, T)$，$v_H$ 为水合物单元的体积；v_w 为溶液中水分子的体积。

随后，Anklam 和 Firoozabadi[28] 在他们的公式中采用了 van der Waals 和 Platteeuw[29] 的模型，基于水合物分子每个孔洞中总是最多只存在一个客体分子，且不是所有的空腔都被填满的性质，对于等温过饱和过程，最终给出：

$$\Delta g = n_w\left\{(p_{op} - p_{eq})(v_w - v_{Hw}) - kT \sum_j \nu_j \ln\left[\frac{1 - \sum_k \theta_{jk}(T, p_{op}, y)}{1 - \sum_k \theta_{jk}(T, p_{eq}, y)}\right]\right\} \tag{5-8}$$

式中，ν_j 为水合物单元细胞中每个水分子的 j 型腔数；θ_{jk} 为水合物中由 k 种填充的 j 型空腔的比例（由热力学模型给出的参数）；v_{Hw} 为水在水合物相中的摩尔体积。

第三节　水合物成核诱导期

一、诱导期概念及研究现状

在水合物结晶成核后快速生长之前有相当一段时间，系统宏观特征不会发生大的变化，这一现象称为诱导现象，一般将系统平衡态到有临界尺寸稳定晶核出现所经历的时间定义为水合物生成诱导期（t_{nuc}）。由于实验设备和观测手段的差异，微观状态下临界尺寸的晶核难以被捕捉和观察，因此在一般实验中用体系宏观参数的变化来确定水合物的生成诱导期，如以达到一定的过饱和或过冷条件后到体系的压力或温度发生突变的这一段时间作为水合物的生成诱导期。水合物在不同成核实验中得到的诱导期的数据是发散的，一般认为水合物的成核是随机的。影响水合物诱导时间的因素有很多，如搅拌、鼓泡、流体流速、进气方式等引起体系扰动程度的因素，或溶液磁化强度、溶液含盐量、气相组成、表面活性剂、动力学抑制剂、阻聚剂、含水率等因素，甚至多孔介质环境和反应器的壁面粗糙度等都会对水合物诱导时间产生不同程度的影响。

不同作者证实了水合物形成的诱导期的存在。Barrer 和 Edge[30] 在研究冰中稀有气体水合物的形成时，注意到氪的成核时间约为 1h，而氙和氩气水合物则迅速形成。Falabella[31] 复制了 Barrer 和 Edge 的实验，报告了甲烷和不同成分的甲烷-氪混合物的类似行为。然而，对于其他被测试的气体（氙、乙烷、乙烯、乙炔和二氧化碳)，没有测到成核时间。

对于上述两种结果，Sloan 和 Fleyfel[32] 解释为：考虑到甲烷和氪的客体分子直径的比值非常接近Ⅰ型和Ⅱ型结构的 5^{12} 腔直径，所以认为诱导周期是这两种晶体结构之间振荡的结果，直到较稳定的那一种达到临界半径并有效地开始生长。然而，Skovborg 等[25] 证明了这一假设是错误的，他们测量了不同条件下用蒸馏水和甲烷、乙烷在搅拌反应器中生成甲烷-乙烷水合物的诱导时间。首先，在给定的压力-温度条件下，诱导时间的值随着搅拌速率的提高而降低，且在一定的操作压力下，诱导时间对操作温度极为敏感。例如，在甲烷压力为 4.0MPa 的情况下，操作温度仅增加 1.0K 就足以使成核时间从 19min 改变到 24h 以上。为了使他们的数据相互关联，Skovborg 等根据在系统压力和温度下水和水合物相的化学势之差定义了水合物成核的驱动力。根据这一定义，对于较大的驱动力（< -80J/mol)，在一定搅拌速率下，诱导时间随驱动力呈指数下降，而当驱动力较小时，预测值过低，说明其他因素在此过程中起着重要作用。因此，Skovborg 等证明 Sloan 和 Fleyfel 关于诱导期的性质假说是错误的。

Parent 和 Bishnoi[33]、Servio 和 Englezos[34]、Lee 等[35] 都指出诱导时间的实验测量通常具有较大的变异性，特别是在低过饱和度条件下。

Kashchiev 和 Firoozabadi[36] 在对水合物成核过程的分析中，采用幂律结晶生长的方法，写出了成核初期气体消耗的时间演化方程，推导出了诱导时间与过饱和度的函数关系。对于瞬时形核，在没有诱导时间的情况下，几乎所有稳定晶体都在初始时刻 $t=0$ 时形核，得出式 (5-9)：

$$t_{\text{nuc}}=\Gamma\left[\exp\left(\frac{\Delta g}{kT}\right)-1\right]^{-1} \tag{5-9}$$

而对于等速渐进成核，诱导时间为：

$$t_{\mathrm{nuc}}=\Gamma\exp\left(\frac{-\Delta g}{kT}\right)\left[1-\exp\left(\frac{-\Delta g}{kT}\right)\right]^{-3m/(1+3m)}\times\exp\left[\frac{4c^3 v_{\mathrm{H}}^2\sigma_{\mathrm{ef}}^3}{27(1+3m)kT(\Delta g)^2}\right] \tag{5-10}$$

式中，m 是晶体生长幂律的指数；Γ 是动力学常数；v_{H} 为水合物单元的体积。前两个参数对水合物的具体成核和生长机制相当敏感，不同情况下变化很大。在实践中，m 和 Γ 必须根据实验数据拟合，且 Γ 的数量级特别能够区分均匀形核和非均匀形核的机制。

Aghajanloo 等[37] 在研究聚 n-乙烯基吡咯烷酮（PVP）和酪氨酸存在/不存在下甲烷+硫化氢水合物的生成动力学时发现，过冷度对水合物形成诱导时间也有显著影响。

二、诱导期测量方法

水合物成核诱导期的观测方法一种是压力变化法：向反应器中注入气体并保持一定压力，在温度恒定的情况下，记录压力随时间的变化。Skovborg 等[25] 用压力变化法测定了甲烷及乙烷在磁力搅拌间歇反应器中生成水合物的诱导时间。Skovborg 等的实验都是在恒定的体积和温度下进行的，实验过程中记录了压力随时间的变化。如图 5-2 所示，从 t_0 到 t_{induc} 的曲线部分表示水合物初始核形成所需的时间，也称为诱导时间。在这里，可以看到一个初始的压力急剧下降，接着是一个压力恒定的时期，直到看到新的压力急剧下降。初始压力的减小对应于水中气体的吸收。由于这个吸收过程需要一段时间才能达到平衡，因此装置内的稳定压力不是瞬间达到的。一段时间后，装置内达到平衡压力，压力保持不变，直到可能的水合物形成开始。

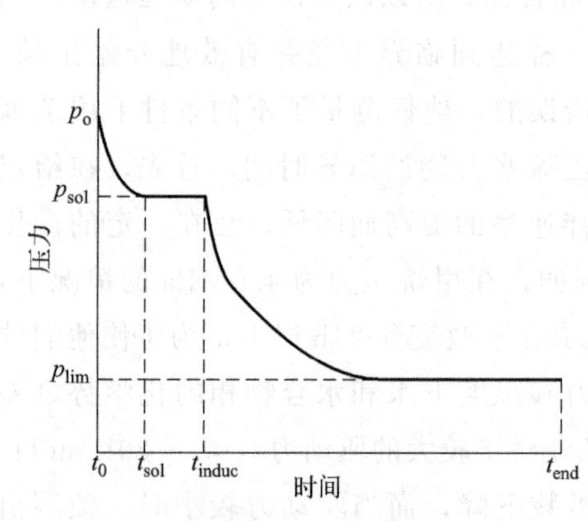

图 5-2　恒温恒容下水合物生成过程典型压力变化曲线[25]

另一种观测方法是采用带有视窗的反应器，直接观测反应器内出现混浊的时间，以判断水合物的成核情况。但通过肉眼观测水合物的形成有很大的不确定性，随机误差较大。这些成核实验多用间歇釜进行测定，不能代表流动状况下的情况。对于流动体系，Sun 等[38] 提出可以根据体系的透光率发生突变的时间来判断水合物的成核与生长：当光束穿过测量区时，若没有水合物生成，透射光的强度 I 与入射光的强度 I_0 比值保持不变；当有水合物的晶核形成时，由于水合物晶核对入射光的散射与吸收，透射光的强度减小，透光率将发生突变，由此即可判断有无水合物晶核的形成。

第四节　水合物生长动力学

一般情况下，水合物生长可分为三个阶段[23]：

① 气体由气相向液相主体的传递；

② 气体从液相主体穿越水合物粒子周围边界层的扩散过程；

③ 粒子在水合物界面的反应。

水合物生长动力学机理可作如下假设[39]：

① 水分子簇中的客体分子向正在生长的晶体表面传递，由于晶体表面 Gibbs 自由能较低，促使分子簇向表面移动。

② 分子簇吸附在晶体表面，并释放一些溶剂分子，晶体产生的力场使分子簇黏附在晶体表面，由于吸附作用，一些水分子脱离分子簇，并向外扩散。

③ 分子簇通过表面向晶阶扩散。由于力场方向垂直于晶体表面，被吸附分子簇只能沿着表面方向扩散。

④ 分子簇黏附于一晶阶，并进一步释放溶剂分子。此时分子簇只能沿着晶阶方向移动，并扩散到晶阶上的结点或缺陷处。

⑤ 分子簇在结点处吸附。由于受到引力作用，分子簇无法移动。

⑥ 随着进入晶体表面的分子簇增加，分子簇重组，并进入适当孔穴，同时释放过量的溶剂分子。

⑦ 随着分子簇完全进入结点或缺陷处，则完成了水合物孔穴的建立。

水合物晶体生长动力学的研究通常基于形态观察。晶体形貌的测量，如晶体的大小或形状，可以提供水合物晶体生长行为的直接和有价值的信息。晶体形态的变化与水合物客体的变化、过冷程度、压力和溶液浓度等因素有关。

一、水合物生长位置的影响因素

水相是否被气体饱和会影响水合物成核的位置。当水是新鲜的未被气体所饱和时，水合物优先在气液界面成核。Lee 等[40] 发现，甲烷和乙烷混合气与新鲜水表面形成水合物时是在界面某一点成核然后在整个气液表面生成水合物，而曾有过水合物生成的水-气界面，成核位置不固定。Ohmura 等[41] 研究显示：在饱和水和甲烷生成水合物时，水合物晶体并非在气液界面生成，而是首次出现在容器内壁和水的界面处，生成的晶体会漂浮到气液相界面处并引发水合物生成多晶的水合物膜并向水相中继续生长。

水合物的生长形态还受体系过冷度的影响[42]。当推动力较小时，水合物核生长成如图 5-3（a）所示的单晶体；当推动力相对较大时，膜表面粗糙不光滑，如图 5-3（b）所示，这是因为单晶体消失，聚集在一起形成多晶体。当在水、客体界面生成一层薄的水合物膜后，水合物开始从气液界面向水相中生长。根据体系过冷度的不同，向水相中生长的水合物晶体可能成柱状、骨架或树枝状。

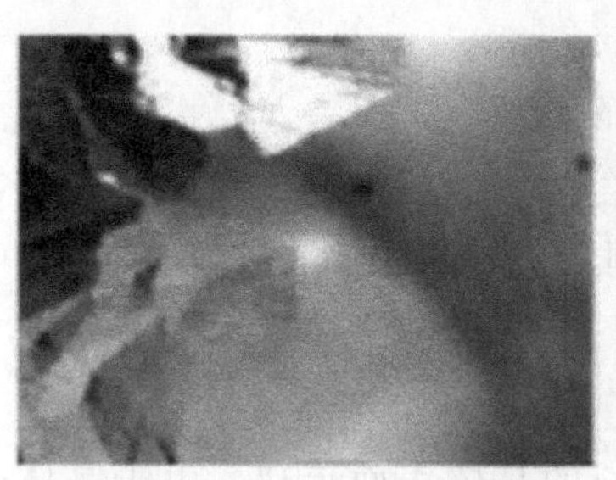

(a) 甲烷-水界面处的甲烷水合物单晶体

(b) 甲烷水合物膜在甲烷-水界面上的传播

图 5-3　过冷度对水合物形成位置的影响[43]

Tanaka 等[44] 更清晰地描述了过冷度对水滴表面水合物生长形态的影响，如图 5-4 所示。图 5-4（a）～(c）为刚被水合物完全覆盖的水滴，图 5-4（d）～(f）为表面的近景。可以看出在高过冷度下，液滴表面水合物膜光滑，水合物膜表面粗糙度可归因于构成水合物膜的单个水合物晶体尺寸的差异，即过冷度越小，形成的晶体越大。

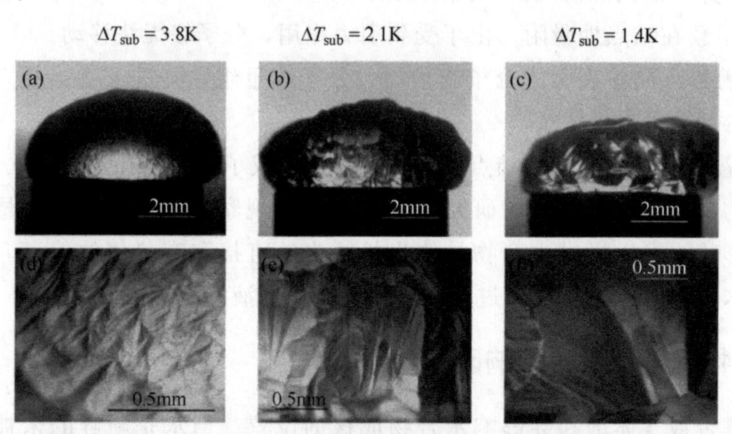

图 5-4　在 8.15MPa 下不同过冷度下甲烷水合物结晶的录像[44]

水合物的生长形态也受表面活性剂及其浓度的影响。Yoslim 等[45] 研究了甲烷-丙烷混合气在三种阴离子表面活性剂（十二烷基硫酸钠、十四烷基硫酸钠和十六烷基硫酸钠）存在下的生长情况，结果表明，在表面活性剂的存在下，多孔纤维样晶体形成树枝状晶体，如图 5-5 所示。此外，结晶器壁上生长了大量的水合物晶体，在气/水界面上出现了与薄晶体膜不同的“糊状”水合物层。Chi 等[46] 研

究了 CO_2 水合物形成动力学，探讨了界面张力对 CO_2 水合物形成速率的影响。结果显示界面张力随压力的增加而显著下降，而随温度变化不明显；并且随着气液界面张力的降低，CO_2 水合物生成率有显著提高。

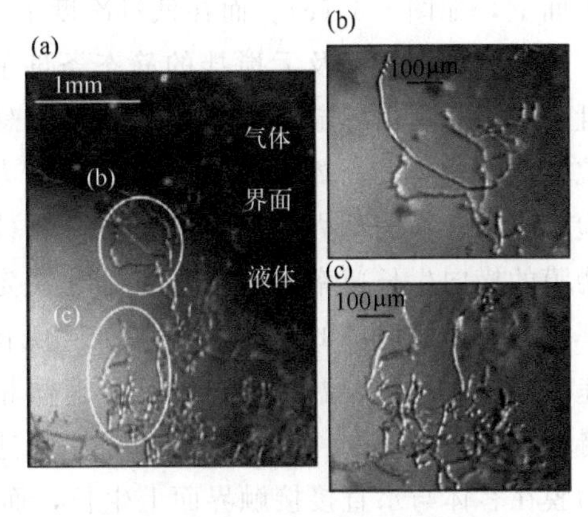

图 5-5　系统中存在表面活性剂形成的分支纤维状水合物晶体的图像

（b）和（c）为（a）的放大图[45]

水相中分散的气泡生成水合物比较常见，如通过增加气液相间的接触面积进而提高水合物生成速率的气体分离技术。如在自然环境条件下，海底释放的天然气气泡生成的水合物，故很多研究者研究了气泡在水相中的生成状态。其中，李胜利等[42] 对水相中悬浮的单个静止气泡进行了研究，系统研究了体系推动力、气体组成及表面活性剂对气泡形成水合物膜形态的影响。纯气体生成水合物膜受体系过冷度影响，在低过冷度下形成的膜表面较为粗糙，而在高过冷度时水合物膜较光滑。对于客体是甲烷与乙烷混合气体的情况，生成的水合物膜表面与纯气体时有所不同，膜形态会随着甲烷的摩尔分数和体系过冷度的变化而变化。当甲烷摩尔分数小于 0.62 时，甲烷乙烷混合气体生成的水合物膜与纯乙烷水合物膜形态极为相似，随着过冷度的增加，水合物膜的形态由具有条纹特征的表面转向麦穗状表面。而当乙烷摩尔分数小于 0.166 时，生成的水合物膜形态出现枝状特征。

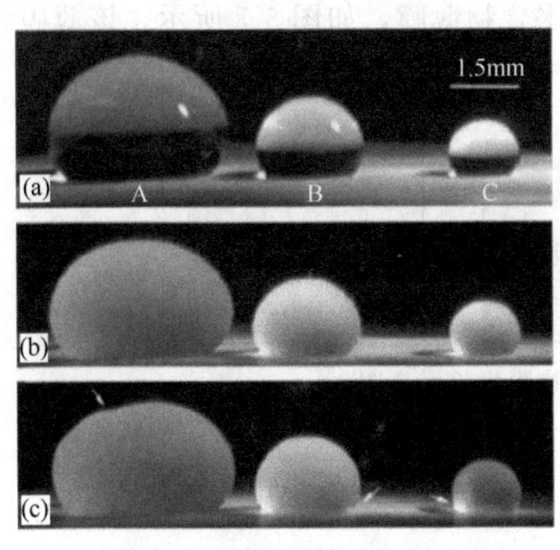

图 5-6　甲烷-丙烷（C_1-C_3）水合物首次形成

（a）实验开始时；（b）成核后 10min；

（c）成核后 24h

箭头表示水合物层向内塌陷[40]

水滴在气相中形成的水合物形态也得到广泛的研究。Lee 等[40] 观察了特氟龙板上不同大小的液滴置于不同气体环境（CH_4、CO_2、$CH_4+C_2H_6$ 混合气和 $CH_4+C_3H_8$ 混合气）下的水合物膜生长形态，系统研究了液滴尺寸、气体组成、体系推动力对水合物膜形成的影响。液滴的生长情况如图 5-6 所示，尺寸对液滴形成的水合物形态几乎无影响。但过冷度对液滴水合物的形态影响较大：在高过冷度下，水合物晶核成核较快，液滴表面迅速变成锯齿状，且有针状晶体如针一样嵌在表面上，如图 5-6（b）；随着反应的进行，这些针状晶体长大到一定程度后倒塌在液滴表面上，如图 5-6（c）。而在低过冷度下，未出现液滴表面的针状结构。

无表面活性剂及无搅拌的静态条件下，气体水合物的生成速率非常缓慢，李胜利等[42] 利用测定温度、压力和水中悬浮气泡表面上水合物的生长速率，对甲烷、二氧化碳、乙烯气泡水合物生长动力学数据进行了关联，得到了水中悬浮气泡生成水合物的动力学模型。对于静止体系，水合物的宏观生长速率主要由水合物膜的横向生长速率和增厚生长速率决定，水和客体分子在水合物膜间的传质速率是水合物膜增厚的控制步骤。而从现有研究结果可以看出，水合物膜横向生长速率受客体种类、温度、过冷度、客体相态及盐类和表面活性剂等影响，在某一特定温度下，同一种水合物膜横向生长速率主要取决于系统的过冷度。一般水合物膜在客体与水直接接触界面上生长，而在某些实际情况下，如油包水乳液体系，气体首先溶解于油相进而与水反应形成水合物。以溶解气为客体的水合物膜的形成和生长过程可能与现有研究体系中水合物膜生长过程存在很大差异，但文献中缺乏针对此类体系的研究报道。

二、水合物膜生长

对水合物膜生长形态的研究能获得水合物膜的直观认识，有助于理解水合物成核机理、生长模式及影响水合物膜生长的因素等，对水合物相关技术的应用具有重要指导意义。

形成水合物的体系、水合物膜形成过程中的传热和传质方式都会影响水合物的生长形态。一般地，大多数客体分子不溶于水，在相界面处主客体浓度较高，当外界条件满足水合物生成的热力学条件时，相界面处形成水合物晶核，晶核引发水合物膜发生变化，形成一层多孔疏松的水合物薄膜，如图 5-7 所示，该薄膜将水相与客体相隔开，此后，水合物膜向水相中生长。

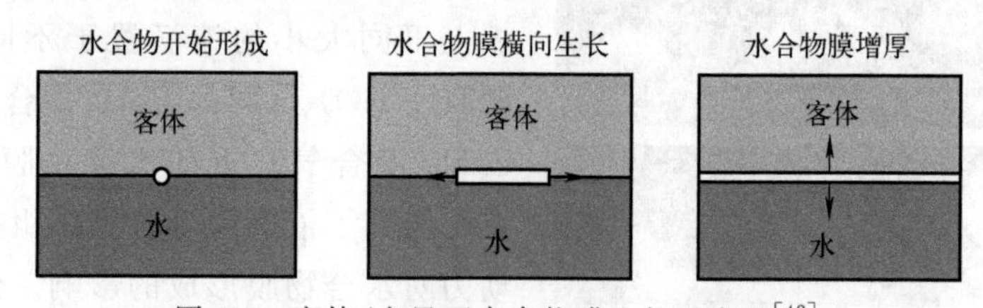

图 5-7　客体/水界面水合物膜生长示意图[42]

（一）水合物膜横向生长

水合物膜在客体与水界面的横向生长速率主要采用 CCD 相机显微镜或 VCR 进行测量。影响水合物膜横向生长的因素主要有：过冷度、气体混合物组成、温度、盐度和表面活性剂等。

Uchida 等[47] 首先测量了不同过冷度下 CO_2/水界面处 CO_2 水合物膜的横向

生长速率，结果表明，控制晶体扩展速率的主要过程是客体和水的水合反应部位的热扩散。Freer 等[48] 研究了 3.55～9.06MPa 和 1.0～4.0℃的压力和温度范围内甲烷水合物膜的生长情况，结果表明，甲烷水合物膜的横向生长速率与过冷度成正比，从单晶生长到连续膜生长的转变发生在约 0.4℃过冷度时。Kitamura 和 Mori[49] 测量了甲烷水合物在平面界面的横向生长速率，发现晶体生长模式向水合物膜生长模式的转变点在 2～2.5℃过冷度范围内，这与 Freer 的结果不同。Liu 等[50] 在静止且饱和水中测量了气泡表面甲烷水合物膜的扩散速率，分析表明，水合物膜在气泡表面的横向生长速率普遍大于沿平面气/水界面的生长速率。

Li 等[51,52] 测量了悬浮在水中的气泡表面气体水合物膜的横向生长速率，得到了甲烷-乙烷水合物膜的生长动力学，如图 5-8 所示，发现横向生长速率与气体混合物的组成有关。Li 等[53] 在悬浮气泡法的基础上，发展了一种悬浮在油相中的水滴表面甲烷水合物膜生长的方法，首次实验测量了甲烷在油相中溶解形成水合物膜的横向生长速率。Morrissy 等[54] 用微机械力仪器（MMF）定量了适度过冷条件下水合物环戊烷膜的生长速率。结果表明，在天然沥青质或游离树脂的存在下，水合物膜的生长速率降低。

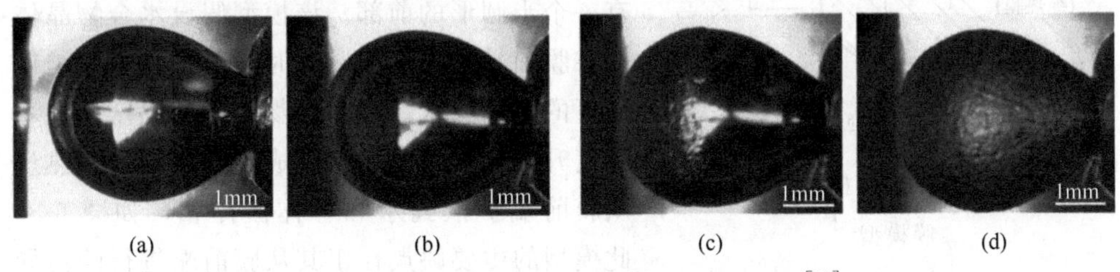

图 5-8　气泡悬浮表面水合物生成特征示意图[51]

Freer 等[48] 建立了一个假设传热和本征水合过程共同控制水合物膜横向生长的动力学模型，用于描述甲烷/水平界面水合物膜横向生长过程。模型假设水合物膜界面的温度为系统压力下水合物的平衡温度，且水合物相内无温度梯度，模型考虑水合物膜横向生长时传热过程和反应动力学过程两部分的影响。

传热部分：

$$\lambda_{\mathrm{H}}\rho_{\mathrm{H}}\frac{\mathrm{d}X}{\mathrm{d}t}=K(T_{\mathrm{eq}}-T_{\mathrm{bulk}}) \tag{5-11}$$

$$K=\frac{1}{k}+\frac{1}{h} \tag{5-12}$$

反应部分：

$$k=k_0\exp\left(\frac{-E_{\mathrm{a}}}{R}\times\frac{1}{T_{\mathrm{eq}}}\right) \tag{5-13}$$

式中，λ_{H} 为水合物化解热；ρ_{H} 为水合物密度；$\mathrm{d}X/\mathrm{d}t$ 为水合物膜横向生长

速率；T_{eq} 为水合物膜边界的温度即系统压力下水合物平衡温度；T_{bulk} 为系统温度；K 为总反应速率常数；k 为本征反应速率常数；h 为传热系数；k_0 为指前因子；E_a 为活化能。

受水合物膜传质的影响，水合物膜增厚速率远小于水合物膜横向生长速率，不同的传质方式对应不同的水合物膜增厚生长模型。由于水及客体的传质过程控制，水合物的增厚生长存在很大争议，水合物膜的增厚传质过程还有待进一步的研究。

因此，水合物膜的结构成为影响水合物膜间传质速率的重要因素，进而影响水合物生成动力学。为了加快水合物的生成速率，一是增加水相与客体相间的接触面积，二是增强水合物膜的多孔性，如向水相中添加表面活性剂。

在搅拌体系或者流动体系内，水合物的生长比静止过程容易得多，水合物生成速率既受水合物膜生长速率的影响，也受水相与客体相间表面更新速率的影响。研究发现，高速率的搅拌会明显缩短水合物诱导时间，增大生成速率，同时快速降温条件下水合物生长速率也明显快于缓慢降温条件下的生长速率。

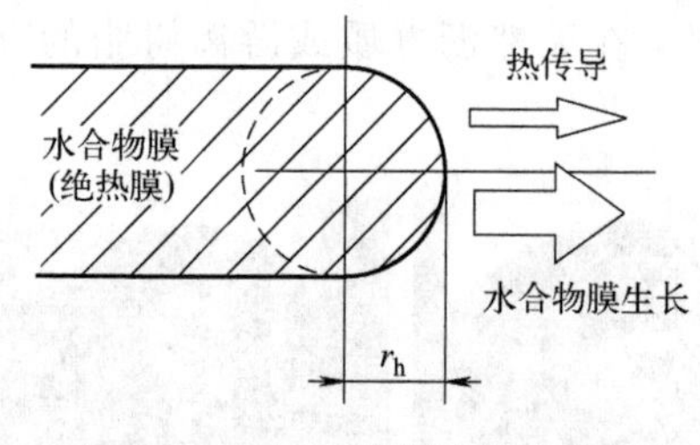

图 5-9 Uchida 等提出的水合物膜模型[47]

Uchida 等[47] 还提出了一种水合物膜二维生长的模型分析，这种膜的厚度是均匀的，有一个半圆形的前部。该模型假设水合物晶体仅在膜前端依次形成，此时温度保持在系统压力下的三相（水/气/水合物）平衡温度。随着温度升高，水合物颗粒形成过程中释放的热量从膜前端扩散到水和客体流体相，如图 5-9。此模型的主要缺点在于其从膜前端进行的传导性传热，从膜面到水和气体两相的热流是由假定的温度梯度推导出来的，而通过薄膜的反向热流被忽略。

（二）水合物膜增厚生长

当气体水合物膜在客体/水界面横向生长时，客体与水被水合物膜隔开，此后客体分子或水分子扩散穿过水合物膜，两者重新接触发生水合反应，这是水合物膜增厚过程[42]。关于水合物膜厚度增长的研究包括初始膜厚度测量、水合物膜中气体/水分子传质的观察、水合物膜增厚速率的测量和建模。

水合物膜横向生长时，水合物膜本身具有一定厚度，称为水合物膜的初始厚度，是水合物膜开始增厚生长时的厚度，研究水合物膜增厚必须先确定水合物膜的初始厚度。测定水合物膜初始厚度的方法有两种：一种是实验测量，另一种是横向生长动力学模型估计。Ohmura 等[55] 使用激光干涉测量法测量了水合物膜的厚度。Li 等[53] 使用悬浮气泡法在不同压力和温度下测量了甲烷水合物的初始膜厚。结果表明，随着过冷度的增加，薄膜的初始厚度由几十微米下降到几微米。

根据不同的动力学模型计算得到的初始厚度值有很大差异，二氧化碳水合物的初始厚度为 0.13～1.54μm[47,49,51,56,57]，甲烷水合物的初始厚度为 2～60μm[48,50,58,59]。Wu 等[60] 计算得出水滴表面形成的 $CH_4+C_3H_8$ 水合物膜的初始厚度为 1.3～25μm。

在水合物膜增厚生长过程中，客体分子或水分子在水合物膜中的扩散过程是水合物膜增厚的控制步骤，因此需要对水合物膜中的传质过程进行深入研究。关于水合物膜厚度的增长是由客体[61-63] 还是水分子[64-66] 通过水合物膜传质引起的，一直存在争议。Turner 等[67] 提出了油包水乳状液中水合物形成的向内生长壳模型。在该模型中，假设甲烷分子通过水合物壳层转移，使水合水滴进一步形成水合物。Davies 等[68] 利用高分辨率共聚焦拉曼光谱研究了水合物膜中的传质机理，在水合物膜中，水分子比甲烷分子具有更强的流动性。Lee 等[40] 推导出具有多孔特性的水合物膜中水分子和气体分子的传质是水合物增厚生长的原因。Li 等[53] 利用 CCD 相机进行形态学观察，发现水分子在悬浮于油相的水合水滴表面通过水合物膜转移形成水合物，如图 5-10 所示。Liang 和 Kusalik[66] 采用分子模拟的手段研究了水分子在水合物内部分子笼间的扩散速率，发现水分子笼同样可被水分子占用，造成水合物晶体中的间隙缺陷，并证实间隙扩散是水分子在水合物相运移的主要方式。

研究水合物膜的增厚生长动力学，需要实验测量水合物膜的增厚速率。Mori 等[69] 建立了水合物膜垂直生长的传质模型，建立了膜厚、膜内几何形状和客体物水相侧传质系数之间的简单数学关系。在模型中，假设水合物膜是一个固体板，阻止了客体相与水相的直接接触。液态水可以通过填充水合物膜中的毛细管渗透到水合物膜中。客体分子溶解在水中，通过水的迁移进行膜转移。水合物中水的迁移是由毛细管压力驱动的。模型表明，水合物膜的厚度与水合物膜表面水层中客体分子的传质系数呈反比变化，并受水沿水合物相流动的影响。Abe 等[70] 使用干涉测量法测定了不同流速和温度下的水合物膜厚度。结果表明，在无水流的情况下，水合物膜厚度随时间的增加而增加，但水流的增加不影响水合物膜的厚度，从而提出了一个考虑传质的水合物膜横向生长厚度估算模型。在这个模型中，还假设只有水分子可以通过水合物膜，推导出水合物膜的动态厚度是水合物形成与解离平衡的结果。如果这种动态平衡被打破，水合物膜的厚度就会发生变化。水合物的形成和解离应由水和客体分子的比浓度分布引起的传质控制。该模型预测的水合物膜厚度与实验数据吻合较好，表明该模型能够较准确地描述流速和温度对水合物膜厚度增长的影响。

三、水合物晶体生长

根据水合物膜形成过程传热和传质方式的不同，界面处水合物晶体生长研究可分为气/液界面、液/液界面和气-液-液体系三个方面。

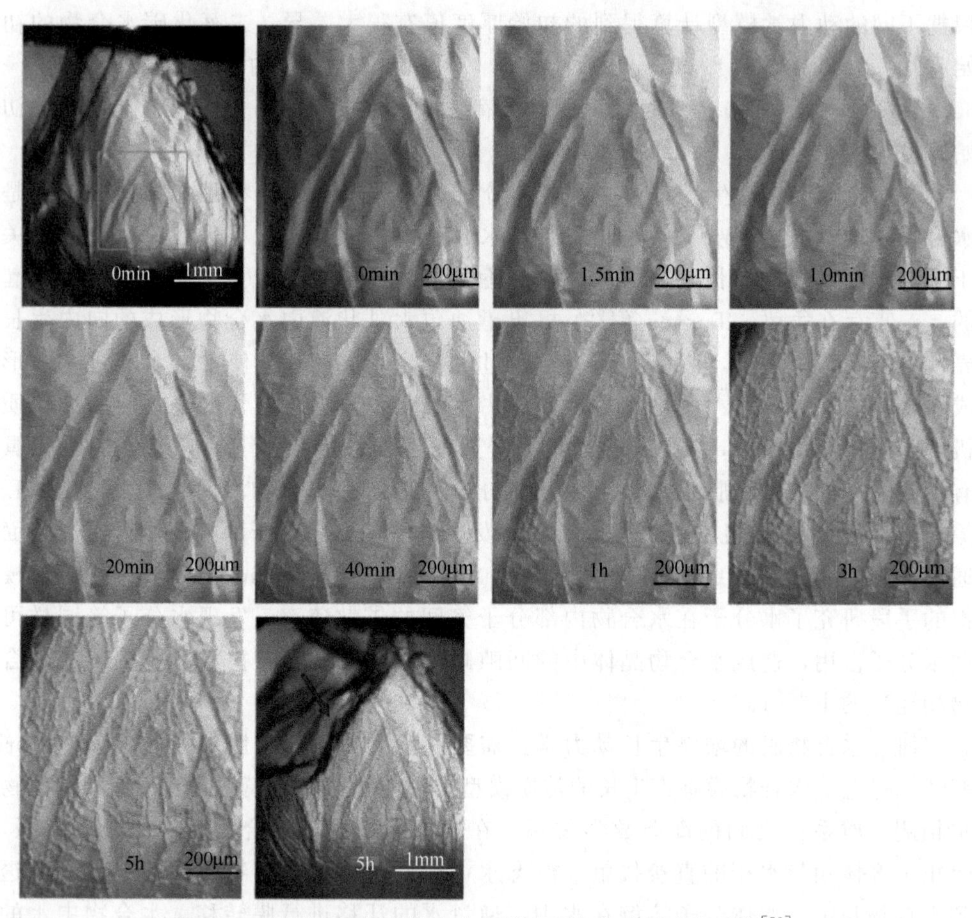

图 5-10 悬浮在油相中的水合水滴表面水合物形成的观察[53]

（一）气/液界面

气体水合物膜在气/液界面形成生长最为常见。一般地，气/液界面包括气/液平界面、暴露于气相的水滴表面和悬浮于水相的气泡表面 3 种情况。

以低溶解度气体的水合物为例，例如烃类化合物，由于水也几乎不溶于这些物质，气液界面是最有可能发生成核的地方，不仅因为水合物和溶液之间的比表面能降低，主要原因是，在这一区域组成水合物的分子浓度最高，从而导致更高的过饱和条件。Long 和 Sloan[71] 在一个蓝宝石圆筒内的静态混合物中，对天然气和二氧化碳的水合物形成位置进行了评估。除蒸馏水外，还使用了无定形二氧化硅悬浮液和十二烷基硫酸钠（SDS）溶液。两种气体的水合物成核均发生在气液界面附近，非晶态二氧化硅的存在对水合物成核的影响不显著。当 SDS 层阻挡该界面时，气/液/壁表面发生成核。对于二氧化碳，气液界面处的成核从壁面开始，水合物层逐渐形成，这一点由 Takeya 等[72] 用高速摄像机证实。

Beltrán 和 Servio[73] 发现，在没有水合物生成史的情况下，甲烷水合物在水面生成时为双层膜，且均具有清晰的纹理。Lee 等[40] 发现，甲烷＋乙烷混合气体水合物在新鲜水表面形成时为单点成核而后横向生长覆盖水滴表面，而有水合物形成史的水滴表面为多点成核。

研究发现，以过冷度为标准，可以对界面处形成的水合物晶体形态进行分类。过冷度是指系统温度与系统压力对应的水合物相平衡温度之差。在较低过冷度时水合物晶体的形状呈典型的剑形或三角形，在较高过冷度时水合物晶体的形状呈多边形[44]。当驱动力达到足够高时，水合物膜表面出现大量细小的针状水合物晶体[34]，如图 5-11 所示。甲烷＋乙烷＋丙烷混合气体形成的水合物晶体形态与甲烷水合物不同。随着过冷度的增加，混合气水合物晶体的形状由多边形转变为剑形。过冷度越低，液滴表面形成的水合物膜越粗糙，且随着过冷度的降低，单个晶体的尺寸增大。

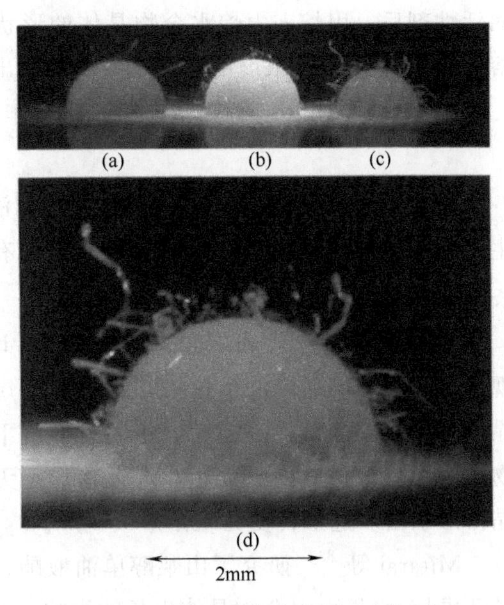

图 5-11　甲烷水合物在高驱动力作用下在水滴表面生长[34]

此外，随着混合气体中甲烷浓度的增加，混合水合物的单晶尺寸减小，这是由Ⅰ型和Ⅱ型水合物的晶体结构不同所致[74]。Ⅱ型水合物晶体的尺寸有小于Ⅰ型水合物的趋势。对于如图 5-12 所示的平面气/水界面的二元气混合水合物，在水合物膜底部附近也观察到漂浮的晶体，它们与来自水合物膜的水合物晶体相互作用[75,76]。在水合物/液体界面以下的水中，水合物的进一步生长是由水合物/液体界面附近的高气体浓度梯度驱动的。甲烷水合物晶体也被观察到在饱和或与甲烷

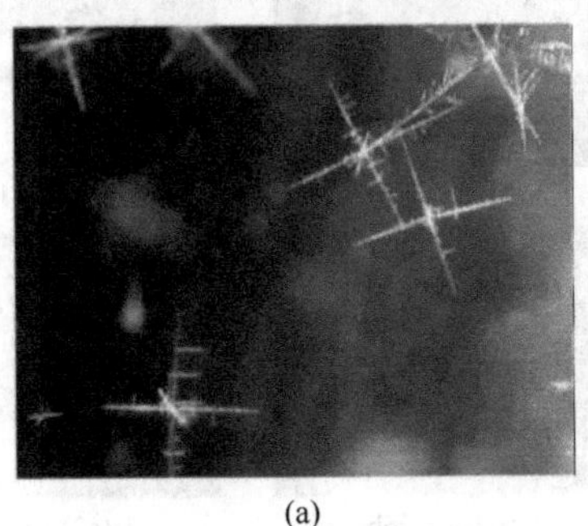
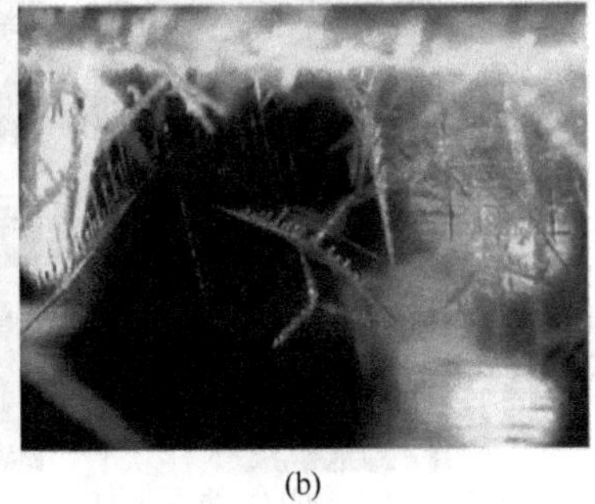

(a)　(b)

图 5-12　等轴正交形状的浮动晶体（a）和枝晶等轴倾斜枝晶形状的浮动晶体（b）[75]

接触的液态水中生长[77]。结果表明，水中气体组分的浓度和从本体水到水合物/水界面的传质对水合物晶体的生长行为有显著影响。

在不影响水合物平衡条件的情况下，添加活性剂或抑制剂不仅会影响水合物结晶过程的耗气量，还会影响晶体生长的形态特征。Yoslim 等[45] 发现，加入表面活性剂后，甲烷＋丙烷水合物晶体的形状由树枝状转变为多孔纤维。在 SDS 水溶液中，随着 SDS 浓度的增加，气泡顶部出现烟状甲烷-丙烷水合物晶体[78]。

（二）液/液界面

在液态水合物客体（如环戊烷[79]）和液态水之间的界面上，也会有水合物的生长。此外，温室气体 CO_2 易于液化，也有针对液态 CO_2/水界面水合物膜横向生长过程的研究[80]。

Sakemoto 等[81] 和 Kishimoto 等[82] 均在环戊烷（CP）/海水界面上直观地观察到了水合物晶体的生长。实验中环戊烷水合物晶体沿环戊烷和水界面形成多晶水合物膜层覆盖整个表面，相同过冷度下，在纯水和海水中，单个环戊烷水合物晶体形貌很相似，证实盐对水合物形态无明显影响，但随过冷度增加，水合物晶体形状由多边形转变为三角形或剑形。

Mitarai 等[83] 研究了山梨醇单油酸酯、环烷酸和聚丙烯乙二醇等表面活性剂对环戊烷/水界面水合物晶体生长的影响。观察结果表明，环戊烷水合物的晶体生长行为随着表面活性剂的化学种类、浓度和过冷度的变化有明显的变化，如图 5-13 所示。表面活性剂可以使水合物晶体更容易润湿。生长中的水合物晶体脱离界面落入水中，没有形成致密的水合物膜，导致晶体尺寸增大，生长速度加快，进一步证实了表面活性剂在水合物生长过程中同时具有抗团聚和促进水合物生长的作用。同时，Delroisse 等[84] 研究了季铵盐表面活性剂在环戊烷（CP）/盐水界面对水合物生长的影响。结果表明，表面活性剂在水/CP 界面上的吸附量随 NaCl 浓度的增

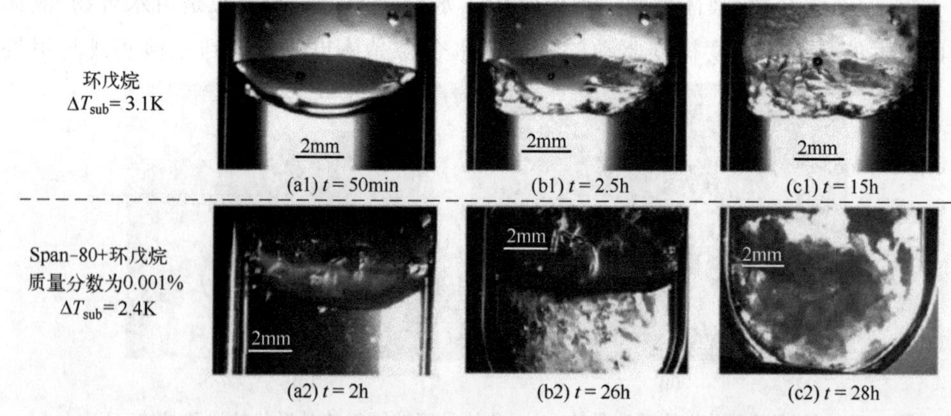

图 5-13　用山梨醇单油酸酯从环戊烷/水界面分离水合物晶体[83]

加而显著增加。当 NaCl 和表面活性剂浓度较高时，界面上出现了顶点指向 CP 相的小锥体形水合物晶体，如图 5-14 所示。推测形成的水合物晶体由于表面活性剂在水合物晶体表面的吸附而变得亲油润湿，并生长成 CP 相。这样，水合物的生长就不再局限于 CP 与海水的界面。

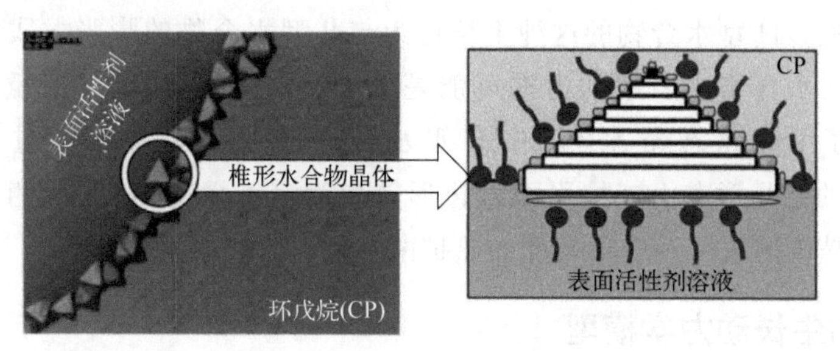

图 5-14　水溶性表面活性剂存在下 CP 与卤水界面锥体水合物晶体的形成[84]

（三）气-液-液体系

气-液-液体系形成的气体水合物一般为 H 型水合物或双客体的Ⅱ型水合物。

对于Ⅱ型水合物，Ishida 等[85] 研究了以环戊烷作液态客体并分别以 HFC-32 气体和氪气[86] 作气态客体的Ⅱ型水合物的生长方式。研究发现，在三相三组分体系中，Ⅱ型水合物晶体生长行为按压力和过冷度可分为三种模式，如图 5-15 所示。随着压力和过冷度的增加，水合物晶体生长由覆盖生长转变为延伸生长和线状生长。覆盖生长指水合物晶体在水滴表面形成，然后生长成覆盖整个表面的水合物膜的生长方式；延伸生长指沿表面和气相生长；线状生长指水合物晶体沿三相线生长，呈放射状扩散。生长过程由于消耗水会导致水滴中部发生凹陷。

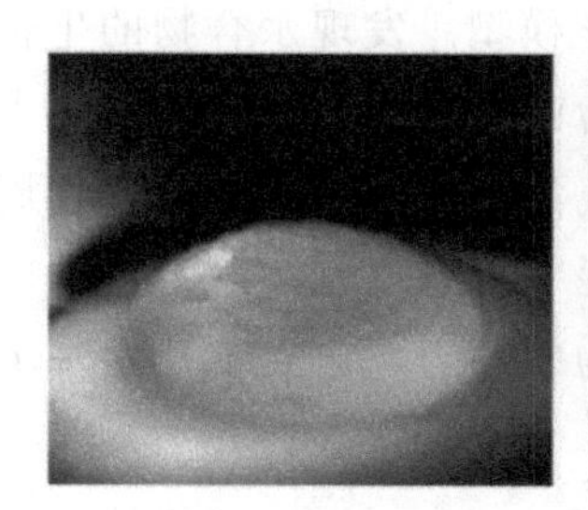

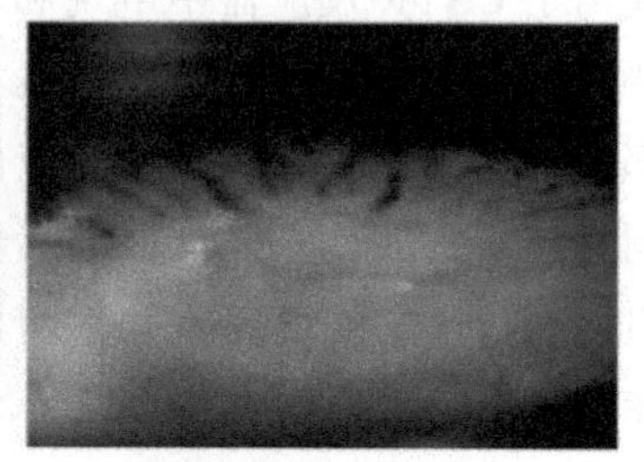

图 5-15　三相三组分体系中Ⅱ型水合物晶体生长行为随压力和过冷度的变化[86]

对于气-液-液体系中的 H 型水合物，Servio 和 Englezos[87] 考察了过冷度对水合物诱导时间的影响。实验将水滴完全浸没于新己烷中，新己烷液面与甲烷气相接触，以溶解的甲烷气与新己烷作客体形成 H 型水合物，这样避免了单独形成甲烷水合物的影响。结果发现，随过冷度增加，诱导时间逐渐减小，且水合物的生长形态主要与溶解的甲烷浓度相关，而不受过冷度影响。Ohmura 等[88] 的方法与

Servio 和 Englezos 方法略有不同，在该研究中，水滴部分被大分子液相客体覆盖，部分暴露于甲烷气相中。实验中控制气相压力防止甲烷水合物的形成，结果发现，水合物晶体是在水滴与甲烷气相的气液界面上形成，始终未能观察到水合物在气-液-液三相线上形成，水合物晶体形成后沿气液界面漂浮、集中于液滴顶部形成多晶的水合物膜。H 型水合物的这种生长行为与Ⅱ型水合物的膨胀方式相似[86]，表明甲烷分子在水合物小腔中的占据可能是 H 型水合物形成的一个重要因素。Jin 等[89] 研究了甲烷-液态烃-水体系中 H 型水合物的晶体形态。随着过冷度的增加，H 型水合物的结晶形态由二维平面六边形转变为三维六支形。这种生长行为是由于在六角形晶体的边缘发生了高度的热扩散。

四、水合物生长动力学模型

20 世纪 80 年代初期，Bishnoi 的实验室建立了较为先进的水合物动力学实验装置，对水合物生长动力学进行了系统的研究[26]。Vysniauskas 等[90] 公开了 CH_4 和 C_2H_6 的水合物生长动力学实验数据，对水合物生成机理进行了分析，确定接触面积、温度、压力和过冷度是控制反应速率的重要参数，提出了水合物生成过程中气体的消耗速率的半经验动力学模型：

$$r=Aa_s\mathrm{e}^{\left(-\frac{\Delta E_a}{RT}\right)}\mathrm{e}^{\left(-\frac{a}{\Delta T^b}\right)}p^{\gamma} \tag{5-14}$$

式中，A 为指前常数；a_s 为表面积；a、b 均为常数；ΔT 为过冷度；γ 为反应针对压力的总级数；r 为水合物形成过程中的消耗速率；ΔE_a 为水合物形成的表现活化能；p 为实验压力。

为更深入地研究成核条件并使实验获得更好的重复性，1987 年 Englezos 等[23] 提出了 CSTR 反应器中甲烷和乙烷水合物形成的动力学模型。发现水合物的生长并不是一种界面现象，而是遍布整个液相区。他们认为由于搅拌速率高，通过大部分液体的传质和传热所对应的阻力可被忽略，并将气液界面传质、向水合物周围的液层扩散、水合物形成三步本征反应作为气体消耗率控制机制。以水合物原组分在液体中的逸度差和平衡温度和压力下的逸度差为驱动力，建立了仅含一个参数的本征动力学模型：

$$\left(\frac{\mathrm{d}n}{\mathrm{d}t}\right)_{\mathrm{p}}=K^{*}A_{\mathrm{p}}(f-f_{\mathrm{eq}}) \tag{5-15}$$

$$\frac{1}{K^{*}}=\frac{1}{k_{\mathrm{r}}}+\frac{1}{k_{\mathrm{b}}} \tag{5-16}$$

式中，A_p 为水合物颗粒的表面积；f 和 f_{eq} 分别为气相分子的逸度和气-水-水合物三相平衡时气体分子在水合物中的逸度；K^* 为吸附过程的动力学速率常数；k_r 为水合反应速率常数；k_b 为水合物颗粒周围的传质系数。

随后，Englezos 等[11] 还对 $CH_4+C_2H_6$ 混合气的水合物生成宏观动力学进行了研究，结果表明混合气的组成对生成速率有很大影响。

Skovborg 和 Rasmussen[91] 对 Englezos 模型作了简化，他们认为水合物形成的内在动力学和通过水合物周围的液膜传质不是水合物的速率控制机制。因此，他们提出了一种新的传质动力学模型，该模型将搅拌反应器中水合物生长阶段的界面气液传质作为速率控制机制，即认为气体分子从气相主体向液相的传质过程是水合物生长的控制步骤。该模型对 CH_4、C_2H_6 和 $CH_4+C_2H_6$ 等体系均能令人满意地描述水合物的生长速率，形式如下：

$$\frac{dn}{dt}=k_L^f A_{g-l} C_{w0}(x_{int}-x_b) \tag{5-17}$$

式中，k_L^f 为水合物形成过程的传质参数；A_{g-l} 为气液界面总面积；C_{w0} 为甲烷在水中的浓度；x_{int} 和 x_b 分别为气液界面和体积水相中的甲烷摩尔分数。

此外，Mohebbi 等[92] 提出了一种新的搅拌反应器水合物生成动力学建模方法。他们的模型是对传质受限动力学模型的扩展，将化学势的差异作为水合物形成的主要驱动力。假设液体相与水合物相处于平衡状态，则耗气速率定义为：

$$\frac{dn}{dt}=k_\mu^f A_{g-l}(\Delta\mu) \tag{5-18}$$

$$\Delta\mu=\mu_g-\mu_l \tag{5-19}$$

式中，k_μ^f 为水合物形成过程的传质参数；μ_g、μ_l 分别为气体组分在气相的化学势和液相的化学势。

Feyzi 和 Mohebbi[93] 在此基础上，应用了两个版本的传质动力学模型（Skovborg-Rasmussen 模型和 Mohebbi 模型）来计算甲烷水合物形成的传质系数。得到的甲烷水合物生成速率可按以下关系式进行建模：

$$\frac{dn}{dt}=k_\mu^f A_{g-l}\left[RT\ln\left(\frac{f_g}{f_{g,p_{eq}}}\right)\right] \tag{5-20}$$

式中，f_g 是气相逸度；$f_{g,p_{eq}}$ 是在平衡压力下的气相逸度。

Malegaonkar 等[94] 使用半间歇搅拌槽式反应器对 CO_2 水合物在水中的生成动力学进行了研究，修正了 Englezos 模型中关于颗粒尺寸的计算方法，并使用改进后的模型对 CO_2 和 CH_4 水合物生成的动力学常数进行了拟合计算，发现 CO_2 水合物生成的动力学速率常数高于 CH_4 水合物生成的动力学速率常数。

为了能够深入地研究水合物颗粒表面积对于水合物生成动力学的影响，Clarke 等[95] 设计了能够原位测量水合物颗粒尺寸的实验装置。在一个搅拌式水合反应器中安装了聚焦光束反射测量探针（FBRM），并将测得的颗粒尺寸数据应用于 Englezos 的模型中，计算得到了 CO_2 的水合物生成动力学常数。

第五节 添加剂对水合物生成的影响

许多溶质可以加入水中，以改变水合物形成系统的平衡条件和/或动力学。这些添加剂对水合物生成的影响有促进及抑制两种。

一、水合物生成促进剂

Kimura 和 Kai[96] 的工作是最早报道这种趋势的工作之一，证实了在水中加入 2%的聚氧乙烯壬基苯基醚（一种非离子表面活性剂）后，CCl_3F 水合物的形成率几乎增加了 4 倍。对于 CH_3CCl_2F 水合物，Isobe 和 Mori[97] 观察到表面活性剂的加入降低了水合物形成所需的过冷度。

动力学水合物促进剂不影响水合物生成热力学条件，但可有效增加水合物成核与生长速率。目前动力学促进剂主要包括表面活性剂类、氨基酸类、聚合物和淀粉类以及纳米流体类[98]。

（一）表面活性剂类

Karaaslan 和 Parlaktuna[99] 比较了三种表面活性剂（阴离子、阳离子和非离子）对搅拌反应器中天然气水合物形成的影响。得到如下结论：

① 采用一种直链烷基苯磺酸阴离子表面活性剂，发现其在所有测试浓度下都表现为水合物促进剂，气体消耗速率最大增加了约 4 倍。

② 对于阳离子表面活性剂——季铵盐，当质量浓度达到 0.01%时，也具有水合物促进作用，但进一步增加浓度会产生抑制作用。

③ 非离子表面活性剂——壬基酚乙氧基酸盐在分析的所有操作条件下都能起到水合物抑制剂作用。

Link 等[100] 在持续搅拌和甲烷压力恒定的条件下，对比测试了表面活性剂对甲烷水合物生成的影响。试剂包括：十二烷基硫酸钠（SDS）、十二烷基三甲基氯化铵、十二胺、HCl、月桂酸钠、油酸钠等，使用的所有表面活性剂都是在相同浓度水平下进行比较的，该浓度水平对应于 SDS 在水合物形成过程中的温度和压力条件下的临界胶束浓度（CMC）。表面活性剂 SDS 的加入增加了水合物形成过程中甲烷的吸收，表面活性剂的甲烷吸收量达到了理论极限的 97%以上。在所有的表面活性剂中，SDS 可能最适合用于甲烷水合物生成和储存。

Gnanendran 及 Amin[101] 报道了对甲苯磺酸（*p*-TSA）可有效提高天然气水合物的生成动力学。*p*-TSA 属于两性表面活性剂，表现出两亲特征，包含较短的疏水侧链，可提高非极性分子在水中的溶解度。

（二）氨基酸类

Liu 等[102] 的研究发现某些天然氨基酸对 CH_4 水合物生成动力学有促进作用，含有 0.5%亮氨酸的溶液体系对 CH_4 的储气量可达 143mg/g，同时水合 90%完成时间仅为 20min。Bhattacharjee 等[103] 研究了组氨酸存在下水合物的生成动力学，尽管 1.0%组氨酸的水合物生成速率低于 1.0% SDS 的水合物生成速率，但最终水合物中甲烷储气量是相当的。

Veluswamy 等[104] 研究了色氨酸（具有芳香侧链的非极性疏水性氨基酸）、组氨酸（具有芳香侧链的极性碱性氨基酸）和精氨酸（具有脂肪侧链的极性碱性氨基酸）三种不同类型氨基酸对 CH_4 水合物生成行为的影响。从实验结果可以推断，芳香侧链的存在和氨基酸的疏水性有利于 CH_4 水合物的快速形成。Bavoh 等[105] 研究了氨基酸类对气体水合物的抑制/促进剂性能的影响，结果表明，氨基酸的促进/抑制性能主要基于基本性质（亲水性、侧链烷基、链长极性、功能官能团等）、溶解性、浓度、浓度单元、客体分子间的相互作用力、氢键以及与水分子间的静电力。陈玉龙[106] 研究发现亮氨酸在 0.5%浓度时对 CH_4 水合物有较好的促进作用，但需在侧链碳原子数大于 3，且为强疏水性基团时才表现出高效促进性能。

Al-Adel 等[107] 实验表明 i 型抗冻蛋白（AFPs）可有效地减少甲烷水合物的生长，并与水合物动力学抑制剂 *N*-乙烯基吡咯烷酮/聚 *N*-乙烯基己内酰胺［简称聚（VP/VC)］进行了比较。发现在动力学抑制剂存在时，水合物的生长曲线遵循一个二阶多项式，而不是在实验中观察到的单独使用去离子水时的线性增长趋势。这个结果表明，在水合物形成驱动力较低的情况下，AFPs 对水合物的抑制作用更强。

（三）聚合物及淀粉类

对于聚合物类水合物促进剂，最早报道的有 Kimura 和 Kai[96]，他们证实在水中加入 2%的聚氧乙烯壬基苯基醚后，CCl_3F 水合物的形成率几乎增加了 4 倍。此外 Mohammad-Taheri 等[108] 报道称，与纯水相比，羟乙基纤维素（HECs）的存在大大缩短了水合物生成的诱导时间。根据分子量和浓度的不同，HECs 能够有效促进水合物的生长，并在 5000mg/L 时观察到最大的气体吸收量。

Fakharian 等[109] 研究了不同条件下马铃薯水溶性生物淀粉对甲烷水合物形成/分解速率和储存容量的影响。为了进行对比研究，还在纯水和 500mg/L 十二烷基硫酸钠（SDS）水溶液中进行了水合物形成和分解实验。结果表明，淀粉在各浓度下均能促进水合物形成，且其加速效应随浓度的增加而增大。在 500mg/L 淀粉水溶液中水合物的形成速率与相同浓度的 SDS 溶液相当。在淀粉溶液浓度为 300mg/L 时，水合物的储存量达到最大值 163，在浓度为 200mg/L 时，水合物在不同条件下的稳定性与纯水相似。

Babakhani 等[110] 研究了玉米淀粉对甲烷水合物形成/分解速率及稳定性的影响。结果表明：低浓度玉米淀粉对水合物形成无显著影响；然而，在浓度高于 400mg/L 时，玉米淀粉的存在增加了水合物的形成速率。玉米淀粉的最有效浓度为 800mg/L，此时甲烷在水合物中的储存能力为不使用玉米淀粉时纯净水的 2.5 倍。

（四）纳米流体类

Li 等[111] 首次将纳米物质用于对气体水合物生成过程的强化领域，研究了不同质量分数的纳米铜悬浮液中 HFC-134a（CH_2FCF_3）水合物的形成和解离过程。实验结果表明，随着纳米铜质量分数的增加，HFC-134a 水合物的形成时间缩短。

Zhou 等[112] 通过测定诱导时间和耗气量，实验研究了石墨纳米颗粒对 CO_2 水合物生成过程的影响。结果表明，纳米石墨对水合物的形成有积极的影响。与纯水相比，石墨纳米颗粒存在下 CO_2 水合物形成的诱导时间缩短了 80.8%，而 CO_2 的最大消耗量增加了 12.8%。

刘妮等[113] 研究了纳米流体中 CO_2 水合物的生成特性，探讨了纳米粒子的种类、粒径和质量分数对 CO_2 水合物生成过程的影响。研究发现，与纯水相比，纳米粒子 CuO 和 SiO_2 增加了 CO_2 耗气量，但延长了气体水合物生成的诱导时间。金属纳米粒子 Cu 和金属氧化物纳米粒子 Al_2O_3 对 CO_2 水合物生成的诱导时间和耗气量有明显改善，CO_2 水合物耗气量随着 Cu 粒子质量分数的增加先增加后减少。

Arjang 等[114] 研究了纳米银粒子流体在 4.7MPa 和 5.7MPa 压力下对 CH_4 水合物生成动力学的影响，水合物生成的诱导时间分别下降了 85% 和 73.9%，水合物晶体中甲烷滞留量分别增加了 33.7% 和 7.4%。同时实验还发现纳米物质的存在可促进水合物生成过程的传质和传热过程，从而使水合物成核方式更趋向于异相成核。

二、水合物生成抑制剂

多年来，水合物被认为是天然气输送管道堵塞的一个重要因素，所以水合物研究中一个很重要的方面是水合物抑制剂的开发。首先，出现了所谓的热力学抑制剂，如甲醇和乙二醇，它们改变了平衡条件，使得在工艺操作条件下难以生成水合物；后来发现一些聚合物，如聚乙烯吡咯烷酮，能够延缓晶体生长和/或成核，这种效果仅需添加比热力学抑制剂小得多的量就可实现，这些物质称为动力学抑制剂；还有第三种抑制剂，即抗凝集剂，正如其名称所示，它可以防止大水合物晶体的形成，从而避免管道堵塞。这类化学物质直接作用于有核晶体的表面，避免了它们的团聚。

（一）热力学抑制剂

在研究初期，抑制天然气水合物形成的方法通常基于以下三种技术的一种或组合：①注入热力学抑制剂（例如甲醇、乙二醇）以防止水合物形成；②天然气脱水；③通过主动加热来维持管道运行条件。常见的选择是使用所谓的“热力学抑制剂”。它们是水溶性化学物质，可降低水活度，从而将水合物相界转移到更高的压力或更低的温度条件下[115]。

现阶段甲醇、乙二醇以及盐类电解质作为较为常见的热力学抑制剂获得了很好的应用效果。工程中普遍应用的盐类抑制剂主要有：NaCl、$CaCl_2$、KCl、NaBr。抑制剂的作用机理主要是通过抑制剂分子或离子加大和水分子的竞争力，迫使水与烃分子的热力学平衡发生改变，在此基础上，温度、压力平衡等条件被控制在一定的范围，可有效抑制水合物的形成[116]。

（二）动力学抑制剂

水合物动力学抑制剂通常是一类水溶性聚合物，动力学抑制剂通过自身官能团的作用抑制水合物成核或者阻碍晶核的生长，其使用剂量很低，但抑制效果显著。自从筛选出以聚乙烯吡咯烷酮为代表的第一代动力学抑制剂以来，研究者以第一代抑制剂为基础进行构效分析和设计改进，对动力学抑制剂分子结构特别是以功能性官能团为单位进行设计改进，得到各类官能团及相应抑制剂，如图 5-16 所示[117]。

在水合物晶核形成前，水分子会自发形成“笼形团簇化”结构，环状酰胺类抑制剂分子上的酰胺基团与水分子相互作用形成氢键，扰乱水分子的有序结构，使得“笼形团簇化”难以长大成笼形。而当晶核尺寸长至临界尺寸时，环状酰胺类抑制剂分子上的酰氨基与该晶核的水分子作用，使其失去稳定性。如若体系中有少量晶核能够稳定存在，则抑制剂分子会吸附至生长面，且结合自由能越大的聚合物越容易吸附，酰氨基上氧原子与水分子形成的氢键会破坏水合物笼原有的氢键和笼结构，聚合物在空间上形成的位阻也会阻碍水合物笼进一步生长。另外，当抑制剂溶解在水中后，环状酰胺基团的作用将促使抑制剂扩散并吸附在气-水表面，最终在气-水界面形成抑制剂分子层，阻碍主客体分子之间的传质过程，进一步延缓水合物生长[117]。

位于水合物笼上的水分子中的氧原子带负电，相应的氢原子带正电，而羧基中含有 2 个带正电的氧原子，因此，羧基在水合物表面有 3 种吸附方式，分别为：

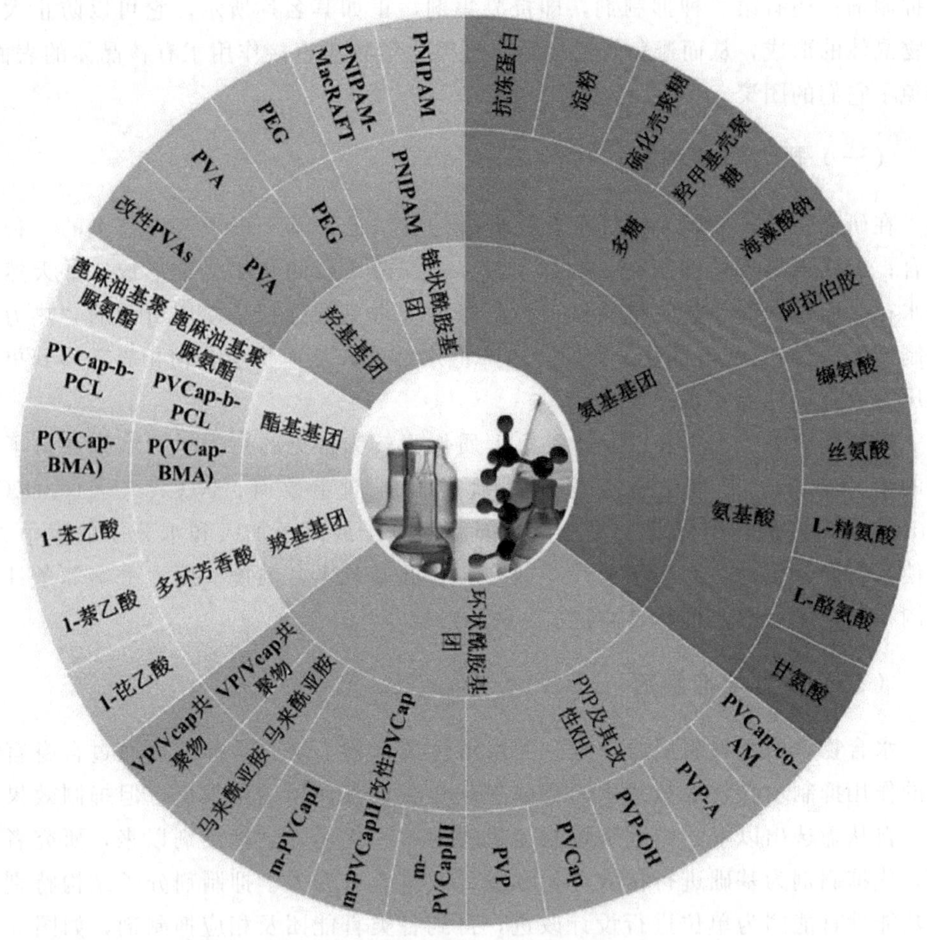

图 5-16　各类官能团及相应抑制剂[117]

羧基中的氢原子与水合物中的氧原子结合；羧基中的氢原子和单键氧原子吸附水合物中的氧原子和氢原子；羧基中的氢原子和双键氧原子被吸附在水合物中的氧原子和氢原子上[118]。羧基通过这 3 种方式吸附在水合物表面上，达到抑制水合物成核的目的。

由于酯基具有电负性的 $-\overset{\displaystyle O}{\overset{\|}{C}}-O-$ 双键结构，因此，其与酰胺基团类似，能够与水分子相互作用形成氢键，破坏水分子有序结构，抑制水合物成核。此外，酯基还能够与水合物笼形成氢键使抑制剂分子吸附在水合物笼上，从而阻碍水合物进一步生长。Farhadian 等[119] 合成了蓖麻油基水性聚脲/聚氨酯（CWPUUs）作为动力学/抗团聚型甲烷水合物抑制剂。测试结果表明，CWPUUs 作为水合物动力学抑制剂具有良好的效率。与纯水相比，分子量为 3200 和 6800 的 CWPUUs 将

甲烷水合物形成的起始时间分别推迟了26.8倍和13倍，甲烷水合物生长速率分别降低了79%和71%。与纯水体系相比，CWPUUs还通过降低甲烷水合物的熔化温度表现出热力学抑制作用。

由于羟基是良好的氢键受体，因此，能与水分子形成氢键并固定水分子，扰乱周围水分子的结构；另外，羟基这样的小基团会占据客体分子在水笼内的位置，阻止气体分子进入，这些作用延迟了水合物成核并降低水合物生长速率，所以羟基基团对水合物成核有抑制作用。Khodaverdiloo等[120]在已知动力学抑制剂聚乙烯吡咯烷酮（PVP）存在的情况下，研究了两种非离子表面活性剂——壬基酚聚氧乙烯醚（NPEs）和聚乙二醇（PEG）对乙烷水合物的成核和生长的动力学抑制作用，并将结果与相同条件下没有PVP的实验结果进行了比较。实验发现NPEs和PEG的加入显著延长了诱导时间，与纯水体系相比延长了2～6倍。结果表明，NPE溶液在诱导时间上普遍优于PEG溶液（诱导时间可达16000s），而PEG溶液显著降低了水合物晶体生长速率和动力学常数。

链状酰胺类抑制剂是一类在链结构中具有 $-\overset{H}{\overset{|}{N}}-\overset{O}{\overset{\|}{C}}-$ 基团的动力学抑制剂。酰胺中的氮及氧原子电负性大，可以在水合物形成过程中与水合物笼上的氢原子形成氢键，其通常也有一些疏水末端，疏水部分（长碳链中的烷基基团和悬浮物基团）将排斥不稳定团簇水分子，抑制水合物的成核与生长。Park等[121]评估了不同结构（线性和支链）的聚 *N*-异丙基丙烯酰胺（PNIPAM）通过可逆加成-断裂链转移（RAFT）聚合合成后的产物对水合物生成过程的影响。结果表明，线性PNIPAM-MacroRAFT聚合物延迟了水合物的成核，其性能与已知的如PVP等相似。而支链聚合物在水合物含量和流动阻力方面表现出了最好的性能。

位于水合物笼上的水分子中的氧原子带负电，相应的氢原子带正电，氨基中的氮原子带正电，而相应的氢原子带负电，因此，氨基中的氮原子能够与水分子中的氢原子结合，氢原子能够与水分子中的氧原子结合。氨基与水合物笼的稳定吸附方式有两种：一是氨基中的氢原子与水合物表面的氧原子相连；二是氨基中的氢、氮原子同时吸附水合物表面的氧原子和氢原子。氨基通过这两种方式吸附在水合物表面上，达到抑制水合物生成或者生长的目的。Maddah等[122]采用分子动力学模拟（MD）方法研究了不同氨基酸作为抑制剂存在下甲烷水合物的生长动力学。发现所有氨基酸均可作为甲烷水合物的抑制剂。根据研究结果，将氨基酸的抑制作用排序如下：丝氨酸＞甘氨酸＞丙氨酸＝脯氨酸。丝氨酸和甘氨酸由于其化学结构、溶解度、氢键形成和低疏水性，是比其他氨基酸更有效的水合物抑制剂。

第六节 水合物记忆效应

在对水合物的研究中人们发现，水合物二次生成的诱导期比首次生成的明显要短，这种现象称作记忆效应。水合物的记忆效应可以使水合物在二次生成过程中不需要额外添加促进剂或加以更低的过冷度或高强度机械混合就能够十分明显地促进水合物的生成，甚至向新体系中加入少量有水合物生成史的液体也能使诱导时间大大缩短。将记忆效应运用于水合物的储能或分离过程中，能使水合物生成过程中需要的能量和时间大大缩短，可以有效地节省运行成本。

一、研究进展

Vysniauskas 和 Bishnoi[26] 发现不仅驱动力对确定成核时间很重要，他们还注意到，在相同的操作条件下，间歇搅拌反应器中甲烷水合物的诱导时间还与所用水的情况有关。Skovborg 等[25] 将这些结果归因于当温度接近水的冻结温度时，液相中存在一种更有序和更刚性的结构，这有利于水合物的形成，因为它可以作为形成水合物结构的“模板”。在其他的研究中[123,124]，研究者开发了利用记忆效应减少成核时间的实验程序。

众多研究者在对烃类[125,126]、CO_2[40,127]、四丁基溴化铵（TBAB）[128]、四氢呋喃[129] 及油水乳状液[130] 等水合物的生成实验研究中，验证了记忆效应的存在性，而且该存在性不会因为水合物结构类型和实验体系的不同而改变。例如，Sefidroodi 等[131] 在环戊烷水合物的重复生成实验研究中，观察到在同样过冷度条件下，Ⅱ型水合物二次生成的诱导期会缩短，如将少量水合物分解所得的水与普通水和环戊烷混合，也会加快水合物的生成。Oshima 等[128] 使用光学显微镜研究四丁基溴化铵（TBAB）溶液中水合物在大气压下的重复结晶过程，观察到半笼形水合物结构中也存在记忆效应。

从现有研究成果来看，水合物生成记忆效应广泛存在于各种结构类型的水合物重复生成过程中。但针对实际工业应用较多的油水分散体系条件下的水合物生成记忆效应的研究较少，还需进一步深入研究。同时，水合物生成记忆效应不只存在于同一种水合物间，不同结构、不同类型水合物之间也存在着一定的记忆效应。Servio 和 Englezos[34] 将两到三滴水滴在聚四氟乙烯覆盖的表面上，放置在充满水合物形成气体（甲烷或二氧化碳）的结晶室中，尽管水合物成核过程具有随机性，单一液滴在相同操作条件下的诱导时间有显著变化，但他们验证了在给定的实验中，表面所有水滴同时成核，这一现象被作者称为“桥梁效应”。他们认为这种效应是由于表面存在大量微观水滴，这可能是通过水滴之间“交流”的一种方式来传播成核。后来，Lee 等[40] 报道了这种效应的奇怪发生现象：这种同时成核仍然发生在两个或多个具有不同生成历史的水滴中。在这种情况下，记忆效应仍然存在，也就是说，两个大小相同的水滴在相距 5mm 的地方成核，其中一个是由最近制备的蒸馏水制成的，另一个是由水合物分解产生的水制成的，同时发生水合的诱导时间比第一滴单独放置在结晶室中的诱导时间短得多。

目前国内外关于不同水合物之间的记忆效应研究还仅处于起步阶段，还需要大量的实验研究和理论分析。

二、记忆效应产生机理

为探究水合物生成记忆效应的机理，研究者采用拉曼光谱、核磁共振（NMR）谱、中子衍射及分子动力学模拟等方法从分子层面对水合物生成过程进行了深入的研究。目前水合物记忆效应主要有两种假说：

第一种假说认为水合物分解后，溶液中存在的部分多边形水分子簇或微小的水合物笼形晶体结构为水合物二次生成提供了物质交换的基础，因此加速了水合物的生成。Oshima 等[128] 对四丁基溴化铵（TBAB）水合物的记忆效应进行了研究，提出水合物再结晶一般发生在晶体分解位置的附近，认为滞留在水合物分解水中残余的结构是导致记忆效应的原因，但是该结构不能用拉曼光谱观测。Nerheim[132] 利用激光散射技术研究了气体水合物晶核的形成，证明了水的结构化程度越深，诱导期越短的结论。郭光军[19] 在约束型分子动力学模拟计算的基础上，提出的笼子吸附假说，也为残余笼形结构能促进水合物的形成提供了一定支持。

第二种假说认为水合物分解后，溶解在溶液中的以纳米气泡形式存在的客体分子增加了气液交界面积，并为水合物的成核提供了核心，因此加速了水合物的二次生成。Uchida 等[133] 发现使用水合物分解溶液和纳米气泡溶液生成水合物的诱导期基本一致，都比由纯水生成水合物的诱导期要短，其运用电镜在水合物分解溶液中发现了微纳米气泡的存在。

水合物二次生成过程中的记忆效应依赖于水合物前次分解后的处理过程，如水合物分解的加热速率、分解时体系温度和分解后的静置时间。水合物前次生成后分解过程在高温、较低的加热速率、较长的加热/静置时间条件下，记忆效应就会发生消退。同时体系内的物质如盐、热力学抑制剂及动力学抑制剂等物质的存在，也会对水合物生成的记忆效应有显著的影响。Takeya 等[72] 将水合物在分解温度为 25℃的条件下静置 1h 后，发现记忆效应消失。

参 考 文 献

[1] 孙长宇，黄强，陈光进. 气体水合物形成的热力学与动力学研究进展 [J]. 化工学报，

2006 (05): 1031-1039.

[2] Chen G J, Sun C Y, Ma C F, et al. A new technique for separating (hydrogen+methane) gas mixtures using hydrate technique [C] //Proceedings of the Fourth International Conference on Natural Gas Hydrates. Yokohama, Japan, 2002: 1016-1020.

[3] Gudmundsson J, Borrehaug A. Frozen hydrate for transport of natural gas [C] //NGH 96: 2nd international conference on natural gaz hydrates (Toulouse, June 2-6, 1996), 1996: 415-422.

[4] Xie Y, Guo K, Liang D, et al. Gas hydrate fast nucleation from melting ice and quiescent growth along vertical heat transfer tube [J]. Science in China Series B: Chemistry, 2005, 48 (1): 75-82.

[5] Khan A H. Freezing in desalination processes and multistage flash distillation practice [J]. Elsevier: Amstersam, 1986, 25: 55-68.

[6] 黄英丽，李晨晨，刘曼，等. 水合物法气体分离技术的研究 [J]. 化工管理，2019 (03): 156-157.

[7] Bishnoi P R, Natarajan V. Formation and decomposition of gas hydrates [J]. Fluid Phase Equilibria, 1996, 117 (1-2): 168-177.

[8] Englezos P, Kalogerakis N, Bishnoi P R. Formation and decomposition of gas hydrates of natural gas components [J]. Journal of Inclusion Phenomena and Molecular Recognition in Chemistry, 1990, 8 (1): 89-101.

[9] Ribeiro Jr C P, Lage P L C. Modelling of hydrate formation kinetics: State-of-the-art and future directions [J]. Chemical Engineering Science, 2008, 63 (8): 2007-2034.

[10] 陈光进，孙长宇，马庆兰. 气体水合物科学与技术 [M]. 北京：化学工业出版社，2008.

[11] Englezos P, Kalogerakis N, Dholabhai P D, et al. Kinetics of gas hydrate formation from mixtures of methane and ethane [J]. Chemical Engineering Science, 1987, 42 (11): 2659-2666.

[12] 孙长宇，陈光进，郭天民. 水合物成核动力学研究现状 [J]. 石油学报，2001，22 (4): 82-86.

[13] Frank H S, Evans M W. Free volume and entropy in condensed systems Ⅲ. Entropy in binary liquid mixtures; partial molal entropy in dilute solutions; structure and thermodynamics in aqueous electrolytes [J]. The Journal of Chemical Physics, 1945, 13 (11): 507-532.

[14] Long J. Gas hydrate formation mechanism and kinetic inhibition [D]. Golden: Colorado School of Mines, 1994.

[15] Subramanian S, Sloan Jr E D. Microscopic measurements and modeling of hydrate formation kinetics [J]. Annals of the New York Academy of Sciences, 2000, 912 (1): 583-592.

[16] Schicks J M, Luzi-Helbing M. Cage occupancy and structural changes during hydrate formation from initial stages to resulting hydrate phase [J]. Spectrochimica Acta Part A: Molecular and Biomolecular Spectroscopy, 2013, 115: 528-536.

[17] Christiansen R L，Sloan Jr E D. Mechanisms and kinetics of hydrate formation [J]. Annals of the New York Academy of Sciences，1994，715 (1)：283-305.

[18] Rodger P M. Stability of gas hydrates [J]. Journal of Physical Chemistry，1990，94 (15)：6080-6089.

[19] 郭光军. 天然气水合物成核机制的笼子吸附假说 [C]. 中国矿物岩石地球化学学会学术年会，2013.

[20] Jacobson L C，Hujo W，Molinero V. Amorphous precursors in the nucleation of clathrate hydrates [J]. Journal of the American Chemical Society，2010，132 (33)：11806-11811.

[21] Chen G J，Guo T M. A new approach to gas hydrate modelling [J]. Chemical Engineering Journal，1998，71 (2)：145-151.

[22] Vatamanu Jenel，Kusalik Peter G. Observation of two-step nucleation in methane hydrates [J]. Physical Chemistry Chemical Physics，2010，45：15065-15072.

[23] Englezos P，Kalogerakis N，Dholabhai P D，et al. Kinetics of formation of methane and ethane gas hydrates [J]. Chemical Engineering Science，1987，42 (11)：2647-2658.

[24] Natarajan V，Bishnoi P R，Kalogerakis N. Induction phenomena in gas hydrate nucleation [J]. Chemical Engineering Science，1994，49 (13)：2075-2087.

[25] Skovborg P，Ng H J，Rasmussen P，et al. Measurement of induction times for the formation of methane and ethane gas hydrates [J]. Chemical Engineering Science，1993，48 (3)：445-453.

[26] Vysniauskas A，Bishnoi P R. A kinetic study of methane hydrate formation [J]. Chemical Engineering Science，1983，38 (7)：1061-1072.

[27] Kashchiev D，Firoozabadi A. Driving force for crystallization of gas hydrates [J]. Journal of Crystal Ggrowth，2002，241 (1-2)：220-230.

[28] Anklam M R，Firoozabadi A. Driving force and composition for multicomponent gas hydrate nucleation from supersaturated aqueous solutions [J]. The Journal of Chemical Physics，2004，121 (23)：11867-11875.

[29] Van der Waals H J H，Platteeuw J C. Clathrate solutions [J]. Advances in Chemical Physics，1959，2：1-57.

[30] Barrer R M，Edge A V J. Gas hydrates containing argon，krypton and xenon：Kinetics and energetics of formation and equilibria [J]. Proceedings of the Royal Society of London. Series A. Mathematical and Physical Sciences，1967，300 (1460)：1-24.

[31] Falabella B J. A study of natural gas hydrates [D]. Amherst：University of Massachusetts Amherst，1975.

[32] Sloan Jr E D，Fleyfel F. A molecular mechanism for gas hydrate nucleation from ice [J]. AIChE Journal，1991，37 (9)：1281-1292.

[33] Parent J S，Bishnoi P R. Investigations into the nucleation behaviour of methane gas hydrates [J]. Chemical Engineering Communications，1996，144 (1)：51-64.

[34] Servio P，Englezos P. Morphology of methane and carbon dioxide hydrates formed from wa-

ter droplets [J]. AIChE Journal, 2003, 49 (1): 269-276.

[35] Lee S, Zhang J, Mehta R, et al. Methane hydrate equilibrium and formation kinetics in the presence of an anionic surfactant [J]. The Journal of Physical Chemistry C, 2007, 111 (12): 4734-4739.

[36] Kashchiev D, Firoozabadi A. Induction time in crystallization of gas hydrates [J]. Journal of Crystal Growth, 2003, 250 (3-4): 499-515.

[37] Aghajanloo M, Ehsani M R, Taheri Z, et al. Kinetics of methane + hydrogen sulfide clathrate hydrate formation in the presence/absence of poly *N*-vinyl pyrrolidone (PVP) and L-tyrosine: Experimental study and modeling of the induction time [J]. Chemical Engineering Science, 2022, 250: 117384.

[38] Sun C Y, Chen G J, Yue G L. The induction period of hydrate formation in flow system [J]. Chinese J Chem Eng, 2004, 12 (4): 527-531.

[39] Elwell D, Scheel H J, Kaldis E. Crystal growth from high temperature solutions [J]. Journal of The Electrochemical Society, 1976, 123 (9): 319C.

[40] Lee J D, Susilo R, Englezos P. Methane-ethane and methane-propane hydrate formation and decomposition on water droplets [J]. Chemical Engineering Science, 2005, 60 (15): 4203-4212.

[41] Ohmura R, Shimada W, Uchida T, et al. Clathrate hydrate crystal growth in liquid water saturated with a hydrate-forming substance: Variations in crystal morphology [J]. Philosophical Magazine, 2004, 84 (1): 1-16.

[42] 李胜利, 孙长宇, 陈光进. 气体水合物膜生长动力学研究进展 [J]. 中国科学: 化学, 2014, 44 (06): 864-876.

[43] Sun C Y, Peng B Z, Dandekar A, et al. Studies on hydrate film growth [J]. Annu Rep Prog Chem C: Phys Chem, 2010, 106: 77-100.

[44] Tanaka R, Sakemoto R, Ohmura R. Crystal growth of clathrate hydrates formed at the interface of liquid water and gaseous methane, ethane, or propane: variations in crystal morphology [J]. Crystal Growth & Design, 2009, 9 (5): 2529-2536.

[45] Yoslim J, Linga P, Englezos P. Enhanced growth of methane-propane clathrate hydrate crystals with sodium dodecyl sulfate, sodium tetradecyl sulfate, and sodium hexadecyl sulfate surfactants [J]. Journal of Crystal Growth, 2010, 313 (1): 68-80.

[46] Chi Y, Xu Y, Zhao C, et al. In-situ measurement of interfacial tension: Further insights into effect of interfacial tension on the kinetics of CO_2 hydrate formation [J]. Energy, 2022, 239: 122143.

[47] Uchida T, Ebinuma T, Kawabata J, et al. Microscopic observations of formation processes of clathrate-hydrate films at an interface between water and carbon dioxide [J]. Journal of Crystal Growth, 1999, 204 (3): 348-356.

[48] Freer E M, Selim M S, Sloan E D. Methane hydrate film growth kinetics [J]. Fluid Phase Equilibria, 2001, 185 (1-2): 65-75.

[49] Kitamura M, Mori Y H. Clathrate-hydrate film growth along water/methane phase boundaries—an observational study [J]. Crystal Research and Technology, 2013, 48 (8): 511-519.

[50] Liu Z, Li H, Chen L, et al. A new model of and insight into hydrate film lateral growth along the gas-liquid interface considering natural convection heat transfer [J]. Energy & Fuels, 2018, 32 (2): 2053-2063.

[51] Li S L, Sun C Y, Liu B, et al. Initial thickness measurements and insights into crystal growth of methane hydrate film [J]. AIChE Journal, 2013, 59 (6): 2145-2154.

[52] Li S L, Sun C Y, Liu B, et al. New observations and insights into the morphology and growth kinetics of hydrate films [J]. Scientific Reports, 2014, 4 (1): 1-6.

[53] Li S L, Wang Y F, Sun C Y, et al. Factors controlling hydrate film growth at water/oil interfaces [J]. Chemical Engineering Science, 2015, 135: 412-420.

[54] Morrissy S A, McKenzie A J, Graham B F, et al. Reduction of clathrate hydrate film growth rate by naturally occurring surface active components [J]. Energy & Fuels, 2017, 31 (6): 5798-5805.

[55] Ohmura R, Kashiwazaki S, Mori Y H. Measurements of clathrate-hydrate film thickness using laser interferometry [J]. Journal of Crystal Growth, 2000, 218 (2-4): 372-380.

[56] Peng B Z, Sun C Y, Chen G J, et al. Hydrate film growth at the interface between gaseous CO_2 and sodium chloride solution [J]. Science in China Series B: Chemistry, 2009, 52 (5): 676-682.

[57] Mori Y H. Estimating the thickness of hydrate films from their lateral growth rates: Application of a simplified heat transfer model [J]. Journal of Crystal Growth, 2001, 223 (1-2): 206-212.

[58] Peng B Z, Dandekar A, Sun C Y, et al. Hydrate film growth on the surface of a gas bubble suspended in water [J]. The Journal of Physical Chemistry B, 2007, 111 (43): 12485-12493.

[59] Makogon Y, Makogon T, Holditch S. Several aspects of the kinetics and morphology of gas hydrates [C] //Proceedings of the International Symposium on Methane Hydrates. Chiba, Japan. 1998: 259-267.

[60] Wu R, Kozielski K A, Hartley P G, et al. Methane-propane mixed gas hydrate film growth on the surface of water and Luvicap EG solutions [J]. Energy & Fuels, 2013, 27 (5): 2548-2554.

[61] Teng H, Kinoshita C M, Masutani S M. Hydrate formation on the surface of a CO_2 droplet in high-pressure, low-temperature water [J]. Chemical Engineering Science, 1995, 50 (4): 559-564.

[62] Moudrakovski I L, McLaurin G E, Ratcliffe C I, et al. Methane and carbon dioxide hydrate formation in water droplets: Spatially resolved measurements from magnetic resonance microimaging [J]. The Journal of Physical Chemistry B, 2004, 108 (45): 17591-17595.

[63] Henning R W, Schultz A J, Thieu V, et al. Neutron diffraction studies of CO_2 clathrate hydrate: formation from deuterated ice [J]. The Journal of Physical Chemistry A, 2000, 104 (21): 5066-5071.

[64] Davies S R, Koh C A, Sum A K, et al. Studies of mass transfer resistances to hydrate formation [C] //Abstracts of Papers of the American Chemical Society. 1155 16th st, NW, Washington, DC 20036 USA: Amer Chemical Soc, 2009, 237.

[65] Sugaya M, Mori Y H. Behavior of clathrate hydrate formation at the boundary of liquid water and a fluorocarbon in liquid or vapor state [J]. Chemical Engineering Science, 1996, 51 (13): 3505-3517.

[66] Liang S, Kusalik P G. The mobility of water molecules through gas hydrates [J]. Journal of the American Chemical Society, 2011, 133 (6): 1870-1876.

[67] Turner D J, Miller K T, Sloan E D. Methane hydrate formation and an inward growing shell model in water-in-oil dispersions [J]. Chemical Engineering Science, 2009, 64 (18): 3996-4004.

[68] Davies S R, Sloan E D, Sum A K, et al. In situ studies of the mass transfer mechanism across a methane hydrate film using high-resolution confocal Raman spectroscopy [J]. The Journal of Physical Chemistry C, 2010, 114 (2): 1173-1180.

[69] Mori Y H, Mochizuki T. Mass transport across clathrate hydrate films—a capillary permeation model [J]. Chemical Engineering Science, 1997, 52 (20): 3613-3616.

[70] Abe Y, Ma X, Yanai T, et al. Development of formation and growth models of CO_2 hydrate film [J]. AIChE Journal, 2016, 62 (11): 4078-4089.

[71] Long J P, Sloan E D. Hydrates in the ocean and evidence for the location of hydrate formation [J]. International Journal of Thermophysics, 1996, 17 (1): 1-13.

[72] Takeya S, Hori A, Hondoh T, et al. Freezing-memory effect of water on nucleation of CO_2 hydrate crystals [J]. The Journal of Physical Chemistry B, 2000, 104 (17): 4164-4168.

[73] Beltrán J G, Servio P. Morphological investigations of methane-hydrate films formed on a glass surface [J]. Crystal Growth & Design, 2010, 10 (10): 4339-4347.

[74] Saito K, Kishimoto M, Tanaka R, et al. Crystal growth of clathrate hydrate at the interface between hydrocarbon gas mixture and liquid water [J]. Crystal Growth & Design, 2011, 11 (1): 295-301.

[75] Lee J D, Song M, Susilo R, et al. Dynamics of methane-propane clathrate hydrate crystal growth from liquid water with or without the presence of n-heptane [J]. Cryst. Growth, 2006 (6): 1428-1439.

[76] Watanabe S, Saito K, Ohmura R. Crystal growth of clathrate hydrate in liquid water saturated with a simulated natural gas [J]. Crystal Growth & Design, 2011, 11 (7): 3235-3242.

[77] Ohmura R, Matsuda S, Uchida T, et al. Clathrate hydrate crystal growth in liquid water

saturated with a guest substance: observations in a methane+ water system [J]. Crystal Growth & Design, 2005, 5 (3): 953-957.

[78] Lee S Y, Kim H C, Lee J D. Morphology study of methane-propane clathrate hydrates on the bubble surface in the presence of SDS or PVCap [J]. Journal of Crystal Growth, 2014, 402: 249-259.

[79] Taylor C J, Miller K T, Koh C A, et al. Macroscopic investigation of hydrate film growth at the hydrocarbon/water interface [J]. Chemical Engineering Science, 2007, 62 (23): 6524-6533.

[80] Hirai S, Takamatsu R, Tabe Y, et al. Formation of liquid CO_2 droplets and jets with deformation and growth of hydrate film [J]. Greenhouse Gas Control Technologies, 2001: 481-486.

[81] Sakemoto R, Sakamoto H, Shiraiwa K, et al. Clathrate hydrate crystal growth at the seawater/hydrophobic-guest-liquid interface [J]. Crystal Growth & Design, 2010, 10 (3): 1296-1300.

[82] Kishimoto M, Iijima S, Ohmura R. Crystal growth of clathrate hydrate at the interface between seawater and hydrophobic-guest liquid: Effect of elevated salt concentration [J]. Industrial & Engineering Chemistry Research, 2012, 51 (14): 5224-5229.

[83] Mitarai M, Kishimoto M, Suh D, et al. Surfactant effects on the crystal growth of clathrate hydrate at the interface of water and hydrophobic-guest liquid [J]. Crystal Growth & Design, 2015, 15 (2): 812-821.

[84] Delroisse H, Torré J P, Dicharry C. Effect of a hydrophilic cationic surfactant on cyclopentane hydrate crystal growth at the water/cyclopentane interface [J]. Crystal Growth & Design, 2017, 17 (10): 5098-5107.

[85] Ishida Y, Sakemoto R, Ohmura R. Crystal growth of clathrate hydrate in gas/liquid/liquid system: Variations in crystal-growth behavior [J]. Chemistry, 2011, 17 (34): 9471-9477.

[86] Ishida Y, Takahashi Y, Ohmura R. Dynamic behavior of clathrate hydrate growth in gas/liquid/liquid system [J]. Crystal Growth & Design, 2012, 12 (6): 3271-3277.

[87] Servio P, Englezos P. Morphology study of structure H hydrate formation from water droplets [J]. Crystal Growth & Design, 2003, 3 (1): 61-66.

[88] Ohmura R, Matsuda S, Itoh S, et al. Formation and growth of structure-H hydrate crystals on a water droplet in contact with methane gas and a large-molecule guest substance liquid [J]. Crystal Growth & Design, 2005, 5 (5): 1821-1824.

[89] Jin Y, Nagao J. Morphological change in structure H clathrates of methane and liquid hydrocarbon at the liquid-liquid interface [J]. Crystal Growth & Design, 2011, 11 (7): 3149-3152.

[90] Vysniauskas A, Bishnoi P R. Kinetics of ethane hydrate formation [J]. Chemical Engineering Science, 1985, 40 (2): 299-303.

[91] Skovborg P, Rasmussen P. A mass transport limited model for the growth of methane and ethane gas hydrates [J]. Chemical Engineering Science, 1994, 49 (8): 1131-1143.
[92] Mohebbi V, Behbahani R M, Naderifar A. A new approach for modeling of multicomponent gas hydrate formation [J]. Korean Journal of Chemical Engineering, 2017, 34 (3): 706-716.
[93] Feyzi V, Mohebbi V. Experimental and modeling study of the kinetics of methane hydrate formation and dissociation [J]. Chinese Journal of Chemical Engineering, 2021, 29: 365-374.
[94] Malegaonkar M B, Dholabhai P D, Bishnoi P R . Kinetics of carbon dioxide and methane hydrate formation [J]. Canadian Journal of Chemical Engineering, 2010, 75 (6): 1090-1099.
[95] Clarke M A, Bishnoi P R. Determination of the intrinsic kinetics of CO_2 gas hydrate formation using in situ particle size analysis [J]. Chemical Engineering Science, 2005, 60 (3): 695-709.
[96] Kimura H, Kai J. Feasibility of trichlorofluoromethane (CCl_3F, R11) heptadecahydrate as a heat storage material [J]. Energy Conversion and Management, 1985, 25 (2): 179-186.
[97] Isobe F, Mori Y H. Formation of gas hydrate or ice by direct-contact evaporation of CFC alternatives [J]. International Journal of Refrigeration, 1992, 15 (3): 137-142.
[98] 闫柯乐. 动力学水合物促进剂研究进展 [J]. 应用化工, 2020, 49 (05): 1266-1270.
[99] Karaaslan U, Parlaktuna M. Surfactants as hydrate promoters? [J]. Energy & Fuels, 2000, 14 (5): 1103-1107.
[100] Link D D, Ladner E P, Elsen H A, et al. Formation and dissociation studies for optimizing the uptake of methane by methane hydrates [J]. Fluid Phase Equilibria, 2003, 211 (1): 1-10.
[101] Gnanendran N, Amin R. The effect of hydrotropes on gas hydrate formation [J]. Journal of Petroleum Science and Engineering, 2003, 40 (1-2): 37-46.
[102] Liu Y, Chen B, Chen Y, et al. Methane storage in a hydrated form as promoted by leucines for possible application to natural gas transportation and storage [J]. Energy Technology, 2015, 3 (8): 815-819.
[103] Bhattacharjee G, Choudhary N, Kumar A, et al. Effect of the amino acid l-histidine on methane hydrate growth kinetics [J]. Journal of Natural Gas Science and Engineering, 2016, 35: 1453-1462.
[104] Veluswamy H P, Lee P Y, Premasinghe K, et al. Effect of biofriendly amino acids on the kinetics of methane hydrate formation and dissociation [J]. Industrial & Engineering Chemistry Research, 2017, 56 (21): 6145-6154.
[105] Bavoh C B, Lal B, Osei H, et al. A review on the role of amino acids in gas hydrate inhibition, CO_2 capture and sequestration, and natural gas storage [J]. Journal of Natural

Gas Science and Engineering, 2019, 64: 52-71.

[106] 陈玉龙. 氨基酸促进甲烷水合物形成的机理研究 [D]. 广州: 华南理工大学, 2016.

[107] Al-Adel S, Dick J A G, El-Ghafari R, et al. The effect of biological and polymeric inhibitors on methane gas hydrate growth kinetics [J]. Fluid Phase Equilibria, 2008, 267 (1): 92-98.

[108] Mohammad-Taheri M, Moghaddam A Z, Nazari K, et al. Methane hydrate stability in the presence of water-soluble hydroxyalkyl cellulose [J]. Journal of Natural Gas Chemistry, 2012, 21 (2): 119-125.

[109] Fakharian H, Ganji H, Far A N, et al. Potato starch as methane hydrate promoter [J]. Fuel, 2012, 94: 356-360.

[110] Babakhani S M, Alamdari A. Effect of maize starch on methane hydrate formation/dissociation rates and stability [J]. Journal of Natural Gas Science and Engineering, 2015, 26: 1-5.

[111] Li J, Liang D, Guo K, et al. Formation and dissociation of HFC134a gas hydrate in nano-copper suspension [J]. Energy Conversion and Management, 2006, 47 (2): 201-210.

[112] Zhou S, Yu Y, Zhao M, et al. Effect of graphite nanoparticles on promoting CO_2 hydrate formation [J]. Energy & Fuels, 2014, 28 (7): 4694-4698.

[113] 刘妮, 张亚楠, 柳秀婷, 等. 纳米流体中 CO_2 水合物生成特性实验研究 [J]. 制冷学报, 2015, 36 (2): 41-45.

[114] Arjang S, Manteghian M, Mohammadi A. Effect of synthesized silver nanoparticles in promoting methane hydrate formation at 4.7 MPa and 5.7 MPa [J]. Chemical Engineering Research and Design, 2013, 91 (6): 1050-1054.

[115] Najibi H, Chapoy A, Haghighi H, et al. Experimental determination and prediction of methane hydrate stability in alcohols and electrolyte solutions [J]. Fluid Phase Equilibria, 2009, 275 (2): 127-131.

[116] 李鑫源, 闵文鹏, 刘亮, 等. 天然气水合物抑制剂研究进展 [J]. 化学工程与装备, 2022, 2: 191-193.

[117] 王佳琪, 张昕宇, 贺佳乐, 等. 动力学水合物抑制剂性能与官能团作用研究进展及展望 [J]. 中南大学学报 (自然科学版), 2022, 53 (03): 772-798.

[118] Hu Y, Wang S, He Y. Interaction of amino acid functional group with water molecule on methane hydrate growth [J]. Journal of Natural Gas Science and Engineering, 2021, 93: 104066.

[119] Farhadian A, Varfolomeev M A, Kudbanov A, et al. A new class of promising biodegradable kinetic/anti-agglomerant methane hydrate inhibitors based on castor oil [J]. Chemical Engineering Science, 2019, 206: 507-517.

[120] Khodaverdiloo K R, Rad S A, Naeiji P, et al. Synergistic effects of nonylphenol ethoxylates and polyethylene glycols on performance of gas hydrate kinetic inhibitor [J]. Journal of Molecular Liquids, 2016, 216: 268-274.

[121] Park J, Kim H, da Silveira K C, et al. Experimental evaluation of RAFT-based poly (*N*-isopropylacrylamide) (PNIPAM) kinetic hydrate inhibitors [J]. Fuel, 2019, 235: 1266-1274.

[122] Maddah M, Maddah M, Peyvandi K. Molecular dynamics simulation of methane hydrate formation in presence and absence of amino acid inhibitors [J]. Journal of Molecular Liquids, 2018, 269: 721-732.

[123] Herri J M, Gruy F, Pic J S, et al. Interest of in situ turbidimetry for the characterization of methane hydrate crystallization: Application to the study of kinetic inhibitors [J]. Chemical Engineering Science, 1999, 54 (12): 1849-1858.

[124] Watanabe K, Imai S, Mori Y H. Surfactant effects on hydrate formation in an unstirred gas/liquid system: An experimental study using HFC-32 and sodium dodecyl sulfate [J]. Chemical Engineering Science, 2005, 60 (17): 4846-4857.

[125] Parent J S, Bishnoi P R. An apparatus for precise light scattering studies of the nucleation of natural gas hydrates [J]. Annals of the New York Academy of Sciences, 1994, 715 (1): 552-554.

[126] Zhao J, Wang C, Yang M, et al. Existence of a memory effect between hydrates with different structures (Ⅰ, Ⅱ, and H) [J]. Journal of Natural Gas Science and Engineering, 2015, 26: 330-335.

[127] 陈强，刘昌岭，业渝光，等. 多孔介质中气体水合物的成核研究 [J]. 石油学报（石油加工），2008，24 (3)：345-349.

[128] Oshima M, Shimada W, Hashimoto S, et al. Memory effect on semi-clathrate hydrate formation: A case study of tetragonal tetra-*n*-butyl ammonium bromide hydrate [J]. Chemical Engineering Science, 2010, 65 (20): 5442-5446.

[129] Zeng H, Moudrakovski I L, Ripmeester J A, et al. Effect of antifreeze protein on nucleation, growth and memory of gas hydrates [J]. AIChE Journal, 2006, 52 (9): 3304-3309.

[130] 陈俊. 油水分散体系水合物形成和分解过程研究 [D]. 北京：中国石油大学（北京），2014.

[131] Sefidroodi H, Abrahamsen E, Kelland M A. Investigation into the strength and source of the memory effect for cyclopentane hydrate [J]. Chemical Engineering Science, 2013, 87: 133-140.

[132] Nerheim A R. Investigation of gas hydrate: Formation kinetics by laser light scattering [R]. Trondheim: Norges Tekniske Hoegskole, 1995.

[133] Uchida T, Yamazaki K, Gohara K. Gas nanobubbles as nucleation acceleration in the gas-hydrate memory effect [J]. The Journal of Physical Chemistry C, 2016, 120 (47): 26620-26629.

第六章　水合物生成热力学促进剂

第一节　引　　言

水合物技术在二氧化碳捕集、海水淡化、气体分离等方面具有广阔的应用前景，但水合物的高压低温生成条件往往限制水合物技术的应用。水合物热力学促进剂的加入是强化与促进水合物生成的重要方式之一，可有效降低水合物生成难度，使水合物生成条件更加温和。热力学促进剂主要通过填充水合物孔穴、稳定水合物结构，促进水合物生成。热力学促进剂可分为传统可溶水相热力学促进剂、传统不可溶水相热力学促进剂[1] 和新型绿色生物型热力学促进剂。热力学促进剂研究正由传统热力学促进剂渐渐向新型绿色生物型热力学促进剂发展，并成为趋势。传统可溶水相促进剂主要有四氢呋喃（THF）和季铵盐［如四丁基氟化铵（TBAF）、四丁基溴化铵（TBAB）、四丁基氯化铵（TBAC）等］；不可溶水相热力学促进剂主要有环戊烷（CP）、环戊酮、氟环戊烷、甲基环戊烷、环己烷、甲基环己烷等；新型绿色生物型热力学促进剂主要有绿豆淀粉等。

第二节　传统可溶水相热力学促进剂

传统可溶水相热力学促进剂对扩大水合物稳定区从而促进水合物生成的作用是很明显的，同时传统可溶水相热力学促进剂的添加量存在最佳值，随添加量的增加促进作用先增强后减弱，添加量最佳值与添加剂和水的理论分子配比有关，分子配比值一般为最佳添加量。

一、THF 物性、THF 水合物生成机理及应用

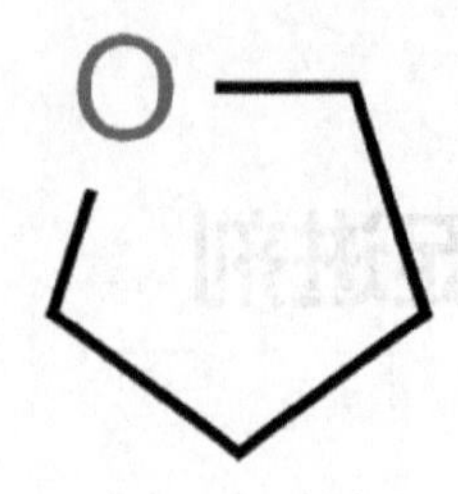

图 6-1 THF 分子结构式

四氢呋喃（tetrahydrofuran，THF；CAS 号 109-99-9）是一种无色、易挥发、环状醚类液体有机化合物，化学式为 C_4H_8O，其结构如图 6-1 所示。可溶于水、乙醇、苯、乙醚等，主要用于化学合成中间体、分析试剂和溶剂等。

THF 自身可与水生成Ⅱ型水合物，且生成条件较温和。当有 CO_2、CH_4、N_2 等小分子气体存在时，THF 占据水合物的大笼子，小分子气体填充水合物内部剩余空间，形成Ⅱ型混合水合物。THF 与气体分子生成复合水合物的化学结构式为 $8THF \cdot 16G \cdot 136H_2O$（G 为气体分子），其中 THF 和 H_2O 的分子配比为 8∶136，因此 THF 生成水合物的理论适宜浓度为 5.56%（摩尔分数），即 19.07%（质量分数）。图 6-2 展示了 THF 存在时气体水合物的热力学生成条件。

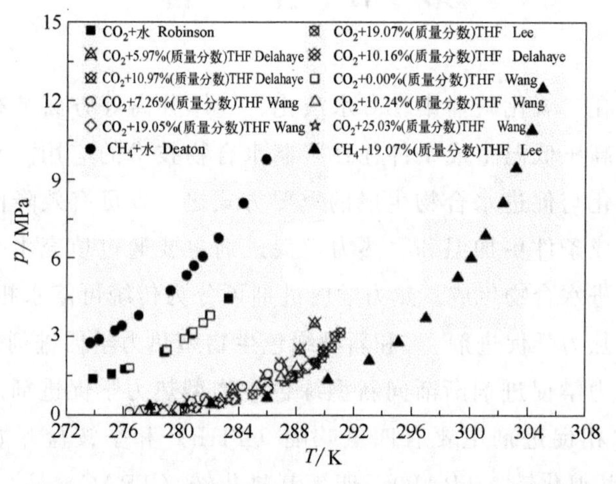

图 6-2 THF 存在时气体水合物的热力学生成条件

Delahaye 等[2] 使用差热分析（DTA）和差示扫描量热（DSC）法探究了 THF 体系［浓度范围：3.8%～15%（质量分数）；压力范围：0.2～3.5MPa］CO_2 水合物生成条件和解离焓。在 274～285K 温度范围内，THF 初始浓度为 3.8%（质量分数）时，添加 THF 后 CO_2 水合物相比于纯水 CO_2 水合物体系，生成压力降低了 79%，且 THF＋CO_2 水合物解离焓大约是纯水 CO_2 水合物解离焓的 2 倍。证实了 THF 是有效的 CO_2 水合物促进剂，即使是少量添加也具有明显的促进效果。

Lee 等[3] 对 THF＋CH_4、THF＋CO_2、CH_4＋CO_2、THF＋CH_4＋CO_2 体系进行了系统研究，其研究结果表明，5.56%（摩尔分数）THF 水溶液是 CH_4 水

合物/CO_2 水合物的最佳添加量。并且通过 X 射线衍射结果分析，THF 的存在，使 $CH_4+CO_2+H_2O$ 体系形成Ⅰ型结构水合物转变为 $CH_4+CO_2+THF+H_2O$ 体系的Ⅱ型结构水合物，并且对水合物相的组成产生影响。对于 CH_4+CO_2 水合物，水合物相中的 CO_2 浓度高于气相；对于 $THF+CO_2+CH_4$ 水合物，水合物相中的 CO_2 浓度低于气相。

Wang 等[4] 使用逐步降温法（stepwise heating method under isochoric conditions）探究了 7.26%～25.03%（质量分数）THF 水溶液体系气-水合物-液态水-液态 THF 热力学四相平衡条件。实验结果表明，在实验条件范围内 THF 的存在显著降低了 CO_2 水合物的生成压力，但当 THF 浓度大于 19.05%时，水合物生成压力不再变化，其原因在于与由 CO_2+H_2O 生成的Ⅰ型水合物相比，$CO_2+THF+H_2O$ 生成Ⅱ型水合物，其中 THF 分子占据水合物笼形结构的大孔，CO_2 占据小孔，当 THF 分子占据所有大孔时，其质量分数为 19.05%，更多的 THF 不再参与水合物生成，因此 THF 最佳添加量为 19.05%（质量分数）。

孙强[5] 的研究得出了类似的结论，他对水合物法分离混空煤层气进行了研究，采用恒温法测定不同 CH_4 含量的混空煤层气在 278.15～298.15K 范围内水合物的生成压力。结果证明 THF 对 CH_4+N_2 水合物生成压力具有显著的降低作用，考虑到实际操作的便利性，给出了 THF 在 $CH_4+N_2+THF+H_2O$ 体系的最佳添加量为 6.00%（摩尔分数）的建议。

THF 对 CO_2 和 CH_4 水合物及混合气水合物的生成压力均具有明显的降低作用，但 THF 的自身物理化学特性对其工业实际应用具有一定的限制，如极度易燃、具有较强的挥发性、损耗增加运行成本，同时 THF 对橡胶、塑料等材质具有强腐蚀性，且属于 2B 类致癌物，危害人身健康等。

二、季铵盐类热力学促进剂

随着水合物相关研究的深入，研究者发现某些季铵盐类可生成不同于传统三种水合物晶体类型的半笼形水合物（semiclathrate hydrate）[6]。季铵盐阳离子与水分子形成若干大孔穴并占据其中，阴离子取代一个水分子以氢键形式与周围的其他水分子形成笼形结构。研究较多的有四丁基氟化铵（TBAF）、四丁基氯化铵（TBAC）、四丁基溴化铵（TBAB）等。在四丁基卤化铵系列化合物中，TBAB、TBAC、TBAF 均可生成水合物，具有热力学促进作用，且从溴化物到氟化物，水合物的稳定性呈现显著下降趋势[7]，四丁基溴化铵所生成的水合物稳定性最强。此外还有四丁基乙酸铵（TBAA）、四丁基溴化磷（TBPB）、四丁基硝酸铵（TBA-NO_3）等也具有显著的热力学促进作用。

1. 四丁基溴化铵（TBAB）

四丁基溴化铵（tetrabutylammonium bromide，TBAB；CAS 号 1643-19-2）

为白色晶体或粉末，有潮解性，溶于水、醇、丙酮，微溶于苯，有毒；分子式为 $C_{16}H_{36}BrN$，分子结构如图 6-3 所示。主要应用于相转移催化剂、离子对试剂、药物合成等领域。

TBAB是目前研究气体水合物应用较多的一类添加剂，水合物形成过程中，TBAB分子中的 Br^- 置换晶体结构中的水分子，帮助水合物成笼，然后 TBA^+ 可占据水合物的大笼子，小分子气体填充水合物内部剩余空间。TBAB 参与水合物形成，能够使水合物结构更加稳定，从而使水合物分解压力大幅降低。TBAB 半笼形水合物具有 A 型和 B 型两种稳定结构，水合数分别为 26 和 38。B 型结构理想分子式可以表示为 $1TBAB \cdot 3G \cdot 38H_2O$，1 个 TBAB 水合物晶格结构中含有 2 个十四面体（$5^{12}6^2$）和 2 个十五面体（$5^{12}6^3$）组成的大孔穴，以及 3 个十二面体（5^{12}）的小空穴，小空穴可被合适的小分子填充[8]，结构图如图 6-4 所示。图 6-5 为不同研究人员所测得的常压下两种不同构型的 TBAB 水合物相图[9,10]。

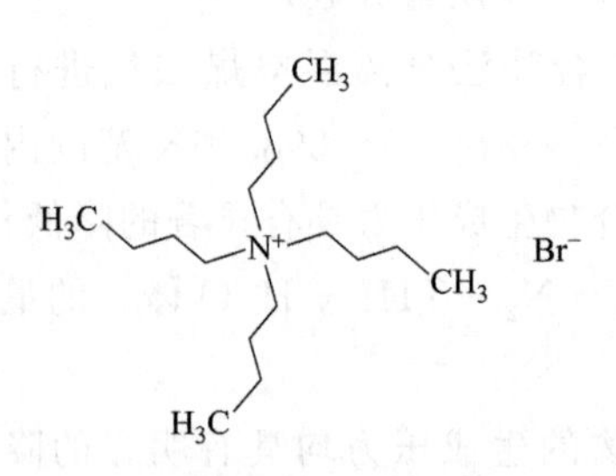

图 6-3　四丁基溴化铵分子结构式

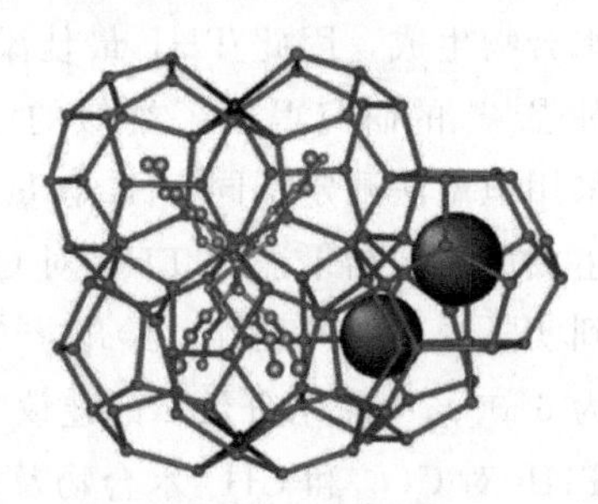
图 6-4　B 型 TBAB 半笼形水合物结构图

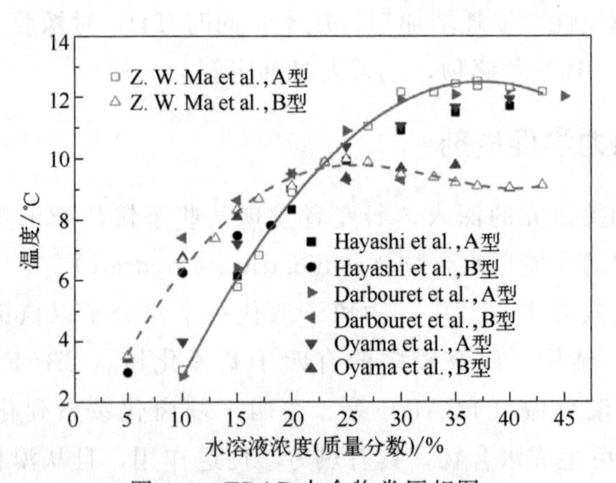

图 6-5　TBAB 水合物常压相图

TBAB 水合物较为适宜的理论浓度为 2.56%（摩尔分数），即 32.00%（质量分数），图 6-6 给出了 TBAB 存在时气体水合物的热力学生成条件[10]。在浓度低于 32.00%（质量分数）时，随着 TBAB 浓度增加，CO_2 水合物生成压力降低。而浓度为 55.00%（质量分数）的 TBAB 溶液中，CO_2 水合物的生成条件出现了反转，

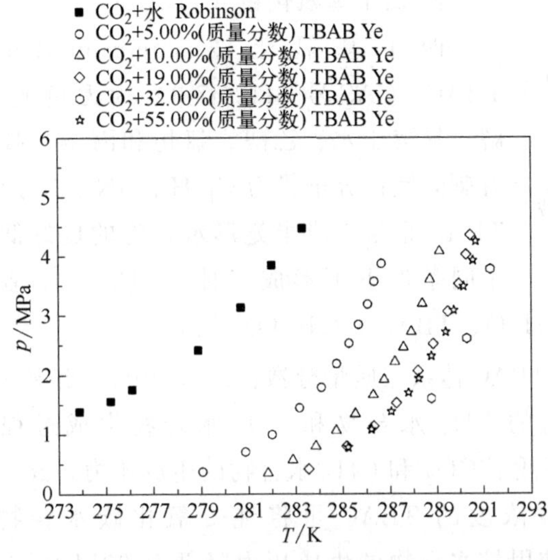

图 6-6 TBAB存在时气体水合物热力学生成条件

水合物生成压力增加。

岳刚[11] 将TBAB作为热力学促进剂，对油页岩干馏气中的CH_4进行提浓，经过6级水合分离，可将CH_4从15.0%（摩尔分数）提升至92.01%（摩尔分数），为利用水合分离技术从油页岩干馏气中获取CH_4提供了基础数据。

李淇[12] 采用喷雾法进行了CO_2/CH_4混合气水合分离实验，平衡分离得到的CH_4浓度最大值为82.8%（摩尔分数），回收率为85.6%，CO_2分离因子为10.98，验证了TBAB可有效提高CO_2的水合分离效果。基于aspen plus能耗计算，得到水合物沼气分离技术能耗成本为0.390kW·h/kg沼气，高于变压吸附、膜分离等低能耗工艺，与低温分离工艺相当，低于化学吸收工艺。

廖志新[13] 对TBAB体系催化裂化干气水合物生成条件进行了实验探究，证实TBAB的存在可以降低催化裂化干气的水合物生成压力，改善水合物浆液流动性，并在间歇分离实验装置上进行了单平衡级水合物法分离催化裂化干气实验，证实TBAB水溶液可以较好地实现乙烯组分的富集，比纯水体系具有更好的分离效果。

罗洋[14] 对TBAB体系中CO_2+N_2、CO_2+H_2混合气的水合物生成条件进行了相平衡实验，明确了TBAB的热力学促进作用。并在自行搭建的管式水合连续分离气体混合物的实验装置上完成了模拟烟道气和IGCC燃料气的水合连续分离的稳定运行，经过4个平衡级，将CO_2浓度从17%提高至95%，回收率38.99%。对于IGCC燃料气经过1个平衡级，CO_2浓度由40%提高至76.7%～88.88%，显示了较好的工业应用前景。

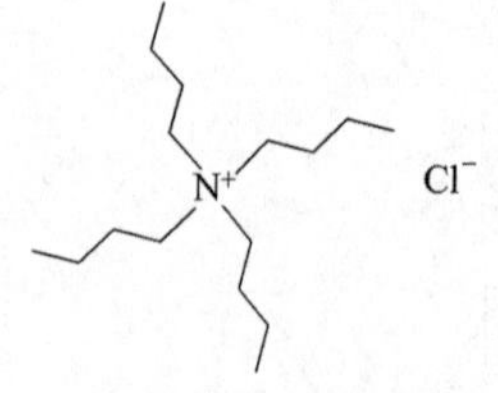

图 6-7 四丁基氯化铵分子结构式

2. 四丁基氯化铵（TBAC）

四丁基氯化铵（tetrabutylammonium chloride，TBAC；CAS 号 1112-67-0）为无色或淡褐色结晶，易潮解，易溶于水、乙醇、氯仿和丙酮，微溶于苯和乙醚，具有刺激性；分子式为 $C_{16}H_{36}ClN$，分子结构如图 6-7 所示。TBAC 也是生成半笼形水合物的良好低压材料，TBAC 在不同条件下可形成三种不同的晶体结构类型（TBAC·24H_2O、TBAC·30H_2O、TBAC·32H_2O）[7]。

Sun 等[15,16] 对 TBAC 体系（质量分数：5%、10%、20%、30%）在 281.65～292.85K 温度范围内的 CH_4 水合物和 CO_2 水合物生成过程进行了实验探究。TBAC 的存在大大降低了 CO_2 和 CH_4 水合物的生成压力，282.00K 条件下，添加 5.00%（质量分数）浓度的 TBAC 可将纯二氧化碳水合物的生成压力降低 2.50MPa 左右，将纯甲烷水合物的生成压力降低 5.00MPa 左右。且在此实验条件范围内随 TBAC 浓度的增加，水合物生成压力不断降低，添加 TBAC 所形成的二元水合物比单一气体水合物也更稳定。因此 TBAC 具有明显的热力学促进效果。

Mohammadi 等[17] 对 TBAC 体系（质量分数：5.00%，15.00%、22.00%）在 278.8～293.2K 温度范围内的 CO_2 水合物和 CH_4 水合物生成进行了实验探究，结果也证实了这一结论，并扩展了 TBAC 体系氮气水合物生成条件的基础数据。图 6-8 为常见气体水合物在 TBAC 体系中的热力学生成条件。TBAC 对气体水合物热力学生成压力的降幅显著，尤其是对 N_2 水合物，大大降低了其生成条件。

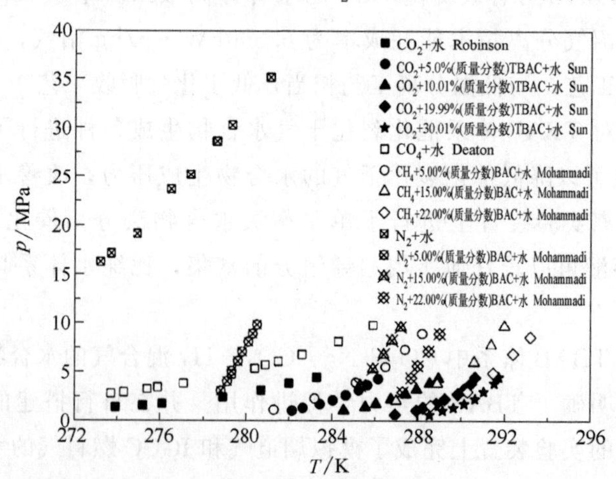

图 6-8 TBAC 存在时气体水合物的热力学生成条件

3. 四丁基氟化铵（TBAF）

四丁基氟化铵（tetrabutylammonium fluoride，TBAF；CAS 号 429-41-4）外

观是一种白色固体，极易吸湿；分子式为 $C_{16}H_{36}FN$，分子结构如图 6-9 所示。TBAC 可有效扩大水合物稳定区，降低水合物生成压力以促进水合物生成。

Li 等[18] 对四丁基卤化铵体系［浓度：0.293%（4.10%）、0.617%（8.27%），前一数字为摩尔分数，后一为质量分数］在压力 0.40～3.77MPa、温度 280.2～293.5K 范围内的 CO_2 水合物的生成条件进行了测定。0.293%（摩尔分数）浓度的 TBAF 体系中 CO_2 水合物的平衡温度比相同条件下纯水体系水合物的平衡温度高约 10.00K。在以上两种浓度下，TBAF 体系 CO_2 水合物的三相平衡温度也要比相同条件下 TBAB 和 TBAC 体系 CO_2 水合物的平衡温度高。TBAF 的水合热力学促进效果要强于 TBAB 和 TBAC。图 6-10 为 TBAF 体系二氧化碳水合物热力学生成条件[18,19]。

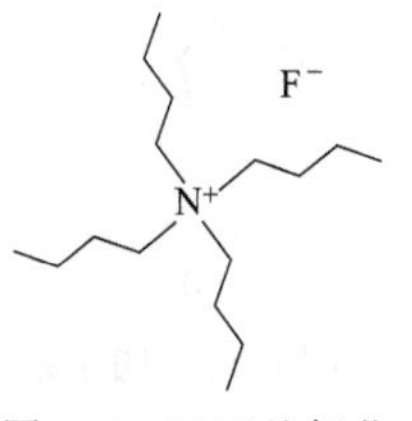

图 6-9　四丁基氟化铵分子结构式

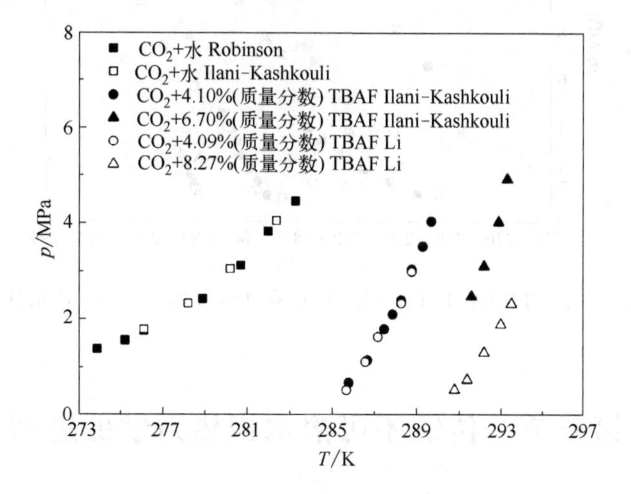

图 6-10　TBAF 体系二氧化碳水合物热力学生成条件

4. 四丁基乙酸铵（TBAA）/四丁基溴化鏻（TBPB）/四丁基硝酸铵（$TBANO_3$）

四丁基乙酸铵（tetrabutylammonium acetate，TBAA；CAS 号 10534-59-5；$C_{18}H_{39}NO_2$）、四丁基溴化鏻（tetrabutylphosphonium bromide，TBPB；CAS 号 3115-68-2；$C_{16}H_{36}BrP$）、四丁基硝酸铵（tetrabutylammonium nitrate，$TBANO_3$；CAS 号 1941-27-1；$C_{16}H_{36}N_2O_3$）分子结构式如图 6-11 所示。

Ilani-Kashkouli 等[19] 报道了 CO_2 + TBAA + 水、Ar + TBPB + 水、Ar + $TBANO_3$ + 水在温度 276.1～302.7K、压力 0.31～9.90MPa 范围内的水合物相平衡条件。结果表明 TBAA 对 CO_2 水合物形成有促进作用，TBPB 和 $TNANO_3$ 对 Ar 水合物的形成有促进作用，如图 6-12 所示。

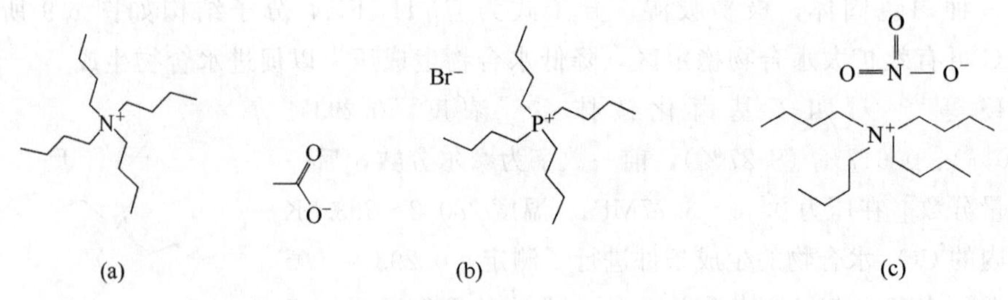

图 6-11　四丁基乙酸铵（a）、四丁基溴化鏻（b）、四丁基硝酸铵（c）分子结构式

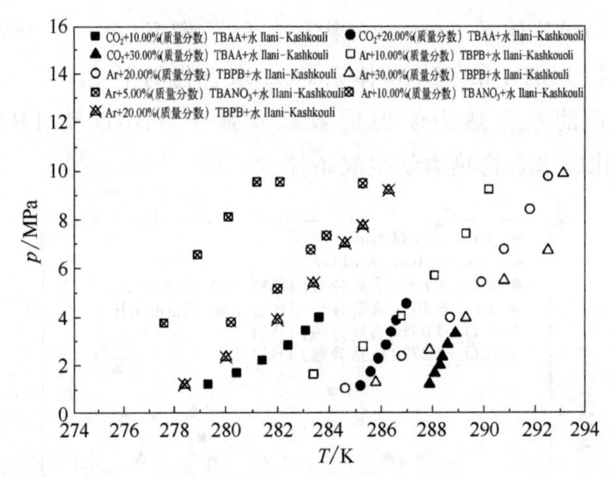

图 6-12　TBAA/TBPB/$TBANO_3$ 存在时气体水合物生成条件

第三节　传统不可溶水相热力学促进剂

由吉布斯相律可知，不可溶水相热力学促进剂的组成、浓度对气体水合物的相平衡温度和压力影响较小，且不依赖于组成。促进剂的种类是研究的主要方向，研究发现环戊烷、环己烷及其衍生物等对气体水合物都具有热力学促进作用[20,21]。

1. 环戊烷

环戊烷（cyclopentane，CP；CAS 号 287-92-3；C_5H_{10}）为易燃性液体，主要用于色谱分析标准物质、溶剂、发动机燃料、共沸蒸馏剂。CP 可显著降低诸如 CO_2 等气体水合物的生成压力。理论上 H_2 很难生成水合物，只有在极高的压力下 H_2 分子才可能进入水合物孔穴并稳定存在，但是环戊烷的存在极大地降低了 H_2 水合物的生成压力，这将促进水合物法储氢技术的发展。国内外学者对 CP 促进气体水合物生成进行了实验验证，确定了环戊烷作气体水合物促进剂的有效性[22-25]，如图 6-13 所示。

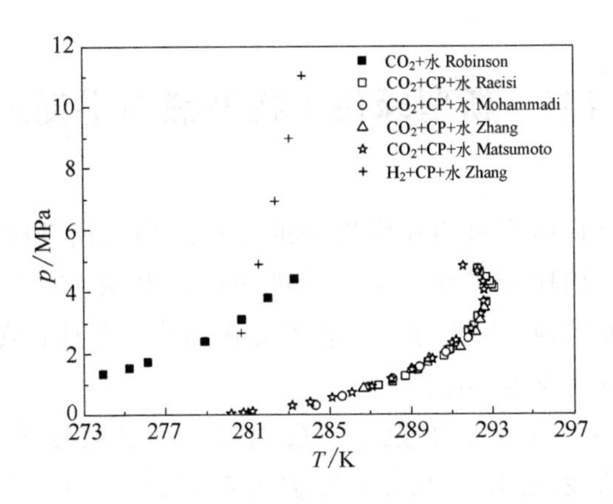

图 6-13　环戊烷存在时气体水合物的生成条件

2. 环戊酮/氟环戊烷/甲基环戊烷/环己烷/甲基环己烷

环戊酮/氟环戊烷/甲基环戊烷/环己烷/甲基环己烷是除环戊烷外对气体水合物也具有不同程度热力学促进作用的有机化合物。环戊酮/氟环戊烷/环己烷对 CO_2 水合物的热力学促进作用明显。带有甲基的甲基环戊烷和甲基环己烷对 CO_2 水合物的促进作用较弱，但甲基环戊烷对 CH_4 水合物的促进作用显著[22,23]，如图 6-14 所示。

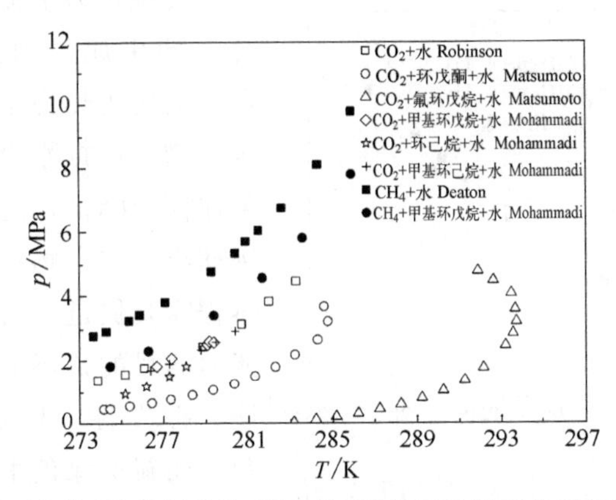

图 6-14　环戊酮/氟环戊烷/甲基环戊烷/环己烷/甲基环己烷存在时气体水合物的生成条件

3. 一氟二氯乙烷

一氟二氯乙烷（dichlorofluoroethane，HCFC-141b）具有良好的热稳定性和化学稳定性。Liang 等[26] 指出 CO_2 + HCFC-141b + H_2O 体系生成Ⅱ型水合物，其中 HCFC-141b 占据大孔穴，CO_2 占据小孔穴，在 288.0K 温度以下时 HCFC-141b 降低 CO_2 水合物生成压力的效果强于环戊烷，在 280.0K 以上，两者作用效果相当[21]。

第四节　新型绿色生物型热力学促进剂

目前大多数水合物研究机构在促进剂的使用上仍采用 TBAB、THF、环戊烷等传统化学添加剂，相比于传统水合物促进剂存在刺激性、有毒性、挥发性、环境污染、低储气量等问题，新型绿色生物型促进剂[27] 因具有安全环保、生物可降解性强等特性越来越受业界关注。

绿豆淀粉中含有一定量的低聚糖（戊聚糖、半乳聚糖等）。李阳杨等[28,29]的实验结果表明：在 273.15～283.15K 温度范围内，0.01%、0.05%、0.08%（均为质量分数）三种浓度的绿豆淀粉对甲烷水合物生成具有热力学促进作用，平均压降分别为 0.187MPa、0.185MPa、0.187MPa，如图 6-15 所示。8.00MPa、277.15 K 时水合物的储气量（体积比）由纯水的 125.8 分别提高到 144.6、143.2、143.0，平均提高 17.8 左右。相比于 THF 和 TBAB 等传统热力学促进剂，绿豆淀粉对降低甲烷水合物生成压力的作用非常有限，但在提高储气量方面其优势是传统热力学促进剂所不具备的。绿豆淀粉的溶解性较差，因此实际应用受到限制，但对后续生物型热力学促进剂研究具有一定的指导意义。

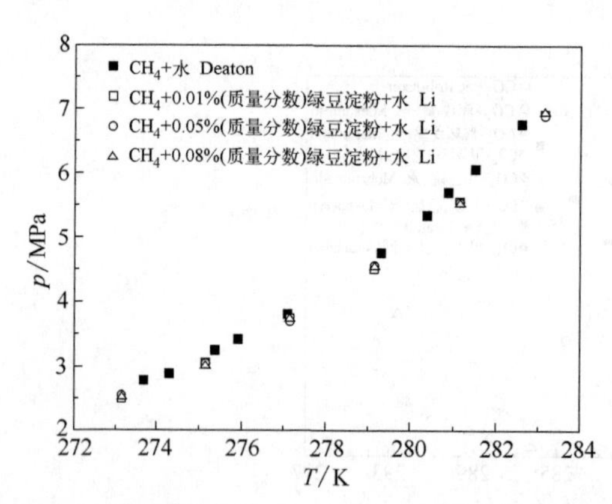

图 6-15　绿豆淀粉存在时气体水合物的生成条件

传统热力学促进剂可有效降低水合物的生成压力，促进水合效果明显。但传统热力学促进剂自身可生成水合物，占据水合物孔穴，因此储气量往往会降低，这对水合物法二氧化碳捕集、水合物法混合气分离等工业过程需要促进水合物生成和提高储气能力的目的是不利的，同时还存在毒性、挥发性、环境污染性等系列问题。而新型绿色生物型促进剂具有不错的环保特性，且可提高储气能力，但其对气体水合物生成压力的降低作用有限。因此针对热力学促进剂的研究仍需进一步探索，开发高储气量、环保型水合物促进剂是未来发展的方向。

参 考 文 献

[1]　周麟晨，孙志高，李娟，等．水合物形成促进剂研究进展 [J]．化工进展，2019，38（9）：

4131-4141.

[2] Delahaye A，Fournaison L，Marinhas S，et al. Effect of THF on equilibrium pressure and dissociation enthalpy of CO_2 hydrates applied to secondary refrigeration [J]. Industrial & Engineering Chemistry Research，2006，45 (1)：391-397.

[3] Lee Y J，Kawamura T，Yamamoto Y，et al. Phase equilibrium studies of tetrahydrofuran (THF)+CH_4，THF+CO_2，CH_4+CO_2，and THF+CO_2+CH_4 hydrates [J]. Journal of Chemical & Engineering Data，2012，57 (12)：3543-3548.

[4] Wang M，Sun Z G，Qiu X H，et al. Hydrate dissociation equilibrium conditions for carbon dioxide+ tetrahydrofuran [J]. Journal of Chemical & Engineering Data，2017，62 (2)：812-815.

[5] 孙强. 水合物法分离混空煤层气技术基础研究 [D]. 北京：中国石油大学（北京），2011.

[6] Yamamuro O，Suga H. Thermodynamic studies of clathrate hydrates [J]. Journal of Thermal Analysis，1989，35 (6)：2025-2064.

[7] Aladko L S，Dyadin Y A，Rodionova T V，et al. Clathrate hydrates of tetrabutylammonium and tetraisoamylammonium halides [J]. Journal of Structural Chemistry，2002，43 (6)：990-994.

[8] Shimada W，Shiro M，Kondo H，et al. Tetra-*n*-butylammonium bromide-water (1/38) [J]. Acta Crystallographica Section C：Crystal Structure Communications，2005，61 (2)：65-66.

[9] Ma Z W，Zhang P，Wang R Z，et al. Forced flow and convective melting heat transfer of clathrate hydrate slurry in tubes [J]. International Journal of Heat and Mass Tansfer，2010，53 (19-20)：3745-3757.

[10] Ye N，Zhang P. Equilibrium data and morphology of tetra-*n*-butyl ammonium bromide semiclathrate hydrate with carbon dioxide [J]. Journal of Chemical & Engineering data，2012，57 (5)：1557-1562.

[11] 岳刚. 水合物法分离含甲烷/二氧化碳混合气的应用基础研究 [D]. 北京：中国石油大学（北京），2020.

[12] 李淇. 水合物法分离沼气中二氧化碳研究 [D]. 广州：华南理工大学，2018.

[13] 廖志新. 水合物法分离催化裂化干气实验和模型研究 [D]. 北京：中国石油大学（北京），2014.

[14] 罗洋. 基于TBAB水合物的气体分离技术相关基础研究 [D]. 北京：中国石油大学（北京），2018.

[15] Sun Z G，Liu C G. Equilibrium conditions of methane in semiclathrate hydrates of tetra-*n*-butylammonium chloride [J]. Journal of Chemical & Engineering Data，2012，57 (3)：978-981.

[16] Sun Z G，Jiao L J，Zhao Z G，et al. Phase equilibrium conditions of semi-calthrate hydrates of (tetra-*n*-butyl ammonium chloride+carbon dioxide) [J]. The Journal of Chemical Thermodynamics，2014，75：116-118.

[17] Mohammadi A, Manteghian M, Mohammadi A H. Phase equilibria of semiclathrate hydrates for methane+tetra *n*-butylammonium chloride (TBAC), carbon dioxide+TBAC, and nitrogen+TBAC aqueous solution systems [J]. Fluid Phase Equilibria, 2014, 381: 102-107.

[18] Li S, Fan S, Wang J, et al. Semiclathrate hydrate phase equilibria for CO_2 in the presence of tetra-*n*-butyl ammonium halide (bromide, chloride, or fluoride) [J]. Journal of Chemical & Engineering Data, 2010, 55 (9): 3212-3215.

[19] Ilani-Kashkouli P, Hashemi H, Basdeo A, et al. Hydrate dissociation data for the systems (CO_2/CH_4/Ar) + water with (TBAF/TBAA/TBPB/$TBANO_3$ and cyclopentane) [J]. Journal of Chemical & Engineering Data, 2019, 64 (6): 2542-2549.

[20] Mooijer-Van Den Heuvel M M, Witteman R, Peters C J. Phase behaviour of gas hydrates of carbon dioxide in the presence of tetrahydropyran, cyclobutanone, cyclohexane and methylcyclohexane [J]. Fluid Phase Equilibria, 2001, 182 (1-2): 97-110.

[21] Wang M, Sun Z G, Li C H, et al. Equilibrium hydrate dissociation conditions of CO_2+HCFC141b or cyclopentane [J]. Journal of Chemical & Engineering Data, 2016, 61 (9): 3250-3253.

[22] Mohammadi A H, Richon D. Phase equilibria of clathrate hydrates of methyl cyclopentane, methyl cyclohexane, cyclopentane or cyclohexane+carbon dioxide [J]. Chemical Engineering Science, 2009, 64 (24): 5319-5322.

[23] Matsumoto Y, Makino T, Sugahara T, et al. Phase equilibrium relations for binary mixed hydrate systems composed of carbon dioxide and cyclopentane derivatives [J]. Fluid Phase Equilibria, 2014, 362: 379-382.

[24] Zhang J S, Lee J W. Equilibrium of hydrogen+cyclopentane and carbon dioxide+cyclopentane binary hydrates [J]. Journal of Chemical & Engineering Data, 2009, 54 (2): 659-661.

[25] Raeisi M, Mohammadifard M, Javanmardi J, et al. Experimental study and thermodynamic modeling of clathrate hydrate stability conditions in carbon dioxide+cyclopentane+water system: Retrograde region [J]. Journal of Molecular Liquids, 2020, 298: 112083.

[26] Liang D, Guo K, Wang R, et al. Hydrate equilibrium data of 1,1,1,2-tetrafluoroethane (HFC-134a), 1, 1-dichloro-1-fluoroethane (HCFC-141b) and 1, 1-difluoroethane (HFC-152a) [J]. Fluid Phase Equilibria, 2001, 187: 61-70.

[27] Wang W, Ma C, Lin P, et al. Gas storage in renewable bioclathrates [J]. Energy & Environmental Science, 2013, 6 (1): 105-107.

[28] 李阳杨. 水合物法分离煤层气的生物型促进剂研究 [D]. 北京：中国石油大学（北京），2017.

[29] Sun Q, Chen B, Li Y, et al. Enhanced separation of coal bed methane via bioclathrates formation [J]. Fuel, 2019, 243: 10-14.

第七章　水合物生成动力学促进剂

第一节　引　言

为缓解我国能源日益紧张的局面，弥补天然气的供给缺口，提高非常规天然气（如沼气、低浓度瓦斯等）清洁能源的使用率非常必要。然而非常规天然气常因杂质气体（如 CO_2、N_2、O_2）的存在影响其燃烧热值及利用效果，须将其中的杂质气体分离出来，并浓缩 CH_4 气体[1,2]。水合物法分离气体混合物可根据 CH_4、CO_2、H_2S、N_2、O_2 等气体形成水合物的热力学条件差异来实现，该技术应用于沼气分离、低浓度瓦斯分离及其他混合气体分离过程可以避免爆炸等问题，是实现低浓度瓦斯高效利用的一种重要途径，具有广阔的应用前景[3-5]。

气体水合物是气体分子和水分子在低温高压条件下相互作用而形成的一种笼形晶体化合物，自然界存在的水合物是一种潜在的清洁能源。而水合物分离技术在混合气体分离、海水淡化等方面都有着十分广阔的应用前景。但是水合物分离技术在实现工业化的方向上同样存在着一定的问题，如水合物反应速率较慢、生成水合物的诱导时间过长以及水合物储气量需要增大等难题。在水合反应的过程中存在着较大的传质和传热阻力，所以在相关的实验研究中大部分都是从强化传质传热的角度进行分析，比如采用搅拌、鼓泡或者喷雾等机械物理的强化手段，增大气液之间的接触面积，提高水合反应速率，从而使水合反应的过程更加充分。但是物理强化手段也存在一些缺陷，如部分情况下效果难以得到保证、所需的能耗大、投资成本高等问题。众多学者在进行水合物的研究过程中发现，在水合反应体系中加入一定量的化学类添加剂，可以在微观层面上改变液体的微观结构，且进一步降低了气液界面处的表面张力，能够使更多的气体溶解在液相中，从而加快了水合物的成核[6-13]。所以目前相关学者对于水合物动力学添加剂的研究相继展开，也为水合物应用技术的发展提供了基础。动力学水合物促进剂不影响水合物生成的热力学条件，但可有效加快水合物的成核与生长速率[14]，目前动力学促进剂主要包括以下几个方面。

第二节　水合物促进剂的促进机理

目前国内外关于添加剂促进水合物生成的机理还没有形成统一的定论。根据现有的文献报道，主要有以下五种理论：降低表面张力理论、临界胶束理论、毛细现象理论、模板效应理论和表面疏水效应理论。

一、降低表面张力理论

王兰云等[15] 总结出气体在液相中达到过饱和状态是水合物生成的前提条件，而液体表面的水膜对气体进入液相形成巨大阻力。同时由于水膜的存在，气液界面的表面张力也比较大，而加入表面活性剂能够有效降低气液界面的表面张力，使得更多的气体能够通过界面进入液相中，即增加了气体在液相中的溶解，使得水合物能够在界面和液相主体中均匀形成（如图 7-1 所示）。

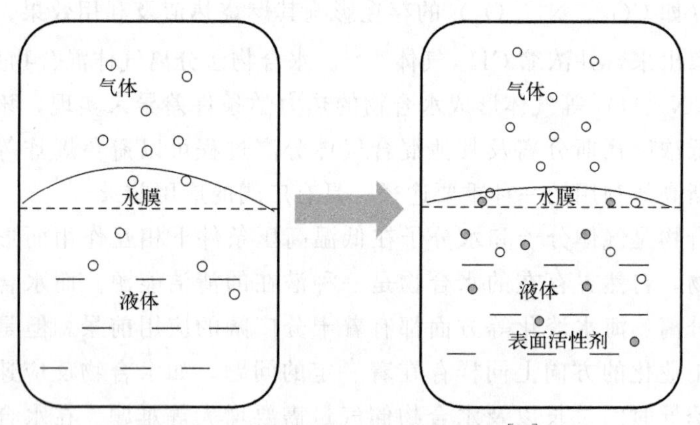

图 7-1　降低表面张力理论示意图[15]

Dicharry 等[16] 分别在纯水和 SDS（十二烷基硫酸钠）溶液中进行了 CO_2 水合物的生成实验，结果显示压力为 2.64MPa 时，SDS 体系中生成水合物的量远远多于纯水体系；并且发现纯水体系下，水合物只在气液界面处生成，而 SDS 体系中在溶液内部也生成了水合物。他们认为这是由于加入促进剂使气液界面张力降低，CO_2 气体更容易进入液相，并能在界面和液相主体之中均匀生成。李玉星等[17] 在水合物生成实验中，测得加入表面活性剂 SDS 和 SDBS（十二烷基苯磺酸钠）均能促进水合物的生成，同样认为表面活性剂的存在有效降低了气液界面张力，增加气体在水中的溶解。张庆东等[18] 认为表面张力的降低能够减小气体通过气液界面的阻力，促进液相之间气泡形成，使得气体与液体接触更频繁，从而提高水合物成核概率，加速水合物生成。以上学者都是从降低表面张力方面来促进气体水合物生成，至于表面活性剂结构和特性与不同性质气体水合物成核之间的关系还需要大量实验进行系统分析，以针对不同气液体系筛选相应的水合反应表面活性剂。

二、临界胶束理论

张保勇等[19] 研究发现当含促进剂水溶液浓度超过临界胶束浓度（CMC）时会形成胶束化形态，进而束缚气体分子并与水分子结合形成团簇。气体分子可以溶解在胶束中，最开始水合物由溶解在胶束中的气体分子与水分子形成，而后在溶液中形成水合物细微颗粒；当团簇增多，胶束内部剩余空间减少，增加了团簇互相碰撞和接触的机会，从而促进水合物晶核形成，有利于水合物进一步生长。

对于烃类气体，张保勇等[19] 认为当浓度达到临界胶束浓度时，会形成大量胶束，胶束的憎水基聚集在一起，亲水基分布在周围形成一个中间含有孔隙的空腔结构；胶束则将难溶于水的烃类气体包裹在其中（如图 7-2 所示），并且胶束均匀分布在水中，这样就增加了气体在水中的溶解，起到良好的增溶作用，为烃类气体水合物的生成创造良好条件并缩短诱导时间；与此同时，SDS 表面活性剂在乙烷和天然气水合物形成条件下的 CMC 为 242mg/L，当 SDS 超过其临界胶束浓度时，静态系统中水合物的形成速率增加了 700 倍以上。

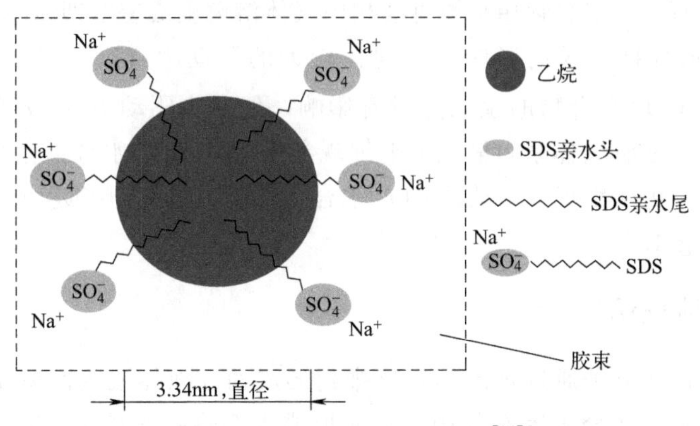

图 7-2　SDS 胶束模型示意图[19]

虽然临界胶束理论得到了一些学者的认可，但也有学者提出质疑。Di Profio 等[20] 在相似的条件下，使用 SDS、月桂酸钠（SL）、油酸钠（SO）、4-十二烷基苯磺酸钠（DBSA）、阳离子表面活性剂十二烷基胺盐酸盐（DAHCl）和十二烷基三甲基氯化铵（DTACl）进行 CH_4 水合物实验，发现添加了 SDS、SL 和 DAHCl

的水溶液在水合物形成条件下（达到 CMC 之前）已经发生沉淀，却没有观察到任何胶束形成。因此，关于促进剂临界胶束及其与气体水合物形成条件之间的关系，还需要大量实验工作来进一步验证。

三、毛细现象理论

Gayet 等[21] 研究发现在水合物形成过程中，水合物并不会在气液相界面上形成严实致密的薄膜结构，而是沿液体上方的反应容器内壁迁移，形成厚实的一层多孔水合物结构，这种水合物结构具有毛细现象（图 7-3）。Lo 等[23] 发现反应溶液可借助毛细现象，使液体到达水合物层的表面并与气体接触，在毛细现象的作用下，不断促使反应液与气体保持接触，从而提高水合物生成速率并促进水合物形成。

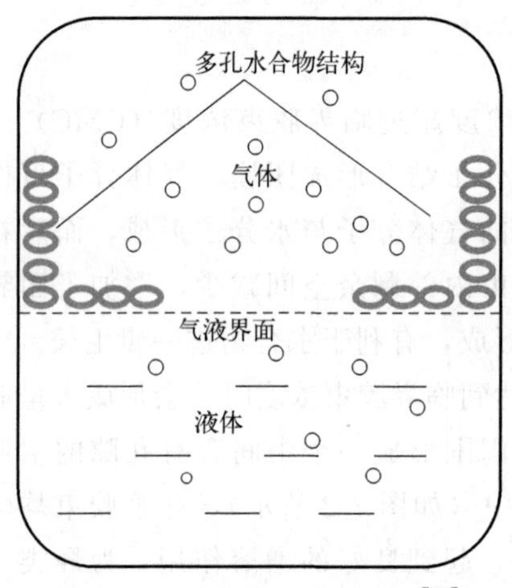

图 7-3　毛细现象理论示意图[22]

Zhang 等[24] 认为 SDS 能促进 CO_2 水合物形成的主要原因在于它们能够改变水合物的形态，形成多孔水合物，并且形成的多孔水合物在毛细现象下转移到反应容器内壁上，不断加速反应液与气体接触，提高水合反应速率，从而促进水合物生长。Molokitina 等[25] 研究了在不同传质驱动力（气液平衡时的气体溶解度与水合物相平衡时液相中气体溶解度之差，即摩尔分数 Δx）下 SDS 对 CO_2 水合物生长的影响，发现在较大的驱动力（$\Delta x \geqslant 5.0\times10^{-3}$）下，SDS 添加剂对 CO_2 水合物的生长并没有影响，但在小驱动力（$\Delta x \leqslant 1.0\times10^{-3}$）下，1000mg/L 的 SDS 体系中最先由毛细现象来驱动 CO_2 水合物生长；即使在无搅拌的情况下，由毛细现象驱动的 CO_2 水合物转化率也达到了近 90%（SDS 质量浓度为 1000mg/L 时）。

四、模板效应理论

水合物是由水分子通过氢键相连接排列形成的五面体或六面体组合成大笼和小笼，笼子再将气体分子困在其中，从而形成水合物晶体结构。陈勇[26] 研究发现，类似五元环、六元环或大小相近的杂环有机物作为水合物模板，诱导客体分子进入其中并形成五角环和六角环结构的水合物晶核，从而加快了水合物的成核速率，促进水合物形成。

Wang 等[27] 将 ZIF-61（咪唑酸分子筛骨架，ZIF）用于 THF 水合物形成实验，发现 ZIF-61 对 THF 水合物成核有明显促进作用。由于 ZIF-61 是一种具有四面体结构的 ZIF 化合物，其结构中含有五元环，类似于 THF 水合物的笼状结构，ZIF-61 笼形结构中的五元环为水合物晶核形成提供模板［见图 7-4（a）］，故而对 THF 水合物的成核有明显促进作用。Long 等[28] 研究了高吸水性聚合物（SAP）对 THF 水合物形成的影响，发现 SAP 能够促进 THF 水合物形成，且并未改变 THF 水合物的形态。他们分析认为 SAP 结构中大量羧基与水分子之间可以形成氢键，从而形成多个五元环和六元环，如图 7-4（b）所示，这些环可以作为模板，诱导形成水合物晶核五角环和六角环，从而加速水合物形成。吕秋楠[29] 研究发现不溶于水的环状有机物（如硫化环丙烷、环戊烷）可作为 CH_4 水合物促进剂；该过程中水分子围绕在五边形和六边形的促进剂周围，形成水合物晶核的五角环和六角环，与此同时，用气体分子作为小客体分子来稳定水合物结构，从而促进水合物的生成。

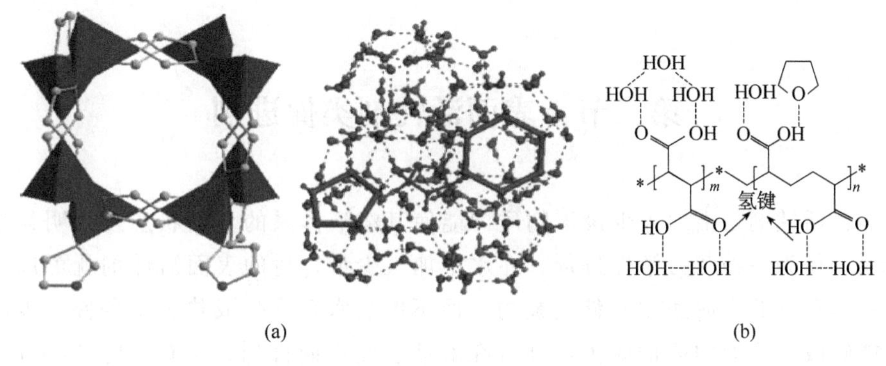

图 7-4　ZIF-61 模板效应促进 THF 水合物的成核（a）[27]
以及 SAP 与水形成的环状结构（b）[28]

五、表面疏水效应理论

Chandler[30] 研究发现疏水效应在气体水合物的形成中起着至关重要的作用。疏水物质使其周围的水分子聚集形成笼状结构（即疏水性水化壳）。疏水性水化壳的存在可以为水合物提供成核位置。同时，疏水物质附近的气体分子局部密度增加，并进入成核位置形成气体水合物笼，如图 7-5 所示。相反，亲水性物质不仅会破坏周围的水结构聚集，而且会与气体分子争夺水分子，从而阻碍水合物形成。当添加剂具有两亲性时，对水合物的形成是抑制还是促进则视疏水性部分和亲水性部分竞争结果而定。

Nguyen 等[31] 综述了表面疏水作用对天然气水合物的影响，他们认为玻璃微珠、活性炭、碳纳米管固体表面疏水性可提高气-水界面接触机会，加之多孔颗粒的比表面积较大，气-水接触面积得以增加，从而有利于气体水合物形成。

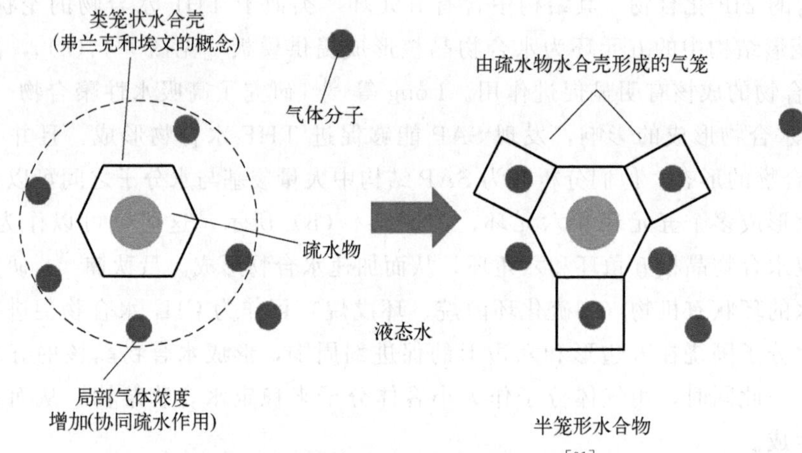

图 7-5 固体表面疏水理论示意图[31]

第三节 表面活性剂类促进剂

表面活性剂是指加入少量该物质即能使其溶液体系的界面状态发生明显变化的物质。作为一种动力学促进剂，在水中加入少量合适的表面活性剂就可以极大地加快水合物的生成速率和储气能力，而不影响水合物生成热力学条件。表面活性剂能够改变溶液的表面张力，并且在溶液表面定向排列，具有一定的润湿、乳化和增溶作用。在水合物的生成过程中，常用的表面活性剂主要有四种类型，分别为：阳离子型表面活性剂、阴离子型表面活性剂、非离子型表面活性剂和两性类离子表面活性剂。

一、阳离子型表面活性剂

阳离子型表面活性剂在水溶液中呈现正电性，形成带正电荷的表面活性离子。它不仅具有一般表面活性剂的基本性质，而且还表现出一些特殊性能，被用作抗静电剂、消毒杀菌剂、缓蚀剂、矿物浮选剂、相转移催化剂、织物整理剂等。阳离子型表面活性剂与阴离子型表面活性剂相比，占市场份额很小，但价格相对较高，属于功能性小品种。按照携带正离子电荷的原子不同可分为含氮类和非含氮类：含氮类主要可分为胺盐型、季铵盐型、杂环型和氧化胺型等；非含氮类主要有季鏻盐、季锍盐、季钾盐等[32]。

目前，具有商业价值的阳离子型表面活性剂大多是有机氮化合物的衍生物。在天然气水合物的研究中，很少使用阳离子型表面活性剂。Ganji 等[33] 进行了阳离子表面活性剂十六烷基三甲基溴化铵（CTAB）在甲烷水合物上的生成动力学研究，实验测定的浓度为300mg/L、500mg/L和1000mg/L。CTAB在1000mg/L时能够提高水合物成核速率，但在浓度为300mg/L和500mg/L时反而会降低水合物的成核速率。当CTAB的实验浓度为1000mg/L时，水合物的储气量（体积比）能够达到最大值165。另外，他们还分别测定了在不同类型的表面活性剂溶液中甲烷水合物在268.2K、270.2K和272.2K条件下的稳定性。由实验结果可知，当体系的温度在凝固点以下时，随着表面活性剂的添加甲烷水合物的分解速率也随之增加。CTAB对甲烷水合物分解速率的促进作用最小。Keshavarz等[34] 研究了阳离子型表面活性剂十六烷基三甲基溴化铵（CTAB）对甲烷水合物生成速率及水合物生成诱导时间的影响。在甲烷水合物生成的诱导时间方面，380mg/L CTAB溶液中甲烷水合物的诱导时间为19min。

随着阳离子型表面活性剂被广泛应用于国民经济发展的各个领域，开发温和、安全、高效的功能型和环境友好型阳离子型表面活性剂是未来研究和开发的热点。

二、阴离子型表面活性剂

离子型表面活性剂是水合物形成中常用的动力学试剂，阴离子型表面活性剂能够加快水合物的形成速率并且缩短水合物生成的诱导时间以及增加水合物的储气量[35]。此类化合物包括各类萘磺酸盐系、烯烃磺酸盐系、木质素磺酸系、聚羧酸系和腐殖酸系等，各类取代基的萘磺酸盐聚合物是目前水煤浆添加剂市场上使用最广泛的产品。萘磺酸盐系中最典型的是萘磺酸钠甲醛缩合物，其适用范围广，能与各类分散剂混合使用[36]。

十二烷基硫酸钠（SDS）是一种最常见的阴离子型表面活性剂，人们对其进行了大量的研究。吴强等[37] 研究了SDS、高岭土对煤层气水合物生成过程及CH_4分离效果的影响，这类添加剂均可缩短诱导时间、提高生成速率，26%（体积分数）的煤层气经一级分离后，CH_4浓度可提高12.4%～20.61%。关于煤层气分离的研究较多，但大多是针对甲烷浓度高于30%的煤层气，且操作压力较高，对低浓度煤层气的研究相对较少。因此，有必要开展水合物法分离低浓度煤层气的实验研究。裂解干气的主要成分是甲烷、乙烷、乙烯以及少量的N_2和H_2，目前我国在石油炼制过程中副产的裂解干气达到了600万吨/年。Zhang等[38,39] 在水合物法分离裂解干气方面做了大量的研究工作，他们在实验过程中发现动力学促进剂SDS对采用水合分离法回收裂解干气中的碳二组分具有良好的促进作用。

Zhang等[24,40] 研究了SDS对甲烷水合物生成动力学的影响。实验结果表明，SDS的添加能够缩短水合物成核的诱导时间，且SDS胶束以及SDS的沉淀对水合物的成核作用很小。根据水合物的成核理论可知，SDS能够明显降低水合物晶体表面与SDS溶液之间的表面张力，从而进一步提高水合物的生长速率。当SDS的浓度从260mg/L变化至10000mg/L时，水合物生成的诱导时间和浓度之间的关系并没有形成系统性的规律。Yoslim 等[41] 则利用显微镜来观察 SDS 对甲烷水合物生成过程的影响，发现生成的甲烷水合物呈多孔枝杈状，从而增加了甲烷向水溶液扩散的通道，大大加速了水合物的后续生长，甲烷水合物的生长速率约是在纯水中的 14 倍。

马鸿凯等[42] 研究了表面活性剂 SDS 和 Cu 丝对制冷剂 HCFC-141b 在静态体系中生成水合物的影响规律。由实验结果可知，SDS 和 Cu 丝的添加能够缩短水合物成核的诱导时间。在静态体系中，当 SDS 的浓度为 0.1%（质量分数）时，制冷剂生成水合物的诱导时间最短（1.3h）。Keshavarz 等[34] 研究了 SDS 对甲烷水合物生成速率和水合物生成诱导时间的影响，实验结果表明，500mg/L SDS 溶液中甲烷水合物生成的诱导时间为 42min。

Liu 等[43] 进行了 SDS 和 L-甲硫氨酸促进 CO_2 水合物动力学的比较，实验结果表明，L-甲硫氨酸（质量分数为 0.1%）显著促进了 CO_2 水合物的形成，CO_2 水合物中的气体吸收量是相同浓度 SDS 的 5 倍。Okutani 等[44] 探究了 SDS、十四烷基硫酸钠（STS）和十六烷基硫酸钠（SHS）对静态体系中 CH_4 水合物生成动力学的影响，实验结果表明，SDS 的烷基链长度最短，但是在水中的溶解度最大。SDS 能够有效加快水合物的成核速率并且提高最终的水合物转化率。浓度为 100mg/L 的 STS 对 CH_4 水合物生成的促进作用与浓度为 1000mg/L 的 SDS 作用相似，因此 STS 更适合应用于水合物形成过程。SHS 的链长最长，在水中的溶解度最小，相较于 SDS 和 STS，在水合物形成动力学方面的促进作用较弱。

Lin 等[45] 研究了甲烷气体在 SDS 溶液中的水合物生成和化解的动力学过程。SDS 的存在能够强化水合物的生成，当 SDS 的浓度为 650mg/L 时，水合物储气量（体积比）达到最大值 170。常压下进行水合物的化解过程中，SDS 的存在能够弱化水合物的自我保护效应，加快水合物的分解。当温度低于 266K 时，SDS 在甲烷水合物生成动力学上的促进作用减弱。袁吉等[46] 研究了阴离子型表面活性剂十二烷基磺酸钠（SLS）、十二烷基硫酸钠（SDS）和十二烷基苯磺酸钠（SDBS）对水和反应物 HCFC-141b 与水两相界面张力的影响，实验结果表明：在水中分别添加 2450mg/L 的 SLS、2470mg/L 的 SDS 和 576mg/L 的 SDBS 后，HCFC-141b/水溶液的界面张力分别降低为 HCFC-141b/蒸馏水界面张力的 37%～62%、15%～19%和 9%～12%。相同温度下，576mg/L 的 SDBS 对水/HCFC-141b 两相界面张力的改善效果最好。Delroisse 等[7] 研究了表面活性剂的添加对水溶液中环戊烷水合物生成动力学的影响。在表面活性剂溶液中，环戊烷水合物的周围会产生较多的针状晶体。当表面活性剂的浓度过高时，水合物晶体的生成速率小于纯水条件下的生成速率。Chaturvedi 等[47] 提出了一种新型阴离子型表面活性剂（由蓖麻油合成的阴离子表面活性剂）已用于促进甲烷水合物形成。通过研究发现，与纯水体系相比，在水相中加入少量合成的表面活性剂对提高天然气水合物形成过程中的耗气量具有显著的潜力。还发现在表面活性剂存在下诱导时间显著缩短。水合物形成速率通过一阶指数衰减计算。在 9000mg/L 添加量下获得体积比为 172 的最大气体储存容量，这与纯水系统相比显著增高。

李文昭等[48] 研究了 SDS、脂肪醇聚氧乙烯醚硫酸钠（AES）两种表面活性剂对甲烷水合物生成的影响。实验在静态的不锈钢反应釜中进行，由实验结果可知，SDS 和 AES 能够在金属表面进行吸附，使甲烷水合物的成核速率加快。当 SDS 浓度为 300mg/L 时，水合物储气量（体积比）达到最大值 131.4，此时水合物储气速率加快，并增大至 5.8mmol/min。当表面活性剂的浓度较低时，添加剂对固体表面亲水性的改变程度较小，在壁面形成多孔介质的效果也变得不明显。

总的来说，阴离子型表面活性剂有利于缩短气体水合物生成的诱导时间，并且显著提高水合物的储气密度以及有效提高气体水合物的生成速率。

三、非离子型表面活性剂

非离子型表面活性剂是分子中含有在水溶液中不离解的醚基为主要亲水基的表面活性剂，其表面活性由中性分子体现出来。非离子型表面活性剂具有很高的表面活性，良好的增溶、洗涤、抗静电、钙皂分散等性能，刺激性小，还有优异的润湿和洗涤功能。这种类型的表面活性剂可以与其他离子型表面活性剂共同使用。

非离子型表面活性剂的主要优点是可以通过改变环氧乙烷量，实现亲水亲油性和分子量的调节、控制，不受水质及煤中可溶性物质影响。非离子分散剂减黏效果最好，定黏浓度略高于阴离子分散剂，而且用量少，对浆体稳定化作用也很好，不足之处是水煤浆的流型不是很理想[36]。

吴强等[49] 研究了 3 组含煤表面活性剂溶液系统（T40、T80、T40/T80）中瓦斯气水合物的生成过程。提出了低浓度瓦斯水合化分离新方法，并研究了 3 种瓦斯气样水合化分离过程。经过一级水合化分离实验，CH_4 体积分数为 26%、39.8%和 58.98%的气样，提纯后 CH_4 的体积分数可分别达到 40.6%、60.41%和 80.41%，为 30%以下低浓度瓦斯水合化分离奠定了基础。

Ganji 等[33] 测定了非离子型表面活性剂乙氧基壬基酚（ENP）在甲烷水合物上的生成动力学，ENP 浓度分别为 300mg/L、500mg/L 和 1000mg/L，在 1000mg/L 时能够提高水合物成核速率，在浓度为 300mg/L 和 500mg/L 时反而会降低水合物的成核速率。

李璞等[50] 制备了 HCFC-141b 微乳液，并研究了吐温 20（Tween-20）添加量对水合物生成诱导时间的影响。Tween-20 的质量分数范围为 19%～40%，当 Tween-20 的量少于 29%时，水合反应诱导时间随 Tween-20 浓度增加而减少，当大于 29%并增加到 36%时，开始出现抑制作用。

李文昭等[48] 研究了脂肪醇聚氧乙烯醚（AEO）表面活性剂对甲烷水合物生成的影响。实验在静态的不锈钢反应釜中进行，由实验结果可知，由于AEO不能与金属的壁面发生吸附，所以对甲烷水合物的动力学促进作用降低。当表面活性剂的浓度较低时，添加剂对固体表面亲水性的改变程度较小，在壁面形成多孔介质的效果也变得不明显。当AEO的浓度为300mg/L时，水合物储气速率为0.07mmol/min，水合物储气量（体积比）仅有12.3。Zhang等[51] 研究了烷基聚葡萄糖（APG）在甲烷水合物生成诱导时间上的影响规律。由实验结果可知，静态体系中甲烷水合物生成的诱导时间为2600min，当APG的浓度为800～1600mg/L时，甲烷水合物生成的诱导时间为15min。

非离子型表面活性剂是较晚应用于生产中的一类表面活性剂。但自20世纪30年代开始应用以来，发展非常迅速，应用也非常广泛，很多性能超过离子型表面活性剂。随着石油工业的发展，原料来源丰富，工艺不断改进，成本日渐降低，其产量占表面活性剂总产量的比重越来越高，逐渐有超过其他表面活性剂的趋势。

四、两性类离子表面活性剂

两性类离子表面活性剂不同于一般的阴、阳离子型表面活性剂，它的分子极性头中同时含有正、负电荷基团，在酸性介质中可以展现出阳离子型表面活性剂的特性，同时在某些条件下又可以表现出一些阴离子型表面活性剂的性质。常见的两性类离子表面活性剂有氨基酸型、甜菜碱型和卵磷脂型，其中卵磷脂型是天然的两性类离子表面活性剂，而氨基酸型和甜菜碱型则为合成类的表面活性剂。两性类离子表面活性剂中阴离子部分主要是羧酸盐，阳离子部分主要是季铵盐或胺盐，阳离子部分由胺盐构成的叫氨基酸型，由季铵盐构成的叫甜菜碱型，常见的甜菜碱型表面活性剂有烷基甜菜碱和磺基甜菜碱等[52]。

甜菜碱型两性类表面活性剂对金属离子有螯合作用，因而大多数都可用于高矿化度、较高温度的油层驱油，能大大降低非离子型与阴离子型表面活性剂复配时的色谱分离效应，但同样有价格高的缺点[36]。而且由于其结构的特殊性，能够与阴离子、非离子型表面活性剂混配。

通过大量的实验研究发现，在水合过程中添加表面活性剂，使溶液的表面张力降低，气体分子在水中的溶解度进一步增大，使得水分子和气体分子之间的接触和碰撞更加充分，从而生成更多的水合物晶体，表面活性剂在水合过程中主要是作为水合物生成的抗凝聚剂，增大水合物储气量。而动力学促进型的表面活性剂虽然能够减少诱导时间，但在离解（脱气）或气体回收阶段会有泡沫形成，从而阻碍水合物分解，降低气体的释放速率，这对于瓦斯气体分离过程是不利的。

第四节　氨基酸类促进剂

氨基酸作为一种环保型气体水合物促进剂，与 SDS 等常见的促进剂分子的结构类似，但其分子量较小，结构也更为简单，也是研究水合物促进机理的理想材料。氨基酸主要由氨基和羧基两种官能团以及一个特征侧链组成，经常作为水合物生成动力学过程中的添加剂。陈玉龙[53] 通过对不同种类氨基酸促进效果的比较发现，氨基酸分子的旋光性和同分异构体不影响对甲烷水合物的储气效果，但不同长度侧链的氨基酸对甲烷水合物的促进效果有明显区别。一般来说，氨基酸侧链的长度少于 3 个碳原子时，对甲烷水合物的形成不表现促进效果，只有当氨基酸侧链的长度超过 3 个碳原子时才会表现出一定的促进效果，而且疏水性侧链基团的促进性能要高于亲水性的侧链基团。通过比较氨基酸溶液表面张力与其对甲烷水合物形成的促进效果，发现氨基酸溶液表面张力的大小与其对甲烷水合物形成的促进性能之间没有直接的对应关系，即氨基酸分子不是通过改变溶液的表面张力来促进甲烷水合物形成的。

Veluswamy 等[54] 研究了亮氨酸对甲烷水合物生成动力学的影响，当亮氨酸的浓度为 0.3%（质量分数，下同）时，在水合物成核之后能够看到明显的泡沫，使水合物生成的体积增大，相应的水合物储气量也在增大。当亮氨酸的浓度低于 0.3%时，其在甲烷水合物上的生成动力学作用减弱。同时，亮氨酸的添加在甲烷水合物分解方面的促进作用要强于表面活性剂 SDS。Bhattacharjee 等[55] 探究了组氨酸的添加对甲烷水合物生成动力学的影响。在浓度为 1%的组氨酸溶液中，甲烷水合物的储气量和浓度为 1%的 SDS 溶液中甲烷水合物的储气量相当，但是组氨酸溶液中的水合物生成速率要小于 SDS 水溶液。Veluswamy 等[56] 探究了在静态体系和搅拌体系下的亮氨酸溶液中甲烷水合物的生成动力学。由实验结果可知，两种实验条件下甲烷水合物的储气量相近，在亮氨酸溶液中甲烷水合物具有多孔性，能够增大水合物储气量，水合物储气量（体积比）最大可以达到 133。国内的相关学者还探究了色氨酸、组氨酸和精氨酸对甲烷水合物生成的影响，从分子链结构上分析了氨基酸和芳香基团的存在能够加快甲烷水合物的生成，而且该基团的存在还具有一定的疏水性[57-59]。Bavoh 等[60] 研究了氨基酸对水合物生成的影响，氨基酸主要是通过其分子结构中的侧链基团、功能性官能团以及分子链的极性来影响水合物的生成（促进或者抑制的作用）。除此之外，氨基酸的溶解性能以及氨基酸与水分子之间的氢键交互作用也会影响气体水合物的生成。任悦萌等[61] 通过对比测试了正缬氨酸、丙氨酸和组氨酸在常压环戊烷水合物体系和高压甲烷水合物体系中的效果，结果表明：同丙氨酸和组氨酸相比，环戊烷体系中正缬氨酸具有最高效的促进效果，显著提升了水合物生成速率，其最适浓度（质量分数）为0.5%，诱导时间和反应最高温度分别为9.5min和4.5℃；同时，正缬氨酸在甲烷水合物体系同样具有最佳的促进性能，有效提升了甲烷水合物的储气量，初始过冷度的增加可有效提高水合物生成速率与储气能力。Liu 等[62] 探究了亮氨酸对甲烷水合物储气量的影响，由水合物生成的动力学实验可知，添加剂亮氨酸中的重组分可以在动力学上增强其对水合物生成的促进作用。

氨基酸溶液中形成的水合物通常柔软且多孔，陈福林[63] 探究不同浓度的L-甲硫氨酸和D-亮氨酸在不同搅拌模式下的促进效果，得出两种氨基酸促进效果最优的浓度。结果表明，以L-甲硫氨酸和D-亮氨酸为促进剂时在较低浓度就可提高水合物的生成速率及气体消耗量。在全程搅拌时，L-甲硫氨酸和D-亮氨酸促进效果最优的浓度均为12mmol/L，其中L-甲硫氨酸的促进效果随着浓度的增大呈增强趋势，但L-甲硫氨酸作为促进剂对气体消耗量的促进作用不如对反应速率的促进作用显著；D-亮氨酸的促进作用同样是随着浓度的增大呈增强趋势，但浓度对促进效果的影响并不明显。Sa 等[64] 发现氨基酸会与水分子形成氢键，并将其自身嵌入水合物结构中（图7-6）。氨基酸在嵌入水合物晶格中会导致晶格变形和膨胀。当晶格嵌入位点饱和之后，未嵌入水合物晶格的氨基酸会发生结晶。氨基酸结晶之后，它们与水的氢键作用变得很弱，对水合物的抑制作用降低，甚至这些氨基酸晶体可为气体水合物形成提供晶核，从而促进气体水合物生成。也就是说，氨基酸对气体水合物形成并不一定表现出单一的促进或抑制作用，氨基酸的浓度是影响最终效果的关键因素。

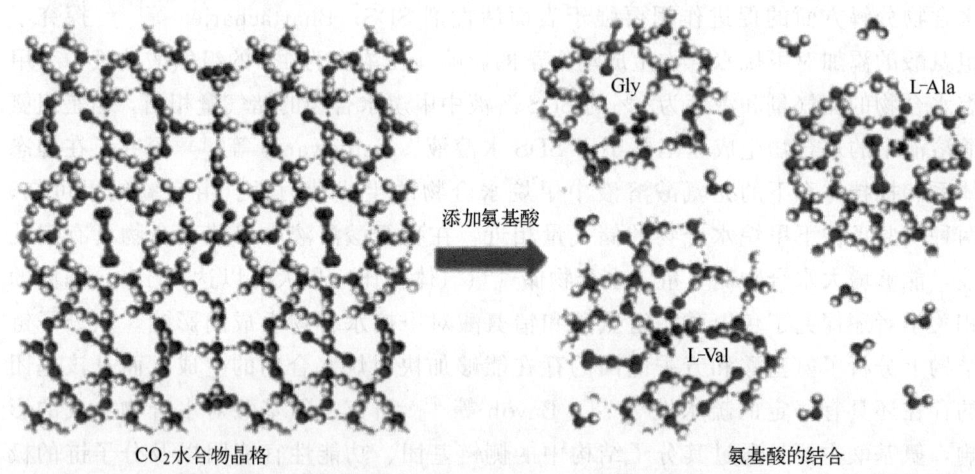

图7-6　氨基酸通过氢键嵌入水合物晶体结构示意图[64]

Gly—甘氨酸；L-Ala—L-丙氨酸；L-Val—L-缬氨酸

尽管如此，目前还很难通过实验的方式来确定精确的晶格位置，因为只有小部分氨基酸分子掺入水合物晶格中，因而有必要进一步通过量子化学或分子动力学模拟来研究氨基酸-水合物晶体配合物的晶格掺入行为和稳定性。另外，氨基酸对 CO_2 水合物表现为促进还是抑制作用，还受氨基酸与 CO_2 分子间化学反应的影响。氨基酸与 CO_2 之间主要发生的是两性离子反应（zwitterionic reaction），氨基酸中的氨基首先与 CO_2 反应，以获得两性离子中间体。系统中只要存在碱（例如氨基或水），都会使得两性离子与碱反应形成氨基酸盐[65]。两性离子反应的速率常数关系到 CO_2 水合物的生成速率和吸收率。因此，具有快速反应速率的氨基酸具有促进水合物形成的潜力。

氨基酸是生物功能大分子蛋白质的基本组成单位，是生物体内不可或缺的营养成分之一。因此以氨基酸作为气体水合物促进剂无毒害、无污染，可直接排放入循环水体或土壤，可以很快被生物降解，不会造成任何环境污染，实现“绿色工业”的理念，为实现水合物储运技术工业化解除后顾之忧。通过研究对氨基酸类添加剂在水合物生成上的影响，与常规的表面活性剂类添加剂相比较，氨基酸类添加剂在环境友好性方面更加突出，并且在水合过程中不容易产生过多的泡沫。综上所述，氨基酸类水合物添加剂具有较好的应用前景。

第五节　纳米流体类促进剂

纳米流体是 20 世纪末提出的高导热的新型换热介质，其具有优良的传热传质特性[66]，因此在水合物生成过程中添加纳米流体也成为了近几年的研究热点。纳米流体具有较大的比表面积和较高的化学活性，尤其是在气液接触的反应中，能够有效增大两者的接触面积，使反应更加充分[9,28,67]。纳米流体能够有效促进反应体系的传热、传质过程，其巨大的比表面积为水合物提供了众多的成核点，有利于水合物异相成核，使得更多气体参与水合反应，进而缩短水合物形成的诱导时间，加快水合物的生成过程，且其强化程度与纳米颗粒的种类、浓度等相关。

李金平等[68] 首次将纳米材料用于促进水合物生成，其通过研究纳米铜流体中 HCFC-141b 气体水合物的生成过程，发现纳米铜流体能促进水合物生成过程的传热传质，缩短水合物的生成过程。在相同过冷度下，去离子水、纯 SDBS 体系、质量分数分别为 0.1% 和 1.0% 的纳米铜流体中水合物的生成时间分别为 250min、190min、140min 和 120min。随后，李金平等[69] 对纳米铜流体中 HFC-134a 气体水合物的合成进行了实验研究，得到了与之前研究相同的结论。他们认为纳米铜巨大的比表面积为水合反应提供了反应界面，使得更多气体分子与水接触发生水合反应。此外，纳米铜粒子剧烈的布朗运动和高热导率促进了体系的传热效率，因而水合物的生成过程加快。

Zhou 等[70] 探究了纳米石墨颗粒在 CO_2 水合物生成动力学上的影响规律，实验研究发现，当纳米石墨颗粒的浓度为0.4%（质量分数）时，能够有效加快CO_2水合物的生成速率，与纯水中的水合物生成动力学过程相比较，水合物生成的诱导时间缩短80.8%，同时能够使储气量增加12.2%，动力学促进效果较好。Liu等[62]进行了在纳米流体中CO_2水合物生成特性的探究，发现相较于纯水体系，纳米CuO、纳米SiO_2、纳米Cu、纳米Al_2O_3的添加均增大了水合物耗气量，其中纳米Cu流体中耗气量最大，比纯水体系上升了33.6%。纳米Cu、纳米Al_2O_3流体均能缩短水合物生成的诱导时间，纳米Al_2O_3流体中诱导时间最短，降幅达到76.9%，而纳米CuO、纳米SiO_2流体均延长了诱导时间；在粒径分别为10nm、30nm、50nm的纳米Al_2O_3流体中，当粒径为30nm时，诱导时间最短，耗气量最大，因此存在最佳粒径使得促进效果达到最优；在质量分数分别为0.1%、0.5%、1.0%、1.5%的纳米Cu流体中，1.0%的纳米Cu流体中耗气量最大，0.5%的纳米Cu流体中诱导时间最短。

Yan等[10]进行了纳米石墨颗粒水合物法煤层气中甲烷的提浓实验，石墨颗粒的添加有效缩短了水合物生成的诱导时间。实验中石墨颗粒的浓度为0.5%（质量分数），通过单级水合分离后，对应的平衡气中甲烷气体组成从30%提升至57.01%（摩尔分数）。Arjang等[71]探究了纳米银颗粒对甲烷水合物生成动力学的影响，压力分别为4.7MPa和5.7MPa，通过和纯水中的甲烷水合物生成过程相比较，水合物生成的诱导时间分别缩短85%和73.9%，同时水合物相中甲烷气体的储气量分别增加了3.7%和7.4%。由实验结果可知，纳米颗粒的存在可以有效促进水合物生成过程中的传质和传热，从而与进一步产生水合物的异相成核。Said等[72]探究了纳米Al_2O_3、纳米SiO_2、纳米银和纳米铜颗粒对CH_4+CO_2混合气水合物生成动力学的影响，研究结果表明，纳米颗粒的添加都能够促进水合物的生成，当纳米SiO_2的浓度为0.3%（质量分数）时，对应的CO_2气体的消耗量最大，与纯水中的水合物生成动力学过程相比较，单纯溶解状态下气体的消耗量增加45%，在水合物生成的条件下气体储气量增加77%。周诗岽等[73]利用石墨悬浮液作为水合物添加剂探究其对二氧化碳水合物生成动力学的影响，添加剂的浓度为0.4%（质量分数），通过实验结果可以得知，石墨悬浮液的添加可以有效提高水合物的生成速率。

Kakati等[67]制备了质量分数分别为0.1%、0.4%、0.8%的纳米Al_2O_3、纳米ZnO流体，考察其对$CH_4+C_2H_6+C_3H_8$形成水合物的促进作用。结果表明：相较于纯水体系，纳米Al_2O_3、纳米ZnO流体的引入缩短了水合物形成的诱导时间，提高了气体消耗量、气体消耗速率、储气密度、表观速率常数，如在质量分数为0.4%的纳米Al_2O_3、纳米ZnO流体中，气体消耗量均增加了将近121%；在0.8%的纳米Al_2O_3和纳米ZnO流体中，水合物储气密度（体积比）分别为128.8和129.3，其值均高于纯水体系的50.9；0.1%的纳米ZnO流体中初始表观速率常数为 1.29×10^{-3} mol/(h·MPa)，高于纯水体系的 5.57×10^{-4} mol/(h·MPa)。

此外，纳米颗粒不易造成设备堵塞和磨损[74]，使得其可作为投入水合物技术工业化应用的良好选择，然而实验研究中涉及的纳米流体多为金属及氧化物，如 Cu、CuO、ZnO 等，应用的非金属种类较少，而天然气水合物生成环境大都呈酸性，因此抗蚀性低的金属及氧化物相较于非金属纳米材料存在弱势，需要研究开发出耐蚀性强的纳米流体。

第六节　其他类型水合物动力学促进剂

一、聚合物和淀粉类促进剂

聚合物和淀粉是另一种生物型气体水合物促进剂，其主要是通过降低气液间的表面张力，减小气体进入液相的阻力。然而其促进效果受初始浓度的影响较大，未来需要对临界浓度进行重点研究。

Taheri 等[75] 报道称，在 275.2K 和 10MPa 条件下，加入 5000mg/L 的水溶性羟乙基纤维素聚合物（分子量为 90000）可以提高 CH_4 水合物的生成速率，进而增加储气量。同时，还研究了 2-丙烯酰胺-2-甲基丙烷磺酸钠和聚丙烯酸钠两种聚合物存在时 CH_4 水合物的生成动力学[76]，研究结果表明，低分子量（2100 左右）的聚丙烯酸钠在 0.5%浓度下的促进性能较好。Kumar 等[77] 也发现在 274.5K 和 6.0MPa 条件下，1%的聚丙烯酸钠可促进 CH_4 水合物生成动力学，而聚乙烯醇（PVA）在 276.2K 和 4.6MPa 时加速了 CH_4 水合物的生成动力学[78]。

最初，包括木薯淀粉和聚环氧乙烷在内的阳离子淀粉被发现可延迟水合物成核时间，进而抑制 CH_4 气体和由 CH_4/C_2H_6 和 CH_4/C_3H_8 组成的气体混合物水合物的生成[79]。然而，Fakharian 等[80] 的研究结果表明，300mg/L 的水溶性马铃薯淀粉具有良好的水合物生成促进性能，CH_4 气体水合物的储气量（体积比）可达 163。Ganji 等[81] 还报道了黄原胶和淀粉可使 CH_4 水合物分解率有效降低。Babakhani 等[82] 研究了不同玉米淀粉［分子式为 $(C_6H_{10}O_5)_n$，分子结构见图 7-7 (a)］浓度对甲烷水合物生成和解离的影响。结果表明，低浓度的玉米淀粉对水合物生成速率没有显著影响，但在 600mg/L、800mg/L 和 1000mg/L 的高浓度下，玉米淀粉提高了水合物的生成速率，在 800mg/L 浓度下，与相同条件下不添加玉米淀粉相比，水合物形成速率增加了 2.5 倍。而且通过在大气压和−4℃和−1℃的温度下测量水合物分解来检查水合物的稳定性，结果表明，−4℃的稳定性低于−1℃的稳定性；然而水合物的自保护现象阻止了不稳定性。大约 4%～5%的水合物解离发生在完全自保护之前。在800mg/L淀粉存在下形成的水合物显示出最大的稳定性。当玉米淀粉质量浓度高于400mg/L时对水合物形成有动力学促进作用，对于CH_4水合物的生成过程，在压力和温度分别为8MPa和275.2K时，玉米淀粉的最佳添加浓度为800mg/L。近期，Veluswamy课题组[83] 报道了β-环糊精［如图7-7（b）］作为动力学促进剂对甲烷-四氢呋喃混合水合物形成的影响。β-环糊精含有七种环状结构的葡萄糖单体，是一种环境友好的环状低聚糖。在不同温度和压力下，研究了不同浓度β-环糊精时水合物形成动力学和混合水合物的形态。结果表明，β-环糊精在简单的非固定化反应器结构中，对甲烷-四氢呋喃混合水合物的形成起到了有效的动力学促进作用。β-环糊精质量浓度为500mg/L时，水合物生长速率为4.14kmol/(m^3·h)，此时的水合物生长速率远高于无任何促进剂的情况［1.52～1.99kmol/(m^3·h)］。

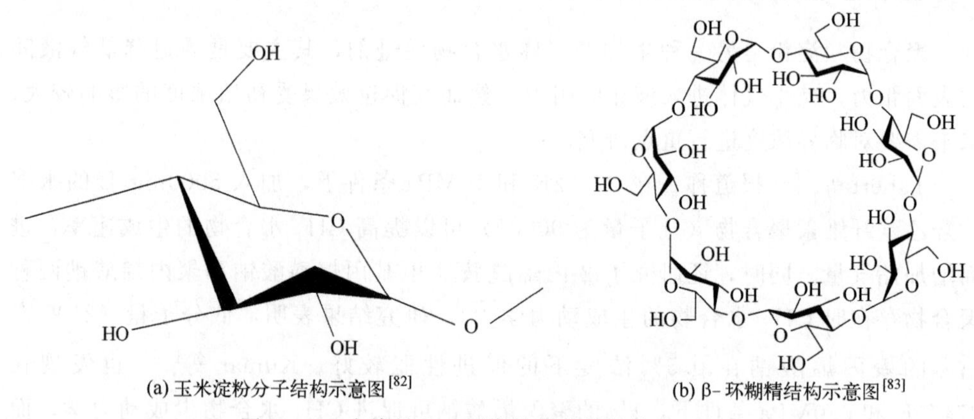

图7-7　玉米淀粉和β-环糊精促进剂的结构示意图

二、相变材料类促进剂

相变材料（PCMs）主要是利用其熔化温度（MT），而水合物作为相变材料具有广阔的应用前景。一般来说，MT＜15℃的相变材料用于空调制冷，MT＞90℃的相变材料用于吸附式制冷，MT在15～90℃的相变材料用于太阳能加热和热负荷。在水合过程中使用相变材料，主要的作用机理有以下几个方面：相变材料能够较快地生成水合物颗粒，从而可以诱导大量水合物的生成；相变材料在结晶之后同时也能够吸收水合物生成过程中释放的热量，这样就可以维持水合过程中的过冷度，使水合过程更加充分；同时流体相的相变浆体也可以增加气体在水中的溶解度[84,85]。

Chen等[86] 研究了十四烷对CO_2水合物生成动力学的影响，实验中十四烷的浓度分别为25%（质量分数，下同）、35%和45%。在2.3MPa、277.6K以及搅拌速率为450r/min的条件下，CO_2水合量随着十四烷浓度的增加而增大，在浓度为 45%时，CO_2 水合物的生成速率最大，并且水合物生成的诱导时间缩短至 1min 以内，整个水合反应过程需要的时间大概在 13～15min。Song 等[11] 研究了十四烷对 CH_4 水合物生成动力学的影响，实验中十四烷的浓度同样选择为 25%、35% 和 45%。当十四烷的浓度为 35%时，CH_4 水合物生成的诱导时间最短。当正十四烷的浓度为 45%时，在第一阶段时刻生成水合物的速度较快，主要是水合物生成过程中更多的生成热被移除，同时也是由于较多水合物成核颗粒的形成；随着水合的进行，添加的相变材料会附着在水合物颗粒的表面，造成水合物储气量的下降。朱明贵等[87] 研究了有机相变材料对制冷剂 HCFC-141b 水合物生成动力学的影响（图 7-8），在 HCFC-141b 水合物生成过程中添加由正葵酸和十二醇复配形成的有机相变材料，复配乳液的添加增加了 HCFC-141b 和水分子之间的接触面积，促进了水合物的快速生成。当正葵酸和十二醇的复配浓度为 1%时，HCFC-141b 水合物生成的诱导时间最短，动力学促进效果最好。当温度为 0.2℃和 1.0℃时，HCFC-141b 水合物能够在 1h 内形成。

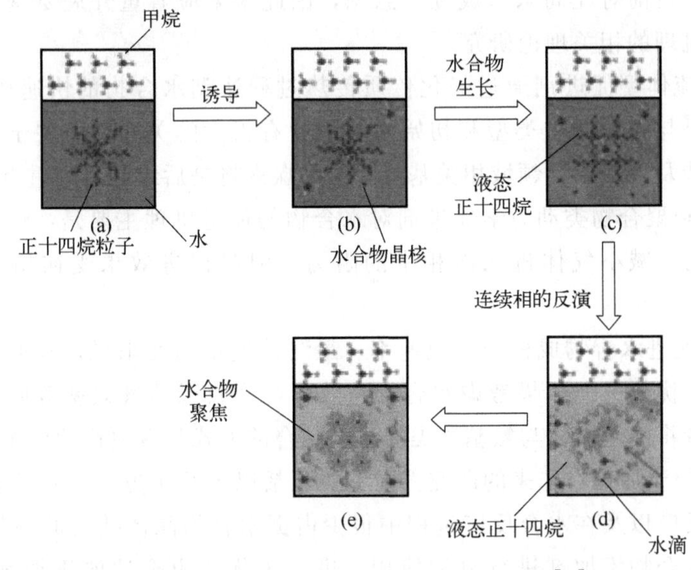

图 7-8　十四烷对甲烷水合物形成作用机理[87]

目前研究相变材料促进水合物生成的添加量主要在低浓度区间和高浓度区间，对于气体水合物，添加量较多，对于制冷剂水合物，添加量较少。虽然有一系列的猜想来解释相变材料促进水合物的快速生成，但是它们都是建立在宏观现象描述而不是水合物微观形成过程中，相变材料促进水合物微观成核机理仍需要进一步探究，这就需要结合物理显微成像技术，详细记录相变材料促进水合物的生成过程。

大量的实验结果表明，在水合过程中加入相变材料，能够极大促进水合物的快速生成。另外在气体水合物的生成过程中主要是添加低浓度的相变材料，而目前对于添加相变材料后的水合物成核机理还需要进一步探究。

三、结论

目前国内外常用的水合物动力学促进剂有五种类型，分别是表面活性剂类、氨基酸类、纳米流体类、聚合物和淀粉类以及相变材料类。从水合物生成速率以及水合物储气量上进行分析可以得知，表面活性剂类促进剂在动力学上的促进效果最好，但若利用添加剂进行含甲烷气体的水合物的分离研究，氨基酸类和纳米流体类促进剂的效果相对要更好一些。

通过对不同类型动力学促进剂对比分析后得到如下结论。

① 表面活性剂类动力学促进剂对水合物的促进机理基本明确，即通过降低气液间的表面张力，减小气体进入液相的阻力。然而其促进效果受初始浓度的影响较大，需要对临界浓度进行重点研究；氨基酸类促进剂的促进机理并非单纯的气液表面作用，目前对此尚未形成统一意见，因此未来应着重开展氨基酸类促进剂动力学促进机理的相关理论研究。

② 纳米流体型促进剂通过强化传质传热过程达到水合物的快速成核和生长，但其促进效果与纳米颗粒类型和初始添加浓度有很大的关联，而关于该方面的研究在文献中涉及较少，该领域相关基础理论的探索将是后续的研究重点。

③ 淀粉和聚合物类动力学促进剂对水合物的促进机理主要是：通过降低气液间的表面张力，减小气体进入液相中的阻力。但其促进效果受初始浓度的影响较大。

④ 单从促进水合物成核和生成速率、最终储气量角度来说，表面活性剂类促进剂具有较大优势；但如果考虑水合物高效分解回收天然气效率等问题，氨基酸类促进剂或者将纳米流体与氨基酸类促进剂结合的方式具有更优的应用前景。

⑤ 水合物添加剂在未来的研究方向主要包括以下几个方面：a. 选择和优化出不参加水合反应以及在水合反应过程中很少占据水合物晶体孔穴的添加剂。b. 将不同类型的水合物添加剂进行复配使用，进一步优化出合适的添加剂及其用量。c. 借助精密仪器进一步分析和观察添加剂在水合物生成动力学上的影响规律，探究其影响机理。

参考文献

[1] 臧小亚，梁德青，吴能友. 基于水合物技术分离天然气/沼气中 CO_2 的研究进展 [J]. 现代化工，2015，35（02）：13-17.

[2] Li Y, Zhou D H, Wang W H, et al. Development of unconventional gas and technologies adopted in China [J]. Energy Geoscience, 2020, 1 (1-2): 55-68.

[3] Li A, Jiang L, Tang S. An experimental study on carbon dioxide hydrate formation using a gas-inducing agitated reactor [J]. Energy, 2017, 134: 629-637.

[4] Park S S, Kim N J. Study on methane hydrate formation using ultrasonic waves [J]. Journal of Industrial and Engineering Chemistry, 2013, 19 (5): 1668-1672.

[5] Wang X, Dennis M. Charging performance of a CO_2 semi-clathrate hydrate based PCM in a lab-scale cold storage system [J]. Applied Thermal Engineering, 2017, 126: 762-773.

[6] 饶永超，王树立，武玉宪. 天然气水合物强化生成技术与方法研究进展 [J]. 油气储运，2012，31 (10): 725-732.

[7] Delroisse H, Torré J P, Dicharry C. Effect of a hydrophilic cationic surfactant on cyclopentane hydrate crystal growth at the water/cyclopentane interface [J]. Crystal Growth & Design, 2017, 17 (10): 5098-5107.

[8] Wang S L, Yu H J, Shi Q S. Effect of compound additives on natural gas hydrate formation in different systems [J]. Natural Gas Chemical Industry, 2009, 60: 1193-1198.

[9] McElligott A, Meunier J L, Servio P. Effects of nitrogen-doped graphene nanoflakes on methane hydrate formation [J]. Journal of Natural Gas Science and Engineering, 2021, 96: 104336.

[10] Yan J, Lu Y Y, Zhong D L, et al. Enhanced methane recovery from low-concentration coalbed methane by gas hydrate formation in graphite nanofluids [J]. Energy, 2019, 180: 728-736.

[11] Song X, Xin F, Yan H, et al. Intensification and kinetics of methane hydrate formation under heat removal by phase change of *n*-tetradecane [J]. AIChE Journal, 2015, 61 (10): 3441-3450.

[12] Inkong K, Veluswamy H P, Rangsunvigit P, et al. Investigation on the kinetics of methane hydrate formation in the presence of methyl ester sulfonate [J]. Journal of Natural Gas Science and Engineering, 2019, 71: 102999.

[13] Lee W, Shin J Y, Kim K S, et al. Kinetic promotion and inhibition of methane hydrate formation by morpholinium ionic liquids with chloride and tetrafluoroborate anions [J]. Energy & Fuels, 2016, 30 (5): 3879-3885.

[14] Li Y, Zhu C, Wang W. Promoting effects of surfactants on carbon dioxide hydrate formation and the kinetics [J]. Petrochem Technol, 2012, 41 (006): 699-703.

[15] 王兰云，谢辉龙，卢晓冉，等. 水合物法分离气体的促进剂及促进机理研究进展 [J]. 工程科学学报，2021，43 (01): 33-46.

[16] Dicharry C, Duchateau C, Asbaï H, et al. Carbon dioxide gas hydrate crystallization in porous silica gel particles partially saturated with a surfactant solution [J]. Chemical Engineering Science, 2013, 98: 88-97.

[17] 李玉星，朱超，王武昌. 表面活性剂促进 CO_2 水合物生成的实验及动力学模型 [J]. 石

油化工，2012，41（06）：699-703.
[18] 张庆东，李玉星，王武昌. 化学添加剂对水合物生成和储气的影响 [J]. 石油与天然气化工，2014，43（02）：146-151.
[19] 张保勇，吴强，王永敬. 表面活性剂对气体水合物生成诱导时间的作用机理 [J]. 吉林大学学报（工学版），2007，1：239-244.
[20] Di Profio P，Arca S，Germani R，et al. Surfactant promoting effects on clathrate hydrate formation：Are micelles really involved? [J]. Chemical Engineering Science，2005，60（15）：4141-4145.
[21] Gayet P，Dicharry C，Marion G，et al. Experimental determination of methane hydrate dissociation curve up to 55MPa by using a small amount of surfactant as hydrate promoter [J]. Chemical Engineering Science，2005，60（21）：5751-5758.
[22] 孟汉林，郭荣波，王飞，等. 不同表面活性剂对甲烷水合物生成的影响 [J]. 可再生能源，2017，35（3）：329-336.
[23] Lo C，Zhang J，Somasundaran P，et al. Investigations of surfactant effects on gas hydrate formation via infrared spectroscopy [J]. Journal of Colloid and Interface Science，2012，376（1）：173-176.
[24] Zhang J S，Lee S，Lee J W. Kinetics of methane hydrate formation from SDS solution [J]. Industrial & Engineering Chemistry Research，2007，46（19）：6353-6359.
[25] Molokitina N S，Nesterov A N，Podenko L S，et al. Carbon dioxide hydrate formation with SDS：Further insights into mechanism of gas hydrate growth in the presence of surfactant [J]. Fuel，2019，235：1400-1411.
[26] 陈勇. sⅡ型水合物成核与晶体生长分子动力学模拟研究 [D]. 长春：吉林大学，2021.
[27] Wang Y，Lang X，Fan S. Accelerated nucleation of tetrahydrofuran（THF）hydrate in presence of ZIF-61 [J]. Journal of Natural Gas Chemistry，2012，21（3）：299-301.
[28] Long F，Fan S，Wang Y，et al. Promoting effect of super absorbent polymer on hydrate formation [J]. Journal of Natural Gas Chemistry，2010，19（3）：251-254.
[29] 吕秋楠. 多元水合物热力学及生成动力学实验研究 [D]. 大连：大连理工大学，2018.
[30] Chandler D. Interfaces and the driving force of hydrophobic assembly [J]. Nature，2005，437（7059）：640-647.
[31] Nguyen N N，Nguyen A V. Hydrophobic effect on gas hydrate formation in the presence of additives [J]. Energy & Fuels，2017，31（10）：10311-10323.
[32] 徐慧杰，姜亚洁，耿涛，等. 阳离子表面活性剂合成研究进展 [J]. 日用化学品科学，2020，43（06）：48-54.
[33] Ganji H，Manteghian M，Omidkhah M R，et al. Effect of different surfactants on methane hydrate formation rate，stability and storage capacity [J]. Fuel，2007，86（3）：434-441.
[34] Keshavarz Moraveji M，Ghaffarkhah A，Sadeghi A. Effect of three representative surfactants on methane hydrate formation rate and induction time [J]. Egyptian Journal of Petro-

leum, 2017, 26 (2): 331-339.
[35] Mandal A, Laik S. Effect of the promoter on gas hydrate formation and dissociation [J]. Energy & Fuels, 2008, 22 (4): 2527-2532.
[36] 张盈盈，杨许召，惠蒙蒙，等. 表面活性剂在新能源与高效节能技术领域中的应用 [J]. 日用化学品科学，2018，41 (02)：52-56.
[37] 吴强，朱玉梅，张保勇. 低浓度瓦斯气体水合分离过程中十二烷基硫酸钠和高岭土的影响 [J]. 化工学报，2009，60 (05)：1193-1198.
[38] Zhang L W, Chen G J, Guo X Q, et al. The partition coefficients of ethane between vapor and hydrate phase for methane+ethane+water and methane+ethane+THF+water systems [J]. Fluid Phase Equilibria, 2004, 225: 141-144.
[39] Zhang L W, Chen G J, Sun C Y, et al. The partition coefficients of ethylene between hydrate and vapor for methane+ethylene+water and methane+ethylene+SDS+water systems [J]. Chemical Engineering Science, 2005, 60 (19): 5356-5362.
[40] Zhang J S, Lee S, Lee J W. Does SDS micellize under methane hydrate-forming conditions below the normal Krafft point? [J]. Journal of Colloid and Interface Science, 2007, 315 (1): 313-318.
[41] Yoslim J, Linga P, Englezos P. Enhanced growth of methane-propane clathrate hydrate crystals with sodium dodecyl sulfate, sodium tetradecyl sulfate, and sodium hexadecyl sulfate surfactants [J]. Journal of Crystal Growth, 2010, 313 (1): 68-80.
[42] 马鸿凯，孙志高，焦丽君，等. 添加剂对静态条件下 HCFC-141b 水合物生成的促进作用 [J]. 制冷学报，2016，37 (01)：101-105.
[43] Liu X, Ren J, Chen D, et al. Comparison of SDS and L-Methionine in promoting CO_2 hydrate kinetics: Implication for hydrate-based CO_2 storage [J]. Chemical Engineering Journal, 2022, 438: 135504.
[44] Okutani K, Kuwabara Y, Mori Y H. Surfactant effects on hydrate formation in an unstirred gas/liquid system: An experimental study using methane and sodium alkyl sulfates [J]. Chemical Engineering Science, 2008, 63 (1): 183-194.
[45] Lin W, Chen G J, Sun C Y, et al. Effect of surfactant on the formation and dissociation kinetic behavior of methane hydrate [J]. Chemical Engineering Science, 2004, 59 (21): 4449-4455.
[46] 袁吉，李金平，王林军，等. 表面活性剂对水合反应物两相界面张力的影响 [J]. 中国科学技术大学学报，2008 (04)：419-423.
[47] Chaturvedi E, Prasad N, Mandal A. Enhanced formation of methane hydrate using a novel synthesized anionic surfactant for application in storage and transportation of natural gas [J]. Journal of Natural Gas Science and Engineering, 2018, 56: 246-257.
[48] 李文昭，潘振，马贵阳，等. 表面活性剂吸附对促进甲烷水合物生成效果的影响 [J]. 化工学报，2017，68 (04)：1542-1549.
[49] 吴强，张保勇，王海桥. 煤矿瓦斯固化防突及低浓度瓦斯固化分离新技术 [J]. 黑龙江

科技学院学报，2010，20（01）：23-27.

[50] 李璞，张龙明，覃小焕，等. 微乳液中R141b水合物快速生成实验研究 [J]. 工程热物理学报，2014，35（12）：2358-2362.

[51] Zhang C S，Fan S S，Liang D Q，et al. Effect of additives on formation of natural gas hydrate [J]. Fuel，2004，83（16）：2115-2121.

[52] 徐凌驰. 两性离子表面活性剂复配体系自组装的分子动力学模拟研究 [D]. 广州：华南理工大学，2016.

[53] 陈玉龙. 氨基酸促进甲烷水合物形成的机理研究 [D]. 广州：华南理工大学，2016.

[54] Veluswamy H P，Hong Q W，Linga P. Morphology study of methane hydrate formation and dissociation in the presence of amino acid [J]. Crystal Growth & Design，2016，16（10）：5932-5945.

[55] Bhattacharjee G，Choudhary N，Kumar A，et al. Effect of the amino acid l-histidine on methane hydrate growth kinetics [J]. Journal of Natural Gas Science and Engineering，2016，35：1453-1462.

[56] Veluswamy H P，Kumar A，Kumar R，et al. An innovative approach to enhance methane hydrate formation kinetics with leucine for energy storage application [J]. Applied Energy，2017，188：190-199.

[57] 刘政文. 氨基酸促进二氧化碳水合物形成动力学研究 [D]. 广州：华南理工大学，2020.

[58] 刘志辉，罗强，张贺恩，等. 泡状流下氨基酸对甲烷水合物形成过程的动力学抑制模拟 [J]. 中南大学学报（自然科学版），2022，53（03）：799-809.

[59] 闫柯乐. 动力学水合物促进剂研究进展 [J]. 应用化工，2020，49（05）：1266-1270.

[60] Bavoh C B，Lal B，Osei H，et al. A review on the role of amino acids in gas hydrate inhibition，CO_2 capture and sequestration，and natural gas storage [J]. Journal of Natural Gas Science and Engineering，2019，64：52-71.

[61] 任悦萌，闫柯乐，文峰，等. 环戊烷水合物作为氨基酸型促进剂初筛方法的实验研究 [J]. 科学技术与工程，2022，22（12）：4895-4901.

[62] Liu Y，Chen B，Chen Y，et al. Methane storage in a hydrated form as promoted by leucines for possible application to natural gas transportation and storage [J]. Energy Technology，2015，3（8）：815-819.

[63] 陈福林. 氨基酸促进二氧化碳水合物生成实验研究 [D]. 青岛：青岛科技大学，2022.

[64] Sa J H，Kwak G H，Lee B R，et al. Abnormal incorporation of amino acids into the gas hydrate crystal lattice [J]. Physical Chemistry Chemical Physics，2014，16（48）：26730-26734.

[65] Zhang Z，Li Y，Zhang W，et al. Effectiveness of amino acid salt solutions in capturing CO_2：A review [J]. Renewable and Sustainable Energy Reviews，2018，98：179-188.

[66] 严红玉. 气体水合物促进剂的研究进展 [J]. 能源化工，2018，39（03）：79-85.

[67] Kakati H，Mandal A，Laik S. Promoting effect of Al_2O_3/ZnO-based nanofluids stabilized by SDS surfactant on $CH_4+C_2H_6+C_3H_8$ hydrate formation [J]. Journal of Industrial and

Engineering Chemistry，2016，35：357-368.
[68] 李金平，吴疆，梁德青，等. 纳米流体中气体水合物生成过程的实验研究 [J]. 西安交通大学学报，2006，3：365-368.
[69] 李金平，王立璞，王春龙，等. 纳米流体中 HFC134a 水合物的生成过程 [J]. 兰州理工大学学报，2007，5：48-50.
[70] Zhou S，Yu Y，Zhao M，et al. Effect of graphite nanoparticles on promoting CO_2 hydrate formation [J]. Energy & Fuels，2014，28（7）：4694-4698.
[71] Arjang S，Manteghian M，Mohammadi A. Effect of synthesized silver nanoparticles in promoting methane hydrate formation at 4.7MPa and 5.7MPa [J]. Chemical Engineering Research and Design，2013，91（6）：1050-1054.
[72] Said S，Govindaraj V，Herri J M，et al. A study on the influence of nanofluids on gas hydrate formation kinetics and their potential：Application to the CO_2 capture process [J]. Journal of Natural Gas Science and Engineering，2016，32：95-108.
[73] 周诗岽，余益松，甘作全，等. 纳米石墨颗粒对气体水合物生成诱导时间的影响 [J]. 天然气化工（C1 化学与化工），2015，40（01）：60-64.
[74] 夏国栋，杜墨，刘冉. 微通道内纳米流体的流动与换热特性 [J]. 北京工业大学学报，2016，42（03）：454-459.
[75] Mohammad-Taheri M，Moghaddam A Z，Nazari K，et al. Methane hydrate stability in the presence of water-soluble hydroxyalkyl cellulose [J]. Journal of Natural Gas Chemistry，2012，21（2）：119-125.
[76] Al-Adel S，Dick J A G，El-Ghafari R，et al. The effect of biological and polymeric inhibitors on methane gas hydrate growth kinetics [J]. Fluid Phase Equilibria，2008，267（1）：92-98.
[77] Kumar A，Sakpal T，Kumar R. Influence of low-dosage hydrate inhibitors on methane clathrate hydrate formation and dissociation kinetics [J]. Energy technology，2015，3（7）：717-725.
[78] Karaaslan U，Parlaktuna M. Promotion effect of polymers and surfactants on hydrate formation rate [J]. Energy & Fuels，2002，16（6）：1413-1416.
[79] Lee J D，Wu H，Englezos P. Cationic starches as gas hydrate kinetic inhibitors [J]. Chemical Engineering Science，2007，62（23）：6548-6555.
[80] Fakharian H，Ganji H，Far A N，et al. Potato starch as methane hydrate promoter [J]. Fuel，2012，94：356-360.
[81] Ganji H，Manteghian M，Mofrad H R. Effect of mixed compounds on methane hydrate formation and dissociation rates and storage capacity [J]. Fuel Processing Technology，2007，88（9）：891-895.
[82] Babakhani S M，Alamdari A. Effect of maize starch on methane hydrate formation/dissociation rates and stability [J]. Journal of Natural Gas Science and Engineering，2015，26：1-5.

[83] Lin Y, Veluswamy H P, Linga P. Effect of eco-friendly cyclodextrin on the kinetics of mixed methane-tetrahydrofuran hydrate formation [J]. Industrial & Engineering Chemistry Research, 2018, 57 (17): 5944-5950.

[84] 岳刚，刘爱贤，孙强，等. 水合物促进剂的研究进展 [J]. 天然气化工（C1 化学与化工），2018，43 (01)：126-132.

[85] 周麟晨，孙志高，李娟，等. 水合物形成促进剂研究进展 [J]. 化工进展，2019，38 (09)：4131-4141.

[86] Chen B, Xin F, Song X, et al. Kinetics of carbon dioxide hydration enhanced with a phase-change slurry of *n*-tetradecane [J]. Energy & Fuels, 2017, 31 (4): 4245-4254.

[87] 朱明贵，孙志高，杨明明，等. 有机相变材料促进 HCFC-141b 水合物生成实验 [J]. 化工进展，2017，36 (04)：1265-1269.

第八章　天然气水合物分解动力学

第一节　引　言

天然气水合物是水和天然气在一定温度和压力下形成的笼形水合物，其中水分子通过氢键相连成笼，内部包裹甲烷等小分子客体[1-3]。天然气水合物的开发为未来能源发展带来新的希望[4,5]。天然气水合物是一种潜在的清洁能源，初步研究表明我国天然气水合物资源储量非常丰富，有着巨大的应用潜力[6,7]。

天然水合物主要分布在深海沉积层以及高寒冻土带，要想有效、环保、经济地开采利用水合物资源，掌握水合物的分解机理是其中的关键之一[1,8,9]。天然气水合物的开发主要包括储层勘探、开采、水合物分离等应用，每一环节都与水合物的分解过程息息相关[10-15]，因此水合物分解调控技术是实现水合物开发与应用的关键。

第二节　水合物分解的应用

水合物的分解过程是对水合物系统偏离其平衡状态的动态变化描述[9]。了解水合物的分解过程，掌握水合物的分解机理能在许多方面帮助人们研究和利用水合物，发展水合物技术。在水合物的勘探开采、水合物分离混合气体、管道水合物的解堵与防控、水合物抑制剂的开发等方面都存在水合物分解的相关问题[16]。

一、天然气水合物开采

水合物勘探开采是水合物利用的前提，水合物勘探技术主要分为地球物理方法和地球化学方法两大类。其中，地球化学方法就是利用水合物会随温度压力的变化而分解，从而使被检测位置出现天然气异常，再根据烃类组分比值以及碳同位素判断天然气成因来判断是否存在天然气水合物[17]。水合物开采与水合物的分解息息相关。由于水合物呈固态，且天然气水合物矿藏会随其储层深度的不断增加而出现品质的下降、采收率降低等情况，这些都会增加水合物开采的难度及成本[18]。目前对于水合物开采的思路主要是通过破坏天然气水合物层稳定存在的温度、压力或组成使其分解，从而实现开采。水合物生成的环境一般是高压、低温，此时的水合物可以稳定存在，这为人们提供了开采水合物的两种方法：热激发法以及减压法；此外，利用化学抑制剂也可以改变水合物的平衡状态[17-19]。目前国内外对水合物的开采或者化解方法主要有五种。

1. 热激发法

热激发即通过升高水合物储层中的温度从而导致水合物相平衡状态被打破，促使水合物分解。升高温度的方式主要有注入热流体（如热水、热盐水、热蒸汽等）、利用电磁或者微波加热地层，也有人提出利用太阳能来加热水合物储层[20,21]。热激发法的缺点在于：由于水合物一般位于冻土层或者深海区，所以加热过程会有大量的热损失[22,23]。

2. 减压开采法

减压开采是通过泵吸收地下水或者气举的方式降低水合物储层中的压力，使之低于水合物的相平衡压力促使水合物分解。降压法的开采成本低，但是开采效率也低，开采过程中可能会导致水合物矿藏温度降低到冰点以下，引发水合物的“自保护效应”[23,24]，从而抑制后续的分解过程。

3. 化学抑制剂法

水合物抑制剂分为热力学抑制剂（THIs）、动力学抑制剂（KHI）和防聚剂（AA），其中后两者统称为低剂量水合物抑制剂（LDHIs）。热力学抑制方法就是通过注入相关水合物抑制剂改变天然气水合物层的相平衡条件，促使水合物分解。常见的热力学抑制剂有甲醇、乙二醇以及部分盐类[25]。但是由于目前化学试剂价格较高，分解后的水也会稀释化学试剂使得分解效果降低，而且化学试剂还会对海洋和地下水造成污染，所以不适合作为长期开采的方法。

4. CO_2 置换法

在开采天然气水合物时还可以利用 CO_2 置换法。由于 CH_4 和 CO_2 水合物的平衡条件存在差异，且 CO_2 水合物的平衡压力较低。相较于天然气水合物而言，CO_2 水合物稳定性更强。CO_2 气体注入后，天然气水合物发生分解而 CO_2 水合物得以保存。置换过程中会放出大量热从而促进分解过程的进行[26]。通过置换将大量的 CO_2 以水合物形式储存在地底也为实现当前的“双碳”目标提供了一个方向。

5. 固体开采法

固体开采法是直接采集海底的固态天然气水合物，通过设备将采集到的天然气水合物拖至浅水区进行控制性分解。具体的方法是通过搅拌或者其他的物理化学手段使得固体水合物分离出来[27,28]。

目前还有一种方法是将上述各种方法进行有序的结合，可有效避免水合物的二次形成，从而提高其开采效率。针对水合物的开采技术目前仍在研究中，还无法大规模、高效地应用于实际开采过程中。目前研究的方向是以热激发法和减压开采法为主，也有两者相结合的开采方式[26]。

二、水合物分离技术

水合物分离技术是一种新兴的分离技术，其中包括混合气体分离、海水淡化、污水处理、果汁提浓等方面。气体水合物分离技术的基本原理是利用不同气体形成水合物的压力差别，控制压力使容易生成水合物的气体发生水合反应，即在低压情况下形成水合物，实现气体组分的分离或所需溶液的提浓。

混合气分离可以应用于石化行业不同领域：如对天然气和烟道气中 CO_2 的脱除、煤层气中 CH_4 的回收、裂解干气中 C_2（$C_2H_4+C_2H_6$）组分的分离回收等。近年来采用水合物法分离这些类型混合气取得的研究成果颇丰。当采用水溶液作为分离介质时，主要有如下的研究成果。

1. 混合气体分离

（1）煤层气分离

针对煤层气（CH_4/N_2）的分离，Happel 等[29] 在 1993 年的第一届国际天然气水合物会议上报道了一种新型分离 CH_4/N_2 混合气的装置，表明利用水合物的生成，能将 CH_4 从混合气中有效分离出来。Sun 等[30] 的研究结果表明，TBAB 同样能显著降低 CH_4/N_2 混合气的水合物生成压力，但单位体积水的气体处理量并不太理想。中国石油大学（北京）水合物研究中心在中原油田搭建了一套水合物法分离回收混空煤层气中 CH_4 的中试实验装置，所选用的分离介质为 TBAB 水溶液，研究发现限制该项技术应用的主要因素是：所生成的气体水合物浆液容易造成分离塔堵塞，使得连续气体分离过程无法有效地实现[31,32]。

（2）裂解干气分离

裂解干气的主要成分是甲烷、乙烷、乙烯以及少量的 N_2 和 H_2，目前中国在石油炼制过程中副产的裂解干气达到了 600 万吨/年。Zhang 等[33,34] 在水合物法分离裂解干气方面做了大量的研究工作，他们在实验过程中发现 THF、十二烷基硫酸钠（SDS）等对采用水合分离法回收裂解干气中的 C_2 组分具有良好的促进作用。

(3) 其他类型混合气分离

Cha 等[35] 对 SF_6+H_2O 体系和 $N_2+SF_6+H_2O$ 体系的水合物相平衡条件、生成动力学以及混合气体的水合物结构进行了研究。通过 Raman 光谱分析表明，N_2+SF_6 水合物是Ⅱ型水合物，考虑到 SF_6 较慢的水合生成速率，他们认为可以通过加入一些动力学促进剂来改变这一状况，从而实现对 SF_6 的有效分离。Kamata 等[36] 研究了 TBAB 水溶液对沼气代表气 CH_4+H_2S、CO_2+H_2S、$CH_4+CO_2+H_2S$ 体系中 H_2S 的分离效果，结果表明 TBAB 半笼形水合物能捕集沼气中超过 90%的 H_2S 组分，而且脱除率受压力、冷却速率影响较小。

2. 海水淡化

水合物法淡化海水最早由 Parker[37] 在 1942 年提出，利用水合物技术从海水中生产饮用水。过去的几十年里产生了许多水合物海水淡化技术的专利与论文，水合物法海水淡化技术得到了充分发展。Javanmardi 等[38] 对已提出的水合物海水淡化方案进行能耗和经济性分析，并指出如果找到合适的水合物促进剂，水合物法将更具有竞争优势。Sarshar 等[39,40] 提出将 CO_2 捕获与海水淡化相结合，使烟气中 CO_2 在海水中生成水合物从而达到捕获 CO_2 的目的，再将水合物分解获得脱盐水。该技术利用水合物的形成与分解实现 CO_2 捕获与海水淡化双重目的，在温室效应日益加剧以及淡水资源短缺的今天，该技术势必拥有更加广阔的发展前景。目前研究的重点是寻找高效的水合物促进剂和提高系统稳定性。鉴于水合物法淡化海水技术的种种优点，水合物法海水淡化技术一定会受到更多人的关注，相信在不久的将来水合物法海水淡化会得到广泛应用。

3. 污水处理

1993 年，Gaarder[41] 分别利用 CO_2、C_3H_8 以及摩尔分数为 30%～70%的 $C_3H_8+CO_2$ 混合气生成水合物浓缩造纸废水。实验结果表明，水合物能在水的冰点以上生成，且废水中的杂质不会影响水合物形成的温度、压力。虽然水合物污水处理技术已取得了可喜成果，但是尚未广泛应用于实际生产，还需更进一步的完善。

4. 果汁提浓

水合物法果汁提浓早在 20 世纪 60 年代就有研究。1966 年 Huang 等[42] 研究了利用生成 CH_3Br 和 CCl_3F 水合物实现苹果汁、橘子汁和西红柿汁的浓缩，可以去掉苹果、橘子和西红柿汁中 80%的水，缺点是影响了果汁的色泽和口味。2009 年，Andersen 等[43] 应用 CO_2 水合物浓缩蔗糖溶液，研究发现蔗糖的存在对 CO_2 水合物的形成影响不大，由于设备体积大以及所需的压力高，故水合物法不适用于糖生产，但是该技术可能适用于热敏性且高附加值的物料浓缩，这对提高人们的生活水平有很大的影响[40]。进入 21 世纪以后，关于果汁提浓的研究并没有取得像海水淡化研究那样丰硕的成果，但随着人类社会的发展，人们对生活质量要求越来越高，水合物法提浓技术将迎来新的机遇。

三、其他应用

水合物分解在水合物技术研究中的应用还有很多，如为了防止天然气输送管道中形成水合物而造成管路堵塞，可抑制水合物的生成以及将形成的水合物分解，所用的原理、方式与开采水合物类似——注热、降压、注抑制剂。此外，研究水合物的分解机理也有利于选择合适的抑制剂以及适宜的抑制剂用量，避免造成原料的浪费以及因为使用错误的抑制剂而带来经济效益上的损失。

天然气水合物技术在储运领域的应用中，分解水合物释放甲烷实现供气是至关重要的环节。Pandey 及其团队[44] 研究了盐溶液对甲烷＋四氢呋喃形成的Ⅱ型水合物储运供气过程的影响。分解段降压至 1MPa，水浴升温至 28℃，水合物沿釜壁气相空间向溶液中心逐渐分解。盐溶液的加入使水合物爬壁效应更为明显，分解时传热系数更高，从而加速供气段水合物的分解，总分解时长由纯水体系的 30min 降低至 20min。他们还研究了管网压力、室温条件下的水合物分解供气过程。分解供气段系统背压至 4～8MPa，并以恒定升温速率使水浴升温至 35℃，研究发现，压力与温度都不会对产气总量（即甲烷的回收率）造成影响[44]。此外，他们还分析了水浴升温至 35℃，向中空石英砂内添加十二烷基硫酸钠（SDS）时，静态形成的 CH_4＋THF 混合水合物分解的产气速率。结果表明水合物分解速率随表面活性剂浓度的增加而增加；形成阶段中加入的中空石英砂可以有效减少或抑制分解过程中 SDS 造成的泡沫，使得水合物的分解过程更为受控[45,46]。

近年来相关学者为了解决水合物静态储气效率低（生长缓慢、转化率低）的问题，还使用添加多孔介质甚至金属骨架化合物的方式提高水合物的静态储气效率[47-50]。针对该方法形成的水合物，还需要研究介质对水合物分解的影响。

一单位体积的固体天然气水合物完全分解后，在标准温度和压力状态下可释放出约 150～180 个单位体积的天然气[51,52]。利用水合物巨大的储气能力，可将天然气与水在一定条件下合成固态水合物从而实现天然气储运。水合物法储运天然气技术涉及水合物快速合成、安全运输及快速分解三个主要环节[53]。其中，快速分解是应用的重要环节。

使用水合物法储运天然气的最终目标是分解水合物释放储存的天然气，实现天然气的终端利用。这就需要掌握介质中水合物分解的规律，使天然气水合物可以受控且快速地分解以满足供气需求。

近些年水合物利用技术在气体分离、气体存储、溶液浓缩分离、蓄冷领域等方面均获得了广泛重视。但是目前水合物利用技术仍然存在许多限制，其工业应用不成熟，很多研究仍处于试验阶段。分析其原因：主要是由于存在反应条件相对较苛刻、水合速率低、水合物结晶过程夹带浓缩液和后期分离困难的问题，其中水合物的分解动力学研究方面仍然存在各种问题。

第三节　水合分解动力学实验研究

天然气水合物的稳定存在需要一定的温度和压力[54]。水合物分解就是打破其稳定状态的过程，降低压力[55,56]、注热升温[57,58]、注抑制剂[59,60]及以上三种方法的联合[61,62]均可实现水合物的分解。

一、降压分解

降压分解通过改变水合物相的压力，使其低于天然气水合物稳定存在的压力从而发生分解。许多研究者采用降压法研究了水合物的分解过程，分解产气速率对比如表 8-1 所列。

表 8-1　降压法水合物分解产气速率文献数据对比

团队	水合物饱和度/%	压力/MPa	平均产气速率/(L/min)
Song 等[63-65]	20～32	2.0～3.0	0.18～0.76
			0.0198～0.0395
Li 等[66,67]	—	3.7～4.7	0.38～0.97
Li 等[68]	38.5～40	1～4	0.5～3.0

宋永臣及其团队[63-65]研究了用南海海底沉积物合成的水合物的降压分解过程。合成样品的初始水合物饱和度为 20%～32%，产气速率随着降压幅度的增加而逐渐增加，实验得到的平均产气速率为 0.18～0.76L/min 及 0.0198～0.0395L/min 时，对应的单位体积储层产气速率为 0.036～0.154L/(min·L) 和 0.101～0.202L/(min·L)。研究发现逐步降压时水合物分解速率相对较快，可避免水合物二次生成，从而提高采收率。水饱和度会影响总产气量，水合物饱和度与分解表面积会影响产气速率（即分解速率）。提高压力差和增大传质传热表面均可有效提高水合物分解速率。

基于降压法，李小森及其团队[66,67]将储层背压调至 3.7～4.7MPa，得到平均产气速率为 0.381～0.97L/min，单位体积储层产气速率为 0.00323～0.00823 L/(min·L)。同时采用各种粒径的硅胶模拟沉积物研究了冰点以下（$T<0℃$）甲烷水合物的降压分解过程，一般降压过程分为减压期和恒压期。减压期水合物分解时系统温度迅速下降，恒压期系统温度降至最低。虽然硅胶孔隙内温度低于冰点，但水合物仍然发生分解且未观测到自保护效应。在水合物分解研究过程中发现，水合物在冰点以下（255～272K）时，水合物的分解速率会大大降低[69]。水合物的分解过程是吸热过程，所以早期研究认为自保护效应是由于吸热导致分解

的水形成冰膜，从而对气体分子起到了屏蔽作用，导致水合物的分解速率较低。但目前研究表明，除上述原因之外，水合物表面积与体积之比以及水合物晶体结构和客体分子的组成也对自保护效应有影响；而且并非所有水合物都存在自保护效应，一些碳氢混合物形成的Ⅱ型水合物，以及一些由较大烃类化合物形成的Ⅰ、Ⅱ型水合物没有或很难表现出自保护效应[70,71]。目前对于水合物自保护效应的机理仍不够了解，相关学者也正在通过对水合物的分解过程进行进一步的分子模拟以及动力学研究，以期能够更好地认识这一过程。

水合物的分解受压力差和初始水合物饱和度的影响，高饱和度体系水合物分解终止时的压力高于相平衡压力（孔隙效应改变了水合物的相平衡），且高出的程度随孔径的减小而增大。

Li 等[68] 研究了降压条件下储层中水合物分解产气的动态过程及其影响因素。对于初始水合物饱和度为 38.5%～40%的储层，背压至 1～4MPa，产气量为 10～70L（均未产完）时对应的产气时长为 15～30min。随着背压压力的降低，平均产气速率由 0.5L/min 提升至 3.0L/min，单位体积储层产气速率为 0.118～0.706L/(min・L)。研究发现，压降幅度较大时分解区局部温降较大，导致水合物重新进入稳定区，进而影响产气效率，可通过逐步降压来提高产气效率；高渗透性的砂质储层有利于提高产气量，但与此同时也会引起温度和压力的骤降从而使水合物分解受阻；当水合物饱和度较高时水合物分解时长增加，为提高产气效率需要引入其他增产方式，即采用联合法。

二、注热法/注抑制剂法

注热法是通过注入热量提高水合物稳定区的局部温度，使体系温度从较低的水合物稳定区升高至分解区；注抑制剂法则是通过注入水合物抑制剂改变水合物的化学环境，即改变水合物相平衡边界，使水合物与气态客体的分界线向低温高压方向移动，从而使水合物分解。学者们采用此方法研究了水合物的分解过程，文献中给出的分解产气速率如表 8-2 所示。

表 8-2　注热法/注抑制剂法水合物分解产气速率文献数据对比

团队	水合物饱和度/%	注液介质	注热温度/℃	平均产气速率/(L/min)	单位体积储层平均产气速率/[L/(min・L)]
Li 等[68]	34	水	25～50	0.144～1.634	—
Okwananke 等[72]	40～45	水	40	0.118	0.12
		3.5%(质量分数)氯化钠溶液		0.145	0.148
		10%(质量分数)甲醇溶液		0.186	0.189

Li及其团队[66,67] 研究了初始饱和度为34%的水合物的注热分解过程，注热温度为25～50℃，得到其平均产气速率为0.144～1.634L/min。该团队还研究了钻井液对沉积层中水合物分解过程的影响，分析水合物分解时周围孔隙水温度、盐度、水合物饱和度及气相压力的变化。研究发现，随着高温钻井液的注入，井筒周围的压力和温度逐渐升高，水合物分解产生的气体和水向外运移，井外部分区域水合物二次形成使分解受阻。分析钻井液对砂质和黏土质两种不同渗透率储层中水合物分解过程的影响，发现储层渗透率低会影响高温液体与水合物间的传热传质效果。

Okwananke等[72] 研究了注热溶液分解储层中水合物的过程。结果表明，对于初始水合物饱和度为40%～45%的储层，注入40℃的水、3.5%氯化钠溶液和10%甲醇溶液，其平均产气速率由0.118L/min提升至0.186L/min，总分解时长为175～237.5min，单位体积储层产气速率分别为0.12L/(min·L)、0.148L/(min·L)、0.189L/(min·L)。

三、降压注热法/注抑制剂联合

为进一步提高水合物分解速率，该领域的相关学者们将降压和注热/注抑制剂法结合起来，研究了该方法对水合物分解过程的影响。

宋永臣及其团队[63-65] 采用降压与注热联合法研究了初始水合物饱和度、泄压终值和注热温度对甲烷水合物分解速率、总分解量的影响，获得各条件下的平均产气速率为0.11～0.43L/min，单位体积储层产气速率为0.11～0.43L/(min·L)。研究表明，初始水合物饱和度为37%时，降压过程中储层温度降至0℃以下。当泄压终值相同时，水合物初始饱和度越高，水合物储层温度降低幅度越大，也越容易出现结冰或二次生成现象。降压联合注热法可有效提高甲烷水合物的分解产气速率，与纯降压（0.07～0.28L/min）相比，联合法使平均分解产气速率提高了54%；与纯注热（0.073～0.287L/min）相比，联合法的平均分解产气速率提高了50%。其团队还研究了背压（1.98～2.03MPa）条件下注水（3～30℃、注水速率20mL/min）分解初始饱和度为31.3%～31.9%的水合物储层，350～710min内得到了100.8～105.1L（未产完）的分解气[73]。目前根据调研大量的文献可以得出水合物分解过程包括5个阶段：a. 自由气体释放；b. 储层显热驱动的水合物沿平衡曲线分解；c. 冰生成放热反应驱动的水合物分解；d. 周围环境传热促进冰融化和水合物分解；e. 周围环境传热驱动水合物分解。

针对砂质水合物储层，李小森及其团队采用降压与注热联合法促使甲烷水合物分解[74-76]。对于初始水合物饱和度为30%～32%的储层，其先将压力从13.5MPa降至4.7MPa，再注入22.7～48.0℃的热水（注水速率为20mL/min）。通过熵产最小化、能效比、热效率分析得出水合物分解的最佳注热温度为37.9～38.8℃，注热温度过高会影响分解的经济性。当注水温度提高至160℃时，平均产气速率为0.339～0.341L/min，单位体积储层产气速率为0.0584～0.0588L/(min·L)；当注水速率提高到100mL/min时，平均产气速率提高至14.65L/min，单位体积储层产气速率为0.124L/(min·L)。

孙可明等[77]采用降压联合注热法研究了不同饱和度天然气水合物分解过程中加热分解界面的变化规律。研究发现，分解界面的移动速率随饱和度的增加而降低；适当提高注热温度可增加分解界面的移动速率，即加快水合物分解速率，选用合适的注热温度或结合其他分解方法可有效提高分解效率。

陈光进及其团队[78]采用降压与注抑制剂（质量分数为100%的乙二醇）联合法分析了水合物分解三个阶段（乙二醇注入阶段、浸泡阶段和降压阶段）的变化。结果表明，联合法能有效提高水合物分解效率，缩短总分解时长；改变注液速率（由26.9mL/min提升至118.6mL/min）可以调节水合物的分解速率。其认为研究降压联合注抑制剂法中的注液方式和注液速率等因素有利于指导提升水合物的分解速率、分解量、分解效率等。

梁运培及其团队[79]采用降压法及降压联合注热法分析了水合物的分解过程。对于初始饱和度为32.7%的水合物，设定背压4.5MPa后总分解时长为270min，平均产气速率为0.129L/min。对于初始饱和度为31.6%～33.7%的水合物，通过降压联合注热法（背压3.5～4.5MPa、注热功率为25～50W）分解，分解时长缩短至43.76～84.92min，平均产气速率为0.411～0.789L/min。联合法可以有效提升水合物分解速率，从而缩短总分解时长。

Nakayama等[80]分别研究了降压法、注热法及降压联合注热法对黏土质储层中水合物分解过程的影响。恒速降压时，水合物总分解时长为135min，平均产气速率为0.00105L/min；注热时，水合物总分解时长为138min，平均产气速率为0.00109L/min；恒速降压联合注热后总产气量增加，水合物总分解时长（153min）也有所增加，平均产气速率（0.00103L/min）略有降低。结果表明，黏土质储层相对较低的渗透率不利于水合物的分解，单独采用降压或注热时总产气量较低；采用降压联合注热法能有效提升总产气量。

通过分析实验结果得出，对于降压联合注热或注抑制剂法的水合物分解产气速率，发现增大降压幅度、提升注液温度和注液速率，均能够有效改善水合物分解过程，提高分解阶段的平均产气速率。

四、其他分解法

宋永臣及其团队[81]采用降压与流体冲蚀相结合的方法分析了甲烷水合物的分解过程。初始饱和度为18%的水合物，背压3.2～3.3MPa，结合0.5℃液体冲蚀

（流速为 1mL/min）促使甲烷水合物发生分解，其分解过程如图 8-1 所示（彩图见书后）。结果表明，液体冲刷有利于甲烷水合物分解速率的提升，但由于冲刷流体温度较低，甲烷水合物完全分解时长仍然较长。纯水冲刷时总分解时长为 380～400min，海水冲刷时总分解时长为 526～1978min。海水中的各种离子影响了其与水合物分解界面的化学势差值。

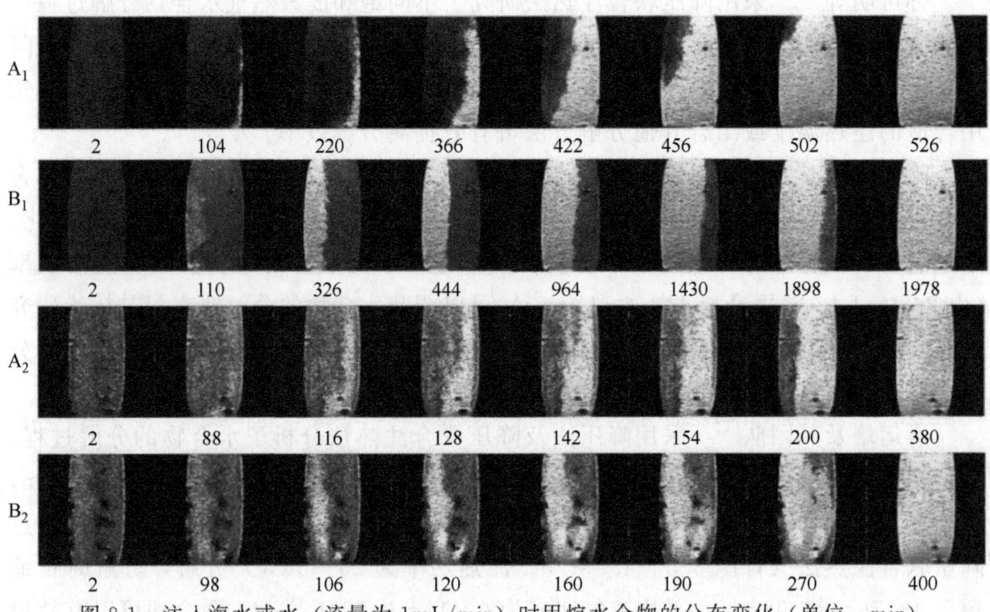

图 8-1　注入海水或水（流量为 1mL/min）时甲烷水合物的分布变化（单位：min）

背压为 3200kPa 和 3300kPa；A_1、B_1—海水；A_2、B_2—水[81]

宋永臣及其团队还用玻璃珠模拟沉积物，合成饱和度为 18.1%～23.5% 的甲烷水合物样品后快速泄压，并不断注入液体（0.5℃的海水或纯水，注液速率为 1～10mL/min）促使水合物分解[82]，平均产气速率为 0.000626～0.00781L/min，单位体积储层产气速率为 0.0198～0.221L/(min·L)。研究表明：增加注液速率可以强化热质交换，从而提高甲烷水合物的平均分解速率；盐离子降低了甲烷的溶解度和水的活性，相比于注纯水，注盐溶液能进一步促进水合物的分解；甲烷水合物完全分解时长随初始饱和度的增加而增加，但受平均分解速率的影响不大。

梁德青及其团队[83] 分析了 2.45GHz 微波电磁场作用下甲烷水合物受热分解过程。研究发现，微波对于未冷冻、未降压的水合物/水体系具有最优的热解作用。降压过程中液体水脱离水合物表面，吸热形成冰膜，导致微波热效应削弱，因此宜先进行微波操作后再进行降压处理。樊震[84] 也研究了微波作用对水合物分解的影响，得到水合物分解平均产气速率为 0.150L/min，单位体积储层平均产气速率为 0.0312L/(min·L)。结果表明：微波作用能提供较为有效的热能，促进水合物快速分解；但微波传播深度有限，储层上下出现温度梯度，微波作用较近处分解速率较大，远处分解仍然受阻。

邱奕龙[85] 研究了固态流化开采过程中流化态的水合物分解规律和影响因素。利用储层破碎搅拌装置分别考察了降压幅度、环境温度、搅拌速率和分解促进剂（乙二醇）对水合物分解速率的强化作用。研究发现：不同环境温度下测得的水合物分解平均产气速率为 0.826～1.557L/min，单位体积储层平均产气速率为 1.076～2.027L/(min·L)；不同海水矿化度条件下测得的平均产气速率为 0.541～0.904L/min，单位体积储层平均产气速率为 0.704～1.177L/(min·L)，不同沉积物粒径下测得的平均产气速率为 0.541～0.854L/min，单位体积储层平均产气速率为 0.704～1.112L/(min·L)。此外，加入乙二醇可以有效提高浆液中分散水合物颗粒的分解产气速率。促进剂浓度越高水合物分解越快，但提升效果会逐渐减弱，当乙二醇浓度增大到 60%时，其提升效果达到极限。

综上所述，目前国内外的学者们对水合物分解过程的强化研究较少，降压联合注热法能够提高水合物的分解速率，但还远远不够，水合物分解的速率仍然属于中慢速［单位体积储层水合物分解产气速率小于 2L/(min·L)］。故还需要有针对性地研究水合物分解过程的强化技术及机理，进一步提高水合物的分解速率。

第四节　水合物分解动力学模型研究

水合物分解动力学模型是用来描述水合物分解过程各变量之间规律的模型。通过分解动力学模型可以实现对水合物分解过程的预测及合理调控。目前描述水合物分解过程的数学模型主要分为降压分解模型与热分解模型。

一、降压分解模型

Kim 等[86] 通过实验研究认为水合物降压分解过程中，气膜传质阻力与液膜传热阻力均可忽略，逸度差为反应推动力，反应速率常数的倒数为反应阻力。因此，水合物分解速率与分解接触表面积、逸度差成正比，与反应速率常数的倒数成反比，得出式（8-1），即经典的 Kim-Bishnoi 水合物分解动力学模型。为简化计算，假定所有水合物颗粒的粒径相同，分解接触表面积用固定粒径表示后，变为式（8-2）。简化模型中分解接触表面做常数处理，与实际分解过程有较大出入。

$$-\frac{\mathrm{d}n_{\mathrm{H}}}{\mathrm{d}t}=k_{\mathrm{d}}A_{\mathrm{s}}(f_{\mathrm{e}}-f) \tag{8-1}$$

$$-\frac{\mathrm{d}n_{\mathrm{H}}}{\mathrm{d}t}=\left(\frac{7.44\times10^{11}}{\phi_{\mathrm{H}}\rho_{\mathrm{H}}d_{0}}\right)\mathrm{e}^{-9400/T}(f_{\mathrm{e}}-f)n_{\mathrm{H},0}^{1/3}n_{\mathrm{H}}^{2/3} \tag{8-2}$$

式中，n_H 为水合物的物质的量，mol；A_s 为水合物分解颗粒总的表面积；f_e 为水合物在三相平衡条件下的逸度；f 为水合物在实验条件下的逸度；$-\frac{dn_H}{dt}$为水合物的分解速率；k_d 为本征分解反应的速率常数，mol/(MPa·s·m^2)；ϕ_H 为水合物的体积分数；ρ_H 为水合物的摩尔密度，mol/m^3；d_0 为初始水合物颗粒直径，m；$n_{H,0}$ 为水合物中捕获的甲烷气体的初始物质的量，kmol；n_H 为任何时候残留在水合物中的甲烷气体物质的量，kmol。

拟合出水合物分解的本征动力学方程式，由于实验过程中伴随着一个高的搅拌速率，所以可以忽略质量传递和热量传递的影响，从而得出水合物的分解速率。

该模型中利用逸度差表征水合物分解的推动力，为水合物分解模型的研究奠定了基础，之后一系列的水合物分解模型大部分是在该模型基础上得到的。

Goel 等[87] 引入反应级数，同样认为水合物降压分解过程的推动力与阻力项分别为压力差与反应速率常数的倒数，由此提出以相平衡压力与系统压力之间压力差表示的式(8-3)。

$$-\frac{dn_H}{dt}=kA_s(p_e-p)^n \tag{8-3}$$

Sean 等[88] 提出一种新的气体水合物分解模型（SSYK），如式（8-4）所示。水合物分解推动力为水合物相与周围溶液相的吉布斯自由能差，水合物分解是由液相中气体浓度降低造成的。模型中涉及客体分子在主体相中的溶解度，以及水合物-溶液相平衡态下客体分子的摩尔分数。许多研究者致力于估算平衡态下客体分子的摩尔分数，但计算结果跟实际仍存在差异。Fukumoto 等[89] 与 Nakayama 等[80] 均对此分解模型进行了改进，引入相平衡、传热分析，并对水合物分解表面积进行计算，进一步提高了方程的适用范围。

$$-\frac{dn_H}{dt}=k_0 e^{\frac{-E_a}{RT}} A_s \ln\frac{x_H}{x_G} \tag{8-4}$$

式中，$-\frac{dn_H}{dt}$为水合物的分解速率；E_a 为表观反应活化能，kJ/mol；k_0 为指前因子，kJ/(K·m^2·s)；A_s 为水合物分解表面积，m^2；R 为摩尔气体常数，8.314J/(mol·K)；T 为环境温度，K；x_H 为水合物中甲烷的摩尔分数；x_G 为在分解条件下，气相中甲烷的摩尔分数。

白冬升等[90] 研究了气体水合物的分解动力学，通过分子模拟发现，传质阻力和传热阻力的耦合会造成水合物自保护，抑制水合物的继续分解。他们提出水合物晶体界面移动速率与50%水合物分解所用时长的计算方程，如式（8-5）和式（8-6）所示，界面移动速率受初始水合物晶体长度的影响。水合物分解过程中，其分解界面易形成具有分型特征的固态冰层，随后分解气从水合物区扩散至液相或气相区的传质阻力急剧增加，分解速率下降。而且，水合物分解造成界面温度变化，如式（8-7）所示，由此可知水合物分解过程中传热阻力是一个更为基本的影响因素，传热阻力的增加有助于固体层的形成，抑制水合物的进一步分解。结果表明，水合物分解过程中需要综合考虑传质、传热的影响，避免阻力增加与固体层的出现。

$$\frac{\mathrm{d}x}{\mathrm{d}t}=k_x(x_0-x)^{n_x} \tag{8-5}$$

$$t_{1/2}=\frac{2^{n_x-1}}{(n_x-1)k_x x_0^{n_x-1}} \tag{8-6}$$

$$\frac{\mathrm{d}T}{\mathrm{d}t}+\lambda_1(t)T+\lambda_2(t)=0 \tag{8-7}$$

式中，$\frac{\mathrm{d}x}{\mathrm{d}t}$为水合物晶体界面移动速率；$t_{1/2}$ 为水合物分解一半所需的时间，s（水合物分解的半衰期，s）；k_x 为反应速率常数；n_x 为反应级数；x_0 为反应物的初始摩尔分数；x 为任意时刻反应物的摩尔分数；T 为温度，K；t 为时间，s；$\lambda_1(t)$、$\lambda_2(t)$ 为水合物分解程度。

孙长宇等[91] 认为水合物降压分解可分为两个阶段：a. 分解界面水合物笼坍塌；b. 分解气从界面解吸扩散。引入反应过程，可知水合物降压分解速率应与剩余浓度成正比，即与未分解的水合物量成正比，提出水合物降压分解速率方程式（8-8）。综合 Kim-Bishnoi 水合物分解动力学模型式（8-1），假定分解反应级数为 1，分解速率方程可变为式（8-9）。他们认为，初始含水量越少，沉积物粒径越小，沉积物间的孔隙越多，水合物与气相空间接触的表面越大，分解速率也就越快。沉积物的表面性质会影响水合物分解动力学。黏土与水合物间存在分子间作用力，两者之间的氢键迷惑了最外层的甲烷水合物，使其以为外层还有水合物层，因此保持其亚稳态而使分解受阻[92]。

$$-\frac{\mathrm{d}n_{\mathrm{H}}}{\mathrm{d}t}=k'n_{\mathrm{H}} \tag{8-8}$$

$$-\frac{\mathrm{d}n_{\mathrm{H}}}{\mathrm{d}t}=k_0'\mathrm{e}^{\frac{-E_a}{RT}}(f_e-f)n_{\mathrm{H}} \tag{8-9}$$

式中，$-\frac{\mathrm{d}n_{\mathrm{H}}}{\mathrm{d}t}$为水合物的分解速率；$n_{\mathrm{H}}$ 为水合物中气体总量，mol；k'为表观分解速率常数，min^{-1}；k_0'为水合物的本征分解速率常数，min^{-1}；f_e 为水合物平衡压力下气体的逸度，MPa；f 为实验压力下气体的逸度，MPa；E_a 为活化能，J/mol；T 为温度，K。

此模型考虑了水合物分解过程中分解速率随时间的变化，更加符合实际情况，减小了之前模型中因未考虑此因素而带来的误差。

樊栓狮团队[93,94]以石英砂、硅酸盐岩、火山岩、陶土和白云石作为沉积物，研究了3.5%（质量分数）氯化钠溶液体系中甲烷+丙烷混合气水合物的分解动力学，提出了气体水合物分解动力学方程——式(8-10)。结果表明：气体水合物分解产生清晰的气路通道（如图8-2所示），氯化钠可以阻碍分解过程中冰膜的形成；盐溶液与砂质表面性质将气体水合物表观分解反应活化能降至62.8～94.1kJ/mol，且水合物分解反应级数小于1。

$$-\frac{\mathrm{d}n_{\mathrm{H}}}{\mathrm{d}t}=\frac{3\psi}{r_{\mathrm{H}}}k_0\mathrm{e}^{\frac{-E_{\mathrm{a}}}{RT}}S_{\mathrm{H}}^{m}(f-f_0)^{n_T} \tag{8-10}$$

式中，$-\frac{\mathrm{d}n_{\mathrm{H}}}{\mathrm{d}t}$为水合物的分解速率；$\psi$为水合物颗粒表面粗糙度；$r_{\mathrm{H}}$为气体水合物颗粒的粒径，m；$k_0$为指前因子，kJ/(K·m²·s)；$f$为水合物界面气体的平衡逸度，MPa；$f_0$为液相内部气体的逸度，MPa；$E_{\mathrm{a}}$为表观反应活化能，kJ/mol；$S_{\mathrm{H}}$为气体水合物饱和度；$m$为饱和度推动反应级数；$n_T$为温度推动的反应级数。

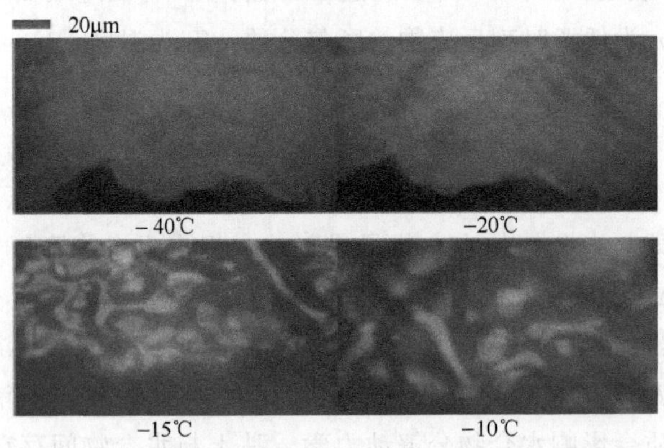

图8-2　显微拉曼光谱下石英砂3.5%氯化钠溶液体系内气体水合物分解过程照片[94]

二、热分解模型

Kamath等[95]认为气体水合物受热分解时，分解气不断从水合物相向气相空间扩散的过程类似于流体泡核沸腾。将泡核沸腾的传热理论应用于水合物热分解过程的传热计算，列出式(8-11)。在此基础上，Kamath和Holder进一步研究了水合物笼中客体分子对分解传热的影响。引入甲烷、丙烷作为客体分子，构建了水合物受热分解时的稳态分解速率与传热温差、传热面积、水合物量之间的方程[式(8-12)]。上述热分解模型仅考虑了水合物分解过程传热阻力的影响，未引入传质阻力与反应平衡对分解速率的限制。

$$\Delta H_{\mathrm{diss}}=\frac{148.48a_{\mathrm{b}}^{1.56}\Delta H_{\mathrm{ab}}}{Pr^{1.56}Re}+0.0019Re^{0.8}Pr^{0.4}\frac{k}{d_{\mathrm{H}}}\Delta T \tag{8-11}$$

$$\frac{v_H}{\varphi_H A}=6.464\times10^{-4}(\Delta T)^{2.05} \tag{8-12}$$

式中，ΔH_{diss} 为水合物分解反应焓值，kJ/mol；k 为本征反应速率常数，kJ/(K・m^2・s)；d_H 为进水口直径，m；ΔH_{ab} 为沸腾热通量，kJ/hm^2；ΔT 为流体与水合物界面的温度差，K；Pr 为普朗特常数；Re 为雷诺数；v_H 为气体水合物稳态分解速率，mol/h；φ_H 为水合物的体积分数；A 为水合物与流体界面间的表面积，cm^2；a_b 为雅各布数。

气体水合物受热分解，体积会逐渐变小，传热传质表面积逐渐变小。Selim等[96,97] 假定甲烷水合物受热分解的传热表面为移动界面且逐渐消融，提出了模型方程［式（8-13)］。该模型中参数均为定值，针对性不强，仅适用于特定条件下的甲烷水合物受热分解过程，且存在一定的误差；该模型仅考虑了传热阻力，忽略了笼形破裂与分解气扩散过程中的反应平衡与传质阻力，与实际情况不符。

$$x=\frac{St}{1+St}\left(t-\frac{1}{St}\right) \tag{8-13}$$

式中，x 为水合物分解界面的位置，m；t 为时间，s；St 为常数。

Linga 和他的团队[98] 采用数值模拟分析了甲烷水合物注热分解动力学，引入质量能量守恒、气相溶解、相对渗透率、毛细现象、复合传热模型及水合物相平衡方程，研究了多组分传热、传质、流动与相平衡的物理过程。结果表明，甲烷水合物分解出现明显的迁移相界面，分解前沿可由式（8-14）计算得到。水合物受热分解过程中分解速率主要受样品整体热导率的影响，分解产生的气体先向水平方向扩散，之后再沿垂直方向向上聚集。

$$x=k_1 t^{\frac{1}{2}} \tag{8-14}$$

式中，x 为水合物分解界面的位置，m；t 为时间，s；k_1 为水合物分解前的速率，m/s。

三、其他分解模型

针对海洋非成岩水合物，邱奕龙[85] 提出了固态流化开采条件下的水合物分解动力学模型，如式（8-15）和式（8-16）所示。研究表明该分解过程属于 1 级反应过程，影响分解速率的因素包括降压幅度、环境温度以及搅拌速度。根据单因素变量计算与多元非线性回归，分析了三个影响因素的作用规律，得出水合物分解速率常数的回归模型，如式（8-17）所示。

$$-\frac{dn_H}{dt}=K_{dc}n_H \tag{8-15}$$

$$K_{dc}=F(\Delta p,T,R,S,M,C) \tag{8-16}$$

$$K_{dc}=|0.322\Delta p+0.011e^{(0.5T)}+0.02R-1.043| \tag{8-17}$$

式中，$-\frac{dn_H}{dt}$为水合物的分解速率，mol/min；n_H 为水合物中甲烷的物质的量，mol；K_{dc} 为水合物分解反应速率常数，与水合物动力学本征反应速率常数 k_d 相比，K_{dc} 综合考虑了固态流化开采过程中传热与传质的影响；Δp 为降压幅度，MPa；T 为环境温度，℃；R 为搅拌转速，r/min；S 为海水矿化度（质量分数），%；M 为沉积物粒径，μm；C 为分解促进剂浓度（质量分数），%；R 为摩尔气体常数，8.314J/(mol·K)。

Takeya 等[99] 研究了冰点以下甲烷水合物的分解过程，水合物的分解在初始时速率很快，但随着分解产生的水因为温度的下降而转化为冰，并不断地包覆到水合物的表面，从而影响气体分子的扩散，导致水合物分解速率下降。水合物分解速率的控制因素也由动力学因素变为分子扩散速率。基于此得到了水合物分解速率方程，如式（8-18）和式（8-19）：

$$3(1-R)+2(R^3-1)=\frac{6D}{r_{h0}^2}\left[\frac{C_d(T)-C_a}{C_0-C_a}\right]t \tag{8-18}$$

$$R=r_h/r_{h0} \tag{8-19}$$

式中，r_h 为单球型水合物颗粒半径，μm；r_{h0} 为水合物颗粒初始半径，μm；D 为甲烷分子向冰中扩散的扩散系数，m^2/s；t 为分解时间，s；C_0 为水合物中甲烷分子的浓度，mol/m^3；C_a 为周围空气中甲烷分子的浓度，mol/m^3；$C_d(T)$为分解温度为 T 时，甲烷分子在气相中的浓度，mol/m^3。

该模型中，研究者将水合物看作是单球型水合物颗粒，这与之前将水合物看作更大颗粒的实验相比，分解速率更快了。因为实验数据表明在有孔隙或颗粒边界处，气体分子更容易扩散，故将传质影响考虑在内。

何晓霞等[100] 将水合物颗粒看作是球形晶体颗粒来进行研究，在 0℃以上时，随反应的进行，颗粒半径不断减小，通过推导相应的微分方程，建立了甲烷水合物的缩粒分解模型（图 8-3）。

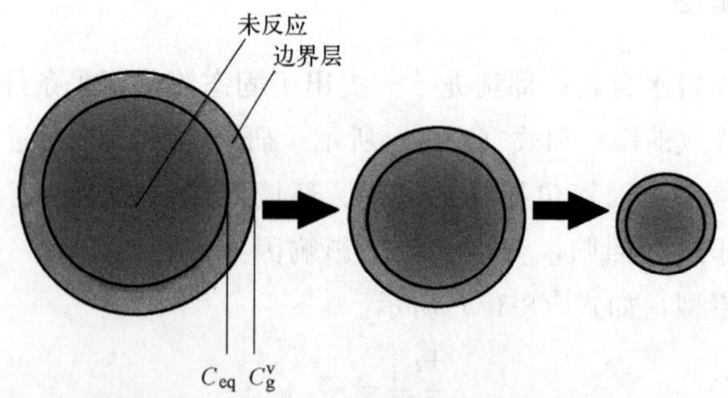

图 8-3 甲烷水合物分解的缩粒分解模型[100]

C_g^v—气相主体中气态产物摩尔浓度，$kmol/m^3$；C_{eq}—反应界面处气体浓度，$kmol/m^3$

$$\frac{\mathrm{d}r}{\mathrm{d}t}=\frac{M_{\mathrm{s}}}{\rho_{\mathrm{s}}}\times\frac{C_{\mathrm{g}}^{\mathrm{v}}-C^{*}}{\lambda_{\mathrm{t}}+\lambda_{\mathrm{c}}} \tag{8-20}$$

$$\lambda_{\mathrm{t}}=\frac{1}{K_{\mathrm{f}}} \tag{8-21}$$

$$\lambda_{\mathrm{c}}=\frac{1}{K_{\mathrm{c}}} \tag{8-22}$$

式中，ρ_{s} 为甲烷水合物的密度，kg/m^3；M_{s} 为甲烷水合物的摩尔质量，kg/mol；$C_{\mathrm{g}}^{\mathrm{v}}$ 为气相主体中气态产物的摩尔浓度，kmol/m^3；C^{*} 为甲烷水合物中甲烷的摩尔浓度，kmol/m^3；K_{c} 为界面化学反应速率常数，m/s；K_{f} 为气态产物的扩散速率常数，m/s；λ_{t} 数值上等于气态产物的扩散速率常数的倒数；λ_{c} 数值上等于界面化学反应速率常数的倒数。

该模型为了简化传质面积与颗粒体积的计算，将水合物颗粒看作是标准的球形，且在分解前粒径相同。水合物分解过程分为反应和扩散两个过程。

Jamaluddin 等[101] 综合了传质、传热等影响因素，在 Kim 的动力学模型基础上得到了一个综合的水合物分解模型：

$$\frac{\mathrm{d}S}{\mathrm{d}t}=-\psi K_{0}\mathrm{e}^{-\frac{E_{\mathrm{a}}}{RT_{\mathrm{s}}}}(f_{\mathrm{s}}-f_{\infty}) \tag{8-23}$$

$$q_{\mathrm{s}}=k\left(\frac{\partial T}{\partial x}\right)+\rho_{\mathrm{H}}M_{\mathrm{H}}\lambda\psi K_{0}\mathrm{e}^{-\frac{E_{\mathrm{a}}}{RT_{\mathrm{s}}}}(f_{\mathrm{s}}-f_{\infty}) \tag{8-24}$$

式中，ψ 为水合物表面粗糙度；K_{0} 为常数；E_{a} 为水合物活化能；f_{s} 为甲烷在界面处的平衡逸度；f_{∞} 为甲烷在气相中的逸度；q_{s} 为水合物在分解表面的热通量；k 为水合物的热导率；ρ_{H} 为水合物的摩尔密度；M_{H} 为水合物的摩尔质量；T_{s} 为分解表面温度。

该模型中提出了一个表面粗糙度的概念，当活化能处于较低水平时，表面粗糙度对水合物分解速率的影响较小；当活化能处于较高水平时，表面粗糙度会对水合物分解速率产生显著影响。

水合物的分解应用于水合物分离混合气体、管道水合物的解堵与防控、水合物抑制剂的开发等方面。目前水合物的分解方法主要有降压分解、注热法/注抑制剂联合法、降压注热/注抑制剂联合法，其中联合法的应用能进一步提高水合物分解速率。目前现有的大部分水合物分解动力学模型主要适用于水合物中慢速分解过程，很少涉及水合物的强化分解过程及强化影响参数。同时针对松散介质复杂环境中的水合物分解动力学研究亦不够深入，针对水合物的强化分解过程，需要将强化过程中的影响因素代入动力学方程，以实现水合物的强化分解动力学描述，这将是一项非常有意义的工作。

参 考 文 献

[1] 樊栓狮，郭天民．笼型水合物研究进展［J］．化工进展，1999，1：5-7.

[2] 雷怀彦，郑艳红，吴保祥．$AlCl_3$ 介质中甲烷水合物相平衡 PT 轨迹［J］．科学通报，2002，16：1229-1232.

[3] 陈光进，孙长宇，马庆兰．天然气水合物科学与技术［M］．北京：化学工业出版社，2007.

[4] Guo X，Xu L，Wang B，et al. Optimized gas and water production from water-saturated hydrate-bearing sediment through step-wise depressurization combined with thermal stimulation［J］. Applied Energy，2020，276：115438.

[5] Huang L，Yin Z，Wan Y，et al. Evaluation and comparison of gas production potential of the typical four gas hydrate deposits in Shenhu area，South China Sea［J］. Energy，2020，204：117955.

[6] Li B，Chen L L，Wan Q C，et al. Experimental study of frozen gas hydrate decomposition towards gas recovery from permafrost hydrate deposits below freezing point［J］. Fuel，2020，280：118557.

[7] Wang J，Han F，Li S，et al. Investigation of gas hydrate production with salinity via depressurization and thermal stimulation methods［J］. Journal of Petroleum Science and Engineering，2020，194：107465.

[8] 张岭，宋海斌．天然气水合物体系动态演化研究（Ⅲ）：水合物的产生、聚集和分解［J］．地球物理学进展，2003，4：592-597.

[9] 蒋乐乐，汤思瑶，陈琉欣，等．海洋天然气水合物形成及分解过程研究现状［J］．广州化工，2017，45（01）：9-11.

[10] Riley D，Schaafsma M，Marin-Moreno H，et al. A social，environmental and economic evaluation protocol for potential gas hydrate exploitation projects［J］. Applied Energy，2020，263：114651.

[11] Schicks J M，Haeckel M，Janicki G，et al. Development，test，and evaluation of exploitation technologies for the application of gas production from natural gas hydrate reservoirs and their potential application in the Danube Delta，Black Sea［J］. Marine and Petroleum Geology，2020，120：104488.

[12] White M D，Kneafsey T J，Seol Y，et al. An international code comparison study on coupled thermal，hydrologic and geomechanical processes of natural gas hydrate-bearing sediments［J］. Marine and Petroleum Geology，2020，120：104566.

[13] Tian H，Yu C，Xu T，et al. Combining reactive transport modeling with geochemical observations to estimate the natural gas hydrate accumulation［J］. Applied Energy，2020，275：115362.

[14] Hassanpouryouzband A, Joonaki E, Farahani M V, et al. Gas hydrates in sustainable chemistry [J]. Chemical Society Reviews, 2020, 49 (15): 5225-5309.

[15] 刘熠，李长俊. 水合物技术在天然气储运中的应用 [J]. 天然气与石油，2006，5：7-9.

[16] 杨梦，杨亮，刘道平，等. 气体水合物分解与生成技术应用研究进展 [J]. 制冷学报，2016，37 (02)：78-86.

[17] 赖枫鹏，李治平. 天然气水合物勘探开发技术研究进展 [J]. 中外能源，2007，5：28-32.

[18] 关进安，樊栓狮，梁德青，等. 自然界天然气水合物勘探开发概述 [J]. 新能源进展，2019，7 (06)：522-531.

[19] 杜冰鑫，陈冀嵋，钱文博，等. 天然气水合物勘探与开采进展 [J]. 天然气勘探与开发，2010，33 (03)：26-29.

[20] 李淑霞，曹文，李杰，等. 天然气水合物注热水开采热前缘移动规律实验研究 [J]. 现代地质，2014，28 (03)：659-662.

[21] 李淑霞，李杰，曹文. 注热水盐度对水合物开采影响的实验研究 [J]. 高校化学工程学报，2015，29 (02)：482-486.

[22] 韩笑，刘姝，万青翠，等. 热激法开采天然气水合物研究进展 [J]. 油气储运，2019，38 (08)：849-855.

[23] 张旭辉，鲁晓兵，李鹏. 天然气水合物开采方法的研究综述 [J]. 中国科学：物理学 力学 天文学，2019，49 (03)：38-59.

[24] 李杰. 天然气水合物注热、降压开采可行性实验研究 [D]. 青岛：中国石油大学（华东），2013.

[25] 许书瑞. 高效水合物动力学抑制剂的性能研究及应用 [D]. 广州：华南理工大学，2017.

[26] 冯景春，李小森，王屹，等. 三维实验模拟双水平井联合法开采天然气水合物 [J]. 现代地质，2016，30 (04)：929-936.

[27] 刘鑫，潘振，王荧光，等. 天然气水合物勘探和开采方法研究进展 [J]. 当代化工，2013，42 (07)：958-960.

[28] 张旭辉，鲁晓兵，刘乐乐. 天然气水合物开采方法研究进展 [J]. 地球物理学进展，2014，29 (02)：858-869.

[29] Happel J, Hnatow M A, Meyer H. The study of separation of nitrogen from methane by hydrate formation using a novel apparatus a [J]. Annals of the New york Academy of Sciences, 1994, 715 (1): 412-424.

[30] Sun Q, Guo X, Liu A, et al. Experimental study on the separation of CH_4 and N_2 via hydrate formation in TBAB solution [J]. Industrial & Engineering Chemistry Research, 2011, 50 (4): 2284-2288.

[31] 孙强. 水合物法分离混空煤层气技术基础研究 [D]. 北京：中国石油大学（北京），2011.

[32] 李赟，杨西萍，刘煌. 水合物法分离混合物技术研究进展 [J]. 化工学报，2017，68 (3)：831-840.

[33] Zhang L W, Chen G J, Sun C Y, et al. The partition coefficients of ethylene between hydrate and vapor for methane + ethylene + water and methane + ethylene + SDS + water systems [J]. Chemical Engineering Science, 2005, 60 (19): 5356-5362.
[34] Zhang L W, Chen G J, Guo X Q, et al. The partition coefficients of ethane between vapor and hydrate phase for methane + ethane + water and methane + ethane + THF + water systems [J]. Fluid Phase Equilibria, 2004, 225: 141-144.
[35] Cha I, Lee S, Lee J D, et al. Separation of SF_6 from gas mixtures using gas hydrate formation [J]. Environmental Science & Technology, 2010, 44 (16): 6117-6122.
[36] Kamata Y, Oyama H, Shimada W, et al. Gas separation method using tetra-*n*-butyl ammonium bromide semi-clathrate hydrate [J]. Japanese Journal of Applied Physics, 2004, 43 (1R): 362.
[37] Parker A. Potable water from sea-water [J]. Nature, 1942, 149 (3772): 184-186.
[38] Javanmardi J, Moshfeghian M. Energy consumption and economic evaluation of water desalination by hydrate phenomenon [J]. Applied Thermal Engineering, 2003, 23 (7): 845-857.
[39] Sarshar M, Sharafi A H. Simultaneous water desalination and CO_2 capturing by hydrate formation [J]. Desalination and Water Treatment, 2011, 28 (1-3): 59-64.
[40] Li S F, Tan Z, Shen M G. Progress in aqueous solution concentration by forming clathrate hydrate [J]. Chem Ind Eng Prog, 2014, 6: 1387-1391.
[41] Gaarder C. Crystallization of mechanical pulp mill effluents through hydrate formation for the recovery of water [D]. Vancouver: University of British Columbia, 1993.
[42] Huang C P, Fennema O, Powrie W D. Gas hydrates in aqueous-organic systems: Ⅱ. Concentration by gas hydrate formation [J]. Cryobiology, 1966, 2 (5): 240-245.
[43] Andersen T B, Thomsen K. Separation of water through gas hydrate formation [J]. International Sugar Journal, 2009, 111 (1330): 632-636.
[44] Pandey G, Veluswamy H P, Sangwai J, et al. Morphology study of mixed methane-tetrahydrofuran hydrates with and without the presence of salt [J]. Energy & Fuels, 2019, 33 (6): 4865-4876.
[45] Inkong K, Rangsunvigit P, Kulprathipanja S, et al. Effects of temperature and pressure on the methane hydrate formation with the presence of tetrahydrofuran (THF) as a promoter in an unstirred tank reactor [J]. Fuel, 2019, 255: 115705.
[46] Inkong K, Veluswamy H P, Rangsunvigit P, et al. Innovative approach to enhance the methane hydrate formation at near-ambient temperature and moderate pressure for gas storage applications [J]. Industrial & Engineering Chemistry Research, 2019, 58 (49): 22178-22192.
[47] 杨亮. 甲烷水合物生成的静态强化技术 [D]. 广州：华南理工大学，2013.
[48] Linga P, Clarke M A. A review of reactor designs and materials employed for increasing the rate of gas hydrate formation [J]. Energy & Fuels, 2017, 31 (1): 1-13.

[49] Wang F, Meng H L, Guo G, et al. Methane hydrate formation promoted by-SO_3-coated graphene oxide nanosheets [J]. ACS Sustainable Chemistry & Engineering, 2017, 5 (8): 6597-6604.

[50] Li R, Liu D, Yang L, et al. Rapid methane hydrate formation in aluminum honeycomb [J]. Fuel, 2019, 252: 574-580.

[51] Kim N J, Lee J H, Cho Y S, et al. Formation enhancement of methane hydrate for natural gas transport and storage [J]. Energy, 2010, 35 (6): 2717-2722.

[52] Liu H, Zhan S, Li R, et al. High-efficiency natural-gas storage method involving formation of gas hydrate in water/oil-cyclopentane emulsion [J]. Chemical Engineering Journal, 2020, 400: 125369.

[53] Siažik J, Malcho M, Lenhard R. Proposal of experimental device for the continuous accumulation of primary energy in natural gas hydrates [C] //EPJ Web of Conferences. EDP Sciences, 2017, 143: 02106.

[54] 林微，陈光进. 气体水合物分解动力学研究现状 [J]. 过程工程学报，2004，1：69-74.

[55] Feng J C, Wang Y, Li X S. Dissociation characteristics of water-saturated methane hydrate induced by huff and puff method [J]. Applied Energy, 2018, 211: 1171-1178.

[56] Sun H, Chen B, Zhao G, et al. The enhancement effect of water-gas two-phase flow on depressurization process: Important for gas hydrate production [J]. Applied Energy, 2020, 276: 115559.

[57] Li S, Zheng R, Xu X, et al. Energy efficiency analysis of hydrate dissociation by thermal stimulation [J]. Journal of Natural Gas Science and Engineering, 2016, 30: 148-155.

[58] Song Y, Luo T, Madhusudhan B N, et al. Strength behaviors of CH_4 hydrate-bearing silty sediments during thermal decomposition [J]. Journal of Natural Gas Science and Engineering, 2019, 72: 103031.

[59] Gambelli A M, Rossi F. The use of sodium chloride as strategy for improving CO_2/CH_4 replacement in natural gas hydrates promoted with depressurization methods [J]. Arabian Journal of Geosciences, 2020, 13 (18): 1-10.

[60] Li S, Wang Z, Xu X, et al. Experimental study on dissociation of hydrate reservoirs with different saturations by hot brine injection [J]. Journal of Natural Gas Science and Engineering, 2017, 46: 555-562.

[61] Feng J C, Wang Y, Li X S, et al. Influence of hydrate saturation on methane hydrate dissociation by depressurization in conjunction with warm water stimulation in the silica sand reservoir [J]. Energy & Fuels, 2015, 29 (12): 7875-7884.

[62] Wang B, Fan Z, Zhao J, et al. Influence of intrinsic permeability of reservoir rocks on gas recovery from hydrate deposits via a combined depressurization and thermal stimulation approach [J]. Applied Energy, 2018, 229: 858-871.

[63] Gao Y, Ma Z, Yang M, et al. Dissociation characteristic of remolded methane hydrates deposits from South China Sea using depressurization [J]. Energy Procedia, 2019, 158:

5355-5360.

[64] Luo T, Li Y, Liu W, et al. Experimental studies on gas production rate of in-situ hydrate-bearing clay in thermal recovery and depressurization methods [J]. Energy Procedia, 2019, 158: 5251-5256.

[65] Zhao J, Zhu Z, Song Y, et al. Analyzing the process of gas production for natural gas hydrate using depressurization [J]. Applied Energy, 2015, 142: 125-134.

[66] Li B, Li X S, Li G, et al. Depressurization induced gas production from hydrate deposits with low gas saturation in a pilot-scale hydrate simulator [J]. Applied Energy, 2014, 129: 274-286.

[67] Zhang Y, Wang T, Li X, et al. Decomposition behaviors of methane hydrate in porous media below the ice melting point by depressurization [J]. Chinese Journal of Chemical Engineering, 2019, 27 (9): 2207-2212.

[68] Li D, Ren S, Zhang L, et al. Dynamic behavior of hydrate dissociation for gas production via depressurization and its influencing factors [J]. Journal of Petroleum Science and Engineering, 2016, 146: 552-560.

[69] Bishnoi P R, Natarajan V. Formation and decomposition of gas hydrates [J]. Fluid Phase Equilibria, 1996, 117 (1-2): 168-177.

[70] 丁丽颖，耿春宇，赵月红，等. 甲烷水合物分解及自保护效应的分子动力学模拟 [J]. 中国科学（B辑：化学），2008，2：161-169.

[71] 温永刚，陈秋雄，陈运文，等. 天然气水合物奇异自保护效应研究发展及其应用 [J]. 天然气化工（C1化学与化工），2014，39（01）：82-87.

[72] Okwananke A, Yang J, Tohidi B, et al. Enhanced depressurisation for methane recovery from gas hydrate reservoirs by injection of compressed air and nitrogen [J]. The Journal of Chemical Thermodynamics, 2018, 117: 138-146.

[73] Wang B, Dong H, Liu Y, et al. Evaluation of thermal stimulation on gas production from depressurized methane hydrate deposits [J]. Applied Energy, 2018, 227: 710-718.

[74] Feng J C, Wang Y, Li X S, et al. Investigation into optimization condition of thermal stimulation for hydrate dissociation in the sandy reservoir [J]. Applied Energy, 2015, 154: 995-1003.

[75] Wang Y, Feng J C, Li X S, et al. Experimental investigation of optimization of well spacing for gas recovery from methane hydrate reservoir in sandy sediment by heat stimulation [J]. Applied Energy, 2017, 207: 562-572.

[76] Wang Y, Feng J C, Li X S. Pilot-scale experimental test on gas production from methane hydrate decomposition using depressurization assisted with heat stimulation below quadruple point [J]. International Journal of Heat and Mass Transfer, 2019, 131: 965-972.

[77] 孙可明，王婷婷，翟诚，等. 不同饱和度天然气水合物加热分解界面变化规律 [J]. 特种油气藏，2018，25（05）：129-134.

[78] Sun Y, Zhong J, Chen G, et al. Enhanced depressurization for methane recovery from hy-

drate-bearing sediments by ethylene glycol pre-injection [J]. Energy Procedia, 2019, 158: 5207-5212.

[79] Li B, Liu S D, Liang Y P, et al. The use of electrical heating for the enhancement of gas recovery from methane hydrate in porous media [J]. Applied Energy, 2018, 227: 694-702.

[80] Nakayama T, Sato T, Ogasawara K, et al. Estimation of surface area of methane hydrate in sediments [C] //Seventh ISOPE Ocean Mining Symposium. OnePetro, 2007.

[81] Sun H, Chen B, Yang M, et al. Promotion of gas hydrate dissociation with seawater flow through the sediment [J]. Energy Procedia, 2019, 158: 5581-5586.

[82] Sun H, Chen B, Yang M. Effect of multiphase flow on natural gas hydrate production in marine sediment [J]. Journal of Natural Gas Science and Engineering, 2020, 73: 103066.

[83] 何松，梁德青，李栋梁，等. 微波强化分解甲烷水合物的研究 [J]. 石油化工，2011，40 (07): 700-704.

[84] 樊震. 多孔介质中天然气水合物分解实验与模拟研究 [D]. 大连：大连理工大学，2017.

[85] 邱奕龙. 海洋非成岩天然气水合物固态流化开采过程分解规律研究 [D]. 成都：西南石油大学，2018.

[86] Kim H C, Bishnoi P R, Heidemann R A, et al. Kinetics of methane hydrate decomposition [J]. Chemical Engineering Science, 1987, 42 (7): 1645-1653.

[87] Goel N, Wiggins M, Shah S. Analytical modeling of gas recovery from in situ hydrates dissociation [J]. Journal of Petroleum Science and Engineering, 2001, 29 (2): 115-127.

[88] Sean W Y, Sato T, Yamasaki A, et al. CFD and experimental study on methane hydrate dissociation Part I. Dissociation under water flow [J]. AIChE Journal, 2007, 53 (1): 262-274.

[89] Fukumoto A, Sato T, Kiyono F, et al. Estimation of the formation rate constant of methane hydrate in porous media [J]. SPE Journal, 2014, 19 (02): 184-190.

[90] Bai D, Zhang D, Zhang X, et al. Origin of self-preservation effect for hydrate decomposition: Coupling of mass and heat transfer resistances [J]. Scientific Reports, 2015, 5 (1): 1-13.

[91] 孙长宇，陈光进，郭天民，等. 甲烷水合物分解动力学 [J]. 化工学报，2002，9: 899-903.

[92] Xie Y, Zheng T, Zhong J R, et al. Experimental research on self-preservation effect of methane hydrate in porous sediments [J]. Applied Energy, 2020, 268: 115008.

[93] Zhang W, Fan S, Wang Y, et al. Evidence for pore-filling gas hydrates in the sediments through morphology observation [J]. Chinese Journal of Chemical Engineering, 2019, 27 (9): 2081-2088.

[94] 张雯翔. 介质孔隙中水合物形成与分解机制研究 [D]. 广州：华南理工大学，2018.

[95] Kamath V A, Holder G D, Angert P F. Three phase interfacial heat transfer during the

dissociation of propane hydrates [J]. Chemical Engineering Science, 1984, 39 (10): 1435-1442.
[96] Selim M S, Sloan E D. Heat and mass transfer during the dissociation of hydrates in porous media [J]. AIChE Journal, 1989, 35 (6): 1049-1052.
[97] 黄婷，李长俊，李清平，等. 全透明高压反应釜甲烷水合物动力学实验 [J]. 化工进展，2020，39 (07)：2624-2631.
[98] Yin Z, Moridis G, Chong Z R, et al. Numerical analysis of experiments on thermally induced dissociation of methane hydrates in porous media [J]. Industrial & Engineering Chemistry Research, 2017, 57 (17): 5776-5791.
[99] Takeya S, Ebinuma T, Uchida T, et al. Self-preservation effect and dissociation rates of CH_4 hydrate [J]. Journal of Crystal Growth, 2002, 237: 379-382.
[100] 何晓霞，余劲松，马应海，等. 甲烷水合物分解的缩粒动力学模型 [J]. 天然气地球科学，2005，6：818-821.
[101] Jamaluddin A K M, Kalogerakis N, Bishnoi P R. Modelling of decomposition of a synthetic core of methane gas hydrate by coupling intrinsic kinetics with heat transfer rates [J]. The Canadian Journal of Chemical Engineering, 1989, 6 (67): 948-954.

第九章 水合物分离混合物理论及应用

第一节 引 言

自1810年Davy首次发现气体水合物以来，人们对水合物的生成条件进行了大量的实验，基于水合物的各种利用技术也得到了深入的研究。在水合物生成基础上发展起来的各项利用手段是符合绿色环保、节约资源的可持续发展要求的技术。在资源冲突日益突出的背景下，与萃取、精馏等传统分离手段相比，水合物分离技术具有选择性好、所需条件较为温和、设备简单、能耗低（由于水合物生成和化解过程所需的温差较小）等优势。另外，通过加入合适的水合物促进剂，能明显改善分离效果，降低操作条件苛刻程度。此项技术得到多个领域研究者们的研究，利用水合物的生成来分离混合物表现出了很高的应用价值。到目前为止，水合物生成法在海水淡化[1]、污水处理[2]和混合气分离[3-7]三大领域取得了大量的研究成果。

第二节 水合物分离混合物原理

水合物法分离混合物是基于水合物晶体中仅包含水和可生成水合物的气体组分，且气体组分在水合物晶体中的组成因在水合物中得到富集而与其在气相中的组成不相同从而实现分离[8]。

完整的水合物是一种具有立方晶格结构的晶体，仅含有水和与其形成水合物的气体组分，不含有离子以及一些强极性组分。能形成水合物的气体也仅限于那些分子尺寸介于氖和丁烷之间的非极性气体和少数弱极性气体组分（CO_2、H_2S

等），以及这些烃类气体分子的部分取代物（如一溴甲烷、氟利昂）和 TBAB、THF 等非气体物质，常见的离子和一些强极性组分等均不能在水合物晶格中稳定存在[3]。

不同的气体组分生成水合物的压力相差很大，一般大于同温下气体组分饱和蒸气压的差。因此通过形成水合物易造成某些气体组分的分离，如甲烷与乙烷（烯）等[3]，其基本流程见图 9-1。同时，由于水合物中不会含有离子和强极性组分，通过生成水合物可以实现水和盐类、酸类、碱类、醇类物质的分离，其基本流程见图 9-2。

基于上述机理，水合物分离技术可应用于诸如海水淡化、废水处理、果汁浓缩和低沸点混合气体的分离等方面。

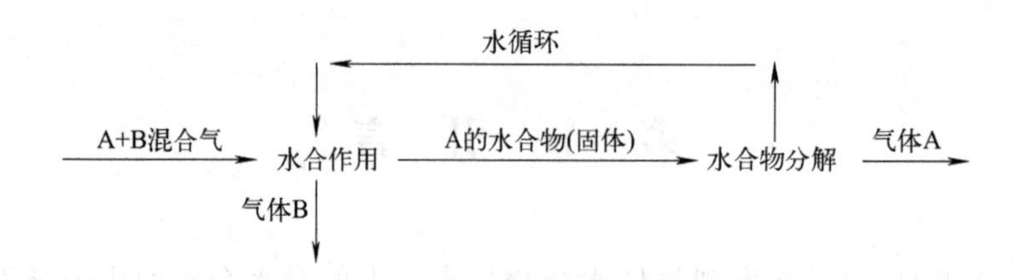

图 9-1　水合物分离气体混合物的基本流程

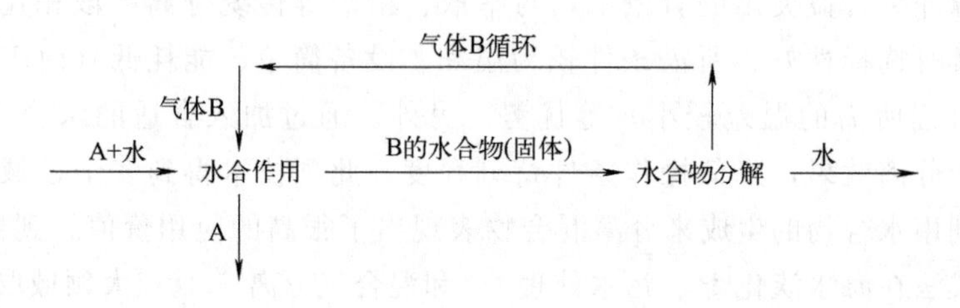

图 9-2　水合物分离含水溶液的基本流程

对于某些混合物体系，与深冷分离、超临界萃取、冷冻结晶分离等分离手段相比，水合物分离技术具有生成条件温和、分离效率高且能耗低等优势。在不同的温度和压力下，各种气体生成水合物的条件不同，典型的气体水合物生成条件见表 9-1[9]。

表 9-1　典型气体水合物的生成条件

气体	CH_4	C_2H_6	C_3H_8	C_4H_{10}	CO_2	H_2S
在 0℃时的生成压力 /MPa	2.6	0.520	0.174	0.100	0.520	0.096

第三节　水合物分离技术的应用

一、水合物海水淡化技术

（一）常规海水淡化技术

当前淡水资源短缺已成为一个全球性的环境问题。作为联合国确定的13个贫水国家之一，中国有400多个缺水城市，其中110个严重缺水。随着沿海城市对淡水需求的不断增加和现有供水方式的低效，寻找更加节能高效的海水淡化技术是需要解决的重大问题。由于海水不易受淡化获得的淡水环境的影响，不受时间、空间和气候变化的影响，其有效开发利用如海水淡化等，可用于解决淡水资源危机，这还需要进一步的开发。

世界上有反渗透、低温多效、多级闪蒸、电渗析、压汽蒸馏、露点蒸发、水电、热膜热电联产、核能利用等20多种海水淡化技术，以及精密过滤、超滤、纳滤等诸多前处理和后处理工艺，也有利用如太阳能、风能、潮汐能等可再生能源的海水淡化技术。从大范围分类来看，主要可以分为两大类：蒸馏法和膜法。其中低温多效蒸馏法、多级闪蒸法、反渗透法是国际上的主流技术。海水淡化的效率和海水淡化的关键都离不开环境和能源的影响。淡化过程也是海水富集过程，增加淡水产量将使浓缩海水中有价值元素成为可能，将为化工资源的回收增加和提供适宜的条件。下面将介绍目前主流的海水淡化技术。

1. 反渗透法

反渗透法是1953年才开始被用于海水淡化的一种膜分离海水淡化技术，又被称为超过滤法。该方法使用了只允许溶剂通过而不允许溶质通过的半透膜，分隔开海水和淡水。反渗透法最大的优点就是能耗很低，依靠渗透压进行海水淡化，对海水一侧施加大于其渗透压的外界压力，那么海水中的水分就会反渗透到淡水中。也正是因为该技术能耗很低，美国、日本等国家都把反渗透法作为主要方法，使得该技术发展很快，设备越来越先进而且成本越来越低。

2. 多级闪蒸法

闪蒸，就是一定温度的海水在压力突然降低的条件下，部分海水急骤蒸发的现象。多级闪蒸海水淡化法就是先将海水加热到一定程度，然后依次经过多个压力降低的闪蒸器中进行蒸发，然后让蒸汽冷凝得到淡水并储存起来的方法。目前该方法是全球海水淡化方法中产量最高的一种，而且技术非常成熟，适用于大型或超大型海水淡化装置。但是能源消耗较大，适合与火电站等建在一起。

3. 低温多效蒸馏淡化技术

低温多效海水淡化技术是把一系列的水平管喷淋降膜蒸发器串联起来，然后将一定的蒸汽通入首效蒸发器中，让加热过的海水在蒸发器中蒸发，然后蒸发得到的蒸汽作为下一个蒸发器的热源，同时让前一个蒸发器得到的蒸汽冷凝成淡水，这样可以有效利用每一个环节的热量，也不需要额外的冷凝环节。该方法是众多海水淡化方法中最节能的方法之一，因此发展十分迅速。一种低温多效蒸馏淡化设备由供汽系统、布水系统、蒸发器、淡水箱及浓水箱组成，供汽系统的生蒸汽入口置于中间效蒸发器上。工作方法为：

① 布水系统喷淋海水；

② 输入蒸汽到中间效蒸发器的蒸发管内；

③ 蒸发管内的蒸汽冷凝传出热量，蒸发管外吸收热量进行蒸发；

④ 新蒸汽输送至其两侧的蒸发管内，管外吸收热量进行蒸发；

⑤ 各效蒸发器不断重复蒸发和冷凝过程；

⑥ 蒸馏水冷凝后进入淡水箱；

⑦ 浓盐水进入浓水箱。

4. 冷冻法

冷冻法海水淡化技术原理是让液态的海水冷冻结冰，同时让盐分被分离出去。该方法需要提前对海水进行预冷，消耗大量的能源，而且有着容易结垢、产量低的缺点，因此实用性不如前面几种。

徐政涛等[10] 对不同海水淡化方法的优缺点进行了比较，如表 9-2 所列。可以看出，目前主流的方法虽然技术已经成熟，但是都在不同程度上有各自的缺点。

表 9-2　各种海水淡化法优缺点对比

海水淡化方法	优　点	缺　点
反渗透法	不易被腐蚀 设备成本较低 设备连贯性强 运行温度(≤40℃)舒适	运行成本高 原料水预处理要求高 产品水质低 运行压力高
多级闪蒸法	不易被腐蚀 易清洁 淡化水质范围广 机器容量大 使用寿命长	设备投资大 能耗高 运行温度高 盐去除率不高 对材料要求高
低温多效蒸馏法	防腐蚀性好 产物水质好 设备容量大 操作简单	成本中等 易结垢

续表

海水淡化方法	优　　点	缺　　点
冷冻法	预处理简单	易结垢和腐蚀 工艺复杂 淡化效率低 能耗高
水合物法	设备不结垢 运行温度适宜 能耗低 维修费用低 高浓度淡化效果好 环保	预处理要求高 技术尚未成熟 水回收率不高

（二）水合物海水淡化的原理及优势

对水合物分离混合物技术研究较多的领域是利用水合物分离技术进行海水淡化处理。在此领域中，部分技术已进行了工业化中试生产。水合物法海水淡化主要利用了水合物的排盐效应。在海水淡化的过程中（图 9-3），水分子与水合剂结合形成水合物笼状晶体结构，水分子在此过程中由液态转变为固态，从而将盐分保留在剩余的溶液中。剩余溶液中溶解的盐分浓度不断上升，并形成浓度高于海水的浓盐水，这就是水合物的排盐效应。固体水合物与浓盐水经固液分离后进行水合物分解即可得到淡化处理后的淡化水。

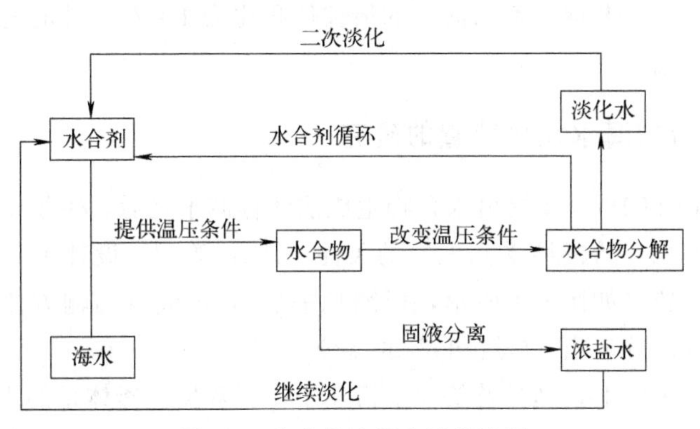

图 9-3　水合物法海水淡化流程

（三）水合剂的选择

组成水合剂的常见物质有 CH_4、C_2H_6、CO_2 等气体或者 CP 等液体。水合剂的选取也必须满足以下条件：

① 温和的操作温度和压力条件；

② 低溶解度；

③ 化学性质稳定；

④ 无毒；

⑤ 成本低，制备容易。

（四）水合物海水淡化技术的研究

Parker[11] 在 1942 年首次提出采用水合物生成法从海水中获取饮用水。随后出现了大量关于采用水合物法实现海水淡化的研究报道[12-17]。国外在该技术领域的研究已经处于模型装置试验阶段，并着手考虑其经济性问题。国内在此领域的研究尚处在理论研究阶段，研究集中在转化过程的动力学原理分析与热力学平衡条件、水合物法海水淡化装置的设计、转化催化剂的选择与研制等方面。随着世界对淡水需求的日益增加以及节能环保要求的不断提高，此项技术越来越受到人们的关注。

李栋梁等[18] 对海水淡化过程中的水合剂进行了筛选，得出 C_2H_6 是一种效果较好的气体水合剂。喻志广等[19] 探究了 CO_2 水合物法淡化海水的影响因素，结果表明，水合物分解后可以在一定程度上降低水溶液的盐度，认为可以采用 CO_2 水合物法进行海水淡化。并且 CO_2 水合物法海水淡化在 4～5MPa 的压力和 2～3℃ 的温度下较为合适。刘昌岭等[20] 研究了添加 R141b 促进剂的 CO_2 水合物法海水淡化，在海水中添加 R141b 作为水合物生成促进剂以加快 CO_2 水合物的生成速率，结果表明，R141b 促进剂与海水的最佳体积比为 1∶70，此时海水淡化的脱盐效率是原来的 3 倍。

（五）水合物海水淡化装置的研究

自从 Parker 在 1942 年提出水合物生成法淡化海水之后，关于水合物海水淡化技术的设备研究也开始慢慢受到大家的关注。Park 等[21] 设计了一套由上下两个圆柱体挤压的装置（如图 9-4 所示，彩图见书后），该装置运输方便，水合物形态稳定，且一次性能分离出 72％～80％的盐分。

在水合剂的选取上，刘昌岭等[22] 搭建了一套双反应釜体系的水合物海水淡化装置（如图 9-5 所示）。水浴装置可以给反应器提供恒定的反应温度，在一个反应釜内生成的水合物可以转移到另一个反应釜内分解，然后再次进行反应。同时他们也改良了反应所使用的水合剂，利用添加了 R141b 的 CO_2 水合物，而不是 Park 所使用的 CO_2 水合物，通过实验发现淡化效果远好于仅使用 CO_2 水合物得到的淡水，四级反应之后得到的淡水甚至超过饮用水标准。

而针对能源方面的问题，龙臻等[23] 对之前的水合物方法加以改造，实现了水合物在一个装置内完成生成和分解，可以有效地将水合物的形成热和分解热耦合

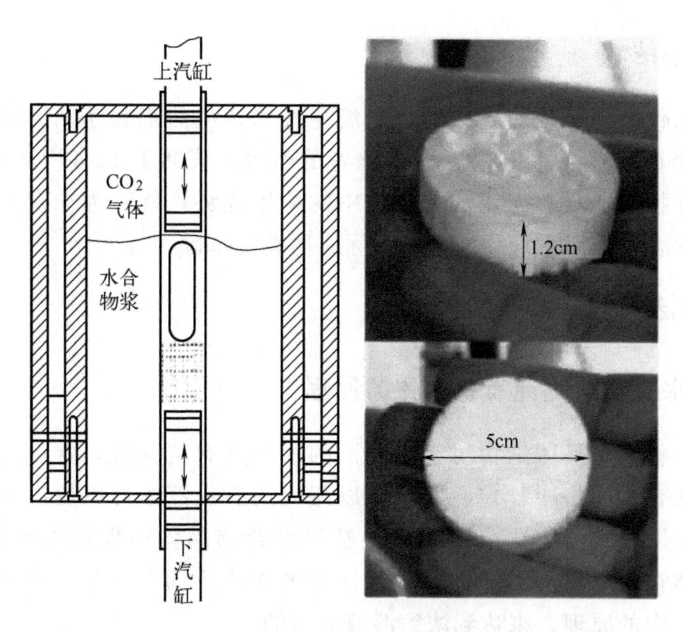

图 9-4 Park 等提出的水合法海水淡化装置图[21]

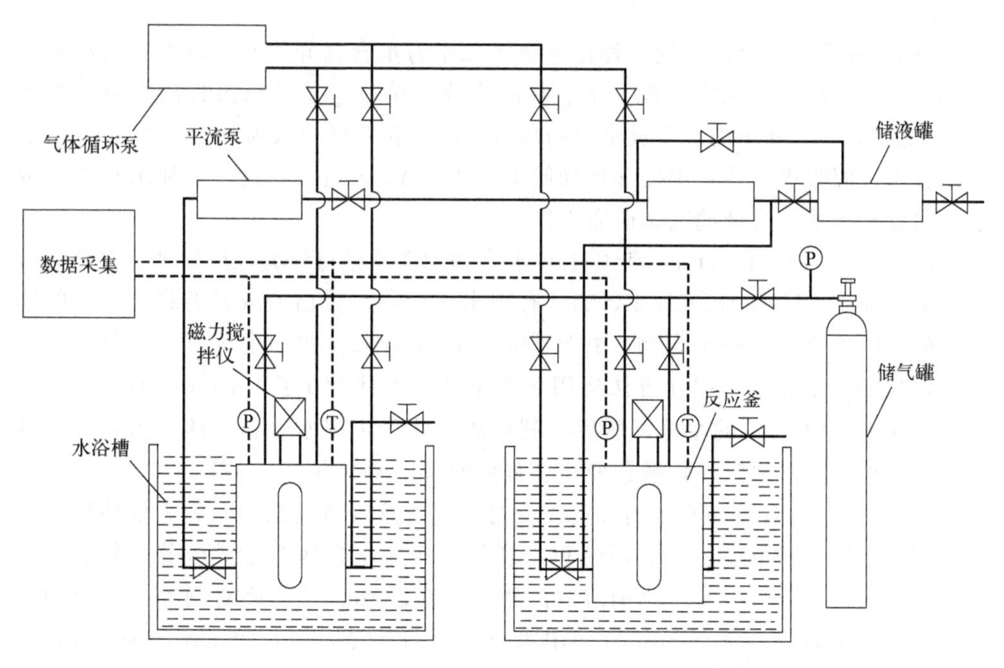

图 9-5 刘昌岭等提出的水合物海水淡化装置[22]

起来从而达到减少整个装置能耗的目的；同时也对这一套方法进行了多种计算和分析。

（六）小结

水合物法作为一种较为新颖的海水淡化技术，虽然仍处于研究阶段，尚未在海水淡化应用市场普及，但基于众多学者的研究，发现其具有广阔的发展前景。因此，探究该技术在众多海水淡化技术中的应用优势，能够为未来水合物海水淡化研究以及水合物法海水淡化技术的实际应用奠定基础[24]。

二、水合物法浓缩提纯有机液体

（一）水合物法提纯有机液体的原理

由于水合物笼状晶体结构对客体分子的大小具有选择性，常见的有机大分子物质不能在水合物晶格中稳定存在，所以相应的有机液体可以通过水合物生成法来实现提纯浓缩。水合物法浓缩溶液是基于水合物晶体中仅包含水和客体气体，并且客体气体在晶体中的组成与其在原液中的组成不同，一些大分子组分均不能包含于水合物中的原理，来达到浓缩溶液的目的。

（二）研究与发现

Willson 等[25] 介绍了用一种化合物同时作为水合物介质和萃取剂回收溶液中目标组分的方法。研究中发现，水合物的生成显著改善了萃取过程的有效分配系数。Ngan 等[26] 利用丙烷生成水合物从造纸废水和质量分数为 2.5％的 NaCl 溶液中回收水，回收得到的水中盐含量降低了 31％。Yoon 等[27] 进行了利用 CO_2 生成水合物处理含酚水溶液的基础研究工作。

Huang 等[28] 对 CH_3Br 和 CH_3F 水合物的性质进行研究之后发现，在部分有机溶剂中加入 CH_3Br 和 CH_3F，如含有碳水化合物、蛋白质或者类脂化合物的体系，就可以生成大量的水合物，并且搅拌可以提高水合物的生成速率，但并不影响水合物的总生成量。把此方法运用于苹果汁、橙汁和土豆汁的提浓时，他们发现可以除去其中 80％的水分，然后再利用离心法分离出水合物固体。但是经过这样的方法提浓后，果汁不仅颜色变浅、鲜味变淡，还带有一点苦味。

Werezak[29] 着重研究了高黏度以及对温度敏感溶液的浓缩问题，他使用了环氧乙烷、二氯二氟甲烷、环氧丙烷和二氧化硫作为水合物的生成组分，分别研究了咖啡抽提物、蔗糖以及氯化钠溶液的浓缩问题。Heist[30] 则对制糖工业中的提浓问题进行了研究，他认为如果使用水合法进行提浓，与传统的蒸发提浓相比，可以节省大量的能耗，从而节约成本。

（三）小结

水合物法提纯过程与冷冻结晶法类似，但是相比于冷冻结晶法的高能耗，水合物法明显具有更高的经济效益。主要原因是水合物的生成条件较为温和，生成温度高于水的冰点温度，从而可以降低能耗。虽然水合物提纯有机溶液领域的研究目前尚处于实验室阶段，但从应用前景看，此项技术适用于高附加值物料的浓缩，并且由于其经济环保的特点，此项技术的需求会不断增加。

三、水合物法分离气体混合物

（一）水合物法分离气体混合物的原理

水合物法通常适合于分离低露点气体混合物。由于在相同温度下，不同气体生成水合物的压力相差较大，据此，可通过控制操作温度和压力，使易生成水合物的组分优先生成水合物，从而发生相态变化（从气态到固态），最终达到从气体混合物中分离特定气体组分的目的。水合物法分离气体混合物的过程包括：a. 系统中某种（或某些）组分在一定压力和温度下生成仅包含水和生成水合物组分的固体结晶；b. 将此固体从体系中移出，在常压下该固体分解为水和生成水合物的组分[31]。

（二）相较于传统方法的优势

邵伟强等[32] 将水合物法提纯技术与其他低浓度煤层气（low concentration coal-bed methane，LCCBM）方面的提纯技术进行了分析和对比（如表 9-3 所列），分别从原理和技术分析两大方面阐述了近几年水合物法提纯技术在 LCCBM 方面的应用。最后得到水合物法提纯技术相比传统 LCCBM 提纯技术具有以下优势：

① 在经济方面，此技术工艺流程比较简单，能量消耗较低，所需要的温度和压力相对温和，因此可以在一定程度上节约反应器设备成本和能源成本；

② 在环保方面，此技术所使用的原料为水以及对环境非常友好的表面活性剂，可以避免将大量的 LCCBM 直接排放到大气中造成环境污染，并且得到的产物可以重复使用，符合可持续发展的理念。

表 9-3　LCCBM 提纯技术与水合物法的原理及技术分析

方　法	原　理	技术分析
变压吸附法	利用固体吸附剂对 LCCBM 中 CH_4 的选择性吸附作用来分离其中的 CH_4	技术较成熟、能耗低、工艺流程简单、操作灵活，但是对于吸附剂研制的技术要求很高
低温精馏法	利用 LCCBM 中 CH_4 和 N_2 两种气体沸点之间的差异，将混合气液化后进行分离	技术较为成熟，产品中 CH_4 的纯度高、回收率高，但操作条件要求高、设备投资大、危险系数也较高

续表

方法	原理	技术分析
膜分离法	利用 CH_4 和 N_2 在压力的推动下，通过溶解、扩散及脱附等步骤产生 CH_4 和 N_2 透过膜的传递速率不同来实现提纯	分离效率高、设备简单、能耗低、操作简单、可持续运行，但是膜选择性低、成本高、力学性能差
水合物法	利用气体与水在低温高压条件下形成水合物时 CH_4 优先于 N_2 包埋在水合物孔腔中，从而实现混合气体的分离	技术安全、高效、节能、压力损失小、工业试验流程短，但是往往面临着分离效率不高、产品纯度较低等缺陷

（三）研究与发现

1. CO_2 捕集

现如今全球主要使用化石燃料，每年的 CO_2 排放量中，约有 40%来电力行业，23%来自交通运输行业，22%来自炼油、化工、炼钢和水泥行业[33]。CO_2 捕集和封存（CCS）技术是在不降低化石燃料使用量的情况下减少 CO_2 排放的有效手段。CCS 技术由 CO_2 的捕集、运输和封存三个环节组成。如何开发出效率高、能耗低的 CO_2 捕集技术对各类工厂非常重要。

目前 CO_2 分离技术主要有：膜分离法、低温分离法、溶剂吸收法、变压吸附法以及这些方法的组合应用等[34,35]。水合物法作为新型分离方法目前还处在研究和试验阶段。

Linga 等[36] 在专利中报道了一种通过生成水合物来捕集混合气中 CO_2 的新型气体诱导结晶器，让 CO_2 活化水和混合气在反应器中生成水合物，以此达到捕集 CO_2 的目的，可以使混合气中 CO_2 的浓度降低至 50%以下。Xu 等[37] 建造了一个中试规模的连续搅拌釜式反应器，并将其用于电厂烟道气 CO_2 的捕集。研究之后得出：通过两级分离，CO_2 的浓度可以由原料气的 17%提高到 90%以上。

2. 炼厂含氢气体

由于原油重质化越来越严重，硫含量越来越大，而环保对于燃料清洁的要求越来越高，更多的企业需要大量的加氢工艺，因此氢气的需求量也不断在增加。就目前来说，炼厂中的氢气来源主要有两种：一种是以石油等为原料的制氢技术，另一种是从各种含氢尾气中分离氢气。第一种技术的成本非常高，第二种技术的难度较高。炼厂产生大量尾气，其中氢含量较高，如果能对尾气中的氢气加以回收利用，不仅可以减少浪费、节约成本，还可以减少尾气排放量，有利于环境保护。

含氢气体中的氢气提纯一直是一个技术难度很高的问题，氢分子太小，不能生成水合物，因此通过水合物法来提纯氢气，需要分离其他能生成水合物的气体，但是随着 H_2 浓度的增高，混合气体生成水合物的压力也会升高。为了克服这一问题，Zhang 等[38] 测定了 THF 存在下，多种组成的 CH_4+H_2 混合气的水合物生成压力，最后得到：THF 的存在可以极大地降低含氢气体的水合物生成压力。Liu 等[39] 在油水乳液中对 CO_2+H_2 混合气进行了水合分离实验研究，实验结果表明：油相对 CH_4 有吸收作用，提高了分离的选择性。

（四）反应器的研究

罗洋[40] 对水合物生成反应器进行了研究，将反应器大致分为以下六类。

1. 常规水合反应器

常规水合反应器可以分为三类：搅拌式、鼓泡式和喷淋式。它们都是通过增大接触面积从而达到提高传质效率的目的，但是水合物的生成速率有限。同时由于反应器的传热面积较小，难以及时除去反应热。

2. 塔式水合反应器

塔式水合反应器在设计理念上与传统的吸收塔类似，但是没有填料和塔板。为防止水合物附着在表面导致堵塞，其顶部有液体喷淋装置，底部有气体分布器，利用塔的高度让气体和液体充分接触。但是由于水合物容易在塔内堆积从而导致液体排出口堵塞。

3. 管式水合反应器

管式水合反应器中气液两相在反应管内顺流混合，反应器的结构简单，体积小，可以在工程上有很好的应用。但是如果流速较低，则容易让水合物在管壁附着堆积从而导致管路堵塞。

4. 射流式水合反应器

射流式水合反应器的工作原理[41] 是将液体经过高压泵加压之后由射流器喷出，同时吸入气体，剧烈混合并且喷射进反应器中。中国科学院广州能源研究所的林于拉等[42-44] 提出了一种新型射流式水合反应器，他们将射流器和静态混合器结合，利用射流器产生大量的微气泡来增大气液接触面积，从而大大提高了水合物的生成速率。

5. 流化床水合反应器

因为水合物的生成为多相反应，因此有学者考虑将流化床技术应用到水合物反应器中。美国 Mobil Oil 公司[45] 提出了一种流化床水合反应器，使用耐高压容器作为反应器主体，同时在内部装有栅状结构来改善流动情况。但是由于水合物会附着在栅状结构或者内壁上，导致床层堵塞，无法保证水合物液体的稳定流动。

6. 超重力水合反应器

超重力水合反应器利用高速旋转产生强大的超重力场，可以提高超重力场中流体之间的传质和传热效率，进而提高反应速率。超重力场的大小可以通过调节转速来控制，物料在超重力场中的停留时间很短，而且可以稳定控制。超重力反应器的体积小、能效高，能有效提高传质、传热效率，可用于气、液、固中的两相或三相的反应或分离，可以大幅提高产品质量，是一种经济效益很高的新型高效反应器。

（五）小结

在能源日益紧张、环保压力不断增大以及气体混合物中高附加值组分回收需求不断增加的时代，水合物分离法将会在未来得到更好的发展。例如在氢气回收中，水合物法气体分离技术就很好地解决了资源浪费的问题，将尾气中的氢气回收，这样就可以减少氢气生产单元。国内外就该技术在石油、化工等方面的应用都有了大量的实验研究，但还没有运用到工业生产中，还有一些关键技术需要解决。

四、水合物技术在生物工程领域的应用

（一）技术简介

水合物技术在生物工程领域研究较多的是生物蛋白酶的提取，其基本操作过程是将水合物的生成技术与反胶束萃取技术相结合。将反胶束溶液和小分子气体发生接触，气体进入胶束内并在操作条件下与水形成水合物。水合物的形成使得反胶束体系内的水量减少，减小了反胶束的尺寸。通过改变反胶束生物蛋白酶的溶解性使生物蛋白酶析出。具体应用主要有以下几方面：

① 分离蛋白质，可用于提纯蛋白质；

② 可以同时在植物中提取出油和蛋白质；

③ 从发酵液中提取胞外酶；

④ 直接提取胞内酶；

⑤ 蛋白质的复性。

（二）反胶束体系介绍以及表面活性剂的选择

当表面活性剂在水中的浓度超过了临界胶束浓度（CMC）时，会形成一种非极性核心的微胶团结构，即亲水基团朝向水相，而多个表面活性剂分子（或离子）的疏水基团相互缔合，称为正常胶束（O/W 型胶团）；如果表面活性剂浓度超过临界胶束浓度且溶于非极性有机溶剂时，此时极性和非极性基团会定向排列形成与上述相反的聚集体，即反胶束（W/O 型胶团）。在反胶束中，表面活性剂的非极性基团在外与非极性的有机溶剂接触，而极性基团则排列在内形成一个极性核(polar core)。此极性核具有溶解极性物质的能力，极性核溶解水后，就形成了“水池”(water pool)。反胶束是一种自发形成的纳米尺度的聚集体，是一种透明的、热力学稳定的 W/O 体系。

表 9-4 列出了一些反胶束萃取常用的表面活性剂及相应的有机溶剂。

表 9-4　反胶束萃取常用的表面活性剂及相应的有机溶剂

表面活性剂	有机溶剂
AOT(磺酸盐类型的阴离子表面活性剂)	环己烷、四氯化碳、苯
CTAB(十六烷基三甲基溴化铵表面活性剂)	己醇(三氯甲烷)/辛烷
TOMAC(甲基三辛基氯化铵表面活性剂)	环己烷
Brij 60(生物基非离子表面活性剂-脂肪醇乙氧基化物)	辛烷
Triton X(聚乙二醇辛基苯基醚表面活性剂)	己醇/环己烷
磷脂酰胆碱	苯、庚烷
磷脂酰乙醇胺	苯、庚烷

(三) 研究进展

目前国外水合物技术在生物工程应用研究主要涉及反胶束体系中水合物生成热力学、酶活性控制和酶提取回收三个方面。

1989 年，Huyen 等[46] 发现在反胶束体系中能形成甲烷水合物，为生物酶活性的控制以及提取提供了一个新的思路。1990 年，Rao 等[47] 通过实验验证了在反胶束体系中利用甲烷水合物控制生物酶活性的可行性，并且发现可通过水合物生成来控制反胶束体系的含水量，从而让生物酶的活性处于最佳状态。Phillips 等[48] 利用水合物的生成成功地从生化溶液中回收了蛋白酶。Nagahama 等[49] 发现某些气体水合物的生成有助于回收反胶束中的酶。董树杰[50] 使用 AOT/异辛烷反胶束体系，研究了 AOT 浓度对溶液性质的影响，加入一定量的氨基酸溶液后，在水合物生成器中生成水合物，然后利用水合物将氨基酸析出或者提浓氨基酸溶液。水合物反胶束体系萃取技术的初步研究给出了一些理论依据，但目前该技术的反应机理以及生物酶的活性控制等方面的研究仍有不足之处。

(四) 小结

水合物法生物酶和蛋白质提取技术不仅可以回收生化工业废水中的有用物质，也能减少工业废水对环境造成的污染，在环保、经济等方面都能起到不错的效果。同时，反胶束体系中水合物的生成机理以及生成速率等方面的研究，也会让这一分离技术在未来有更好的发展和应用。

目前，国内外研究人员对水合物分离技术在石油、天然气、化工、环境、生物等领域的应用进行了大量的实验研究和工业化探索，在进一步完善发展水合物分离理论研究的同时，也在大力推进水合物相关工艺的工业化利用方式方法。就目前发展形势来看，国内外均无成熟的水合物分离工艺及设备。因此，开发新型水合物分离技术可以产生新的工艺方法。在环境保护与资源合理应用意识越发普及的背景下，水合物分离技术因具有绿色环保、节约资源的特性，得到研究人员的广泛关注，可以促进环境友好型工艺过程的研发。

参考文献

[1] Javanmardi J，Moshfeghian M. Energy consumption and economic evaluation of water desalination by hydrate phenomenon [J]. Applied Thermal Engineering，2003，23（7）：845-857.

[2] Gaarder C. Crystallization of mechanical pulp mill effluents through hydrate formation for the recovery of water [D]. Vancouver：University of British Columbia，1991.

[3] 陈光进，程宏远，樊栓狮. 新型水合物分离技术研究进展 [J]. 现代化工，1999，19（7）：12-14.

[4] 樊栓狮，程宏远，陈光进，等. 水合物法分离技术研究 [J]. 现代化工，1999，19（2）：11-14.

[5] Linga P，Kumar R，Englezos P. The clathrate hydrate process for post and pre-combustion capture of carbon dioxide [J]. Journal of Hazardous Materials，2007，149（3）：625-629.

[6] Li S，Fan S，Wang J，et al. CO_2 capture from binary mixture via forming hydrate with the help of tetra-*n*-butyl ammonium bromide [J]. Journal of Natural Gas Chemistry，2009，18（1）：15-20.

[7] Zhang B，Wu Q. Thermodynamic promotion of tetrahydrofuran on methane separation from low-concentration coal mine methane based on hydrate [J]. Energy & Fuels，2010，24（4）：2530-2535.

[8] 杨西萍，刘煌，李赟. 水合物法分离混合物技术研究进展 [J]. 化工学报，2017，68（3）：831-840.

[9] 陈光进. 气体水合物科学与技术 [M]. 2版. 北京：化学工业出版社，2020.

[10] 徐政涛，谢应明，孙嘉颖，等. 水合物法海水淡化技术研究进展及展望 [J]. 热能动力工程，2020，35（07）：1-11.

[11] Parker A. Potable water from sea-water [J]. Nature，1942，149（3772）：184-186.

[12] Barduhn A J，Towlson H E，Hu Y C. The properties of some new gas hydrates and their use in demineralizing sea water [J]. AIChE Journal，1962，8（2）：176-183.

[13] Pavlov G D，Medvedev I N. Gas hydrating process of water desalination [C]. Proceeding of 1st International Symposium on Water Desalination，1966：123-127.

[14] Delyannis A，Delyannis E. Solar distillation plant of high capacity [C] //Proceedings of 4th International Symposium on Fresh Water from Sea. 1973，4：487.

[15] Barduhn A J，Roux G M，Richard H A，et al. The rate of formation of the hydrates of F-31（CH_2ClF）and F-142b（CH_3CClF_2）in a stirred tank reactor [J]. Desalination，1976，

18 (1)：59-69.
[16] Tleilmat B W. Freezing methods principles of desalination [M]. 2nd ed. New York：Academic Press，1980：359-400.
[17] Khan A H. Freezing desalination processes and multistage flash distillation practice [M]. Amsterdam：Elservier，1986：55-68.
[18] 李栋梁，龙臻，梁德青．水合冷冻法海水淡化研究 [J]. 水处理技术，2010，36 (06)：65-68.
[19] 喻志广，祁影霞，姬利明，等. CO_2水合物法淡化海水影响因素的实验研究 [J]. 低温与特气，2013 (1)：21-25.
[20] 刘昌岭，业渝光，胡高伟，等. 气体水合物法海水淡化实验装置 [P]. ZL201120099316.2，2011-11-30.
[21] Park K，Hong S Y，Lee J W，et al. A new apparatus for seawater desalination by gas hydrate process and removal characteristics of dissolved minerals (Na^+，Mg^{2+}，Ca^{2+}，K^+，B^{3+}) [J]. Desalination，2011，274 (1-3)：91-96.
[22] 刘昌岭，任宏波，孟庆国，等. 添加 R141b 促进剂的 CO_2 水合物法海水淡化实验研究 [J]. 天然气工业，2013，33 (7)：90-95.
[23] 龙臻，李栋梁，梁德青. 一种新型水合物法海水淡化系统能耗及经济性分析 [J]. 水处理技术，2010，36 (8)：67-70.
[24] 中国新闻网. 官方："十三五"末海水淡化总规模达 220 万吨/日以上 [EB/OL]. [2021-05-25]. http：//www. gov. cn/xinwen/2017-01/04/content_5156340. htm.
[25] Willson R C，Bulot E，Cooney C L. Clathrate hydrate formation enhances near-critical and supercritical solvent extraction equilibria [J]. Chemical Engineering Communications，1990，95 (1)：47-55.
[26] Ngan Y T，Englezos P. Concentration of mechanical pulp mill effluents and NaCl solutions through propane hydrate formation [J]. Industrial & Engineering Chemistry Research，1996，35 (6)：1894-1900.
[27] Yoon J H，Lee H. Clathrate phase equilibria for the water-phenol-carbon dioxide system [J]. AIChE Journal，1997，43 (7)：1884-1893.
[28] Huang C P，Fennema O，Powrie W D. Gas hydrates in aqueous-organic systems：Ⅱ. Concentration by gas hydrate formation [J]. Cryobiology，1966，2 (5)：240-245.
[29] Werezak G. N. Unusual methods of separation [J]. AIChE Symp Ser，1969，65 (91)：6-18.
[30] Heist J A. Free crystallization [J]. Chem Eng，1979，86：72-82.
[31] 孙强，刘爱贤，郭绪强. 水合物法分离合成气实验研究 [J]. 高校化学工程学报，2010，24 (5)：739-744.
[32] 邵伟强，梁海峰，张锡彦，等. 水合物法提纯低浓度煤层气的研究进展 [J]. 化工进展，2020，40 (6)：3143-3150.
[33] 沈光林，陈勇，吴鸣. 国内炼厂气中氢气的回收工艺选择 [J]. 石油与天然气化工，2003，32 (4)：193-196.

[34] Patel N C, Teja A S. A new cubic equation of state for fluids and fluid mixtures [J]. Chemical Engineering Science, 1982, 37 (3): 463-473.
[35] Patel N C. Improvements of the Patel-Teja equation of state [J]. International Journal of Thermophysics, 1996, 17 (3): 673-682.
[36] Linga P, Kumar R, Lee J D, et al. A new apparatus to enhance the rate of gas hydrate formation: Application to capture of carbon dioxide [J]. International Journal of Greenhouse Gas Control, 2010, 4 (4): 630-637.
[37] Xu C G, Chen Z Y, Cai J, et al. Study on pilot-scale CO_2 separation from flue gas by the hydrate method [J]. Energy & Fuels, 2014, 28 (2): 1242-1248.
[38] Zhang Q, Chen G J, Huang Q, et al. Hydrate formation conditions of a hydrogen+methane gas mixture in tetrahydrofuran+water [J]. Journal of Chemical & Engineering Data, 2005, 50 (1): 234-236.
[39] Liu H, Wang J, Chen G, et al. High-efficiency separation of a CO_2/H_2 mixture via hydrate formation in W/O emulsions in the presence of cyclopentane and TBAB [J]. International Journal of Hydrogen Energy, 2014, 39 (15): 7910-7918.
[40] 罗洋. 基于TBAB水合物的气体分离技术相关基础研究 [D]. 北京：中国石油大学（北京），2018.
[41] Szymcek P, McCallum S D, Taboada-Serrano P, et al. A pilot-scale continuous-jet hydrate reactor [J]. Chemical Engineering Journal, 2008, 135 (1-2): 71-77.
[42] 杜燕，何世辉，黄冲，等. 喷射反应器中天然气水合物生成实验 [J]. 天然气工业，2008，28 (8)：126-128.
[43] 林于拉，唐良广，冯自平，等. 天然气水合物快速生成技术研究进展 [J]. 化工进展，2005，24 (11)：1229-1233.
[44] 林于拉. 微气泡法天然气水合物快速生成特性研究 [Z]. 中国科学院广州能源研究所，2006.
[45] US S R B, US L J, US H R F, et al. Method for producing gas hydrates utilizing a fluidized bed [Z]. 2001.
[46] Huyen N, Phillips J B, John V T. Clathrate hydrate formation in reversed micellar solutions [J]. The Journal of Physical Chemistry, 1989, 93 (25): 8123-8126.
[47] Rao A M, Nguyen H, Johnn V T. Modification of enzyme activity in reversed micelles through clathrate hydrate formation [J]. Biotechnology Progress, 1990, 6 (6): 465-471.
[48] Phillips J B, Nguyen H, John V T. Protein recovery from reversed micellar solutions through contact with a pressurized gas phase [J]. Biotechnology Progress, 1991, 7 (1): 43-48.
[49] Nagahama K, Noritomi H, Koyama A. Enzyme recovery from reversed micellar solution through formation of gas hydrates [J]. Fluid Phase Equilibria, 1996, 116 (1-2): 126-132.
[50] 董树杰. 氨基酸的水合物反胶团法提取研究 [D]. 杭州：浙江工业大学，2007.

第十章　水合分离反应器

第一节　引　言

水合物法分离气体混合物技术包括在反应器中完成混合气中某种或某些组分形成固体水合物—气固分离—水合物化解—化解水或添加剂溶液循环等过程。水合反应器是其中最重要的设备，水合反应的进行受到传质、传热和动量传递等多方面影响。传质方面，水合物生成和反应限度受到气-液-固三相界面的更新速率、气液接触面积和气体在液固两相的扩散速率的影响。传热方面，水合物生成过程是放热反应，液相主体的温度会随着反应的进行而升高，如果换热能力不够强，生成过程会变慢，甚至在高于水合反应所必需的温度条件下停止反应。动量传递方面，随着水合物的生成，固相的体积分数增加，水合物浆液黏度会随之上升，水合物颗粒还会在设备和管路内流速较慢的位置聚集，严重时会发生堵塞，影响装置的连续平稳运行。在实际操作条件方面，气体水合物的生成速率与压力、温度、过冷度、体系的扰动程度、气液接触面积、水合物促进剂种类与用量、液相的移热速率、记忆效应、水合反应器的类型和结构等多种因素相关。例如，系统扰动越剧烈、气体压力越高、气液接触面积越大、过冷度越大，水合生成速率越快。但是随着温度的降低、压力的升高和扰动的增加，其水合物生成成本也会急剧增加，因此性能优异的水合反应器对降低水合物的生成成本至关重要。要提高水合物的生成效率，必须有效地解决水合反应热的快速移除、气体分子在气-液-固三相的传质和水合物浆液的稳定流动等问题。

目前，水合物分离工艺还不成熟，仍未有水合物技术工业应用的成功案例，原因之一是没有开发出经济高效的水合分离反应器。

第二节　水合反应器分类及特点

根据水合反应器的工作特点、水合强化方式、装置结构设计等，水合反应器有不同分类。根据水合反应器能否连续工作，可分为间歇反应器、半连续反应器、连续反应器；根据反应器结构设计，分为釜式、塔式、管式、固定床、流化床等；根据反应器不同的强化方式，分为搅拌式、鼓泡式、喷淋式、射流式、超重力反应器等。本章对近年来水合反应器的研究进展进行介绍。

一、釜式水合分离反应器

釜式反应器主要分为非搅拌式[1]和搅拌式[2,3]。搅拌式反应器（图 10-1）是最常用的水合分离反应器，在水合分离的实验室研究中被广泛应用。通过机械或者磁力搅拌，增加气液两相接触面积，加速气体在液相中的溶解，提高水合物的生成速率。

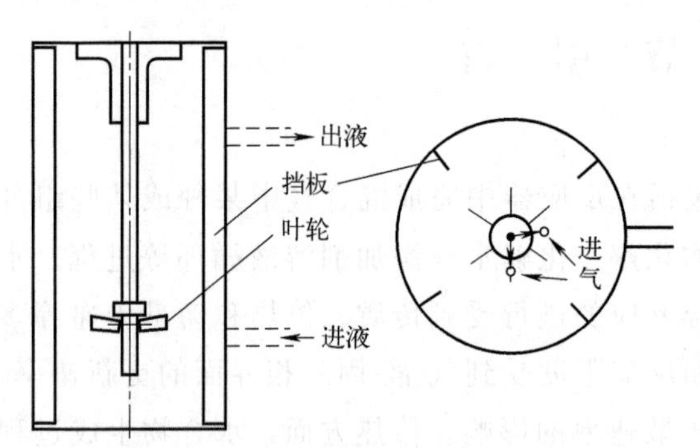

图 10-1　一种经典的搅拌式反应器

搅拌式反应器的优点在于：提高气液接触面积，提高水合物生成效率；结构简单，成本低廉。缺点在于：无法及时移除反应热，生成速率受限；搅拌器的动力消耗和叶轮大小的 5 次方成正比，无法简单地放大，在工业生产中会带来较大的能量消耗；搅拌中额外带来的机械热也不利于提高生成速率；实验中存在水合物黏附于搅拌杆的情况等。

二、塔式水合反应器

塔式水合反应器借鉴了传统吸收塔的设计理念，但是由于水合物易在物体表面附着，塔式水合反应器内通常没有填料和塔板，否则极易发生堵塞，其顶部装有液体喷淋装置，底部则装有气体分布器，充分利用塔的高度进行气液接触。

其中，鼓泡塔反应器[4,5]（图 10-2）从反应器底部连续通入气体，增加气液两相接触面积，加速气体在液相中的溶解。鼓泡塔反应器的优点主要有：能够有效增大气液接触面积，提高反应速率；气泡上升及破碎过程中产生扰动能够强化传热，加快反应热扩散。缺点：气泡入口存在被生成的水合物堵塞的风险；鼓泡塔反应器气液接触时间有限，水合物生成速率较低，与工业生产距离较大。

中国科学院广州能源所的 Lv 等[6] 使用了大尺寸的鼓泡塔式水合反应器对甲烷+环戊烷水合物的生成过程进行了研究，气液在塔式水合反应逆流接触，结果表明可以通过提高鼓泡速率来提高水合物的生成速率。

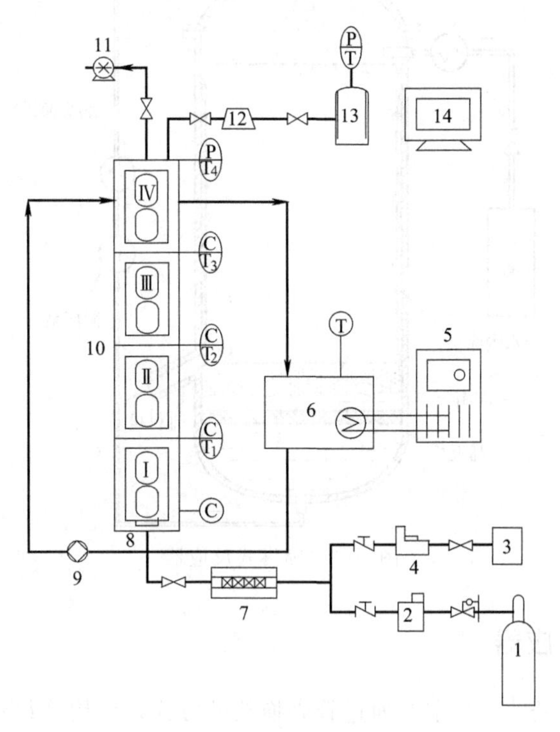

图 10-2　鼓泡塔反应器

1—气瓶；2—质量流量计；3—液体容器；4—流量控制泵；5—制冷机；6—水浴；7—静态混合器；8—多孔板；9—冷却剂循环泵；10—反应器；11—真空泵；12—PID 压力控制器；13—气体收集罐；14—数据采集系统

喷淋（雾）式反应器[7-9]（图 10-3）主要是通过安装雾化喷头，将水以小液滴的形式喷入高压低温气相中反应，实现了更大的气液接触面积和更短的诱导时间，进而加快水合物的生成。

喷淋式反应器的优点：提高气液接触面积效果好，从提高气液接触面积效果来看，喷淋优于搅拌；结构简单，加装喷嘴的方法能够在工业放大中使用。其主要缺点是移除反应热困难。

搅拌式、鼓泡式、喷淋式三种常见的反应器通过增大气液接触面积强化了传质，但是水合物生长速率增幅有限，同时因为反应器传热面积相对较小，反应热无法及时移除的问题没有解决。对于大型塔式反应器来说，单纯依靠壁面的传热是远远不够的，因此新型反应器的结构设计十分重要。

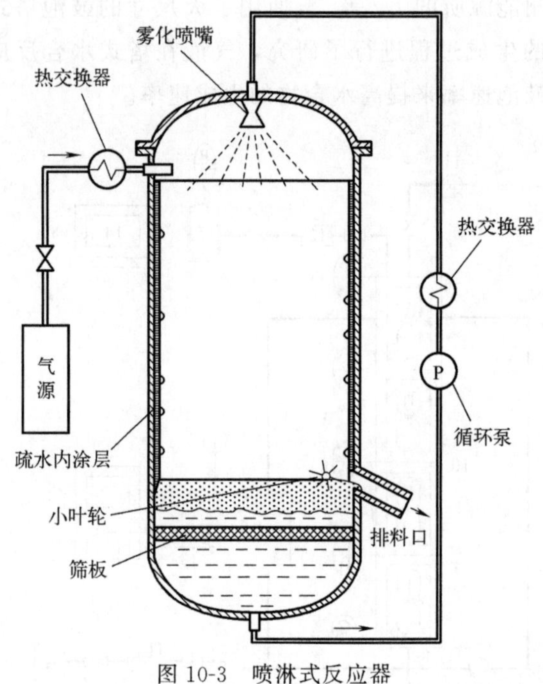

图 10-3 喷淋式反应器

三、管式水合反应器

管式水合反应器[10-12] 主要通过管壳换热的方式，使用冷却介质快速带走反应热，有效控制温度。

管式水合反应器的优点是：进料方式灵活，可以采用多种混合器，使气液两相在反应管内顺流混合；反应器结构简单，体积较小，可以通过管长控制反应的停留时间，可采用管束集成来增加处理能力，易于工程放大；管路可以循环，能够实现连续反应。而其缺点是：由于边界层的存在以及管壁处温度最低，当管内流速较低时，水合物会在管壁上附着，并向中心逐步累积，最终阻塞管路。

Yang 等[10,11] 设计了一套管路长度可变的管式水合反应器（图 10-4）用于水合物连续生成过程中传质和传热的研究。

罗洋[12] 搭建了一套连续管式反应器（图 10-5）用于水合物分离实验的研究。以喉管进气的文丘里管作为气液混合器，增强气液接触，实现了模拟烟道气和 IGCC 燃料气的水合连续分离的稳定运行，考察了水合法 CO_2 捕集的可行性，具有很好的效果，为水合法 CO_2 捕集的工业化应用提供了基础。

四、射流式水合反应器

射流式水合反应器[13-15] 是将液体经高压泵加压后由射流器喷出，利用射流

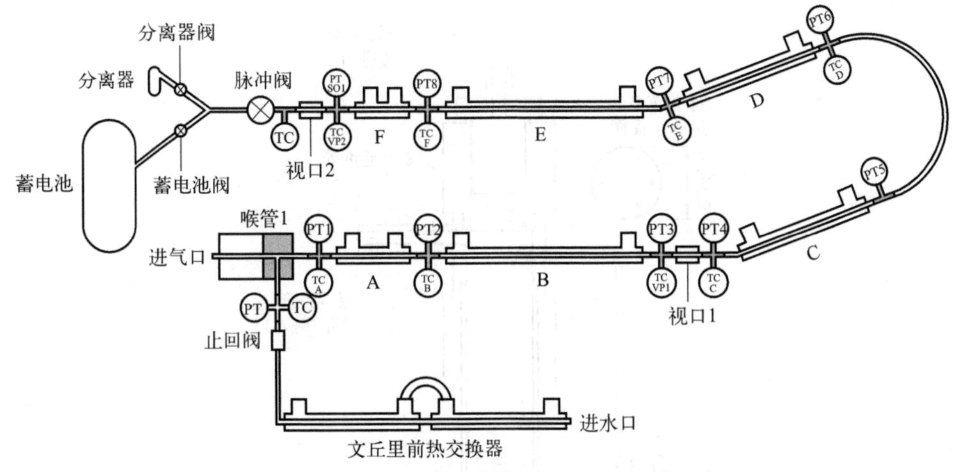

图 10-4　Yang 等采用的管式水合反应器[10,11]

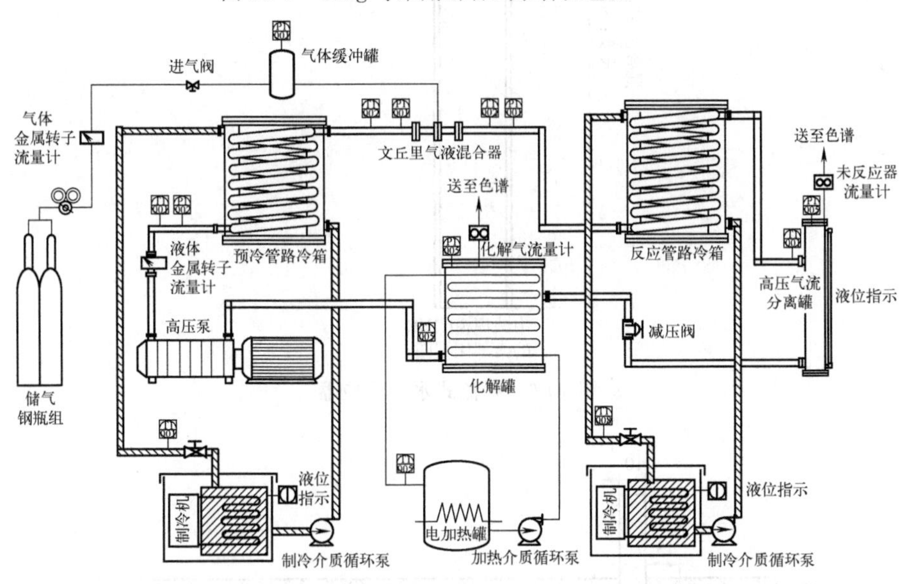

图 10-5　罗洋等提出的连续管式反应器水合法分离二氧化碳装置[12]

作用吸入气体，剧烈混合的同时喷射进入反应器。射流的优势是气液混合充分，有利于水合反应，并且可以和多种反应器联用。面临的主要困难是射流口由于同时具有高压、激烈的气液接触、温度变化等可能会造成剧烈水合反应，形成堵塞。

Szymcek 等[14] 设计了中试规模的射流式水合反应器（图 10-6），采用多个毛细管将气体吸入，有效增加了气液接触面积，加速了水合速率。中国科学院广州能源研究所的杜燕等[15] 提出了射流器和静态混合器相结合的新型射流式水合反应器，利用射流器（图 10-7）产生微气泡增大气液接触面积，提高了气液传质能力，促进水合物的快速生成。

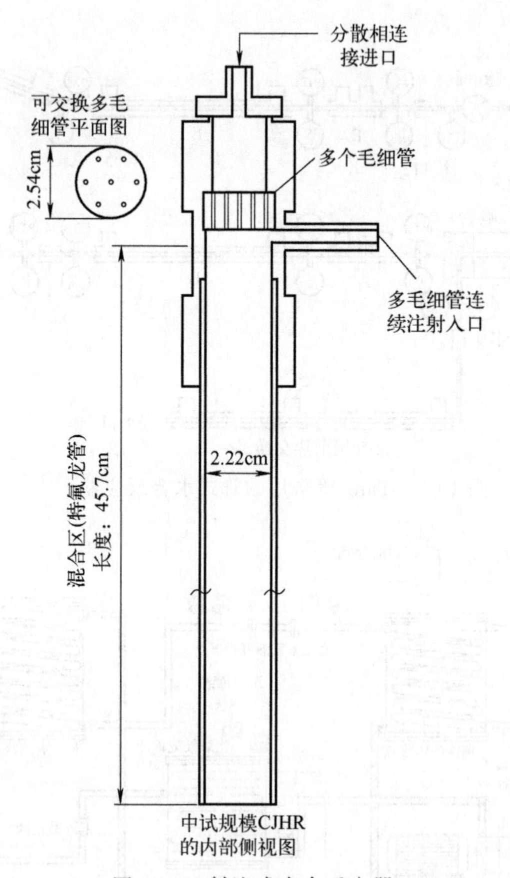

图 10-6　射流式水合反应器

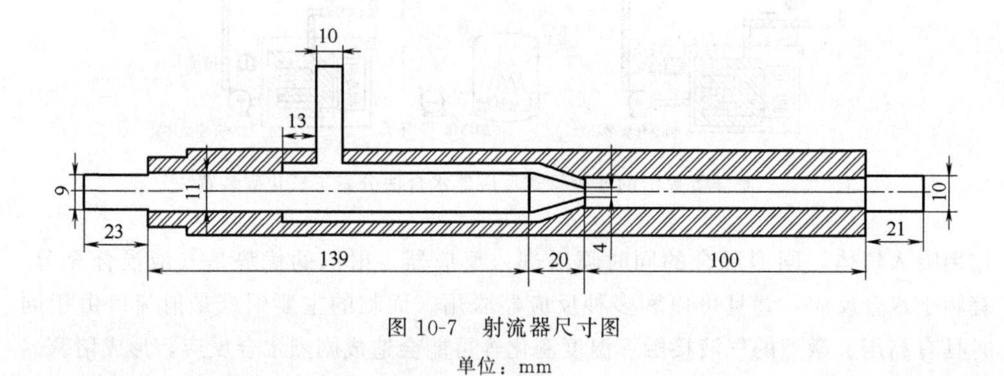

图 10-7　射流器尺寸图
单位：mm

五、固定床反应器

固定床反应器，让气体通过多孔介质颗粒层（例如硅胶、硅砂、金属填料和玻璃珠等）来增强气液接触，主要缺点是水合物占据颗粒的孔道，反应完成后需要完全化解后才能再利用，不利于连续反应。

Zheng等[1,16,17]对固定床反应器（FBR）（图10-8）进行了研究，和无搅拌釜式反应器（UTR）的水合分离效果进行了对比，发现FBR可通过提高最高气体溶解阶段的气体量来改善气体吸收效果，并提出了一种新式FBR塔盘设计以扩大床的尺寸而不牺牲整体动力学。

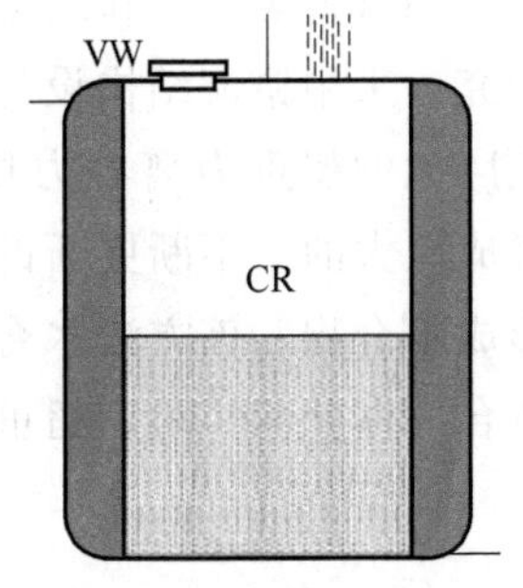

图10-8　固定床反应器

六、流化床水合反应器

将大量固体颗粒悬浮于运动的流体之中，使颗粒具有流体的某些表观特性，这种流-固接触状态称为固体流态化，流态化后的颗粒床层称为流化床。Zhou等[18]研究了流化床中水合物生成实验，并在此基础上进行了数学建模，利用流态化的惰性颗粒连续去除在管内壁上形成的水合物。实验也发现随着水合物浆液浓度增大，浆料的黏度也增大，导致传质系数明显减小。流化床反应器（图10-9）有望应用于水合物工业化大规模生产，但有些问题需要解决。由于流化床反应器内构件较多，水合物会附着在栅类结构、反应壁面或者冷阱管壁上，堵塞床层，水合物浆液稳定流动无法保障。

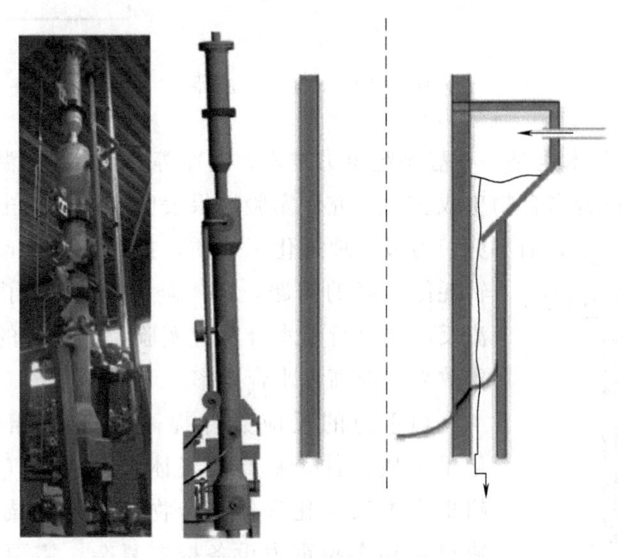
图10-9　流化床反应器

七、超重力水合反应器

超重力技术是一种新型强化传递过程的技术，通过高速旋转的填料产生强大的离心力场模拟超重力环境，产生巨大的剪切力将液体撕裂成微米至纳米级的液膜、液丝和液滴，微观混合和传质过程得到极大强化。

刘有智等[19] 利用旋转填料床，使用动态超重力技术对甲烷水合物生成进行了研究。采用错流结构设计，液体经分布器分布在转子内缘，通过转子高速旋转产生巨大的超重力离心力场将液体推向外缘，液体在此过程中不断被分散、破碎，形成极大的、不断更新的表面积，与由切向引入转子外腔的气体充分接触并反应形成水合物。该方法水合物生成量大，但生成的水合物不能从反应器中分离，不适合气体分离实验。超重力反应器结构如图 10-10 所示。

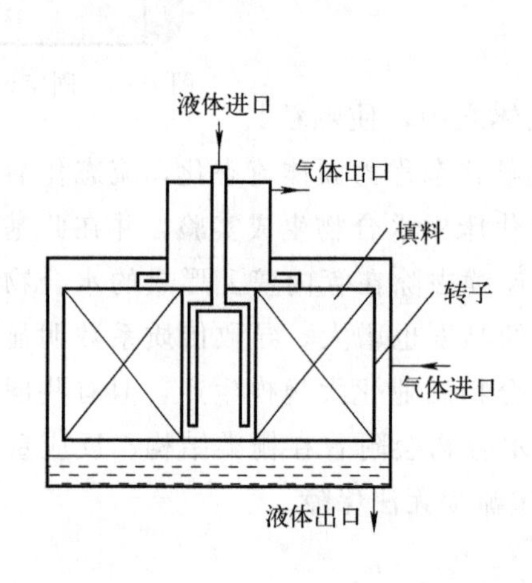

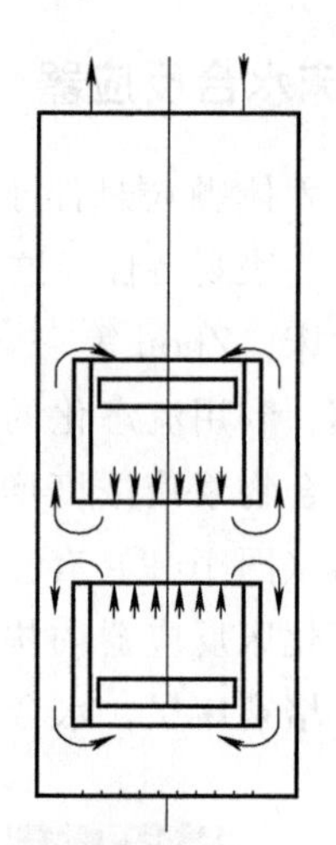

图 10-10　超重力反应器

漩涡撞击流技术也是一种静态超重力技术，白净等[20-22] 使用漩涡撞击流反应器（图 10-11）进行水合物生成实验研究，实验结果表明，漩涡撞击流产生的巨大剪切力极大地强化了传质，提高了水合速率。为解决旋转耗能过高的问题，Bai 等[23] 还设计了连续液体撞击流反应器进行了水合反应实验，撞击流的使用提高了传质效果，提高了水合速率。

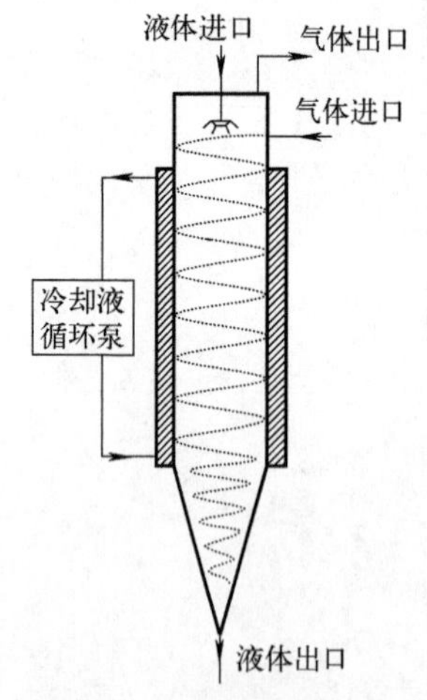

图 10-11　漩涡撞击式超重力反应器

超重力的反应条件提高了气-液相接触面积，优化了传质条件，提高了气体水合物储气量。但是采用超重力方法强化气体水合物快速生成技术也有明显的缺点：动态超重力设备构造复杂，需要性能可靠、难度较大的动密封技术，同时要维持高速的设备旋转，需要耗费大量能量；静态超重力技术强化气体水合物快速生成过程中大部分气体高速旋转以维持离心力场，没有形成水合物，因此，气体的转化率较低，能耗也很大。

八、其他新型反应器

何燕等[24] 设计了一套包含微通道反应器为核心的水合物生成装置（图 10-12），有效提高了传质效果，加快了水合反应速率。

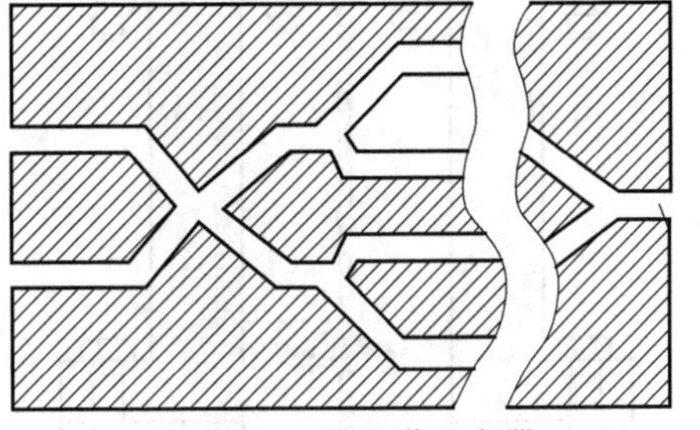
图 10-12　微通道反应器

张国栋等[25] 设计了一套绞笼反应釜（图 10-13），并在其基础上设计了一套包含双绞笼反应釜的活性炭固载天然气水合物连续反应装置[26]。其中绞笼叶片使得绞笼叶片之间的天然气水合物被挤压，实现脱水处理，直接收集水合物固体，不同于其他装置收集水合物浆液，回避了水合物浆液造成的堵塞问题。

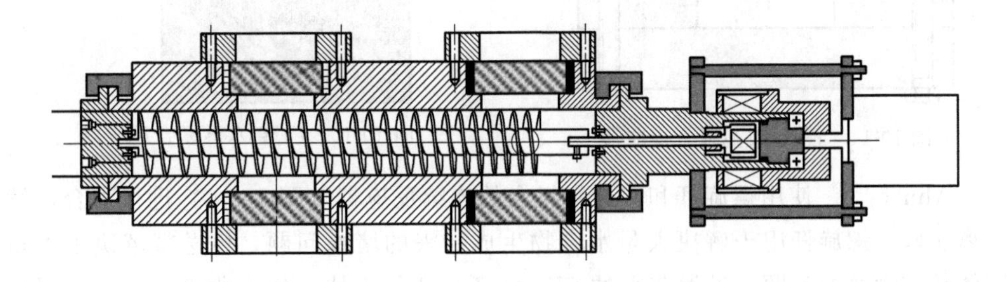
图 10-13　绞笼釜水合物反应器

九、复合水合反应器

基于以上方法，学者们相继提出了一些改进型方案。通过以上方法组合的方式，加强质量和热量的传递，提高水合分离效率。

其中以 Linga 等[27] 在 2010 年发表的成果最具代表，他们在搅拌釜式反应器的基础上加入了一种新型的搅拌桨（图 10-14），此反应器兼具搅拌和鼓泡两种气液混合方式，实现了气体在釜内的自循环。这种搅拌桨的转动轴具有中空结构，用于传送气体；搅拌轴上部与气相接触的部分，开有气孔，用于吸入气体；搅拌轴桨叶在背对搅拌方向的一侧上装有喷嘴，喷嘴气孔与搅拌轴中空结构相连。该搅拌桨的工作原理是：利用搅拌桨转动时，其背对转动方向的一侧会产生负压，进而将气相气体吸入液相。

Partoon 等[28] 将喷雾塔和水淋塔技术相结合，开发了新式水合反应器（图 10-15）提高传热效率，成功地将反应器温度维持在平衡温度以下，缩短了诱导时间。

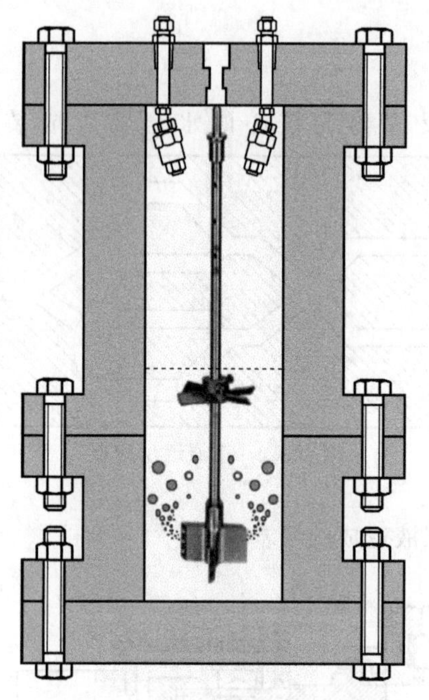

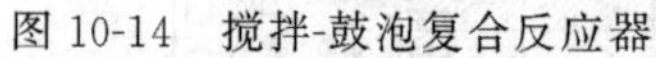

图 10-14 搅拌-鼓泡复合反应器

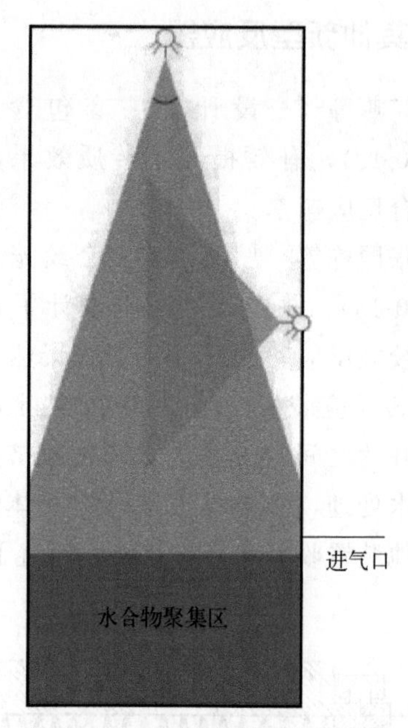

图 10-15 喷雾-水淋复合反应器

Ahn 等[29] 使用螺旋杆和传送带组合的连续反应器（图 10-16）进行水合连续分离实验，螺旋杆用于解决大量水合物生成带来的堵塞问题，传送带解决了大量固体转移输送的问题。虽然获得的 SF_6 最高纯度低于从其他商业级反应器获得的 SF_6 纯度，但可用于浓缩纯度太低而无法使用低温液化技术的情况。

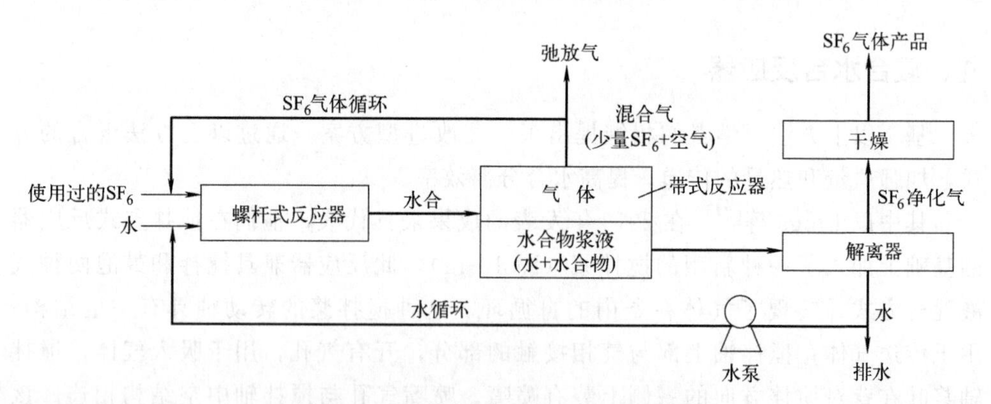

图 10-16 螺旋杆-传送带组合反应流程

陈波[30] 提出了管式反应器与搅拌式反应器结合的双循环新型水合物工业装置系统（图 10-17）。综合了管式反应器良好的传质传热特性和搅拌反应器简单方便气液分离的优势，实现了工业中试级柴油加氢尾气中轻烃、硫化氢等气体的脱除和氢气提浓的目标，但同时也发现了在工业控制和系统优化等方面有较大改善空间。

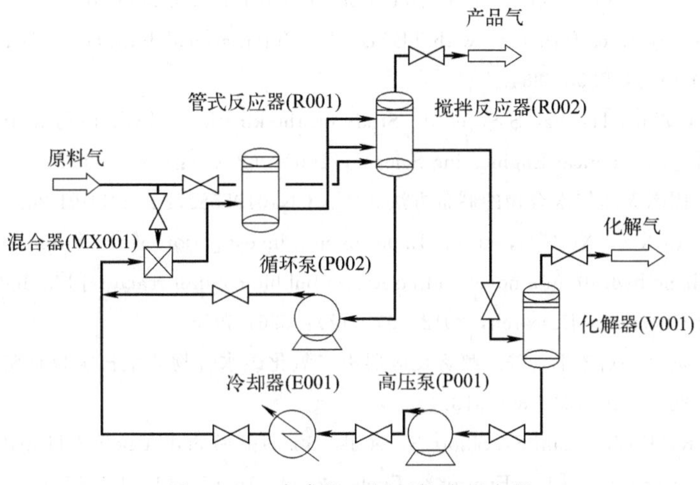

图 10-17　水合物双循环管式反应器

第三节　水合反应器发展趋势

各种新型和改进型水合分离反应器还在不断被提出，但大多都停留在实验室研究阶段，少数几个进行了工业试验研究，距离大规模工业应用还有一段距离。水合分离反应器应用的主要障碍是水合物的连续性快速生成和分离，相关的研究主要集中在增强气液接触、加强传热效率以及保证实验装置连续平稳运行方面。但各种实验装置在不同方面有不同的优缺点，缺乏统一的评价指标。

未来水合分离反应器应当同时具有水合生成速率快、分离效率高、连续平稳运行等特点，近来，研究倾向于现有水合分离反应器的改进和组合，充分利用各个反应器的优点。水合分离反应器的进一步发展，还需要在水合物生成动力学和水合物浆液流动性上进一步研究。

参 考 文 献

［1］ Zheng J，Loganathan N K，Zhao J，et al. Clathrate hydrate formation of CO_2/CH_4 mixture at room temperature：Application to direct transport of CO_2-containing natural gas ［J］. Applied Energy，2019，249：190-203.

［2］ Wang Y，Deng Y，Guo X，et al. Experimental and modeling investigation on separation of methane from coal seam gas (CSG) using hydrate formation ［J］. Energy，2018，150：377-395.

[3] Sun Q, Liu J, Liu A, et al. Experiment on the separation of tail gases of ammonia plant via continuous hydrates formation with TBAB [J]. International Journal of Hydrogen Energy, 2015, 40 (19): 6358-6364.

[4] Luo Y T, Zhu J H, Fan S S, et al. Study on the kinetics of hydrate formation in a bubble column [J]. Chemical Engineering Science, 2007, 62 (4): 1000-1009.

[5] 刘桂玲. 固态天然气水合物的制备方法 [P]. CN101955827A. 2011-01-26.

[6] Lv Q N, Li X S, Xu C G, et al. Experimental investigation of the formation of cyclopentane-methane hydrate in a novel and large-size bubble column reactor [J]. Industrial & Engineering Chemistry Research, 2012, 51 (17): 5967-5975.

[7] 钟栋梁，杨晨，刘道平，等. 喷雾反应器中二氧化碳水合物的生长实验研究 [J]. 过程工程学报，2010，10 (2)：309-313.

[8] Ohmura R, Kashiwazaki S, Shiota S, et al. Structure-I and structure-H hydrate formation using water spraying [J]. Energy & Fuels, 2002, 16 (5): 1141-1147.

[9] Tsuji H, Ohmura R, Mori Y H. Forming structure-H hydrates using water spraying in methane gas: effects of chemical species of large-molecule guest substances [J]. Energy & Fuels, 2004, 18 (2): 418-424.

[10] Yang D, Le L A, Martinez R J, et al. Heat transfer during CO_2 hydrate formation in a continuous flow reactor [J]. Energy & Fuels, 2008, 22 (4): 2649-2659.

[11] Yang D, Le L A, Martinez R J, et al. Kinetics of CO_2 hydrate formation in a continuous flow reactor [J]. Chemical Engineering Journal, 2011, 172 (1): 144-157.

[12] 罗洋. 基于TBAB水合物的气体分离技术相关基础研究 [D]. 北京：中国石油大学（北京），2018.

[13] Siregar D M, Park Y, Won Y S, et al. Removal of HFC-134a from brackish water using a semi batch jet loop reactor [J]. Energies, 2019, 12 (2): 311.

[14] Szymcek P, McCallum S D, Taboada-Serrano P, et al. A pilot-scale continuous-jet hydrate reactor [J]. Chemical Engineering Journal, 2008, 135 (1-2): 71-77.

[15] 杜燕，何世辉，黄冲，等. 喷射反应器中天然气水合物生成实验 [J]. 天然气工业，2008，28 (8)：126-128.

[16] Zheng J, Lee Y K, Babu P, et al. Impact of fixed bed reactor orientation, liquid saturation, bed volume and temperature on the clathrate hydrate process for pre-combustion carbon capture [J]. Journal of Natural Gas Science and Engineering, 2016, 35: 1499-1510.

[17] Zheng J, Zhang B Y, Wu Q, et al. Kinetic evaluation of cyclopentane as a promoter for CO_2 capture via a clathrate process employing different contact modes [J]. ACS Sustainable Chemistry & Engineering, 2018, 6 (9): 11913-11921.

[18] Zhou H, De Sera I E E, Ferreira C A I. Modelling and experimental validation of a fluidized bed based CO_2 hydrate cold storage system [J]. Applied Energy, 2015, 158: 433-445.

[19] 刘有智，邢银全，崔磊军. 超重力旋转填料床中天然气水合物含气量研究 [J]. 化工进

展，2007，26（6）：853-856.

［20］ Bai J，Liang D，Li D，et al. Continuous formation process of CO_2 gas hydrate via a vortex and impinging stream reactor［J］. Energy & Fuels，2010，24（2）：1207-1212.

［21］ 白净，梁德青，李栋梁，等. CO_2水合物在静态超重力反应器中的生成过程［J］. 工程热物理学报，2010（8）：1285-1288.

［22］ 方书起，张欣悦，李思齐，等. 撞击流式反应器内水合物法分离沼气中CO_2研究［J］. 化工学报，2020，71（5）：2099-2108.

［23］ Bai J，Xie G，Li L，et al. Kinetics investigation of carbon dioxide hydrate formation process in a new impinging stream reactor［J］. International Journal of Chemical Reactor Engineering，2020，18（1）.

［24］ 何燕，郑欣，刘丽，等. 一种气体水合物快速连续化制备装置［P］. CN110404492A. 2019-11-05.

［25］ 王飞，张国栋，巢昆，等. 一种绞笼式天然气水合物连续反应装置［P］. CN110075756A. 2019-8-20.

［26］ 张国栋，石晓云，王飞，等. 一种活性炭固载天然气水合物连续反应装置［P］. CN110527573A. 2019-12-03.

［27］ Linga P，Kumar R，Lee J D，et al. A new apparatus to enhance the rate of gas hydrate formation：Application to capture of carbon dioxide［J］. International Journal of Greenhouse Gas Control，2010，4（4）：630-637.

［28］ Partoon B，Sabil K M，Lau K K，et al. Production of gas hydrate in a semi-batch spray reactor process as a means for separation of carbon dioxide from methane［J］. Chemical Engineering Research and Design，2018，138：168-175.

［29］ Ahn C K，Kim G H，Lee J E，et al. An SF_6 purification process utilizing gas hydrate formation developed for electric power industry［J］. Separation and Purification Technology，2019，217：221-228.

［30］ 陈波. 水合物法回收柴油加氢尾气工业侧线试验研究［D］. 北京：中国石油大学（北京），2021.

第十一章　水合分离过程强化

第一节　引　言

随着水合物分离技术研究工作的不断深入，研究人员在促进水合物生成方面取得了一定的成果。水合物分离过程是一个涉及气-液-固三相的过程，反应的进行受到传质、传热和动量传递等多方面影响。要提高水合物的分离效果可从强化传热、传质两方面入手。现在常用的强化方式可分为搅拌、喷雾等物理强化方式和使用化学添加剂等化学强化手段。前者是通过增大气体与水的接触面积来强化传热传质，后者是通过改变液体界面的表面张力、气体在液体中的扩散系数和溶解度等因素进行强化。

水合分离过程强化主要通过优化操作条件以提高水合反应速率和选择性，可以通过增加机械扰动提高传质效果、改善浆液流动状态提高传质传热效果等方面，对水合分离过程进行强化。还可以通过优化温度、压力等条件改变热力学和动力学条件，提高目标产物对应的反应步骤，增大装置的处理能力，强化分离过程。添加剂如表面活性剂、多孔介质、纳米颗粒等也可以起到强化效果，还可采用耦合搅拌、喷雾等物理强化方式。化学强化手段使用简单，在动力学或者热力学上有明显的作用，但面临着添加剂循环使用、消耗、处理、回收等问题；通过对装置的改装，改善浆液在体系流动过程中的物理强化，提高装置的传质、传热效果，强化分离过程，然而装置的设计成本较高。近年来，工程软件的发展迅速，成为水合物分离过程强化的计算机辅助手段，许多研究者进行了相关的模拟、建模和计算。

第二节　操作条件强化

在静态条件下，可通过改变温度和压力来研究对水合物生成和分解的影响。一系列热力学和动力学实验表明：较低的温度有利于增加储气量，且可以明显缩短水合物形成的诱导时间，提高水合物的生成速率。压力对水合物的诱导期没有明显的影响，高压可以提高水合物的生成率，增大储气量。在水合分离的生产和应用中，利用不同气体进入水合物孔穴的难易程度实现水合分离，可以通过优化压力和温度条件，增强对目标组分的选择性，强化水合分离效果。

一、对Ⅰ型水合物的影响

Li 等[1] 发现在水合物形成过程中的温度波动对天然气水合物的形成有明显的促进作用。有温度波动时 CO_2 的耗气量比没有温度波动时增加了约 35%。结果表明，只有在水合物形成阶段的温度波动才能对 CO_2 水合物的形成产生良好的影响，但随着水合物的形成，温度波动对水合物的影响逐渐减小。在有效的温度波动条件下，CO_2 的分离效率明显提高。Kojima 等[2] 研究表明：温度的升高，有利于提高水合物形成区气体的溶解度，在实验温度略高于平衡温度时，轻微的温度负扰动，会使更多的气体溶解在水合物区域，形成更多的气体水合物。李刚等[3] 在定容的实验条件下研究了降温速率对天然气水合物在沉积物中的成核和生长的影响，研究结果表明：快速降温的促进效果比缓慢降温好，和缓慢降温相比较，快速降温可以将水合物的合成时间减少约 21.4%～28.8%。由于在甲烷水合物的形成过程中存在很大的随机性，曾浩鹏[4] 在合成过程中通过改变压力，对系统进行增压、减压及施加压力扰动来研究压力对甲烷水合物合成的影响，研究发现压力扰动可以明显缩短甲烷水合物合成的诱导期，降压可以明显缩短快速合成期，增压有利于提高储气密度。

二、对Ⅱ型水合物的影响

Inkong 等[5] 研究了温度和压力对四氢呋喃（THF）溶液中甲烷水合物生成过程的影响。在不断改变实验温度进行重复实验后，研究人员得出在低温下水合物生成的诱导时间最短，并且在低温下水合物形成过程中所释放热量的有效分布最为均匀。用相同的方法在只改变压力环境后发现，与低压环境相比较，在高压的环境下水合物更容易生成。另外，研究发现在 THF+CH_4 体系中添加磺酸甲酯（MES）可以在不改变气体吸收量的情况下明显缩短水合物生成的诱导时间，这有利于在连续操作的条件下增加气体的分离效果。而这类表面活性剂在浓度超过临界胶束浓度后对诱导时间的减少将不再明显[6]，为了减少生产成本，需要控制表面活性剂的用量。

三、对 H 型水合物的影响

武文志等[7] 为探究温度对 H 型水合物的影响，在恒容条件下，根据水合物的相平衡条件设置不同的过冷温度，分析了不同温度对水合物生成过程的诱导时间、生成速率、气体消耗量的影响，并进行了比较。实验结果表明，随着温度的降低，H 型水合物的生成诱导时间呈下降的趋势，水合物生成的驱动力增大，生成反应速率加快。并且通过比较发现，含环庚酮的 H 型水合物的反应速率最快，且储气效果最佳。

四、对半笼形水合物的影响

罗洋[8] 系统地研究了温度和压力条件的改变对气体和 TBAB 体系半笼形水合物的影响。随着温度的升高，水合物生成的诱导时间缩短，生成速率增加，气相中目标组分的浓度随之增加。但目标组分的回收率却随温度的升高而降低。与之相反的是，压力的提高可以增加目标组分的回收率。他完成了 CO_2 及其混合气体在 TBAB 溶液中的相平衡实验研究，考察了温度、压力对 TBAB 水合生成过程和储气量的影响。

第三节　添加剂强化

促进水合物形成的添加剂可分为热力学促进剂和动力学促进剂。热力学促进剂如四氢呋喃（THF）、四丁基溴化铵（TBAB）等直接参与水合物的生成，通过改变水合物形成所需要的温压条件来降低水合物生成的难度。动力学促进剂如十二烷基硫酸钠（SDS）等虽不直接参与水合物的生成但通过降低液体的表面张力来加快水合物的生成，从而提高气体的消耗量，达到强化水合分离的目的。

一、热力学促进剂

水合物热力学促进剂是水合物生成强化与促进研究的重要添加剂强化方式之一，可有效降低水合物生成压力，使水合物生成条件更加温和。这对于水合分离过程中的水合物生成过程具有明显的强化作用，同时可以降低能耗和设备成本。热力学促进剂主要通过填充水合物孔穴，稳定水合物结构，以达到降低水合物生成难度、促进水合物生成的目的。广泛研究的几种热力学促进剂在第六章中已进行了详细介绍，列于表 11-1 中。

表 11-1　水合物热力学促进剂

分　　类	名　　称
传统可溶水相热力学促进剂	四氢呋喃(THF)
	四丁基溴化铵(TBAB)
	四丁基氯化铵(TBAC)
	四丁基氟化铵(TBAF)
	四丁基乙酸铵(TBAA)
	四丁基溴化鏻(TBPB)
	四丁基硝酸铵($TBANO_3$)
传统不可溶水相热力学促进剂	环戊烷(CP)
	环戊酮
	氟环戊烷
	甲基环戊烷
	环己烷
	甲基环己烷
	一氟二氯乙烷(HCFC-141b)
新型绿色生物型热力学促进剂	绿豆淀粉

二、动力学促进剂

水合物动力学促进剂是水合物生成强化与促进研究的另一添加剂强化方式。在水合反应体系中加入动力学促进剂，将改变液体的微观结构，能够使更多的气体溶解在液相中，加快水合物的成核。水合物动力学促进剂的研究为水合物应用技术的发展提供了支持。动力学促进剂不影响水合物生成热力学条件，但可有效加快水合物的成核与生长速率。广泛研究的几种动力学促进剂在第七章中已进行了详细介绍，列于表 11-2 中。

表 11-2　水合物动力学促进剂

分　类	名　　称
表面活性剂类促进剂	十二烷基硫酸钠(SDS)
	十二烷基苯磺酸钠(SDBS)
	十四烷基硫酸钠(STS)
	十六烷基硫酸钠(SHS)
	直链烷基苯磺酸盐(LABS)
	十六烷基三甲基溴化铵(CTAB)
	乙氧基壬基酚(ENP)
	草酸钾(POM)

续表

分　类	名　称
表面活性剂类促进剂	烷基聚葡萄糖(APG)
	脂肪醇聚氧乙烯醚硫酸钠(AES)
	脂肪醇聚氧乙烯醚(AEO)
	十六烷基三甲基溴化铵(CTAB)
	聚氧乙烯辛基苯基醚(TritonX-405)
相变材料	十四烷
	正癸酸和十二醇复配
氨基酸类促进剂	亮氨酸
	组氨酸
	色氨酸
	精氨酸
纳米流体类促进剂	纳米石墨颗粒
	纳米 Al_2O_3 颗粒
	纳米银颗粒
	纳米二氧化硅
	纳米铜颗粒

三、新型促进剂

1. 生物添加剂

传统的水合物促进剂，如 THF、SDS，具有化学物质的共同缺点，即具有刺激性、腐蚀性、毒性和抗降解性。部分添加剂还可能严重污染环境，限制了水合物技术的应用。Sun 等[9] 的实验结果表明，在相同温度下，异辛酯糖苷酶能显著加快水合物的水合速率，提高水合物的储气能力。在 CH_4/N_2 的分离过程中，在水中加入异辛基葡糖苷，可以显著提高 CH_4 的回收率和水合物的储气能力，是一种有效的水合物动力学促进剂。Sun 等[10] 在对茶多酚和儿茶素通过形成生物包合物回收 CH_4 的研究中，发现与纯水体系相比，这两种生物添加剂均能显著提高水合物的形成速率和储气能力。此外，在生物促进剂的作用下，CH_4 的回收率和分离因子也得到了提高。生物添加剂作为一种新型添加剂可影响水合物的生成热力学和动力学，具有对环境友好、对设备腐蚀性差等优势，值得在此领域深入研究。

2. 多孔介质

除了表面活性剂外，多孔介质也是一种常见的添加物，主要通过从物理上增加可用于形成天然气水合物的表面积，用于提高水合物的生成速率。

常见的多孔介质包括了硅胶、石英砂、金属填料、玻璃珠、活性炭、分子筛等，它们的颗粒粒径、材质特性和与表面活性剂的相互作用等因素也起到了提供晶核和毛细孔道、促进气体与水的相互作用，从而改变水合物的储气量和选择性。与纯水中气体水合物的生成相比，石英砂、二氧化硅或煤粉等填充床被认为是增加气体水合物形成速率的有效手段。饱和度是研究多孔介质的一个重要指标，指的是水或水合物占有空隙体积的百分比。所有这些研究的共同观察结果是：随着水饱和度的降低，天然气水合物的生成速率增加[11]。

石英砂是天然气水合物自然沉积的环境之一，因为其廉价易得、无污染等优势被广泛研究，其中一些团队已经将其作为固定床反应器的填充物。Linga 团队[12,13] 使用石英砂和硅胶作为多孔介质，使用固定床反应器进行了 CO_2/H_2 (40%/60%，摩尔分数)＋THF 水合物分离实验。实验证明，石英砂填充的固定床反应器能够更好地分离实验气体中的二氧化碳，其水合物相二氧化碳含量超过91%。刘志明等[14,15] 使用平均粒径为 2mm、4mm 以及 6mm 的氧化铝颗粒和二氧化硅颗粒，在高压反应釜中进行了天然气（CH_4 含量 85.9%）＋SDS 水合物生成实验。实验结果表明：在气体消耗量和储气密度方面，含多孔介质体系强于SDS 溶液体系，氧化铝颗粒优于二氧化硅颗粒；二氧化硅颗粒对水合物晶核的促进作用优于氧化铝颗粒。Zhao 等[16] 使用 5A 型沸石分别进行了甲烷＋水＋THF 体系和甲烷＋水＋TBAB 体系在管式反应器中形成水合物的实验。实验结果表明，5A 型沸石能够提高水合物生成速率，管式反应器出口的温度明显升高。

3. 纳米颗粒

近些年来纳米颗粒是一种水合物生成、分离等研究实验中的新型添加材料，反应主要在搅拌反应釜中进行。纳米颗粒在促进水合物生成领域研究尚处于起步状态。纳米颗粒能够减少水合物生成的诱导时间并增加气体消耗量，有动力学促进作用。不同纳米颗粒作用效果有明显区别，关于其促进水合物生成作用的机理尚不明确，但在溶液中使用纳米颗粒对气体水合物的生成速率具有积极影响。由于水合物生成过程中过量的热量不断产生和溶液的黏度不断增加，纳米颗粒的有效性像表面活性剂一样会随着浓度的增加而降低。

纳米颗粒可以大致分为四种：金属及其氧化物纳米颗粒（如金纳米颗粒、银纳米颗粒、锌纳米颗粒、氧化铝纳米颗粒等），二氧化硅纳米颗粒，石墨纳米颗粒及接枝（grafted）其他活性基团的石墨纳米颗粒，碳纳米管及接枝其他活性基团的碳纳米管等。

Said 等[17] 研究了三种浓度的 Al_2O_3、SiO_2、Ag 和 Cu 四种纳米颗粒在 4.0MPa 和 274.15K 下对 CO_2+CH_4 水合物生成动力学的影响。结果表明，在80h 的实验期间内，纳米颗粒能够减少水合物生成的诱导时间和增加气体消耗量，其中二氧化硅纳米颗粒效果最明显，而银纳米颗粒的效果不明显。Song 等[18] 研究了分别用铜和银接枝氧化碳纳米管进行甲烷水合物的生成和分解实验。结果表明，纳米颗粒能够增加水合物的储气量，加快水合物的生成速度，与表面活性剂相比，在分解过程中有不起泡的优势。银接枝的碳纳米管表现出比铜接枝碳纳米管更好的促进作用，作者认为可能与银的热导率更高有关。钟栋梁团队[19]研究了添加石墨纳米颗粒与表面活性剂 THF 和 SDS 复配的方式进行水合物法分离煤层气的实验。结果表明，石墨纳米颗粒加入复配相，比原来的表面活性剂体系能够有效加快水合物的成核速率，缩短诱导时间。在三种实验浓度（0.1%、0.5%、3.0%）中，0.5%效果最好。Baek 等[20]研究了疏水性二氧化硅纳米颗粒（SiNPs）对癸烷水乳液中甲烷水合物生成的影响。结果表明，在 SiNPs 浓度较低时，对水合物生成起到了抑制作用。然而，当 SiNPs 的浓度达到 0.5%（质量分数，下同）时，形成速率快速增加，抑制作用逐渐减弱，1.0%的 SiNPs 对水合物的生成有促进作用。研究者认为随着 SiNPs 的增加，含甲烷乳液的油膜变得更厚，并且水分子沿着纳米颗粒形成毛细管桥。

第四节　机械扰动强化

机械扰动方法主要通过改进水合分离反应器，包括通过加装搅拌桨、加装喷嘴、鼓泡塔进料、喷射流进料、填充多孔介质等使用不同的气液混合方法以增强气液接触；通过改反应釜为管式反应器或者使用流化床反应器，增加换热面积以移除反应热、控制温度，实现加快水合生成速率以提高水合物分离的处理速度和分离效果；此外还有一些如微孔道、超重力等新方法的尝试，但仅停留在实验室阶段。机械扰动单一方法使用效果还不够理想，现在的研究多以多种方法联合使用为主。

研究广泛的几种机械扰动涉及的反应器设计特点和优势在第十章中已经具体介绍，列于表 11-3 中。

表 11-3　几种机械扰动的优势及不足

机械扰动种类	优　势	不　足
搅拌	增加气液接触	壁面无法及时移除反应热；工业放大难度大；水合物附着在搅拌桨上等
鼓泡进料	增加气液接触，优于搅拌	气泡入口存在被生成的水合物堵塞的风险；鼓泡塔反应器气液接触时间有限，生成速率较低
喷淋(雾)进料	提高气液接触，优于鼓泡；结构简单，能够在工业放大中使用	壁面移除反应热效果有限

续表

机械扰动种类	优　势	不　足
喷射进料	提高气液接触，优于鼓泡	在喷射口有堵塞的风险
管道输送/反应	管路长，接触时间长，移除反应热效果较好； 可以与喷射联用提高气液接触； 可以用于连续反应； 反应器结构简单，易于工程放大	流动过程中水合物浆液的堵塞风险
固定床反应	提高气液接触，优于搅拌； 缩短诱导时间； 工业设备在其他领域应用技术成熟	反应完成后，水合物在填料中堵塞，不适合连续反应； 反应热移除效果有限
流化床反应	提高气液接触，优于鼓泡； 可用于连续反应； 工业设备在其他领域应用技术成熟	内构件较多，水合物会附着在栅类结构、反应壁面或者冷阱管壁上，堵塞床层，造成堵塞

随着人们对水合物的生成原理及水合物生成促进剂研究的不断深入，水合物相关理论研究也逐步深入，水合物生成强化方法也有了一定的理论支撑，部分强化技术也应用到了实验室或工业侧线中，但是分离过程所需要的设备结构简单、能耗低、环境友好等目标还没有达到，要实现水合物分离技术的工业化应用还有许多工作要做。

针对上述问题可以从多方面进行研究：a. 开发出更优秀的水合物生成促进剂以实现溶液中水的高效水合转化；b. 当采用气体介质作为水合物生成促进剂时可以考虑采用鼓泡进气方式，文献研究结果表明鼓泡法所获得的水合转化率相对于普通高压气体溶解水合过程高得多；c. 将水合分离技术和其他溶液分离技术耦合起来也是一个可供参考的研究方向，如在海水淡化、污水处理、离子液体分离等过程中，将水合分离技术与现有比较成熟的膜分离技术串联起来促进其实际应用。

对于混合气体的分离，采用水溶液作为液体介质在水合物生成条件下来分离混合气是目前许多水合物领域研究者的研究方向。通常将 THF、TBAB 等水合物生成热力学促进剂加入水溶液体系中来达到提高分离效率和降低成本的目的，因此开发更加有效的水合物生成促进剂是水合分离技术的研究方向之一。在这一过程中，需要考虑促进剂的经济性和环保性。

参考文献

［1］ Li X，Xu C，Chen Z，et al. Effect of temperature fluctuation on hydrate-based CO_2 separa-

tion from fuel gas [J]. Journal of Natural Gas Chemistry，2011，20 (6)：647-653.
[2] Kojima R，Yamane K，Aya I. Dual nature of CO_2 solubility in hydrate forming region reports [C] //Proceedings of the 4th International Conference on Gas Hydrates (ICGH 2002)，Yokohama，Japan. 2002.
[3] 李刚，李小森，唐良广，等. 降温模式对甲烷水合物形成的影响 [J]. 过程工程学报，2007，7 (4)：723-727.
[4] 曾浩鹏. 压力扰动对甲烷水合物合成影响研究 [D]. 成都：西南石油大学，2019.
[5] Inkong K，Rangsunvigit P，Kulprathipanja S，et al. Effects of temperature and pressure on the methane hydrate formation with the presence of tetrahydrofuran (THF) as a promoter in an unstirred tank reactor [J]. Fuel，2019，255：115705.
[6] Zhong Y，Rogers R E. Surfactant effects on gas hydrate formation [J]. Chemical Engineering Science，2000，55 (19)：4175-4187.
[7] 武文志，关进安，梁德青. H 型水合物生成过程的实验研究 [J]. 工程热物理学报，2018，39 (1)：44-48.
[8] 罗洋. 基于 TBAB 水合物的气体分离技术相关基础研究 [D]. 北京：中国石油大学（北京），2018.
[9] Sun Q，Chen B，Li X，et al. The investigation of phase equilibria and kinetics of CH_4 hydrate in the presence of bio-additives [J]. Fluid Phase Equilibria，2017，452：143-147.
[10] Sun Q，Chen B，Li Y，et al. Enhanced separation of coal bed methane via bioclathrates formation [J]. Fuel，2019，243：10-14.
[11] Linga P，Clarke M A. A review of reactor designs and materials employed for increasing the rate of gas hydrate formation [J]. Energy & Fuels，2017，31 (1)：1-13.
[12] Zheng J，Lee Y K，Babu P，et al. Impact of fixed bed reactor orientation，liquid saturation，bed volume and temperature on the clathrate hydrate process for pre-combustion carbon capture [J]. Journal of Natural Gas Science and Engineering，2016，35：1499-1510.
[13] Babu P，Kumar R，Linga P. Pre-combustion capture of carbon dioxide in a fixed bed reactor using the clathrate hydrate process [J]. Energy，2013，50：364-373.
[14] 刘志明，商丽艳，潘振，等. 多孔介质与 SDS 复配体系中天然气水合物生成过程分析 [J]. 化工进展，2018，37 (6)：2203-2213.
[15] Liu Z，Pan Z，Zhang Z，et al. Effect of porous media and sodium dodecyl sulphate complex system on methane hydrate formation [J]. Energy & Fuels，2018，32 (5)：5736-5749.
[16] Zhao Y，Zhao J，Liang W，et al. Semi-clathrate hydrate process of methane in porous media-microporous materials of 5A-type zeolites [J]. Fuel，2018，220：185-191.
[17] Said S，Govindaraj V，Herri J M，et al. A study on the influence of nanofluids on gas hydrate formation kinetics and their potential：Application to the CO_2 capture process [J]. Journal of Natural Gas Science and Engineering，2016，32：95-108.
[18] Song Y M，Wang F，Guo G，et al. Energy-efficient storage of methane in the formed hy-

drates with metal nanoparticles-grafted carbon nanotubes as promoter [J]. Applied Energy, 2018, 224: 175-183.

[19] Yan J, Lu Y Y, Zhong D L, et al. Enhanced methane recovery from low-concentration coalbed methane by gas hydrate formation in graphite nanofluids [J]. Energy, 2019, 180: 728-736.

[20] Baek S, Min J, Ahn Y H, et al. Effect of hydrophobic silica nanoparticles on the kinetics of methane hydrate formation in water-in-oil emulsions [J]. Energy & Fuels, 2018, 33 (1): 523-530.

第十二章　水合物法回收石油加工加氢装置尾气中的氢气

第一节　引　言

随着原油重质化、劣质化等问题的日益加剧，同时化工产品质量要求、环保要求日益提高，双重压力导致炼厂不得不在工艺流程中添加加氢工艺。炼油企业通过加氢工艺，不仅可以扩大原料来源、调整产品结构、增加产品种类、改善产品质量、提高轻质产品收率、延长生产周期，还可以生产清洁产品和实现清洁化生产，达到环境保护的目的。加氢工艺的普遍运用使氢气需求量急速增加，氢气已成为炼厂重要的成本因素之一。从炼厂含氢尾气干气中回收提浓氢气，进而扩大氢气来源、降低制氢成本，引起了炼厂的广泛关注。研究低浓度氢气回收提纯工艺，尽可能利用富含氢气的炼厂气，对企业节约加工成本、缓解氢源压力具有重要的意义，同时可以减少新建制氢装置的投资规模。

深冷分离法、膜分离法以及变压吸附法（PSA）是目前工业上广泛应用的氢气回收提浓工艺，三种提浓方法各有优缺点[1,2]。水合物法氢气提浓技术是经过多年的理论实验研究提出并发展起来的新型氢气提浓工艺，相比于传统氢气回收提浓工艺，水合物法氢气提浓技术具有在近室温下操作、分离前后压力损失小、无需原料预处理且工作液可以循环利用等优点，因此水合物法氢气提浓技术具有良好的发展前景。

第二节　加氢工艺简述

随着我国国民经济的不断发展，原油的消耗量逐年增加，使得我国原油来源和品种不断增加，同时油田部分油井所产原油中硫、氮、氧非烃化合物含量却不断升高，严重影响成品油的质量。而为了保护环境，减少污染物的排放，成品油中允许的硫含量不断降低，为了生产合格的石油化工产品，我国近三十年大力发展了催化加氢精制工艺，通过加氢精制过程脱除原料油中硫、氮、氧非烃化合物，以满足油品质量要求。加氢工艺的广泛应用使得优质目标产品的收率大幅度提高，同时对氢气的需求也大幅度增加。

一、汽油加氢工艺

伴随着全球性环保意识增强，燃油升级换代，清洁汽油的生产需要脱除或者消除成品油中的烯烃、芳烃、硫、氮等非理想成分，以适应日趋严苛的生产标准。二次加工的催化裂化（FCC）汽油和焦化（DC）汽油加氢技术，经过几十年的探索与积累，已经相对成熟，积累了丰富的生产经验。

目前，催化裂化汽油的加氢技术主要有两大类：选择性加氢脱硫技术以及催化汽油改质技术[3]。传统的汽油加氢脱硫技术不可避免地会导致辛烷值的损失，而目前的选择性加氢脱硫技术与催化汽油改质技术都能极其有效地减小过程中的辛烷值损失。选择性加氢脱硫技术主要是利用新型加氢催化剂的高选择性使汽油在加氢的同时抑制烯烃等的过度饱和，以此来避免辛烷值的损失。相对于前者来说，催化汽油改质技术使用的依然是常规的催化剂，该技术主要是在对原料油进行加氢脱硫后，再一次进行芳构化以及异构化的处理，以此来对部分辛烷值进行相应的补充。虽然这两类技术都有相应的优缺点，也都会导致辛烷值的损失，且辛烷值的损失程度也都差不多，但是由于当前对汽油品质升级的要求，且硫含量的控制是一个重点，使得目前选择性加氢脱硫技术的应用更为广泛和适宜。

由于重金属等杂元素会导致催化剂中毒，所以我国加氢技术最开始主要用来去除原料油中的硫、氮、氧、砷以及铅等重金属元素，这样可以减轻催化剂中毒，增加其使用寿命。而近些年随着人们对车用汽油品质的要求越来越高，且随着人们环保意识的增强，目前催化加氢的目的不仅是去除重金属，降低排放尾气中的硫、氮等危害气体的含量，减少辛烷值损失，还要增强汽油产品质量等。目前，因为我国所使用的原油中劣质重油比例较高，粗汽油中有比较高的烯烃，所以降低硫、氮含量，降低辛烷值的损失以及减小烯烃的饱和成为我国催化汽油加氢处理的重点。当前我国的汽油加氢技术主要有：Gardes 工艺、FRS 技术、DSO 技术、RIDOS 技术、OCT-M 工艺以及 OCT-MD 工艺等[4]。

二、柴油加氢工艺

柴油加氢技术为车用柴油低硫化、清洁化提供了有力的保障。以加氢脱硫为主要目的的加氢技术已经在现代炼油技术中占据了核心地位。

多年来，随着国内外科研机构和世界各大石油公司对柴油加氢技术研究工作的深入，柴油加氢工艺技术取得了很大成果。由于我国原油较重，使得加工出的初级柴油质量较差、有机硫含量较高，为使生产的柴油满足深度脱硫标准，我国在柴油加氢技术方面加快了更新换代的步伐，取得了长足发展，最具代表性的技术有中国石化石油化工科学研究院的MHUG工艺技术、中国石化抚顺石化研究院的FH-UDS和MCI工艺技术、中国石油大庆化工研究院的PHF-101工艺技术[5]。

欧美国家柴油加氢技术起步较早，经过半个多世纪的发展已趋于成熟，具有代表性的主要有法国石油研究院的Prime-D技术、荷兰阿克苏诺贝尔研发的超深度柴油加氢工艺、埃克森美孚石油公司的柴油深度加氢技术、ProcessDynamics公司的IsoTherming技术等[6]。这些先进柴油加氢工艺技术为生产清洁柴油提供了技术支撑，对石油工业发展起着巨大的推动作用。

三、重油和渣油加氢工艺

重油和渣油加氢技术是指：以原油、常压渣油、减压渣油为原料，经过加氢精制、加氢裂化等加工工艺生产轻质化、清洁化产品的炼油工艺技术[7]。

随着原油重质化、劣质化趋势的不断加剧，以及市场对清洁油品需求的不断增加和环保法规要求的日益严格，使得重质油轻质化的发展成为必然趋势。随着原油的不断开采，原油资源的重质化程度加剧，渣油占原油比重也越来越大，对渣油的后续处理造成了问题。因而，如何将重油高效转化为轻质的清洁油品成为石油加工技术发展的主要方向。重油加氢成为解决这一问题的有效途径。重油加氢是在氢气存在的情况下，使反应物分子变小的转化过程，通过加氢脱硫、脱氮、脱金属、脱残炭，实现重质油的轻质化，为后续加工提供优质原料。重油的合理利用是优化炼厂产业结构、节能降耗、保障石油资源可持续发展的重要手段，因此，重油加工是石油化工行业新技术的研究重点。

中国和全球范围内原油的消费量均呈现不断上升的趋势，加之重质油在原油中所占比例不断增大，重质油在各炼厂原料中所占比例也在逐年增大。重油加氢工艺主要分为加氢处理与加氢裂化工艺。焦化和加氢是应用最广的重油加工技术。焦化属于热加工过程，其特点是可以加工残炭值和金属含量很高的各种劣质渣油，而且过程简单，费用比较低，但是产品质量差，焦炭产率较高。催化裂化对原料质量要求较高。重油和渣油加氢技术不仅可以处理劣质原油，还可以提高液体产物收率，改善液体产物的质量。

第三节　水合物法回收柴油加氢尾气中氢气的室内实验研究

一、热力学实验

（一）实验目的、实验仪器和实验步骤

1. 实验目的

开展水合法提浓柴油加氢尾气的研究，首先要探究柴油加氢尾气在不同操作条件下的水合物相平衡条件，为水合物法分离提浓柴油加氢尾气确定工况条件提供基础数据。

根据柴油加氢尾气的组成确定了三种不同组成的混合气，并用纯水考察了其水合物相平衡条件，同时考察了目前研究比较多的 TBAB 促进剂对于柴油加氢尾气水合物相平衡条件的影响。最后针对工业应用的需求，通过实验考察了工业用水对柴油加氢尾气水合物相平衡条件的影响。这些相平衡条件为水合物法分离提纯柴油加氢尾气工业应用提供了参考条件。

2. 实验仪器

实验装置流程如图 12-1 所示。

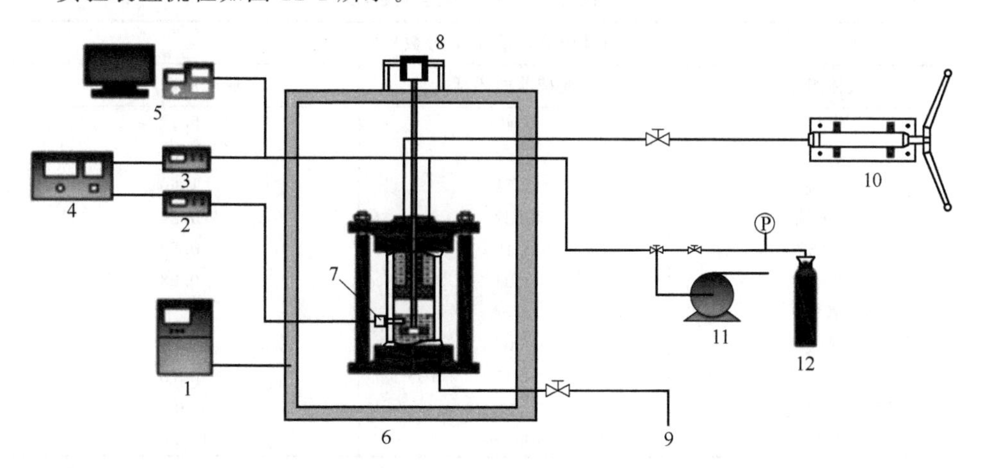

图 12-1　实验装置示意图

1—空气浴温度控制箱；2—温度传感及测量装置；3—压力传感及测量装置；4—数字记录仪；5—气相色谱；6—恒温空气浴；7—可视反应釜；8—机械搅拌装置；9—工作液进、出口；10—手推压力泵；11—真空泵；12—高压气瓶

该实验装置主要包括高压可视反应釜、温度控制系统、压力控制系统、温度

压力测量系统、搅拌系统及气相色谱等部分。

温度控制系统主要由高低温恒温箱完成，其温度可控范围为［(－25～80)±0.1］℃，温度均匀度≤2℃，升温速率为2～3℃/min，降温速率为0.7～1℃/min。通过温控面板可以对高低温恒温箱的温度进行程序化控制以满足实验具体要求。高压反应釜体积为400cm^3，内部设有可以移动的活塞，最大操作压力30MPa，活塞上部的传压介质通过管线与手推加压泵相连，通过手摇泵加入或者引出液体，从而改变高压釜内活塞的位置，以实现改变反应釜体积控制被测定系统压力的目的。本实验中手推加压泵的传压介质为20%（质量分数）的乙二醇水溶液。反应釜外部配有磁力搅拌装置，带动反应釜内旋转子起到搅拌作用。恒温箱内配有一个冷光源，便于实验过程中观察釜内水合物的生成和化解。反应釜温度通过其底部的温度热阻（PT-100）及数字显示表测得，测量精度为±0.1℃。反应压力通过压力传感器［(0～20±0.01)MPa］及数字显示表测得。为了实现系统温度压力数据的连续记录，本装置还设置了无纸记录仪。柴油加氢尾气的组成通过气相色谱分析，该色谱采用双气路、氢火焰离子化检测器（FID）和双热导检测器（TCD）并用、四测六柱结构，通过程序实现切换，一次进样即可完成烃类和永久性气体的分析。

3. 实验气体和试剂

对需要测定的柴油加氢装置的尾气取样分析得到其组成，列于表12-1。

表12-1　柴油加氢尾气组成

气体组成	气体组分含量(体积分数)/%	
	脱硫前循环氢	脱硫后循环氢
甲烷	6.40	6.10
乙烷	3.62	3.64
丙烷	1.51	1.60
异丁烷	0.22	0.24
正丁烷	0.19	0.20
C_{6+}	0.04	0.08
氢气	86.55	87.16
氧气	0.05	0.20
氮气	0.47	0.78
硫化氢＋羰基硫	0.95	0
合计	100.00	100.00

注：脱硫前循环氢是指未经过醇胺脱硫塔的循环氢，脱硫后循环氢是指经过醇胺脱硫塔后脱除了硫化氢等的循环氢。

为了便于实验研究，将柴油加氢尾气的组分简化为氢气、甲烷、乙烷和丙烷四个组分，氧气和氮气合并到氢气中，其他少量的烃类物质都合并为丙烷，从而确定了实验气样的具体组成。为了使本研究更有指导意义，在实验过程中，在不改变原有混合气体组分比例的基础上，增加丙烷的含量，来考察丙烷含量变化对柴油加氢尾气水合物生成条件的影响。配制的混合气体的具体组成如表12-2所列，混合气由北温气体制造厂提供。

表 12-2 实验所用混合气组成配比

气体组成	气体组分含量(摩尔分数)/%		
	M1气样	M2气样	M3气样
甲烷	6.42	6.25	6.18
乙烷	3.64	3.55	3.35
丙烷	3.48	6.00	8.00
氢气	86.46	84.20	82.47
总量	100.00	100.00	100.00

实验过程中所用的化学试剂及生产厂家如表12-3所列。本实验溶液配制中用分析天平CPA225D（称量精度为0.01g）称量。

表 12-3 化学试剂的纯度及来源

试剂	纯度	来源
乙二醇	分析纯	天津南开允公合成技术有限公司
TBAB	分析纯	天津南开允公合成技术有限公司
去离子水	$15\times10^6\Omega\cdot cm$	实验室自制

4. 生成压力测定方法和实验步骤

（1）生成压力测定方法

观察法及图形法是目前测定水合物相平衡条件常用的两种方法，研究过程中观察法的适用范围更为广泛，现有水合物相关文献中的水合物生成条件基本上都采用观察法测定[8]。观察法具体分为恒压观察法和恒温观察法两种，原理大致相同，即先降低温度（升高压力）使得水合物大量生成，然后缓慢升高温度（降低压力）使得已经形成的水合物缓慢化解，通过可视窗观察到水合物浆液中仅含有痕量晶体水合物，且保持较长时间后，痕量水合物既不继续生成也不化解消失，此时的实验温度（实验压力）就是该操作条件下的相平衡温度（压力）。

观察法测定水合物相平衡条件有两个缺点：第一是必须在带可视窗口的反应釜内进行测定，这就要求反应釜有较好的材质，尤其在较高的操作压力下；第二是不同人对于观察痕量的理解不同，导致实验测定结果存在人为偏差。

相比于观察法，图形法测定水合物相平衡条件应用相对较晚，图形法通过固定压力 p、体积 V、温度 T 中的一个变量，缓慢改变另外一个变量，让反应体系完成水合物生成、分解两个过程，通过作图找到水合物生成、分解曲线的交点，交点对应的温度、压力即为所求的相平衡条件。

由于柴油加氢尾气中氢气初始浓度在80%（体积分数）以上，易于形成水合物的烃类气体含量相对较低，因此水合物对应的生成压力普遍偏高，且生成水合物的量相对较少，经过实验尝试发现观察法来测定水合物相平衡条件耗时较长，且得到的实验数据相对误差较大。因此采用图形法来测定水合物的相平衡条件，恒定反应体积，通过匀速降温，使水合物大量形成，用无纸记录仪随时记录生成过程的 p、T 数据，待水合物体系稳定一段时间（一般为 1h），然后开始匀速升温，并记录化解过程的 p-T 曲线，通过作图即可找到对应的相平衡条件，如图 12-2 所示。

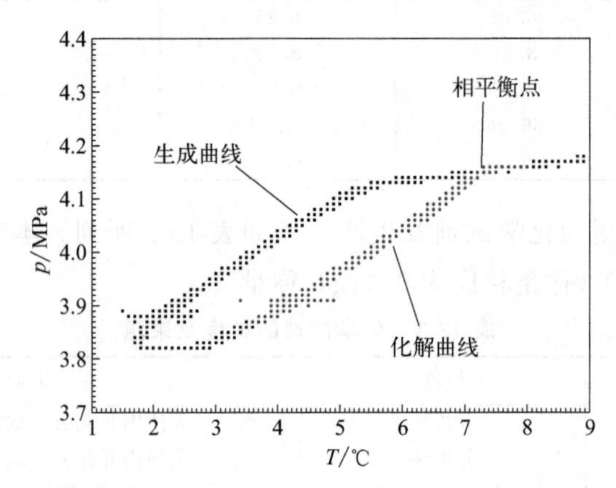

图 12-2　图形法测定水合物相平衡条件的示意图

（2）实验步骤

本实验中采用恒容图形法测定柴油加氢尾气在去离子水、TBAB 溶液、工业用水三种体系下的水合物相平衡条件。具体步骤如下。

① 清洗反应釜。用去离子水清洗高压可视釜直到通过可视窗观察到釜壁无水珠附着，然后用事先配好的工作液润洗反应釜三次。清洗完毕，通过真空泵使装置管路达到负压，利用负压将工作液吸入反应釜内。

② 吹扫管路。用原料气吹扫装置管路 2～3 次，将残留在反应管路内的少量空气排出，防止残留空气影响实验测量精度。

③ 再次抽真空后，按照设定压力向反应釜通入原料气，并通过手推加压泵调整压力，从而使反应体系中的压力达到实验需要值。

④ 设置降温升温程序。根据相关文献查阅数据资料和实验数据，空气浴的降温升温程序具体分为 4 段：第一段温度序列先将温度降至一个高于气体水合物生成条件的温度（一般为 8～10℃），然后在此温度下恒温 2h；第二段温度序列为匀速降温过程，降温速率为 0.2℃/h，直至将温度降到低于水合物生成点 3℃的温度；第三段温度序列为恒温过程，在低于水合物生成点温度 3℃的温度下，让混合气体完全生成水合物；第四段温度序列为匀速升温过程，升温速率为 0.3℃/h，直至将温度升高至气体水合物完全可以化解的温度。完整的升温降温程序大约需要 30～36h。

⑤ 开启反应。开启搅拌装置，并维持恒定的搅拌速率。启动设置好的空气浴

温度变化程序，同时启动无纸记录仪，全程记录反应过程中压力随温度变化的数据。

⑥ 数据处理。待温度变化程序结束后，用U盘拷取无纸记录仪记录的 p、T 数据，对温度序列和压力序列作图分析，得到降温曲线和升温曲线的交点，交点对应的温度和压力就是该反应条件下所求的相平衡条件。

（二）实验结果与分析

1. 实验装置测量精度的验证

为了验证上述实验方法以及实验装置测量数据的准确性，首先在该装置上测定了纯 CH_4 气体在纯水体系的水合物相平衡条件，同时将实验数据与查阅文献得到的数据进行了比较。将实验测得的 CH_4+H_2O 水合物相平衡数据与文献[9] 数据的对比示于图 12-3。

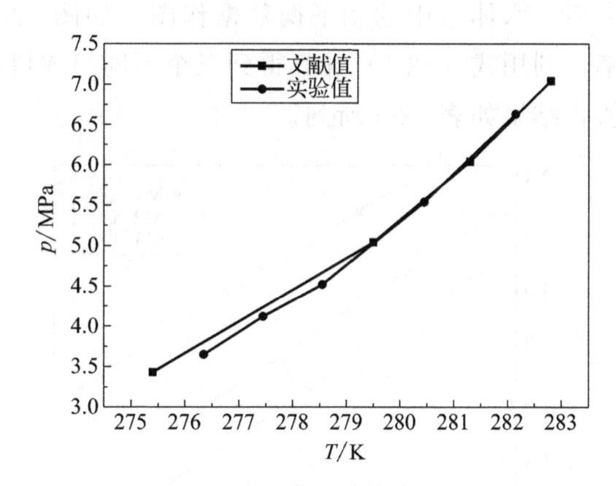

图 12-3 CH_4+H_2O 水合物相平衡条件实验值与文献值对比

由图 12-3 可以看出，本装置测量得到的 CH_4+H_2O 水合物相平衡数据与文献值基本相符，误差较小，证明了本实验方法和实验装置测量数据的可靠性。

2. 气体组成对柴油加氢尾气水合物生成条件的影响

去离子水体系下的柴油加氢尾气水合物相平衡数据是整个水合物相平衡研究的基础，为其他工作液体系下水合物相平衡条件的评价提供基准，能够降低水合物相平衡难度的添加剂即为可备选的热力学促进剂。

Hendriks 等[10] 的研究表明：$CH_4+C_2H_6$、$C_2H_6+H_2S$ 以及 $C_2H_6+N_2$ 等二元体系在一定组成范围内生成Ⅱ型水合物结构比生成Ⅰ型结构更加稳定。研究者认为生成Ⅰ型结构时 CH_4 与 C_2H_6 需要“竞争”Ⅰ型结构中的大孔，而生成Ⅱ型结构时 CH_4 占据小孔道，C_2H_6 占据大孔道，二者处于“合作”关系。Sloan 等[11] 研究发现 $CH_4+C_3H_8$ 体系中这种“合作”关系更加明显，据此推断，$CH_4+C_2H_6+C_3H_8$ 三元体系会生成Ⅱ型水合物，而氢气可近似看作惰性气体存在。

在相同温度下对如表12-2配制的三个气样M1、M2、M3的相平衡进行了实验测定，结果表明水合物的生成压力与C_3H_8浓度呈现负相关关系，原因有两点：其一是纯丙烷的水合物生成压力很低，因此丙烷含量的增加会使得模拟柴油加氢尾气水合物生成压力下降；其二是随丙烷含量的增加，$CH_4+C_2H_6+C_3H_8$三元体系生成Ⅱ型水合物的“合作”程度进一步提高，进而导致气样的水合物生成压力值降低。

利用克劳修斯-克拉珀龙方程计算了三种模拟柴油加氢尾气水合物生成焓值，计算公式如下：

$$\frac{\mathrm{d}\ln p}{\mathrm{d}(1/T)}=\frac{\Delta H}{zR} \tag{12-1}$$

式中，ΔH为焓变，kJ/mol；p为水合物生成压力，Pa；R为气体常数，8.314J/(mol·K)；T为温度，K；z为压缩因子。

将三个气样在去离子水体系中的相平衡数据作图，如图12-4所示。通过拟合得到对应直线的斜率，利用式（12-1）计算得到三个不同组成模拟柴油加氢尾气对应的水合物的生成值，结果如表12-4所列。

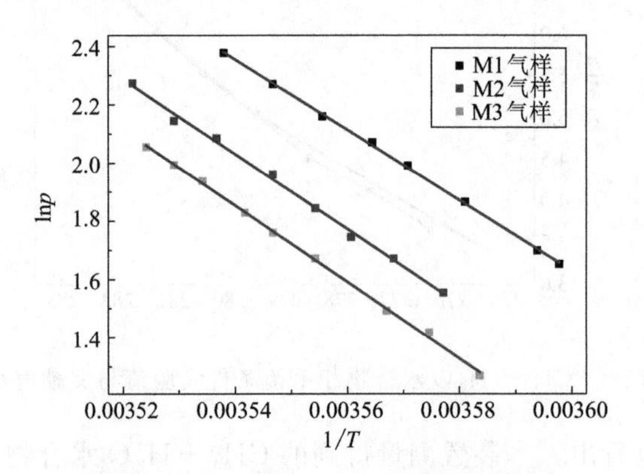

图12-4　三个气样lnp-1/T的实验结果

表12-4　三个气样水合物生成焓值的计算结果

气样	lnp-1/T斜率	水合物生成焓值/(kJ/mol)
M1	−12069.81	−103.35
M2	−12884.69	−107.13
M3	−13130.30	−109.17

从表12-4中可以发现随着C_3H_8浓度的增加，对应气样的水合物生成焓的数值明显增大，而水合物生成焓值的增大，表明在生成水合物的过程中反应放出的热量更多，因此可以推断生成的水合物笼形结构更加稳定。这也印证了之前的分析，即随着丙烷含量的增加，会导致$CH_4+C_2H_6+C_3H_8$三元体系生成Ⅱ型水合物的“合作”程度提高，使得生成的笼形结构更加稳定，起到了促进水合物生成

的效果。因此丙烷可以作为一种热力学促进剂来使用以降低柴油加氢尾气生成水合物的难度。

3. TBAB对模拟柴油加氢尾气水合物生成条件的影响

TBAB是目前水合物研究中使用较多的热力学促进剂，TBAB自身在常压、0～10℃下便可与水形成笼形结构，对气体水合物的生成促进作用明显。查阅相关文献[12]，发现TBAB作为促进剂的最佳浓度为5%～10%（质量分数，下同）。本研究实验测定了模拟柴油加氢尾气在不同浓度TBAB溶液中水合物相平衡条件，考察了TBAB浓度对柴油加氢尾气水合物生成过程的影响。研究过程中采用图形法测定了M1气样分别在1%、5%、8%、10%四个TBAB浓度下水合物生成压力随温度的变化情况，实验结果如图12-5所示。

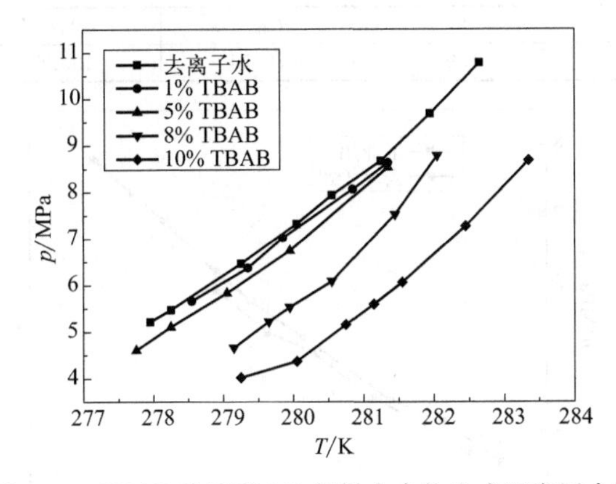

图12-5 TBAB体系下M1气样水合物生成温度压力图

由图12-5可以看出，随着实验温度升高，气样的水合物生成压力不断增大；相同的实验温度下，TBAB溶液的浓度对柴油加氢尾气水合物相平衡条件有很大影响。当TBAB溶液浓度为1%时，水合物生成压力与去离子水中的水合物生成压力几乎没有变化；将TBAB浓度增加到5%时，水合物生成压力较1%进一步下降，但下降程度并不明显；继续增加TBAB浓度到8%时，水合物的生成压力下降非常明显。以温度为280K为例，5%TBAB溶液水合物生成压力为6.8MPa左右，而8%TBAB溶液水合物生成压力仅为5.5MPa，生成压力下降1.3MPa。同样当TBAB浓度继续增加到10%时，水合物生成压力较8%浓度又有进一步下降。所以TBAB浓度较低时，对柴油加氢尾气水合物的相平衡影响较小，但TBAB浓度在8%～10%时，能够明显降低柴油加氢尾气的水合物相平衡条件。

研究还发现随着TBAB溶液浓度的提高，水合物生成曲线和化解曲线的距离越来越小。查阅相关文献发现[13]，TBAB与水生成水合物的过程中，Br^-与水分子相互作用生成笼形结构的同时，$[CH_3(CH_2)_3]_4N^+$会占据笼形结构的大孔道，导致大孔道内C_2H_6和C_3H_8无法被填充，因而生成水合物过程消耗的气体量严重下降。这说明 TBAB 的添加虽然可以有效降低水合物生成难度，但也会明显阻碍 C_2H_6 和 C_3H_8 生成水合物，因此 TBAB 作为水合物热力学促进剂对于水合物法提浓柴油加氢尾气过程的适用性和浓度范围需要认真选择。

4. 工业用水对柴油加氢尾气水合物生成条件的影响

与去离子水相比，工业用水中含有少量的 K^+、Ca^{2+}、Na^+、Mg^{2+} 等金属阳离子和少量的 OH^-、CO_3^{2-}、HCO_3^-、Cl^-、ClO^-（次氯酸盐消毒引入）。为了便于应用，本研究还实验测定了工业用水对模拟柴油加氢尾气水合物相平衡条件的影响。实验方法仍然为恒容图形法，原料气为 M3 气样。工业用水取自昌平自来水厂，通过仪器检测了该水样中主要金属阳离子的含量，检测结果如表 12-5 所列。

表 12-5 工业用水样的检测结果

金属离子种类	K^+	Ca^{2+}	Na^+	Mg^{2+}
离子含量/(mg/L)	1.944	75.51	15.26	28.93

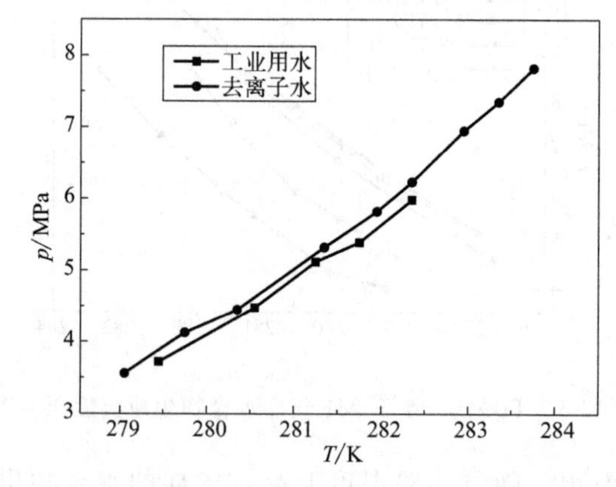

图 12-6 工业用水和去离子水体系水合物相平衡条件对比

从图 12-6 可以看出，在相同的条件下，工业用水体系水合物生成压力会稍低于去离子水体系中水合物的生成压力，说明工业用水中微量离子的存在对水合物生成过程有促进作用。估计溶液中微量阳离子的存在，会引起水溶液局部水分子分布不均匀，水分子更容易相互作用形成水合物笼形结构导致水合物相平衡压力有所下降。考虑到简化工业应用过程中水处理的成本问题，因此可以直接利用工业用水来配制水合物法分离柴油加氢尾气中氢气所使用的水合物工作液，便于工程实施和应用。

二、动力学和分离效果实验

（一）实验目的、实验装置和实验步骤

1. 实验目的

本实验的目的在于通过水合分离过程，使得柴油加氢尾气中的烃类组分

(CH_4、C_2H_6 和 C_3H_8)最大程度生成水合物，从而实现柴油加氢尾气中氢气提浓的目的。通过比较不同条件下水合分离提浓氢气的储气量、氢气回收率以及平衡气相中氢气浓度等参数，获得水合物法回收柴油加氢尾气中氢气的最优操作条件，为现场相平衡和分离技术模型的改进和工业侧线提供基础数据。

2. 实验装置

实验装置如图 12-1 所示。

本实验设备中的水合物生成在前后具有高压视窗的反应釜中进行，材质为不锈钢 316L，反应釜体积为 465cm^3，设计压力为 30MPa，搅拌装置为强磁力旋转搅拌，强化了搅拌效果。高低温试验箱（下称空气浴）的温度范围为－25～130℃。其他温度控制系统、压力控制系统、温度压力测量系统及气相色谱等部分均与上节中的实验装置相似。

实验所用气体和试剂与热力学实验相同。

3. 实验步骤

水合物法分离柴油加氢尾气中的氢气实验在恒温条件下，使用手推加压的方式维持实验体系操作压力恒定，进而完成单平衡级的水合分离实验。具体实验步骤如下。

① 吸入工作液：按上节所述的方法进行釜体清洗，利用真空泵将反应管路抽至负压，并吸取实验前计算好的定量工作液（一般为 40mL）。

② 对管路进行排空：用实验原料气吹扫反应管路 2～3 次，尽可能排出存留在装置内的少量空气，降低实验误差。

③ 降温并恒温：开启恒温空气浴，降低温度以使实验装置的温度达到实验所需的反应温度，并在反应温度下保持恒温 1～2h。

④ 进气：调节手推加压泵使反应釜体积达到最大，用真空泵将整个实验装置系统抽真空后，打开进气阀，控制预估的原料气样量，然后通过调节手推加压泵，在目标的气液比下刚好达到目标的实验压力。

⑤ 开始水合反应：开启搅拌开关并保持恒定的搅拌速率（本实验中搅拌速率为 1000r/s)，同时用秒表计时。观察压力表示数，当压力表示数低于实验压力时，通过手推加压泵增压并保持在目标压力，并记录对应的时间以及手推加压泵的刻度。

⑥ 分析平衡气体组成：如果压力表示数在 1h 内不变，则认为反应体系已经达到平衡，本实验一般需要 6～8h 达到平衡。关闭搅拌装置，用针管取反应平衡气并通过气相色谱分析组成，同时通过手推加压泵增压维持反应压力。重复取样分析，直到连续两次取样数据满足误差精度。

⑦ 排出平衡气并化解：降低空气浴的设定温度，使反应体系温度降低至－5℃左右，确保反应平衡的水合物稳定存在。打开排空，将平衡气体全部放空（高压

含氢气体经过减压和过滤后排放)，并用真空泵将反应管路抽至负压。关闭排空后通过空气浴加热，同时打开搅拌，使形成的水合物全部化解重新变回气液两相状态。

⑧ 分析化解气组成：当水合物化解完全后，记录此时温度和压力值。对化解气取样并通过气相色谱分析气体组成，直到连续两次取样数据满足误差精度。

（二）实验结果与分析

1. 温度对柴油加氢尾气水合分离结果的影响

以去离子水为工作液，以 M3 组成的模拟柴油加氢尾气进行了水合分离实验，考察了实验操作温度对氢气提浓的影响。

在不添加任何促进剂的情况下，由于柴油加氢尾气的氢气含量过高，水合物生成过程需要较大的推动力，相平衡条件苛刻。同时水合分离操作温度应高于水的冰点，因此最低操作温度为 274.15K，渐次提高温度，尽可能在较大温度范围内考察水合分离效果的变化。

对 M3 气样，分别在 274.15K、275.15K、276.15K、277.15K 四个温度下进行了水合物分离操作。实验压力为 8MPa，气液比（体积比）为 500。实验结果及其数据处理结果如图 12-7～图 12-9 所示。

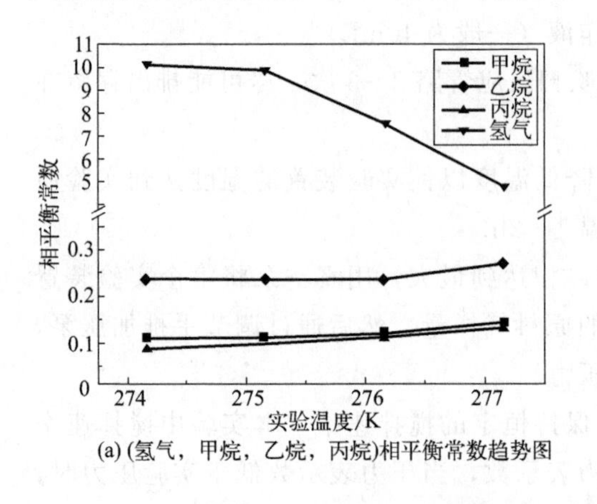

(a) (氢气，甲烷，乙烷，丙烷)相平衡常数趋势图

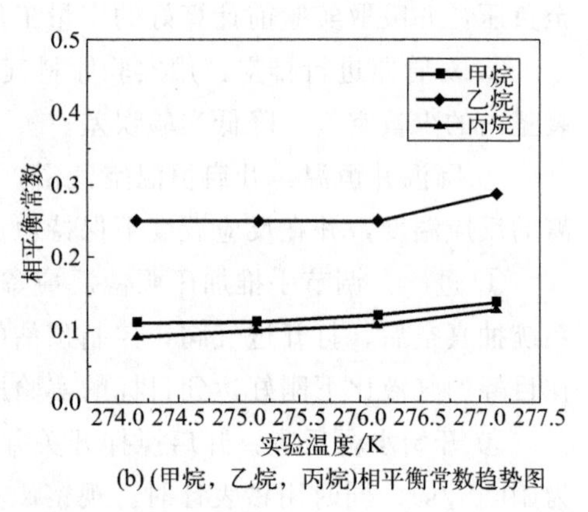

(b) (甲烷，乙烷，丙烷)相平衡常数趋势图

图 12-7　温度对 M3 气样相平衡常数的影响

从图 12-9 可以看出，经过一级水合分离操作，氢气的浓度可以从原料气中的 82％提高至 87％～89％，5％～7％的提升再次说明了水合物分离法对于提浓高压含氢气体的可行性。随着温度的升高，平衡气中氢气的浓度和储气量呈明显下降的趋势，这是因为水合物的生成压力随着温度的升高而增大，CH_4、C_2H_6、C_3H_8 等烃类气体生成水合物的程度下降，使得水合物能够捕获的烃类分子减少，直接导致平衡气中氢气浓度下降。

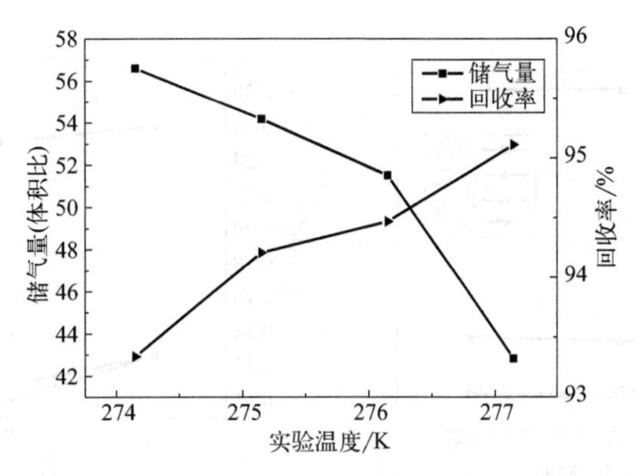

图 12-8　温度对 M3 气样水合分离储气量和回收率的影响

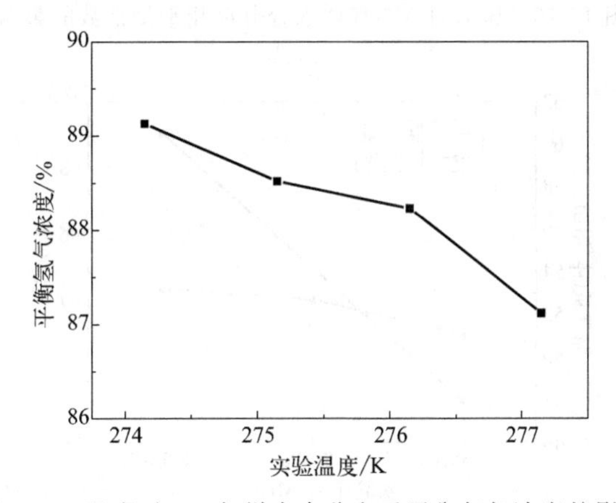

图 12-9　温度对 M3 气样水合分离后平衡氢气浓度的影响

2. 压力对柴油加氢尾气水合分离结果的影响

以去离子水为工作液，对 M3 气样进行了水合分离实验，考察了压力对氢气提浓效果的影响。现场柴油加氢装置尾气的出口压力为 9MPa，因此考察的压力点设定为 7.5MPa、8MPa 和 8.5MPa。M3 气样在不同操作压力下水合分离实验结果如图 12-10～图 12-12 所示。

随着水合分离操作压力的增加，H_2 的相平衡常数呈现先增加后保持不变的趋势，CH_4、C_3H_8 的相平衡常数稍有下降趋势，乙烷的相平衡常数保持不变。且随着压力增加，H_2 回收率基本趋于恒定，但水合物的储气量直线增加，且水合物分离后的氢气浓度提升较为明显，操作压力从 7.5MPa 提升至 8MPa，氢气的平衡浓度从 86.94%提升至 89.26%。说明增加操作压力，有助于提高水合分离效果。

对于客体分子，水合物分离的平衡状态可以认为存在两种平衡：气体首先与富水相达到气液平衡，富水相再与水合物相达到液固平衡。根据亨利定律可知，客体分子在去离子水中的摩尔分数与气相中的分压成正比关系。因此增加操作压

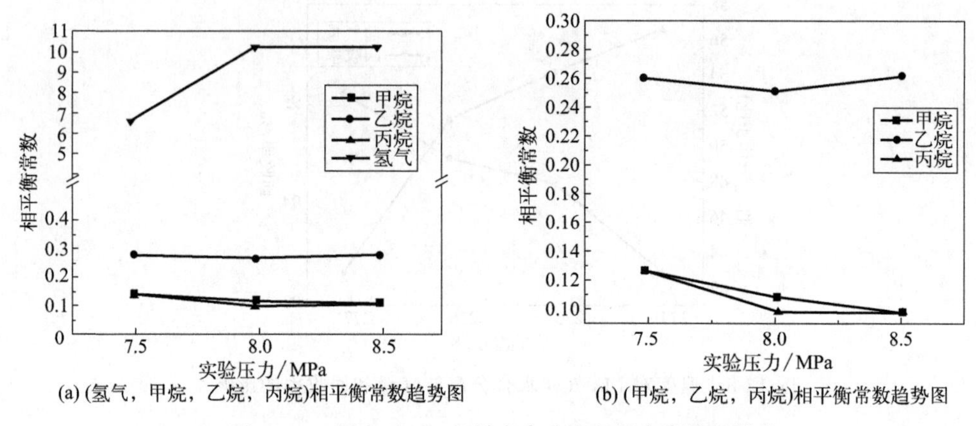

图 12-10　压力对 M3 气样水合分离相平衡常数的影响

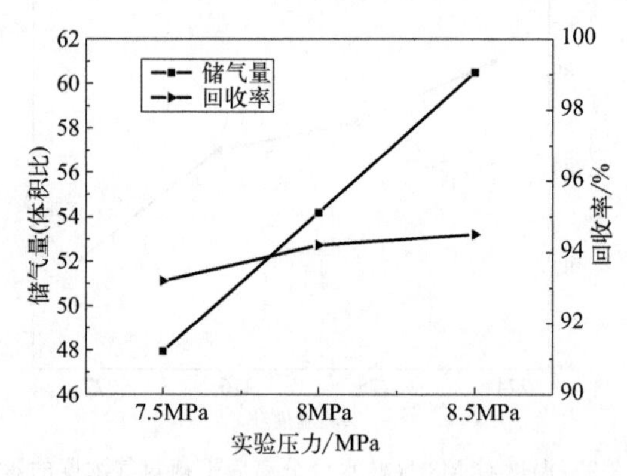

图 12-11　压力对 M3 气样水合分离储气量及氢气回收率的影响

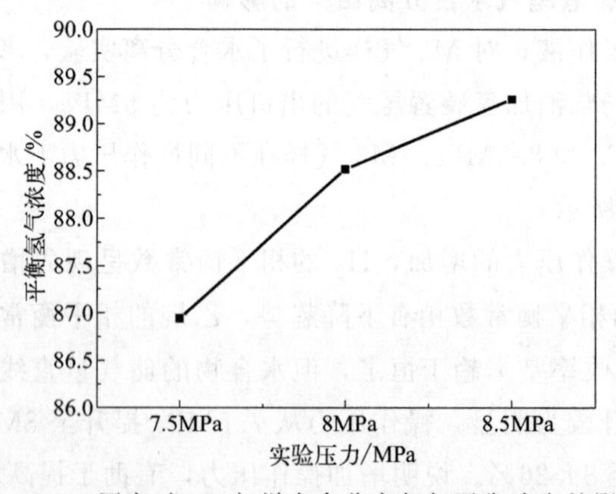

图 12-12　压力对 M3 气样水合分离氢气平衡浓度的影响

力，可以使更多的烃类客体分子溶解于去离子水中，对应平衡水合物相中烃类分子的浓度增加，进而使更多的烃类客体分子包络在水合物笼状结构中，使得水合分离效果提高。

3. 初始气液比对柴油加氢尾气水合分离结果的影响

以去离子水为工作液，通过单平衡级水合分离实验，考察了初始气液比对 M3 气样水合分离提浓氢气效果的影响。通过查阅相关的文献发现[14]，单平衡级水合分离一般采用的气液比（体积比）为 80～160。本实验中研究的柴油加氢尾气本身 H_2 含量高，单位体积需要水合的烃类分子较少，考虑到本实验气体的特殊性，水合分离实验将初始气液比的考察范围扩大为 100～600。

图 12-13、图 12-14 是 M3 气样在不同初始气液比下单平衡级水合分离实验结果。

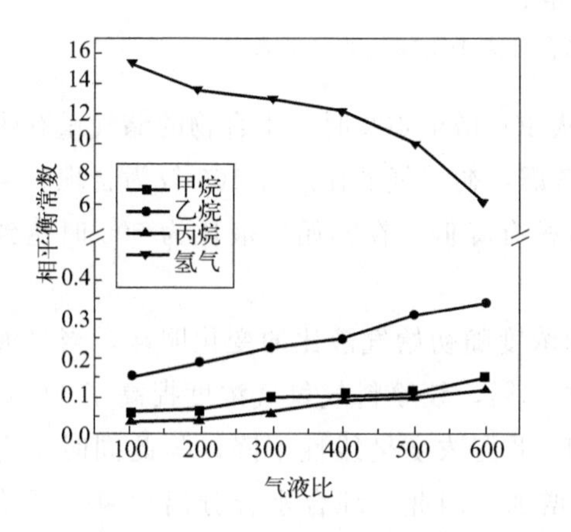

(a)(氢气，甲烷，乙烷，丙烷)相平衡常数趋势图

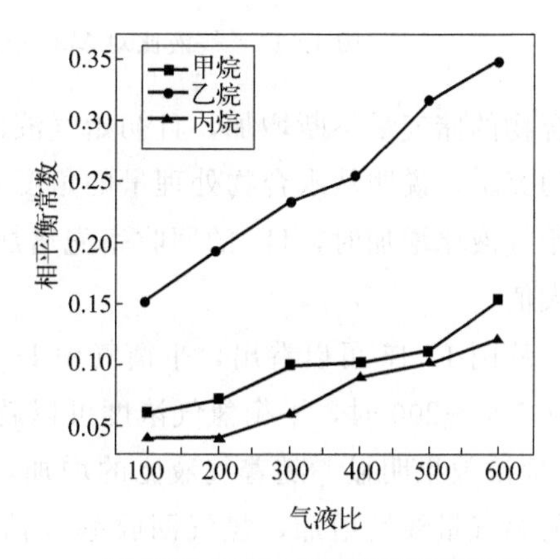

(b)(甲烷，乙烷，丙烷)相平衡常数趋势图

图 12-13　气液比对 M3 气样水合分离相平衡常数的影响

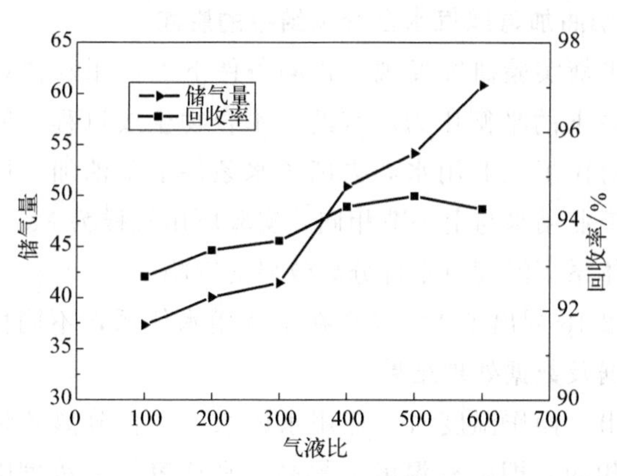

图 12-14　气液比对 M3 气样水合分离储气量和氢气回收率的影响

从图 12-13 可以看出，随着初始气液比增大，H_2 的相平衡常数减小，CH_4、C_2H_6 和 C_3H_8 的水合物相平衡常数有所增大，H_2 的分离选择性下降，且初始气液比从 400 增至 500 时，变化明显。从图 12-14 可以看出，随着初始气液比提高，

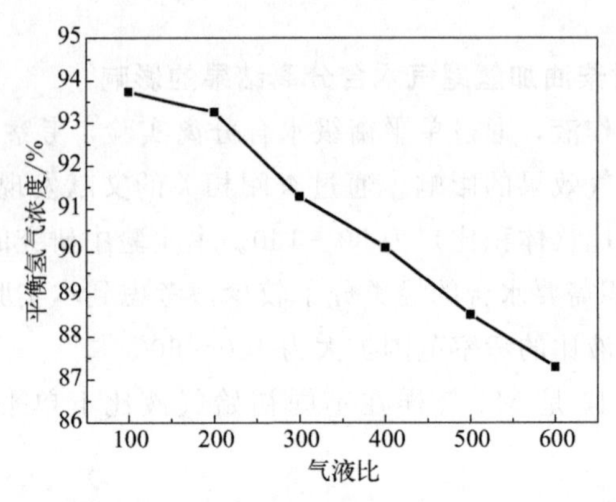

图 12-15 气液比对 M3 气样水合分离平衡氢气浓度的影响

水合物的储气量不断增加，且初始气液比从 300 增至 400 时，水合物的储气量有明显的突增，说明从水合物处理量的角度来考虑，初始气液比选择 400 较为合理。当初始气液比增加时，H_2 的回收率先增加后稍有降低，在初始气液比为 500 时达到最大值。

从图 12-15 可以看出，平衡气中 H_2 的浓度随初始气液比的变化明显，当气液比在 100～200 时，平衡氢气浓度可以超过 93%，较原料气氢气浓度提高了 11%，H_2 提浓效果明显。随着气液比的增加，H_2 平衡浓度呈线性下降，与此同时水合物的储气量线性增加，氢气回收率也稍有增加。因此，综合水合分离后氢气提浓的效果和气体处理量两方面因素考虑，对于柴油加氢尾气水合物法分离提浓氢气最优的气液比为 300～400。

4. 工业用水对柴油加氢尾气水合分离结果的影响

前述水合物相平衡实验研究发现，相同条件下工业用水体系水合物生成压力稍低于去离子水体系下的平衡压力，有助于水合物生成过程。所以本部分实验在相同操作条件下，对比了工业用水和去离子水条件下柴油加氢尾气的水合分离效果。实验所采用的工业用水与上一节相同，实验所用气样为 M3。

（1）工业用水体系下温度对水合分离效果的影响

图 12-16～图 12-18 列出了 M3 气样在工业用水体系，不同操作温度下单平衡级水合分离实验数据及数据处理结果。

从图中可以看出，操作温度对工业用水体系下水合分离效果的影响与在去离子水体系下的结论相同，即随着温度的提高，平衡氢气的浓度降低，水合物的储气量降低，同时氢气的回收率稍有增加。但对比相同操作条件下工业用水体系和去离子水体系水合分离效果，可以发现在工业用水体系下水合分离的储气量、氢气平衡浓度、氢气回收率都优于去离子水体系。

上面的结果与前述工业用水体系下水合物生成压力低于去离子水体系的结论

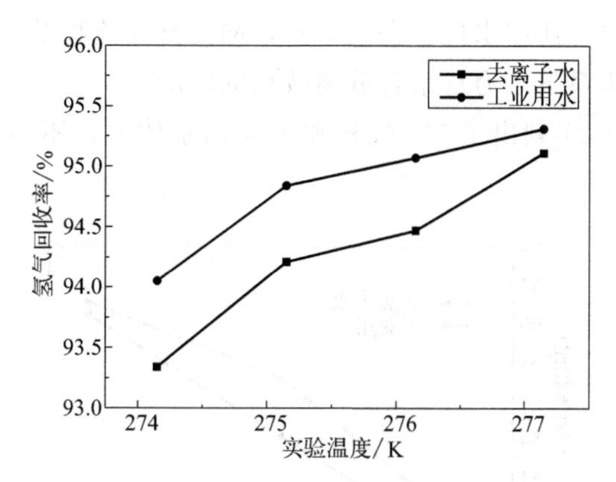

图 12-16 不同温度下去离子水与工业用水水合分离氢气回收率对比

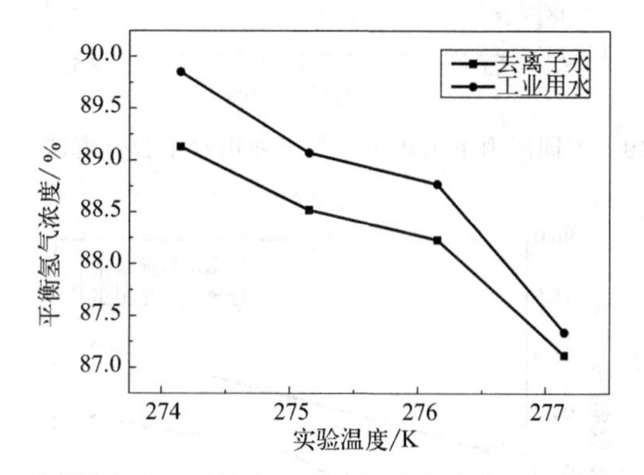

图 12-17 不同温度下去离子水与工业用水水合分离平衡氢气浓度对比

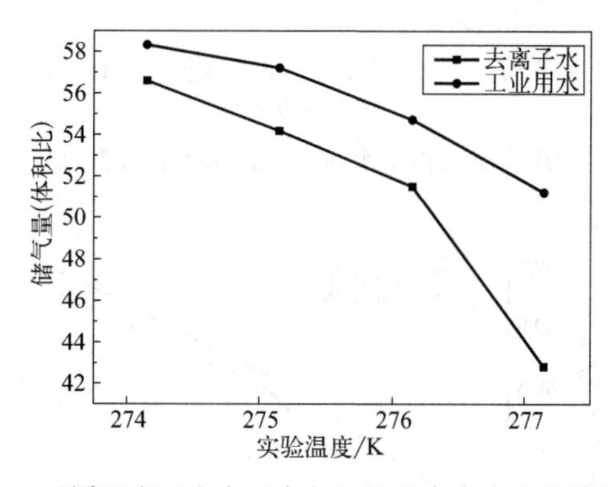

图 12-18 不同温度下去离子水与工业用水水合分离储气量对比

相一致。原因可能是工业用水体系中微量阳离子的存在能够在水合物形成过程中起到引发成核作用，使得水合物笼形结构更加容易形成，从而使水合分离程度增加；同时生成压力的降低，使得水合物笼状晶体生成过程中的推动力增加，对水合分离效果有正向影响。这也说明，对于柴油加氢尾气水合分离提浓氢气的过程，工作液完全可以利用工业用水代替去离子水，简化操作流程及操作成本。

（2）工业用水体系下压力对水合分离效果的影响

图 12-19～图 12-21 列出了 M3 气样在工业用水体系，不同压力下单平衡级水合分离实验结果。

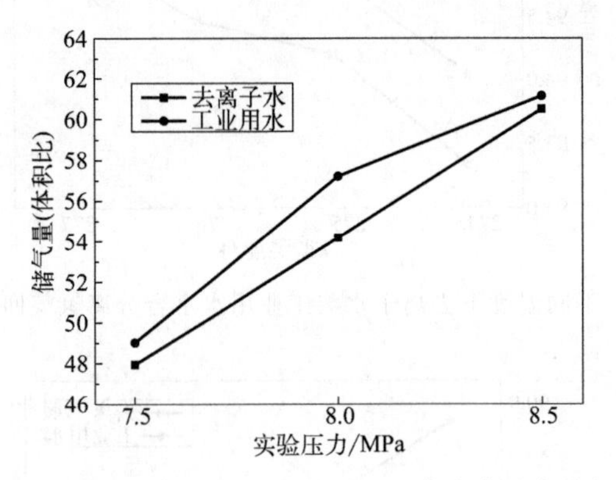

图 12-19　不同压力下去离子水与工业用水水合分离储气量对比

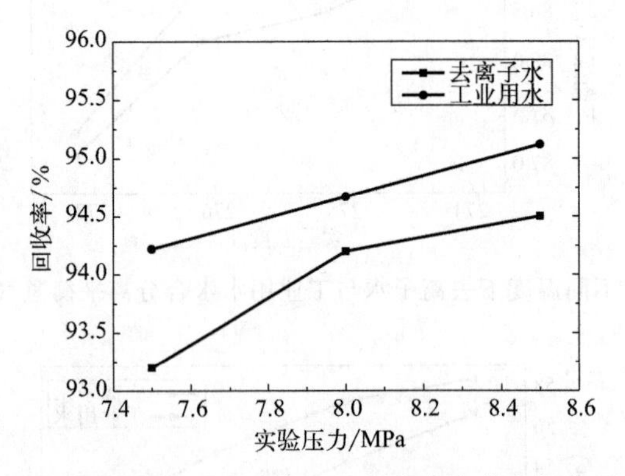

图 12-20　不同压力下去离子水与工业用水水合分离氢气回收率对比

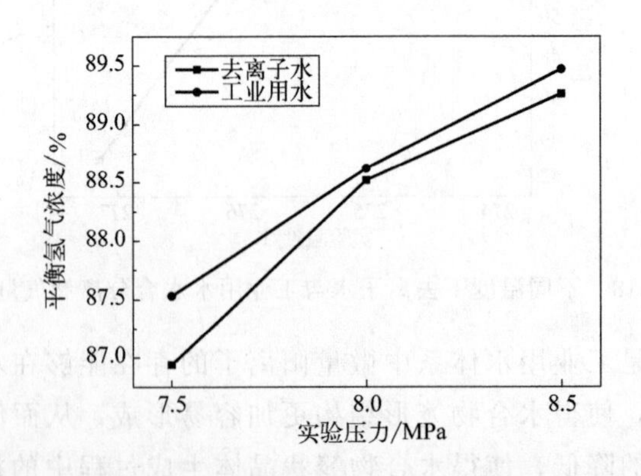

图 12-21　不同压力下去离子水与工业用水水合分离平衡氢气浓度对比

从图中可以看出，对于工业用水体系，操作压力增加，水合分离之后平衡氢气的浓度提高，同时水合物的储气量及氢气的回收率都不同程度有所增加。对比相同操作条件下工业用水体系和去离子水体系分离效果的各个考察参数，可以看出工业用水体系下的分离效果好于去离子水体系，再一次证明工业用水相比于去离子水在柴油加氢尾气水合分离过程中的优势。

三、小结

在实验室内利用水合分离方法对三种组成的模拟柴油加氢尾气进行了氢气的分离提浓操作，考察了不同分离操作工况（温度、压力、气液比、气体组成、去离子水、工业用水）对柴油加氢尾气氢气提浓效果的影响，获得了一批实验数据，经过分析得到如下结论。

① 温度对水合物分离柴油加氢尾气的影响比较显著，低温对柴油加氢尾气水合分离过程有利。在 274.15～277.15K 范围内，随着操作温度的升高，烃类气体的相平衡常数稍有增加，氢气的相平衡常数下降，水合分离后的氢气浓度下降；同时温度升高，水合物的储气量明显下降，氢气的回收率稍有增加。

② 高压对柴油加氢水合物分离过程有利。在 7.5～8.5MPa 范围内，随着操作压力的增加，平衡 H_2 的浓度以及水合物的储气量先有明显的增加，然后增加平缓。因此在实际分离过程中，在设备允许的范围内，适当增加操作压力，可以明显增加水合物法提浓氢气的分离效果。

③ 低气液比对柴油加氢水合物分离过程有利。在 100～600 气液比（体积比）范围内，随着气液比的增加，H_2 相平衡常数及平衡 H_2 的浓度降低，水合物储气量明显增加，同时氢气回收率稍有增加。且气液比在 300～400 范围内，平衡 H_2 的浓度及水合物的储气量变化明显。因此综合水合分离后氢气提浓的效果及气体处理量两方面因素考虑，对柴油加氢尾气水合物法分离提浓氢气最佳的气液比为 300～400。

④ 气体组成对柴油加氢尾气分离效果有明显的影响，柴油加氢尾气中 C_3H_8 含量增加，能够使水合分离过程所需的操作条件降低，同时提高氢气提浓的效果。对于 M1 气样，氢气的浓度最高可以从 86.42%提高至 90.38%；对于 M2 气样，氢气的浓度最高可以从 84.20%提高至 89.42%；对于 M3 气样，氢气浓度最高可以从 82%提高到 89.26%。

⑤ 相同操作条件下，工业用水体系下的水合分离效果比去离子水体系的分离效果好。因此在现场水合物分离过程中可以直接利用工业用水代替去离子水，不仅可以简化工作液处理的流程，同时可以提高水合物分离提浓柴油加氢尾气的效果。

第四节 水合物法回收加氢尾气中氢气工业侧线实验研究

氢气回收是提高炼油厂效益、扩大加氢能力的重要举措。当前普遍应用的氢气回收技术有深冷分离技术、膜分离技术和变压吸附（PSA）分离技术[15]。这三种技术对原料气要求较高，原料气均须经过预处理才能进入回收装置处理[16]；此外，回收后的产品氢气压力一般偏低，需升压后才可返回高压加氢装置，这会增加压缩机能耗和负荷[17]。水合物分离技术回收加氢尾气，具有无须对尾气预处理和产品氢气处于高压状态的优点，可减少预处理和氢气增压成本[18]。随着原油劣质化和油品质量的提高，高压加氢装置占比不断提高。开发适用于加氢装置尾气中氢气的高压回收技术，具有重要的现实意义。

水合物分离技术利用不同气体分子生成水合物的难易程度不同来实现混合气分离[19]。对于加氢尾气组分而言，氢气组分是极难生成水合物的组分；轻烃和 H_2S 较易生成水合物，尤其是 H_2S[20]。在适宜温度、压力条件下，易生成水合物的轻烃和 H_2S 组分会优先进入水合物相，氢气则在气相富集提浓[21]。水合物生成的条件一般是低温高压，且高压有助于提高水合物结构稳定性。故水合分离技术无须降压即可处理高压尾气，且高压有利于提高回收氢气的体积分数。由于反应在水相中进行，少量颗粒杂质和 H_2S 对反应毫无影响，故水合物分离技术可直接处理加氢尾气，免去预处理过程；并且水合物处理过程压降损失小，得到的高压产品氢气减少了高压加氢装置的用氢成本。

水合物法分离回收含氢混合气一直受到广泛研究，并取得一定成果。张世喜[22] 使用一套水合物喷雾反应装置，研究了含氢混合气的分离，一次分离将 H_2 浓度从 72.81%提高至 87%，并建立了相平衡分离模型。Ma 等[23] 对模拟柴油加氢尾气组成进行一系列水合分离实验，研究中添加少量四氢呋喃热力学促进剂，将 H_2 体积分数从 89.95%提高至 93.34%，表明添加四氢呋喃能有效提高分离效果；依据此实验，建立了含氢水合物的相平衡生成条件和闪蒸分离预测模型[24,25]。Luo 等[26] 用一套连续搅拌釜水合分离装置，对含氢混合气（H_2+CH_4）进行了分离实验，将 H_2 的浓度由 85%提高至 90%以上，此外还建立了管式水合物连续分离实验装置，并研究了其特点。刘伟[27] 以柴油加氢尾气为研究对象，进行了水合物热力学促进剂筛选、分离和预测模型建立等工作。以上这些工作，为水合物法处理加氢尾气提供了研究基础。

目前，水合物分离研究偏重基础理论，实验测定也多是在室内小型反应装置上完成，缺乏实际工业应用考核。为考察水合物分离技术在回收柴油加氢尾气中氢气的效果，作者团队和中石化某公司建立了一套水合物分离工业侧线装置，并首次完成了水合物法回收柴油加氢尾气中氢气的工业侧线试验。

一、水合物法回收柴油加氢尾气中氢气工艺流程设计

（一）原料气和试剂

试验原料气源自某石化公司柴油加氢装置。未经预处理的含硫（H_2S）加氢尾气和经醇胺法脱硫后的脱硫尾气分别由循环氢脱硫塔前、脱硫塔后引至试验装置。原料气具体组成在试验结果中列出。工作液配制用水为工厂处理后的除盐水，添加剂为工业级四氢呋喃（THF）。除盐水和四氢呋喃性质见表 12-6。

表 12-6　除盐水和四氢呋喃性质

名称	CAS 号	化学式	纯度	来源
无盐水	7732-18-5	H_2O	电导率≤10μS/cm	炼厂自制
四氢呋喃	109-99-9	C_4H_8O	纯度 99.9%(质量分数)；水分 270mg/kg	广州市锦旺化工有限公司

水合分离过程中循环使用的水合物工作液由除盐水和四氢呋喃组成，初始状态时溶液中四氢呋喃的质量分数约为 8.0%～10.0%。装置共使用工作液约 7.0m^3，反应过程中，工作液循环使用，损耗可忽略。

（二）试验装置和方法

试验装置由作者团队进行工艺设计，包括搅拌反应器、化解器、冷却器、管式反应器等。工艺流程图如图 12-22 所示。制冷机组为整个水合分离系统提供冷量，没有在图中表示。

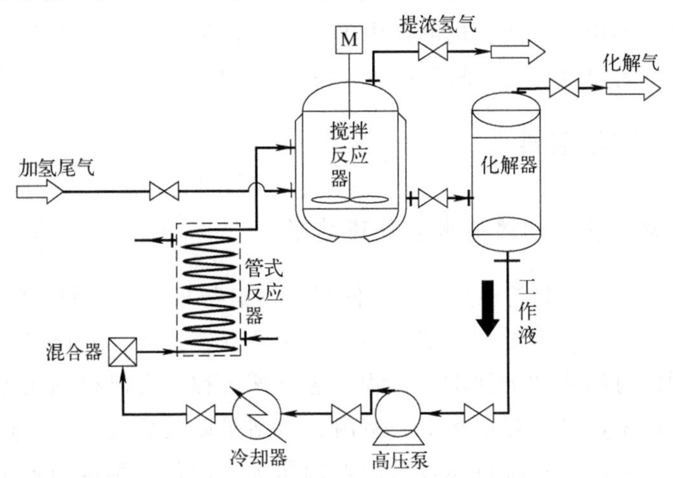

图 12-22　水合物回收柴油加氢尾气中氢气工业侧线试验装置流程示意图

由图 12-22 可见，工作液是在装置内循环应用的，其循环过程为化解器→高压泵→冷却器→混合器→管式反应器→搅拌反应器→化解器。该装置高压区设备有高压泵、冷却器、混合器、管式反应器和搅拌反应器；低压设备为化解器。装置内气液水合反应过程如下：加氢尾气经管线由搅拌反应器底部进入，与低温工作液接触反应，生成的气体水合物随工作浆液排入化解器，未反应气体则聚集在搅拌器顶部经调节阀控压排出；水合物工作浆液在低压化解器内化解，释放出的化解气经顶部管线排出，化解后的工作液返回下一个循环。

管式反应器的作用是给工作液降温，其由内部螺旋盘管和外部冷却液罐组成。工作液由下部进入盘管，从盘管上出口流向搅拌反应器。循环冷却液则由下进入罐内，给盘管内工作液降温，然后由罐上方出口流出。管式反应器内盘管内径 44mm，总长约 55m，总外表换热面积约为 $10m^2$。管式反应器的温度探头设置于出口管，测量工作液进入搅拌反应器的温度。搅拌反应器的作用是强化气液混合效果以及提供气液分离的场所。过冷的工作液由液面上方入口进入反应器，与液面下方进入的原料气在搅拌作用下接触反应。未反应气聚集在液面上方经罐顶出口排出，生成的固相水合物随工作浆液由下方出口排至化解器内。搅拌反应器由磁力搅拌系统与高压罐组成。高压罐的内径为 1.2m，满罐容积为 $5.05m^3$，设计工作压力为 7.0MPa。磁力电机置于罐顶，最高搅拌速率为 150r/min。搅拌桨由上下中三层桨叶组成，最下层为平直叶桨，起到分散水合物工作浆液的作用；中层为推进桨，起到往下推动浆液的作用；上层为推进桨，其作用是延长气相在反应器中的停留时间。搅拌反应器内温度探头共有上中下三个，分别测量上层气相、顶部工作液和底部工作液温度。由于底部温度探头全部浸润在工作液中，本节搅拌反应器温度指底部工作液温度。

化解器的作用是提供一个低压环境，用降压法将浆液内水合物化解成液体和气体，从而循环利用工作液。化解器内无内构件，是一个体积 $7.2m^3$ 的空罐，罐内液位中部设置有温度探头，测量化解工作液的温度。

二、工业侧线试验结果

（一）“类间歇”搅拌法水合分离结果

采用极低进气量，保持恒压状态，使得进气量与水合消耗的气体量接近相等，实验过程以搅拌釜内水合过程完成，不能继续消耗气体为止，此时压力将不断上升，这个过程暂时称为“类间歇”过程。通过该过程，可以得到接近平衡态下的气体组成分配结果，可更好地和实验室内分离结果以及后续的连续搅拌水合分离过程的效果进行对比。在维持搅拌反应器内压力、液位、温度稳定下，用类间歇水合过程分别处理脱硫尾气和含硫尾气 6h 以上。控制搅拌反应器压力为 6.0MPa，液位 70%；化解器压力为 0.06MPa。图 12-23 是两次类间歇水合工况记录图，表 12-7 是类间歇搅拌法水合分离过程的气样组成分析结果。从分析结果可知，在当前操作条件下，产品气体积分数均在 93.0%以上，说明水合物分离技术能将 H_2 体积分数从 87.0%提高至 93.0%以上。烷烃分离效果上，可见对 CH_4 分离效果最佳，可将 CH_4 体积分数降低至 2%以下，甚至低于 CH_4 的体积分数，说明水合物法能有效分离尾气中 CH_4。

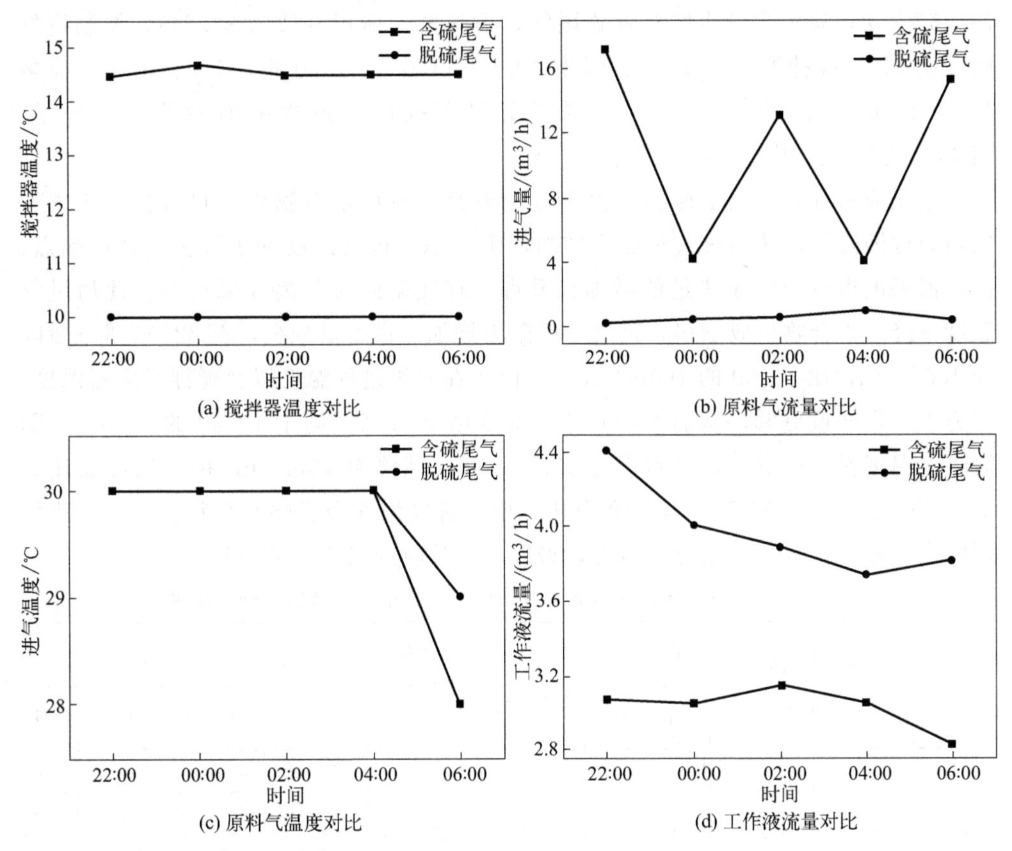

(a) 搅拌器温度对比　(b) 原料气流量对比
(c) 原料气温度对比　(d) 工作液流量对比

图 12-23　类间歇搅拌水合过程温度变化图

表 12-7　类间歇搅拌水合分离过程气样组成分析结果

原料气	进气量/(m^3/h)	工作液流量/(m^3/h)	气样名称	体积分数/%				
				H_2	CH_4	C_2H_6	C_3H_8	H_2S
脱硫尾气	0.5	4.0	产品气	94.30	1.56	2.07	1.33	0.00
			化解气	67.52	11.63	8.04	4.83	0.00
			原料气	88.77	6.66	2.31	1.37	0.00
含硫尾气	10.8	3.0	产品气	93.60	1.81	2.34	1.49	0.00
			化解气	75.14	8.04	5.06	2.69	5.55
			原料气	87.01	6.97	3.07	1.41	0.80

可以看到，在类间歇操作模式下，脱硫前和脱硫后的平衡气相（产品气）中氢气的体积分数分别达到了 94.30%和 93.60%，这也为后续分离过程的效果提供了一个参考。

（二）搅拌法水合连续处理脱硫尾气实验结果

在装置已经连续进气反应 24h 后，应用搅拌法处理氢气体积分数范围为 79.55%～84.54%的柴油加氢脱硫尾气，平均氢气体积分数为 83.2%。控制进气阀开度 5%、搅拌器液位 80%、温度 10.5～11.0℃、压力 6.5MPa、工作液流量 4.0～4.4m^3/h。图 12-24 为水合物法处理脱硫尾气过程中的参数运行记录，表 12-8 为分离过程的气样组成分析结果。

从反应过程看，上午原料气温度逐渐升高，进而水合物生成量减少，进气管路阻力逐渐降低，从而进气量随之增加，于 13:00 进气温度和进气量到达最高点，搅拌器温度也由于气体热量的增加而升温，这使得此时分离效果最差。此后进气温度下降，水合物生成增多，进气管道阻力增加，进气量减少，至 22:00 进气量降为 105m^3/h，比 12:00 的 160m^3/h 低。由于在同等进气温度以及搅拌反应器温度、压力下，进气量更低，从而 23:00 氢气提浓结果 4.12%高于 12:00 的 2.10%。随后进气温度保持稳定，进气量却在次日 6:00 突然降至 45m^3/h，搅拌反应器压力由 6.3MPa 升至 6.6MPa。全过程分析，由于进气温度会影响水合物生成量，进而影响进气量，且有时变化突然出现，难以维持长时间稳定平衡过程。

表 12-8　搅拌法水合连续处理脱硫尾气实验中的气样组成分析结果

时刻	进气量/(m^3/h)	产品气量/(m^3/h)	单位工作液产气量/(m^3/m^3)	工作液流量/m^3	提浓值(体积分数)/%	气样名称及 K 值	体积分数/%			
							H_2	CH_4	C_2H_6	C_3H_8
12:00	160.6	152.8	37.3	4.1	2.10	产品气	85.84	6.91	4.33	1.88
						化解气	44.47	37.15	7.84	6.29
						原料气	83.75	8.31	4.56	2.14
						K	0.52	5.38	1.81	3.34
16:00	173.2	167.2	40.8	4.1	1.45	产品气	84.34	7.49	4.96	2.12
						化解气	42.42	37.16	8.13	6.95
						原料气	82.90	8.54	5.00	2.29
						K	0.50	4.96	1.64	3.27
22:00	105.0	95.1	23.8	4.0	4.12	产品气	86.54	6.51	4.22	1.78
						化解气	44.54	35.78	8.23	6.52
						原料气	82.42	9.16	5.07	2.21
						K	0.51	5.50	1.95	3.67

续表

时刻	进气量/(m^3/h)	产品气量/(m^3/h)	单位工作液产气量/(m^3/m^3)	工作液流量/m^3	提浓值(体积分数)/%	气样名称及K值	体积分数/%			
							H_2	CH_4	C_2H_6	C_3H_8
次日 6:00	45.0	35.7	8.5	4.2	7.58	产品气	91.33	2.12	2.90	2.34
						化解气	51.65	31.67	7.13	5.35
						原料气	83.76	8.58	4.52	2.03
						K	0.57	14.95	2.46	2.28

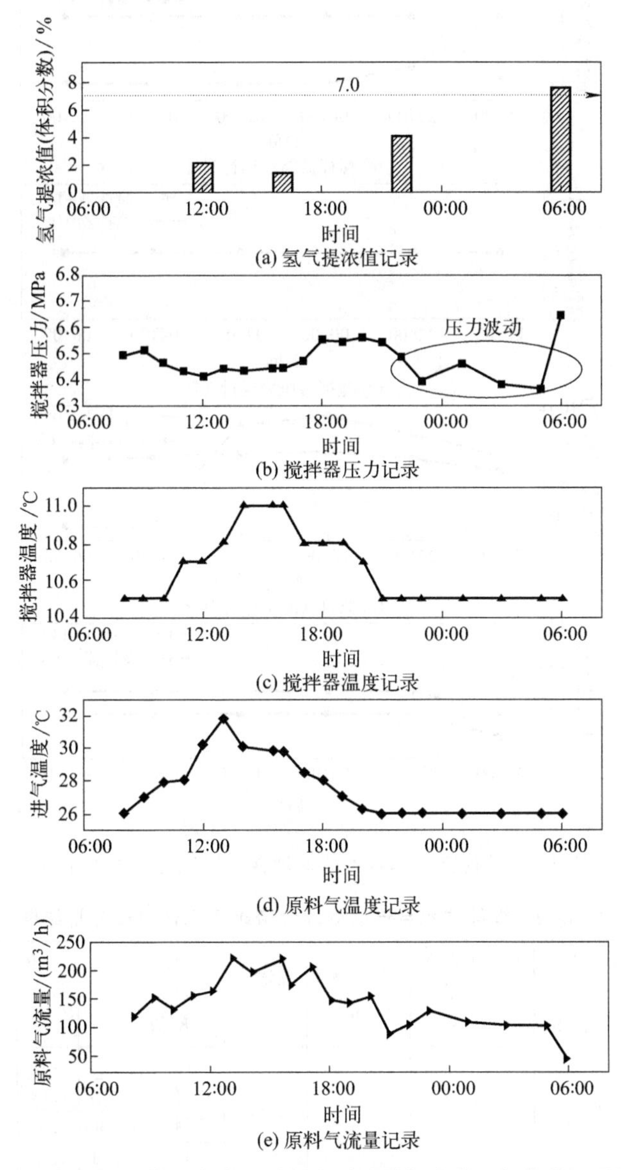

图 12-24　搅拌法水合连续处理脱硫尾气实验运行参数记录

（三）搅拌法水合连续处理含硫尾气实验结果

在相近的进气量下，连续处理柴油加氢含硫尾气，尾气中氢气体积分数约为 85.5%，H_2S 体积分数约为 0.6%。搅拌釜水合反应温度分别控制在 14℃和 16℃，搅拌器液位为 70.0%、压力为 6.00MPa，化解器压力为 0.01MPa，工作液流量为 3.2～3.6m^3/h，图 12-25 为搅拌法水合连续处理含硫尾气运行参数记录，表 12-9 为对应气样组成分析结果。

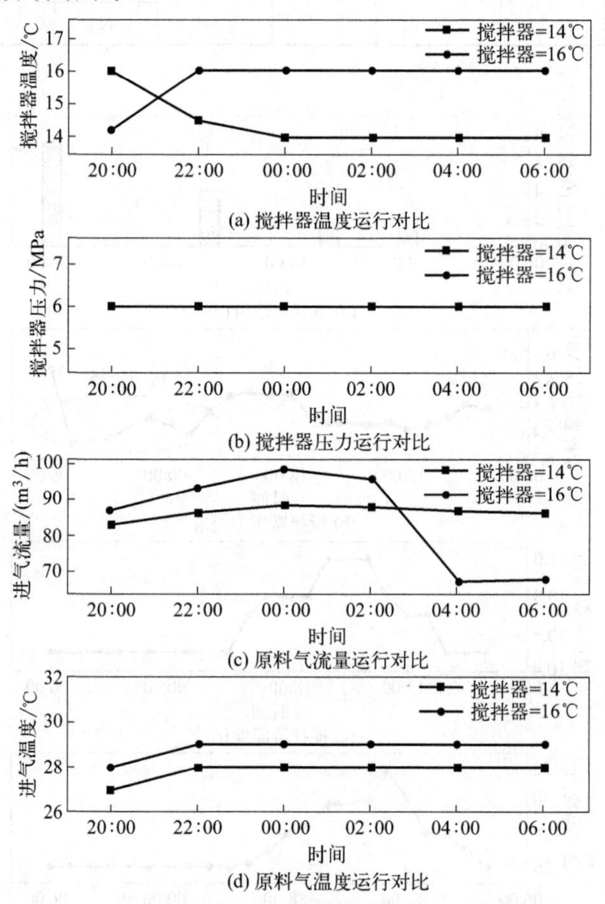

图 12-25　搅拌法水合连续处理含硫尾气过程参数记录

表 12-9　搅拌法水合连续处理含硫尾气气样组成分析结果

搅拌器温度/℃	进气量/(m^3/h)	产品气量/(m^3/h)	单位工作液产气量/(m^3/m^3)	工作液流量/m^3	提浓值/%	气样名称及 K 值	体积分数/%				
							H_2	CH_4	C_2H_6	C_3H_8	H_2S
16	68.0	60.4	17.3	3.5	0.92	产品气	87.88	6.75	2.93	1.40	0.13
						化解气	62.55	7.06	4.33	1.95	19.61
						原料气	86.95	7.00	3.10	1.44	0.59
						K	0.71	1.05	1.48	1.39	147.68

续表

搅拌器温度/℃	进气量/(m^3/h)	产品气量/(m^3/h)	单位工作液产气量/(m^3/m^3)	工作液流量/m^3	提浓值/%	气样名称及 K 值	体积分数/%				
							H_2	CH_4	C_2H_6	C_3H_8	H_2S
14	86.1	73.1	20.3	3.6	1.47	产品气	87.27	7.20	3.15	1.42	0.07
						化解气	64.78	8.72	5.25	2.24	15.17
						原料气	85.80	7.69	3.38	1.49	0.73
						K	0.74	1.21	1.67	1.58	215.05

三、实验结果分析

在“类间歇”搅拌实验中，由于是极低进气量下的类间歇反应，影响相平衡分离的主要条件是搅拌釜内液体温度和压力。刘伟[27] 处理加氢尾气的结果表明，通过降低温度或提高压力均能有效提高平衡气相中氢气组成。本研究结果表明：同等试验压力下，含硫尾气的水合温度比脱硫尾气高出 4.5℃左右，但产品气中氢气体积分数仅低 0.7%。说明处理含硫尾气可以在更低操作压力下，取得相近的效果。其原因是 H_2S 极易生成水合物，处理含硫尾气的操作难度有所降低。此外，含硫尾气经水合处理后，产品氢气中未检出 H_2S 组分，化解气中 H_2S 体积分数高达 5.55%，说明此时几乎 100%脱除 H_2S。水合物法具有优异的 H_2S 脱除效果。

在连续搅拌处理脱硫尾气试验中，从分离效果看，在操作条件为：进气流量 105m^3/h、搅拌反应器工作液温度 10.5℃及压力 6.4MPa 时，产品气中的氢气体积分数可由 82.42%提至 86.54%；而在操作条件为：进气流量 45m^3/h、搅拌反应器工作液温度 10.5℃及压力 6.6MPa 时，产品气中氢气体积分数可到 91.33%。此外，从表 12-9 气样组成分析结果可知，CH_4 的相平衡常数 K 值最高，且化解气中 CH_4 体积分数高达 30%以上。说明原料气中的烷烃中 CH_4 分离效果最佳，水合物法处理柴油加氢尾气能有效脱除 CH_4。这是因为当前生成水合物的空间结构适合 CH_4 占据孔穴，且 C_2H_6 和 C_3H_8 含量太低，故对 C_2H_6 和 C_3H_8 分离效果略差。

在连续搅拌法处理含硫尾气试验中，两个温度下，H_2 的相平衡常数比为 1.05，CH_4、C_2H_6 和 C_3H_8 的相平衡常数比为 1.12，但是对于 H_2S 的相平衡常数比为 1.46，可知在较低水合反应温度下，氢气提浓效果较好，表明降低工作液反应温度可提高水合分离效果。

对比 14℃连续搅拌与“类间歇”搅拌处理含硫尾气过程。由表 12-7 和表 12-9 可知：水合压力相同，工作液流量分别为 3.0m^3/h 和 3.6m^3/h，原料气中氢气组成仅差 1.21%，进气量分别为 73.1m^3/h 和 10.8m^3/h，可见两种情况下进气流量差别较大，水合时间也就差别很大；类间歇情况下 H_2S 基本被全部脱除，14℃连续分离情况下，H_2S 体积分数从 0.73%降至 0.07%，脱除率达到了 90.41%，表明在较大进气量下，连续搅拌水合处理含硫尾气仍具有很好的 H_2S 脱除效果。

应用搅拌法对柴油加氢尾气进行了水合分离侧线试验，结果表明，适度提高反应压力、降低反应温度，有利于提高水合搅拌处理效果和效率。在不需额外增压的工况下，水合处理含硫和脱硫尾气可将回收氢气体积分数提高至93.6%以上，能有效分离 CH_4 和脱除 H_2S，尾气回收处理压力减小。优选工况下，连续处理约 $100m^3/h$ 的脱硫尾气，能将氢气体积分数从83.76%提高至91.33%。而类间歇处理方式表明经过搅拌水合过程可以将产品气中的氢气含量提高到94.3%。

参考文献

[1] 王萍，吴昊鹏，徐以泉．加氢型炼厂富氢尾气回收氢气技术 [J]．中外能源，2016 (4)：78-82.

[2] 田进军，王绪远，杨学敏，等．从炼油厂含氢气体中回收氢气的研究 [J]．炼油技术与工程，2016 (5)：6-9.

[3] 韩志超，魏丽娜，赵野．工艺技术在某石化催化汽油加氢脱硫装置的周期应用 [J]．当代化工研究，2016 (8)：29-31.

[4] 刘振华．国内外柴油加氢技术研究进展 [J]．石油石化物资采购，2020 (16)：53-53.

[5] 朱赫礼，付尧，刘乃铭．我国柴油加氢脱硫催化剂的研究进展 [J]．石化技术，2013，20 (4)：55-59.

[6] 何泽辉，崔勇，王佳．柴油加氢脱硫技术进展 [J]．石油化工应用，2008 (01)：1-3.

[7] 徐宗坤，赵俊伟，宋朝霞，等．固定床渣油加氢工艺发展与运行问题研究 [J]．化工技术与开发，2013 (8)：51-54.

[8] Mohammadi A H，Eslamimanesh A，Belandria V，et al. Phase equilibria of semiclathrate hydrates of CO_2，N_2，CH_4，or H_2 + tetra-*n*-butylammonium bromide aqueous solution [J]. Journal of Chemical & Engineering Data，2011，56 (10)：3855-3865.

[9] Roberts O L，Brownscombe E R，Howe L S，et al. Constitution diagrams and composition of methane and ethane hydrates [J]. Oil Gas J，1940，39：37-43.

[10] Hendriks E M，Edmonds B，Moorwood R A S，et al. Hydrate structure stability in simple and mixed hydrates [J]. Fluid Phase Equilibria，1996，117 (1-2)：193-200.

[11] Sloan E D，Subramanian S，Matthews P N，et al. Quantifying hydrate formation and kinetic inhibition [J]. Industrial & Engineering Chemistry Research，1998，37 (8)：3124-3132.

[12] Sun Q，Liu J，Liu A，et al. Experiment on the separation of tail gases of ammonia plant via continuous hydrates formation with TBAB [J]. International Journal of Hydrogen Energy，2015，40 (19)：6358-6364.

[13] Fukumoto A，Silva L P S，Paricaud P，et al. Modeling of the dissociation conditions of

H_2 + CO_2 semiclathrate hydrate formed with TBAB, TBAC, TBAF, TBPB, and TB-NO_3 salts. Application to CO_2 capture from syngas [J]. International Journal of Hydrogen Energy, 2015, 40 (30): 9254-9266.

[14] 冯英明，陈光进，王可. 水合物法分离 H_2 + CH_4 体系的非平衡级模拟 [J]. 化工学报，2019，56 (2)：197-202.

[15] 王昌岭，马丽霞. 膜分离技术在回收氢气过程中的影响因素分析 [J]. 齐鲁石油化工，2014，42 (2)：112-116.

[16] 王育林，陈志伟，吴科. 长庆石化氢资源优化及富氢气体回收 [J]. 中外能源，2015 (9)：95-99.

[17] 何学坤，崔久涛，冯宝林. 炼厂干气中回收氢气和轻烃的耦合工艺研究 [J]. 当代化工，2020.

[18] 陈光进，孙长宇，马庆兰. 气体水合物科学与技术 [M]. 2 版. 北京：化学工业出版社，2020.

[19] 张世喜，陈光进，郭天民. 利用气体水合物技术分离含氢气体混合物 [J]. 中国石油大学学报（自然科学版），2004，28 (1)：95-97.

[20] Liu B, Liu H, Wang B, et al. Hydrogen separation via forming hydrate in W/O emulsion [J]. Fluid Phase Equilibria, 2014, 362: 252-257.

[21] Zhang S X, Chen G J, MA C F, et al. Hydrate formation of hydrogen+ hydrocarbon gas mixtures [J]. Journal of Chemical & Engineering Data, 2000, 45 (5): 908-911.

[22] 张世喜. 水合物生成动力学及水合物法分离气体混合物的研究 [D]. 北京：中国石油大学（北京），2003.

[23] Ma Q L, Wang X L, Chen G J, et al. Gas-hydrate phase equilibria for the high-pressure recycled-hydrogen gas mixtures [J]. Journal of Chemical & Engineering Data, 2010, 55 (10): 4406-4411.

[24] Ma Q L, Chen G J, Sun C Y. Vapor-liquid-liquid-hydrate phase equilibrium calculation for multicomponent systems containing hydrogen [J]. Fluid Phase Equilibria, 2013, 338: 87-94.

[25] Ma Q L, Chen G J, Sun C Y, et al. Predictions of hydrate formation for systems containing hydrogen [J]. Fluid Phase Equilibria, 2013, 358: 290-295.

[26] Luo Y, Liu A, Guo X, et al. Experiment on the continuous recovery of H_2 from hydrogenation plant off-gas via hydrate formation in tetra-*n*-butyl ammonium bromide solution [J]. International Journal of Hydrogen Energy, 2015, 40 (46): 16248-16255.

[27] 刘伟. 茂名石化柴油加氢尾气水合物提浓技术研究 [D]. 北京：中国石油大学（北京），2017.

第十三章 水合物法分离沼气中的甲烷

第一节 引 言

过去二十年，可再生能源在世界能源中所占的比例快速上升，2021 年可再生能源已占世界能源消耗总量的 6.7%[1]。沼气作为一种重要的可再生能源，在未来的能源供给领域有非常好的潜力[2]。沼气的主要成分是甲烷和二氧化碳，还有少量的硫化氢、氢气和氮气等物质[3]。甲烷混合气要作为燃料使用，需要保证甲烷的含量在 80%以上，而沼气中的甲烷含量通常在 40%～70%，所以沼气需要经过甲烷提浓，其热值才满足使用要求[4,5]。

深冷分离法、吸收法、变压吸附法和膜分离法等都可以实现甲烷和二氧化碳的分离，而水合物法因其不受以硫化氢为代表的酸性组分以及水蒸气的负面影响、对不同规模处理量有较好的适应性、分离条件温和、分离过程简单而在沼气分离领域表现出很好的潜力[6,7]。

关于混合气中硫化氢的脱除，在本书第十九章有专门介绍，本章主要围绕水合物分离甲烷、二氧化碳这两个沼气的主要组分展开。

第二节 热力学控制下的分离过程

一、分离原理

沼气可以和水在一定温度和压力下生成水合物，生成水合物的过程中，能在更低压力或更高温度下生成水合物的气体组分会在水合物相中富集，而需要更高压力或更低温度才能生成水合物的气体组分则在气相中富集，所以沼气和水生成水合物的过程也是一个气体分离的过程[8]。

因为相比于甲烷，二氧化碳可以在更低压力和更高温度下生成水合物[9]，所以水合物法分离沼气的过程中，二氧化碳在水合物相中富集，甲烷在气相中富集，过程如图 13-1 所示。沼气中存在的少量其他组分，如硫化氢在水合物相中富集，氢气和氮气在气相中富集。综上所述，沼气生成水合物的过程不仅是一个甲烷提浓的过程，也是二氧化碳捕集、封存的过程，也是气体脱硫的过程。

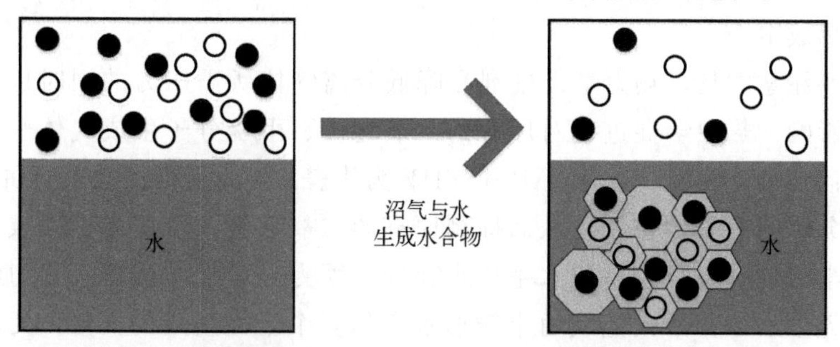

图 13-1 水合物法分离沼气中甲烷和二氧化碳的过程示意图

热力学控制的水合物分离沼气过程，分离的理论终点为气、液、水合物三相达到热力学平衡。分离开始时，系统内只有液相和气相。分离开始后，沼气不断和水生成水合物。因为容易生成水合物的气体组分会在水合物相中富集，所以随着水合物的不断生成，以二氧化碳为代表的容易生成水合物的组分在气相中的含量越来越低，容易生成水合物的气体组分的气相分压也就越来越低，从而造成水合物生成的热力学推动力越来越小。当容易生成水合物的组分在气相中的浓度降低到一定数值后，水合物生成的热力学推动力为零，水合物停止生长，气、液、水合物三相达到热力学平衡，分离停止[10]。

二、各因素对分离的影响

水合物法分离沼气过程中，当分离过程主要由热力学控制时，主要影响因素有热力学促进剂、气体组成、温度、压力和气液比，这里讨论上述五方面因素及动力学促进剂在水合物法分离沼气过程由热力学控制时对分离效果产生的影响。

（一）热力学促进剂的影响

生成水合物是水合物法可以分离气体的前提，水合物法分离气体的操作压力必须高出对应温度下气体生成水合物的临界压力一定数值，以确保可以生成足够的水合物以实现气体分离。二氧化碳与水在 0～10℃时生成水合物的临界压力在

1.3～4.5MPa之间，甲烷与水在0～10℃生成水合物的临界压力在2.6～7.5MPa之间，沼气与水生成水合物的临界压力介于二氧化碳-水和甲烷-水两个体系生成水合物的临界压力之间[8]。

高操作压力会造成高设备投资、高维护成本和高运行成本，所以水合物分离常采用加入热力学促进剂的方式来降低气体生成水合物所需要的压力。以代表性热力学促进剂的四丁基溴化铵（TBAB）和四氢呋喃（THF）为例，它们都可以将二氧化碳和甲烷在10℃时的临界生成压力降低到0.8MPa以内，从而大大降低水合物法分离成本[8]。

但需要注意的是，热力学促进剂在降低分离气体所需压力的同时也对分离机理产生了影响。热力学促进剂对原有的二氧化碳、甲烷分子生成气体水合物的过程没有任何帮助，相反，以TBAB和THF为代表的热力学促进剂还会在一定程度上减弱水分子间的氢键作用，从而抑制原有的二氧化碳、甲烷分子生成气体水合物。热力学促进剂自身容易与水生成水合物，因为分子尺寸问题，热力学促进剂只能占据笼形水合物的大笼或由半笼形水合物多个半笼组成的大笼，无法占据水合物的小笼[11]，如图13-2所示。热力学促进剂是通过向二氧化碳、甲烷等小分子提供小笼的方式，让这些气体分子在无法独自生成水合物的条件下参与到水合物的生成过程中来。因为大孔都被热力学促进剂占据，只有小孔可以被用作气体分离，所以采用热力学促进剂会使分离工艺损失一部分水合物分离气体的处理量[10]。

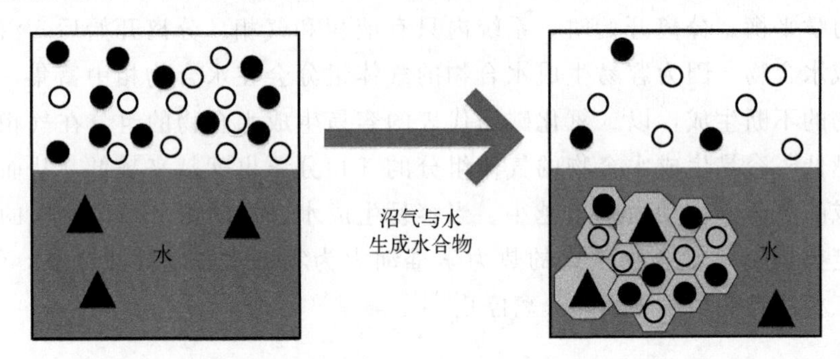

图13-2　热力学促进剂作用下水合物法分离沼气中甲烷和二氧化碳的过程示意图

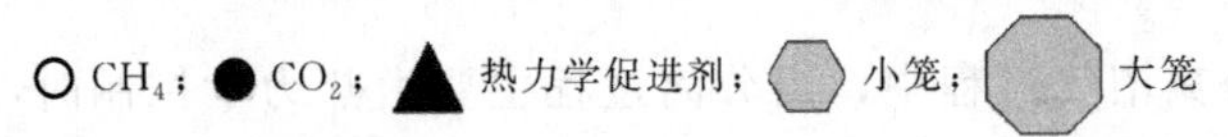

对于采用热力学促进剂的分离工艺，分离温度和压力一般在热力学促进剂可以生成水合物而二氧化碳和甲烷等气体分子无法依靠自身生成水合物的范围以内。这是因为在操作条件已经满足二氧化碳和甲烷可独自生成水合物的情况下加入热力学促进剂既没有降低能耗，还损失了目标的选择性和水合物对气体的处理量。对于热力学促进剂推动下的水合物法气体分离过程，由于前文所说的温度和压力的设置，水合物生成的热力学推动力主要由热力学促进剂在液相中的浓度决定。

对于恒温、恒压的操作，当热力学促进剂在液相中的初始浓度高于热力学促进剂在水合物相中的浓度时，液相中热力学促进剂的浓度会随着水合物的生成而不断增加。在这个热力学促进剂浓度范围内，气体分离作用造成的气相组成变化往往不足以将水合物生成的热力学推动力降到零，水合物会持续生成直到系统因为“铠甲效应”（水合物将水相和气相分隔开来，使之不能相互接触）等原因或者自由水被完全消耗完而停止[12]。对于实际分离过程，热力学促进剂浓度超过其在水合物相中的浓度会造成溶液可以生成的水合物的量减少，从而降低工作液处理能力（分离同样量的气体需要更多的工作液）并提升过程能耗；热力学促进剂浓度过高，造成水合物生成热力学推动力过大，在气体分子还没有进入小孔的情况下水合物已经生成完毕，造成水合物对气体分离处理能力的降低；热力学促进剂浓度过高，水合物生成速率过快，会加剧“铠甲效应”，导致水合物在一个较低的水合物转化率结束生长。所以，实际分离过程中，热力学促进剂在液相中的初始浓度不高于其在水合物相中的浓度。

对于恒温、恒压的操作，当热力学促进剂在液相中的初始浓度大致等于热力学促进剂在水合物相中的浓度时，因为水合物生成热力学推动力主要来自热力学促进剂，而水合物的生成对液相中的热力学促进剂浓度没有影响，二氧化碳和甲烷在气相中浓度的改变往往不足以将热力学推动力降至零，所以水合物会持续生成直到系统因为“铠甲效应”等原因或者自由水被完全消耗完而停止。部分以THF为热力学促进剂的研究选择水合物相中的热力学促进剂浓度（5.56%，摩尔分数）为THF在液相中的初始浓度，分离速率在可控范围内[13]；TBAB在液相中的浓度接近其在水合物相中浓度（3.85%，摩尔分数）时，生成速率不容易控制，且生成的A型水合物储气量低、过程“铠甲效应”强[12]，目前鲜有采用水合物内TBAB浓度为分离过程初始液相浓度的研究。

对于恒温、恒压的操作，当热力学促进剂在液相中的初始浓度小于热力学促进剂在水合物相中的浓度时，液相中热力学促进剂的浓度随水合物的生成而不断降低，降低到一定程度，水合物生成推动力为零，分离停止。以TBAB为热力学促进剂的分离工艺和部分以THF为热力学促进剂的分离工艺的浓度设置都在这个范围内以方便分离速率的控制[14,15]。而以环戊烷（CP）为代表的油溶性热力学促进剂在液相中的浓度受限于溶解度，也在这个浓度范围内。

对于恒温、恒容、一次性进料的操作，分离过程中气相物质量的减少会引起压力的降低，压力降低会降低水合物生成的热力学推动力，当压力降低到一定程度，气、液、水合物三相达到热力学平衡，分离停止。

对于二氧化碳和甲烷的分离过程需要注意的是，和其他常见待分离气体组合相比，水合物对二氧化碳和甲烷的选择性差异较小，两者生成压力仅差1倍左右[8]，在热力学促进剂存在的情况下，甲烷体系的生成压力有时甚至会小于二氧化碳体系[13]。上述情况使得在高热力学促进剂浓度下，二氧化碳对甲烷的选择性优势不明显，低浓度二氧化碳气体的分离效果不稳定[13]。而这种情况在其他气体分离中并不多见，如炼厂气（碳二组分和氢气）[10]、煤层气（甲烷和氮气）[6]等气体，这些主要组分的水合物临界生成压力相差十倍到几百倍，加入热力学促进剂对待分离组分间的选择性差异的影响相对较小。综上所述，对于二氧化碳和甲烷体系的气体分离，热力学促进剂对气体组分选择性的影响需要纳入工艺设计考虑范围。不同热力学促进剂对选择性影响也存在差异，因为 THF 溶液-甲烷的水合物生成临界压力低于 THF 溶液-二氧化碳的水合物生成临界压力，而 TBAB 溶液-甲烷的水合物生成临界压力和 TBAB 溶液-二氧化碳的水合物生成临界压力差别不大，在温度、压力等条件相同的情况下，使用 TBAB 可以维持水合物对二氧化碳的选择性优势，而使用 THF 会使水合物对二氧化碳的选择性优势有所降低[14]。

将热力学促进剂浓度控制在不影响水合物对二氧化碳选择优势的范围内，当热力学促进剂存在时，其浓度是影响分离效果的重要因素。当分离过程在热力学控制范围内，热力学促进剂浓度上升，热力学推动力增大，生成水合物的量增大，水合物相中的二氧化碳和甲烷的物质的量都会上升。因为二氧化碳由水合物相的化解气回收，甲烷由不生成水合物的平衡气回收，所以热力学促进剂浓度的上升会造成二氧化碳的捕集率增加，而甲烷的回收率降低。虽然热力学推动力的升高会降低水合物对二氧化碳的选择性从而使化解气中二氧化碳浓度降低，但总体上对二氧化碳的选择性一直高于对甲烷的选择性，所以更高的热力学促进剂浓度使得更多的水合物生成，从而造成更高的平衡气甲烷浓度。

（二）气体组成的影响

气体组成是热力学相平衡的重要影响因素，影响着分离过程中的热力学推动力，也通过影响各组分的分压进而影响水合物对不同组分的选择性。

热力学控制下的沼气分离过程终点是热力学相平衡点。对于没有热力学促进剂参与的沼气分离，当气相中甲烷浓度高出二氧化碳浓度 3 倍时，持续升高压力，甲烷的分压会先于二氧化碳达到可以生成水合物的分压，则水合物生成过程就是以甲烷为主体生成水合物，二氧化碳可以进入小孔参与水合物生成过程中来，这种情况下，对二氧化碳和甲烷的分离效果不稳定[13]。

对于没有热力学促进剂参与的沼气分离，当气相中甲烷浓度是二氧化碳浓度的 1/3 时，持续升高压力，二氧化碳会先于甲烷达到可以生成水合物的分压，水合物生成以二氧化碳为主体，水合物对二氧化碳选择性优势明显，分离工艺对二氧化碳和甲烷的分离效果显著且稳定[15]。该类情况下，水合物生成推动力主要来自二氧化碳，当气相中二氧化碳浓度降低到一定程度之后，水合物生成推动力降低到零，分离停止，气相中仍会保留相当浓度的二氧化碳。结合前文所述，当气相中二氧化碳浓度低于甲烷浓度的1/3则分离效果不再稳定，不使用热力学促进剂的水合物法分离沼气是存在适用范围的，只对二氧化碳浓度高于甲烷浓度1/3的待分离气体存在分离效果。

对于热力学促进剂存在的体系，因为THF溶液和甲烷的水合物生成临界压力低于THF溶液和二氧化碳的水合物生成临界压力，即使气相中二氧化碳浓度高于甲烷浓度的1/3，采用THF的分离效果仍弱于不采用热力学促进剂的分离效果；气相中二氧化碳浓度低于甲烷浓度的1/3，采用THF的分离效果不稳定，部分实验中没有体现出分离效果[14,15]；而TBAB溶液-甲烷的水合物生成临界压力和TBAB溶液-二氧化碳的水合物生成临界压力差别不大，在分离过程中表现出较为稳定的分离效果[14,15]。

（三）温度的影响

温度对水合生成热力学推动力有非常大的影响，会影响水合物分离的最终热力学相平衡状态。

对于恒温、恒压、无热力学促进剂参与的沼气分离，采用更低的分离温度可以获得高的水合物转化率、更高的平衡气甲烷浓度和更高的二氧化碳捕集率。这是因为低温造成高热力学推动力，使更多的水合物生成，水合物对二氧化碳的选择性更强，所以水合物相吸收的二氧化碳/甲烷比例始终高于气相中的二氧化碳/甲烷比例，气相中的甲烷被不断提浓，二氧化碳由水合物化解气收集，所以二氧化碳的回收率也不断上升[16]。更低的分离温度还会造成更低的化解气二氧化碳浓度和更低的甲烷回收率。这是因为水合物生成量增加会降低气相中二氧化碳的浓度，进而降低二氧化碳在气相中的分压，从而降低水合物对二氧化碳的选择性，而甲烷是在气相中收集，进入水合物相的甲烷随着水合物量的增加而增加，所以甲烷回收率降低。

对于恒温、恒压、有热力学促进剂参与的沼气分离，热力学促进剂浓度控制在可以保证二氧化碳和甲烷选择性的范围内[17]。降低温度对沼气目标组分的分离效果和目标组分回收率的影响和降低温度对恒温、恒压、无热力学促进剂参与的沼气分离中的影响趋势是相同的。相比于无热力学促进剂体系，有热力学促进剂体系的水合物生成热力学推动力多一个液相热力学推动力浓度的影响，降低温度可以使分离体系在更低的液相热力学促进剂浓度下获得热力学相平衡，所以有热力学促进剂的沼气分离对温度的变化要比无热力学促进剂的沼气分离更为敏感，所以降低温度对有热力学促进剂的目标组分的分离效果和目标组分的回收率的影响更为显著。

对于恒温、恒容、一次性进料的操作，降低温度对沼气目标组分的分离效果和目标组分回收率的影响趋势和前面两种情况相同，但因为压力会随着水合物浆液储气量的增加而迅速降低，所以该操作情况下降低温度对目标组分的分离效果和目标组分的回收率的影响较上述两种情况，在程度上会缓和一些。

如前文所述，相比于其他混合气中需要分离的目标组分，二氧化碳和甲烷生成水合物临界条件差异相对较小，所以在通过降温提升分离效果时应根据二氧化碳和甲烷的分压控制降温范围，否则温度过低，甲烷可以独立生成水合物，反而造成分离效果大打折扣。

（四）压力的影响

对于热力学控制下的水合物法分离沼气过程，压力对分离的影响与温度对分离的影响相似，主要是通过提升热力学推动力的方式来影响分离过程和最终效果。

对于恒温、恒压、无热力学促进剂参与的沼气分离，采用更高的反应压力可以提高水合物的转化率、气相甲烷浓度和二氧化碳捕集率[18]。这是因为提升压力可以提升热力学推动力，而热力学推动力的增加可以增加水合物的生成量。由于水合物对二氧化碳选择性高于甲烷，气相中的甲烷浓度会随着水合物生成量的增加而增加，水合物相中的二氧化碳量会随着水合物量的增加而增加。但相应地，气相中二氧化碳浓度的降低和甲烷浓度的升高造成了二氧化碳和甲烷的分压此消彼长，进而降低了进入水合物相的二氧化碳/甲烷比例，使得化解气中二氧化碳浓度降低。此外，因为甲烷是在气相中收集，进入水合物相的甲烷随着水合物量的增加而增加，所以降低温度使得甲烷回收率降低。

对于恒温、恒压、有热力学促进剂参与的沼气分离，热力学促进剂浓度控制在可以保证二氧化碳和甲烷选择性的范围内[17]。升高压力对沼气目标组分的分离效果和目标组分回收率的影响和提升压力对恒温、恒压、无热力学促进剂参与的沼气分离中的影响趋势是相同的。在有热力学推动力促进剂存在的情况下，热力学促进剂在液相中的浓度是体系生成水合物的热力学推动力的主要因素，提升压力可以使分离体系在更低的液相热力学促进剂浓度下获得热力学相平衡，进而使更多的水合物生成。因为该情况下的水合物生成主要由液相中热力学促进剂主导，所以分离过程对压力敏感程度不及温度，分离各项指数随压力的变化程度较温度会小一些。

对于恒温、恒容、一次性进料的操作，提升压力对沼气目标组分的分离效果和目标组分回收率的影响趋势和前面两种情况相同。对于恒容操作，增加压力实际上还增加反应体系中气体的物质的量，所以相同幅度压力调整对恒温、恒容、一次性进料的分离与恒温、恒压分离所造成的差异要小于温度所造成的差异。

和温度调节所遇到情况相同，因为二氧化碳和甲烷生成水合物的热力学临界条件差异较小，所以在通过升压提升分离效果时需要根据二氧化碳和甲烷的气相浓度控制升压范围，避免因为甲烷分压过高而生成甲烷为主体的水合物，进而造成分离效果大大降低。

（五）气液比的影响

对于热力学控制下的水合物法分离沼气过程，气液比对分离的影响主要是通过对气体组分分压的影响来实现。

对于恒温、恒压、无热力学促进剂参与的沼气分离，提高气液比会提高水合物的转化率、降低气相中甲烷的浓度、降低二氧化碳的捕集率[19]。这是因为在热力学平衡控制下的分离过程中，气相中的二氧化碳浓度不断随着水合物生成而降低，当二氧化碳浓度低到一定程度之后，热力学推动力不足，水合物停止生成，分离停止。当气液比增加，生成同样量的水合物所造成的气相中二氧化碳浓度的降低量有所减小，这样生成同样水合物所造成的热力学推动力的降低就会减小，就会有更多的水合物生成。但水合物量的增加比例不会高于气体比的提升比例，所以甲烷在气相中的提浓效果会下降，造成甲烷在气相中的浓度下降；二氧化碳在水合物相中收集，所以二氧化碳捕集率会下降。

对于恒温、恒压、有热力学促进剂参与的沼气分离，热力学促进剂浓度控制在可以保证二氧化碳和甲烷选择性的范围内，热力学促进剂在液相中的浓度是低于其在水合物相中浓度的[14]。提高气液比会小幅提高水合物的转化率、大幅降低气相中甲烷的浓度、大幅降低二氧化碳的捕集率。这是因为对于热力学平衡控制下的分离过程是气相中的二氧化碳浓度和液相中热力学促进剂浓度不断随着水合物生成而降低，当两者分别降低到一定程度后，热力学推动力不足，水合物停止生成，分离停止。在这个过程中，热力学推动力的主导因素是液相中热力学促进剂的浓度，而气相中二氧化碳的浓度也能起到一定作用，因此，对于该体系水合物的转化率、气相中甲烷的浓度、二氧化碳的捕集率随气液比的变化趋势与没有热力学促进剂的时候相同，但是变化幅度因为主导因素的不同而有所不同。

对于恒温、恒容、一次性进料的操作，提升气液比对沼气目标组分的分离效果和目标组分回收率的影响趋势和前面两种情况相同。但因为压力会随着水合物浆液储气量的增加而迅速降低，所以该操作情况下降低温度对目标组分的分离效果和目标组分回收率的影响较上述两种情况在程度上会缓和一些。

（六）动力学促进剂的影响

动力学促进剂的使用量一般在液相的0.1%～0.5%（质量分数）之间[20-22]。当分离过程没有热力学促进剂参与，或者分离过程有热力学促进剂参与但热力学促进剂和动力学促进剂没有相互作用时，动力学促进剂对水合物生成热力学推动力的影响非常小，动力学促进剂仅起到加快气体组分在气-液相间传质速率的作用，但因为水合物生成过程是热力学推动力控制，所以动力学促进剂对分离结果没有显著的影响。

当分离过程中，热力学促进剂和动力学促进剂有相互作用（如络合作用）时[23,24]，因为热力学促进剂和动力学促进剂络合析出，热力学促进剂在液相中的实际浓度降低了，对分离产生的影响与降低热力学促进剂浓度所产生的影响相同。随着动力学促进剂浓度的提升，热力学促进剂和动力学促进剂的络合增强，热力学促进剂在液相中的实际浓度进一步降低，分离效果随着热力学推动力的减弱而进一步减弱。需要注意的是，对于动力学控制下的分离过程，因为热力学推动力供给是过量的，动力学促进剂和热力学促进剂相互作用对分离不会产生显著的负面影响，而因为动力学促进剂在动力学上的促进作用，分离效果反而可能得到提升[25]。

第三节　动力学控制下的分离过程

一、分离原理

当液相和气相可以正常接触而气体组分在气-液相间的传质速率可以跟上水合物的生成速率，则传质过程不是水合物生成过程的控制步骤，水合物生成主要由热力学推动力控制。当气体组分在气-液相间的传质速率无法跟上水合物的生成速率或者气相和液相无法正常接触时，传质成为水合物生成过程的控制步骤，水合物生成过程即沼气的分离过程由动力学因素控制。

气体组分在气-液相间的传质速率无法跟上水合物的生成速率在水合物生成热力学推动力极大的情况下才有可能发生，即在极低的温度或者极高的压力下才会发生。因为降温和增压对气-液相间传质的提升远不及它们对水合物生成热力学推动力的提升，所以气体组分在气-液相间的传质速率无法跟上水合物的生成速率时，降温和升压对水合物生成速率的提升作用，会比气体组分在气-液相间的传质速率跟得上水合物的生成速率时小得多。此外，需要注意的是，热力学推动力的提升会降低水合物对不同气体组分的选择性差异，减弱分离效果。对于分离过程，降温和增压都需要增加设备投资和能耗，所以在实际分离气体工艺中，操作温度和压力的设定是在确保气体组分在气-液相间的传质速率可以跟上水合物的生成速率前提下，尽量提升水合物生成速率，避免能源的浪费和分离效率的损失。因此，在宏观上，气体组分在气-液相间的传质速率无法跟上水合物的生成速率的情况在水合物法分离沼气的实际过程中并不会出现。

在水合物法分离沼气的实际过程中，最容易发生的动力学控制情况是液相和气相无法正常接触，即生成的水合物将气相和液相隔开，也就是所谓的“铠甲效应”，如图 13-3 所示。

如图 13-3（a）所示，热力学控制的水合物生成过程在气、液、固三相达到热

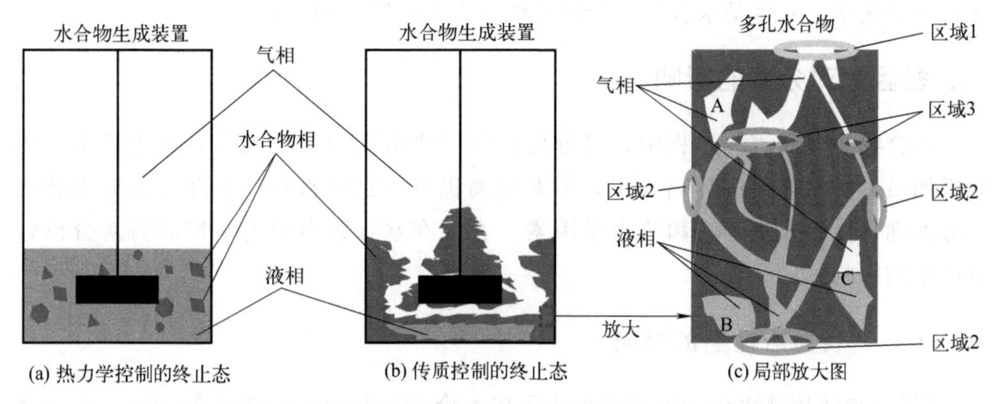

图 13-3 热力学控制与动力学控制的水合物分离气体过程结束状态对比

力学相平衡时停止，气相和液相为连续相。因为传质原因而停止的水合物生成过程结束如图 13-3（b）所示，气相和液相被水合物隔开而无法接触，所以水合物在热力学推动力充足的情况下停止生长。如图 13-3（c）所示，对于在搅拌和表面活性剂作用下生成的水合物相整体而言，它不是完全致密的，水合物相中会有很多孔道和封闭空间，这些封闭空间根据相组成情况可以分为三类：A 类（只有气相）、B 类（只有液相）和 C 类（同时含有气、液相）[26-28]。需要注意，这里的“孔道”和“封闭空间”是宏观的，与纳米级分子晶格孔（或“笼”）是两个不同的概念。这些封闭空间主要是由水合物在不同局部位置生成速率的差异（主要由传质造成）以及水合物颗粒聚集为一体造成的[29-31]。举例而言，如图 13-3（c）中区域 1 和区域 2 因水合物生成或水合物堵塞而闭合，则区域 1 和区域 2 之间部分就会成为 C 类封闭空间；区域 1 和 3 被水合物阻塞，则两区域之间部分会成为 A 类封闭空间；区域 2 和 3 被阻塞，则两区域之间部分会成为 B 类封闭空间。

一旦分离体系因为气相和液相被水合物隔开而无法生成水合物，即使热力学推动力再大也无法让水合物继续生成，则剩余气体无法继续分离，用于提供热力学推动力而富余的压力或者说富余的低温就被浪费，增加了无用的能耗。此外，因为生成水合物的主要能耗来自循环水的降温，水转化为水合物的转化率越高，分离同样气体所需要的水就越少，体系能耗就越低。“铠甲效应”大大降低了水转化为水合物的转化率，进而降低了水合物法分离沼气的经济价值，所以水合物法分离沼气需要尽力避免“铠甲效应”。需要说明的是，不同于“气体组分在气-液相间的传质速率无法跟上水合物的生成速率”，“铠甲效应”无法通过设置操作条件来完全避免，因为随着水合物转化率的不断上升，液相越来越少，水合物相越来越多，如图 13-3（b）中那样，想要指导水完全转化为水合物之前一直保持水和气体的良好接触是难以实现的事情。所以在现实研究中，如何采用不同的方法来延缓“气相和液相被水合物隔开而无法生成水合物”的发生，从而得到尽可能大的水合物转化率，一直是水合物法分离气体动力学研究中的重点。

二、各因素对分离的影响

水合物法分离沼气过程中，当分离过程主要由动力学控制时，热力学推动力的增加虽无法显著促进分离效果，但对分离仍有一定的影响。本部分主要围绕表面活性剂、传质强化方法和热力学因素三方面在水合物由动力学控制时对分离效果产生的影响。

（一）表面活性剂的影响

"气相和液相被水合物隔开而无法生成水合物"是由系统内各局部位置水合物生成速率不均和水合物颗粒聚集两个方面原因造成的，例如因传质速率不足，液相中水合物生成速率慢于气-液界面附近的水合物生成速率，于是气液界面被水合物覆盖时液相中仍有大量自由水没有生成水合物；以及水合物大量聚集后长成了一体，原水合物颗粒间的自由水被包裹其中而无法和气体接触生成水合物[26,29-31]。表面活性剂的存在有助于改善体系内因传质速率不足而造成的各局部位置水合物生成速率不均的问题；表面活性剂在水合物表面的吸附以及表面活性剂对水合物颗粒之间的液桥力的减弱作用有助于改善水合物颗粒聚集的问题。表面活性剂通过上述两个方面的作用从动力学层面实现对水合物最终转化率的提升[27,30,32,33]。

对于没有热力学促进剂参与或者热力学促进剂不与表面活性剂产生相互作用的分离过程，当分离由动力学控制时，在一定浓度范围内增加表面活性剂的浓度，水合物转化率、水合物相中甲烷的浓度和二氧化碳的捕集率会随着表面活性剂浓度的上升而上升，但超过一定范围继续升高表面活性剂浓度，水合物转化率、水合物相中甲烷的浓度和二氧化碳的捕集率并不会明显升高，甚至还有可能轻微降低[20,21]。这主要是因为低浓度时提升表面活性剂浓度，气-液界面张力随表面活性剂浓度升高而升高；而高浓度下（一般高于表面活性剂临界胶束浓度）增加表面活性剂浓度无法进一步降低气-液界面张力，对辛基葡糖苷等表面活性剂而言还有可能轻微提高气-液界面张力[20,21]。

对于热力学促进剂与表面活性剂产生相互作用的分离过程，当分离由动力学控制时，热力学推动力是过量的，所以表面活性剂仍表现出提升水合物转化率、水合物相中甲烷的浓度和二氧化碳捕集率的作用[25]，促进效果随对应体系下溶液表面活性的上升而上升。

有的表面活性剂具有很强的起泡性[20]，泡沫不利于水合物的储存、运输和化解时的气体释放[34]。水合物生成过程中，泡沫容易进入气体管道进而影响装置的气体循环和产品的收集，严重时，泡沫聚集在管道内形成水合物栓塞会造成停产。此外，当水合物技术应用于混合气的处理时，泡沫还会减慢气相中各组分的传质速率，进而降低相应水合物技术的分离效果。因此，在水合物技术中使用的应该是低起泡性的表面活性剂[20-22]。

（二）传质强化方法

除了表面活性剂外，燃油[4,35,36]、惰性固体颗粒[37]、多孔介质[38]和固定床[39]等都被用来从动力学维度促进水合物生成，它们和表面活性剂都被视为动力学促进剂。除此之外还可以通过鼓泡塔、喷淋塔和搅拌等方式[40-43]从机械层面强化传质以实现动力学维度的促进。

可溶性溶剂（燃油等）的促进作用主要来源于其对有机气体的溶解度大于水，但由于油溶剂不溶于水，研究中的反应装置都会增加搅拌装置以保证油相和水相的混合，有时还会搭配SPAN等乳化剂使用[44,45]。从避免“气相和液相被水合物隔开而无法生成水合物”的角度，“水包油”型乳状液和全水溶液的效果没有明显区别，水都是连续相，在高转化率下都会存在“铠甲效应”[46]。“油包水”从理论上分析更有利于避免水合物的大规模聚集，因为水是分散相，水合物生成大小上限即原来水滴的大小，即使全部转化为水合物仍被油相隔开，不会大规模聚集。但“油包水”乳状液很难在30%油含量以内保持稳定，即液相中水的含量在70%以下，这样即使水全部转化为水合物，水合物生成量还是小于采用纯水相时70%转化率的水合物生成量。因为现在的表面活性剂大都能实现70%以上的水合物转化率，甚至一些表面活性剂可以将水合物转化率提升到90%以上，表面活性剂在液相中占比仅为0.1%～0.5%（质量分数），从水合物转化率的角度来看，使用表面活性剂比添加油相更为便捷有效[20,26,47,48]。

惰性固体颗粒最常用的是二氧化硅[49]和氧化铝[50]，固体颗粒通过提供粗糙表面，降低了水合物相变成核阶段表面张力的影响从而降低水合物成核阶段所需要的过冷度，达到促进效果。多孔介质和固体颗粒的促进机理相同[38,51]，也是通过提供不规则表面降低表面张力的不利影响。固定床[39,49]一般是采用内部铺设了惰性固体颗粒的恒容无搅拌反应釜，作用机理和固体颗粒、多孔介质相同。上述方法虽然能一定程度上降低水合物生成能垒、提升水合物生成速率，但是对于避免“气相和液相被水合物隔开而无法生成水合物”的发生并没有显著作用。

鼓泡塔、喷淋塔和搅拌等方式可以增加气-液接触面积从而强化传质，进而加快水合物的生成速率[40-43]。鼓泡塔和喷淋塔对避免“气相和液相被水合物隔开而无法生成水合物”的发生并没有直接作用。搅拌可以很好地避免水合物的聚集，但是对于搅拌桨触及不到的范围，防聚集作用会有所减弱，考虑到搅拌能耗很高，在大型分离装置中不建议采用搅拌装置[52]。

（三）热力学因素的影响

对于动力学控制的沼气分离过程，热力学促进剂、气体组成、温度、压力和气液比仍会对分离产生一定的影响，需要逐个进行分析。

在热力学促进剂的影响方面，对于动力学控制的沼气分离过程，增加热力学促进剂浓度会降低气相中甲烷的浓度、水合物转化率和二氧化碳的捕集率。这是因为热力学促进剂所提供的热力学推动力是过量的，当热力学促进剂在液相中的浓度进一步上升，热力学推动力会进一步增大，而气体组分在气-液相间的传质速率并没有因为热力学促进剂在液相中浓度的增加而快速增长，因此系统内各局部位置水合物生成速率不均更为明显，体系反而会更早出现“气相和液相被水合物隔开而无法生成水合物”的情况。此外，热力学推动力的增加会降低水合物对不同气体组分间的选择性，进而降低分离效率。

气体组成对动力学控制的沼气分离和热力学控制的沼气分离的各项参数影响趋势相当，但在动力学控制下的分离，气体组分在气-液相界面的传质速率会直接影响分离效果，二氧化碳的传质速率快于甲烷等组分，所以相比热力学控制下的分离过程，在动力学控制的分离中二氧化碳的选择性优势会有所加强。

在温度影响方面，对于动力学控制的沼气分离过程，降温会降低气相中甲烷的浓度、水合物转化率和二氧化碳的捕集率。动力学控制的状态下，热力学推动力是过量的，降低温度会使热力学推动力进一步增大却不能显著提升气体组分的传质速率，所以系统内各局部位置水合物生成速率不均更为明显，体系反而会更早出现“铠甲效应”。此外，热力学推动力的增加会降低水合物对不同气体组分间的选择性，进而降低分离效率。

在压力影响方面，对于动力学控制的沼气分离过程，增压对气相中甲烷的浓度、水合物转化率和二氧化碳的提升作用会比热力学控制时大大减小，甚至提升效果接近零。这是因为动力学控制的状态下，热力学推动力过量，升压的促进作用主要来源于对气体组分传质速率的提升而非对热力学推动力的提升，但是升压造成水合物生成速率大幅增快，可能会增加系统内各局部位置水合物生成速率的差异，从而加速“铠甲效应”的出现。

在气液比影响方面，对于动力学控制的沼气分离过程，增加气液比会显著降低气相中甲烷的浓度、水合物转化率和二氧化碳的捕集率。这是因为在动力学控制的状态下增加气液比对水合物转化率的提升很小。在水合物的量没有明显增加的情况下，需要分离的气体量却因为气液比的增高而增高，分离效果急剧下降。

参考文献

[1] Dudley B. BP statistical review of world energy [J]. BP Statistical Review, 2018, 6

(2018): 00116.

[2] 袁艳文，刘昭，赵立欣，等. 生物质沼气工程发展现状分析 [J]. 江苏农业科学，2021，49 (06): 28-33.

[3] 丁川，羊省儒，李叶青，等. 沼气制氢工艺研究进展 [J]. 北京化工大学学报（自然科学版），2021，48 (5): 1-10.

[4] Zhong D L，Ding K，Lu Y Y，et al. Methane recovery from coal mine gas using hydrate formation in water-in-oil emulsions [J]. Applied Energy，2016，162: 1619-1626.

[5] 徐湘越，马春燕，陈义峰，等. 高 H_2S 含量下高压水洗沼气提纯工艺模拟与优化 [J]. 南京工业大学学报（自然科学版），2021，43 (05): 575-582.

[6] Xia Z，Li X，Chen Z，et al. Hydrate-based acidic gases capture for clean methane with new synergic additives [J]. Applied Energy，2017，207: 584-593.

[7] Wang Y，Deng Y，Guo X，et al. Experimental and modeling investigation on separation of methane from coal seam gas (CSG) using hydrate formation [J]. Energy，2018，150: 377-395.

[8] 陈光进，孙长宇，马庆兰. 气体水合物科学与技术 [M]. 北京：化学工业出版社，2008.

[9] Pandey J S，Ouyang Q，von Solms N. New insights into the dissociation of mixed CH_4/CO_2 hydrates for CH_4 production and CO_2 storage [J]. Chemical Engineering Journal，2022，427: 131915.

[10] Wang Y，Zhang J，Guo X，et al. Experiments and modeling for recovery of hydrogen and ethylene from fluid catalytic cracking (FCC) dry gas utilizing hydrate formation [J]. Fuel，2017，209: 473-489.

[11] Muromachi S. CO_2 capture properties of semiclathrate hydrates formed with tetra-*n*-butylammonium and tetra-*n*-butylphosphonium salts from H_2+CO_2 mixed gas [J]. Energy，2021，223: 120015.

[12] Jin Y，Nagao J. Change in the stable crystal phase of tetra-*n*-butylammonium bromide (TBAB) hydrates enclosing xenon [J]. The Journal of Physical Chemistry C，2013，117 (14): 6924-6928.

[13] Zheng J，Loganathan N K，Zhao J，et al. Clathrate hydrate formation of CO_2/CH_4 mixture at room temperature: Application to direct transport of CO_2-containing natural gas [J]. Applied Energy，2019，249: 190-203.

[14] Yue G，Liu A，Sun Q，et al. Study of selected factors influencing carbon dioxide separation from simulated biogas by hydrate formation [J]. Journal of Chemical & Engineering Data，2018，63 (10): 3941-3955.

[15] Yue G，Liu A，Sun Q，et al. The combination of 1-octyl-3-methylimidazolium tetrafluorborate with TBAB or THF on CO_2 hydrate formation and CH_4 separation from biogas [J]. Chinese Journal of Chemical Engineering，2018，26 (12): 2495-2502.

[16] Zhou X，Liang D，Yi L. Experimental study of mixed CH_4/CO_2 hydrate formation kinetics and modeling [J]. Asia-Pacific Journal of Chemical Engineering，2014，9 (6):

886-894.

[17] Wang Y, Zhong D L, Li Z, et al. Application of tetra-n-butyl ammonium bromide semiclathrate hydrate for CO_2 capture from unconventional natural gases [J]. Energy, 2020, 197: 117209.

[18] Feyzi V, Mohebbi V. Mixed $CO_2 + CH_4$ hydrate formation kinetics: Experimental study and modeling [J]. Energy & Fuels, 2020, 35 (2): 1080-1089.

[19] Yuan Q, Sun C Y, Liu B, et al. Methane recovery from natural gas hydrate in porous sediment using pressurized liquid CO_2 [J]. Energy Conversion and Management, 2013, 67: 257-264.

[20] Wang Y, Yang B, Liu Z, et al. The hydrate-based gas separation of hydrogen and ethylene from fluid catalytic cracking dry gas in presence of poly (sodium 4-styrenesulfonate) [J]. Fuel, 2020, 275: 117895.

[21] Wang Y, Qian Y, Liu Z, et al. The hydrate-based separation of hydrogen and ethylene from fluid catalytic cracking dry gas in presence of n-octyl-β-d-glucopyranoside [J]. International Journal of Hydrogen Energy, 2022, 47 (73): 31350-31369.

[22] Veluswamy H P, Hong Q W, Linga P. Morphology study of methane hydrate formation and dissociation in the presence of amino acid [J]. Crystal Growth & Design, 2016, 16 (10): 5932-5945.

[23] Kumar S, Parveen N. The clouding phenomenon for anionic sodium dodecyl sulfate+ quaternary bromides in polar nonaqueous-water-mixed solvents [J]. Journal of Surfactants and Detergents, 2008, 11 (4): 335-341.

[24] Kumar S, Sharma D, Kabir-ud-Din. Cloud point phenomenon in anionic surfactant+ quaternary bromide systems and its variation with additives [J]. Langmuir, 2000, 16 (17): 6821-6824.

[25] Zhong D L, Wang W C, Zou Z L, et al. Investigation on methane recovery from low-concentration coal mine gas by tetra-n-butyl ammonium chloride semiclathrate hydrate formation [J]. Applied Energy, 2018, 227: 686-693.

[26] Molokitina N S, Nesterov A N, Podenko L S, et al. Carbon dioxide hydrate formation with SDS: Further insights into mechanism of gas hydrate growth in the presence of surfactant [J]. Fuel, 2019, 235: 1400-1411.

[27] Gayet P, Dicharry C, Marion G, et al. Experimental determination of methane hydrate dissociation curve up to 55MPa by using a small amount of surfactant as hydrate promoter [J]. Chemical Engineering Science, 2005, 60 (21): 5751-5758.

[28] Jiang L, Xu N, Liu Q, et al. Review of morphology studies on gas hydrate formation for hydrate-based technology [J]. Crystal Growth & Design, 2020, 20 (12): 8148-8161.

[29] Zhong D L, Li Z, Lu Y Y, et al. Evaluation of CO_2 removal from a $CO_2 + CH_4$ gas mixture using gas hydrate formation in liquid water and THF solutions [J]. Applied Energy, 2015, 158: 133-141.

[30] Song G C，Li Y X，Wang W C，et al. Experimental investigation on the microprocess of hydrate particle agglomeration using a high-speed camera [J]. Fuel，2019，237：475-485.

[31] Shi L，Ding J，Liang D. Enhanced CH_4 storage in hydrates with the presence of sucrose stearate [J]. Energy，2019，180：978-988.

[32] Wang X，Zhang F，Lipiński W. Research progress and challenges in hydrate-based carbon dioxide capture applications [J]. Applied Energy，2020，269：114928.

[33] Dicharry C，Diaz J，Torré J P，et al. Influence of the carbon chain length of a sulfate-based surfactant on the formation of CO_2，CH_4 and CO_2-CH_4 gas hydrates [J]. Chemical Engineering Science，2016，152：736-745.

[34] Song Y M，Liang R Q，Wang F，et al. Enhanced methane hydrate formation in the highly dispersed carbon nanotubes-based nanofluid [J]. Fuel，2021，285：119234.

[35] Li Y，Li X，Zhou W，et al. Kinetics of ethylene hydrate formation in water-in-oil emulsion [J]. Journal of the Taiwan Institute of Chemical Engineers，2017，70：79-87.

[36] Liu H，Wang J，Chen G，et al. High-efficiency separation of a CO_2/H_2 mixture via hydrate formation in W/O emulsions in the presence of cyclopentane and TBAB [J]. International Journal of Hydrogen Energy，2014，39 (15)：7910-7918.

[37] Heeschen K U，Schicks J M，Oeltzschner G. The promoting effect of natural sand on methane hydrate formation：Grain sizes and mineral composition [J]. Fuel，2016，181：139-147.

[38] Zhao Y，Zhao J，Liang W，et al. Semi-clathrate hydrate process of methane in porous media-microporous materials of 5A-type zeolites [J]. Fuel，2018，220：185-191.

[39] Babu P，Ho C Y，Kumar R，et al. Enhanced kinetics for the clathrate process in a fixed bed reactor in the presence of liquid promoters for pre-combustion carbon dioxide capture [J]. Energy，2014，70：664-673.

[40] Hashemi S，Macchi A，Servio P. Gas-liquid mass transfer in a slurry bubble column operated at gas hydrate forming conditions [J]. Chemical Engineering Science，2009，64 (16)：3709-3716.

[41] Xu C G，Cai J，Li X S，et al. Integrated process study on hydrate-based carbon dioxide separation from integrated gasification combined cycle (IGCC) synthesis gas in scaled-up equipment [J]. Energy & Fuels，2012，26 (10)：6442-6448.

[42] Rossi F，Filipponi M，Castellani B. Investigation on a novel reactor for gas hydrate production [J]. Applied Energy，2012，99：167-172.

[43] Hao W，Wang J，Fan S，et al. Study on methane hydration process in a semi-continuous stirred tank reactor [J]. Energy Conversion and Management，2007，48 (3)：954-960.

[44] Yegya Raman A K，Aichele C P. Effect of particle hydrophobicity on hydrate formation in water-in-oil emulsions in the presence of wax [J]. Energy & Fuels，2017，31 (5)：4817-4825.

[45] Peixinho J，Ageorges V，Duchemin B. Growth of clathrate hydrates from water drops in

cyclopentane [J]. Energy & Fuels, 2017, 32 (3): 2693-2698.
[46] Song G, Li Y, Wang W, et al. Experimental study of hydrate formation in oil-water systems using a high-pressure visual autoclave [J]. AIChE Journal, 2019, 65 (9): e16667.
[47] Wang Y, Wang L, Hu Z, et al. The thermodynamic and kinetic effects of sodium lignin sulfonate on ethylene hydrate formation [J]. Energies, 2021, 14 (11): 3291.
[48] Wang Y, Wang S, Liu Z, et al. The formation of structure I hydrate in presence of *n*-octyl-β-D-glucopyranoside [J]. Fluid Phase Equilibria, 2022, 556: 113373.
[49] Zhong D L, Daraboina N, Englezos P. Coal mine methane gas recovery by hydrate formation in a fixed bed of silica sand particles [J]. Energy & Fuels, 2013, 27 (8): 4581-4588.
[50] Sun Q, Dong J, Guo X, et al. Recovery of hydrogen from coke-oven gas by forming hydrate [J]. Industrial & EnginEering Chemistry Research, 2012, 51 (17): 6205-6211.
[51] Watanabe K, Imai S, Mori Y H. Surfactant effects on hydrate formation in an unstirred gas/liquid system: An experimental study using HFC-32 and sodium dodecyl sulfate [J]. Chemical Engineering Science, 2005, 60 (17): 4846-4857.
[52] Linga P, Kumar R, Lee J D, et al. A new apparatus to enhance the rate of gas hydrate formation: Application to capture of carbon dioxide [J]. International Journal of Greenhouse Gas Control, 2010, 4 (4): 630-637.

第十四章　水合物法分离含氧煤层气中的甲烷

第一节　煤层气简介

一、煤层气的组成

煤层气（coal bed methane，CBM）又称煤层甲烷气、煤层瓦斯气（瓦斯），是指保留在一定深度煤层内的煤层气，国际上称之为煤层甲烷，属于典型的自生自储式非常规天然气。煤层气按照其中甲烷浓度的不同可以分为高浓度煤层甲烷气和低浓度煤层甲烷气。高浓度煤层甲烷气组分以甲烷为主，甲烷含量通常占80%以上，其余通常为少量氮气、二氧化碳和不等量的重烃（表 14-1）。而低浓度煤层甲烷气中甲烷的含量为 20%～40%，其余的组分主要为氮气和二氧化碳。有的煤层气内还含有一氧化碳、硫化氢、氧气、和微量惰性气体。煤层气一般以吸附和游离方式存在于煤的孔隙裂隙内，其含量因地而异，在自然界一般不超过 $40m^3/t$ 煤。

表 14-1　不同地区煤层气组分表[1]

国别	采样地点	煤层气组分(体积分数)/%				煤种
		CH_4	$C_2 \sim C_5$	CO_2	N_2	
中国	唐山赵各庄矿 12 号煤层	92.45	—	5.64	1.90	气煤
	峰峰羊东矿 6 煤层	89.52	1.90	5.8	1.79	焦煤
	阳泉一矿 3 号煤层	90.03	2.10	2.34	5.54	无烟煤
	重庆天府煤矿 K2 煤层	89.12～93.78	0.5～8.75	0.64～2.64	0.5～2.98	焦煤

续表

国别	采样地点	煤层气组分(体积分数)/%				煤种
		CH_4	$C_2 \sim C_5$	CO_2	N_2	
中国	苏州渡村矿	97.65	0.34	1.44	0.57	气煤
	湖南冷水江资江矿	82.08	0.20	1.08	16.84	无烟煤
	辽宁铁法大隆矿	93.02	—	1.14	5.74	气煤
	陕西宜君焦坪	80.15	—	4.36	15.49	气煤
美国	圣胡安煤田佛鲁特兰组煤层	88.10	1.78	3.21	6.28	次烟煤至高挥发分烟煤
	沃里尔煤田玛丽利煤层	88.60～96.80	0.01～0.1	0～2.9	2.45～4.30	
乌克兰	顿涅茨煤田基洛夫矿斯莫梁尼洛夫煤层	85.60～96.40	≤0.88	0.10～2.30	0.10～2.00	—
澳大利亚	悉尼煤田阿平煤矿	91～92.7	4.40～7.80	0.10～3.00	—	—

二、我国煤层气的发展现状

据资料显示，中国煤层气地质资源量位居世界第三位。全球煤层气地质资源总量超过 $260 \times 10^{12} m^3$，中国埋深 2000m 以内的煤层气地质资源量为 $30.05 \times 10^{12} m^3$，占全球煤层气地质资源总量的 11.6%。我国煤层气资源分布集中，主要分布在沁水盆地、鄂尔多斯盆地、准噶尔盆地等地，见图 14-1[2]。

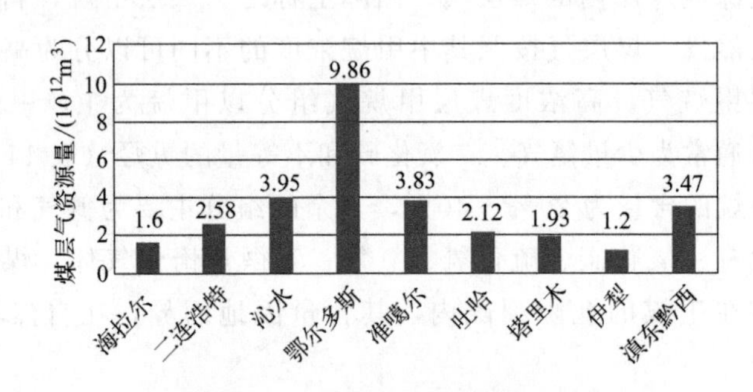

图 14-1　我国煤层气资源分布图

据国家能源局发布的《"十四五"现代能源体系规划》发展目标显示，到 2025 年，国内能源年综合生产能力达到 46 亿吨标准煤以上，煤矿瓦斯利用量达到 60 亿立方米，天然气年产量达到 2300 亿立方米以上，发电装机总容量达到约 30 亿千瓦，能源储备体系更加完善，能源自主供给能力进一步增强。我国地壳运动多期叠加，地质构造复杂，成煤和煤化作用条件复杂多样，煤层气富集形成气藏所处条件具有很多特殊性，因此造成我国煤层气极其复杂的开采背景[2]。

由上可知，我国煤层气含量十分丰富，居于世界前列。一方面，煤层气中甲烷含量多，经过提浓后可以作为新型清洁能源使用；另一方面，煤层气尤其是低浓度甲烷煤层气的利用难度很高，其中甲烷含量相对较低，直接利用价值不高，在开采过程中操作不当会造成危险，若直接放空又会引起环境污染。

第二节　煤层气的利用价值及其危害

一、煤层气的经济价值

煤层气是一种高热值气体，发热量在 37.656MJ/m^3 左右（约为常规天然气的 95.01%），1000m^3 煤层气燃烧热值与 1000kg 燃料油或者 1250kg 标准煤相当。此外，由于煤层气中重烃含量较低，所以燃烧之后产生的氮氧化合物、烟尘以及硫化物等污染性物质都低于燃油和燃煤。美国已将其作为非常规能源予以开发。中国也已把它列为新型清洁能源。

二、煤层气的危害

一方面，煤层气由于其中甲烷含量丰富，而甲烷又是易燃易爆气体（甲烷与空气混合后的爆炸极限为 5%～15%），所以在采煤过程中操作不当容易发生瓦斯爆炸，造成生命危险；另一方面，煤层气中的甲烷属于温室气体，其温室效应是二氧化碳的 21 倍，对大气臭氧层的破坏能力是二氧化碳的 7 倍，将大量的煤层气直接排放到大气中将造成严重的环境污染[3]。

煤层气解吸涌入矿井巷道即成为矿井瓦斯，在合适的浓度下可以使人窒息，遇明火可爆炸；煤层气在特定条件下还可引起煤和瓦斯突出，成为矿井灾害，在煤矿生产过程中极易造成群死群伤事故。1949 年以来，全国发生的 24 起百人以上特别重大煤矿事故中有 22 起是瓦斯造成的。“十二五”期间，全国建成了 30 个年抽采量达到亿立方米级的瓦斯抽采矿区，分区域建设了 80 个瓦斯治理示范矿井，山西、贵州、安徽、河南、重庆 5 省（市）瓦斯年抽采量超过 5 亿立方米。2015 年，全国煤矿瓦斯抽采量、利用量分别达到 136 亿立方米和 48 亿立方米，与 2010 年相比，分别增长了 78.9%和 100%，煤矿瓦斯事故总量下降 69%、死亡人数减少 72.6%，重大瓦斯事故下降 66.7%、死亡人数减少 68.9%，煤炭百万吨死亡率下降 78.4%。《煤层气（煤矿瓦斯）开发利用“十三五”规划》提出，2020 年煤矿瓦斯抽采量达到 140 亿立方米，利用率达到 50%以上，煤矿瓦斯事故死亡人数比 2015 年下降 15%以上。实施煤矿瓦斯抽采，全面推进先抽后采、抽采达标和区域防突，可从源头上预防和减少煤矿瓦斯事故，是防治煤矿瓦斯事故的根本有效之策，同时对推进煤炭高效安全开采的意义和作用重大[4]。

第三节　煤层气分离常用技术

对于一些甲烷含量较低的混空煤层气，通常会经过燃烧后排放到大气。但这势必会造成资源的浪费和环境的污染，针对这一现象，赵建忠、韩素平等[5] 提出了用水合物法分离混空煤层气并加以储运的工艺流程，如图 14-2 所示。该工艺方案是将抽采得到的混空煤层气脱水后加压，进而在反应器中形成固体水合物，非水合气体由反应器中直接排出，因此水合分离混空煤层气的过程即是脱除非水合气体的提纯过程；同时，以水合物的形式储运煤层甲烷具有安全性高的特点，未来有可能成为一种重要的煤层甲烷储运方式。水合物法分离煤层气是一种可行的途径，应进一步积极开展煤层气水合物技术的开发和研究。

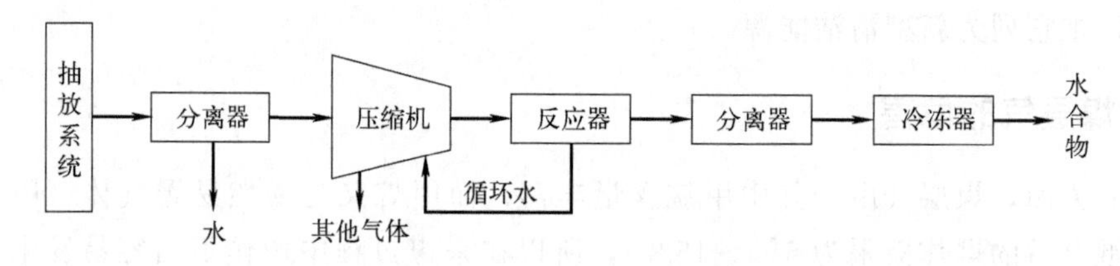

图 14-2　水合物分离煤层气及储运流程图

提高煤层气利用率，关键在于解决低浓度煤层气中 CH_4 分离浓缩技术的安全和能耗问题。目前用于提纯分离煤层气甲烷的技术包括吸收/吸附法、低温精馏法、膜分离法和水合物法等[6,7]。表 14-2 给出了这几种技术用于煤层气分离的原理以及优缺点。

表 14-2　低浓度煤层气分离技术综合对比[6]

方法	基本原理	优点	缺点	适用范围	研究阶段
变压吸附	利用各气体组分在吸附剂中吸附强度、扩散动力学效应以及位阻效应的差异，以循环变化压力为推动力，进行吸附/脱附并分离提纯	工艺简单，操作方便，能耗低，投资少，自动化程度高	回收率低，占地面积大，设备要求高，对吸附剂的依赖性强	中等规模	工业应用

续表

方法	基本原理	优点	缺点	适用范围	研究阶段
低温精馏	利用煤层气各组分气体沸点不同进行机械压缩液化,后通过精馏分离提纯	技术成熟,适用范围广,产品纯度高,回收率高,产品LNG便于运输储存	工艺复杂,投资高,能耗高,占地面积大	大规模	工业应用
膜分离	利用不同客体分子的形状、大小、冷凝特性等性质的不同,与膜之间相互作用不同实现分离提纯	前期投资小,工艺简单,能耗低	膜易耗损,分离效率低	小规模	膜材料开发
水合物法	根据不同气体是否形成水合物或形成水合物的温度压力条件差异,通过控制温度和压力使部分气体形成水合物,实现分离提纯	生成条件温和,能耗低,压力损失小,环境友好,储气密度高,产品稳定,便于运输	单级分离效率低,产品纯度不高,回收率低	小规模	研发探索

低温精馏法利用混合物中各组分的沸点差异进行分离。例如，常压下 CH_4 的沸点是 111.7K，N_2 的沸点为 77.4K，两者沸点存在较大差异，利用低温精馏法能够获得高纯度 CH_4。但是该分离过程所需低温条件能耗高，设备投资大。此外，低浓度煤层气中氧气的含量较高，出于安全考虑需要进行脱氧处理，而脱氧大大增加生产成本。因此，低温精馏法不适合用于分离低浓度煤层气[8,9]。

吸附分离法是利用固体吸附剂对混合气中不同组分的选择性吸附实现低浓度煤层气中甲烷的浓缩提纯，可用于煤层气分离的吸附剂有活性炭、沸石分子筛、蒙脱土等。低能耗、生产成本低、工艺简单等优点使该技术备受瞩目，而开发价格低廉和吸附性能优良的吸附剂则是该技术实现工业化的关键和难点，但是吸附分离法应用于瓦斯气的分离过程时存在爆炸的可能性。

膜分离法利用混合气体中各组分在一定的压力下透过膜的传递速率不同实现气体分离。目前该技术主要运用于 CO_2 的浓缩提纯过程，具有分离效率高、生产能耗低、设备投资少、可连续运行等优点。但是在煤层气分离方面，膜分离技术还存在很多问题，例如：膜的选择性低，CH_4/CO_2 的分离系数小于 3；膜的成本高，生产成本居高不下；膜的力学性能差，无法承受较高压力差等。因此，研制出分离系数大、生产成本低、力学性能优良的膜材料是该技术发展的重点。

利用水合物技术分离提纯低浓度煤层气中的甲烷气体是近年来兴起的一种新型气体分离技术，得到各国学者的广泛关注。煤层气主要成分包括甲烷、氮气等气体，而与氮气相比，甲烷可以在较高的温度和较低的压力下生成气体水合物，水合物法提纯低浓度煤层气正是利用了这一差异。将低浓度煤层气通入水合物合成系统，对系统内温度和压力加以控制，水合条件较温和的甲烷气体生成水合物，从气相中转移到了水合物相（固相）中，而氮气难以形成水合物，仍残留于气相中，从而实现甲烷与氮气的分离。水合物技术在低浓度煤层气分离提纯领域工业化应用的关键在于：降低低浓度煤层气水合物生成难度，降低维持水合物生成系统高压低温条件所需能量消耗；缩短低浓度煤层气水合物诱导时间，加快水合物生成速率，实现水合物的快速生成；提高分离效率和水合物储气量等。可以利用前述的物理和化学强化方式促进低浓度煤层气水合物的生成以实现水合分离过程。

第四节　水合物法分离混空煤层气技术

一、水合物法分离混空煤层气过程

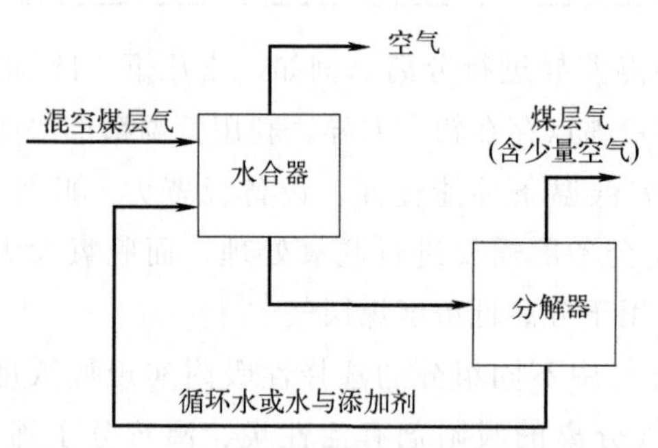

图 14-3　水合物法分离混空煤层气工艺流程图

郑志、王树立[10] 剖析了我国煤层气资源现状以及水合物理论和技术的发展应用，着重介绍了水合物分离技术及其特点，提出了利用水合物法分离混空（混入了空气）煤层气的思路，其分离过程如图 14-3 所示。在分析了可行性研究的基础上，从水合物快速合成、添加剂应用及水合物分解过程三个方面详细阐述了水合物分离工艺过程及其在混空煤层气分离问题上的技术优势和广阔应用前景，呼吁人们重视这一技术，并希望该技术早日得到工业化应用。

二、水合物法分离煤层气过程中的促进剂

在利用水合物法进行煤层气分离时，通常希望水合反应能够在温和的条件下进行，一方面可以提高分离过程的安全性能（避免高压可能带来的爆炸限扩大），另一方面可以降低制造水合反应器的费用及反应过程中的操作和维护费用。

但是从实验室研究结果看，混空煤层气的水合生成过程在没有促进剂加入时通常是要低于室温且远高于常压条件的。另外，在未加入促进剂的条件下水合反应的速率比较低且诱导时间较长，从而导致分离效率低下，不能达到预期的效果。所以在利用水合物进行煤层气分离时通常要考虑加入合适的促进剂，包括热力学促进剂和动力学促进剂。

（一）热力学促进剂

热力学促进剂可以改善水合物生成条件，使水合物生成时的相平衡温度更高或者相平衡压力更低，从而降低水合物生成过程的能量消耗，并能在更温和的条件下稳定存在，提高了水合物分离煤层气工业应用的经济性和可行性。作为水合物热力学促进剂的物质通常是小分子物质，如四氢呋喃（THF）、丙酮、四氢吡喃（THP）等。这些物质能改变水合物的晶体结构或者参与占孔，使水合物更稳定，可以在很大程度上降低水合物生成所需压力，改善水合条件[7]。

热力学促进剂根据其水溶性又可以分为可溶水相热力学促进剂与不可溶水相热力学促进剂。不同添加量的可溶水相热力学促进剂对水合物形成的相平衡条件影响各不相同。一般随着促进剂浓度的逐渐增加，改善水合物形成相平衡条件的效果先增强后减弱，可溶水相热力学促进剂的添加量存在最佳值[11]。

四丁基溴化铵（TBAB）、四丁基氯化铵（TBAC）和四丁基氟化铵（TBAF）等一类卤化铵属于可溶水相热力学促进剂，不同添加量对水合物形成相平衡的影响已有许多报道，列于表 14-3。

表 14-3　可溶水相热力学促进剂添加量研究概况

研究者	促进剂类型	主要研究内容	促进剂添加量（质量分数）/%	最佳添加量（质量分数）/%
Sun 等[11]；Li 等[12]；Makino 等[13]	TBAC	TBAC 对 CO_2 水合物相平衡条件的影响	4.35，5，9.14，10.01，19.99，30.01，33.98	33.98
Makino 等[13]；Sun 等[14]	TBAC	TBAC 对 CH_4 水合物相平衡条件的影响	5，9.97，20，30.01	30.01
Sun 等[15]；Arjmandi 等[16]	TBAB	TBAB 对 CH_4 水合物相平衡条件的影响	5，10，20，28.18，30，45	30
Wang 等[17]；Lee 等[18]；Delahaye 等[19]	THF	THF 对 CO_2 水合物相平衡条件的影响	3.8，5.97，7.26，10.24，15，19.05，19.08，25.03	19.08
Yang 等[20]	THF＋TBAB	THF＋TBAB 对 CO_2 水合物相平衡条件的影响	(0.5，1，2，3，5，8)＋(1，5)	5＋5

季铵盐结构中含有亲水阴离子（如 Br^-、Cl^-、F^- 等）和疏水阳离子 [$(C_4H_9)_4N^+$、$(CH_3)_4N^+$ 等]，是一种阳离子表面活性剂。自 1940 年 Fowler 等[21] 发现季铵盐

能在常压下形成热稳定性相对较高的水合物以来，国内外学者对季铵盐水合物产生了浓厚的兴趣，季铵盐对各种气体水合物生成的影响研究相继展开。

郭迎、梁海峰等[22] 研究了季铵盐对煤层气水合物相平衡的影响，通过选定五种不同的季铵盐——四甲基氟化铵（TMAF）、四甲基氯化铵（TMAC）、四甲基溴化铵（TMAB）、四丁基氟化铵（TBAF）和四丁基氯化铵（TBAC）作为水合反应促进剂，研究其对低浓度含氧煤层气水合物生成的热力学促进作用，采用恒容压力搜索法得到了每种季铵盐在浓度（摩尔分数）为 0.17%、0.29%、0.62%、1.38%、3.5%，温度为 282.3～304.5K，压力为 0.919～8.435MPa 条件下的水合物相平衡数据。实验装置如图 14-4 所示。

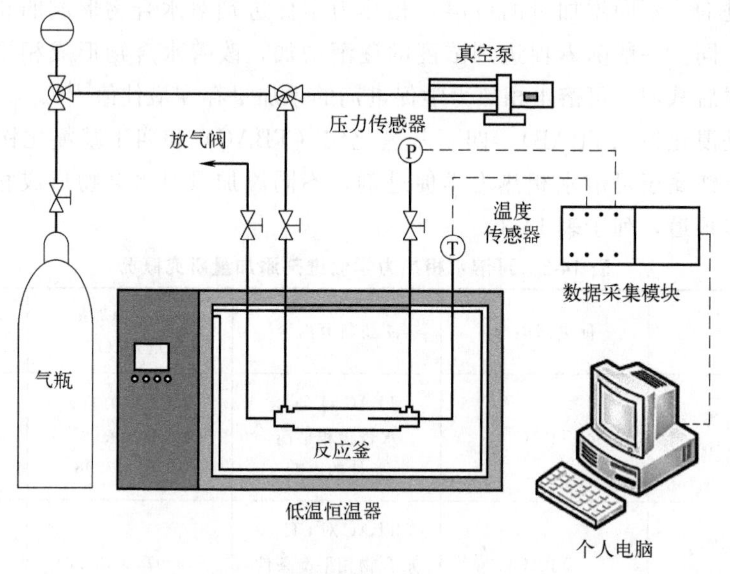

图 14-4　水合物实验装置示意图

在相同浓度下季铵盐对煤层气水合物的促进效果为：TBAF＞TBAC＞TBAB 及 TMAF＞TMAB＞TMAC。3MPa 下 TBAF 煤层气水合物的平衡温度比 TBAB 高 6.4～10K，TMAF 平衡温度比 TMAB 高 3.5～6.2K，效果最强的季铵盐是 TBAF，最弱的是 TBAB。甲基季铵盐中卤素离子的影响规律与丁基季铵盐稍有差异，两类季铵盐中促进效果最佳的均为氟离子季铵盐，其次为 TBAC，再次为 TMAB。氯离子和溴离子的影响规律相反，丁基季铵盐中氯离子强，甲基季铵盐中溴离子强，TMAB 的促进效果异常，优于 TMAC。Aladko 等[23] 认为卤素离子的影响与离子的直径有关，随卤素离子直径增加，氢键变长，水合物结构改变，不稳定性增加，使氟离子季铵盐水合物稳定性较强，氯离子季铵盐和溴离子季铵盐水合物稳定性较弱。

在相平衡和化学平衡计算中，超额自由焓有重要作用，是决定稳定性和相分离条件的重要物理量，活度是超额自由焓函数的偏摩尔量，水的活度变化对气体水合物的相平衡影响非常显著，水的活度减小使相平衡压力急剧下降[24-26]。采用e-NRTL活度模型对6种季铵盐水溶液的水活度进行计算，结果如图14-5所示。水活度排序为TBAF＜TBAC＜TBAB及TMAF＜TMAC＜TMAB，表明氟离子对水活度的影响明显，氯离子其次，溴离子最弱，除TMAB外均与实验结果顺序相符。

得出以下结论：

① 季铵盐浓度对低浓度煤层气水合物相平衡的影响呈非线性变化，促进效果随季铵盐浓度先增加后下降，存在最佳浓度，为纯季铵盐水合物最高熔点对应浓度。

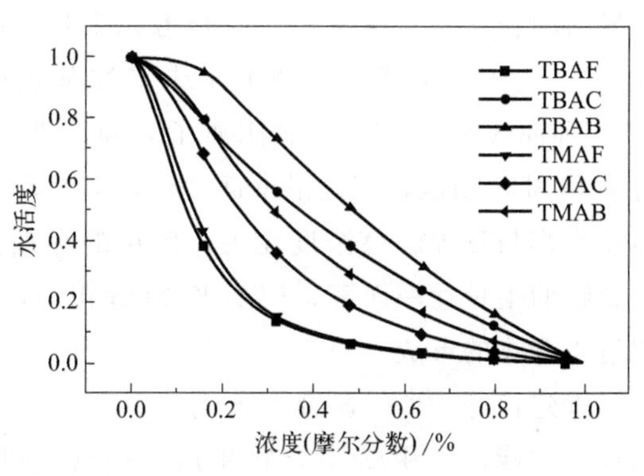

图14-5　水活度随盐浓度的变化

② 卤素离子对低浓度煤层气水合物相平衡的影响规律在甲基季铵盐和丁基季铵盐中有差异，促进效果为TBAF＞TBAC＞TBAB及TMAF＞TMAB＞TMAC。

③ 季铵盐烷基碳链长度对低浓度煤层气水合物相平衡的影响呈非线性变化，促进效果为丁基季铵盐＞甲基季铵盐或戊基季铵盐。

（二）动力学促进剂

表面活性剂用于促进气体水合物形成可以追溯到20世纪50年代，van der Waals等[24]报道了一系列阳离子、阴离子以及非离子表面活性剂对甲烷生成水合物的促进作用，并指出表面活性剂不影响热力学，但是它们对水相中气体溶解的动力学以及水合物形成的总体速率具有很强的影响。可以用于水合物生成促进的表面活性剂有十二烷基硫酸钠（SDS）、十二烷基苯磺酸钠（SDBS）、四丁基溴化铵（TBAB）等，除此之外，十四烷基硫酸钠（STS）、十六烷基硫酸钠（LABS）、失水山梨醇单油酸酯（Span 80）、失水山梨醇单月桂酸（Span 20）等也被尝试性使用。

2000年，Zhong等[27]研究表明SDS对甲烷水合物生成有良好的动力学促进作用，在3.89MPa压力和275.4K的温度下，3h之内就能使甲烷水合物生成，能达到（156±1）m^3/m^3的储存密度，SDS的最佳促进浓度为242mg/L，并指出SDS的促进机理在于降低溶液的表面张力，在浓度高于临界胶束浓度（CMC）时形成的胶束能极大增加气体与水的接触面积，改善传质条件。江传力等[28]和杨晓西等[29]将SDS和SDBS的促进效果做了对比，SDBS在800mg/L时对促进气体水合物形成最明显，能使诱导时间缩短，相比 SDS 诱导时间稍长，储气密度可达 $91m^3/m^3$。

Ganji 等[30] 对 SDS、LABS、十六烷基三甲基溴化铵（CTAB）在内的多种表面活性剂的动力学作用进行对比，内容包括水合物的生长速率、储气密度。含 SDS 的储气密度为 $156m^3/m^3$，含 CTAB 的储气密度可以达到 $165m^3/m^3$，含 LABS 的储气密度也能达到 $146m^3/m^3$，但含 CTAB 和含 LABS 的甲烷气体水合物诱导时间长，生长速率慢。综合考虑生长速率和储气密度，SDS 仍然是几者中最佳的选择。Ando 等[31] 研究了十二烷基硫酸锂（LDS）、十二烷基苯磺酸（DBSA）和油酸钠（SO）三种阴离子表面活性剂，含有 LDS 和 DBSA 的水合物生长行为和 SDS 相似，都是沿壁面生长，但发现含 LDS 的水合物形成速率和水-水合物转化率都与临界胶束浓度无关，胶束的存在并不会促进或抑制水合物的形成。就水合物的生长速率而言，LDS 和 SDS 相当，只是水合物转化率略低，而 SO 不会促进水合物的形成。

杜建伟等[32,33] 研究了 Span 20 和 Span 80 两种非离子表面活性剂，两种表面活性剂均能促进甲烷水合物生成，储气密度最高分别达 $145.2m^3/m^3$ 和 $167m^3/m^3$，储气密度与 SDS 差距不大。值得注意的是，Span 80 能使诱导时间缩短至 23min。文献同时提到了环己酮、碳纳米管、十六烷基三甲基溴化铵（CTAB），β-环糊精以及氯化铵等添加剂，它们对甲烷水合物的形成几乎没有促进作用。

除了这些常用表面活性剂外，还有很多像 T40、T80、烷基多干普（APG）、吐温（Tween）、新兴的 Gemini 双子表面活性剂等被用于水合物生成当中，对水合物的影响也不尽相同，在这里就不做赘述。总之，近二十年来研究者们投入了相当大的精力去探究和验证表面活性剂的促进作用，并获得了大量的实验现象和数据，取得了喜人的成就。表面活性剂能加快水合物的生成速率、缩短诱导时间并提高储气密度已经被国内外学者所认同，然而混空煤层气水合物形成条件依旧苛刻，需要热力学促进剂改善其相平衡条件，才能逐渐迈向工业化生产。

（三）复合促进剂

不论是热力学促进剂还是动力学促进剂，大多数的实验研究都偏向于单一组分添加剂或是同一类型的促进剂相互混合后对水合物生成的影响。梁海峰、孙国庆等[34] 对热力学＋动力学复合型添加剂体系对煤层气水合物的促进作用进行了研究，研究的促进剂包括 THF、TBAB、SDS 三种添加剂及其混合添加剂。

图 14-6 为实验装置流程简图，主要由高压反应釜、温压测量系统、恒温控制系统和数据采集系统组成。实验过程分为：实验前准备阶段、降温形成水合物阶段、水合物分解阶段 3 个阶段。通过更改实验条件、重复实验最终得出 THF、TBAB、SDS 三种添加剂混合后对煤层气水合物生成相平衡的影响。并与单一组分

THF 和 TBAB 进行了对比，同时还研究了复合型添加剂对煤层气水合物诱导时间的影响，以及复合型添加剂下记忆效应对煤层气诱导时间的影响，结论如下：a. THF、TBAB 和 SDS 三种添加剂混合后能显著降低煤层气水合物相平衡压力，效果明显好于单一组分 THF、TBAB；b. THF、TBAB 混合浓度配比不同，其对煤层气水合物热力学促进作用存在不同的主次关系；c. 三种添加剂混合后，记忆效应对煤层气水合物生成诱导时间影响不明显。

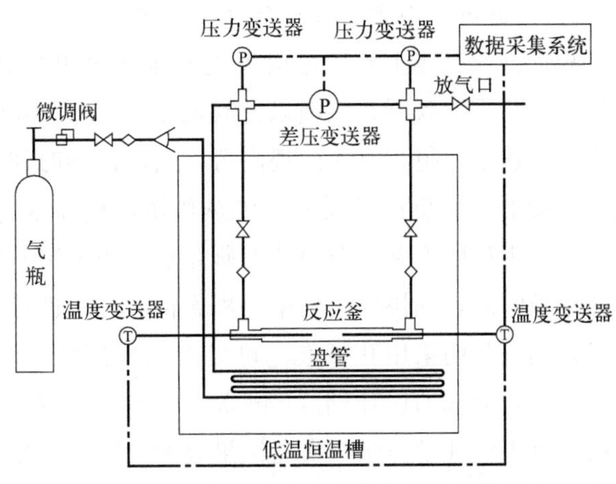

图 14-6　煤层气水合分离实验装置简图

（四）新型促进剂

除了这些传统的化学添加剂外，研究者们还发现了一些更环保、更有效的新型添加剂。张强等[35] 分别在 THF＋蒙脱石（MMT）、SDS＋MMT 以及 THF＋SDS＋MMT 三种体系中考察了 MMT 的作用，MMT 具有较高的比表面积和强吸附性，对 CH_4 具有选择富集作用，能够形成稳定的煤层气水合物结构，初步定义选择因子体现水合物提纯煤层气的效率。Kumar 等[36] 阐明了亲水/疏水型环保添加剂（L-精氨酸）对甲烷＋四氢呋喃混合水合物动力学的影响，发现 L-精氨酸的存在能够促进水合物成核，并显著促进水合物的生长。氨基酸对于 CBM 水合物提纯技术的影响目前鲜有研究，但是此文献提供了数据基础，肯定了氨基酸等环保型添加剂的作用。Sun 等[37] 分别在茶多酚和儿茶素存在下完成了 CH_4/N_2 的两级平衡分离，茶多酚和儿茶素作为动力学添加剂可以显著提高煤层气水合物的提纯效率，而且作为生物促进剂，其与多级分离的配合使用将对煤层气的提纯技术产生深远影响。Park 等[38] 提出超声波能有效促进甲烷水合物形成、缩短水合物形成时间。Fakharian 等[39] 研究了马铃薯水溶性生物淀粉对甲烷水合物生成速率、稳定性和储存能力的影响，发现当淀粉作为促进剂时生成的水合物稳定性更强。该研究为煤层气水合物生成微观机理的研究提供了参考。

（五）其他类型的促进剂或者促进方法

除了以上介绍的水合物生成过程中的化学添加剂，目前很多研究者采用物理的方式对水合过程进行强化。此外，还有技术在微孔介质（例如碳纳米管、活性炭、硅胶/硅砂）中来进行水合过程的强化。

物理强化过程主要通过增大气液接触面积和提高传热传质速率等来实现，包括搅拌、喷雾、喷淋、鼓泡以及其他方法。Golombok 等[40] 研究表明诱导时间取决于搅拌速率，搅拌速率的提高可以缩短诱导时间。郝文峰等[41] 研究表明高压低温液体喷淋实验装置可以强化传热传质，提高水合速率，降低操作压力。赵建忠等[42] 采用喷射喷雾水合物装置研究水合物的快速生成，实验表明喷雾法可以缩短反应诱导时间，加快反应速率。周春艳等[43] 进行了孔板气泡法促进天然气水合物生成，实验表明采用孔板鼓泡可以增大气液接触面积，增强气体对液体扰动，缩短了水合物形成的诱导期。Fan 等[44] 研究了在开孔泡沫铝（AF）中甲烷水合物生成的热力学和动力学，实验结果表明 AF 对甲烷水合物的形成起加速作用，能促进水合物成核和提高传热效率。Zhang 等[45] 研究了在 THF-SDS 混合溶液下，海绵对气体水合物生成的影响，随着海绵体积增加，在水合物相中的气体体积也会增加，表明在煤矿瓦斯水合物分离中海绵会促进气体的质量传递，但不会改变水合物相中 CH_4 的摩尔分数。此外，其他一些方法和技术被用来促进水合物的快速生成，如碳纳米管-水合物法、超重力法、微波诱导、超声波雾化及管道螺旋扰动强化等技术以提高传热传质效率，实现水合物的快速生成[46]。

第五节　水合物法回收煤层气中甲烷的室内实验结果

一、煤层气水合物生成热力学实验

苏向东、梁海峰等[47] 通过正交实验法对煤层气水合物进行热力学实验，选用不同粒径的多孔介质配合不同浓度 THF 和 TBAB 配比组成促进剂，研究其对低浓度煤层气水合物生成的影响，他们所用的实验装置如图 14-6 所示。

实验选取了 THF、TBAB 和玻璃砂三种因素的不同水平进行研究，并采用 L9（34）正交表进行实验，实验安排与结果见表 14-4 和表 14-5。

表 14-4　正交实验因素与水平

因　素	水平		
	1	2	3
χ(THF)/%	0.5	1.0	2.0
χ(TBAB)/%	0.17	0.29	0.62
玻璃砂/目	35	150	300

表 14-5 正交实验设计及结果

实验序号	实验因素与水平				实验结果	
					热力学参数	
	THF	TBAB	玻璃砂	空白列	T/℃	p/MPa
1	1	1	1		11.1	3.5
2	1	2	2		11.8	3.5
3	1	3	3		12.4	3.5
4	2	1	2		13.3	3.5
5	2	2	3		13.8	3.5
6	2	3	1		14.5	3.5
7	3	1	3		14.7	3.5
8	3	2	1		16.2	3.5
9	3	3	2		16.3	3.5

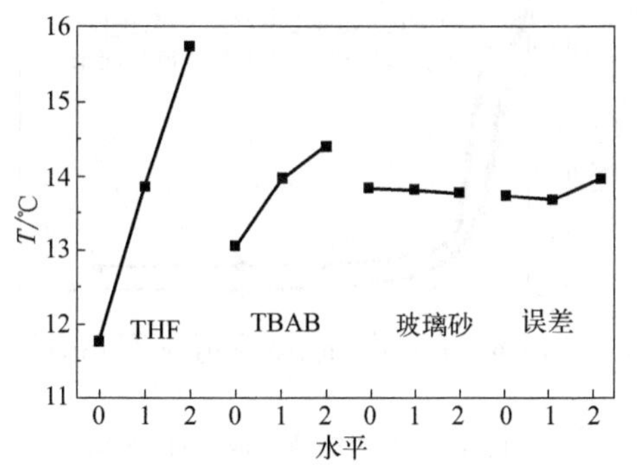

图 14-7 各因素对诱导时间的影响趋势

利用 Chen-Guo 模型[48] 预测 0.5℃下纯水中低浓度煤层气水合物生成压力为 6.9MPa，与表 14-5 中的热力学数据对比不难发现，实验体系对低浓度煤层气水合物生成热力学条件有极大的促进作用，水合物相平衡温度大幅提升，而生成压力降低 49.3%。对实验结果进行极差（R）分析，极差的大小可以判断各因素对实验指标的影响主次，极差大的因素，其水平对指标影响较大（图 14-7）。相平衡数据极差计算结果表明，$R_{\text{THF}}>R_{\text{TBAB}}>R_{\text{玻璃砂}}$，各种因素的主次关系依次为 THF、TBAB、玻璃砂，其中 THF 是影响相平衡的主要因素。

二、煤层气水合物生成动力学实验

孙强等[49] 对混空煤层气进行了水合物生成动力学实验。采用恒温恒压法测定了 CH_4 含量为 46.28% 的 CH_4+N_2 混合气体在 6% THF 溶液中的水合物生成动力学。他们采用的实验装置如图 14-8 所示。

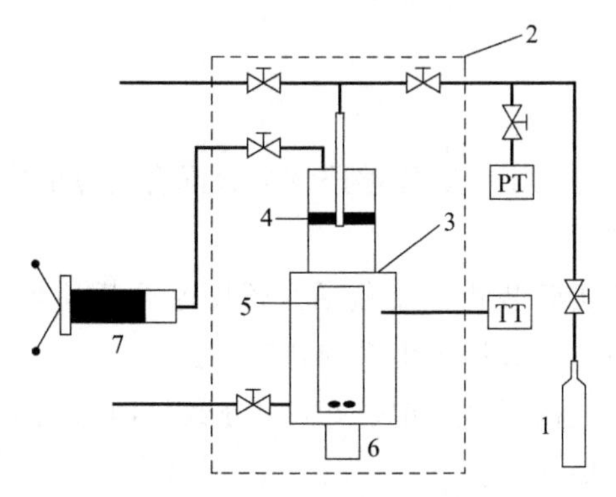

图 14-8 实验装置示意图

1—气瓶；2—空气浴；3—反应釜；4—活塞；5—可视窗；6—搅拌电机；7—手动压力泵

实验测定了不同反应温度、压力及气液比条件下 CH_4+N_2 混合气的水合物生成动力学，实验结果如图 14-9～图 14-11 所示。

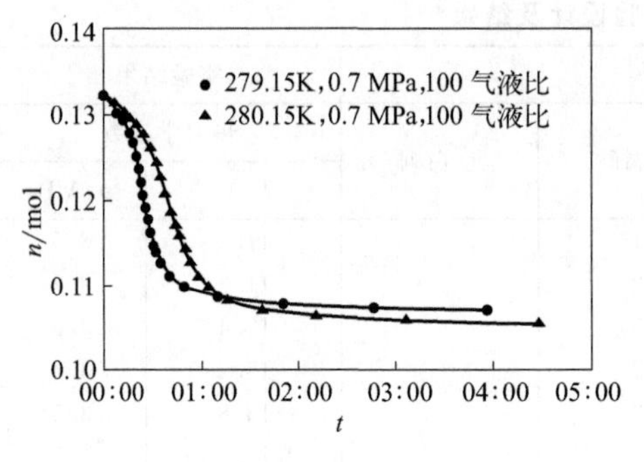

图 14-9　不同温度时 CH_4+N_2 混合气水合物生成动力学

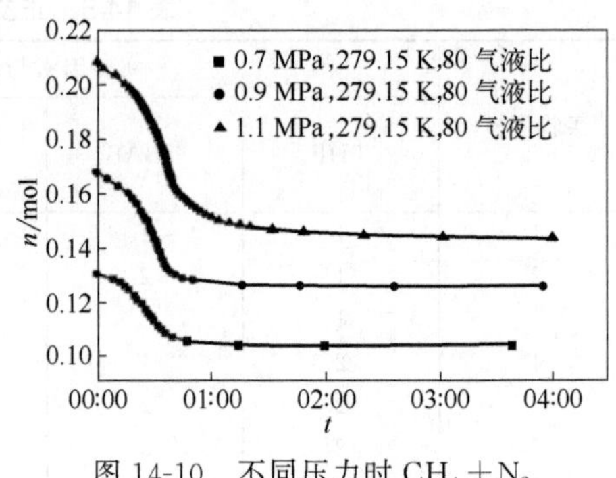

图 14-10　不同压力时 CH_4+N_2 混合气水合物生成动力学

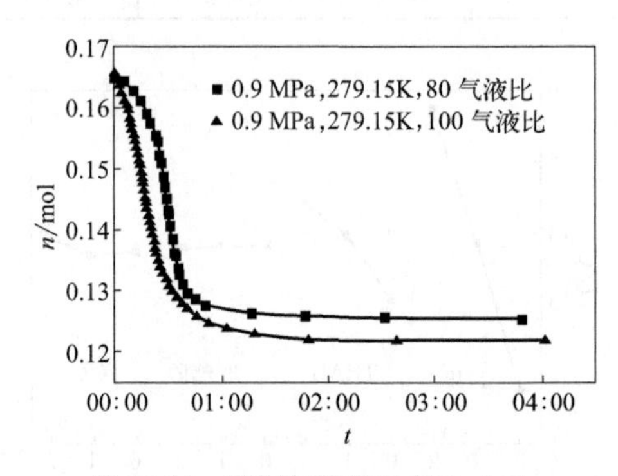

图 14-11　不同气液比时 CH_4+N_2 混合气水合物生成动力学

可以看出，当水合压力和气液比恒定时，温度越低越有利于加快水合反应速率，缩短水合反应时间，增加气体处理量；当水合反应温度和气液比恒定时，压力越高，水合物生成速率越大；当反应温度和压力恒定时，初始气液比越高，水合物生成速率越大。

从热力学和动力学实验中不难看出，使用热力学促进剂可以有效降低水合反应达到相平衡所需的能量，且对不同促进剂按一定比例混合使用，效果更好。使用动力学促进剂可以有效降低水合反应所需压力和温度，提高水合物的生成速率。

三、水合物法连续分离煤层气实验

陈广印等[50] 在水合物分离技术研究中建立了一套能够连续分离混合气体的实验装置，可以同时实现水合物的生成和化解。

实验装置流程示意如图 14-12 所示，该实验装置主要包括全透明水合反应器、水合物化解器、工作液循环泵、温度控制系统、数据采集系统几部分。

实验采用 CH_4+N_2 二元体系模拟煤层气的组成，6%（摩尔分数）四氢呋喃（THF）作为热力学促进剂。煤层气组成见表 14-6。

表 14-6　煤层气组成

成分	CH_4	N_2	合计
摩尔分数/%	50.44	49.56	100.00

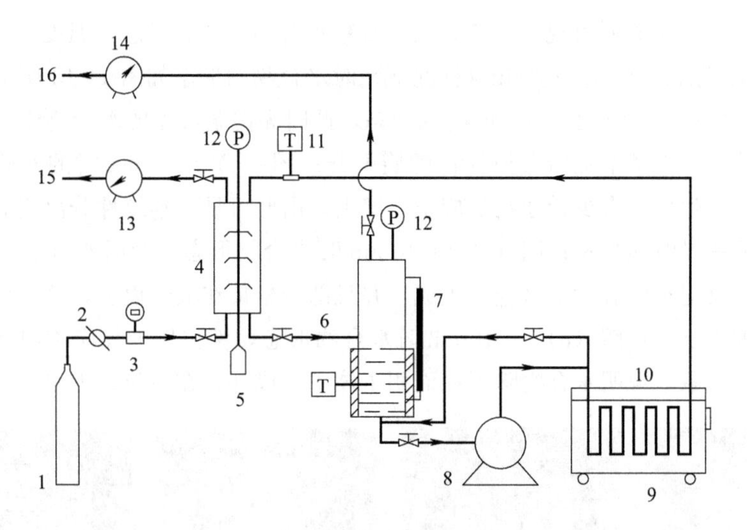

图 14-12 水合物法连续分离气体混合物实验装置示意图

1—进料气瓶；2—减压阀；3—原料气容积流量计；4—可视反应釜；5—搅拌电机；6—水合物化解器；7—液位计；8—循环泵；9—制冷机；10—换热盘管；11—温度传感器；12—压力计；13,14—湿式气体流量计；15,16—剩余气体和溶解气体出口

实验测定了在温度 278.15～281.15K、压力 0.7～1.1MPa、原料气流量 1～5L/min（标况下）、工作液流量 60L/h 条件下连续性水合分离煤层气的分离效果。具体实验步骤如下：

① 用原料气冲洗管线、反应釜、化解器等，排除前一次实验的残留气体对本次实验的影响。

② 启动工作液循环泵使工作液正常流动，工作液流量设定到实验值。然后启动制冷机，将温度降至（或升至）实验温度并保持稳定，温差为±0.1K。

③ 调节反应釜液体出口阀门使釜内液位保持恒定的高度（本实验中液位高度约为 22cm），之后开启搅拌。

④ 调节反应釜进气阀门将进气速率设定在实验值，通过调节反应釜顶部剩余气出口阀门使反应釜内压力始终维持在实验值，偏差不超过±0.02MPa。

⑤ 恒温、恒压、一定原料气流量条件下进行连续水合反应一定时间（本实验中为 60min），其间每隔 4min 分别记录一次原料气、剩余气及化解气各自的流量和温度，并分别在第 30 分钟、第 60 分钟时同步采集反应剩余气和水合物化解气气样进行色谱分析。

⑥ 实验中，适时使用加热带对化解器进行加热，保证水合物全部化解。

⑦ 反应结束时关闭进气阀门、循环泵、制冷机、总电源等。

⑧ 重复步骤①～⑦，考察不同的温度、压力、流量对连续水合分离煤层气效果的影响。

因反应釜为全透明可视反应釜，故可观察水合物的外观形态。温度 279.15K、压力 1.1MPa、原料气流量 2L/min（标况下）时水合物的形态如图 14-13 所示（彩图见书后）：图（a）反应时间 $t=0$min 时的状态，此时无肉眼可见的水合物生成，因为存在机械搅拌，气泡基本上沿着搅拌杆螺旋上升；图（b）$t=3$min 时的实验现象，此时水合物已经生成并有少量挂在反应釜内壁上，由此可见，连续性分离实验过程中水合物生成的诱导时间很短；图（c）$t=10$min 时水合物形态，此时水合反应基本达到稳定状态，反应釜中有大量水合物生成，并且部分聚集在液位以上，这主要是因为水合物的密度小于水；图（d）$t=10$min 时水合物形态，液位以上反应釜内壁上的水合物出现挂壁现象，说明水合物除了在液相主体中生成外，在液位以上也可以生成。

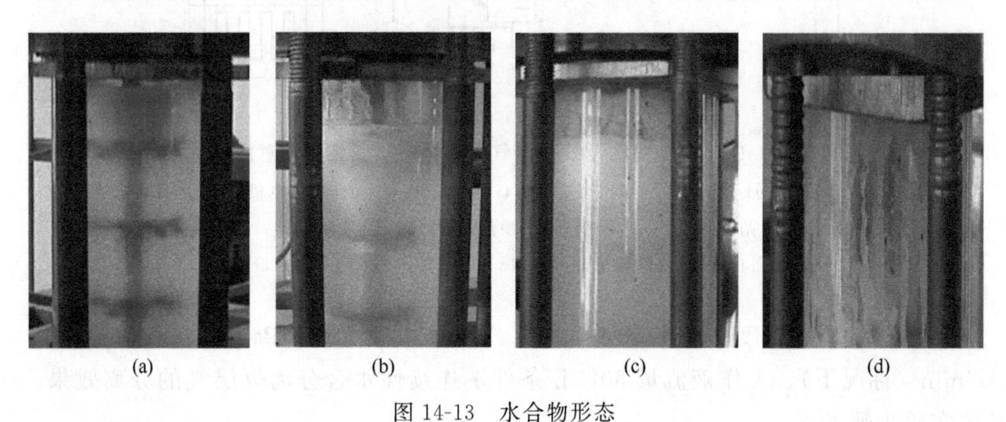

图 14-13　水合物形态

结果分析如下。

（1）温度对分离效果的影响

温度对相组成的影响见图 14-14，水合物中 CH_4 含量随温度的增加呈现降低的趋势。例如，压力为 0.9MPa、不同温度时 CH_4 最低和最高浓度分别为 59.79%（摩尔分数，下同）和 61.15%，比原料气中 CH_4 浓度（50.44%）提高了

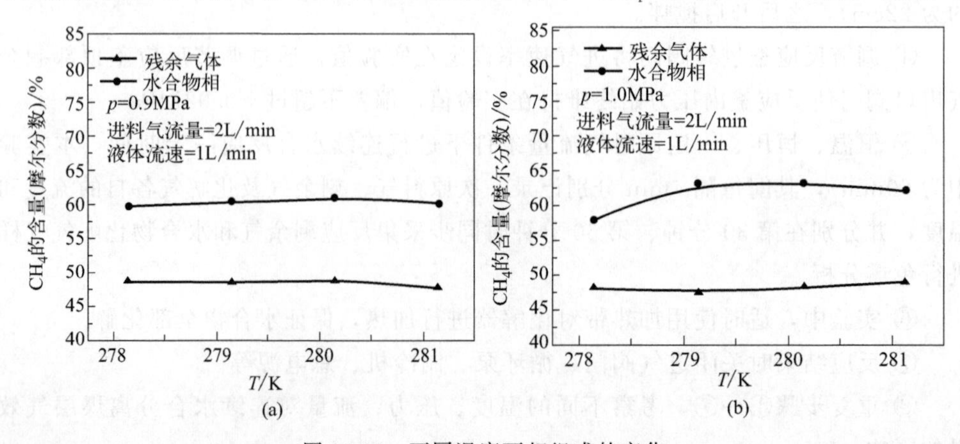

图 14-14　不同温度下相组成的变化

9.35%～10.71%。1.0MPa、278.15K 时水合物相 CH_4 浓度偏低，可能的原因是此条件下水合物生成量相对较多，N_2 在水合物浆液中的溶解和夹带量较多。由于水合反应时间较短，反应程度较低，剩余气中 CH_4 含量比原料气仅降低 1.0%～2.5%。图 14-15 是温度对 CH_4 回收率的影响，温度升高，水合反应 Gibbs 推动力降低，单位时间水合物的生成量减少，在 CH_4 浓度变化不大的情况下其回收率不断降低。278.15K、1.0MPa 时 CH_4 回收率达最大值 18.78%；281.15K、0.9MPa 时达最小值 4.51%。

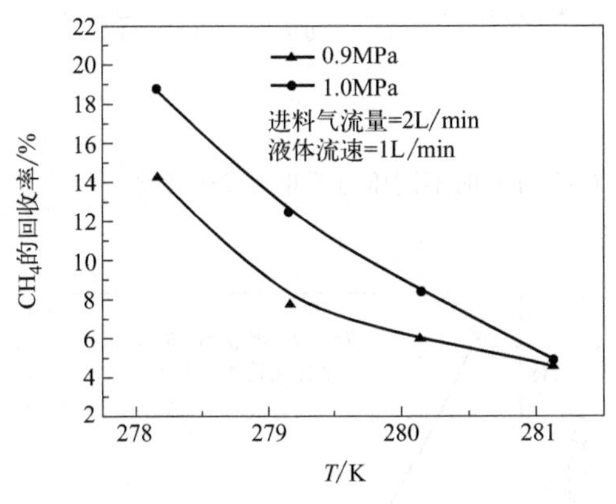

图 14-15　不同温度下 CH_4 回收率的变化

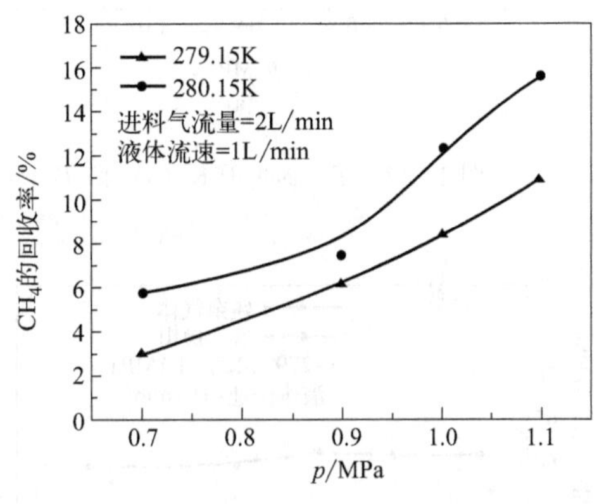

图 14-16　不同压力下 CH_4 回收率的变化

（2）压力对分离效果的影响

压力对 CH_4 回收率以及相组成的影响曲线示于图 14-16 和图 14-17。压力增加有利于 CH_4 在水合物相中富集和 CH_4 的回收。如 279.15K，压力从 0.7MPa 增加到 1.1MPa，水合物中 CH_4 浓度从 59.41%（摩尔分数）增加到 64.24%（摩尔分数），比原料气提高 9.0%～13.8%，CH_4 回收率从 5.79%增加到 15.61%。原因是压力增加，水合反应的 Gibbs 推动力增加，促使更多的 CH_4 形成水合物，相比而言压力对 N_2 的促进作用要小于 CH_4。压力增加，CH_4 在水合物相富集导致其在剩余气中的浓度不断降低，而生成水合物消耗的气体量与原料气量相比较少导致剩余气中 CH_4 浓度变化量很小。279.15K 时，不同压力下剩余气中 CH_4 浓度与原料气相比只降低了 0.8%～2.3%。

（3）原料气流量对分离效果的影响

图 14-18 和图 14-19 分别是原料气流量对相组成和 CH_4 回收率的影响。可以看出，原料气流量增加，水合物相中 CH_4 浓度基本没有变化，在 60.0%（摩尔分数）左右；剩余气中的 CH_4 含量略有增加（更接近于原料气组成），在 45.2%～49.2%（摩尔分数）之间。原因在于温度压力恒定，气相的组成变化较小的情况下，CH_4-N_2 体系的水合反应 Gibbs 推动力基本恒定，从而导致水合物相中 CH_4 的浓度基本恒定。在本实验的范围内，原料气流量的增加使得气液相接触面积增加，

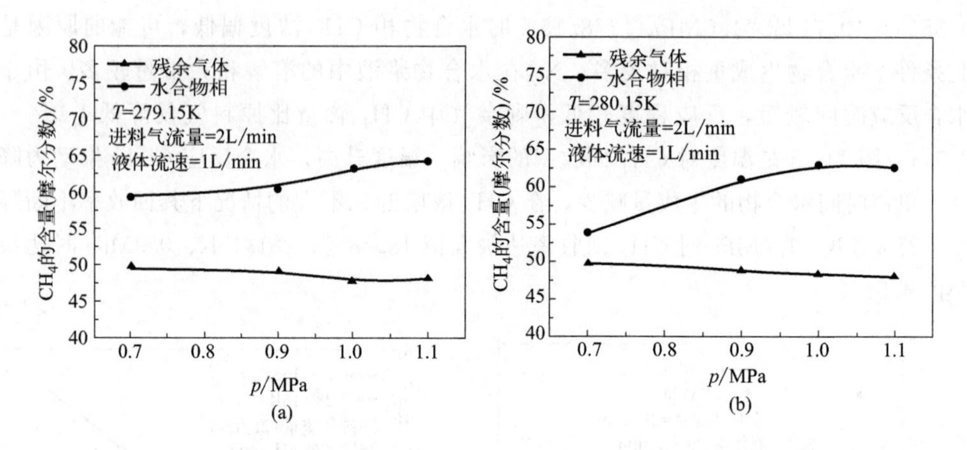

图 14-17　$T=279.15\mathrm{K}$（a）和 $T=280.15\mathrm{K}$（b）时不同压力下相组成的变化

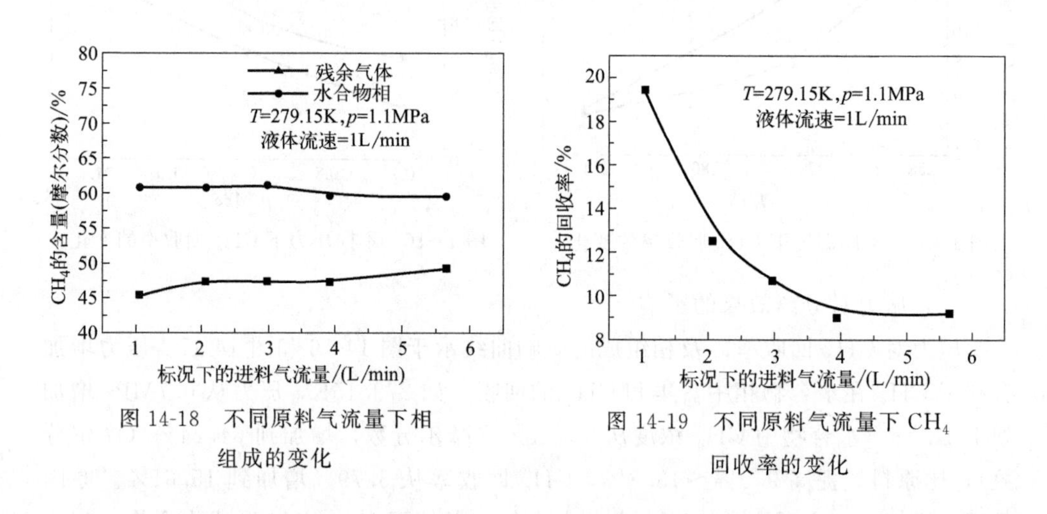

图 14-18　不同原料气流量下相组成的变化

图 14-19　不同原料气流量下 CH_4 回收率的变化

单位时间内水合物的生成量增加，然而水合物生成量的增加幅度小于原料气流量的增加幅度，在水合物相组成基本不变的情况下导致 CH_4 回收率不断降低，从19.4%降低到9.2%；同样的原因使得剩余气中 CH_4 浓度有所提高，更接近于原料气的组成。

总结如下：实验考查了温度、压力、原料气流量等对分离效果的影响。实验范围内，连续水合分离煤层气过程中反应压力增加、温度降低，有利于水合物相中 CH_4 的富集和 CH_4 回收率的提高。水合物中 CH_4 浓度最大值为64.24%（摩尔分数），比原料气提高13.8%（摩尔分数），CH_4 回收率最大值为19.40%；原料气流量增加时，水合物中 CH_4 浓度基本不变［60%（摩尔分数）左右］，剩余气中 CH_4 浓度逐渐增加［45.33%～49.22%（摩尔分数）］，CH_4 回收率却不断降低（19.40%～9.04%），因此原料气流量较低时对水合分离有利。

参 考 文 献

[1] 杨锡禄. 中国煤炭工业百科全书·地质·测量卷 [M]. 北京：煤炭工业出版社，1996.

[2] 张敏. 我国煤层气发展现状及存在问题 [J]. 化工设计通讯，2019，45 (06)：11-12.

[3] 王文春. 采用水合物法高效分离低浓度煤层气的实验研究 [D]. 重庆：重庆大学，2017.

[4] 袁建梅，杨德敏. 煤层气开发利用环境影响及对策建议 [J]. 环境影响评价，2019，41 (04)：32-35.

[5] 赵建忠，韩素平，石定贤，等. 煤层气水合物技术的应用前景 [J]. 矿业研究与开发，2005，25 (5)：40-43.

[6] 郭迎. 季铵盐对煤层气水合物生成影响的实验及理论研究 [D]. 太原：太原理工大学，2017.

[7] 赵娜. 低浓度煤层气提纯技术与应用的研究进展 [J]. 广东化工，2016，43 (20)：133-135.

[8] 吕秋楠，李小森，徐纯刚，等. 低浓度煤层气分离提纯的研究进展 [J]. 化工进展，2013，32 (06)：1267-1272.

[9] 苏向东. 多孔介质+ THF+ TBAB 体系煤层气水合物生成实验及理论研究 [D]. 太原：太原理工大学，2016.

[10] 郑志，王树立. 基于水合物的混空煤层气分离技术 [J]. 过滤与分离，2008 (4)：5-9.

[11] Sun Z G，Jiao L J，Zhao Z G，et al. Phase equilibrium conditions of semi-calthrate hydrates of (tetra-*n*-butyl ammonium chloride+ carbon dioxide) [J]. The Journal of Chemical Thermodynamics，2014，75：116-118.

[12] Li S，Fan S，Wang J，et al. Semiclathrate hydrate phase equilibria for CO_2 in the presence of tetra-*n*-butyl ammonium halide (bromide，chloride，or fluoride) [J]. Journal of Chemical & Engineering Data，2010，55 (9)：3212-3215.

[13] Makino T，Yamamoto T，Nagata K，et al. Thermodynamic stabilities of tetra-*n*-butyl ammonium chloride+ H_2，N_2，CH_4，CO_2，or C_2H_6 semiclathrate hydrate systems [J]. Journal of Chemical & Engineering Data，2010，55 (2)：839-841.

[14] Sun Z G，Liu C G. Equilibrium conditions of methane in semiclathrate hydrates of tetra-*n*-butylammonium chloride [J]. Journal of Chemical & Engineering Data，2012，57 (3)：978-981.

[15] Sun Z G，Sun L. Equilibrium conditions of semi-clathrate hydrate dissociation for methane+tetra-*n*-butyl ammonium bromide [J]. Journal of Chemical & Engineering Data，2010，55 (9)：3538-3541.

[16] Arjmandi M，Chapoy A，Tohidi B. Equilibrium data of hydrogen，methane，nitrogen，carbon dioxide，and natural gas in semi-clathrate hydrates of tetrabutyl ammonium bromide [J]. Journal of Chemical & Engineering Data，2007，52 (6)：2153-2158.

[17] Wang M, Sun Z G, Qiu X H, et al. Hydrate dissociation equilibrium conditions for carbon dioxide+ tetrahydrofuran [J]. Journal of Chemical & Engineering Data, 2017, 62 (2): 812-815.

[18] Lee Y J, Kawamura T, Yamamoto Y, et al. Phase equilibrium studies of tetrahydrofuran (THF) + CH_4, THF+ CO_2, CH_4 + CO_2, and THF+ CO_2 + CH_4 hydrates [J]. Journal of Chemical & Engineering Data, 2012, 57 (12): 3543-3548.

[19] Delahaye A, Fournaison L, Marinhas S, et al. Effect of THF on equilibrium pressure and dissociation enthalpy of CO_2 hydrates applied to secondary refrigeration [J]. Industrial & Engineering Chemistry Research, 2006, 45 (1): 391-397.

[20] Yang M, Jing W, Wang P, et al. Effects of an additive mixture (THF+ TBAB) on CO_2 hydrate phase equilibrium [J]. Fluid Phase Equilibria, 2015, 401: 27-33.

[21] Fowler D L, Loebenstein W V, Pall D B, et al. Some unusual hydrates of quaternary ammonium salts [J]. Journal of the American Chemical Society, 1940, 62 (5): 1140-1142.

[22] 郭迎，梁海峰，关钰，等. 季铵盐对煤层气水合物相平衡条件的影响 [J]. 过程工程学报，2017，17 (4)：873-878.

[23] Aladko L S, Dyadin Y A, Rodionova T V, et al. Clathrate hydrates of tetrabutylammonium and tetra*iso*amylammonium halides [J]. Journal of Structural Chemistry, 2002, 43 (6): 990-994.

[24] van der Waals J A, Platteeuw J C. Clathrate solutions [M]. New York: John Wiley and Sons, Inc., 1959.

[25] Chen G J, Guo T M. A new approach to gas hydrate modelling [J]. Chemical Engineering Journal, 1998, 71 (2): 145-151.

[26] Moradi G, Khosravani E. Modeling of hydrate formation conditions for CH_4, C_2H_6, C_3H_8, N_2, CO_2 and their mixtures using the PRSV2 equation of state and obtaining the Kihara potential parameters for these components [J]. Fluid Phase Equilibria, 2013, 338: 179-187.

[27] Zhong Y, Rogers R E. Surfactant effects on gas hydrate formation [J]. Chemical Engineering Science, 2000, 55 (19): 4175-4187.

[28] 江传力，吴强，李成林. 合成瓦斯水合物诱导时间的研究 [J]. 煤炭学报，2005，(06)：751-753.

[29] 杨晓西，丁静，杨建平，等. 水合物分离二氧化碳气体的研究 [J]. 东莞理工学院学报，2006 (04)：51-56.

[30] Ganji H, Manteghian M, Omidkhah M R, et al. Effect of different surfactants on methane hydrate formation rate, stability and storage capacity [J]. Fuel, 2007, 86 (3): 434-441.

[31] Ando N, Kuwabara Y, Mori Y H. Surfactant effects on hydrate formation in an unstirred gas/liquid system: An experimental study using methane and micelle-forming surfactants [J]. Chemical Engineering Science, 2012, 73: 79-85.

［32］ 杜建伟. Span20 等化学添加剂对甲烷水合物生成过程的影响［D］. 广州：中国科学院广州能源研究所，2008.

［33］ 杜建伟，梁德青，戴兴学，等. Span 80 促进甲烷水合物生成动力学研究［J］. 工程热物理学报，2011，32（02）：197-200.

［34］ 梁海峰，孙国庆，车雯，等. THF+TBAB+SDS 对含氧煤层气水合物生成促进的实验研究［J］. 天然气化工：C1 化学与化工，2015，40（4）：49-53.

［35］ 张强，吴强，张辉，等. 蒙脱石对水合物法分离煤矿瓦斯中甲烷的影响［J］. 中南大学学报：英文版，2018，25（1）：38-50.

［36］ Kumar A，Veluswamy H P，Kumar R，et al. Kinetic promotion of mixed methane-THF hydrate by additives：Opportune to energy storage［J］. Energy Procedia，2019，158：5287-5292.

［37］ Sun Q，Chen B，Li Y，et al. Enhanced separation of coal bed methane via bioclathrates formation［J］. Fuel，2019，243：10-14.

［38］ Park S S，Kim N J. Study on methane hydrate formation using ultrasonic waves［J］. Journal of Industrial and Engineering Chemistry，2013，19（5）：1668-1672.

［39］ Fakharian H，Ganji H，Far A N，et al. Potato starch as methane hydrate promoter［J］. Fuel，2012，94：356-360.

［40］ Golombok M，Ineke E，Luzardo J C R，et al. Resolving CO_2 and methane hydrate formation kinetics［J］. Environmental Chemistry Letters，2009，7（4）：325-330.

［41］ 郝文峰，盛伟，樊栓狮，等. 喷淋式反应器中甲烷水合反应实验研究［J］. 武汉理工大学学报，2007，29（12）：39-43.

［42］ 赵建忠，赵阳升，石定贤. 喷雾法合成气体水合物的实验研究［J］. 辽宁工程技术大学学报：自然科学版，2006，25（2）：286-289.

［43］ 周春艳，郝文峰，冯自平. 孔板气泡法缩短天然气水合物形成诱导期［J］. 天然气工业，2005，（07）：27-29.

［44］ Fan S，Yang L，Lang X，et al. Kinetics and thermal analysis of methane hydrate formation in aluminum foam［J］. Chemical Engineering Science，2012，82：185-193.

［45］ Zhang B，Cheng Y，Qiang W. Sponge effect on coal mine methane separation based on clathrate hydrate method［J］. Chinese Journal of Chemical Engineering，2011，19（4）：610-614.

［46］ 朱耀剑. 水合物法分离低浓度煤层气热力学模型研究［D］. 太原：太原理工大学，2014.

［47］ 苏向东，梁海峰，郭迎，等. 多孔介质+THF+TBAB 体系低浓度煤层水合物合成正交实验［J］. 天然气化工：CI 化学与化工，2016，41（4）：29-32.

［48］ Chen G J，Guo T M. Thermodynamic modeling of hydrate formation based on new concepts［J］. Fluid Phase Equilibria，1996，122（1-2）：43-65.

［49］ 孙强，郭绪强.（CH_4 + N_2 + THF）体系水合物生成动力学［J］. 化工进展，2011（S1）：514-516.

［50］ 陈广印，孙强，郭绪强，等. 水合物法连续分离煤层气实验研究［J］. 高校化学工程学报，2013，27（4）：561-566.

第十五章　水合物法分离合成氨尾气中的氢气和氮气

第一节　引　言

一、合成氨尾气

合成氨技术指由氮气和氢气在高温高压、催化剂的作用下直接合成氨气，是一种基本无机化工工艺流程。自1911年BASF建成第一套合成氨装置后，合成氨技术快速发展，单套合成氨生产能力已经从1500t/a发展到90万吨/年，氨合成塔压力已经从100MPa下降到15MPa[1]。合成氨工业的原料之一的氮气来源于空气，一般通过空气液化分离获得，而氢气主要来源于天然气和油田气等气态烃、渣油、煤等。氨作为一种重要的化工产品，在很多领域具有广泛的应用。2016年10月的数据显示，全国合成氨生产企业大约有240家，总产能达到6768万吨。以煤为原料的合成氨装置占比达到75.5%，生产能力约5100万吨/年；以天然气为原料的合成氨装置占比达到21.1%，生产能力约为1430万吨/年[2]。

在合成氨或者使用氨的工段常会产生含氨尾气，例如铜洗再生气、合成弛放气和液氨贮罐气等，其混合浓度可达30%左右。合成氨生产过程中，含氨尾气按压力高低可分为高压的氨合成放空气、中压的氨罐放空气和低压的冰机氨罐放空气。如果尾气中90%的氢气和氮气能够得到回收返回合成工段，将会提高装置的生产能力或降低制氢单元的负荷，生产能力可提高7%[3]。在工业生产中，无论从环保角度还是经济角度都有必要分离尾气，回收其中的氢气和氮气，这也是合成氨工业节能降耗的重要课题。

目前，大部分合成氨厂将合成氨尾气中的甲烷组分直接通过锅炉燃烧回收热量，燃烧产生的二氧化碳直接排放到大气中，少部分厂家将氨尾气直接排放到大气中[4]，造成了资源浪费。甲烷是一种温室气体，其造成的全球气候变暖比二氧化碳高 20 倍，不仅造成环境污染和资源浪费，同时也增加了合成氨能耗和单位成本[5]，因此对合成氨尾气的处理和分离很有必要。

二、合成氨尾气的产生和常用的回收处理方法

（一）合成氨尾气的产生

合成氨尾气主要是由弛放气和贮罐气两部分组成的。弛放气是指在合成氨的生产过程中，为维持循环气中惰性气体平衡而从合成系统的循环气中排放出一部分富集惰性气体的循环气；氨贮罐系统为保持压力平衡也需要释放部分气体，释放的这部分气体称为贮罐气。弛放气的排放对合成氨反应的进行有着重要的作用，例如用煤作合成氨的原料时合成气中会含有一定量的甲烷。在氨合成过程中，甲烷作为惰性组分不参与合成氨反应，在合成气循环的过程中甲烷浓度逐渐升高，合成气中甲烷浓度过高会影响合成氨反应的正常进行，为控制甲烷浓度必须排放部分含氮、甲烷等组分的尾气，从而保证氨合成反应的顺利进行[6]。

（二）合成氨尾气的组成

在现有合成氨生产企业中，由于原料的来源以及生产规模不同，产生的合成氨尾气量、组成也有所不同，合成氨尾气的主要成分为 H_2、N_2、CH_4 和 Ar 等气体，每吨氨的尾气排放量为 180～250m^3（标态）。典型的合成氨尾气组成[7] 如表 15-1 所列。

表 15-1　合成氨尾气的组成（体积分数）

序号	组成	分子量	弛放气/%	贮罐气/%
1	H_2	2.02	50	26
2	N_2	28.01	18～20	15
3	NH_3	17.03	10	40
4	Ar	39.95	5	5
5	CH_4	16.04	15	14

（三）合成氨尾气常用的回收处理方法

传统的氢分离技术包括深冷冷凝法、变压吸附（PSA）法和膜分离法。

① 深冷冷凝法由美国碳素公司开发并实现工业化，它是利用氢气与其他组分

的沸点相差较大，再利用合成氨尾气的余压膨胀节流制取冷量，逐渐冷凝，从而在分离器中实现分离。采用深冷冷凝法的设备成本较低，氢气的提取率高，但是氨尾气的预处理较复杂，处理不当在低温下会使其部分固化，堵塞管道；此外，受合成氨系统气量的影响较大，维持操作较困难。

② 变压吸附法（PSA）是在 20 世纪 60 年代发展起来的气体分离技术，其是利用吸附剂对不同的被吸附介质在不同的分压下具有不同的吸附速度、吸附容量与吸附推动力，在一定压力下对混合气体中各组分具有选择性吸附，增压实现对混合物气体的吸附分离，降压实现吸附剂的再生，从而实现不同气体的分离[8]。常用的吸附剂有活性炭和分子筛。PSA 技术可以在常温下操作，能耗较低，生产弹性大，工艺流程相对简单。

③ 膜分离法是利用多组分混合气体在一定的温度、一定压力差的推动下，通过分离膜时各种组分气体对膜的渗透速率不同而实现气体组分的分离回收。

合成氨回收塔顶的合成氨弛放气出口压力一般很高，通常为 5～12MPa。目前，可用于提浓氢气的方法中，成熟的变压吸附技术一般要求操作压力低，不适宜合成氨弛放气中氢气的提浓膜分离技术虽然适合分离高压气体，但因 H_2 需要透过膜，虽然得到的氢气浓度较高，但是压力比较低，需要增压后才能作为循环气循环至合成氨反应器，需要消耗大量的能源，提高了生产成本，并不适用于工业实际生产[9]。另外，以上方法基本都是单独回收氢气，如果要满足合成氨原料的要求，还需要补充氮气。

第二节　以水为主要介质的水合物法回收合成氨尾气中的氢气和氮气

一、水合物法回收合成氨尾气中的氢气和氮气流程

19 世纪初 Hammerschimd 最早将水合物分离法用于气体的分离，并引起了研究者的广泛关注。水合物法分离混合物是基于水合物晶格中仅能包含水和可生成水合物的客体分子，生成水合物后水分子和部分客体分子会在水合物相中得到富集，与主体相的浓度不同，从而实现分离。在相同的温度下每种组分生成水合物所需要的压力不同，在 273.15K 时合成氨尾气中代表性组分在纯水中生成水合物所需的压力（绝对压力）如表 15-2 所列。

表 15-2　273.15K 时合成氨尾气中各组分在纯水中生成水合物所需压力

物质	CO_2	CH_4	Ar	N_2	H_2
水合物生成压力/MPa	1.26	2.63	9.50	14.30	＞200

可以看到，不同气体在同一温度下生成水合物所需的压力相差很大，因此可以通过使混合气生成水合物来实现对合成氨尾气中各气体的分离和提纯。合成氨尾气中希望回收利用的组分是 H_2 和 N_2，这两种组分在相同温度下生成水合物的压力远高于 CH_4 和 Ar，经过水合平衡分离后 CH_4 和 Ar 能够在水合物相中得到富集，气相中的 H_2、N_2 浓度则会提高，这样就可以同时回收 H_2 和 N_2。水合物法回收合成氨尾气中的 H_2 和 N_2 流程如图 15-1 所示。

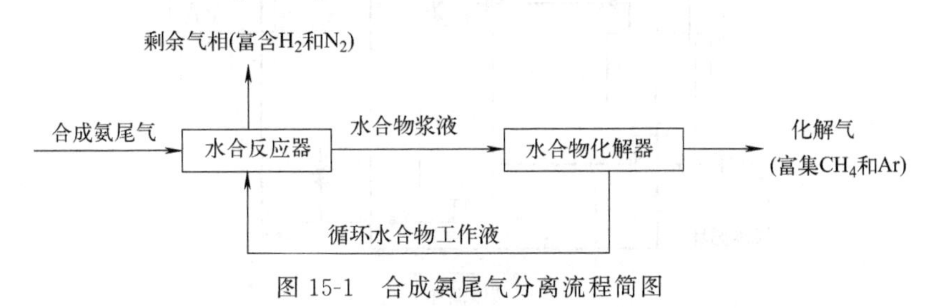

图 15-1　合成氨尾气分离流程简图

水合物分离法通常以水作为分离介质，采用水溶液作为分离介质在水合物生成条件下来分离合成氨尾气是目前水合物领域研究者的研究课题和方向。常见的水合物促进剂有四氢呋喃（THF）、四丁基溴化铵（TBAB）等，在水溶液中加入热力学促进剂可以降低水合物生成时所需要的压力，降低操作成本，提高分离效率。

二、纯水体系中水合物法分离合成氨尾气中氢气和氮气结果

合成氨尾气中的主要成分包括 H_2、N_2、Ar、CH_4，获得甲烷水合物生成的热力学数据对利用水合物法分离合成氨尾气具有重要意义。氢气在很高的压力下才能形成水合物，当混合气体中存在甲烷时，水合物中氢气的含量非常小，根据这一特点，Sun 等[6] 考察了 H_2/CH_4 二元混合物在纯水中形成水合物的分离效果。采用无气液循环的间歇操作方式进行实验，实验装置如图 15-2 所示。

该分离装置主要由反应器、分解器、缓冲罐、气液循环系统和冷却系统组成，原料气经增压器增压进入反应器底部进行水合反应，未反应气体从反应器顶部排出，由压缩机增压后进入缓冲罐，然后作为原料气重新返回反应器。液体循环可通过活塞泵实现。达到平衡条件后，水合物浆液被转移到分解器中分解并分析化解气组成。冷却系统用乙醇水溶液作为冷却介质进行制冷。实验时应注意空气的干扰。由于受实验装置的限制，在氢气进料摩尔分数为 14.40%～39.95%的低浓度下对 H_2+CH_4 混合气进行分离，并对进料气、富集气以及水合物相中的气体组成进行分析。

在纯水系统中，从 H_2+CH_4 混合气中分离 H_2 的效果并不理想。H_2+CH_4 混合气形成水合物所需的压力与混合物中氢气的含量近似为线性关系[10]，H_2+CH_4 混合气在纯水系统为介质下需要较高的操作压力才能满足水合物生成的条件，

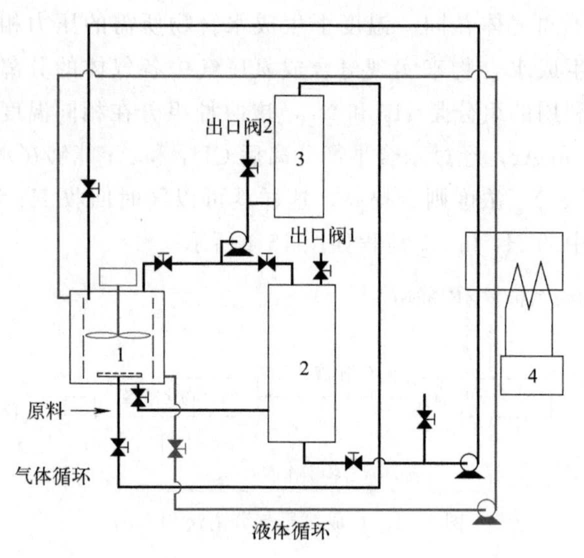

图 15-2 气液内循环间歇式水合分离 H_2/CH_4 实验装置图

1—水合反应器；2—水合物分解器；3—缓冲罐；4—制冷机

因此，以纯水为介质分离只能用于初始富集氢气。例如，在 4.74MPa、1.1℃的平衡条件下，H_2 的摩尔分数可以从 22.59%富集到 38.61%。水合物中还含有小部分的氢气，可能是水合物会吸收一定量的氢气，水合物网笼中 CH_4 和 H_2 之间就会存在竞争。由于 H_2 分子量太小且只能部分吸附在空置的水合物网笼中，所以可以利用 H_2 体系水合物形成的条件来计算推断其浓度，如果不考虑水合物网笼对 H_2 的吸附，计算值与实验值之间的偏差较大。此外，间歇操作过程中进行气液循环，液相中可能会夹带 H_2，从而使水合物相中 H_2 的含量增加。

在以上实验研究的基础上，Sun 等[6] 将热力学模型与等温闪蒸计算相结合，提出了一种模拟气体混合物单平衡级分离的水合物闪蒸计算方法，在给定的温度和压力下，通过对给定物料的组成来确定平衡状态下气相和水合物相的组成，具体模型如下。

根据相平衡可知，当气相和水合物体系处于平衡时，气相中气体组分的逸度等于水合物中气体组分的逸度，即：

$$f_i^{V}=f_i^{H} \tag{15-1}$$

式中，f_i^{H} 为组分 i 在水合物相中的逸度；f_i^{V} 为组分 i 在气相中的逸度。

组分 i 在气相中的逸度可以根据如下公式进行计算：

$$f_i^{V}=\Phi_i^{V} y_i p \tag{15-2}$$

式中，Φ_i^{V} 为组分 i 在气相中的逸度系数；y_i 为组分 i 的摩尔分数；p 为系统的压力。

组分 i 在水合物相中的逸度可以根据 Chen-Guo 水合物模型计算：

$$f_i^H = x_i^* f_i^0 (1 - \sum\nolimits_j \theta_j)^\alpha \tag{15-3}$$

式中，α 为常数，水合物为Ⅰ型时为 1/3，水合物为Ⅱ型时为 2；f_i^0 为气体与纯基础水合物达到相平衡时的逸度；θ_j 为组分 j 分子占据孔穴的填充率；x_i^* 为组分 i 在纯基础水合物中的摩尔分数。

θ_j 由如下公式进行计算：

$$\theta_j = \frac{f_j c_j}{1 + \sum\nolimits_i f_i c_i} \tag{15-4}$$

式中，f_j、f_i 分别为组分 j、i 在气相中的逸度；c_i、c_j 分别为组分 i、j 的 Langmuir 常数。

$$x_i = \frac{x_i^* + \alpha\theta_i}{\sum\nolimits_{i=1}^n (x_i^* + \alpha\theta_i)} \tag{15-5}$$

式中，θ_i 为组分 i 分子占据孔穴的填充率。

物料平衡方程：

$$F = V + H \tag{15-6}$$

$$F z_i = V y_i + H x_i \tag{15-7}$$

式中，F 为原料气的物质的量；V 为气相的物质的量；H 为水合物相中的物质的量；z_i 为组分 i 在原料气中的摩尔分数；y_i 为组分 i 在气相中的摩尔分数；x_i 为组分 i 在水合物中的摩尔分数。

定义 e 为平衡时的蒸汽比：

$$e = V/F \tag{15-8}$$

经过对方程化简：

$$e = \frac{z_i - x_i}{y_i - x_i} \tag{15-9}$$

组分在气相和水合物相的相平衡方程为：

$$y_i = K_i x_i \tag{15-10}$$

$$y_i = \frac{K_i z_i}{(K_i - 1)e + 1} \tag{15-11}$$

式中，K_i 为相平衡常数。

经过与实验数据进行对比，此模型可以获得很好的预测精度，可对实验条件进行扩展，并可模拟实验装置所不能达到的实验条件。

三、NH_3+H_2O 体系中水合物法回收合成氨尾气中氢气和氮气实验结果

甲烷在氨水体系中生成水合物的实验数据对利用水合物法分离合成氨尾气中的气体具有重要的意义，王蕾艳等[11] 采用直接观察压力搜索法对氨水溶液中甲烷

气体水合物的生成条件进行测定，实验装置如图 15-3 所示。

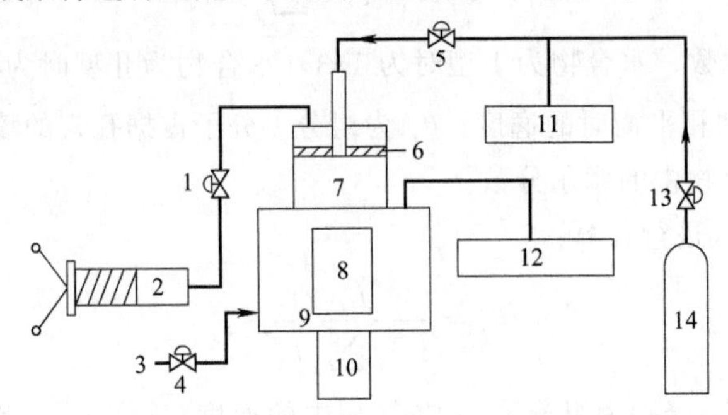

图 15-3　$H_2+CH_4+NH_3+H_2O$ 体系水合物分离实验装置图

1,4,5,13—阀门；2—加压泵；3—液体入口；6—活塞；7—高压反应釜；8—玻璃窗；9—磁力搅拌器；10—搅拌电机；11—压力传感器；12—温度传感器；14—原料缓冲罐

氨水溶液中分离合成氨尾气的实验装置图主要由高压反应釜、恒温空气浴、测量仪器以及加压泵组成，此实验装置的核心部分是在恒温空气浴中安装了带视窗的磁搅拌活塞式高压反应釜，为了能够清楚观察到水合物的生成与分解并准确地确定相平衡条件，安装了 LG100H 型冷光源。高压反应釜中活塞的密封性很好，可以将流体与实验体系分隔开，选择浓度为 28％的乙二醇作为加压液体，实现了无泵操作。在实验中，若稳定 4～6h 后仍有微量水合物晶体悬浮于溶液中或黏附在高压釜内壁上，则此时体系的压力即为该体系在该温度下水合物的平衡生成压力。

王蕾艳等[11] 利用上述实验装置测定了氨摩尔分数为 1.018％、3.171％、5.278％的氨水溶液中甲烷气体水合物的生成条件，将实验值与计算值进行了对比，如图 15-4 所示。

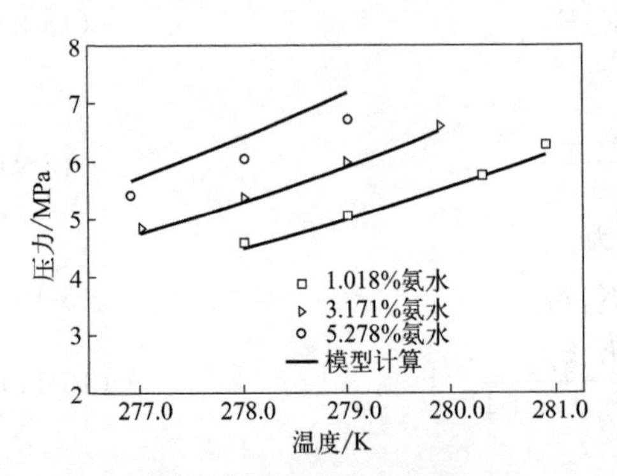

图 15-4　甲烷气体在不同氨水溶液中生成水合物条件图

可以看出，水溶液中氨浓度一定时，甲烷在氨水溶液中形成水合物所需要的压力随着温度的升高而升高，即水合物生成条件越来越苛刻。不同浓度氨水溶液中甲烷生成水合物具有相似性的规律，在低浓度的氨水溶液中，水合物生成压力随温度增加得相对缓慢，在高浓度的氨水溶液中时，曲线的斜率变得陡峭，水合物生成压力随着温度升高迅速增加。温度一定时，甲烷在氨水溶液中形成水合物所需的压力随氨水浓度的增加而增大，这说明氨的存在对甲烷水合物的生成起到了抑制作用，抑制作用随浓度的增加变得越来越明显。此外，在实验中甲烷在氨水溶液中生成水合物时会出现爬壁现象，液相中氨的加入不仅使水合物的生成压力变高，而且水合物的生成速率随着氨浓度的增加而减缓，说明氨的加入能

够减缓水合物的生成速率。

王蕾艳等[11] 利用 Chen-Guo 模型对水合物的生成条件进行计算，在计算之前做出了两点假设：一是忽略了甲烷气体在水中的溶解；二是由于氨的浓度不高，忽略了氨的挥发，假设氨液相的浓度不变，假定氨在水合物相没有吸附。在此假设的基础上，如果知道氨水溶液中水的活度，就可以用 Chen-Guo 模型计算水合物的生成压力，具体的模型如下：

氨是极性物质且与水完全互溶，选择 P-T 方程对气相的逸度进行计算：

$$p=\frac{RT}{v-b}-\frac{a(T)}{v(v+b)+c(v-b)} \tag{15-12}$$

其中

$$a(T)=\sum_i \sum_j x_i x_j a_{ij} \tag{15-13}$$

$$a_{ij}=[1-k_{ij}+(k_{ij}-k_{ji})x_i]\sqrt{a_i a_j} \tag{15-14}$$

$$b=\sum_i x_i b_i \tag{15-15}$$

$$c=\sum_i x_i c_i \tag{15-16}$$

水的活度（a_w）计算如下：

$$a_w=f_w/f_w^0 \tag{15-17}$$

式中，f_w 为 P-T 方程计算混合物中液相水的分逸度；f_w^0 为纯水的逸度。

在低浓度的氨水中，氨水浓度为 1.018%、3.171%时，采用 Chen-Guo 模型对甲烷在氨水中生成水合物的数据进行计算时，得到的计算结果比较满意，平均误差为 2.71%，能够较好地预测氨水体系水合物的生成条件。当氨水浓度为 5.278%时，计算值偏离实验值，误差较大。造成这一现象的原因主要有以下几个方面：a. 氨本身具有挥发性，随着浓度的增加，氨水中一部分氨挥发到气相中，液相中氨的浓度降低，导致计算结果大于实验值；b. 氨水中氨的解离也会使液相中氨的浓度降低；c. 模型未考虑甲烷在水中的溶解度。

四、THF+H_2O 体系中水合物法回收合成氨尾气中氢气和氮气实验结果

四氢呋喃（THF）是极性较强的醚类杂环有机化合物，是一种良好的水溶性聚合物，与水可以形成任意浓度的Ⅱ型水合物；四氢呋喃是一种性能优越的促进剂，能形成稳定的水合物晶体结构，缩短气体水合物结晶诱导时间，从而降低水合物的生成压力。

Sun 等[6] 考虑到在纯水介质中，水合物法对 CH_4+H_2 的分离效果并不理想，然后以 THF 作为水合物促进剂，研究了 THF 浓度、温度以及压力对 CH_4+H_2 混合气分离效果的影响。

与纯水系统相比，加入浓度为1%（摩尔分数，下同）的THF后，相同条件下形成水合物所需要的压力降低，所得到的分离效果较好，分离效率随着压力的升高先略有提高后逐渐趋于稳定。例如：在温度为5℃左右，THF的浓度为1%，原料气中H_2的浓度大约在35%，当压力为1.42MPa时，氢气的浓度可以富集到50.21%；当压力升高为2.42MPa时，氢气的浓度富集到57.88%，与压力为1.42MPa下相比，分离效果有所提高；但当压力升高到3.65MPa时，氢气的浓度富集到56.65%，反倒略有所下降。这是由于初始水溶液中四氢呋喃浓度较低，四氢呋喃已完全转化为水合物，不再有四氢呋喃来促进水合物的形成，残留的水溶液中只存在纯净水，分离效率将受到限制。但与纯水系统相比，加入低浓度的四氢呋喃，水合物生成速率大大提高，这就为实际的工业运行节省了大量的能源成本。若想提高分离效果，可以选取更高的促进剂浓度，当THF的浓度提高到6%时，甲烷生成水合物所需的压力降低，分离效果提高，可以获得理想的单平衡级分离效果，如图15-5所示。

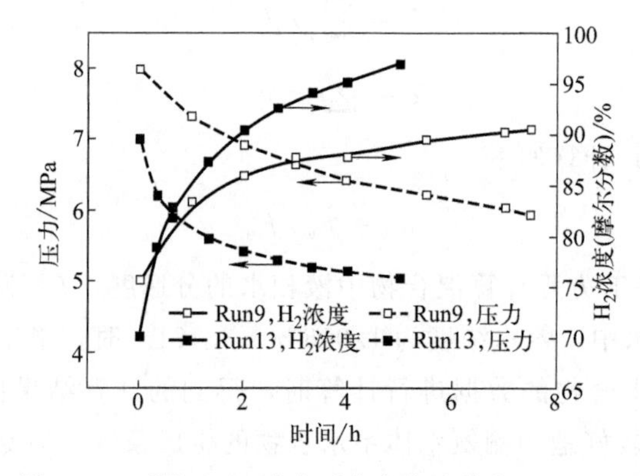

图15-5　不同THF浓度下水合物法分离H_2+CH_4时H_2浓度随时间变化图

原料气中氢气的浓度为75.62%，甲烷的浓度为24.38%，其中Run 9中THF的浓度为1%，Run 13中THF的浓度为6%

通过在Chen-Guo模型基础上提出的水合物闪蒸算法得到的水合物相和气相中的H_2摩尔分数与实验值接近，说明该模拟算法具有较好的预测精度。由于H_2的Langmuir常数是通过拟合H_2+CH_4+THF+水体系的水合物生成条件得到的，因此纯水体系的计算偏差比含THF体系的计算偏差稍大。

五、THF+NH_3+H_2O体系中水合物法回收合成氨尾气中氢气和氮气实验结果

氨的存在会抑制甲烷水合物的生成，且随着氨浓度的升高，甲烷生成水合物所需压力越来越高，抑制作用越来越强。为利用水合物法分离合成氨尾气，Dong等[12]考

察了加入 THF 后，甲烷在氨存在下的水合物生成条件以及气液比和温度对分离效果的影响，实验装置与氨水体系的实验装置相同。他们还将纯水体系、氨水体系以及在 THF 存在体系下甲烷水合物的生成数据进行了对比，如图 15-6 所示。

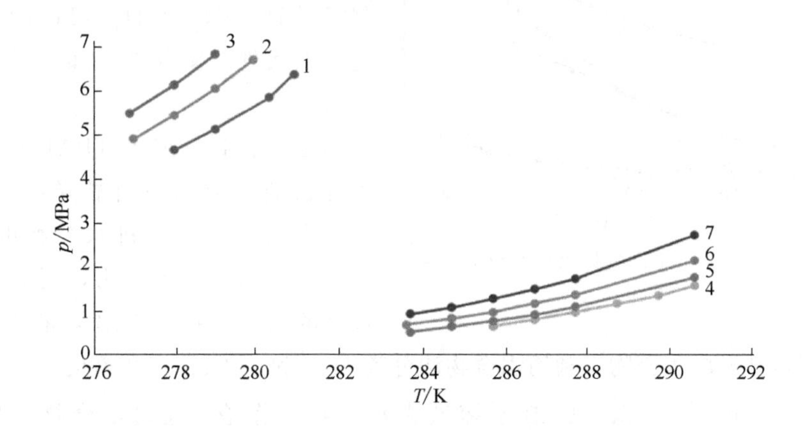

图 15-6 不同体系下合成氨尾气水合物生成条件对比图

1—1.018%NH_3＋水；2—3.171%NH_3＋水；3—5.278%NH_3＋水；4—6%THF＋水；5—0.958%NH_3＋5.943%THF＋水；6—2.986NH_3＋5.821%THF＋水；7—4.977%NH_3＋5.701%THF＋水

可以看到：在相同条件下，氨的存在使甲烷水合物的形成比在纯水中更困难，氨的存在对水合物的形成起抑制作用，甲烷水合物生成压力随着氨浓度的增加而增加；在 THF 存在下，水合物的生成压力会大幅度降低，这使得利用水合物法分离合成氨尾气成为可能。

在体系压力为 8MPa、温度为 278.15K 时，在气液体积比为 110、100、80 下用水合物法对混合气（H_2 65.4%、N_2 23.4%、CH_4 8.7%、Ar 2.5%）进行分离。水合物的形成可以有效分离氨尾气，平衡时气相中氢气和氮气的含量可以达到 90%（摩尔分数）以上，随着气液比的减小，氢的含量从 69.8%增加到 73.6%。当温度升高时，氢气的回收率随之增加，提高了分离效果。当气液比为 80，温度为 283.15K 时，氮气和氢气在回收的混合气中的总摩尔分数最高可达 96.9%。

六、TBAB 作为合成氨尾气水合物促进剂

四丁基溴化铵（TBAB）是一种白色晶体，具有潮解性，是一种良好的水合物促进剂。TBAB 自身可以形成半笼状水合物，能提供十二面体小笼，对分离分子直径较小或水溶性好的气体具有分离优势。在 TBAB 的水合物结构中，Br^- 能够和水分子发生水合相连，所形成的孔穴由四丁基铵根阳离子（TBA^+）所占据，十二面体的孔穴由小气体分子所占据，如氮气、甲烷和二氧化碳[13]。TBAB 的加入能够降低水合物的生成压力，缩短诱导时间从而提高生成速率。

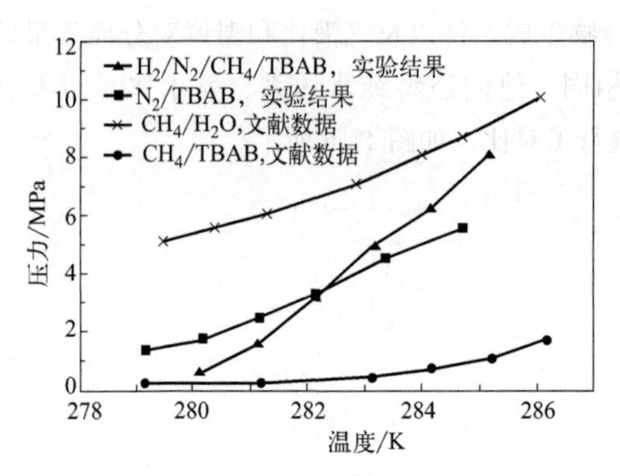

图 15-7 不同体系下不同气体水合物形成条件图

Sun 等[3] 采用水合物分离法，考察了 TBAB 存在下，从合成氨尾气中回收 H_2 和 N_2 的效果，用压力搜索法测定了 $H_2+N_2+CH_4+TBAB$ 水合物的形成条件。实验结果和文献数据示于图 15-7。

可以看到，加入 TBAB 后，CH_4 水合物的生成压力明显降低，TBAB 能够作为促进剂促进水合物的形成，降低水合物形成的压力，提高生成水合物的速率。在 TBAB 溶液中，CH_4 比 N_2 更容易形成水合物，利用水合物法分离 $H_2+N_2+CH_4$ 是可行的。

之后，Sun 等[6] 以 TBAB 水溶液为水合物工作液，通过水合物的生成对 $H_2+N_2+CH_4$ 混合气进行了连续分离。为了降低气相中甲烷浓度和提高氢气回收率，提出了两级分离工艺，第二级分离的原料气来自第一级化解器顶部的化解气。他们考察了实验压力、温度和气体流量对分离结果的影响。连续分离混合气装置示意如图 15-8 所示。

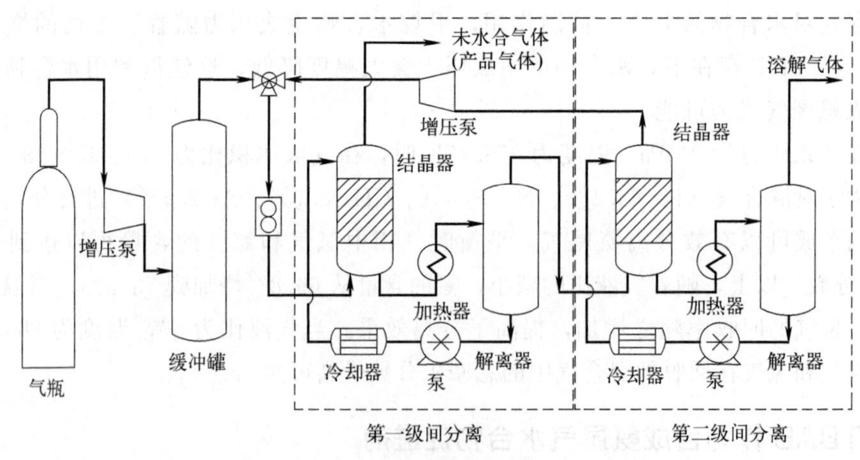

图 15-8 水合法连续分离合成氨尾气流程图

连续分离装置由四部分组成，分别为进气系统、水合系统、水合物分解系统以及液体循环系统。其中进气系统由气瓶、气体增压泵、缓冲罐以及气体流量控制器组成，水合系统由水合反应器和搅拌器组成，水合物分解系统由加热器和分解器组成，而液体循环系统由离心泵和冷却器组成。在利用水合物进行混合气分离时，首先，打开液体循环系统，使液体循环并维持恒定的实验温度；之后将原料气通过进料流量控制器导入水合反应器的底部，使反应器的气体压力保持在恒定的实验值，气体和液体在搅拌的作用下不断形成水合物，形成的水合物进入水合物分解系统中，并从水合反应器和化解器中收集和测定气体的体积。在不同的实验条件下进行了实验，并对实验结果进行了分析。

他们的实验结果表明：在 TBAB 初始浓度一定的条件下，随着压力的升高平衡气相中甲烷的浓度降低。例如，对于混合气（H_2 66.47%、N_2 25.33%、CH_4 8.2%，均为摩尔分数)，在气体流量为 120L/h、液体流量为 40L/h，压力从 5MPa 升高到 12MPa 时，平衡时气相中甲烷的浓度从 7.6%下降到 3.8%，而氢气和氮气的回收率也下降。随着压力的升高越来越多的甲烷形成水合物，一部分氢气也会被水合物吸附或者束缚，使得氢气的回收率降低。随着温度的升高，平衡时气相中甲烷的含量升高，高温抑制了 $H_2+N_2+CH_4+$TBAB 体系中水合物的生成。随着气体流量的增加，氢气和氮气的回收率增加，平衡时气相中 CH_4 浓度增加。通过综合考虑，最佳的实验条件温度为 283.15K，压力为 10MPa，气体流量为 240L/h，液体流量为 40L/h。

合成氨尾气经两级连续分离工艺分离后，平衡时气相中 H_2 和 N_2 的总摩尔分数达到 95.28%，满足了合成氨条件的要求。H_2 和 N_2 总回收率为 90.40%，而单级连续分离工艺中 H_2 和 N_2 回收率只有 60.47%，可以看到两级分离能显著提高分离效果。

综上，以水溶液作为分离介质分离合成氨尾气，其分离效果如下：与纯水系统相比，氨水系统由于氨的存在抑制了水合物的生成，水合物的生成压力增加；加入 THF、TBAB 等热力学促进剂，有利于促进水合物的生成，降低了水合物生成的压力，可以提高水合物生成的速率。目前利用水合物法分离合成氨尾气已取得了大量的基础研究数据，在此基础上对水合物法分离合成氨尾气中的氢气和氮气工艺过程也进行了很多的模拟计算，为工业应用打下了基础。

但是水合物法分离混合气体仍存在许多问题没有解决，例如：水的水合转化率比较低，加入 THF、TBAB 等水合物促进剂可以在一定程度上降低合成氨尾气的水合物生成压力，提高水合物生成的速率，但水合物促进剂会占据水合物的大部分孔穴，影响单位体积水合物工作液的气体处理量；其次，在水合物生成过程中水合物固体会发生聚集，造成水合物浆液流动出现困难，严重时会发生堵塞[14]。

第三节　以水+油为主要介质的水合物法回收合成氨尾气中的氢气和氮气

上节介绍的以水作为主要分离介质分离合成氨尾气的分离效果比较好，但是所形成的水合物容易团聚，流动性差，化解速度慢，分离时间长。为了解决这些问题，有学者提出了一种采用油水乳液作为分离介质以改善水合物法分离混合气的气体分离技术——吸收-水合耦合分离法[15]。

吸收-水合耦合分离技术首先将水、油、水合物阻聚剂混合形成稳定乳液，然后采用该乳液体系在水合物生成条件下分离混合气。利用不同气体组分在油相中的溶解度不同，部分气体被油相选择性吸收，溶解在油相中的气体组分容易形成水合物，使得混合气首先被油相实现一次吸收分离，然后油相中溶解的混合气与乳液中的悬浮水滴再选择性生成水合物，从而实现吸收、水合有效叠加的分离效果。

吸收-水合耦合分离技术的优势主要体现在：一方面，液体水以水滴的形式分散在油相中，水滴粒径很小可以达到微米级别，进而大幅度提高了水滴的水合转化率，在一定程度上甚至可以使水完成转化成水合物；另一方面，由于水合物阻聚剂的存在使得水滴转化为水合物后能够均匀分散在油相中，从而避免出现由于水合物的聚集而造成分离设备堵塞的现象，水合物/油浆液具有良好的流动特征，可以在水合分离塔和解吸塔之间流动，利用这一特点可以实现分离-解吸-分离的连续气体分离过程[14]，保证整个系统的流动性，使得气体连续分离的过程可以进行。

Liu 等[16] 采用吸收-水合耦合分离法，通过水合物形成、解离，从模拟合成氨装置的尾气混合物（氢气＋氮气＋甲烷＋氩气）中回收氢气与氮气，实验装置如图 15-9 所示，主要由高压反应釜、磁力搅拌器、空气浴以及换热器等部分组成。在整个实验过程中温度和压力保持恒定，搅拌器以一定的速度进行搅拌，待液态水转化成固体水合物悬浮在油包水乳液的冷凝液中，残余气体与水合物相接触至少 4h，确保气体水合物平衡，对气相进行取样并分析其组成。水合物完全分解后，用气相色谱仪分析释放气体的组成，记录水合物相混合气体的组成。

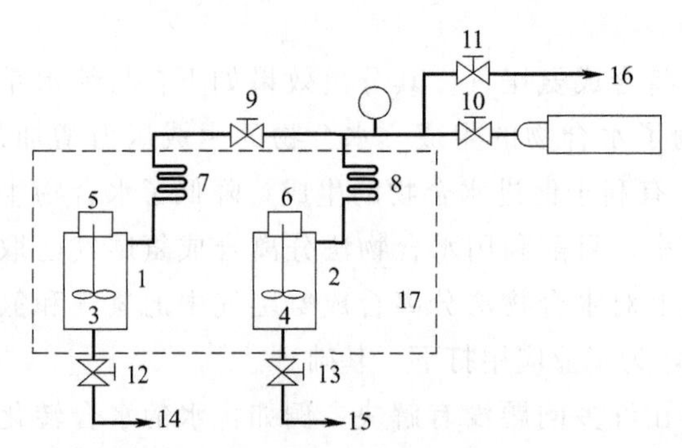

图 15-9 水/油乳液介质分离合成氨尾气实验装置图
1,2—高压反应釜；3,4—磁力搅拌器；5,6—发动机；7,8—换热器；9～13—阀门；14,15—样品采集系统；16—出料系统；17—空气浴

Liu 等[16] 考察了阻聚剂（AA）、热力学促进剂、浓度、温度、压力、初始气液体积比、油水体积比和气液流动情况对合成氨尾气分离效率的影响，结果如下。

一、AA 浓度对分离效率的影响

水合物阻聚剂作为一种动态控制抑制剂，具有用量小、性能稳定的特点，抑制的机理与热力学水合物抑制剂和动力学水合物抑制剂不同，水合物阻聚剂不改变水合物热力学生成的条件、体系中可以生成水合物的颗粒，但是水合物阻聚剂可以改变并控制颗粒的大小。阻聚剂的亲水端吸附在水合物颗粒的表面，亲油端插入油相内来减小水合物颗粒的尺寸，从而阻止颗粒之间的聚集，解决管道内水合物沉积堵塞的问题。

为了将水合物分散到油中，需要在水合物工作液中使用表面活性剂。根据表面活性剂的亲水亲油平衡（HLB）来提供表面活性剂制备乳状液类型的近似值，研究选择了 HLB 值为 3～6 的化学品，以获得油包水（W/O）乳状液[17]。每个化合物的 HLB 值可从 McCutcheon 手册中查到。由于非离子表面活性剂通常无毒，其性能与水的硬度无关，且在低双电液体中工作良好，因此选择非离子表面活性剂。研究发现，在实验测定中表面活性剂 AA（Span 20、oπ）效果最好。水合物颗粒在油包水乳液中形成，并立即分散，直到全部水转化为水合物而不结块为止。实验结果表明：在油的体积分数为 66.67%，水的体积分数为 33.33%，THF 的摩尔分数（相对于水）为 6%，Span 20 的质量分数为 2%，oπ 的质量分数为 0.5% 的条件下，该体系下形成的水合物浆液的视觉情况如图 15-10 所示。

(a) 0min　(b) 30min　(c) 24h

图 15-10　阻聚剂对水合物浆液的视觉影响图

在温度为 276.15K，压力为 10MPa，初始气液比为 100，初始的油水比为 2，四氢呋喃的摩尔分数为 6%的实验条件下，对不同浓度 AA 对水合法分离合成氨尾气效果的影响进行了测定，在 Span 20 的浓度为 1.5%（质量分数）时，平衡气相中气体的组成随 oπ 浓度的变化如图 15-11 所示。而在 oπ 的浓度为 0.5%（质量分数）时，平衡气相中气体的组成随 Span 20 浓度的变化如图 15-12 所示，其中 w_s 为 Span 20 的质量分数，w_o 为 oπ 的质量分数。

在此实验条件下，氢气的回收率为 88%～90%，氮气和氢气的含量大约在 93%。随着 w_o、w_s 的增加，气相和水合物相中的 H_2 浓度均呈现出先增加后减小的趋势。势必存在一个最佳的 AA 浓度，在最佳的 AA 浓度下，H_2 的分离效率更高。随着 AA 浓度的增加，反胶束浓度和气体在乳液中的溶解度增加，水合反应加快，单级分离效率得到提高，但是乳状液和水合物浆液的黏度也可能会增加，降

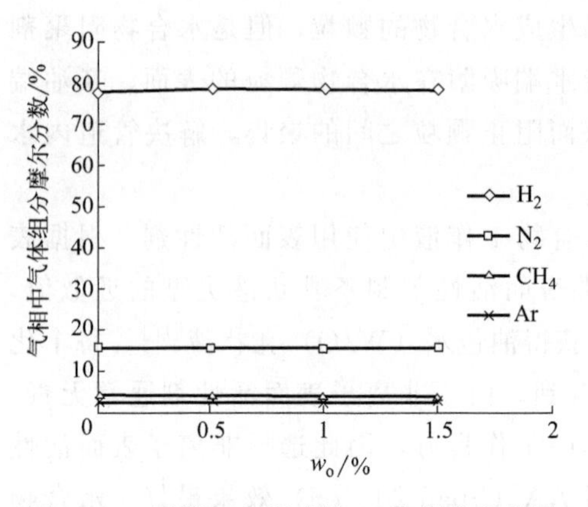

图 15-11　平衡气相组成随 oπ 浓度的变化图

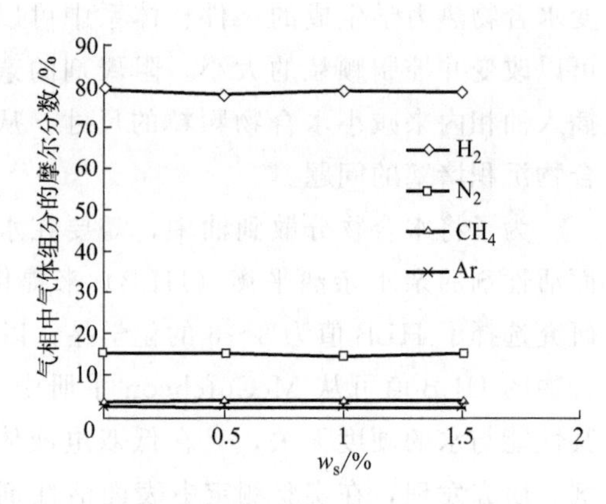

图 15-12　平衡气相组成随 Span 20 浓度的变化图

低流体的流动性，影响气液固相间的质量传递，从而影响其分离效率。在此研究中，当 Span 20 的浓度为 1.0%（质量分数）、oπ 的浓度为 0.5%（质量分数）时为最佳浓度，分离效果最好。

二、温度和压力对分离效果的影响

在压力为 10MPa，初始气液比为 100，初始油水比为 2，AA 为最佳浓度，四氢呋喃的摩尔分数为 6%的实验条件下，对不同温度下的合成氨尾气分离效果进行了测定，气相中各组分的摩尔分数随温度的变化如图 15-13 所示，氢气的回收率随温度的变化如图 15-14 所示。

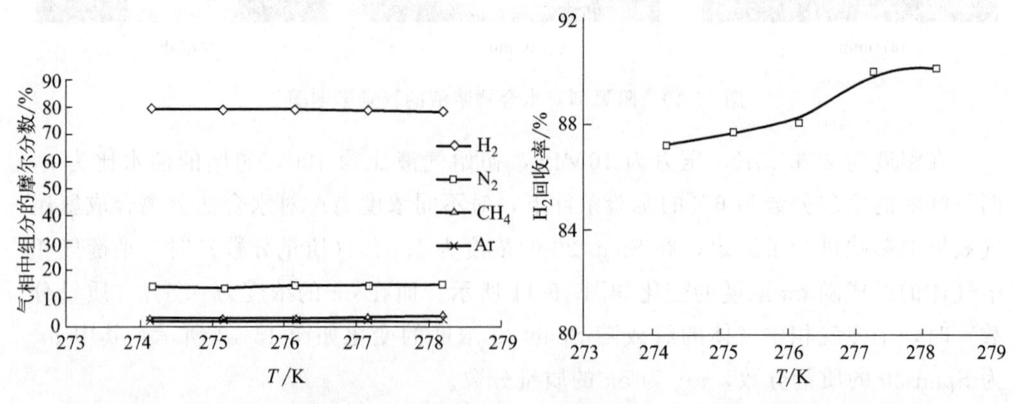

图 15-13　平衡气相组成随温度的变化图　　图 15-14　氢气回收率随温度的变化图

氢气的回收率大约在 90%，H_2 在气相和水合物相中的浓度随温度的降低而升高，而 CH_4 则呈现相反的趋势。从水合物的形成考虑，水合物的生成与结晶过程类似，包括水合物成核和水合物生长，在低温条件下，水合物形成的诱导时间对温度非常敏感。Skovborg 等[18] 证明温度的小幅度降低可能导致诱导时间大幅度缩短，随着温度的降低，水合反应的驱动力变大，即生成水合物的速度加快。因此，低温有利于吸收-水合耦合分离法。

在温度为 274.15K、初始气液比为 100、初始的油水比为 2、AA 为最佳浓度、四氢呋喃的摩尔分数为 6%的实验条件下，在不同的压力下对混合气的分离效果进行了测定，气相中各组分的摩尔分数随压力的变化如图 15-15 所示。

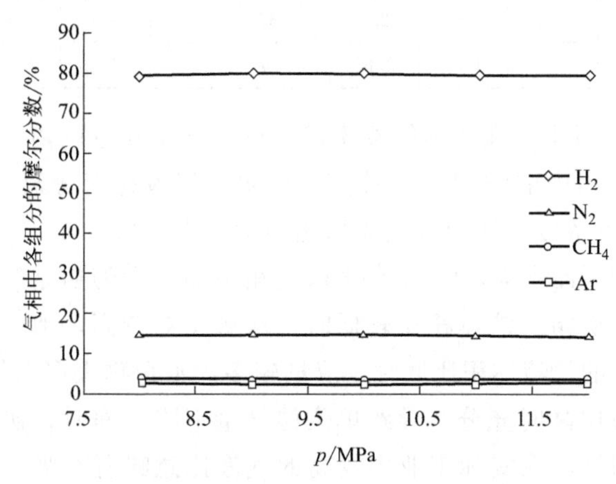

图 15-15　气相中各组分的摩尔分数随压力的变化图

随着压力的增大，气相和水合物相的 H_2 浓度先增大后减小，而 CH_4 浓度先减小后略有增大。压力对分离效果的影响主要由形成水合物的量、CH_4 和 H_2 在水合物孔穴中的占有率两方面的因素决定，系统的初始压力越大，水合反应驱动力越大，使得乳液中更多的水滴转化成水合物，加速了水合物的形成，更多的甲烷在水合物相中富集，提高了分离效率。当压力达到一定值时，系统压力的进一步增大可能使部分 H_2 分子进入水合物相，增加了水合物相 H_2 的填充率，降低了分离效率。同时，压力越大分离后水合物浆液黏度越大，流动性能差，也使分离效率降低，因此存在最佳的温度和压力，使氢气在气相中富集。

与膜分离相比，采用吸收-水合耦合分离方法，富集气中氢的分压在规定的工作压力下会有所升高，而通过膜分离时氢气的分压显著降低。与 PSA 相比，吸收-水合耦合分离可以在更高的压力下进行，氢的分压较高，这将降低氢气加压的能量消耗，以满足合成氨的要求。在这些方面，吸收-水合耦合分离法优于膜分离法和 PSA 法。

三、初始气液体积比对分离效率的影响

在压力为 10MPa、温度为 274.15K、初始的油水比为 2、AA 为最佳浓度、四氢呋喃摩尔分数为 6%的实验条件下，测定了不同初始气液体积比对水合法分离合成氨尾气的效果，结果如表 15-3 所列。

表 15-3 不同初始气液体积比下的水合分离结果

体积比	平衡气相组成(摩尔分数)/%				水合物化解气组成(摩尔分数)/%				氢气回收率/%
	H_2	N_2	CH_4	Ar	H_2	N_2	CH_4	Ar	
80	80.94	14.23	3.25	1.58	31.46	30.27	27.98	10.29	86.00
100	79.47	14.80	3.44	2.29	31.04	30.78	28.13	10.05	87.30
120	79.21	14.62	3.67	2.5	30.87	31.28	28.45	9.40	87.60
140	78.86	14.43	3.86	2.85	30.57	31.65	28.79	8.99	88.04

从表 15-3 可以看出，在初始气液体积比在 80～140 范围内，氢气回收率和氢气、氮气在平衡气相中的浓度都比较高，且初始气液比对分离效率的影响不大。H_2 在平衡气相中的浓度随初始气液体积比的增大而降低，而 H_2 的回收率随着初始气液体积比的增大而增大，CH_4 在平衡气相中的浓度随初始气液体积比的增大而增大。这是因为初始气液体积比较低时，水量相对较高，加速了水化，提高了分离效率，但初始的气液体积比低时，液量较多，水合物大多在气液界面处形成，搅拌效果不如气液比高时充分，导致单位储气量下降。同时，初始气液比是衡量分离能力的重要因素，在实际工业中较高的气液比意味着在吸收塔和解吸塔之间循环使用的液体量较小，所以会存在一个最佳的初始气液比，经过实验分析最终确定初始气液比为 100 时分离效果最好。

四、工作液油水体积比对分离效率的影响

在压力为 10MPa、温度为 274.15K、初始的气液体积比为 100、Span 20 质量分数为 1%、oπ 的质量分数为 0.5%、四氢呋喃的摩尔分数为 6% 的实验条件下，测得了工作液不同油水体积比（Q）对分离效果的影响，结果如图 15-16 所示。

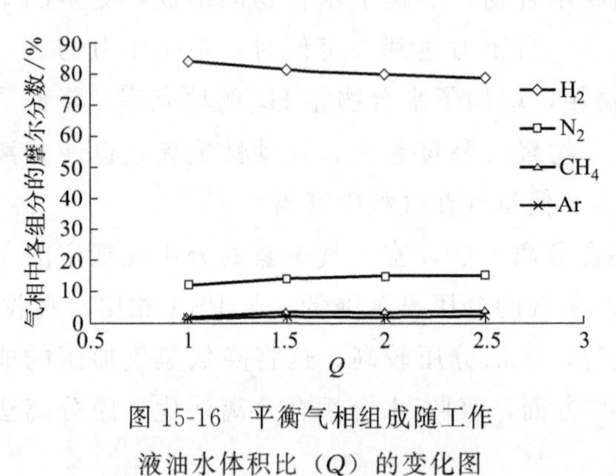

图 15-16 平衡气相组成随工作液油水体积比（Q）的变化图

可以看到，平衡气相中 H_2 浓度随油水体积比的降低而升高，CH_4 则呈相反的趋势。这是因为随着油水体积比的降低，乳状液中水浓度增加，在相同的温度和压力下，CH_4 相对于 H_2 生成水合物的驱动力更大，CH_4 参与水合的量增加，促进了水合物的生成。此外，当油水体积比降低时，乳化液中水含量增加，水滴尺寸增大，水合物形成压力降低，促进了水合物的生成，提高了水合空腔的填充率和水合反应的速率，从而使水合单级分离效率提高。

通过分析阻聚剂浓度、温度、压力、初始气液体积比和油水体积比对合成氨尾气分离效率的影响，在适当的操作条件下采用吸收-水合耦合分离法可以从氨尾气中得到高浓度的氢气和氮气，这有助于促进水合物分离技术在合成氨尾气分离系统中的应用。

吸收-水合耦合分离法（水/油乳液作为分离介质）相对于单独水合分离过程具有分离效果高、可处理高气体量和连续分离操作等优势，但是作为一种新型的气体分离技术，许多相关的基础性研究较少，还需要进一步完善。目前文献中关于混合气达到水合分离平衡后水合物/油浆液体系流动参数的真实测定数据较少，目前主要通过对水合物浆液体系的表观流动性进行判断，准确性不高；气体在水/油乳液中的水合生成条件相对于纯水体系生成水合物的条件要苛刻，因此开发有效的水合物促进剂来降低混合气在以水/乳液为分离介质中水合生成条件对该项技术的推广具有重要意义。

参考文献

[1] 董艳花，张帅. 合成氨工业发展现状及重要性 [J]. 科技风，2019，(36)：146.

[2] 张辉，赵红柳，冯树波. 合成氨生产中含氨尾气回收工艺进展 [C] //2009 中国过程系统工程年会暨中国 mes 年会论文集，2009：144-147.

[3] Sun Q，Liu J，Liu A，et al. Experiment on the separation of tail gases of ammonia plant via continuous hydrates formation with TBAB [J]. International Journal of Hydrogen Energy，2015，40 (19)：6358-6364.

[4] 高源，倪福鑫，闫玲玲. 合成氨工业氨尾气处理方法研究 [J]. 山东化工，2018，47 (9)：174-176.

[5] 陶建彬. 浅析合成氨尾气回收生产 LNG 技术 [J]. 中国化工贸易，2015，(2)：196.

[6] Sun C Y，Ma C F，Chen G J，et al. Experimental and simulation of single equilibrium stage separation of (methane+hydrogen) mixtures via forming hydrate [J]. Fluid Phase Equilibria，2007，261 (1-2)：85-91.

[7] 姜传福. 合成氨尾气回收制 LNG 技术的应用 [J]. 小氮肥，2016，44 (12)：8-9.

[8] 李燃. 变压吸附分离二氧化碳技术的研究进展及其在炼厂气分离上的应用 [J]. 当代化工，2016，45 (6)：1304-1307.

[9] 许维秀，李其京. 合成氨弛放气的水合物分离法实验研究 [J]. 河南化工，2013，30 (16)：36-39.

[10] Zhang S X，Chen G J，Ma C F，et al. Hydrate formation of hydrogen+hydrocarbon gas mixtures [J]. Journal of Chemical & Engineering Data，2000，45 (5)：908-911.

[11] 王蕾艳，刘爱贤，郭绪强，等. 甲烷＋氨水体系水合物生成条件实验测定及计算 [J]. 化工学报，2008，59 (2)：276-280.

[12] Dong T, Wang L, Liu A, et al. Experimental study of separation of ammonia synthesis vent gas by hydrate formation [J]. Petroleum Science, 2009, 6 (2): 188-193.
[13] Shi X J, Zhang P. Crystallization of tetra-*n*-butyl ammonium bromide clathrate hydrate slurry and the related heat transfer characteristics [J]. Energy Conversion and Management, 2014, 77: 89-97.
[14] 杨西萍, 刘煌, 李赟. 水合物法分离混合物技术研究进展 [J]. 化工学报, 2017, 68 (3): 831-840.
[15] Wang X L, Chen G J, Yang L Y, et al. Study on the recovery of hydrogen from refinery (hydrogen+methane) gas mixtures using hydrate technology [J]. Science in China Series B: Chemistry, 2008, 51 (2): 171-178.
[16] Liu B, Wang X, Tang X, et al. Recovery of hydrogen from ammonia plant tail gas by absorption-hydration hybrid method [J]. Chinese Journal of Chemical Engineering, 2011, 19 (5): 784-791.
[17] Makogon T F. Kinetic inhibition of natural gas hydrates [D]. Golden: Colorado School of Mines, 1997.
[18] Skovborg P, Ng H J, Rasmussen P, et al. Measurement of induction times for the formation of methane and ethane gas hydrates [J]. Chemical Engineering Science, 1993, 48 (3): 445-453.

第十六章 水合物法脱除煤合成气中的二氧化碳

第一节 合成气简介

合成气是有机合成原料之一，在化工生产尤其是煤化工过程中有非常重要的作用，其主要成分为一氧化碳与氢气，并根据其工艺来源不同伴随有水蒸气、二氧化碳、甲烷、二氧化硫等杂质组分。合成气的原料范围极广，不同的原料生产出的合成气有不同的氢碳摩尔比，其组成比例也不相同。

合成气可由含碳矿物质如煤、石油、天然气以及焦炉煤气、炼厂气、农林废料和城市垃圾等转化而来，其发展有利于资源的优化利用。按照合成气的不同来源、组成与利用，它们可称为煤合成气、合成氨原料气、天然气合成气、甲醇合成气等。利用合成气可生产一系列的化学产品，主要包括氨及其产品、甲醇及其产品、费托合成产品、氢甲酰化以及其他重要化工产品。因不同原料生产的合成气组成比例不相同，通常不能满足下一步合成产品的要求，如在合成乙二醇时需要高纯度的一氧化碳和氢气的单一组分气体作为原料，在合成氨的工艺中需要氢气作为原料。因此，在实际生产中要对生成的合成气进行分离，从而为下游工艺提供合格的原料气。

一、合成气的生产方法

（一）煤制合成气

以煤或焦炭为原料，氧气、二氧化碳等为气化剂，在高温条件下经固定床、流化床或气流床进行化学反应可制取富含 CO、H_2 等有效气体的混合气，操作方式分为间歇式和连续式。煤制合成气中，H_2/CO 值较低，适用于合成有机化合物。主要反应过程如下：

$$C+\frac{1}{2}O_2 \rightleftharpoons CO \tag{16-1}$$

$$C+O_2 \rightleftharpoons CO_2 \tag{16-2}$$

$$C+H_2O \rightleftharpoons CO+H_2 \tag{16-3}$$

$$C+2H_2O \rightleftharpoons CO_2+2H_2 \tag{16-4}$$

$$C+CO_2 \rightleftharpoons 2CO \tag{16-5}$$

$$C+2H_2 \rightleftharpoons CH_4 \tag{16-6}$$

（二）重油或渣油制合成气

本过程制备合成气所使用的原料为减压渣油，由渣油转化成一氧化碳、氢气等气体的过程称作渣油气化。气化技术包括部分氧化法和蓄热炉深度裂解法。其中，最常用的方法是部分氧化法，该方法通过注入氧气和水蒸气，使氧气与原料中部分烃类发生反应，另一部分烃类则与水蒸气反应生成一氧化碳和氢气。渣油制合成气的加工步骤如图 16-1 所示。

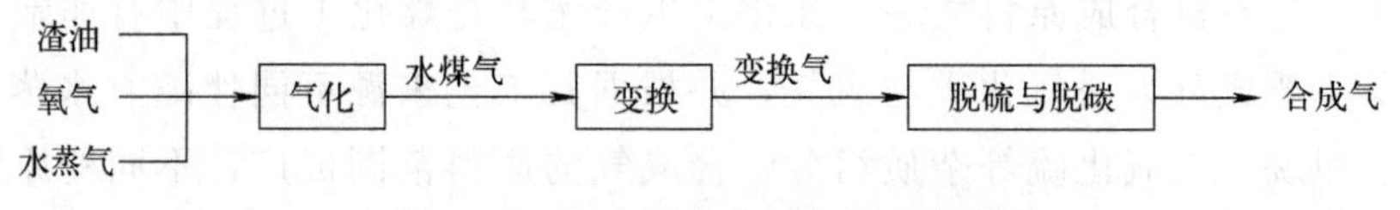

图 16-1　渣油制合成气流程示意图

（三）天然气制合成气

天然气作为一种清洁、环境友好的能源，越来越受到广泛的重视，其主要成分是甲烷。以天然气制合成气的技术主要有蒸汽转化法和部分氧化法。

1. 蒸汽转化法

天然气和水蒸气混合物经过预热后，进入填充有转化催化剂的转化炉管内发生转化反应，生成富含一氧化碳和氢气的合成气，因该反应为吸热反应且主要发生在转化炉内，所以要不断燃烧燃料气为其提供热量。转化炉是一座外供热的多管式反应器，每一个转化炉管都是一台小反应器。蒸汽转化工艺的操作温度比较缓和，在转化炉管出口处，温度为 850℃。因为甲烷在催化剂表面发生转化反应的速度快于其发生分解反应的速度，游离碳不会出现在中间产物中，使得反应需要在催化剂存在的条件下进行。转化气进入二段转化炉与氧气发生燃烧反应，为催化剂床发生的反应提供热量，降低出口合成气中的甲烷含量，经催化剂床发生蒸汽转化反应，最终生成的合成气送至后续系统[1]。

图 16-2 中的一段转化炉主要分为两大类：一是以美国凯洛格公司为代表的顶烧炉；二是以丹麦托普索公司为代表的侧烧炉。该工艺主要发生的反应分为以下 3 部分。

① 甲烷蒸气转化反应：

$$CH_4+H_2O \xlongequal{} CO+3H_2 \tag{16-7}$$

$$CO+H_2O \xlongequal{} CO_2+H_2 \tag{16-8}$$

② 氧化燃烧反应：

$$2H_2+O_2 \xlongequal{} 2H_2O \tag{16-9}$$

$$2CO+O_2 \xlongequal{} 2CO_2 \tag{16-10}$$

③ 水蒸气转化反应：

$$2CH_4+O_2 \xlongequal{} 2CO+4H_2 \tag{16-11}$$

$$CH_4+H_2O \xlongequal{} CO+3H_2 \tag{16-12}$$

$$CH_4+CO_2 \xlongequal{} 2CO+2H_2 \tag{16-13}$$

在第一个反应中，甲烷会在高温的作用下裂解，发生析碳反应，生成的游离碳会附着在催化剂表面，降低催化剂使用寿命，所以，要调节水碳比，选择合适的催化剂和温度，防止该现象的发生。第二个、第三个反应主要发生在二段转换炉内，由水蒸气转化反应可以得出此工艺生产的合成气中 H_2/CO 的比例很高，适合生产以氢气为主要原料的化学品的生产装置。

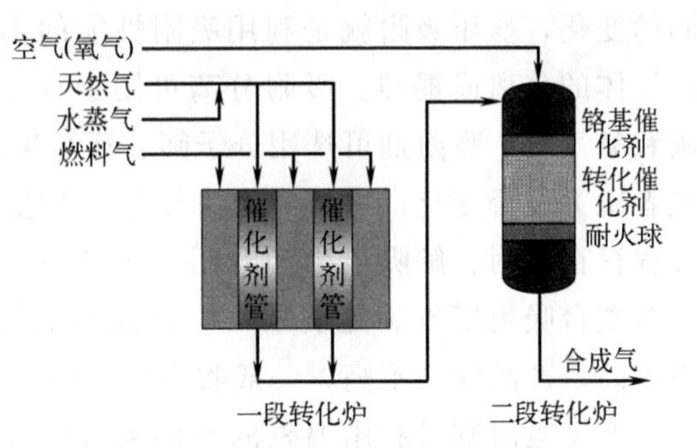

图 16-2　顶烧炉合成气转化炉示意图

2. 部分氧化法

部分氧化法根据是否有催化剂参与分为非催化部分氧化和催化部分氧化两种情况[2]。部分氧化法是在氧气不足的条件下，天然气所发生的不完全燃烧反应，生成含有一氧化碳和氢气的合成气。该反应过程中存在副反应，即部分甲烷可能完全燃烧生成二氧化碳和水，生成的二氧化碳含量不高，可以作为部分氧化装置气化剂回收利用，提高合成气中一氧化碳的比例，同时又减少了温室气体的排放。部分氧化法中需要用到氧气，故投资成本较高，所以一般选择蒸汽转化法。

除去以上三种反应外，还可利用生物质等产生合成气，由生物质制合成气既可减少化石能源的消耗，又能废物利用创造一定经济效益。也可采用组合方法生产，如煤与天然气气流床共气化生产合成气等。

二、合成气的应用

作为石化产品的原料之一，合成气具有相当广泛的应用，其中由煤炭制合成气生产液体燃料的费托合成，为合成气生成烃类化合物的反应提供了关键技术。利用费托合成可直接生产低碳烯烃如乙烯、丙烯、丁烯等。还可利用合成气生成甲醇的间接方法生成低碳烯烃，该过程先由合成气制甲醇，再由甲醇直接脱水生产乙烯和丙烯；另外甲醇还可以经脱水制二甲醚。

合成气可用于制备低碳醇如乙醇、丙醇、丁醇等，生成产物可用作清洁燃料、油品添加剂、化工原料。还可生产药物等高附加值产品，应用前景极好。除此之外，合成气还可用于制备乙二醇等[2]。

三、合成气的常规分离方法

当合成气用于化工合成的原料时，常常需要对合成气进行分离或者对其组分组成进行调整，目前常用的气体分离方法包括吸附法、深冷分离法和膜分离法。

（一）吸附法

不同物质在吸附剂上的吸附性能不同，而吸附性还会随压力的变化而发生不同的变化，变压吸附就是利用吸附性能的不同从而控制物质的吸附和脱附，以实现气体的分离或提纯。吸附分离可用于从混合气中分离氢气、一氧化碳、二氧化碳和氧气等。吸附剂可选用分子筛、活性炭、天然沸石等[3,4]。根据操作过程温度或者压力是否变化，可将吸附法分为变压吸附、变温吸附和变温变压吸附[5,6]。该过程存在吸附、解吸再生和升压三个环节，为了保证产品的连续出料，通常需要设置数台吸附塔以满足要求[7]。该技术能耗低，但其缺点也比较明显，即操作压力不高，产品收率不高，一般收率在 90%～95%之间[8]。

变温吸附则是利用温差的不同来改变吸附剂的载荷能力。变温变压吸附是两者结合，同时改变压差和温差，但是其系统体积较大，能耗比变压吸附高，所以并未广泛应用。

（二）深冷分离法

深冷分离技术是将混合气体经过压缩、膨胀、降温、液化冷却处理后，利用合成气中各组分沸点的差异进行精馏，操作温度在－165～－210℃之间，有时也称为低温法[9]。

深冷分离制 CO 工艺主要分为部分冷凝和甲烷洗两种[10]。部分冷凝工艺通过对高压 CO 膨胀获得低温，实现分级冷凝，得到预期产品；甲烷洗工艺则是利用 CO 在液相 CH_4 中溶解度较大的特性，实现 H_2 与 CO 的分离，之后通过精馏回收 CH_4，制得高纯 CO[11]。但是该方法压缩、冷却的能耗很大，一般不适合于 CO 气体的净化，尤其不适合于 CO 和 N_2 的分离，原因是这两种气体的物理性质十分接近[12]。

（三）膜分离法

膜分离技术是借助膜的选择性渗透作用，对多组分体系进行分离、分级、提纯和浓缩。首先气体分子要吸附于膜的外侧，溶解于膜内，然后透过膜，在膜的另一侧表面解析并扩散。各组分在膜中的溶解和扩散速度因与膜的结合能力而异，即膜分离的选择性[13]。常见的膜分离法主要包括气体渗透法、膜基吸收以及支撑液膜法，目前主要对气体渗透技术与膜基吸收技术进行了研究。在气体渗透技术中，膜的两侧均是气相且呈逆向流动，由于膜孔径的选择性不同，气体分子便以不同的速率通过，以此来达到分离效果。而在膜基吸收技术中，膜两侧分别是化学吸收液与混合气，膜仅起到隔离气液相的作用，往往通过选择与混合气体中某一成分能够发生反应的吸收剂来实现气体分离[14]。

目前主要采用的膜材料有聚乙烯（PE）、聚丙烯（PP）、聚四氟乙烯（PTFE）、聚偏氟乙烯（PVDF）、硅橡胶（PDMS）等，其中因为聚丙烯膜材料价格便宜，所以使用比较广泛[15]。目前在合成气分离过程中常用的膜材料应用情况及膜技术研究内容见表16-1。

表16-1　不同膜材料、膜技术的应用

膜材料	膜结构	气体组分	分离方式	研究内容	参考文献
聚丙烯	疏水性中空纤维膜	CO_2/空气	膜基吸收法	以醇胺类水溶液作为吸收剂，根据膜基气体吸收过程和原理，建立数学模型对传质系数进行关联和计算	叶向群等[16]
硅橡胶/聚砜	中空纤维致密膜	CO_2	膜基吸收法	中空纤维致密膜基吸收CO_2传质机理，采用数学模型对实验结果进行分析	孙承贵等[17]
—	中空纤维膜	CO_2/多组分	逆流分离	建立中空纤维膜组件逆流分离过程的数学模型，考察中空纤维膜的长度、直径及根数对多组分气体渗透性能的影响	金大天等[18]
聚丙烯	疏水性中空纤维微孔膜	CO_2/N_2	膜接触器	利用化学吸收与中空纤维膜接触器技术相耦合，采用疏水性PP膜接触器进行CO_2/N_2分离	陈炜等[19]，朱宝库等[20]
α-纤维素	中空纤维致密膜	CO_2/N_2	膜基吸收法	考察了吸收剂种类、吸收剂浓度和流速、气体流量和压力对CO_2吸收总传质通量（N_{CO_2}）和总传质系数（K_G）的影响	李合兴等[21]
聚丙烯硅橡胶	多孔膜（中空纤维膜）与无孔膜（中空纤维膜组件）	CO_2/N_2	气液接触器	通过水或二乙醇胺（DEA）吸收N_2中含体积分数10%的CO_2，研究了多孔膜与无孔膜在气液接触器中气体吸收的过程	Al-Saffar等[22]

续表

膜材料	膜结构	气体组分	分离方式	研究内容	参考文献
丙烯酰胺-马来酸酐共聚物	固载促进传递膜	CO_2/CH_4	膜吸附	制备了含有功能氨基的 CO_2 分离用高分子膜材料，研究聚合物的结构及其对 CO_2 的优先吸附性能	沈江南等[23]
—	杂化功能炭膜	CO_2/H_2	—	引入 Fe_3O_4 纳米粒子，制备了杂化功能炭膜，提高了炭膜的气体渗透性能	赵选英等[24]
Liqui-Cel	中空纤维膜	CO_2/N_2	膜接触器	以水和 DEA 水溶液为吸附剂，研究 CO_2/N_2 混合气在中空纤维膜接触器中的 CO_2 吸收过程	Mavroudi 等[25]
聚偏氟乙烯	中空纤维膜	CO_2	膜接触器	研究吸收剂温度、二氧化碳压力、吸收剂流量以及膜长期运行等操作参数对气体分离的影响	Mansourizadeh 等[26]

膜分离技术有分离物质过程中不涉及相变、对能量要求低、分离条件较温和、无化学变化、适应性强等优点，但是也存在操作中膜面会发生污染使膜性能降低、使用范围受限、单独采用膜分离技术效果有限等问题。

第二节　水合物法分离合成气中 CO_2 技术

合成气的主要成分为 H_2、CO、N_2、CH_4 和 CO_2，研究者对水合物法分离含有这些组分的不同混合气进行了研究。

水合物法分离合成气中 CO_2 的基本原理是利用在同等压力、温度条件下 CO_2 比 H_2、N_2、CH_4 等更容易进入笼形结构生成 CO_2 水合物，从而将 CO_2 从混合气中分离出来，气相中 CO_2 与水合物中 CO_2 的逸度差是 CO_2 从混合气中分离的主要驱动力。图 16-3 表示了水合物法分离合成气中 CO_2 的基本流程。

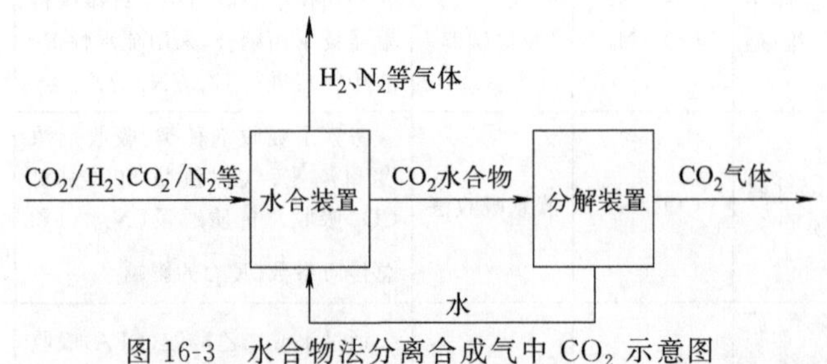

图 16-3　水合物法分离合成气中 CO_2 示意图

由于在纯水中合成气的水合物形成条件苛刻，诱导时间长，所以研究者利用水合物形成促进剂来解决合成气水合物生成的热力学和动力学问题[27-29]，表 16-2

和表 16-3 分别总结了四氢呋喃、四丁基溴化铵、四丁基硝酸铵等促进剂对不同浓度的 CO_2+N_2 或 CO_2+H_2 混合物水合物生成热力学的影响。

表 16-2　不同促进剂对水合物法分离 CO_2+N_2 混合物中 CO_2 的效果

气体组分	温度/K	压力/MPa	促进剂(摩尔分数)	气体消耗量/mol	CO_2 分离因子
16.9% CO_2+83.1% N_2	273.70	1.50	THF(1.00%)	0.3600	4.12
	273.70	2.50	THF(1.00%)	0.6600	4.31
	273.70	2.30	THF(1.50%)	0.5900	3.88
16.9%CO_2+83.1%N_2	277.65	5.33	TBAF(0.29%)	0.0605	6.75
	277.65	5.49	TBAF(0.29%)	0.0430	24.30
	280.25	4.42	TBAF(0.29%)	0.0700	22.15
17.0%CO_2+83.0%N_2	276.65	1.00	TBAB(0.29%)	0.0107	9.72
	276.65	2.00	TBAB(0.29%)	0.0113	12.68
65.0%CO_2+35.0%N_2	276.50	1.00	TBAB(0.29%)	0.0132	5.94
	276.50	2.00	TBAB(0.29%)	0.0137	7.16
17.0%CO_2+83.0%N_2	275.14	2.50	$TBANO_3$(1.00%)	0.0700	15.54

表 16-3　不同促进剂对水合物法分离 CO_2+H_2 混合物中 CO_2 的影响

气体组分	温度/K	压力/MPa	促进剂(摩尔分数)	气体消耗量/mol	CO_2 分离因子
40.0%CO_2+60.0%H_2	284.15	3.00	TBAB(0.5%)	0.0171	16.11
	286.15	3.00	TBAB(1.0%)	0.0308	25.99
	287.85	3.00	TBAB(3.0%)	0.0137	20.23
40.0%CO_2+60.0%H_2	277.15	4.50	THF(1.0%)	0.0150	14.30
	277.15	4.50	THF(1.0%)+环己烷(10.0%体积分数)	0.0151	41.40
39.9%CO_2+60.1%H_2	279.60	4.59	THF(0.5%)	0.0036	—
	279.60	3.14	THF(1.0%)	0.0174	—
	279.60	1.55	THF(3.0%)	0.0112	—

Hashimoto 等[30] 研究了添加剂 THF 对 CO_2/H_2 水合物相平衡条件的作用，结果显示加入少量 THF 也会极大改善该体系的水合物相平衡条件。Li 等[31] 在 CO_2+H_2 中加入热力学促进剂 TBAB，结果显示 TBAB 体系中混合气生成水合物的相平衡压力远远低于在同等温度下纯水体系中生成水合物的相平衡压力，且相平衡压力随着 TBAB 浓度增大而下降，故该研究可表明 TBAB 具有显著降低相平衡压力的能力。

整体煤气化联合循环（IGCC）技术是将燃煤转变为燃氢的技术路线，主要包括煤气或合成气制备子系统和联合循环子系统。IGCC 合成气中的主要成分是 H_2 和 CO_2，其中 H_2 约占 60%，CO_2 占 35%～40%，其余组分如 CO 等含量较少。IGCC 合成气脱除 CO_2 后，得到的高浓度氢气可以作为新型清洁燃料，因此由 IGCC 合成气分离 CO_2 很有意义。

徐纯刚等[32] 在0.29%（摩尔分数）的TBAB溶液中添加体积分数为5%的环戊烷（CP），进而研究CO_2及H_2气体水合物的形成诱导时间和气提量。该实验中水合物形成过程温度随形成时间的变化曲线如图16-4所示。

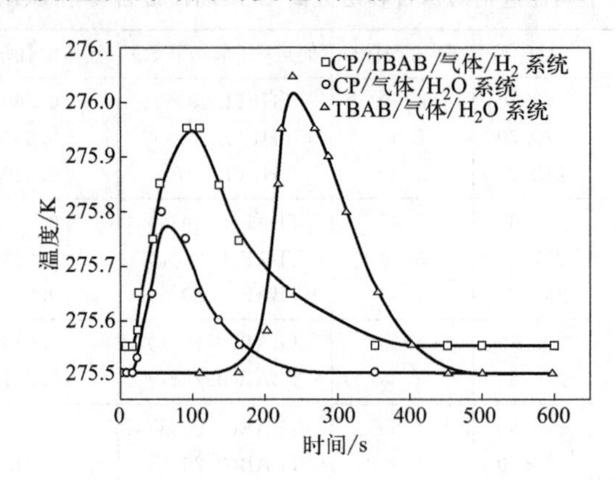

图16-4 不同添加剂时水合物形成过程中温度随时间的变化图

由图16-4可以看出，无CP添加的情况下体系温度在170s左右开始上升，而对于有CP添加的体系，温度开始升高的时间在20s附近，溶液中形成气体水合物的时间明显缩短，证明CP的存在使水合物的相平衡条件更容易。同时，该研究中得到的诱导时间只有其他体系对应诱导时间的1/10，即能快速地形成气体水合物。

此外，为满足工业需要，保证水合物分离过程的经济性，形成的气体水合物中要能包容多量的气体。徐纯刚等[32] 测定了水合物中的气体量随时间的变化，如图16-5所示。

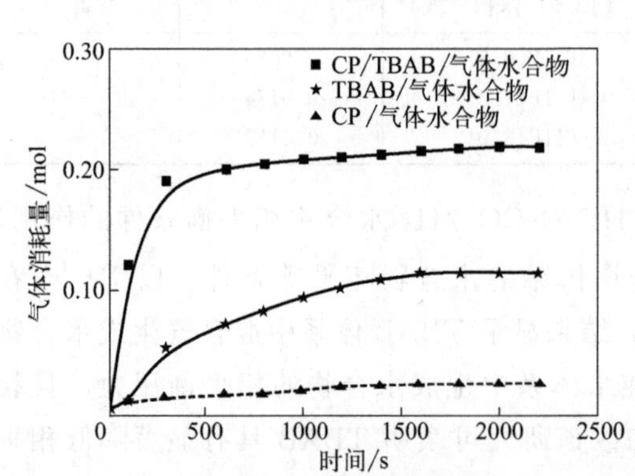

图16-5 水合物中的气体量随时间的变化图

通过图16-5可以看出，CP/气体/H_2O体系形成的气体水合物中的气体量极小，TBAB/气体/H_2O体系形成的水合物中的气体量在0.10mol左右。而在TBAB/气体/H_2O体系中加入CP形成CP/TBAB/气体/H_2O体系后，所生成的水合物中的气体量成倍增加，在TBAB水溶液中添加CP，不仅可以缩短混合气在水溶液中形成气体水合物的诱导时间，还可以提高气体水合物反应速率，增加储气量。

随着分离的进行，平衡气相中CO_2的浓度会逐渐降低，分离也会越加困难，为此有学者提出了各种混合工艺，如先通过水合物法分离CO_2，然后再用化学吸附、膜分离等其他方法从混合气中分离出低浓度的CO_2。Linga等[33,34]依据混合工艺的想法，分别用水合物法三级分离结合膜分离法从烟气中分离CO_2以及用二级分离结合膜分离法从燃料气中分离CO_2，具体流程见图16-6和图16-7。目前已有很多学者通过混合工艺实现了更好的分离效果。

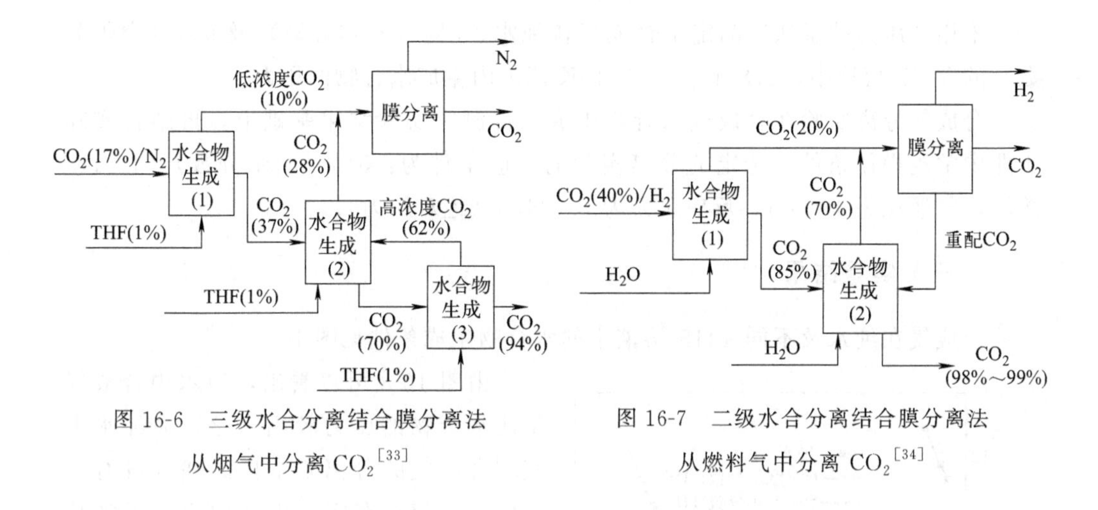

图16-6 三级水合分离结合膜分离法从烟气中分离CO_2[33]

图16-7 二级水合分离结合膜分离法从燃料气中分离CO_2[34]

水合物法CO_2捕集分离技术应用于工业仍然存在问题：一是形成水合物的低温条件导致冷却混合气过程需要消耗大量能量；二是一级分离时需要的高压条件导致设备压缩成本及能耗增加[35]。

第三节 水合物法分离煤合成气

合成气在不同水溶液中水合物的生成条件不同，一般在纯水中生成条件较高，一些研究者通过向纯水中加入不同溶剂，从而降低合成气生成水合物的条件实现气体分离。

四氢呋喃（THF）作为一种生成Ⅱ型水合物的物质，能够显著降低水合物生成压力，缩短水合物生成时间。孙强等[36]用图16-6所示的设备测定了煤气化合成气在纯水以及不同浓度的THF水溶液中的水合物生成条件，他们的实验结果如下。

（一）实验原料

实验过程中所用的合成气组成见表16-4。

表 16-4　合成气组成

组分	H_2	CO_2	N_2	CO	总计
摩尔分数/%	36.140	11.281	0.465	52.114	100

（二）实验步骤

采用“压力搜索法”测定了合成气在纯水、5%（摩尔分数）及6%（摩尔分数）的THF溶液中，278.15～293.15K范围内生成水合物的压力。

合成气分离实验在合成气水合物生成条件测定实验结果基础上，再结合实际工业中常规操作条件，选定的分离实验的反应条件为：5%（摩尔分数）的THF溶液，气液比为100∶1，反应压力为5.0MPa（绝对压力）。

（三）实验结果

合成气在纯水及不同THF溶液中的水合物生成条件见图16-8。

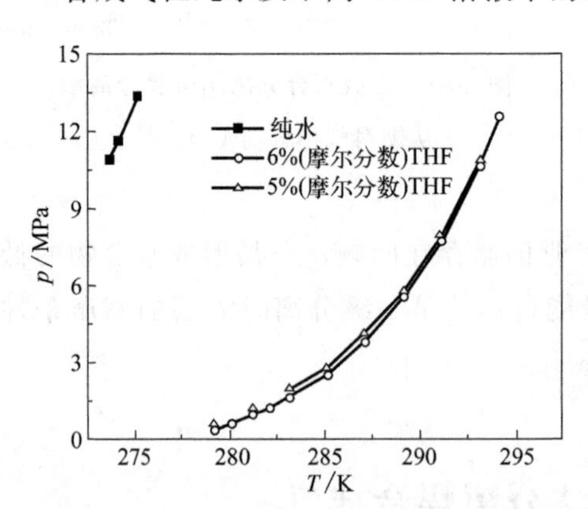

图 16-8　合成气在不同溶液中的水合物生成条件

由图16-8可以看出，纯水中合成气生成水合物的压力较高，导致在纯水中实现合成气的分离要求极高并且没有工业应用价值。在实际生产中应该添加相关水合物促进剂，降低合成气生成水合物的压力，实现相对温和条件下合成气的分离。5%（摩尔分数）和6%（摩尔分数）两种浓度的THF溶液中合成气生成水合物的压力得到了大幅度降低，基本可以满足工业过程的需要。另外也可以看出：相同温度下，合成气在两种THF浓度的水溶液中生成水合物的压力相差不大，所以后面的分离过程采用浓度为5%（摩尔分数）的THF溶液进行测定。

在5%（摩尔分数）的THF溶液中进行的合成气分离实验结果如图16-9所示，另外还计算得到了平衡气相中目标组分 H_2 和CO的体积分数及回收率，结果如图16-10所示。

由图16-10可以看出，随着水合反应温度的升高，目标组分 H_2 和CO的回收率先升高后下降，在284K时的分离效果最佳。由于搅拌效果的限制，在分离实验过程中，当溶液表面生成稳定的水合物层后，反应速率开始减小，阻止了气液传质过程和水合反应的进一步进行，造成了合成气中的 CO_2 组分不能完全生成水合物，在一定程度上影响了分离效果和目标组分的回收率。

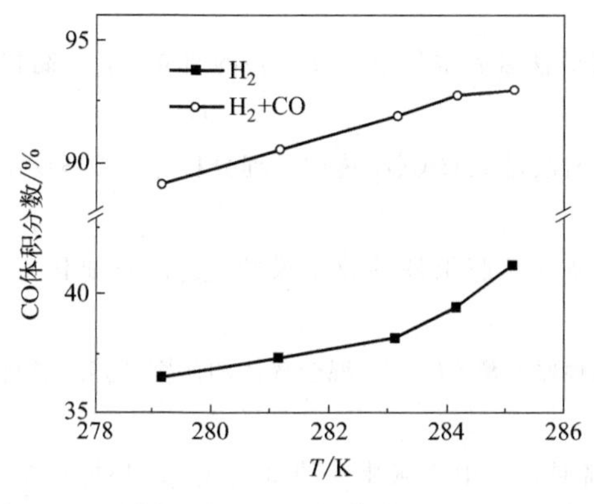

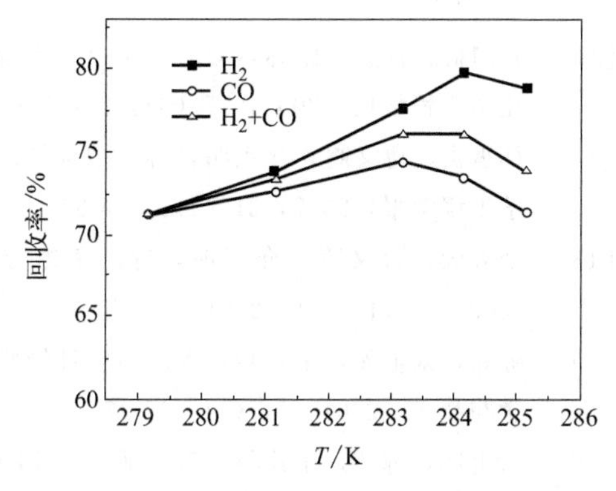

图 16-9 不同温度下平衡气体中目标组分的浓度 图 16-10 不同温度下合成气目标组分的回收率

对比水合物在纯水和 THF 溶液中的水合物生成条件，发现 THF 能够大大降低水合物生成压力，从而在较低的压力下实现水合物法分离合成气，并且有较好的分离效果，该方法为工业化应用打下了基础。

参考文献

[1] 郭自悦．天然气制合成气工艺的发展及应用［J］．科技创新与应用，2016（11）：136-136.

[2] 向文军，王佩怡．天然气部分氧化制合成气的研究进展［J］．河北化工，2012，35（10）：17-20.

[3] 阮红征．CO_2/N_2混气体吸附分离研究［D］．天津：天津大学，2010.

[4] Humphrey J L，Keller G E. Separation on process technology［Z］．New York：McGraw-Hill，1997.

[5] 黄文强．吸附分离材料［M］．北京：化学工业出版社，2005.

[6] 张中正．二氧化碳的吸附分离［D］．天津：天津大学，2012.

[7] 常涵彧．合成气气体分离工艺路线选择与优化［D］．西安：西北大学，2018.

[8] 李健．变压吸附气体分离技术应用及展望窥探［J］．云南化工，2019，46（9）：120-121.

[9] 康庆元，徐恒彪．气体深冷分离工艺探讨［J］．云南化工，2018，45（2）：109-109.

[10] Dutta N N，Patil G S. Developments in CO separation［J］．Gas Separation & Purification，1995，9（4）：277-283.

[11] 邢涛，胡力，韩振飞．深冷分离 CO 工艺模拟及分析［J］．计算机与应用化学，2014，31（09）：1109-1113.

[12] 贾金才．合成气中甲烷分离工艺探讨［J］．河南化工，2011（13）：43-44.

[13] 常向东，赵丽新．气体膜分离过程［J］．石油库与加油站，2008，17（05）：36-39.

[14] 朱桂茹，王同华．炭膜研究的新进展［J］．炭素技术，2002（4）：22-27.

[15] 张卫风．中空纤维膜接触器分离燃煤烟气中二氧化碳的试验研究［D］．杭州：浙江大

学，2006.

[16] 叶向群，孙亮，张林，等. 中空纤维膜基吸收法脱除空气中二氧化碳的研究 [J]. 高校化学工程学报，2003，17 (3)：237-242.

[17] 孙承贵，曹义鸣，介兴明，等. 中空纤维致密膜基吸收 CO_2 传质机理分析 [J]. 高校化学工程学报，2007，21 (4)：556-562.

[18] 金大天，曹义鸣，介兴明，等. 多组分气体分离膜组件的数学模拟 [J]. 石油化工，2008，37 (10)：1032-1038.

[19] 陈炜，朱宝库，王建黎，等. 中空纤维膜接触器分离 CO_2/N_2混合气体的研究 [J]. 膜科学与技术，2004，24 (1)：32-37.

[20] 朱宝库，陈炜，王建黎，等. 膜接触器分离混合气中二氧化碳的研究 [J]. 环境科学，2003，24 (5)：34-38.

[21] 李合兴，曹义鸣，孙承贵，等. α-纤维素中空纤维致密膜组件吸收 CO_2传质过程的研究 [J]. 石油化工，2007，36 (4)：345-348.

[22] Al-Saffar H B，Ozturk B，Hughes R. A comparison of porous and non-porous gas-liquid membrane contactors for gas separation [J]. Chemical Engineering Research and Design，1997，75 (7)：685-692.

[23] 沈江南，吴礼光，陈欢林，等. 丙烯酰胺-马来酸酐共聚合物膜及其对 CO_2、CH_4吸附性能研究 [J]. 高校化学工程学报，2005，19 (3)：292-296.

[24] 赵选英，王同华，李琳，等. Fe_3O_4掺杂制备气体分离功能炭膜 [J]. 无机材料学报，2010，25 (1)：47-52.

[25] Mavroudi M，Kaldis S P，Sakellaropoulos G P. Reduction of CO_2 emissions by a membrane contacting process [J]. Fuel，2003，82 (15-17)：2153-2159.

[26] Mansourizadeh A，Ismail A F，Matsuura T. Effect of operating conditions on the physical and chemical CO_2 absorption through the PVDF hollow fiber membrane contactor [J]. Journal of Membrane Science，2010，353 (1-2)：192-200.

[27] Eslamimanesh A，Mohammadi A H，Richon D，et al. Application of gas hydrate formation in separation processes：A review of experimental studies [J]. The Journal of Chemical Thermodynamics，2012，46：62-71.

[28] Babu P，Linga P，Kumar R，et al. A review of the hydrate based gas separation (HBGS) process for carbon dioxide pre-combustion capture [J]. Energy，2015，85：261-279.

[29] Hu G，Ye Y，Liu C，et al. Direct measurement of formation and dissociation rate and storage capacity of dry water methane hydrates [J]. Fuel Processing Technology，2011，92 (8)：1617-1622.

[30] Hashimoto S，Murayama S，Sugahara T，et al. Phase equilibria for H_2+CO_2+tetrahydrofuran+water mixtures containing gas hydrates [J]. Journal of Chemical & Engineering Data，2006，51 (5)：1884-1886.

[31] Li X S，Xia Z M，Chen Z Y，et al. Gas hydrate formation process for capture of carbon dioxide from fuel gas mixture [J]. Industrial & Engineering Chemistry Research，2010，

49 (22)：11614-11619.

[32] 徐纯刚，李小森，陈朝阳，等. 提高 IGCC 合成气水合物形成速度及提纯其中 H_2 的工艺 [J]. 化工学报，2011，62 (6)：1701-1707.

[33] Linga P，Adeyemo A，Englezos P. Medium-pressure clathrate hydrate/membrane hybrid process for postcombustion capture of carbon dioxide [J]. Environmental Science & Technology，2008，42 (1)：315-320.

[34] Linga P，Kumar R，Englezos P. The clathrate hydrate process for post and pre-combustion capture of carbon dioxide [J]. Journal of Hazardous Materials，2007，149 (3)：625-629.

[35] 徐刚，徐纯刚，王敏，等. 水合物法分离 CO_2 工艺研究进展 [J]. 新能源进展，2021，9 (2)：126-132.

[36] 孙强，刘爱贤，郭绪强. 水合物法分离合成气实验研究 [J]. 高校化学工程学报，2010，24 (5)：739-744.

第十七章　水合物法分离炼厂气中的乙烯

第一节　引　　言

乙烯是化工中下游生产的重要原料，可用于生产聚乙烯、聚对苯二甲酸乙二醇酯、聚苯乙烯、聚合纤维等化工产品[1-3]。2021 年，全球乙烯总产能达到 2.10 亿吨，消费量约为 1.97 亿吨。2021 年，我国乙烯产能达到 4168 万吨，我国乙烯产量为 3747 万吨，当量消费量达到 5832 万吨，当量缺口达到 2085 万吨左右，自给率约为 64%。由于国内市场的供需矛盾，加之受到进口产品在成本、质量等方面的影响，除乙烯单体外，我国每年还需大量进口聚乙烯等下游衍生物。

石脑油蒸气裂解是我国最主要的乙烯来源，提供了我国 72.7%的乙烯，是煤/甲醇转化为低碳烯烃工艺（CTO/MTO）产量（20.7%）的 3 倍以上。石脑油蒸气裂解产品气主要含有乙烯、丙烯、丁二烯等不饱和烃，还含有甲烷、乙烷、氢气、硫化氢等 [1-5]。为了得到高纯度乙烯，后续分离过程需要 100 多个塔板，非常低的相对挥发度、非常高的回流比以及低温高压等苛刻的条件，导致能耗高、金属耗费大[3,6,7]。在炼厂中，除石脑油蒸气裂解气之外，催化裂化干气、焦化干气等炼厂气同样含有浓度较高的乙烯值得回收[8]，而这些炼厂气的主要组分和石脑油蒸气裂解气相似，在分离过程中面临着和裂解气分离同样的问题。

除深冷分离之外，吸收法、变压吸附法和膜分离等方法都可以实现混合气中的乙烯分离，而水合物法因其具有不受以硫化氢为代表的酸性组分以及水蒸气的负面影响、对不同规模处理量有较好的适应性、分离条件温和、分离过程简单等优点，在炼厂气分离领域表现出很好的潜力[9,10]。

基于水合物法的炼厂气分离不同于沼气分离，沼气分离过程中需要分离的主要组分二氧化碳和甲烷都是分子尺寸小于笼形结构水合物小笼直径，两者都既可以进入水合物大笼也可以进入水合物小笼，所以水合物对二氧化碳和甲烷的分离是完全基于对两者选择性程度的差异[11]。炼厂气分离过程中，乙烯以及尺寸比乙烯更大的分子，由于其直径大于小笼直径只能进入大笼，而尺寸小于乙烯的分子既可以进入大笼也可以进入小笼。因为特定笼形结构水合物的大笼和小笼比例是固定常数，所以炼厂气的分离是基于对不同组分的选择性差异和水合物的笼形结构[11-13]。因此，炼厂气分离和沼气分离在机理上会存在一定的差异性。

因为混合气中硫化氢的脱除在本书第十九章有专门介绍，本章主要围绕分子直径大于小笼直径的组分（本章统称为大分子组分）、甲烷（代表除硫化氢之外分子尺寸介于小笼直径和大笼直径之间的组分）和氢气（因为水合物生成压力远远低于其他组分，所以单独讨论）三类气体组分来讲解炼厂气的分离。

第二节　热力学控制下的分离过程

一、分离原理

相同温度下，氢气和水生成水合物需要的压力约是甲烷的750倍，是大分子组分的3600～20000倍[11]。所以炼厂气和水生成水合物过程中，大分子组分会在水合物相中富集，且因为尺寸问题只占据水合物的大笼。甲烷在气相中富集，但会有一部分甲烷进入水合物相占据水合物的小笼。氢气在气相中富集，难以占据水合物的小笼，过程如图17-1所示[12,13]。炼厂气生成水合物的过程不仅是乙烯分离的过程，还是氢气提浓的过程。

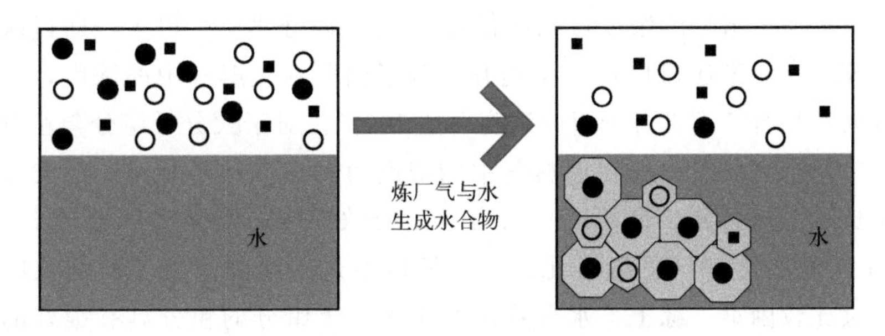

图17-1　水合物相提浓大分子组分的分离工艺

■ H_2；○ CH_4；● 大分子组分；水合物小笼；水合物大笼

热力学控制的水合物分离炼厂气过程，分离的理论为气、液、水合物三相达到热力学平衡。分离开始时，系统内只有液相和气相；分离开始后，炼厂气不断和水生成水合物。由于容易生成水合物的大分子组分会在水合物相中富集，随着水合物的不断生成大分子组分在气相中的含量越来越低，大分子组分的气相分压也就越来越低，从而造成水合物生成的热力学推动力越来越小。当大分子组分在气相中浓度降低到一定数值之后，水合物生成的热力学推动力为零，水合物停止生成，气、液、水合物三相达到热力学平衡，分离停止[12,13]。

因为甲烷在相同温度下的热力学临界生成压力是大分子组分的5～26倍，在炼厂气的组成范围内（甲烷浓度不超过80%），水合物依靠大分子组分生成，大分子组分占据笼形水合物的大笼，甲烷和氢气无法占据大笼[12,13]。因为乙烯分子直径大于水合物小笼直径，乙烯以及更大的分子无法占据小笼，当甲烷、氢气在气相中分压足够高的情况下，甲烷和少部分氢气可以进入水合物的小笼，从而参与到大分子组分生成水合物的过程中来。由此可见，大分子组分在水合物生成过程中所起的作用与沼气生成水合物的过程中热力学促进剂起到的作用相似（见图13-2）。

在炼厂气分离过程中，大分子均只能占据水合物的大笼，大分子组分间依靠大分子组分间生成水合物的相对难易进行分离。尺寸小于小笼直径的组分间的分离机理则与二氧化碳和甲烷在有热力学促进剂存在下的分离机理相同，依靠的是水合物对不同组分间的选择性差异，因为尺寸小于小笼直径的组分在炼厂气生成水合物的过程中一般占据不了水合物大笼，主要占据小笼结构。

不同于上述两种情况（大分子组分间分离、小分子组分间分离），大分子组分与尺寸小于小笼直径的组分间的分离主要基于水合物的结构和水合物小笼占有率来实现：以Ⅰ型笼形水合物对大分子组分和小分子组分的分离为例，大笼和小笼的数量比为3∶1，水合物结构的稳定主要来源于大笼的结构稳定，大笼被大分子组分占据且大笼占有率接近100%；小分子占据小笼，小笼占有率取决于小分子组分在气相中的分压等条件，小笼占有率理论上最低可为零。所以，Ⅰ型水合物的化解气中，大分子组分的浓度可以确保在75%（四分之三）以上，通过减压等方式降低小笼的占有率还可以进一步提升大分子组分在化解气中的浓度，当小笼占有率为零时，化解气中大分子组分浓度可达100%。对于大分子组分与小分子组分间的分离，不论大分子组分在原料气中的浓度为多少，只要能保证以大分子组分为主体生成Ⅰ型水合物，即可确保大分子组分浓度在一级分离后到达75%以上；但小笼占有率降到50%的困难比较大，所以通过一级分离直接从低浓度转化为90%以上会比较困难。综上，水合物法对于大分子组分的粗分具有很好的分离潜力，可以从50%以下的浓度一步分离到80%以上[11-13]。

需要注意的是，水合物存在Ⅰ型、Ⅱ型和H型笼形结构，三种结构的大笼和小笼数量比值分别为3、0.5、0.2（H型水合物还有中笼，此处为大笼和“中笼+小笼”的数量比）。由此可以看出，笼形结构对大分子组分和小分子组分的分离影响很大：Ⅰ型水合物适合大分子组分在水合物相的提浓，Ⅱ型和H型水合物更适合氢气以外组分的捕集[14]。因此，分离过程中笼形结构的控制对于大分子组分和小分子组分的分离效果至关重要。需要注意的是，生成 H 型水合物的大分子组分在水合物生成的温度和压力下一般为液相[15]，而液相可以与气相直接分离，所以水合物分离气体所涉及的气体水合物主要是Ⅰ型和Ⅱ型。

因为炼厂气组成复杂，对于特定单一组分的分离一般采用多级完成。以乙烯为例：碳五及以上组分在水合物分离法的温度和压力下会液化，所以进入水合物分离装置以前，碳五及以上组分即通过气-液分离的方式被抽走，剩余碳五以下组分先通过水合物法将大分子组分提浓，之后再利用水合物法对大分子组分气体进行分离。因为乙烯是大分子组分中分子尺寸最小的组分，比其他大分子组分更难生成水合物，所以乙烯可以在气相中富集并回收[11]。

大分子组分之间的分离、小分子组分之间的分离原理和分离二氧化碳和甲烷的分离原理相近，在第十三章已有论述，本章不再展开详细讨论。本章讨论的重点主要集中在大分子组分与尺寸小于乙烯分子的组分间的分离。

二、各因素对分离的影响

在水合物法分离炼厂气过程中，当分离过程主要由热力学控制时，其影响因素主要有热力学促进剂、气体组成、温度、压力、气液比和动力学促进剂六个因素，下面分别讨论这六个因素对分离效果的影响。

（一）热力学促进剂的影响

第十三章和相关文献提到，热力学促进剂是通过自身生成水合物并向小分子提供空的小笼（热力学促进剂因为分子尺寸大于小笼的直径，无法占据小笼）来使原本无法独自生成水合物的小分子参与到水合物的生成过程中来[11-13]。因此，热力学促进剂无法帮助尺寸同样大于小笼直径的分子形成水合物；相反因为热力学促进剂的存在，水分子间的氢键作用会有所减弱，大分子组分依靠自身生成水合物的难度反而增加了。也正是由于上述原因，热力学促进剂存在下的大分子组分提浓并不一定非要在水合物相中进行，而是可以根据原料气的情况和分离需要选择在水合物相中提浓大分子组分的工艺或者在气相中提浓大分子组分的工艺。

在水合物相提浓大分子组分工艺中采用较低的热力学促进剂浓度、较低的温度或较高的压力，以确保热力学促进剂和大分子组分都能依靠自身生成水合物，该种工艺主要应用于对氢气分离效率要求高，而对大分子组分分离要求不高的情况，分离原理如图 17-2 所示。

虽然通过让大分子生成水合物可以脱除气相中的大分子组分，但气体水合物的大笼和小笼数量比均大于 0.5（生成 H 型水合物的组分是碳五以上组分，在进入水合物分离装置之前就已经以液相形式被回收，进入水合物分离装置内的气体组分生成的是Ⅰ型和Ⅱ型水合物）而无法实现高效分离。所以当气相中大分子组

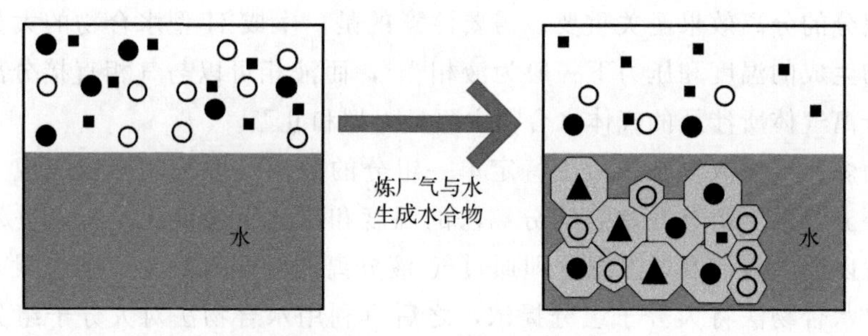

图 17-2 热力学促进剂作用下在水合物相中提浓大分子组分的分离工艺

■ H_2；○ CH_4；● 大分子组分；▲ 热力学促进剂；⬡ 水合物小笼；⬡ 水合物大笼

分和除氢气外的小分子组分的浓度比接近或者小于 0.5 时，单独依靠气体水合物无法同时将除氢气之外的组分都脱除。这时通过热力学促进剂生成的水合物提供小笼，将整体水合物中大笼和小笼的数量比降到 0.5 以下，以适应气相中大分子组分和氢气之外小分子组分的浓度比，从而高效地将气相中除氢气之外的组分都捕集到水合物相中，实现氢气的高效分离。但热力学促进剂生成的水合物降低了水合物相中大笼和小笼的比例，导致了大分子组分在水合物相中的提浓效果显著降低[16]。

在该工艺下，随着热力学促进剂浓度的升高，水合物转化率升高，水合物对氢气的选择性远远低于对气相中其他组分的选择性，所以气相中氢气浓度提高，但水合物量的增加，仍会从气相中带走少量氢气，所以氢气的回收率降低[16]。气体水合物和热力学促进剂水合物的比例随着热力学促进剂浓度上升而降低，热力学促进剂生成的水合物无法携带大分子组分，因此水合物相化解后的化解气中大分子组分的浓度降低，但因为热力学促进剂对气相中其他组分的捕集有助于提升气相中大分子组分的分压，所以大分子组分生成的水合物总量会有所上升，大分子组分的回收率会上升[16]。

在气相提浓大分子组分工艺过程中，采用高热力学促进剂浓度、较高的温度或较低的压力，以确保热力学促进剂可以生成水合物但大分子组分不能依靠自身生成水合物，该种工艺主要用于从大分子组分浓度和氢气浓度低的炼厂气中提浓大分子组分气体，分离原理如图 17-3 所示。

当大分子组分浓度和氢气浓度都很低而其他小分子组分（甲烷）很高时，大分子本身不易生成水合物。虽然同等温度下，大分子组分生成水合物所需要的压力显著小于甲烷等小分子组分，但如果甲烷与大分子组分的浓度比大于甲烷与大分子组分热力学临界生成压力比（为 5～26），强行加压让大分子组分独立生成水合物的话，有可能使甲烷和大分子组分同步独立生成水合物，甚至甲烷先于大分子组分独立生成水合物。在甲烷独立生成的水合物中，甲烷分子同时占据大笼和小笼，在这种情况下，即使大分子组分独立生成水合物，其仍难以在水合物相中

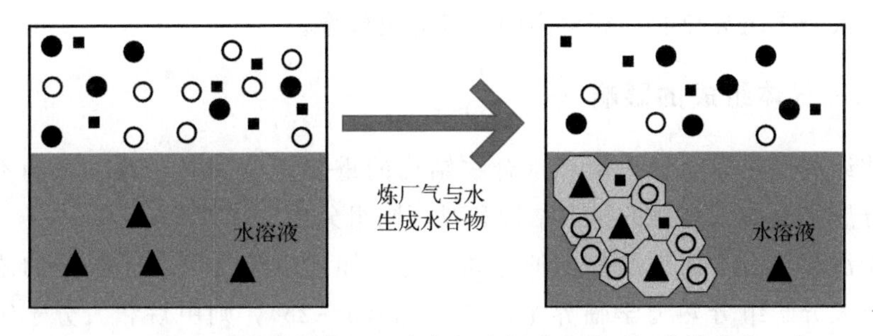

图 17-3　热力学促进剂作用下在气相中提浓大分子组分的分离工艺

■ H_2；○ CH_4；● 大分子组分；▲ 热力学促进剂；⬡ 水合物小笼；⯃ 水合物大笼

提浓。所以，对于这种情况，采用在气相中提浓大分子组分的工艺。需要注意的是，因为氢气极难生成水合物，所以氢气仍会在气相中提浓，因此氢气和大分子组分均在气相中富集。气相中氢气浓度和大分子组分浓度之和的理论上限为100%，所以氢气和大分子组分互相限制了对方的提浓效果，一方浓度越高，另一方可以达到的理论最大浓度就越低。所以该工艺对氢气和氢浓度较高的原料气的大分子组分的分离效果非常有限。

在该工艺下，随着热力学促进剂浓度的升高，水合物转化率升高，水合物对氢气的选择性远远低于对气相中其他组分的选择性，所以气相中氢气浓度提高，氢气可达到的最高浓度受气相中大分子组分浓度的限制；大分子组分既无法独自生成水合物也无法进入热力学促进剂的水合物之中，其在气相中的浓度随着水合物转化率的升高而升高，其最大浓度受气相中氢气浓度的限制。此外，因为水合物生成过程中会对气体产生一定的夹带，所以水合物转化率的提高会降低氢气和大分子组分在气相中的回收率。

需要注意的是，该工艺下大分子组分在气相中的浓度随着水合物的生成而不断升高，造成大分子组分在气相中分压不断升高，进而使得大分子组分独自生成水合物的推动力不断增大。因此，为了避免大分子组分在分离过程中独自形成水合物而造成大分子组分无法在气相中提浓，工艺需要严格将温度和压力控制在大分子组分能独自生成水合物的热力学条件范围之外。但是，为了保证除了氢气之外的小分子组分尽可能多地进入水合物相以保证分离效率，该工艺需要提供高压和低温，这又恰好与“控制大分子组分不生成水合物”操作条件需求相矛盾，所以实际操作过程中，分离温度和压力是有明确上下限范围的，需要在规定范围内操作以保证在大分子组分不独立生成水合物的前提下尽可能多地捕集出氢气以外的小分子组分。

不同于小分子组分间的分离，大分子组分和小分子组分的分离，在大分子浓度较高的情况下，一般优先考虑不使用热力学促进剂，没有热力学促进剂参与的情况下，大分子组分更容易获得高的单级分离效率。

（二）气体组成的影响

气体组成是热力学相平衡和水合物结构的重要影响因素，通过影响不同气体组分的分压来影响水合物的笼形结构和对不同组分的选择性。

对于没有热力学促进剂参与的分离工艺，如果甲烷与大分子组分的浓度比大于甲烷与大分子组分热力学临界生成压力比（5～26），则甲烷和大分子组分都独立生成水合物，工艺则仅对氢气有分离效果，对大分子组分无明显分离效果。对于甲烷与大分子组分的浓度比小于甲烷与大分子组分热力学临界生成压力比的情况，随着大分子组分浓度的增加，大分子组分在水合物相中提浓效果和回收率都增加。此外，如果大分子组分中以乙烯和乙烷为主，在一定浓度范围内生成的是Ⅰ型水合物（范围之外则是Ⅱ型水合物）[17]，有利于在水合物相中获得高大分子组分浓度的化解气；如果大分子组分以 C_3～C_5 为主，在较大浓度范围内生成的是Ⅱ型水合物[18]，大分子组分在水合物相中的提浓效果不及Ⅰ型水合物，但是对于含小分子组分较多的炼厂气具有更好的提浓氢气的效果；C_5 以上的分子组分在水合物法分离的温度和压力下为液相，进入水合物分离装置之前已通过气-液相分离被回收。

有热力学促进剂参与、在水合物相中提浓大分子组分的分离工艺[16]，对于甲烷与大分子组分的浓度比大于甲烷与大分子组分热力学临界生成压力比的炼厂气，同样难以获得理想的大分子组分的提浓效果。对于甲烷与大分子组分的浓度比小于甲烷与大分子组分热力学临界生成压力比的情况，随着大分子组分浓度的增加，大分子组分回收率增加。如果大分子组分中以乙烯和乙烷为主，可通过条件控制尽量提升Ⅰ型水合物在总水合物中的摩尔比以保证大分子组分在水合物相中的提浓效果；如果原料气只能生成Ⅱ型水合物，可通过调整温度和压力以降低水合物小笼被小分子组分占有率的方式来提高大分子组分在水合物相中的提浓效果。如果分离主要目标是氢气，因为热力学促进剂水合物提供充足小笼，只需确保大分子组分充分生成水合物即可。

有热力学促进剂参与、在气相中提浓大分子组分的分离工艺，对于大分子组分浓度较高的炼厂气不具备理想的分离效果，这是由于较高的大分子组分浓度限制了氢气提浓效果的上限。此外，为了保障大分子组分不能独自生成水合物，操作压力不能太高，这使得水合物小笼对小分子组分的吸附率无法保障，进而限制了大分子组分在气相中的提浓效果。而对于大分子组分浓度和氢气浓度都低的炼厂气，该工艺具备较好的分离效果，但分离效果随着大分子组分浓度的提升而减弱。操作压力需要随着大分子组分浓度提高而降低以保证大分子组分分压在一定范围之内，小分子组分的分压会随压力的降低而降低，造成小分子组分进入水合物相的比例降低，从而限制大分子组分在气相中的提浓效果。

（三）温度的影响

温度对水合物生成热力学推动力有非常大的影响，会影响水合物分离的最终热力学相平衡状态。

对于大分子组分浓度较高的炼厂气，采用没有热力学促进剂参与的分离工艺[12,13]。在分离工艺中采用更低的温度可以得到更高的水合物转化率、更高的大分子组分回收率和更高的氢气提浓效果。这是因为低温会造成高热力学推动力，生成更多的水合物；大分子组分在水合物相中回收，所以大分子组分的回收率提高；水合物相对氢气的选择性远低于其他组分，所以水合物生成量的增加会提高气相中氢气的浓度。温度降低，水合物小笼对小分子组分吸附能力更强，小笼占有率上升，水合物化解气中大分子组分的浓度会下降[11]。此外，温度下降使得气相中大分子组分浓度下降，而小分子组分浓度上升，进而使得小分子组分的相对分压上升，同样会造成水合物小笼的占有率上升。因为水合物生成过程中会对气体产生一定的夹带，小笼对氢气的吸附也会随着氢气分压的增加而有所增加，所以水合物转化率的提高会降低氢气在气相中的回收率。

对于大分子浓度较高的炼厂气，当氢气提浓要求高而大分子组分提浓要求不高时，采用有热力学促进剂参与、在水合物相中提浓大分子组分的分离工艺[16]。采用更低的温度可以得到更高的水合物转化率、更高的大分子组分回收率和更高的氢气提浓效果，但会降低水合物化解气中大分子组分的浓度和氢气的回收率。造成上述情况的原因与没有热力学促进剂参与的分离工艺情况相同。

对于大分子浓度很低的炼厂气，采用有热力学促进剂参与、在气相中提浓大分子组分的分离工艺，第一级先获得含较高浓度的大分子组分和氢气的混合气，之后再通过没有热力学促进剂的分离工艺来分离大分子组分和氢气。在有热力学促进剂参与、在气相中提浓大分子组分的分离工艺中，确保大分子组分不独自生成水合物的前提下，降低温度会得到更高的水合物转化率、更高的大分子提浓效果和更高的氢气提浓效果，而氢气和大分子组分的回收率会有轻微的降低。这是因为降温造成了水合物生成热力学推动力的升高，更多的水合物生成使得更多的小分子组分进入水合物相，而不能生成水合物的大分子组分和难以被水合物小笼吸附的氢气则留在了气相，使得气相中大分子组分和氢气浓度上升。但因为水合物的夹带作用，以及氢气分压的升高增加了水合物对氢气的选择性（依然非常小），留在气相中的大分子组分和氢气会随水合物量的增加而有所减小，所以大分子组分和氢气的回收率会有少许降低。

（四）压力的影响

对于热力学控制下的水合物法分离炼厂气过程，压力对分离的影响与温度对分离的影响相似，主要是通过提升热力学推动力的方式来影响分离过程和最终效果。

大分子组分浓度较高的炼厂气通常采用没有热力学促进剂参与的分离工艺。采用更高的压力可以得到更高的水合物转化率、更高的大分子组分回收率和更高的氢气提浓效果。这是因为高压产生了高热力学推动力，使更多的水合物生成；大分子组分在水合物相中回收，所以大分子组分的回收率提高；水合物相对氢气的选择性远低于其他组分，所以水合物生成量的增加会提高气相中氢气的浓度。压力升高，水合物小笼对小分子组分吸附能力更强，小笼占有率上升，而大分子组分在水合物相中的物质量不变，所以水合物化解气中大分子组分的浓度会下降[11]。此外，压力升高使得气相中大分子组分浓度下降而小分子组分浓度上升，进而使得小分子组分的相对分压上升，同样会造成水合物小笼的占有率上升。因为水合物生成过程中会对气体产生一定的夹带，以及小笼对氢气的吸附会随着氢分压的增加而有所增加，所以水合物转化率的提高会降低氢气在气相中的回收率。

当氢气提浓要求高而大分子组分提浓要求不高时，大分子浓度较高的炼厂气分离通常采用有热力学促进剂参与、在水合物相中提浓大分子组分的分离工艺[16]。采用更高的压力可以得到更高的水合物转化率、更高的大分子组分回收率和更高的氢气提浓效果，但会降低水合物化解气中大分子组分的浓度和氢气的回收率。造成上述情况的原因与没有热力学促进剂参与的分离工艺情况相同。需要注意的是，因为溶解于液相中的热力学促进剂（季铵盐[19]、四氢呋喃[20] 等）和液相的热力学促进剂（环戊烷[21] 等）对压力的敏感程度不及对温度的敏感程度，热力学促进剂生成的水合物的量随压力的变化不及同等情况下随温度的变化。

对于大分子浓度很低的炼厂气，采用有热力学促进剂参与、在气相中提浓大分子组分的分离工艺获得较高浓度的大分子组分和氢气的混合气，之后再用其他工艺分离大分子组分和氢气。在确保大分子组分不能独自生成水合物的前提下升高压力会得到更高的水合物转化率、更高的大分子提浓效果和更高的氢气提浓效果，而氢气和大分子组分的回收率会有轻微的降低。这是因为升高压力造成了水合物生成热力学推动力的升高，更多的水合物生成使得更多的小分子组分进入水合物相，而不能生成水合物的大分子组分和难以被水合物小笼吸附的氢气则留在了气相，使得气相中大分子组分和氢气浓度上升。但因为水合物的夹带作用，以及氢气分压的升高增加了水合物对氢气的选择性（依然非常小），留在气相中的大分子组分和氢气会随水合物量的增加而有所减小，所以大分子组分和氢气的回收率会有少许降低。

（五）气液比的影响

对于热力学控制下的水合物法分离炼厂气过程，气液比对分离的影响主要是通过对气体组分分压的影响来实现。

大分子组分浓度较高的炼厂气分离采用没有热力学促进剂参与的分离工艺[16,22]。提高气液比会提高水合物的转化率和水合物化解气相中大分子组分的浓度，降低氢气在气相中的浓度和大分子组分的回收率。这是因为对于热力学平衡控制下的分离过程是气相中的大分子组分浓度不断随着水合物生成而降低，当大分子组分浓度低到一定程度之后，热力学推动力不足，水合物停止生成，分离停止。当气液比增加，生成同样量的水合物所造成的气相中大分子组分浓度的降低量有所减小，这样生成同样水合物所造成的热力学推动力的降低就会减小，就会有更多的水合物生成。但水合物量的增加比例不会高于气体的提升比例，所以氢气在气相中的提浓效果会下降，造成氢气在气相中的浓度下降；大分子组分在水合物相中收集，所以大分子组分的回收率会下降。

当氢气提浓要求高而大分子组分提浓要求不高时，大分子浓度较高的炼厂气分离采用有热力学促进剂参与、在水合物相中提浓大分子组分的分离工艺[16]。提高气液比会提高水合物的转化率和水合物化解气相中大分子组分的浓度，降低氢气在气相中的浓度、大分子组分的回收率。这是因为对于热力学平衡控制下的分离过程是气相中的大分子组分和甲烷浓度不断随着水合物生成而降低，当大分子组分和甲烷浓度低到一定程度之后，热力学推动力不足，水合物停止生成，分离停止。当气液比增加，生成同样量的水合物所造成的热力学推动力的降低就会减小，就会有更多的水合物生成。但水合物量的增加比例不会高于气体比的提升比例，所以氢气在气相中的提浓效果会下降，造成氢气在气相中的浓度下降；大分子组分在水合物相中收集，所以大分子组分的回收率会下降。需要注意的是，因为热力学促进剂对气体组分分压的敏感程度不及气体水合物对气体组分的敏感程度，所以气液比提高对气体水合物生成量的提高效果要强于对热力学促进剂水合物生成量的提高效果。

对于采用有热力学促进剂参与、在气相中提浓大分子组分的分离工艺，由于氢气和大分子组分都在气相中提浓，虽然提高气液比可以提高水合物转化率，但是氢气和大分子组分的提浓效果、回收率都会下降，因此提高气液比不利于分离。

（六）动力学促进剂的影响

如第十三章所述，动力学促进剂的使用量一般为液相的0.1%～0.5%（质量分数）之间[12,13,23]。当分离过程没有热力学促进剂参与，或者分离过程有热力学促进剂参与但热力学促进剂和动力学促进剂没有相互作用时，动力学促进剂仅起到加快气体组分在气-液相间传质速率的作用，但对于热力学控制下的最终分离效果没有显著的影响[12,13]。

在分离过程中，当热力学促进剂和动力学促进剂有相互作用（如络合作用）

时[24,25]，热力学促进剂和动力学促进剂络合析出，导致了热力学促进剂在液相中的实际浓度降低了，对分离产生的影响与降低热力学促进剂浓度所产生的影响相同。随着动力学促进剂浓度的提升，热力学促进剂和动力学促进剂的络合增强，热力学促进剂在液相中的实际浓度进一步降低，分离效果随着热力学推动力的减弱而进一步减弱。需要注意的是，对于动力学控制下的分离过程，因为热力学推动力供给是过量的，动力学促进剂和热力学促进剂相互作用对分离不会产生显著的负面影响，而因为动力学促进剂在动力学上的促进作用，分离效果反而可能得到提升[26]。

第三节 动力学控制下的分离过程

一、分离原理

当气体组分在气-液相间的传质速率无法跟上水合物的生成速率或者气相和液相无法正常接触时，传质成为水合物生成过程的控制步骤，水合物生成过程即炼厂气的分离过程由动力学因素控制。

如第十三章所述，“气体组分在气-液相间的传质速率无法跟上水合物的生成速率”的情况在实际分离过程中不存在，因为这种情况的发生需要提供非常低的温度和非常高的压力，在大幅增加设备成本和操作费用的同时不但不能提升分离速率还会大幅降低分离效果，所以实际分离过程中会将温度和压力设定在“传质速率可以跟上水合物生长”的范围以内以避免不必要的设备要求和能源浪费。因此，实际分离过程中的动力学控制主要来源于气相和液相无法正常接触，生成的水合物将气、液两相隔开，也就是所谓的“铠甲效应”[27,28]。

炼厂气分离过程中所遇到的“铠甲效应”和沼气分离过程中遇到的“铠甲效应”原理相同，都是由系统内各局部位置水合物生成速率不均和水合物颗粒聚集这两个方面原因造成的，具体原理在第十三章已有详细阐述，此处不再赘述[29-32]。

一旦分离体系因为气相和液相被水合物隔开而无法生成水合物的情况发生，即使热力学推动力再大也无法让水合物继续生成，则剩余气体无法继续分离，用于提供热力学推动力而富余的压力或者说富余的低温就被浪费，造成设备和能源的浪费。此外，如第十三章所述，“铠甲效应”大大降低了水转化为水合物的转化率，从而使分离工作液的需求量、分离工作液降温的能耗和分离设备的体积都大幅增加，进而大大降低了分离工艺的经济价值。“铠甲效应”无法通过操作条件设置来完全避免，因为随着水合物转化率的不断上升，液相越来越少，水合物相越来越多，如图 13-3（b）所示，若想要让水在完全转化为水合物之前一直保持水和气体的良好接触是难以实现的事情。所以在现实分离过程中，如何采用不同的方法来延缓“气相和液相被水合物隔开而无法生成水合物”的发生从而得到尽可能大的水合物转化率一直是水合物法分离气体动力学研究中的重点。

二、各因素对分离效果的影响

本部分主要围绕表面活性剂、传质强化方法和热力学因素三方面在水合物由动力学控制时对分离效果产生的影响进行讨论。

（一）表面活性剂的影响

因为“铠甲效应”是由系统内各局部位置水合物生成速率不均和水合物颗粒聚集这两方面原因造成的[29-32]，所以对“铠甲效应”的缓解也是从其成因出发。表面活性剂的存在有助于改善体系内因传质速率不足而造成的各局部位置水合物生成速率不均的问题；表面活性剂在水合物表面的吸附以及表面活性剂对水合物颗粒之间液桥力的减弱作用有助于改善水合物颗粒的聚集问题，表面活性剂通过上述两个方面作用从动力学层面实现对水合物最终转化率的提升[29-31,33,34]。

对于没有热力学促进剂参与的分离过程，当分离由动力学控制时，在一定浓度范围内增加表面活性剂的浓度，水合物转化率、气相中的氢气浓度和大分子组分的回收率会随之上升；但超过一定范围继续升高表面活性剂浓度，水合物转化率、气相中的氢气浓度和大分子组分的回收率并不会随之明显升高，甚至还有可能轻微降低[12,13]。这主要是因为低浓度时提升表面活性剂浓度，气-液界面张力随表面活性剂浓度升高而升高；而高浓度下（一般高于表面活性剂临界胶束浓度）增加表面活性剂浓度无法进一步降低气-液界面张力，对辛基葡糖苷等表面活性剂而言还有可能轻微提高气-液界面张力[12,13]。

在热力学促进剂参与且热力学促进剂不与表面活性剂产生相互作用的情况下[35,36]，对于动力学控制下的在水合物相中提浓大分子组分工艺，在一定浓度范围内增加表面活性剂的浓度，水合物转化率、气相中的氢气浓度和大分子组分的回收率会随着表面活性剂浓度的上升而上升，但超过一定范围继续升高表面活性剂浓度，水合物转化率、气相中的氢气浓度和大分子组分的回收率并不会明显升高，甚至还有可能轻微降低[37]。上述现象的原因与无热力学促进剂存在下的分离工艺相同。

在有热力学促进剂参与且热力学促进剂不与表面活性剂产生相互作用的情况中，对于动力学控制下的在气相中提浓大分子组分工艺，在一定浓度范围内增加表面活性剂浓度，水合物转化率、气相中的氢气和大分子组分的浓度会上升，氢气和大分子组分的回收率会下降；但超过一定范围继续升高表面活性剂浓度，水合物转化率、气相中的氢气和大分子组分的浓度并不会明显升高，甚至还有可能轻微降低，而氢气和大分子组分的回收率则不会再下降。这是因为水合物转化率随着表面活性剂浓度的增加而先增加后不变或先增加后轻微减小。气相中除大分子组分和氢气之外的组分（主要是甲烷）会随着水合物生成量的增加而增加，从而使得气相中大分子组分和氢气的浓度随之上升。考虑到水合物对气体的夹带作用、氢气分压因气相浓度上升而造成的上升，大分子组分和氢气的回收率会随着水合物转化率的升高而轻微减小。

对于有热力学促进剂参与且热力学促进剂与表面活性剂产生相互作用的情况，虽然热力学促进剂的作用会随着表面活性剂浓度的增加而减弱，但因为在动力学控制的分离过程中热力学推动力是过量的，所以表面活性剂对热力学推动力的减弱并不会对分离效果产生影响，表面活性剂仍表现出提升水合物转化率。对于在水合物相中提浓大分子组分的工艺和在气相中提浓大分子组分的工艺而言，各项分离参数对表面活性剂浓度变化的变化趋势和当表面活性剂不与热力学促进剂发生相互作用时的变化趋势是一样的，只是表面活性剂促进效果的拐点浓度因热力学促进剂的存在而发生了改变。

（二）传质强化方法

如第十三章所述，除了使用表面活性剂，还可以通过使用燃油[38-40]、惰性固体颗粒[41]、多孔介质[42]和固定床[43]等从动力学维度促进水合物生成，它们和表面活性剂都被视为动力学促进剂。除此之外还可以通过鼓泡塔、喷淋塔和搅拌等方式[44-47]从机械层面强化传质以实现动力学维度的促进。

对于动力学控制的分离过程，采用油性溶剂（燃油等）结合乳化剂从而产生乳状液的方式可以有效缓解“铠甲效应”。乳状液分“水包油”型乳状液和“油包水”型乳状液，如第十三章所述，“油包水”型乳状液抵抗“铠甲效应”在理论上比“水包油”型乳状液更有优势，但“油包水”型乳状液需要保证液相中30%以上的油相以保证乳状液稳定，所以会损失30%的理论处理量。综上所述，乳化液的方式更适合采用油相热力学促进剂（环戊烷等）的工艺，对于不采用热力学促进剂或者采用水溶性热力学促进剂的工艺，从尽可能多生成水合物的角度看来，使用表面活性剂比添加油相更为便捷有效[12,48-50]。

惰性固体颗粒、多孔介质和固定床主要是一定程度上降低水合物生成能垒、提升水合物生成速率，但是对于缓解“铠甲效应”没有显著作用；鼓泡塔、喷淋塔等方式可以增加气-液接触面积从而强化传质，进而加快水合物的生成速率，但是对于缓解“铠甲效应”没有显著作用；搅拌有利于加快水合物的生成速率，也可以很好地避免水合物的聚集，对于搅拌桨触及不到的范围，防聚集作用会有所减弱，但搅拌能耗很高，不适合在大型工业装置中使用。因为上述促进方法在第十三章有详细讨论，在此不做赘述。

（三）热力学因素的影响

对于动力学控制的炼厂气分离过程，热力学促进剂、气体组成、温度、压力和气液比仍会对分离产生一定的影响，需要逐个进行分析。

在热力学促进剂的影响方面，在无表面活性剂参与或热力学促进剂不与表面活性剂产生相互作用的情况下，对于动力学控制下的在水合物相中提浓大分子组分工艺，随着热力学促进剂浓度的上升，水合物转化率、气相中氢气的浓度和大分子组分的回收率会轻微下降。因为热力学促进剂所提供的热力学推动力是过量的，当热力学促进剂在液相中的浓度进一步上升，热力学推动力会进一步增大，而气体组分在气-液相间的传质速率并没有因为热力学促进剂在液相中浓度的增加而有快速增长，因此系统内各局部位置水合物生成速率不均更为明显，体系反而会更早出现“铠甲效应”。此外，热力学推动力的增加会降低水合物对小分子组分间的选择性，进而降低氢气分离效率。

在热力学促进剂的影响方面，当无表面活性剂参与或热力学促进剂不与表面活性剂产生相互作用时，对于动力学控制下的在气相中提浓大分子组分工艺，随着热力学促进剂浓度的上升，水合物转化率、气相中氢气和大分子组分的浓度会轻微下降。因为热力学促进剂浓度上升使本就过量的热力学推动力进一步增长，从而加速了“铠甲效应”的发生，于是水合物转化率降低，进入水合物相的介于大分子组分和氢气之间的小分子组分减少，气相中氢气和大分子组分的浓度下降。

在热力学促进剂的影响方面，当热力学促进剂与表面活性剂产生相互作用时，对于动力学控制下的分离过程，热力学促进剂浓度进一步上升不仅会增加本就过量的热力学推动力，还会提升和表面活性剂的相互作用从而减少液相中实际的动力学促进剂浓度。热力学促进剂的严重过量会加速“铠甲效应”的发生，而液相中表面活性剂浓度的降低对溶液表面活性的影响主要取决于原液相中表面活性剂浓度是在最佳促进浓度以上还是最佳促进浓度以下[37]。考虑到实际生产中，表面活性剂浓度会设定在最佳促进浓度附近，所以热力学促进剂浓度提升更大概率是降低了溶液的表面活性，从而加速“铠甲效应”的发生。所以综合热力学推动力和溶液表面活性两方面影响，热力学促进剂浓度增加会降低水合物的转化率，所以对于在水合物相中提浓大分子组分的工艺，随着热力学促进剂浓度的上升，气相中氢气的浓度和大分子组分的回收率会下降；对于动力学控制下的在气相中提浓大分子组分的工艺，随着热力学促进剂浓度的上升，气相中氢气和大分子组分的浓度会下降。

在气体组成对动力学控制的炼厂气分离和热力学控制的炼厂气分离的各项参数影响趋势相当，但在动力学控制下的分离在液相中溶解度更高的气体组分生成水合物的优势会加强。

在温度的影响方面，对于动力学控制的炼厂气分离过程，降温会进一步提升本就过量的热力学推动力，从而会更早出现“铠甲效应”，所以水合物转化率会随温度降低而降低。因此，对于在水合物相中提浓大分子组分的工艺，随着温度的降低，气相中氢气的浓度和大分子组分的回收率会下降；对于动力学控制下的在气相中提浓大分子组分的工艺，随着温度的降低，气相中氢气和大分子组分的浓度会下降[12]。

在压力的影响方面，对于动力学控制的炼厂气分离过程，升压会进一步提升本就过量的热力学推动力，但也会促进气-液间的传质、提升气体在液相中溶解度。综合来看，增压对水合物转化率的提升作用会比热力学控制时大大减小，甚至提升效果接近零。所以对于在水合物相中提浓大分子组分的工艺，随着压力的上升，气相中氢气的浓度和大分子组分的回收率会轻微上升或没有明显变化；对于动力学控制下的在气相中提浓大分子组分的工艺，随着压力的上升，气相中氢气和大分子组分的浓度会轻微上升或没有明显变化[13]。

在气液比的影响方面，对于动力学控制的炼厂气分离过程，增加气液比会显著降低分离效果。这是因为在动力学控制的状态下增加气液比对水合物转化率的提升很小。在水合物的量没有明显增加的情况下，需要分离的气体量却因为气液比的增大而升高，分离效果急剧下降。

参考文献

[1] Li X，Li Y，Zhang L，et al. Absorption-hydration hybrid method for ethylene recovery from refinery dry gas：Simulation and evaluation [J]. Chemical Engineering Research and Design，2016，109：258-272.

[2] Seider W D. Product and process design principles：Synthesis，analysis and evaluation [M]. New York：John Wiley & Sons，2009.

[3] Ovcharova A，Vasilevsky V，Borisov I，et al. Polysulfone porous hollow fiber membranes for ethylene-ethane separation in gas-liquid membrane contactor [J]. Separation and Purification Technology，2017，183：162-172.

[4] Wang Y，Zheng M，Liu G，et al. Graphical method for simultaneous optimization of the hydrogen recovery and purification feed [J]. International Journal of Hydrogen Energy，2016，41 (4)：2631-2648.

[5] Happel J，Hnatow M，Meyer H. The study of separation of nitrogen from methane by hydrate formation using a novel apparatus [J]. Annals of the New York Academy of Sciences，1994，715 (1)：412-424.

[6] Salerno D，Arellano-Garcia H，Wozny G. Ethylene separation by feed-splitting from light gases [J]. Energy，2011，36 (7)：4518-4523.

[7] Gong S, Shao C, Zhu L. Energy efficiency evaluation in ethylene production process with respect to operation classification [J]. Energy, 2017, 118: 1370-1379.

[8] 徐春明. 石油炼制工程 [M]. 北京：石油工业出版社，2009.

[9] Xia Z, Li X, Chen Z, et al. Hydrate-based acidic gases capture for clean methane with new synergic additives [J]. Applied Energy, 2017, 207: 584-593.

[10] Wang Y, Deng Y, Guo X, et al. Experimental and modeling investigation on separation of methane from coal seam gas (CSG) using hydrate formation [J]. Energy, 2018, 150: 377-395.

[11] 陈光进. 气体水合物科学与技术 [M]. 北京：化学工业出版社，2008.

[12] Wang Y, Yang B, Liu Z, et al. The hydrate-based gas separation of hydrogen and ethylene from fluid catalytic cracking dry gas in presence of poly (sodium 4-styrenesulfonate) [J]. Fuel, 2020, 275: 117895.

[13] Wang Y, Qian Y, Liu Z, et al. The hydrate-based separation of hydrogen and ethylene from fluid catalytic cracking dry gas in presence of *n*-octyl-β-D-glucopyranoside [J]. International Journal of Hydrogen Energy, 2022, 47 (73): 31350-31369.

[14] Lee J D, Susilo R, Englezos P. Kinetics of structure H gas hydrate [J]. Energy & Fuels, 2005, 19: 1008-1015.

[15] Lee Y, Lee D, Lee J, et al. Enclathration of CO_2 as a co-guest of structure H hydrates and its implications for CO_2 capture and sequestration [J]. Applied Energy, 2016, 163: 51-59.

[16] Wang Y, Zhang J, Guo X, et al. Experiments and modeling for recovery of hydrogen and ethylene from fluid catalytic cracking (FCC) dry gas utilizing hydrate formation [J]. Fuel, 2017, 209: 473-489.

[17] Zheng R, Li X, Negahban S. Molecular-level insights into the structure stability of CH_4-C_2H_6 hydrates [J]. Chemical Engineering Science, 2022, 247: 117039.

[18] Le Quang D, Le Quang D, Bouillot B, et al. Experimental procedure and results to measure the composition of gas hydrate, during crystallization and at equilibrium, from N_2-CO_2-CH_4-C_2H_6-C_3H_8-C_4H_{10} gas mixtures [J]. Fluid Phase Equilibria, 2016, 413: 10-21.

[19] Khafaei A, Kamran-Pirzaman A. experimental study of semiclathrate hydrates formation TBAOH, TBAF, and TBAC in the presence of SDS and Tween surfactants as a cold thermal energy storage system for air conditioning applications [J]. Journal of Chemical & Engineering Data, 2021, 66 (7): 2901-2910.

[20] Atakoohi S E, Naeiji P, Peyvandi K, et al. The experimental study andmolecular dynamic simulation of THF hydrate growth kinetics in the presence of Arabic and Guar gum: New approaches in promotion of THF hydrate formation [J]. Journal of Molecular Liquids, 2021, 325: 115249.

[21] Chami N, Bendjenni S, Clain P, et al. Thermodynamic characterization of mixed gas hydrates in the presence of cyclopentane as guestmolecule for an application in secondary re-

frigeration [J]. Chemical Engineering Science, 2021, 244: 116790.

[22] Liu H, Mu L, Wang B, et al. Separation of ethylene from refinery dry gas via forming hydrate in W/O dispersion system [J]. Separation and Purification Technology, 2013, 116: 342-350.

[23] Veluswamy H P, Hong Q W, Linga P. Morphology study of methane hydrate formation and dissociation in the presence of amino acid [J]. Crystal Growth & Design, 2016, 16 (10): 5932-5945.

[24] Kumar S, Sharma D, Kabir-ud-Din. Cloud point phenomenon in anionic surfactant+quaternary bromide systems and its variation with additives [J]. Langmuir, 2000, 16 (17): 6821-6824.

[25] Kumar S, Parveen N. The clouding phenomenon for anionic sodium dodecyl sulfate+quaternary bromides in polar nonaqueous-water-mixed solvents [J]. Journal of Surfactants and Detergents, 2008, 11 (4): 335-341.

[26] Zhong D, Wang W, Zou Z, et al. Investigation on methane recovery from low-concentration coal mine gas by tetra-*n*-butyl ammonium chloride semiclathrate hydrate formation [J]. Applied Energy, 2018, 227: 686-693.

[27] Veluswamy H P, Wong A J H, Babu P, et al. Rapid methane hydrate formation to develop a cost effective large scale energy storage system [J]. Chemical Engineering Journal, 2016, 290: 161-173.

[28] Ohmura R, Matsuda S, Uchida T, et al. Clathrate hydrate crystal growth in liquid water saturated with a guest substance: Observations in a methane+water system [J]. Crystal Growth & Design, 2005, 5 (3): 953-957.

[29] Gayet P, Dicharry C, Marion G, et al. Experimental determination of methane hydrate dissociation curve up to 55MPa by using a small amount of surfactant as hydrate promoter [J]. Chemical Engineering Science, 2005, 60 (21): 5751-5758.

[30] Song G, Li Y, Wang W, et al. Experimental investigation on the microprocess of hydrate particle agglomeration using a high-speed camera [J]. Fuel, 2019, 237: 475-485.

[31] Shi L, Ding J, Liang D. Enhanced CH_4 storage in hydrates with the presence of sucrose stearate [J]. Energy, 2019, 180: 978-988.

[32] Zhong D, Li Z, Lu Y, et al. Evaluation of CO_2 removal from a CO_2+CH_4 gas mixture using gas hydrate formation in liquid water and THF solutions [J]. Applied Energy, 2015, 158: 133-141.

[33] Wang X, Zhang F, Lipiński W. Research progress and challenges in hydrate-based carbon dioxide capture applications [J]. Applied Energy, 2020, 269: 114928.

[34] Dicharry C, Diaz J, Torré J, et al. Influence of the carbon chain length of a sulfate-based surfactant on the formation of CO_2, CH_4 and CO_2-CH_4 gas hydrates [J]. Chemical Engineering Science, 2016, 152: 736-745.

[35] Asadi M, Peyvandi K, Varaminian F. Effect of surface structure on the kinetic of THF

hydrate formation [J]. Journal of Crystal Growth, 2022, 593: 126773.
[36] Mech D, Gupta P, Sangwai J S. Kinetics of methane hydrate formation in an aqueous solution of thermodynamic promoters (THF and TBAB) with and without kinetic promoter (SDS) [J]. Journal of Natural Gas Science and Engineering, 2016, 35: 1519-1534.
[37] Zang X, Wan L, He Y, et al. CO_2 removal from synthesized ternary gas mixtures used hydrate formation with sodium dodecyl sulfate (SDS) as additive [J]. Energy, 2020, 190: 116399.
[38] Zhong D, Ding K, Lu Y, et al. Methane recovery from coal mine gas using hydrate formation in water-in-oil emulsions [J]. Applied Energy, 2016, 162: 1619-1626.
[39] Li Y, Li X, Zhou W, et al. Kinetics of ethylene hydrate formation in water-in-oil emulsion [J]. Journal of the Taiwan Institute of Chemical Engineers, 2017, 70: 79-87.
[40] Liu H, Wang J, Chen G, et al. High-efficiency separation of a CO_2/H_2 mixture via hydrate formation in W/O emulsions in the presence of cyclopentane and TBAB [J]. International Journal of Hydrogen Energy, 2014, 39 (15): 7910-7918.
[41] Heeschen K U, Schicks J M, Oeltzschner G. The promoting effect of natural sand on methane hydrate formation: Grain sizes and mineral composition [J]. Fuel, 2016, 181: 139-147.
[42] Zhao Y, Zhao J, Liang W, et al. Semi-clathrate hydrate process of methane in porous media-microporous materials of 5A-type zeolites [J]. Fuel, 2018, 220: 185-191.
[43] Babu P, Ho C Y, Kumar R, et al. Enhanced kinetics for the clathrate process in a fixed bed reactor in the presence of liquid promoters for pre-combustion carbon dioxide capture [J]. Energy, 2014, 70: 664-673.
[44] Hashemi S, Macchi A, Servio P. Gas-liquid mass transfer in a slurry bubble column operated at gas hydrate forming conditions [J]. Chemical Engineering Science, 2009, 64 (16): 3709-3716.
[45] Xu C, Cai J, Li X, et al. Integrated process study on hydrate-based carbon dioxide separation from integrated gasification combined cycle (IGCC) synthesis gas in scaled-up equipment [J]. Energy & Fuels, 2012, 26 (10): 6442-6448.
[46] Rossi F, Filipponi M, Castellani B. Investigation on a novel reactor for gas hydrate production [J]. Applied Energy, 2012, 99: 167-172.
[47] Hao W, Wang J, Fan S, et al. Study on methane hydration process in a semi-continuous stirred tank reactor [J]. Energy Conversion and Management, 2007, 48 (3): 954-960.
[48] Molokitina N S, Nesterov A N, Podenko L S, et al. Carbon dioxide hydrate formation with SDS: Further insights into mechanism of gas hydrate growth in the presence of surfactant [J]. Fuel, 2019, 235: 1400-1411.
[49] Wang Y, Wang S, Liu Z, et al. The formation of structure I hydrate in presence of *n*-octyl-β-D-glucopyranoside [J]. Fluid Phase Equilibria, 2022, 556: 113373.
[50] Wang Y, Wang L, Hu Z, et al. The thermodynamic and kinetic effects of sodium lignin sulfonate on ethylene hydrate formation [J]. Energies, 2021, 14 (11): 3291.

第十八章　水合物法分离焦炉煤气中的氢气

第一节　引　言

我国的能源结构属于“富煤、少油、缺气”，非常不平衡，一次能源消费以煤炭为主，煤原料相对低价易得，客观上推动了我国煤制氢工艺的发展。为了缓解我国能源不足的情况，需要对煤炭资源进行高效利用。随着近代煤化工行业的发展，研发出了煤焦化、煤气化、煤液化等成熟工艺。在煤炭转化方面，约有70%的煤炭用于炼焦[1]，进入21世纪以来，我国的焦炭产量持续增长，成为世界第一大焦炭产量国。根据中国炼焦行业协会统计显示，2021年我国焦炭产量为4.64亿吨，占世界焦炭产量的68%以上，出口焦炭645万吨[2]。

炼焦过程中除了生产焦炭外，还生成大量高附加值的副产品，焦炉煤气就是其中之一，焦炉煤气中含有氢气等有效组分。随着民用天然气的普及和推广，需要对焦炉煤气的工业应用进一步开发，尤其是对焦炉煤气中氢气提取和利用技术进行研究。如果能充分有效地提取焦炉煤气中的氢气，则可为国家节省大量的电力，同时也可为企业带来可观的经济效益。因此，从焦炉煤气中提取氢气进行高效利用，对提高企业产品的附加值和节能降耗具有重大的现实意义。本章主要介绍焦炉煤气的回收利用方式、制氢技术以及水合物法分离氢气相关实验研究进展。

第二节　焦炉煤气简介

焦炉煤气是炼焦过程中所产生的副产品，其主要组分为氢气、甲烷和少量一氧化碳、二氧化碳、氮气和其他烃类，其中可燃成分多，属于高热值燃气。焦炉煤气为有毒和易爆性气体，空气中的爆炸极限为6%～30%（体积分数）。

煤焦化过程中产生焦炉煤气的成分随煤质量和操作条件的不同而不同，表18-1所列为净焦炉煤气的主要成分及含量[3]。一般每吨干煤可产焦炉煤气约430m^3（标准状态）。这些焦炉煤气如果直接放散、排空会造成严重的环境污染和资源浪费，但将焦炉煤气作为二次能源进行开发和利用，就可以提高煤炭利用效率、减少环境污染，做到资源的可持续利用。

表 18-1 净焦炉煤气的主要成分及含量

组成	H_2	CH_4	CO	N_2	CO_2	C_nH_m	O_2	热值/(kJ/m^3)
含量(体积分数)/%	54～59	24～28	5.5～7	3～5	1～3	2～3	0.3～0.7	17

从焦炉出来的粗煤气除了H_2、CH_4、CO、CO_2等煤气成分外，还包含焦油、粗苯、萘、SO_2、H_2S、NH_3等，因此，粗煤气必须经过脱焦油、脱苯、脱萘、脱氨、脱硫等过程的净化处理，在得到净化煤气的同时，获得各种化学品。净化后的焦炉煤气中含有约50%的H_2和20%的CH_4，是一种含量丰富的氢气源，因此从焦炉煤气中分离氢气是焦炉煤气的一个重要应用途径。

第三节 焦炉煤气回收利用

随着国家煤化工行业的发展，焦炉煤气产量越来越大，除去用于焦炉本身加热消耗的部分外，剩余量仍然十分可观。为实现资源的高效利用，产生了很多焦炉煤气利用方法，如作为燃料气、制取甲醇、制取天然气、制取合成油、生产直接还原铁等[4,5]。下面介绍几种使用较多的回收利用方法。

一、焦炉煤气作为燃料气

焦炉煤气早期最简单的回收利用就是作为燃料气。焦炉煤气作为燃料气有三种利用方式。第一种是作为焦化厂和城市民用燃气，可减轻我国燃气短缺的压力。焦炉煤气热值较高，一氧化碳含量低，是人工煤气中非常适合作为民用燃气的气体。近年来，虽然西气东输为一些地区使用天然气提供了便利条件，天然气替代了大量的焦炉煤气，但在天然气输送不到的地方，焦炉煤气仍可作为民用燃气使用。第二种是用于工业燃料。独立焦化企业可将焦炉煤气用于自身焦炉等的加热及厂内生活用气，还可以作为钢铁联合企业炼钢、烧结、轧钢的燃料。第三种是用于发电，主要为蒸汽发电、燃气轮机发电及内燃机发电。焦炉煤气替代传统原煤，具有热效率高、输送成本低的特点。

二、焦炉煤气制醇醚类燃料

焦炉煤气中本身含有大量的 H_2 和 CO，如再将其中的 CH_4 转化为 H_2 和 CO 就可以作为原料制取甲醇、二甲醚等燃料。所以焦炉煤气通过适当的处理，可以转化成合成气，然后采用气相低压工艺，在催化剂的作用下合成甲醇，二甲醚可以由甲醇进一步脱水制得，也可由合成气直接制得。焦炉煤气制甲醇的工艺流程如图 18-1 所示。低压法制甲醇主要包括焦炉煤气脱硫、氧化处理和甲醇的合成三大模块。焦炉煤气先脱去 H_2S 和有机硫杂质，经脱硫后的焦炉气主要成分是 CH_4、H_2 和 CO，经过氧化处理后，部分 CH_4 转变为 CO 和 H_2，氧化后的焦炉煤气在催化剂的作用下合成甲醇。未反应的气体可以重新返回系统，以提高资源利用率和甲醇产率。

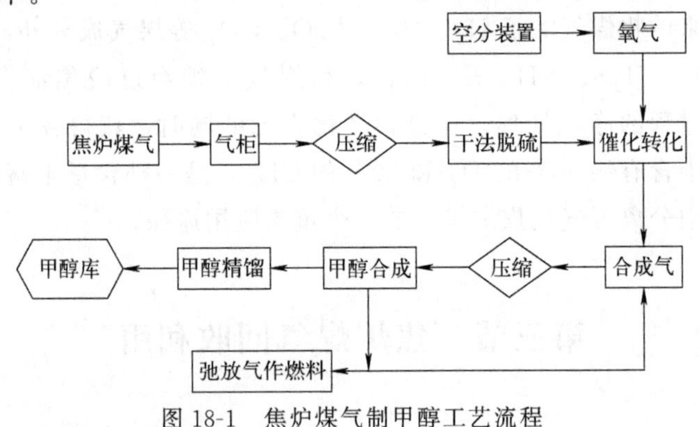

图 18-1　焦炉煤气制甲醇工艺流程

三、焦炉煤气制取合成天然气

天然气作为一种清洁能源，具有绿色环保、经济实惠、安全可靠等特点，焦炉煤气制天然气技术是近期发展起来的一项焦炉煤气综合利用新技术。焦炉煤气制天然气工艺技术主要有两种：一种是甲烷化制备天然气另一种是联合净化分离制备天然气[6]。焦炉煤气制取天然气工艺流程如图 18-2 所示。焦炉煤气制天然气

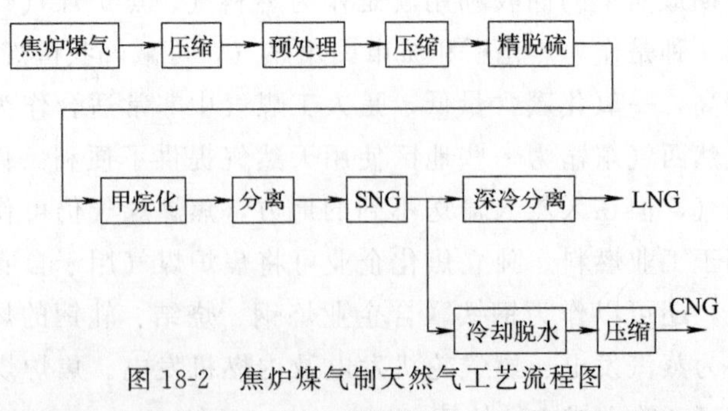

图 18-2　焦炉煤气制天然气工艺流程图

（SNG—合成天然气；LNG—液化天然气；CNG—压缩在然气）

技术可以产生热量较高的气体燃料，在提高能源利用率、保护环境、获得经济效益的同时也带来了较大的社会效益，促进了产业升级，实现废气再利用，达到节能减排的目的。但是整体工艺手段仍然存在明显的复杂性，而且产品的成本较高，需要进行技术的综合考虑。

四、焦炉煤气制还原剂直接还原铁

H_2 的还原潜能是 CO 的 14 倍，只需将焦炉煤气中的 CH_4 经过加氧热裂解即可获得 H_2 和 CO，以此作为还原性气体，能大大降低炼铁过程对焦炉煤气和煤炭的消耗，是焦炉煤气综合利用的重要途径，可获得高于焦炉煤炭发电的经济效益[6]。

五、焦炉煤气制氢

氢气是焦炉煤气的主要成分，达 54%～59%，焦炉煤气适用于分离并制取氢气。氢气是一种优质燃料，热值约为 120MJ/kg，是普通燃料的 3 倍[7]。净化后的焦炉煤气中含有约 50%的 H_2 和 20%的 CH_4，是一种含量丰富的氢气源，因此从焦炉煤气中分离氢气是焦炉煤气的一个重要应用途径。氢气作为一种清洁能源，既可以作为燃料发展氢燃料电池，也可以作为冶金、石油、化工行业的重要原料，工业需求量大。焦炉煤气分离制氢工艺流程短，投资及成本低。如果可以高效地利用焦炉煤气生产氢气，就可以实现废气再利用，可以提高资源利用率，能够对能源市场带来较大影响[8]。

第四节　焦炉煤气制氢气技术

为解决氢气来源并探索最合理、经济的制取方法，各国研究工作者都在不断进行研究。氢气分离技术主要有变压吸附（PSA）分离技术、深冷分离技术、膜分离技术和水合物分离技术。

一、变压吸附分离技术

变压吸附分离技术是一种物理分离技术。基本原理是运用多孔性材料（吸附剂）对混合气体中各组分进行选择性吸附，利用吸附剂在相同压力下对不同气体组分具有不同的吸附能力及在不同压力下对相同的气体组分具有不同的吸附能力，实现混合气体的分离[8]。它最初是由 Skarstrom[9]、Guerin 和 Domine[10] 在各自的专利中提出的，二者的差别在于吸附床的再生方式不同：Skarstrom 循环在床层吸附饱和后用低压的轻产品组分冲洗解吸，而 Guerin-Domine 循环采用抽真空的方法解吸。焦炉煤气变压吸附制取氢气有回收率高、回收氢气浓度大、操作条件温和等特点。无论是在制氢的生产规模还是在建成投产的装置数量上，变压吸附分离制氢技术都是使用最广泛的，变压吸附分离技术在多年的发展中不断完善，在气体分离领域起着重要的作用。变压吸附分离技术的优点主要有：a. 产品纯度高；b. 能耗低，在常温和低压下运行，吸附剂再生不需要加热和冷却；设备简单，可连续循环运行；适合中小企业的生产；c. 几乎无“三废”产生，环境效益好。但吸附剂性能易受原料气中杂质影响，其氢气回收率的提高是以增加吸附塔的数量和降低产品气氢气纯度为代价的，而且需要多塔协同操作、切换频繁，自动控制技术要求高。

二、膜分离技术

膜分离技术是一种新兴的高效分离技术。膜分离技术的基本原理是利用混合气体中各组分气体在分离膜中溶解系数和扩散系数的差异来实现分离，推动力为分离膜两侧的分压差，氢气在分离膜渗透侧（低压侧）富集，甲烷则在分离膜原料侧（高压侧）富集，从而达到氢气提浓的目的。膜分离的工艺流程非常简单，主要由预处理和膜分离两部分组成，具有操作方便、投资少等优点。但制膜技术有待改进，存在膜寿命短等问题[11]，而且要求原料气不含固体和油滴以防止损坏膜组件，产品纯度一般不高（<99%），采用两级膜分离可以使得产品氢纯度达到99%。

三、深冷分离技术

深冷分离技术是因为氢气沸点（−252.6℃）远低于煤炭焦炉气中其他组分的沸点（氮气常压沸点温度为−195.7℃，其他组分的沸点温度均高于氮气），所以可利用相对挥发度的不同通过精馏的方法实现氢气的分离提纯。含氢原料气在较高压力下进入深冷装置的冷箱，通过循环水冷却、乙烯蒸发制冷和甲烷膨胀制冷等步骤实现焦炉气的冷凝分离，不同沸点的杂质分别在各冷却阶段排出[12]。深冷分离技术的特点是可有效地把原料分成多股物料，氢气回收率较高，但该技术投资也较高，只有在装置规模较大时才会有较佳的经济性。所用设备复杂且需在高压和极低的温度下操作，使得深冷装置投资大、运转费用高、投资回收期长，难以被大多数焦化厂接受。

原料气中氢气浓度的高低直接影响氢气提浓工艺的经济性[13]。其中，变压吸附分离技术适合提浓含氢浓度40%以上的原料气；深冷分离和膜分离技术均适合加工低浓度氢气的原料气，甚至低至30%，更适合分离轻烃类副产品；此外，膜分离技术更适合用于原料气压力较高且规模较小的氢气提纯[14]。

第五节　水合物法分离焦炉煤气的实验研究

水合物是小分子物质和水在一定的温度和压力下生成的一种冰状晶体物质。对于规模较大，且氢气含量较高的焦炉煤气，研究人员提出了基于水合物分离技术从含 H_2 的混合气体中分离浓缩氢的方法[15]，并研究了含 H_2 的混合气体水合物法分离技术。因为氢气分子直径太小，不能单独生成水合物，焦炉煤气中其他组分 CH_4、C_nH_m、CO_2、N_2 等更容易生成水合物[16]。焦炉煤气中氢气和甲烷占总量的70%以上，而且除氢气外甲烷最难生成水合物，所以焦炉煤气中氢气提浓最终归结为甲烷和氢气两个关键组分的分离[17]。所以先从组分简单的 H_2+CH_4 混合气进行研究，然后对焦炉煤气进行实验研究。水合物法分离焦炉煤气的过程包括：①焦炉煤气中除氢气以外的组分与水在一定温度和压力下生成水合物固体晶体；②将此固体从体系中移出，在常压下该固体分解为水和生成水合物的组分。

一、水合分离 H_2+ CH_4 的相平衡实验研究

Mao 等[18] 发现，虽然氢气分子的大小不足以单独稳定水合物，但它可以影响混合气体系的水合物形成条件。纯的氢气在非常高的压力（>180MPa）条件下才能形成水合物[19]，而氢气在混合气中浓度的升高会增大混合气的水合物生成压力[20]，当混合物中氢的浓度很高时，水合物的形成压力将非常高。为了考察 H_2+CH_4 能否通过水合物法分离，Zhang 等[19] 对（H_2+CH_4）混合气体在四氢呋喃（THF）水溶液中的水合物生成条件进行了研究，系统地测定了六种不同浓度配比（H_2+CH_4）混合气体在水中和6%（摩尔分数）THF水溶液中的水合物生成条件。6% THF溶液中的 H_2+CH_4 气体混合物的水合物相平衡 p-T（压力-温度）图如图 18-3 所示。

由图 18-3 可知，在水中加入 THF 可以显著降低 H_2+CH_4 混合气的水合物形成压力。即使当氢气达到98%（摩尔分数）时，混合气体仍能在工业可接受的压力和温度条件下在 THF 水溶液中形成水合物[19]，说明水合物法分离 H_2+CH_4 在操作条件上是可行的。

通过实验可知添加 THF 可以改善水合物生成条件，使得任何组成的含氢气混合气都可以通过水合物法进行分离，除了生成条件，还要进一步考察分离效果。Sun 等[21] 完成了 H_2+CH_4 混合气形成水合物的单平衡级分离实验，考察了不同的温度、压力和原料气组成条件下，纯水、1%和6%THF溶液中 H_2+CH_4 混合气体的分离效率。表 18-2 是纯水中水合物法分离 H_2+CH_4 混合气的实验结果，可以看出 H_2+CH_4 混合气生成水合物的生成压力随 H_2 含量的增加而呈线性增

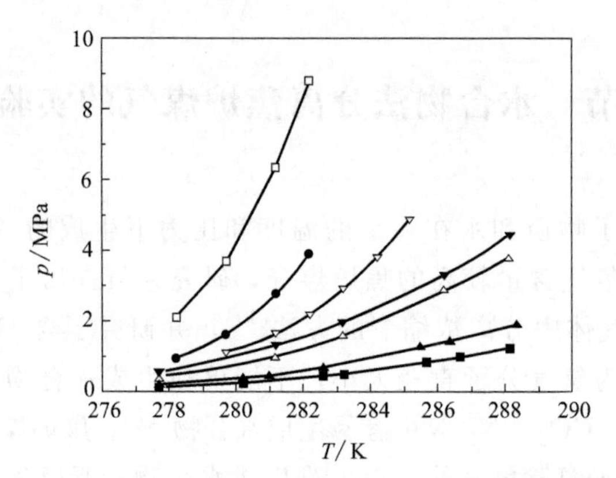

图 18-3　6% THF 溶液中氢气（1）＋甲烷（2）混合物水合物的形成条件

■x_2=1.000；▲x_2=0.6526；△x_2=0.3029；▼x_2=0.2124；▽x_2=0.1087；

●x_2=0.0505；□x_2=0.0215；x_2 指甲烷摩尔分数

表 18-2　H_2＋CH_4 在纯水中的分离结果

实验序号	T/℃	p/MPa	物料种类	H_2(摩尔分数)/%
1	1.2	2.82	原料气	14.40
			提纯气	23.98
			分解气	1.07
2	1.1	4.74	原料气	22.59
			提纯气	38.61
			分解气	1.46
3	1.2	5.14	原料气	31.09
			提纯气	43.62
			分解气	3.25
4	1.1	5.57	原料气	39.95
			提纯气	49.38
			分解气	3.41

加。H_2＋CH_4 混合气在纯水系统中需要较高的压力才能形成水合物，分离氢气的效果不理想，用纯水分离出来的含氢混合气只用于初始氢气富集。

为了改善水合物法的分离条件，提高氢气分离效果，热力学促进剂 THF 被用来降低混合气的水合物生成压力，表 18-3 为添加 1%（摩尔分数）THF 后分离 H_2＋CH_4 混合气的实验结果。与纯水系统相比，加入 1%THF 后，水合物生成压力大幅度降低，对氢气的提浓效果随进气压力的增加而略有提高，但当压力超过 4.0MPa 时，分离效果的变化不显著。主要原因是初始溶液中 THF 的浓度较低，随着水合物的不断形成，水合物在水溶液中的 THF 含量降低，水合物的形成压力随之相应增大。当促进剂耗尽后，溶液中只存在纯水，分离效果受到明显的限制。

表 18-3　H_2+CH_4 在初始浓度为 1%THF 溶液中的分离结果

实验序号	T/℃	p/MPa	物料种类	H_2(摩尔分数)/%
1	5.0	1.42	原料气	34.74
			提纯气	50.21
			分解气	2.09
2	4.9	2.42	原料气	35.38
			提纯气	57.88
			分解气	3.43
3	5.0	3.65	原料气	34.05
			提纯气	56.65
			分解气	3.43

对于原料气组成为 75.62%（摩尔分数，下同）H_2+24.38% CH_4，当初始实验条件为 8.0MPa 和 2.8℃时，恒容情况下体系的压力和氢气分离效果如表 18-4 所列，实验数据表明，一次平衡级分离可使 H_2 含量从 75.62%提高到 90.51%。

表 18-4　75.62% H_2+24.38% CH_4 在 1% THF 溶液中的分离效果

体　　系	时间/h	p/MPa	H_2(摩尔分数)/%
原料气	0	8.00	75.62
	0.5	7.60	—
	1.0	7.32	83.39
	1.5	7.09	—
	2.0	6.92	85.94
	2.5	6.75	—
平衡气相	3.0	6.65	87.74
	3.5	6.52	—
	4.0	6.42	87.75
	5.0	6.32	—
	5.5	6.22	89.55
	6.0	6.10	—
	7.0	6.05	90.20
	7.5	5.96	90.51

为了获得更理想的分离效率，在水中添加了更多的 THF。实验初始压力设定为 7.0MPa，实验温度保持在 5.5℃，考察了 6% THF 溶液中，不同浓度 H_2+CH_4 混合气的分离效果，结果如表 18-5 所列，单级平衡分离情况下 H_2 含量最大可以增加 50%。对比初始混合气中 H_2 浓度接近的 1% THF 溶液中和 6% THF 溶液中水合物对混合气的分离效果，可以看到：1%THF 使 H_2 浓度从 75.62%增加到 90.51%，而 6% THF 使 H_2 浓度从 70.08%增加到 97.01%；同时加入 6% THF 相比于 1%THF，生成水合物压力较低，水合物的生成速率也有所提高，气相中的 H_2 含量迅速增加。

表 18-5 H_2+CH_4 在初始浓度为 6%THF 溶液中的分离结果

实验序号	T/℃	p/MPa	物料种类	H_2(摩尔分数)/%
1	5.4	1.08	原料气	9.85
			提纯气	63.29
			分解气	3.40
2	5.5	2.55	原料气	31.14
			提纯气	85.48
			分解气	2.42
3	5.4	3.73	原料气	49.00
			提纯气	91.96
			分解气	1.93
4	5.4	5.05	原料气	70.08
			提纯气	97.01
			分解气	1.94
5	5.5	6.40	原料气	90.15
			提纯气	98.44
			分解气	1.92

上述实验结果表明，使用6% THF 水溶液形成水合物，可以很好地实现 H_2+CH_4 气体混合物的分离。

近年来关于水合物技术分离 H_2+CH_4 的实验研究越来越多。Ma 等[22] 的研究表明用油包水乳化液代替纯水与气体接触，可以大幅度提高水合物的生成速率，提高单段分离效率。Liu 等[23] 用 Span 20 生成油包水乳化液与 CP 协同作用提高水合物生成速率，有效分离氢气。Luo 等[17] 用 TBAB 降低 H_2+CH_4 混合气生成压力，提高分离效率。Luo[24] 采用鼓泡塔反应器加快 $THF+H_2+CH_4+$水体系的水合物生成速率。

二、水合分离 H_2+CH_4 的动力学实验研究

纯 H_2 由于其分子直径太小，因而不能生成水合物。但是含有 H_2 和 CH_4 的气体混合物却能生成水合物，而水合物相中没有 H_2 存在，所以可在温和的条件下（较低的压力和 0℃以上的温度）利用水合物法分离 H_2 和 CH_4。

张世喜等[25] 通过实验系统测定了温度、液体流量及气液比对 H_2+CH_4 分离效果的影响。实验所用的装置为透明反应塔，其装置如图 18-4 所示。装置的核心部件为一内径 25.4 mm 的透明塔，由加拿大 DBR 公司生产。另外，还有高压液体泵、制冷循环系统、气体质量流量计以及塔釜。

该装置被用来利用水合物法分离 H_2+CH_4 混合物。首先，气体经过一个气体质量流量计，然后进入塔内，含有水合物促进剂的水合物工作液经过高压液体泵进入塔内，生成的水合物流入塔釜，含有水合物的浆液从塔底返回液体储罐。记录塔内压力随时间的变化，一定时间后取气样分析组成，然后将气相全部排出，升温分解水合物，待水合物全部分解后对化解气取样进行组成分析。

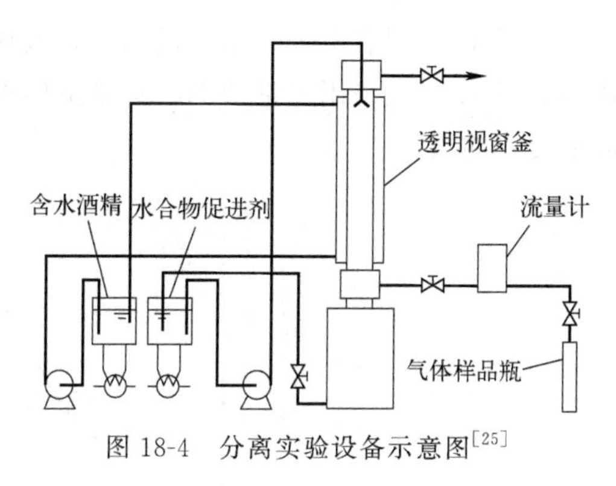

图 18-4　分离实验设备示意图[25]

首先用纯甲烷进行实验，将甲烷气体充入塔内，在恒定体积下进行液体喷淋，测定塔内压力随时间的变化曲线，从而计算甲烷的反应速率。并且考察温度以及液体流量对反应速率的影响。实验采用两种水合物促进剂（A 和 B），通过实验比较其水合物促进效果。图 18-5 和图 18-6 为采用促进剂 A 所得到的纯甲烷的消耗量分别随液体循环量和系统温度的变化曲线。

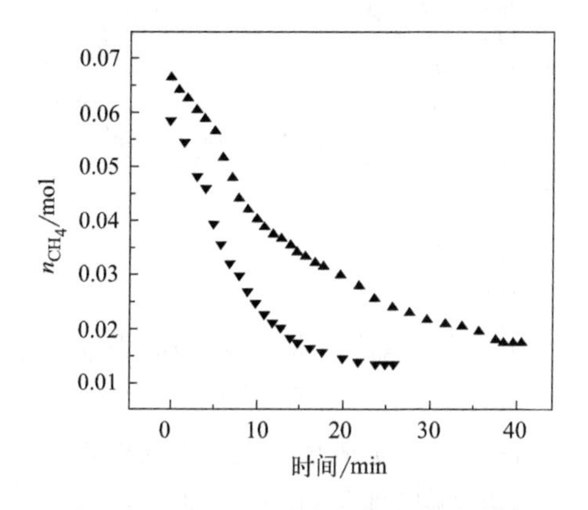

图 18-5　5.9℃下甲烷水合速率随液体循环量变化图

▲25L/h；▼30L/h

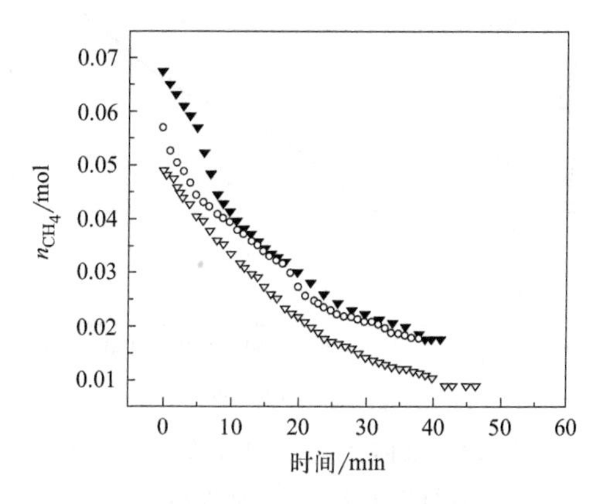

图 18-6　温度对甲烷消耗速率的影响

▼5.9℃；○4.0℃；▽3.6℃

由图 18-5 可以看出，相同的温度下，液体流量对反应速率的影响比较明显，液体流量越大，反应速率越快。这是因为，气体水合反应的控制步骤是传质，当液体流量增大时气液之间的接触更加充分，从而促进传质，加快了反应速率。由图 18-6 可以看出，温度对反应速率也有一定的影响，温度越低，反应速率越快。

对含氢气体混合物，采用了气体循环（鼓泡）和液体喷淋两种方法。图 18-7 表示采用促进剂 A，气体循环方式下分离效果（气相中 H_2 的组成）随时间的变化曲线。图 18-8 则表示了采用促进剂 A，液体喷淋操作时，氢气浓度随时间的变化曲线。图 18-9 是采用促进剂 B，液体循环操作时，不同的气液比下氢气浓度随时间的变化曲线。

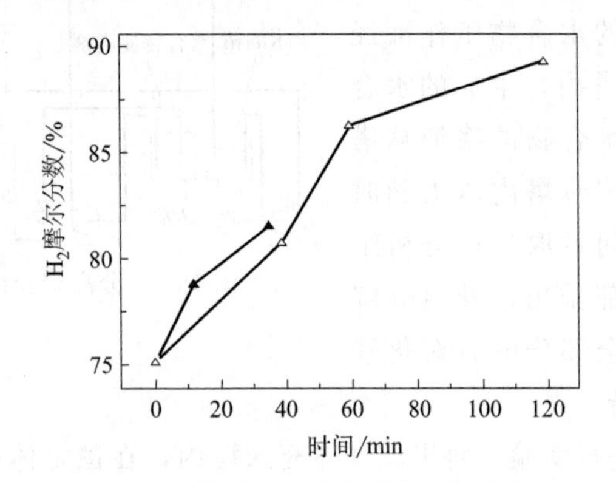

图 18-7　气体循环的分离效率（促进剂 A）

▲ $p_0=5.48$MPa，$T=6.0$℃；△ $p_0=5.20$MPa，$T=10.1$℃

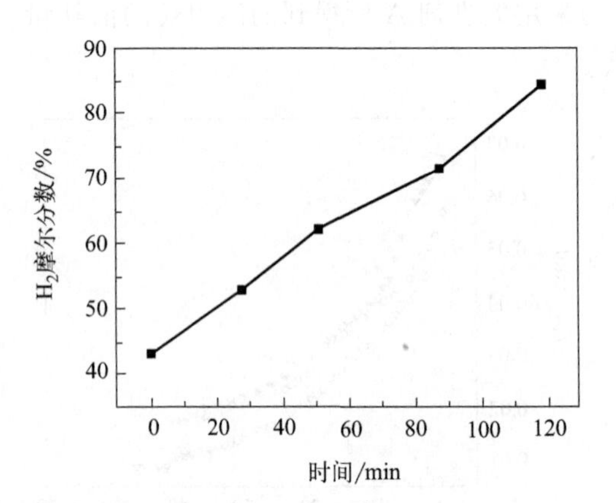

图 18-8　液体喷淋操作时，氢气浓度随时间的变化曲线（促进剂 A）

$p_0=1.18$MPa，$T=6.1$℃

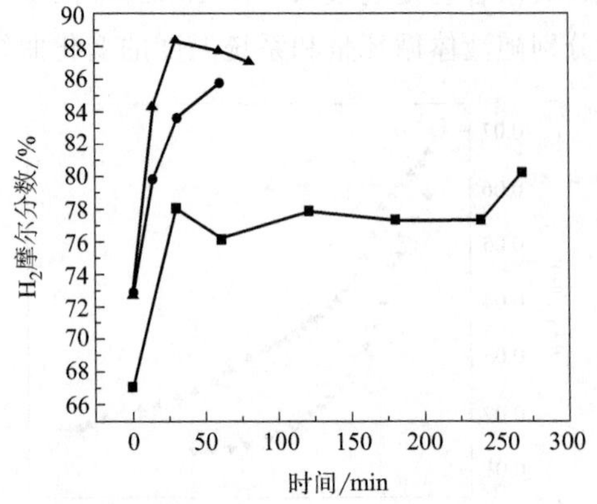

图 18-9　液体循环方式、不同气液比下氢气浓度随时间的变化曲线（促进剂 B）

■ GLR（气液比）=150，Q=50L/h；● GLR=36，Q=100L/h；▲ GLR=20，Q=100L/h

由图 18-7 可以看出，温度较低时，气相中氢气浓度增加较快。图 18-8 反映出，采用液体喷淋方式，能够得到很好的分离效果，可以一次将气相中的氢气浓度提高 40%以上。由图 18-9 可以看出，气液比对分离的效果和分离的速率都有一定的影响，气液比越小，分离效果越好，即最终的氢气浓度高。这是因为，在一定温度下，一定量液体的携气量是一定的；当气液比较小时，固定的反应体积下，液体量就相对越大，被水合掉的甲烷量越大，分离效果就相应较好。

通过实验可以得出以下结论：①相同温度下，液体流量对水合速率的影响比较明显，液体流量越大，反应速率越快。温度对反应速率也有一定的影响，温度越低，则反应速率越快。②气体循环和液体喷淋两种分离方式结果表明，采用液体喷淋方式，能够得到更好的分离效果。③不同的气液比对分离效果的影响表明，气液比越小，分离效果越好，即最终的氢气浓度越高。

三、水合物法分离焦炉煤气实验研究

考虑到实际的分离过程混合气中含有 CO_2、CO、N_2 等组分，为了使水合物分离技术能更好地工业化应用，Sun 等[26] 用接近焦炉煤气（COG）组成的模拟气进行了水合分离实验，模拟气组成如表 18-6 所列。由于乙烷等烃类物质的水合物形成压力小于 CH_4，因此它们容易在水合物相中被收集，并且在水合物法分离 COG 过程中，不影响残余气体中氢气的浓度，所以把乙烷等大分子烃合并到甲烷中。此外，焦炉煤气中不饱和烃和氧气的浓度相对较低，暂不考虑其对分离效果的影响。

表 18-6　焦炉煤气组成

组分	H_2	N_2	CH_4	CO	CO_2	总计
摩尔分数/%	48.41	5.64	34.69	5.94	5.34	约 100

水合物法分离焦炉煤气流程如图 18-10 所示。

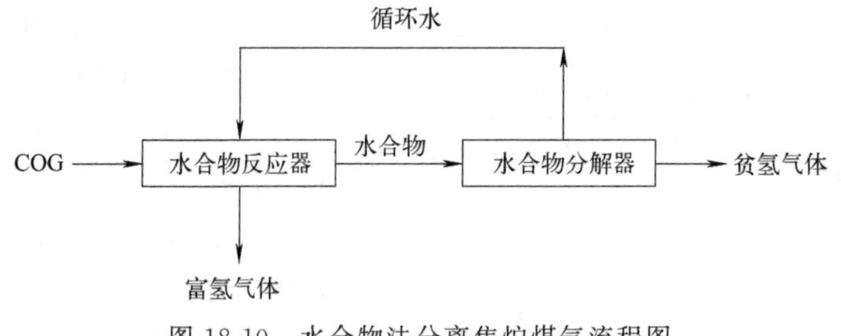

图 18-10　水合物法分离焦炉煤气流程图

焦炉煤气首先进入水合反应器，在适合的操作条件下使混合物中易于生成水合物的组分生成水合物，被提浓的富氢从反应器引出。生成的水合物随水转入水合物分解器中，采用加热或降压的方法使水合物分解，分解出的尾气主要含进料中可生成水合物的组分，分解后的活化水返回水合反应器，理论上没有液体介质的损失，在一定程度上降低了分离过程的成本。

图 18-11 为实验装置图。整个装置由两部分组成：上部活塞与手摇泵相连，可以通过转动手摇泵使活塞上下移动来调节气体压力；下部通过玻璃观察窗可以看到内部。整个实验系统被放置在空气浴中以维持温度恒定。反应器底部还有磁力搅拌器不断搅拌溶液。

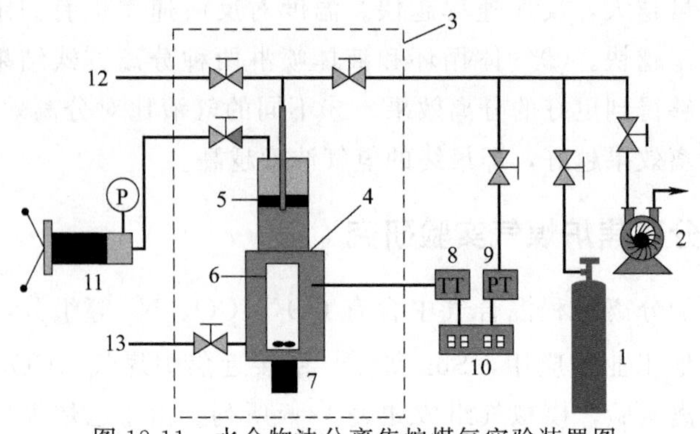

图 18-11 水合物法分离焦炉煤气实验装置图

1—气瓶；2—真空泵；3—空气浴；4—水合反应器；5—活塞；6—玻璃观察窗；7—电磁搅拌器；8—温度传感器；9—压力传感器；10—实验数据采集系统；11—手泵；12—剩余气体出口；13—液体进出口

该实验用四氢呋喃（THF）和四氢呋喃＋十二烷基硫酸钠（THF＋SDS）两种溶液，对COG进行了两阶段分离实验。为了确定合适的分离条件，首先采用恒温法测定了COG-H_2O体系水合物的形成条件。因为COG中H_2含量较高，所以COG-H_2O体系水合物生产压力也高，不适合工业应用。根据分离H_2＋CH_4混合气的实验，在水中加入THF以降低COG-H_2O水合物的形成压力，选择的THF溶液浓度为6%（摩尔分数），为最优值。用恒温法测定了COG＋THF＋H_2O水合物生成条件。为了加快水合物生成速率，在THF溶液中加入了SDS，然后根据COG＋THF＋H_2O水合物的形成条件，采用恒温恒压法分别对THF溶液和THF＋SDS溶液进行了COG的水合法单级分离。为了提高H_2的含量，单级分离后，用残余气体进行二次分离，残余气体的组成如表18-7所示。COG＋H_2O体系、COG＋THF＋H_2O体系、残余气体＋THF＋H_2O体系水合物生成条件对比如图18-12所示。

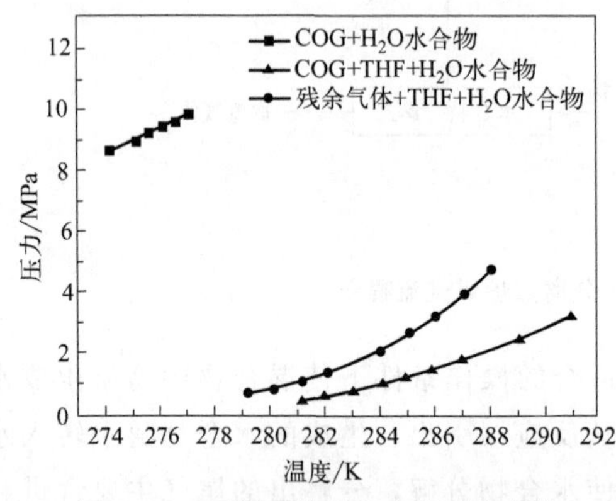

图 18-12 不同系统的水合物形成条件

表 18-7 残余气体组分

组分	H_2	N_2	CH_4	CO	CO_2	总计
摩尔分数/%	70.76	5.59	15.03	5.43	2.88	99.69

由图18-12可以看出，在相同温度下，COG＋THF＋H_2O水合物的形成压力远低于COG＋H_2O水合物的形成压力，有利于降低分离难度，便于该技术的应

用。另外还可以看到，在相同的温度下，COG 比残余气体更容易形成水合物，这是由于 COG 中氢气浓度高于残余气体中的氢气浓度，所以水合物的形成压力随着混合气体中 H_2 含量的增加而增大。

在气液比为 $80m^3/m^3$ 时，在不同温度和压力下进行了 COG 水合分离实验。分离结果如表 18-8～表 18-10 所示。

表 18-8　6%（摩尔分数）THF 溶液中水合物法从 COG 中回收 H_2 的实验结果

p/MPa	T/K	n^{G}①/mol	y^{a}②/%	n^{H}③/mol	x^{b}④/%	R⑤/%
0.6	279	0.0433	56.50	0.0098	12.56	95.13
1	279	0.0703	56.13	0.0155	12.76	95.02
	282	0.0612	64.02	0.0230	6.51	96.11
2	279	0.1114	60.60	0.0425	15.63	90.60
	282	0.0913	71.42	0.0620	15.22	87.85
	285	0.1120	60.88	0.0388	10.00	93.40
3	279	0.1427	60.64	0.0688	19.93	84.53
	282	0.1112	77.39	0.0937	10.89	85.27
	285	0.1212	71.99	0.0880	16.48	86.13

① n^{G} 为剩余气体物质的量。

② y^{a} 为分离后残余气体中 H_2 的摩尔分数。

③ n^{H} 为从水合物的分解中得到的气体的物质的量。

④ x^{b} 为分离后的水合物相中 H_2 的摩尔分数。

⑤ R 为氢气的回收率。

表 18-9　6%（摩尔分数）THF＋300mg/L SDS 溶液中水合物法从 COG 中回收 H_2 的实验结果

p/MPa	T/K	n^{G}/mol	y^{a}/%	n^{H}/mol	x^{b}/%	R/%
0.6	279	0.0428	56.65	0.0099	8.11	98.05
1	279	0.0715	54.74	0.0137	9.10	94.93
	282	0.0595	64.98	0.0254	9.72	94.11
2	279	0.01132	58.77	0.0416	17.48	88.75
	282	0.0895	72.15	0.0631	14.54	87.42
	285	0.1021	64.64	0.0492	15.26	90.10
3	279	0.1209	68.81	0.0881	19.43	82.22
	282	0.1101	78.22	0.0991	12.89	85.03
	285	0.1179	73.19	0.0898	14.71	85.82

表 18-10　6%（摩尔分数）THF＋500mg/L SDS 溶液中水合物法从 COG 中回收 H_2 的实验结果

p/MPa	T/K	n^G/mol	y^a/%	n^H/mol	x^b/%	R/%
0.6	279	0.0408	59.67	0.0125	9.79	94.31
1	279	0.0533	65.30	0.0298	17.86	87.70
	282	0.0601	62.08	0.0236	10.89	92.07
2	279	0.0999	64.22	0.0542	19.21	86.01
	282	0.0987	67.53	0.0538	10.76	90.27
	285	0.1017	64.61	0.0491	12.05	90.23
3	279	0.1310	64.17	0.0819	19.35	81.54
	282	0.1174	72.24	0.0912	15.19	93.99
	285	0.1185	72.49	0.0903	12.71	84.97

氢气回收率的计算公式如下：

$$R=\frac{n_{H_2}^G}{n_{H_2}^F}\times 100\% \tag{18-1}$$

$$n_{H_2}^G=n^G y_{H_2}^G,\ n_{H_2}^F=n^F y_{H_2}^F \tag{18-2}$$

式中　$n_{H_2}^G$——剩余气体中 H_2 的物质的量；

$n_{H_2}^F$——原料气中 H_2 的物质的量；

$y_{H_2}^G$——剩余气体中 H_2 的浓度；

$y_{H_2}^F$——原料气中 H_2 的浓度。

变量 n^F 为原料气的物质的量，可由实际气体状态方程（EoS）求得：

$$n^F=\frac{pV^F}{Z^F RT} \tag{18-3}$$

式中　p，T——实验的压力和温度；

R——气体常数，近似取 8.3145J/(mol·K)；

Z^F——原料气的气体压缩因子，采用 PT-EoS 计算；

V^F——原料气体积，由反应器的体积和气液比决定；

n^G——剩余气体的物质的量。

n^G 由下式计算：

$$n^G=n^F-n^H \tag{18-4}$$

式中　n^H——固体水合物解析得到的气体的物质的量。

n^H 由下式计算：

$$n^{H}=\frac{p_{G}^{H}V_{G}^{H}}{Z_{G}^{H}RT_{G}^{H}} \tag{18-5}$$

式中，p_{G}^{H}、V_{G}^{H}、T_{G}^{H}、Z_{G}^{H} 分别为水合物解析后所得气体的压力、体积、温度和压缩因子。V_{G}^{H} 由下式计算：

$$V_{G}^{H}=V^{E}-V^{L} \tag{18-6}$$

式中　V^{L}——水合反应前进入反应器的液体介质的体积；

V^{E}——水合物完全解析后气体和液体介质的总体积。

V^{E} 由下式计算：

$$V^{E}=V^{R}\left(1-\frac{\Delta L}{h}\right) \tag{18-7}$$

式中　V^{R}、h 为反应器的体积、高度；ΔL 为反应器内活塞移动的距离。

由 COG 分离的实验结果可知，残余气体中 H_2 的含量在 54.74%～78.22%（摩尔分数）之间。单级分离后水合物相 H_2 的组成在 6.51%～19.93%（摩尔分数）之间，H_2 回收率为 81.54%～95.13%。

为了提高 H_2 的含量，降低实验压力，同时减少能源消耗，在相同的气液比下，对残余气体在 2MPa 和 282K 条件下进行第二级水合分离实验。结果如表 18-11～表 18-13 所示，两级分离后，平衡气相中 H_2 的含量在 76.81%～83.99%（摩尔分数）之间，H_2 的总回收率为 72.43%～90.55%。

表 18-11　6%（摩尔分数）THF 溶液中水合物法从残余气体中回收 H_2 的实验结果

p/MPa	T/K	n^{G}/mol	y^{a}/%	n^{H}/mol	x^{b}/%	R/%
1	279	0.0743	77.76	0.0114	22.71	95.29
2	279	0.1283	76.81	0.0228	25.48	92.18
	282	0.1278	78.41	0.0234	24.49	93.67
3	279	0.1540	82.50	0.0555	37.80	85.69
	282	0.1599	81.71	0.0454	25.62	89.95

表 18-12　6%（摩尔分数）THF＋300mg/L SDS 溶液中水合物法从残余气体中回收 H_2 的实验结果

p/MPa	T/K	n^{G}/mol	y^{a}/%	n^{H}/mol	x^{b}/%	R/%
1	279	0.0733	78.04	0.0126	28.69	94.14
2	279	0.1231	78.66	0.0297	32.88	89.54
	282	0.1254	79.61	0.0263	24.34	92.46
3	279	0.1667	78.36	0.0417	32.72	88.59
	282	0.1587	81.09	0.0479	29.33	88.02

表 18-13　6%（摩尔分数）THF＋500mg/L SDS 溶液中水合物法从 COG 中回收 H_2 的实验结果

p/MPa	T/K	n^G/mol	y^a/%	n^H/mol	x^b/%	R/%
1	279	0.0729	77.31	0.0127	27.78	93.06
2	279	0.1232	78.04	0.0294	32.63	89.05
	282	0.1235	79.08	0.0278	26.77	91.25
3	279	0.1680	78.54	0.0401	27.91	89.62
	282	0.1524	83.99	0.0540	29.28	87.64

两级分离过程中 H_2 的含量和回收率变化如图 18-13 和图 18-14 所示，由图可知，两段分离过程可以有效地回收 COG 中的 H_2。图 18-15 和图 18-16 显示温度和压力对 H_2 回收率的影响，由图可知，含 H_2 的混合气在较高温度和较低压力下的回收率要高得多，这是因为在较高温度和较低压力下 H_2 难以形成水合物，这种条件更适合其他杂质气体生成水合物。此外，在 THF 溶液中加入 SDS 后，残余气体中 H_2 的含量略有增加，H_2 的回收率有小幅下降。

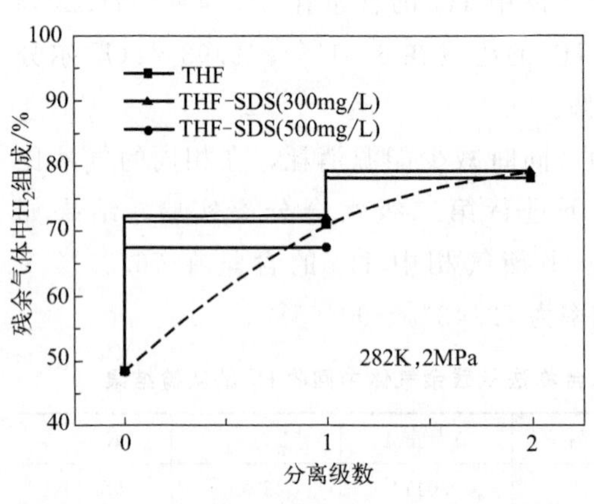

图 18-13　两级分离对残余气体 H_2 含量的影响

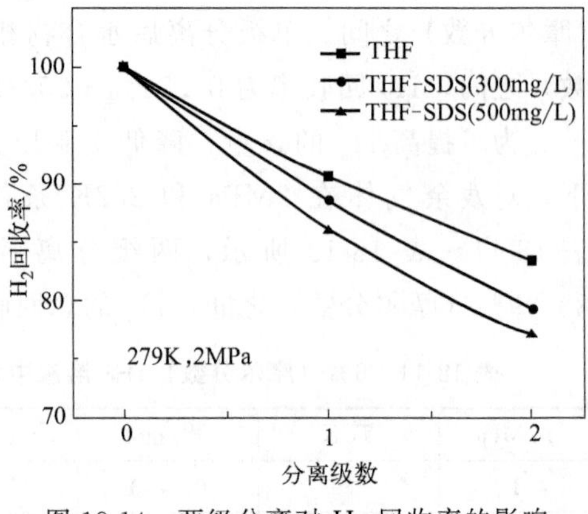

图 18-14　两级分离对 H_2 回收率的影响

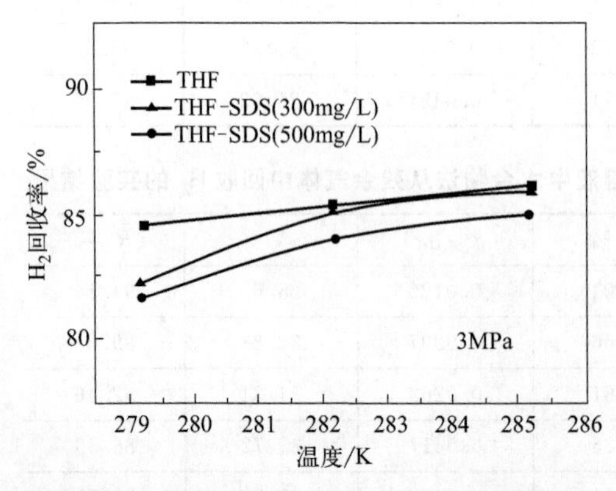

图 18-15　温度对 COG 分离 H_2 回收率的影响

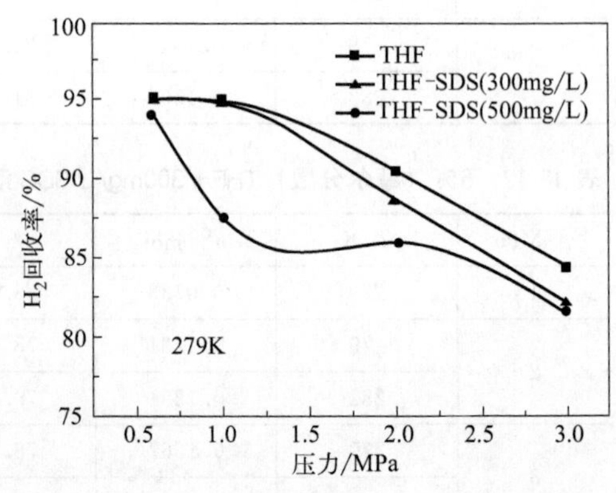

图 18-16　压力对 COG 分离 H_2 回收率的影响

除了考虑氢气分离效果外，还要考虑 COG 水合物的生成速率。水合物分离的经济价值主要取决于生成水合物的速率。实验通过添加 SDS 加快水合物生成速率，考察温度、压力和 SDS 浓度对水合物生成速率的影响，结果如图 18-17～图 18-19 所示。

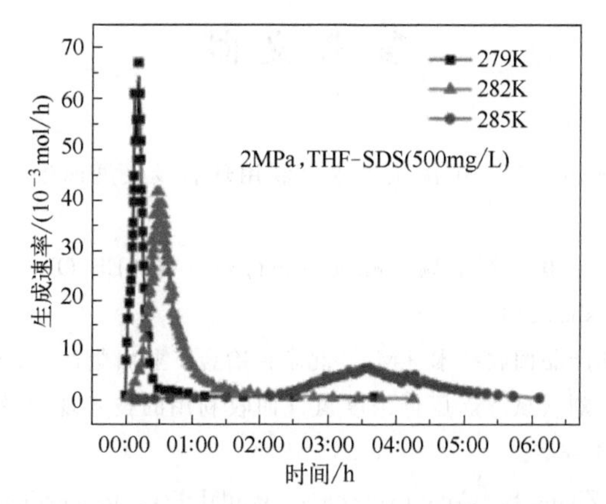

图 18-17　不同温度条件下 COG 生成水合物的速率

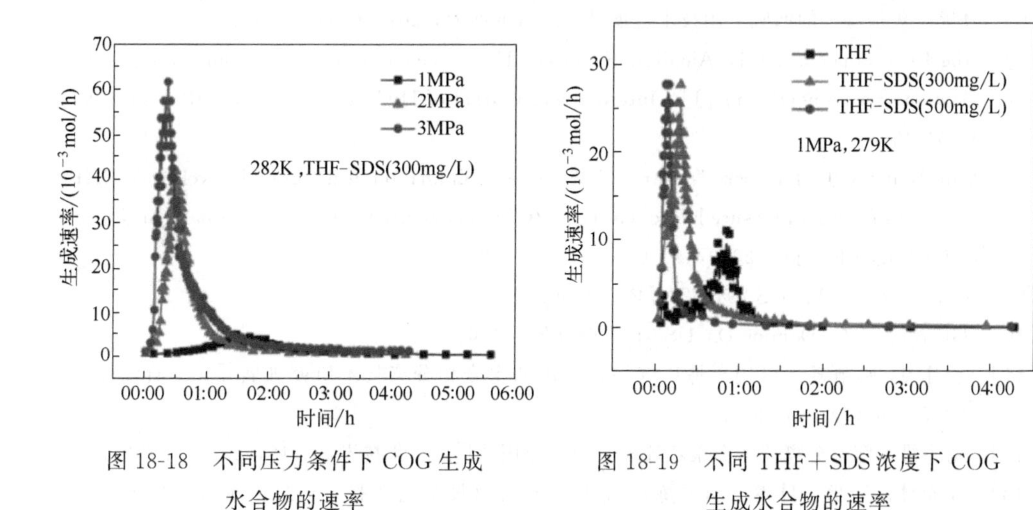

图 18-18　不同压力条件下 COG 生成水合物的速率

图 18-19　不同 THF+SDS 浓度下 COG 生成水合物的速率

由图 18-17～图 18-19 可知，COG 生成水合物的速率随着温度的升高而降低，随着压力的增大而增大。在温度和压力一定的条件下，溶液中 SDS 浓度越高，COG 生成水合物的速率越快。说明 SDS 能够有效缩短 COG 生成水合物的诱导时间和反应时间，有利于水合物分离技术的工业化应用。

通过实验可知：水合物分离法是处理焦炉煤气并回收其中氢气的有效方法，有利于提高资源利用率。对焦炉煤气水合物形成条件的实验表明，THF 能够显著降低焦炉煤气水合物的形成压力，能够实现在相对较低的压力下从焦炉煤气中回收氢气，有效降低能耗和成本。SDS的存在大大加快了焦炉煤气形成水合物的速率，液体介质还可以重复使用，不会造成资源的浪费，有利于利用水合物法分离焦炉煤气的工业化规模应用，具有广阔的前景。

参考文献

[1] 杨力，董跃，张永发，等. 中国焦炉煤气利用现状及发展前景 [J]. 山西能源与节能，2006 (1)：1-4.

[2] 中国炼焦行业协会. 焦化行业碳达峰碳中和行动方案 [EB/OL]. [2022-08-03]. www.cnljxh.com/news/show.php.

[3] 何建平. 炼焦化学产品回收技术 [M]. 北京：冶金工业出版社，2006：12.

[4] 韩坤鹏，耿新国，刘铁斌. 炼厂低浓度氢气回收利用的技术现状及进展 [J]. 当代化工，2020，49 (3)：665-669.

[5] Razzaq R，Li C，Zhang S. Coke oven gas：Availability，properties，purification，and utilization in China [J]. Fuel，2013，113：287-299.

[6] 林娜. 焦炉煤气的回收利用技术进展 [J]. 冶金动力，2013 (08)：17-19.

[7] Abe J O，Popoola A P I，Ajenifuja E，et al. Hydrogen energy，economy and storage：Review and recommendation [J]. International Journal of Hydrogen Energy，2019，44 (29)：15072-15086.

[8] Van Acht S C J，Laycock C，Carr S J W，et al. Simulation of integrated novel PSA/EHP/C process for high-pressure hydrogen recovery from coke oven gas [J]. International Journal of Hydrogen Energy，2020，45 (30)：15196-15212.

[9] Skarstrom C W. US 2944627 [P]. 1960.

[10] Guerin De M，Domine D. US 3155468 [P]. 1964.

[11] 孟凡飞，张雁玲. 可用于炼厂气综合利用的水合物分离技术研究进展 [J]. 石油化工，2017，46 (7)：944-952.

[12] 杨中维. 深冷分离技术在聚乙烯装置中的应用 [J]. 石化技术，2013，20 (2)：32-33.

[13] 沈光林，陈勇，吴鸣. 国内炼厂气中氢气的回收工艺选择 [J]. 石油与天然气化工，2003，32 (4)：193-197.

[14] 王永锋，张雷. 氢气提纯工艺及技术选择 [J]. 化工设计，2015，25 (2)：14-17.

[15] 马昌峰，陈光进，张世喜，等. 一种从含氢气体分离浓缩氢的新技术——水合物分离技术 [J]. 化工学报，2001，52 (12)：1113-1116.

[16] Zhang S X，Chen G J，Ma C F，et al. Hydrate formation of hydrogen+hydrocarbon gas mixtures [J]. Journal of Chemical & Engineering Data，2000，45 (5)：908-911.

[17] Luo Y，Li X，Guo G，et al. Equilibrium conditions of binary gas mixture CH_4+H_2 in semiclathrate hydrates of tetra-*n*-butyl ammonium bromide [J]. Journal of Chemical & Engineering Data，2018，63 (10)：3975-3979.

［18］ Mao W L，Mao H，Goncharov A F，et al. Hydrogen clusters in clathrate hydrate［J］. Science，2002，297（5590）：2247-2249.

［19］ Zhang Q，Chen G J，Huang Q，et al. Hydrate formation conditions of a hydrogen＋methane gas mixture in tetrahydrofuran＋water［J］. Journal of Chemical & Engineering Data，2005，50（1）：234-236.

［20］ Sugahara T，Murayama S，Hashimoto S，et al. Phase equilibria for $H_2+CO_2+H_2O$ system containing gas hydrates［J］. Fluid Phase Equilibria，2005，233（2）：190-193.

［21］ Sun C Y，Ma C F，Chen G J，et al. Experimental and simulation of single equilibrium stage separation of（methane＋hydrogen）mixtures via forming hydrate［J］. Fluid Phase Equilibria，2007，261（1-2）：85-91.

［22］ Ma Q L，Huang Q，Chen G J，et al. Kinetic and phase behaviors of catalytic cracking dry gas hydrate in water-in-oil emulsion［J］. Chinese Journal of Chemical Engineering，2013，21（3）：295-300.

［23］ Liu B，Liu H，Wang B，et al. Hydrogen separation via forming hydrate in W/O emulsion［J］. Fluid Phase Equilibria，2014，362：252-257.

［24］ Luo Y T，Zhu J H，Chen G J. Numerical simulation of separating gas mixtures via hydrate formation in bubble column［J］. Chinese Journal of Chemical Engineering，2007，15（3）：345-352.

［25］ 张世喜，陈光进，郭天民．水合物法分离氢气相关动力学研究［C］．第三届全国传质与分离工程学术会议论文集．2002：237-239.

［26］ Sun Q，Dong J，Guo X，et al. Recovery of hydrogen from coke-oven gas by forming hydrate［J］. Industrial & Engineering Chemistry Research，2012，51（17）：6205-6211.

第十九章　水合物法脱除混合气中的硫化氢

第一节　引　　言

硫化氢是一种常见的易燃、剧毒且具有腐蚀性的气体[1]。硫化氢来源广泛，在生物质发酵气体、天然气、油田伴生气体、炼厂气、煤化工气等气体中均存在，硫化氢的脱除是各类工业气体产品生产与废气排放必不可少的重要环节[1-4]。

目前，工业中常用的硫化氢脱除方法主要有干法脱硫和湿法脱硫，对于沼气等气体还可采用生物脱硫[5]。水合物法对不同规模的硫化氢脱除有较好的适应性，吸收剂可循环利用，分离条件温和，分离过程简单，在硫化氢脱除领域表现出很好的潜力[6,7]。水合物法脱除混合气中硫化氢在过程机理上和前几章沼气、炼厂气等气体的分离会有所不同。

沼气的主要组分都是既可以占据水合物小笼也可以占据水合物大笼的小分子组分，分离是完全基于水合物对不同组分的选择性差异进行的，选择性高的组分在水合物相富集，选择性低的组分在气相中富集[8]。

炼厂气的主要组分中既有小分子组分，也有只能占据大笼的大分子组分。分离首先是基于水合物笼的尺寸将气体分为小分子组分气体和大分子组分气体两股物流[9,10]。至于小分子组分气体和大分子组分气体分别在气相和水合物相中的哪一相富集，可以通过操作条件调节。之后，利用水合物对不同气体组分的选择性差异，对富集目标组分的物流进一步分离从而得到目标组分。

硫化氢属于小分子组分且极易生成水合物，硫化氢在水中的溶解度通常高于含硫化氢气体中的其他组分，所以无论是从热力学角度还是动力学角度，硫化氢都不适宜在气相中提浓，而应该在水合物相中提浓。不同于沼气、炼厂气的分离，硫化氢的脱除最重要的是硫化氢脱除率（回收率）的高低，而对硫化氢的提浓效果没有要求，甚至不需要从化解气中回收硫化氢。采用向化解罐中投入不产生气体的碱性物质的方式，让硫化氢刚从水合物中释放出来就被反应消耗掉从而无法进入化解气[11]。

本章主要围绕分子直径大于小笼直径的组分（本章统称为大分子组分）、硫化氢和其他小分子组分这三类气体组分来介绍水合物法脱除混合气中的硫化氢。

第二节　热力学控制下的分离过程

一、分离原理

硫化氢是小分子组分中最容易生成水合物的组分，其在0℃的热力学临界生成压力约是二氧化碳的1/12和氮气的1/160；即使和大分子组分相比，硫化氢仍是较为容易生成水合物的气体，其生成水合物的临界生成压力小于 C_2、C_3 物质，和异丁烷相当。因此，在满足水合物生成的温度和压力范围内，较少出现比硫化氢更容易生成水合物的气体组分。因此，含硫化氢气体生成水合物过程中，硫化氢是在水合物相中富集。需要说明的是，由于含硫化氢气体的硫化氢浓度通常不能让硫化氢独立生成水合物，所以硫化氢只能与其他气体组分或热力学促进剂协同生成水合物[6,11,12]。

水合物法脱除混合气中的硫化氢主要分为两种情况：①只脱硫化氢[13]；②在完成目标组分分离或粗分的同时，脱除硫化氢。实际工业应用过程中一般第一种情况比较少，主要发生的是第二种情况。第二种情况又可以细分为：①原料气所含组分均为小分子[14-16]；②原料气包含大分子组分和小分子组分，且目标组分为大分子组分[17]；③原料气包含大分子组分和小分子组分，且目标组分为小分子组分[18]；④原料组分为大分子组分。其中，第二种情况下的第③和第④细分情况可以不采用热力学促进剂，分离过程如图19-1和图19-2所示，剩余情况均需采用热力学促进剂来完成分离。

“原料气包含大分子组分和小分子组分，且目标组分为小分子组分”的水合物法分离情况如图19-2所示，分离开始时，系统内只有液相和气相。分离开始后，混合气不断和水生成水合物。由于容易生成水合物的大分子组分和硫化氢会在水合物相中富集，随着水合物的不断生成，大分子组分和硫化氢在气相中的含量越来越低，大分子组分和硫化氢的气相分压也就越来越低，从而造成水合物生成的热力学推动力越来越小。当大分子组分和硫化氢在气相中浓度降低到一定数值之

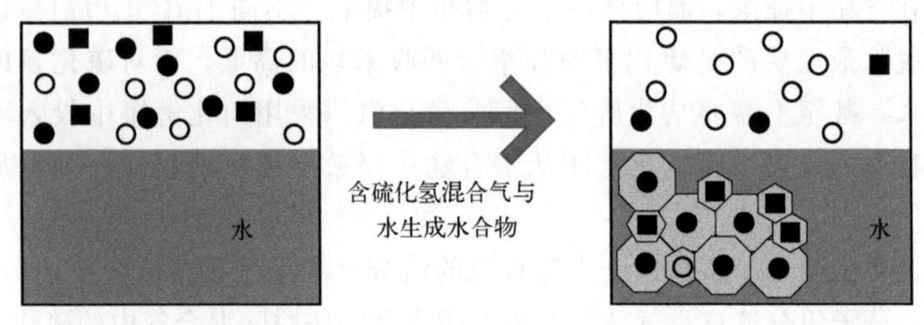

图 19-1　包含大、小分子组分和硫化氢的混合气生成水合物过程

■ H_2S；○ 小分子组分；● 大分子组分；⬡ 水合物小笼；⬡ 水合物大笼

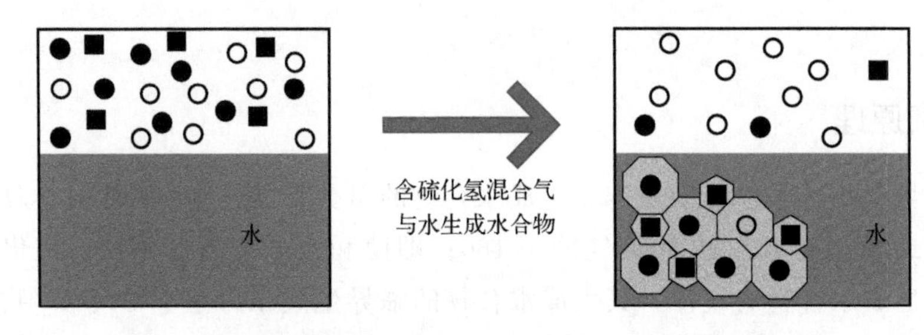

图 19-2　包含大分子组分和硫化氢的混合气生成水合物过程

■ H_2S；○ 大分子组分 A；● 大分子组分 B；⬡ 水合物小笼；⬡ 水合物大笼

后，水合物生成的热力学推动力为零，水合物停止生长，气、液、水合物三相达到热力学平衡。由分离装置引出的气相即为富目标组分气，水合物浆液则送往化解罐进行化解，化解得到的是大分子组分的富气。如工艺不需回收硫化氢，则向化解罐中投入不产生气体的碱性物质将硫化氢消耗完全。需要说明的是，如第十七章所介绍，为了保证分离效果，这类分离需要控制水合物结构维持在大笼/小笼数量比高的水合物结构型。

“目标组分为大分子组分”的分离情况如图 19-2 所示，分离开始时，系统内只有液相和气相。分离开始后，混合气不断和水生成水合物。大分子组分中更容易生成水合物的组分 B 和硫化氢会在水合物相中富集，随着水合物的不断生成，组分 B 和硫化氢在气相中的含量越来越低，组分 B 和硫化氢的气相分压也就越来越低，从而造成水合物生成的热力学推动力越来越小。当组分 B 和硫化氢在气相中浓度降低到一定数值之后，水合物生成的热力学推动力为零，水合物停止生长，气、液、水合物三相达到热力学平衡。由分离装置引出的气相即为组分 A 的富气，水合物浆液则送往化解罐进行化解，化解得到的是组分 B 的富气。如工艺不需回收硫化氢，则向化解罐中投入不产生气体的碱性物质将硫化氢消耗完全。需要说明的是，对于恒压分离，分离压力需要控制在组分 A 生成水合物热力学临界生成压力以下，否则分离过程中随着组分 A 的分压不断升高，最终组分 A 分压超过其生成水合物热力学临界压力，A 大量生成水合物，组分 A 和 B 无法分离。

如前文所述，实际工况中的待分离气体硫化氢浓度普遍不高，而实际分离过程中气相中硫化氢浓度则更低。中国石油大学（北京）郭绪强教授团队在中石化茂名分公司柴油加氢尾气分离中试中，仅一级分离就可将气相中硫化氢浓度脱除到气相色谱可识别浓度以下，硫化氢脱除率达 99.9%以上，中试装置如图 19-3 所示（彩图见书后）。因此，实际分离过程中硫化氢主要是依靠占据水合物小孔的方式进入水合物相，所以在竞争进入水合物相这方面，硫化氢和大分子组分没有竞争关系，大分子组分生成的水合物越多，越有利于硫化氢进入水合物相；而小分子组分生成水合物的难度无论在热力学上还是在动力学上都显著高于硫化氢，其他小分子组分对硫化氢进入水合物产生的竞争阻碍很小。

图 19-3　中石化茂名分公司水合物法连续分离柴油加氢尾气装置

二、各因素对分离的影响

在水合物法脱除硫化氢过程中，当分离过程主要由热力学控制时，其影响因素主要有热力学促进剂、气体组成、温度、压力、气液比和动力学促进剂，本部分内容讨论上述六方面因素在水合物法脱除硫化氢过程由热力学控制时对分离效果产生的影响。

（一）热力学促进剂的影响

如本章前文所述，主要有 3 种分离情况需要用热力学促进剂：①分离要求仅为脱除硫化氢[13]；②目标组分的分离和硫化氢的脱除需要同步完成，原料气所含组分均为小分子[14]；③目标组分的分离和硫化氢的脱除需要同步完成，原料气包含大分子组分和小分子组分，且目标组分为大分子组分[17]。

对于第1种情况（分离要求仅为脱除硫化氢的过程），因为依靠气体组分生成水合物必然加剧气体组分的损失[13]，所以该情况采用热力学促进剂来生成水合物以捕集硫化氢，过程需要在脱硫的同时尽量避免其他气体组分的损失，所以分离工艺适宜采用载气量较低的水合物结构类型、较低的压力和较高的温度，在确保大分子组分不能生成水合物的同时，让小分子组分难以进入水合物的小笼，如图19-4所示。此外，分离过程中水合物的生成量也控制在一个相对较低的水平，因为在水合物量满足硫化氢捕集要求的情况下继续上升，会造成空的水合物小笼数量上升，从而增加其他小分子组分的捕集量；水合物量的增加还会造成水合物宏观维度上以气泡形式的气体夹带量的上升，上述两种情况都会造成其他气体组分的损失。

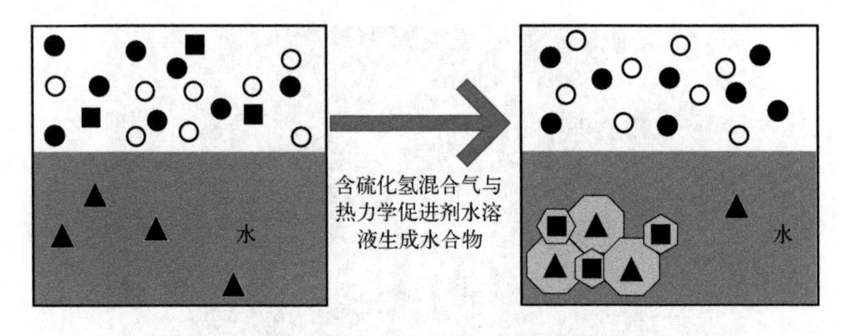

图19-4　分离要求仅为脱除硫化氢的分离过程

■ H_2S；○ 小分子组分；⬡ 水合物小笼；▲ 热力学促进剂；● 大分子组分；⯃ 水合物大笼

如图19-4所示，在低热力学促进剂浓度范围内，热力学促进剂生成的水合物所提供的小笼数量尚不能满足硫化氢的充分捕集，提高热力学促进剂浓度可以提高硫化氢的捕集率；但是当热力学促进剂浓度超过一定数值后，水合物提供的小笼数量已满足硫化氢捕集需求，硫化氢脱除率已没有太多上升空间，继续增大热力学促进剂浓度反而会增加其他组分的损失率。

对于第2种情况（目标组分的分离和硫化氢的脱除需要同步完成，原料气所含组分均为小分子）[11]，因为小分子依靠自身生成水合物的条件较为苛刻（低温、高压），所以会依靠热力学促进剂生成水合物从而提供小笼用以分离。因为水合物相除了脱硫还肩负有吸收组分B（相对较容易生成水合物的小分子组分）的任务，所以分离工艺适宜采用载气量较大的水合物结构类型，依据分离要求确定温度和压力。考虑到水合物对硫化氢选择性要显著高于其他小分子组分，能让水合物充分捕获组分B的分离条件必然能保障硫化氢的充分捕集，所以分离温度和分离压力主要是围绕组分A和组分B的分离效果制定，分离原理如图19-5所示。

如图19-5所示，能满足组分A和组分B充分分离的热力学促进剂浓度都可以

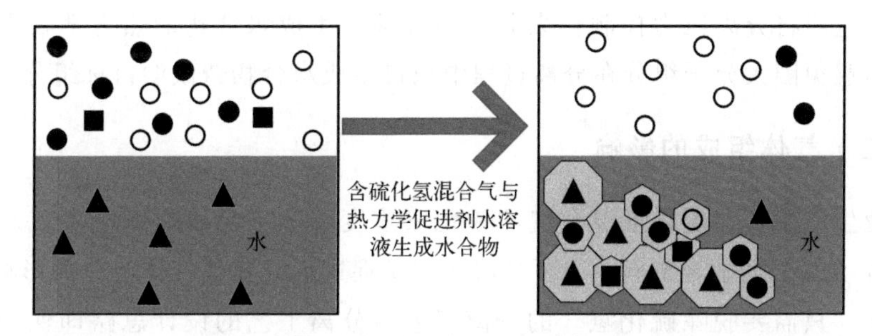

图 19-5　一级分离和脱硫化氢同步完成，原料气所含组分均为小分子

■ H_2S；○ 小分子组分 A；⬡ 水合物小笼；▲ 热力学促进剂；● 大分子组分 B；⯃ 水合物大笼

保证硫化氢被充分脱除。进一步提高热力学促进剂浓度对于硫化氢的捕集效果提升作用不大，主要是对组分 B 的提浓效果可能产生一定的负面影响，影响原理与热力学促进剂浓度对二氧化碳和甲烷分离的影响机理相似。

对于第 3 种情况（目标组分的分离和硫化氢的脱除需要同步完成，原料气包含大分子组分和小分子组分，且目标组分为大分子组分），如果要在水合物相提浓大分子组分，则需要以大分子组分为主体来生成水合物，因为热力学促进剂对大分子组分生成水合物没有帮助，但受热力学相平衡限制，大分子组分为主体生成水合物结束时，气相中仍会保留浓度可观的大分子组分，从而造成目标组分的损失。所以对于第 3 种情况，采用在气相中提浓大分子组分的方式，分离采用热力学促进剂为主体生成水合物，在较高温度、较低压力条件下操作，在不生成大分子组分水合物的前提下完成硫化氢和小分子组分的捕集，分离原理如图 19-6 所示。

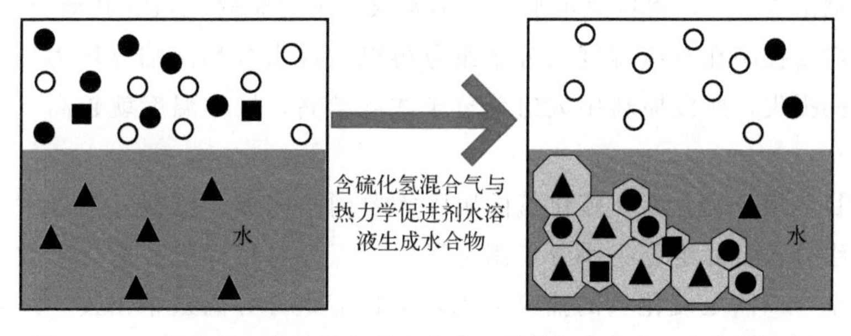

图 19-6　一级分离和脱硫化氢同步完成（原料气包含大、小分子组分）

■ H_2S；○ 大分子组分；⬡ 水合物小笼；▲ 热力学促进剂；● 小分子组分；⯃ 水合物大笼

如图 19-6 所示，能满足小分子组分和大分子组分分离的热力学促进剂浓度都可以保证硫化氢被充分脱除。进一步提高热力学促进剂浓度虽然对于硫化氢的捕集效果提升作用不大，但是对小分子组分和大分子组分的分离仍会有显著的促进效果。需要注意的是，恒压分离过程中，随着分离的进行，大分子组分分压会不

断上升，应当将分离压力控制在大分子组分独立生成水合物的热力学临界压力以下，从而避免因大分子组分在分离过程中独自生成水合物造成的目标组分损失。

（二）气体组成的影响

工业生产中，含硫化氢混合气的硫化氢浓度通常不足以对系统生成水合物的热力学推动力产生显著影响，主要是看热力学促进剂或其他气体组分的影响。

对于“只需要脱除硫化氢”的分离工艺，分离工艺的设计思路即保证硫化氢捕集率高的同时，确保其他气体组分的捕集率尽量低，所以适宜采用四丁基溴化铵为热力学促进剂。四丁基溴化铵作为盐对大分子组分生成水合物有抑制作用[19]，四丁基溴化铵生成的半笼形水合物的载气量较小，在满足硫化氢捕集的同时不会向水合物相引入太多其他小分子组分。

当“目标组分的分离和硫化氢的脱除需要同步完成且原料气所含组分均为小分子”时，因为水合物对硫化氢选择性显著高于其他小分子组分，所以对目标组分有分离效果的操作条件基本都可以满足硫化氢的捕集需求。而对于其他组分，更容易生成水合物的小分子组分浓度更高，更难生成水合物的小分组分浓度越低，小分子组分间的选择性差异越大，越有利于分离。

当“目标组分的分离和硫化氢的脱除需要同步完成，原料气包含大分子组分和小分子组分，目标组分为大分子组分”时，为了便于目标组分后续加工，采用气相富集目标组分的方式。对目标组分有分离效果的操作条件基本都可以满足硫化氢的捕集需求，适宜采用高载气量的水合物类型（Ⅱ型或 H 型）和较高浓度热力学促进剂浓度[11] 以提供充足水合物小笼数量来捕集硫化氢和其他小分子组分，体系压力需要控制在对应温度大分子组分可以生成水合物的临界压力以下，避免目标组分的损失，所以原料中大组分分子浓度越高，操作温度就越高（或操作压力越低）。

当“目标组分的分离和硫化氢的脱除需要同步完成、原料气包含大分子组分和小分子组分、目标组分为小分子组分”时，因为对目标组分有分离效果的操作条件基本都可以满足硫化氢的捕集需求，从目标组分分离效果出发，适宜采用大笼/小笼数量比大的水合物类型来控制进入水合物笼的小分子的数量，进而实现对气相中小分子组分的提浓。该种情况下，大分子组分浓度越高，小分子组分的提浓效果越好。

当“目标组分的分离和硫化氢的脱除需要同步完成且原料气所含组分均为大分子”时，硫化氢占据小笼的过程没有竞争，对目标组分有分离效果的操作条件基本都可以满足硫化氢的捕集需求。该情况下，更难生成水合物的大分子组分生成水合物的热力学临界压力限定了系统的操作压力上限。

（三）温度的影响

温度对水合物生成热力学推动力有非常大的影响，会影响水合物分离的最终热力学相平衡状态。

对于“只需要脱除硫化氢”的分离工艺，一定温度范围内降低温度对硫化氢的脱除有促进效果。但当温度低于一定温度后，气相中硫化氢浓度降至极低状态，进一步降低温度对脱除硫化氢的促进效果很小，而因为低温增加的水合物为其他小分子组分提供了很多水合物小笼，会导致原料气的损失[20]。

当“目标组分的分离和硫化氢的脱除需要同步完成且原料气所含组分均为小分子”时，随温度降低，硫化氢脱除率很快达到工业要求。之后进一步降低温度，硫化氢脱除率因为气相中硫化氢浓度过低而无法进一步上升，气相中提浓的小分子组分的提浓效果上升而回收率降低；水合物相中提浓的小分子组分提浓效果降低而回收率升高[14]。

当“目标组分的分离和硫化氢的脱除需要同步完成，原料气包含大分子组分和小分子组分，目标组分为大分子组分”时，采用气相富集目标组分的方式[17]。温度维持在大分子组分不会独自生成水合物范围以内，温度降到一定程度后，硫化氢脱除率达到工业要求，之后进一步降低温度，硫化氢脱除率已无显著的可上升空间，但因为水合物量的增长，小分子组分捕集率上升，目标组分提浓效果提升。

当“目标组分的分离和硫化氢的脱除需要同步完成，原料气包含大分子组分和小分子组分，目标组分为小分子组分”时，采用水合物相富集目标组分的方式。温度降到一定程度后，硫化氢脱除率达到工业要求且因为气相硫化氢浓度低而难以进一步上升，进一步降温主要起到增加大分子组分回收率的作用，且有利于提升小分子组分的提浓效果。

当“目标组分的分离和硫化氢的脱除需要同步完成且原料气所含组分均为大分子”时，温度控制在确保气相中提浓的大分子组分生成水合物的临界温度以上。硫化氢占据小笼的过程没有竞争，对目标组分有分离效果的操作条件基本都可以满足硫化氢的捕集需求。当温度降到一定程度后进一步降低温度，对硫化氢捕集率的提高作用不大，气相中提浓的大分子组分的提浓效果上升；水合物相中提浓的大分子组分回收率升高。

（四）压力的影响

对于热力学控制下的水合物法脱硫化氢过程，压力对分离的影响与温度对分离的影响相似，主要是通过提升热力学推动力的方式来影响分离过程和最终效果。

对于“只需要脱除硫化氢”的分离工艺，一定压力范围内升高压力对硫化氢的脱除有促进效果。但当压力高于一定数值后，气相中硫化氢浓度降至极低状态，进一步提升压力对于脱硫化氢的促进效果很小，而因为升压增加的水合物为其他小分子组分提供了很多水合物小笼，会导致原料气的损失[20]。

当“目标组分的分离和硫化氢的脱除需要同步完成且原料气所含组分均为小分子”时，随着压力升高，硫化氢脱除率很快达到工业要求；之后进一步升高压力，硫化氢脱除率因为气相中硫化氢浓度过低而无法进一步上升，气相中提浓的小分子组分的提浓效果上升而回收率降低；水合物相中提浓的小分子组分提浓效果降低而回收率升高[14]。

当“目标组分的分离和硫化氢的脱除需要同步完成，原料气包含大分子组分和小分子组分，目标组分为大分子组分”时，压力维持在大分子组分不会独自生成水合物范围以内；压力升到一定数值后，硫化氢脱除率已无显著的可上升空间，但因为水合物量的增长，小分子组分捕集率上升，目标组分提浓效果提升[17]。

当“目标组分的分离和硫化氢的脱除需要同步完成，原料气包含大分子组分和小分子组分，目标组分为小分子组分”时，采用水合物相富集目标组分的方式。压力升到一定数值后，硫化氢脱除率达到工业要求且因为气相硫化氢浓度低而难以进一步上升，进一步升压主要起到增加大分子组分回收率的作用，且有利于提升小分子组分的提浓效果。

当“目标组分的分离和硫化氢的脱除需要同步完成且原料气所含组分均为大分子”时，压力控制在确保气相中提浓的大分子组分生成水合物的临界压力以下。硫化氢占据小笼的过程没有竞争，对目标组分有分离效果的操作条件基本都可以满足硫化氢的捕集需求。当压力升到一定程度后进一步提升压力，对硫化氢捕集率的提高作用不大，气相中提浓的大分子组分的提浓效果上升；水合物相中提浓的大分子组分回收率升高。

（五）气液比的影响

对于热力学控制下的水合物法脱硫化氢过程，气液比对分离的影响主要是通过对气体组分分压的影响来实现。

对于“只需要脱除硫化氢”的分离工艺，因为需要在保证硫化氢彻底脱除的同时避免其他气体组分进入水合物相，所以水合物供给量过量的程度不高，而分离条件下水合物生成主要依靠热力学促进剂而非硫化氢本身，所以气液比增加超过一定范围后，硫化氢在气相中的浓度会有明显上升而硫化氢的捕集率会明显下降。

当“目标组分的分离和硫化氢的脱除需要同步完成且原料气所含组分均为小分子”时，因为分离条件下水合物生成主要依靠热力学促进剂而非硫化氢或是其他气体组分，所以气液比增加不会明显增加水合物的量，气体与水合物的物质的量的比会随着气液比增加而快速减小。水合物对硫化氢的选择性显著高于其他小分子组分，所以在一定范围内升高气液比，硫化氢会抢占在水合物相提浓的小分子组分的水合物小笼，所以硫化氢脱除率不会明显降低，但会造成在水合物相提浓的小分子组分的提浓效果减弱、回收率降低。当气液比增加到一定数值，水合物的量已经不足以将硫化氢全部脱除，这时气液比的继续增长会升高硫化氢在气相中的浓度并降低硫化氢的捕集率，但气液比在该范围内时，目标组分已经难有分离效果，所以实际操作中不会使用如此高的气液比。

当“目标组分的分离和硫化氢的脱除需要同步完成，原料气包含大分子组分和小分子组分，目标组分为大分子组分”时，硫化氢和小分子组分依靠热力学促进剂生成的水合物提供小笼。在一定范围内增加气液比，硫化氢可以通过抢占小分子组分的水合物小笼来保障硫化氢捕集率不会明显降低，但这会造成在小分子组分的提浓效果减弱、回收率降低。当气液比增加到一定数值，水合物的量已经不足以将硫化氢全部脱除，这时气液比的继续增长会升高硫化氢在气相中的浓度并降低硫化氢的捕集率。需要说明，当硫化氢的脱除率无法保障时，小分子组分已难有分离效果，所以实际分离过程中不会出现如此高的气液比。

当“目标组分的分离和硫化氢的脱除需要同步完成，原料气包含大分子组分和小分子组分，目标组分为小分子组分”时，不采用热力学促进剂的情况下，依靠大分子组分生成水合物，硫化氢和小分子组分占据水合物小笼，依靠大笼和小笼的固定比例来实现分离。热力学控制的情况下，气液比增加，硫化氢脱除率没有明显变化，大分子组分和小分子组分之间的分离效果轻微减弱。

当“目标组分的分离和硫化氢的脱除需要同步完成且原料气所含组分均为大分子”时，不采用热力学促进剂的情况下，依靠大分子组分生成水合物，硫化氢占据水合物小笼。在热力学控制的情况下，气液比增加，对硫化氢脱除率和目标组分分离效果没有显著影响。

（六）动力学促进剂的影响

如前几章所述，动力学促进剂的使用量一般为液相的0.1%～0.5%（质量分数）[10,21,22]。当分离过程没有热力学促进剂参与，或者分离过程有热力学促进剂参与但热力学促进剂和动力学促进剂没有相互作用时，动力学促进剂仅起到加快气体组分在气-液相间传质速率的作用，但对于热力学控制下的最终分离效果没有显著的影响[10,21]。

当热力学促进剂和动力学促进剂有相互作用（如络合作用）时[23,24]，热力学促进剂和动力学促进剂络合析出，导致热力学促进剂在液相中的实际浓度降低了，对分离产生的影响与降低热力学促进剂浓度所产生的影响相同。热力学促进剂和动力学促进剂的络合强度会随着动力学促进剂浓度上升而增大，热力学促进剂在液相中的实际浓度进一步降低，分离效果随着热力学推动力的减弱而进一步减弱。对于动力学控制下的分离过程，因为热力学推动力供给是过量的，动力学促进剂和热力学促进剂相互作用对分离不会产生显著的负面影响，而因为动力学促进剂在动力学上的促进作用，分离效果反而可能得到提升[25]。

第三节　动力学控制下的分离过程

一、分离原理

当气体组分在气-液相间的传质速率无法跟上水合物的生成速率或者气相和液相无法正常接触时，传质成为水合物生成过程的控制步骤。如第十三章和第十七章所述，在实际生产中，不会在没有经济效果的情况下增加额外能耗，所以“气体组分在气-液相间的传质速率无法跟上水合物的生成速率”在实际生产中不会发生，动力学控制分离过程主要是由“铠甲效应”引起[26,27]，而“铠甲效应”的成因在第十三章和第十七章已有详述[28-31]，此处不做赘述。

“铠甲效应”下，气相和液相被水合物隔开而无法生成水合物的情况发生，即使热力学推动力再大也无法让水合物继续生成，则剩余气体无法继续分离，用于提供热力学推动力而富余的压力或者说富余的低温就被浪费，造成设备和能源的浪费。需要说明的是，如前文所述，因为硫化氢在水合物生成过程中具有显著的动力学优势，所以当分离过程为动力学控制时，水合物捕集硫化氢受到的负面影响要小于其他组分的分离，所以动力学控制下的分离过程中，硫化氢相比于其他组分的选择性优势增大了，而这一特点是在炼厂气分离中所没有的，在相关脱硫化氢工艺设计中需要被纳入考虑范围。此外，因为在水合物法分离气体过程中脱硫化氢是和其他组分分离合并完成，所以工艺设计师除了要考虑硫化氢的脱除效果还要考虑其他组分的分离效果。

二、各因素对分离的影响

本部分主要围绕表面活性剂、传质强化方法和热力学三方面因素在水合物由动力学控制时对分离效果产生影响。

（一）表面活性剂的影响

表面活性剂在脱硫化氢过程中对“铠甲效应”的缓解机理与它在其他气体分离过程中的一样，都是从改善系统内各局部位置水合物生成速率不均和水合物颗粒聚集这两个“铠甲效应”的主要诱因出发来缓解“铠甲效应”[28-33]。在没有动力学促进剂的情况下，水合物转化率在55%上下时分离才进入动力学控制[10]。考虑到一般含硫化氢气体的硫化氢含量和硫化氢进入水合物的动力学优势，对于脱硫化氢和目标组分分离同步完成的分离过程，硫化氢的捕集基本可以在分离过程进入动力学控制之前完成，所以动力学促进剂对水合物转化率的进一步提升对分离的促进效果主要体现在对目标组分的分离促进方面，而非脱硫化氢的促进方面。

对于“只需要脱除硫化氢”情况，有时为了提高工艺的经济效益会使用非常大的气液比（含硫化氢原料气和工业液体积比），通常优先考虑将低储气量的半笼形水合物更换成储气量更高一些Ⅱ型或者 H 型水合物（考虑到Ⅱ型水合物有四氢呋喃等水溶性热力学促进剂，H 型水合物多为油溶性热力学促进剂，因此优先考虑用Ⅱ型），如果仍无法满足要求，则需依靠高浓度热力学促进剂搭配表面活性剂的方式获得更高的水合物转化率从而满足高气液比情况下的脱硫要求。

对于“目标组分的分离和硫化氢的脱除需要同步完成且原料气所含组分均为小分子”的情况，因为在水合物选择性方面的热力学和动力学优势，当分离过程由热力学控制变为动力学控制时，硫化氢的脱除基本已经完成，加入表面活性剂使得水合物转化率进一步提高所得到的效果主要体现在目标组分的分离方面，气相中提浓的小分子组分提浓效果上升而回收率降低；水合物相中提浓的小分子组分提浓效果降低而回收率升高。

对于“目标组分的分离和硫化氢的脱除需要同步完成，原料气包含大分子组分和小分子组分，目标组分为大分子组分”的情况，硫化氢的捕集基本可以在水合物进入动力学控制之前完成，表面活性剂对水合物转化率的提升对于分离效果主要体现在小分子组分捕集率上升，目标组分提浓效果提升。

对于“目标组分的分离和硫化氢的脱除需要同步完成，原料气包含大分子组分和小分子组分，目标组分为小分子组分”的情况，表面活性剂起到的主要作用是增加小分子组分捕集率，有利于提升小分子组分的回收率。

对于“目标组分的分离和硫化氢的脱除需要同步完成且原料气所含组分均为大分子”的情况，表面活性剂起到的主要作用是使气相中提浓的大分子组分提浓效果上升；水合物相中提浓的大分子组分回收率升高。

（二）传质强化方法的影响

如前几章所述，除了使用表面活性剂，还可以通过使用燃油[34-36]、惰性固体颗粒[37]、多孔介质[38] 和固定床[39] 等从动力学维度促进水合物生成，它们和表面活性剂都被视为动力学促进剂。除此之外还可以通过鼓泡塔、喷淋塔和搅拌等方式[40-43] 从机械层面强化传质以实现动力学维度的促进。因为上述传质强化方法对脱硫化氢相关分离的影响与对沼气、炼厂气分离的影响相同，在第十三和第十七章已经详细讨论过，这里不做重复讨论。

（三）热力学因素的影响

对于动力学控制的混合气硫化氢脱除过程，热力学促进剂、温度、压力和气液比仍会对分离产生一定的影响，需要逐个进行分析。因为混合气中硫化氢含量不高以及硫化氢进入水合物具有动力学优势，以上因素主要影响其他组分气体的分离效果。

对于“只需要脱除硫化氢”情况，当分离过程已经由动力学控制时，增加热力学促进剂浓度和降低温度会增加水合物生成的热力学推动力，从而造成“气体组分在气-液相间的传质速率无法跟上水合物的生成速率”的情况，从而使水合物转化率和水合物小笼的填充率都降低，降低硫化氢捕集率；提升压力虽然同样会增加热力学推动力，但也会增加传质速率，所以升压很难使硫化氢捕集率显著上升，但也不会使硫化氢捕集率显著下降；增加气液比会使硫化氢的捕集率下降。

对于目标组分的分离和硫化氢的脱除需要同步完成的情况，当分离过程已经由动力学控制时，增加热力学促进剂浓度和降低温度都会显著提升水合物生成热力学推动力，但对气体组分在气-液相间的传质速率没有明显促进，反而会加剧“铠甲效应”进而降低水合物转化率，从而使目标组分分离效果减弱；提升压力虽然不再能显著提升分离效果，但因为提升压力对气体组分的传质同样有促进作用，所以提升压力并没有明显加剧“铠甲效应”；增加气液比会使目标组分分离效果显著下降。

参考文献

［1］ 王翀，朱鑫鑫，朱丽君．天然气中硫化氢深度吸附剂的研究进展［J］．石油化工，2022，51（11）：1354-1360．

［2］ 丁川，羊省儒，李叶青，等．沼气制氢工艺研究进展［J］．北京化工大学学报（自然科学版），2021，48（05）：1-10．

［3］ 梁建军，计玲，蒋西平，等．克拉玛依油田红浅火驱先导试验区火驱开发节能效果［J］．新疆石油地质，2017，38（5）：599-601．

［4］ 徐春明．石油炼制工程［M］．北京：石油工业出版社，2009．

［5］ 侯盾，周夏海．生物＋同步再生干法脱硫在沼气处理中的应用［J］．中国给水排水，2022，38（14）：25-32．

［6］ Xia Z，Li X，Chen Z，et al．Hydrate-based acidic gases capture for clean methane with new synergic additives［J］．Applied Energy，2017，207：584-593．

［7］ Wang Y，Deng Y，Guo X，et al．Experimental and modeling investigation on separation of methane from coal seam gas（CSG）using hydrate formation［J］．Energy，2018，150：

377-395.
[8] 陈光进. 气体水合物科学与技术 [M]. 北京：化学工业出版社，2008.
[9] Wang Y, Zhang J, Guo X, et al. Experiments and modeling for recovery of hydrogen and ethylene from fluid catalytic cracking (FCC) dry gas utilizing hydrate formation [J]. Fuel, 2017, 209: 473-489.
[10] Wang Y, Yang B, Liu Z, et al. The hydrate-based gas separation of hydrogen and ethylene from fluid catalytic cracking dry gas in presence of poly (sodium 4-styrenesulfonate) [J]. Fuel, 2020, 275: 117895.
[11] Kamata Y, Yamakoshi Y, Ebinuma T, et al. Hydrogen sulfide separation using tetra-n-butyl ammonium bromide semi-clathrate (TBAB) hydrate [J]. Energy & Fuels, 2005, 19 (4): 1717-1722.
[12] Kamata Y, Oyama H, Shimada W, et al. Gas separation method using tetra-n-butyl ammonium bromide semi-clathrate hydrate [J]. Japanese Journal of Applied Physics, 2004, 43 (1R): 362-365.
[13] Aghajanloo M, Ehsani M R, Taheri Z, et al. Kinetics of methane + hydrogen sulfide clathrate hydrate formation in the presence/absence of poly N-vinyl pyrrolidone (PVP) and L-tyrosine: Experimental study and modeling of the induction time [J]. Chemical Engineering Science, 2022, 250: 117384.
[14] Castellani B, Rossi F, Filipponi M, et al. Hydrate-based removal of carbon dioxide and hydrogen sulphide from biogas mixtures: Experimental investigation and energy evaluations [J]. Biomass and Bioenergy, 2014, 70: 330-338.
[15] Sun J, Chou I M, Jiang L, et al. Crystallization behavior of the hydrogen sulfide hydrate formed in microcapillaries [J]. ACS Omega, 2021, 6 (22): 14288-14297.
[16] Sun J, Sun R, Chou I M, et al. Experimental measurement and thermodynamic modeling of dissociation conditions of hydrogen sulfide hydrate in the presence of electrolyte solutions [J]. Chemical Engineering Journal, 2022, 431: 133821.
[17] Akatsu S, Tomita S, Mori Y H, et al. Thermodynamic simulations of hydrate-based removal of carbon dioxide and hydrogen sulfide from low-quality natural gas [J]. Industrial & Engineering Chemistry Research, 2013, 52 (43): 15165-15176.
[18] 陈波，刘爱贤，孙强，等. 柴油加氢尾气中氢气的水合物法回收工业侧线试验 [J]. 化工进展，2022，6：2924-2930.
[19] Liao Z, Guo X, Li Q, et al. Experimental and modeling study on the phase equilibria for hydrates of gas mixtures in TBAB solution [J]. Chemical Engineering Science, 2015, 137: 656-664.
[20] Mohammadi A H, Richon D. Phase equilibria of semi-clathrate hydrates of tetra-n-butylammonium bromide + hydrogen sulfide and tetra-n-butylammonium bromide + methane [J]. Journal of Chemical & Engineering Data, 2010, 55 (2): 982-984.
[21] Wang Y, Qian Y, Liu Z, et al. The hydrate-based separation of hydrogen and ethylene

from fluid catalytic cracking dry gas in presence of *n*-octyl-β-D-glucopyranoside [J]. International Journal of Hydrogen Energy, 2022, 47 (73): 31350-31369.

[22] Veluswamy H P, Hong Q W, Linga P. Morphology study of methane hydrate formation and dissociation in the presence of amino acid [J]. Crystal Growth & Design, 2016, 16 (10): 5932-5945.

[23] Kumar S, Sharma D, Kabir-ud-Din. Cloud point phenomenon in anionic surfactant+quaternary bromide systems and its variation with additives [J]. Langmuir, 2000, 16 (17): 6821-6824.

[24] Kumar S, Parveen N. The clouding phenomenon for anionic sodium dodecyl sulfate+quaternary bromides in polar nonaqueous-water-mixed solvents [J]. Journal of Surfactants and Detergents, 2008, 11 (4): 335-341.

[25] Zhong D L, Wang W C, Zou Z L, et al. Investigation on methane recovery from low-concentration coal mine gas by tetra-*n*-butyl ammonium chloride semiclathrate hydrate formation [J]. Applied Energy, 2018, 227: 686-693.

[26] Veluswamy H P, Wong A J H, Babu P, et al. Rapid methane hydrate formation to develop a cost effective large scale energy storage system [J]. Chemical Engineering Journal, 2016, 290: 161-173.

[27] Ohmura R, Matsuda S, Uchida T, et al. Clathrate hydrate crystal growth in liquid water saturated with a guest substance: observations in a methane+water system [J]. Crystal Growth & Design, 2005, 5 (3): 953-957.

[28] Gayet P, Dicharry C, Marion G, et al. Experimental determination of methane hydrate dissociation curve up to 55MPa by using a small amount of surfactant as hydrate promoter [J]. Chemical Engineering Science, 2005, 60 (21): 5751-5758.

[29] Song G C, Li Y X, Wang W C, et al. Experimental investigation on the microprocess of hydrate particle agglomeration using a high-speed camera [J]. Fuel, 2019, 237: 475-485.

[30] Shi L, Ding J, Liang D. Enhanced CH_4 storage in hydrates with the presence of sucrose stearate [J]. Energy, 2019, 180: 978-988.

[31] Zhong D L, Li Z, Lu Y Y, et al. Evaluation of CO_2 removal from a CO_2+CH_4 gas mixture using gas hydrate formation in liquid water and THF solutions [J]. Applied Energy, 2015, 158: 133-141.

[32] Wang X, Zhang F, Lipiński W. Research progress and challenges in hydrate-based carbon dioxide capture applications [J]. Applied Energy, 2020, 269: 114928.

[33] Dicharry C, Diaz J, Torré J P, et al. Influence of the carbon chain length of a sulfate-based surfactant on the formation of CO_2, CH_4 and CO_2-CH_4 gas hydrates [J]. Chemical Engineering Science, 2016, 152: 736-745.

[34] Zhong D L, Ding K, Lu Y Y, et al. Methane recovery from coal mine gas using hydrate formation in water-in-oil emulsions [J]. Applied Energy, 2016, 162: 1619-1626.

[35] Li Y, Li X, Zhou W, et al. Kinetics of ethylene hydrate formation in water-in-oil emul-

sion [J]. Journal of the Taiwan Institute of Chemical Engineers, 2017, 70: 79-87.

[36] Liu H, Wang J, Chen G, et al. High-efficiency separation of a CO_2/H_2 mixture via hydrate formation in W/O emulsions in the presence of cyclopentane and TBAB [J]. International Journal of Hydrogen Energy, 2014, 39 (15): 7910-7918.

[37] Heeschen K U, Schicks J M, Oeltzschner G. The promoting effect of natural sand on methane hydrate formation: Grain sizes and mineral composition [J]. Fuel, 2016, 181: 139-147.

[38] Zhao Y, Zhao J, Liang W, et al. Semi-clathrate hydrate process of methane in porous media-microporous materials of 5A-type zeolites [J]. Fuel, 2018, 220: 185-191.

[39] Babu P, Ho C Y, Kumar R, et al. Enhanced kinetics for the clathrate process in a fixed bed reactor in the presence of liquid promoters for pre-combustion carbon dioxide capture [J]. Energy, 2014, 70: 664-673.

[40] Hashemi S, Macchi A, Servio P. Gas-liquid mass transfer in a slurry bubble column operated at gas hydrate forming conditions [J]. Chemical Engineering Science, 2009, 64 (16): 3709-3716.

[41] Xu C G, Cai J, Li X S, et al. Integrated process study on hydrate-based carbon dioxide separation from integrated gasification combined cycle (IGCC) synthesis gas in scaled-up equipment [J]. Energy & Fuels, 2012, 26 (10): 6442-6448.

[42] Rossi F, Filipponi M, Castellani B. Investigation on a novel reactor for gas hydrate production [J]. Applied Energy, 2012, 99: 167-172.

[43] Hao W, Wang J, Fan S, et al. Study on methane hydration process in a semi-continuous stirred tank reactor [J]. Energy Conversion and Management, 2007, 48 (3): 954-960.

第二十章 水合物法回收挥发性有机物

第一节 引 言

2021年，全球原油消耗量达42.5亿吨，近十年的平均年增长为0.6%[1]。我国大陆地区在2021年的原油消耗量达7.2亿吨，近十年的平均年增长为4.9%[1]。原油消耗量的快速增长推动了石油开采加工过程中油品的储存需求和国家战略储备原油的储存需求。以我国为例，根据国家统计局2017年4月的数据，我国储备原油为3325万吨[2]，距离国际能源署推荐的满足90天消费量的标准尚有很大的差距[3]。在过去的几年，我国原油储备量持续快速增长[4]。

在油品的储存、装卸等过程中经常会出现低于油品饱和蒸气压的情况，这会造成油品中的轻组分（主要是C_8以下的组分）的挥发，从而造成损失[5,6]。根据前文所述，我国油品的质量（吨）基数非常庞大且增长迅速，因挥发造成的挥发性有机物（VOCs，这里主要是C_8以下的油气组分）损失量非常可观。此外，VOCs具有很高的经济价值，这使得储存过程中的VOCs损失所造成的资源浪费和经济损失十分可观。VOCs具有易燃性，与空气混合的情况下容易发生爆炸[7-9]，据统计，70%以上的储油罐安全事故与VOCs的置换与排放有关[5]。因此，VOCs的处理事关安全，十分重要。VOCs对人和动物的健康都有损害，例如VOCs中的芳香类化合物会对人的造血系统有明显的危害，多环芳烃会导致癌症发生[5]。此外，VOCs不仅污染空气还会造成光化学污染[10]。综上所述，从经济效益、节约资源、提高生产安全性和保护环境等多个角度来看，VOCs的回收都具有很大的意义。

储油过程中的VOCs排放和工业中常见的气体排放有所不同，例如：VOCs的排放不连续；排放速度不稳定；排放总量较大但单个罐体的油气量以及单次排放油气量相对较小；VOCs 的排放压力接近常压；VOCs 的排放温度接近常温等。正由于此，虽然诸如变压吸附法、膜分离法和深冷吸收法等方法被提出用于 VOCs 的回收，但因为效率和经济性的考虑，这些方法仍停留在实验室阶段[10]。因此，VOCs 的回收需要结合油罐气体排放的特性进行方法探索和研究。

水合物分离气体技术对不同流量规模的气体分离有较好的适应性，可以在常温、常压附近操作，吸收剂可循环利用，分离过程简单，在挥发性有机物回收领域具有很好的应用潜力[11,12]。本章主要围绕分子直径大于小笼直径的组分（本章统称为大分子组分）和小分子组分来讲解水合物法回收挥发性有机物。

第二节 热力学控制下的分离过程

一、分离原理

储罐排放的 VOCs 组分都是大于水合物小笼尺寸的大分子组分，而内浮顶等储罐为了储存安全会有保护氮气，所以储罐排出的气体会包含氮气等小分子组分。VOCs 的回收实际是大分子组分的回收，所以应首先完成大分子组分和小分子组分的分离，之后再依据不同大分子组分生成水合物难度差异对大分子组分气体进行进一步分离。考虑到挥发性有机物的排放条件通常接近常压，而 VOCs 的加压会增加设备投资和能耗，且存在一定安全隐患，所以不适宜采用高压操作方式在水合物相中富集 VOCs，而适宜采用热力学促进剂将操作压力降到排放压力附近，在气相中富集 VOCs，分离过程如图 20-1 所示。

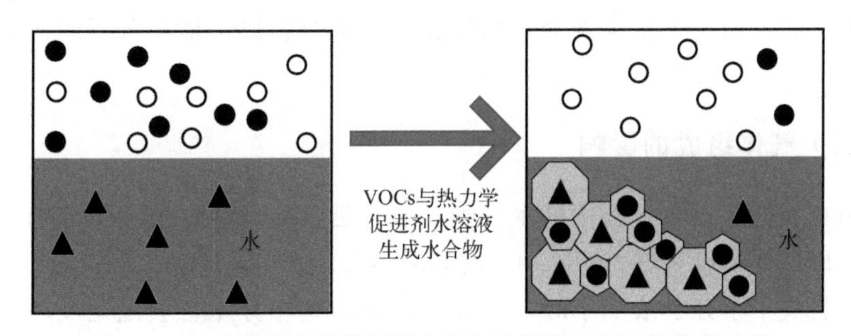

图 20-1 热力学促进剂作用下在气相中提浓 VOCs 的分离工艺

▲ 热力学促进剂；● 小分子组分；○ 大分子组分；⬡ 水合物小笼；⯃ 水合物大笼

如图 20-1 所示，热力学控制的水合物法回收 VOCs 过程，分离的理论终点为气、液、水合物三相达到热力学平衡[13]。分离开始时，系统内只有液相和气相。为了保证分离效果，热力学促进剂浓度控制在需要小分子组分提供一定分压的情况下才能生成水合物的范围内。这是因为如果热力学促进剂不需要小分子提供对小笼的支撑也能生成水合物，则水合物对小分子组分的捕集能力会急剧下降，分离效果无法保障。分离开始后，热力学促进剂不断生成水合物，小分子组分不断进入水合物的小笼之中，作为大分子组分的 VOCs 无法生成水合物进而在气相中富集。随着水合物的不断生成，大分子组分在气相中的含量越来越低，小分子组分的气相分压也就越来越低，从而造成热力学促进剂水合物的热力学推动力越来越小。当小分子组分在气相中浓度降低到一定数值之后，热力学促进剂水合物生成的热力学推动力为零，水合物停止生长，气、液、水合物三相达到热力学平衡，分离停止。

二、各因素对分离的影响

水合物法回收 VOCs 过程中，当分离过程主要由热力学控制时，主要影响因素有热力学促进剂、气体组成、温度、压力和气液比，本部分内容讨论上述五方面及动力学促进剂在水合物法分离 VOCs 过程由热力学控制时对分离效果产生的影响。

（一）热力学促进剂的影响

如前文所述，油罐排出气体在常压附近，为了降低能耗，分离工艺不宜使用过高的压力。因此，VOCs 的回收工艺不像炼厂气的分离那样有多重分离方式可供选择，通常都是使用热力学促进剂生成水合物以捕集小分子组分并在气相中提浓 VOCs 的方式，分离过程已在图 20-1 中描述。当热力学促进剂浓度升高，大分子组分会更难生成水合物，热力学促进剂生成的水合物量增加[14]，对小分子捕集能力增强，VOCs 提浓效果增加，但需要将热力学促进剂浓度控制在一定范围以内，确保热力学促进剂无法在小笼全空的情况生成水合物以保证小分子组分能得到有效捕集。

（二）气体组成的影响

因为在 VOCs 回收过程中的水合物生成，是以热力学促进剂生成的水合物为主导，所以气体组成对热力学推动力的影响不大。

当原料气中小分子浓度小时，小分子组分的气相分压也会随之变小，水合物对小分子组分的捕集难度变大，通常需要采用搅拌等强化传质方式来确保小分子可以得到充分捕集。

（三）温度的影响

温度对水合物生成热力学推动力有非常大的影响，会影响水合物分离的最终热力学相平衡状态。当温度降低时，热力学促进剂所能生成的水合物的量会增加，从而使得小分子组分的捕集率上升，VOCs 的提浓效果显著增强[15]。

（四）压力的影响

因为分离条件下原料气本身不生成水合物，所以虽然压力对分离的影响与温度对分离的影响相似，都通过提升热力学推动力来影响分离过程和最终效果，但分离对压力的敏感程度会低于对温度的敏感程度。随着压力上升，热力学促进剂生成的水合物的量增加，小分子组分捕集率上升，VOCs 的提浓效果显著增加。但需要注意的是，升压过程中要确认原料气内没有氧气等气体，做到安全防护[15]。

（五）气液比的影响

因为 VOCs 回收过程中，生成水合物的热力学推动力主要来源于热力学促进剂，所以气体组分对热力学推动力的影响没有气体依靠自身生成水合物时那样显著；且因为热力学促进剂的浓度并没有增加，气液比的增加使得小分子组分的捕集率大大降低，VOCs 的提浓效果大大降低[15]。

（六）动力学促进剂的影响

当分离过程没有热力学促进剂参与，或者分离过程有热力学促进剂参与但热力学促进剂和动力学促进剂没有相互作用时，动力学促进剂对水合物生成热力学推动力的影响非常小，动力学促进剂仅起到加快气体组分在气-液相间传质速率的作用，但对最终分离结果没有显著的影响。

当分离过程中，热力学促进剂和动力学促进剂有相互作用（如络合作用）时[16,17]，如前几章所述，热力学促进剂在液相中有效浓度会降低，会造成热力学推动力降低，小分子组分捕集率下降，VOCs 的提浓效果下降。随着动力学促进剂浓度进一步提升，热力学推动力下降会进一步明显，从而进一步降低 VOCs 的提浓效果[15]。

第三节　动力学控制下的分离过程

一、分离原理

与沼气、炼厂气、脱硫化氢的情况相同，VOCs 回收过程从热力学控制转为动力学控制主要是由“铠甲效应”引起，而“铠甲效应”的成因在前面章节已有详述[18-23]，此处不做赘述。

“铠甲效应”下，气相和液相被水合物隔开而无法生成水合物。此时，即使热力学推动力再大也无法让水合物继续生成，剩余气体无法继续分离，用于提供热力学推动力而富余的压力或者说富余的低温就被浪费，造成设备和能源的浪费。需要说明的是，VOCs 的回收主要是依靠热力学促进剂生成水合物，所以热力学促进剂浓度决定了水合物转化率的上限，只有当热力学促进剂浓度高于一定值之后才会出现分离过程由动力学控制的情况。

二、各因素对分离的影响

本部分主要介绍表面活性剂、传质强化方法和热力学三方面因素在水合物由动力学控制时对分离效果产生的影响。

（一）表面活性剂的影响

表面活性剂对 VOCs 回收过程中“铠甲效应”的缓解机理和沼气、炼厂气等气体的分离是一样的，都是从改善系统内各局部位置水合物生成速率不均和水合物颗粒聚集这两个“铠甲效应”的主要诱因出发来缓解“铠甲效应”[20-25]。

对于热力学促进剂不与表面活性剂产生相互作用的分离过程，当分离由动力学控制时，在一定浓度范围内增加表面活性剂的浓度，水合物转化率会随之上升，小分子捕集率上升，VOCs 提浓效果增加；但超过一定范围继续升高表面活性剂浓度，水合物转化率不再增加，甚至还有可能轻微降低[26,27]。这主要是因为低浓度时提升表面活性剂浓度，气-液界面张力随表面活性剂浓度升高而升高；而高浓度下（一般高于表面活性剂临界胶束浓度）增加表面活性剂浓度无法进一步降低气-液界面张力，对辛基葡糖苷等表面活性剂而言还有可能轻微提高气-液界面张力[26,27]。

对于热力学促进剂与表面活性剂产生相互作用的分离过程，当分离由动力学控制时，热力学推动力是过量的，所以表面活性剂仍表现为提升水合物转化率，进而提升了小分子组分的捕集率和 VOCs 的提浓效果[28]。对于液相中热力学促进剂浓度小于水合物相中促进剂浓度的分离，表面活性剂和热力学促进剂的相互作用具有一定的缓释性效果，即水合物生成造成液相中热力学促进剂浓度降低，进而热力学促进剂和动力学促进剂相互作用减弱，部分络合析出的热力学促进剂重新溶解，使得液相中热力学促进剂浓度减小的速度变慢。这一特性在避免因热力学推动力过大而导致水合物小笼空笼率高的同时，将水合物热力学推动力维持在一个相对较高的水准，确保分离的高效进行。

（二）传质强化方法的影响

如前几章所述，从动力学维度促进水合物生成除了使用表面活性剂，还可以通过使用燃油[28-30]、惰性固体颗粒[31]、多孔介质[32] 和固定床[33] 等，它们和表面活性剂都被视为动力学促进剂。除此之外还可以通过鼓泡塔、喷淋塔和搅拌等方式[34-37] 从机械层面强化传质以实现动力学维度的促进。因为上述传质强化方法对 VOCs 回收的影响与对沼气、炼厂气分离的影响相同，在第十三章和第十七章已经详细讨论过，这里不做重复讨论。

（三）热力学因素的影响

对于动力学控制的 VOCs 回收过程，增加热力学促进剂浓度和降低温度都会显著提升水合物生成热力学推动力，但对气体组分在气-液相间的传质速率没有明显促进，反而会加剧“铠甲效应”，进而降低水合物转化率。小分子组分的捕集率降低，使 VOCs 的提浓效果减弱；提升压力虽然不能再显著提升 VOCs 的提浓效果，但因为提升压力对气体组分的传质同样有促进作用，所以提升压力并没有明显加剧“铠甲效应”；增加气液比会使目标组分分离效果显著下降。

参考文献

[1] BP PLC. BP Statistical Review of World Energy 68th [EB/OL].（2022-06-01）[2022-06-01]. bp. com/statisticalreview.

[2] 新华社. 我国国家石油储备达 3325 万吨 [EB/OL].（2017-04-28）[2022 年 6 月 1 日]. http：//www. gov. cn/xinwen/2017-04/28/content _ 5189790. htm.

[3] 国务院办公厅. 国务院办公厅关于印发能源发展战略行动计划（2014—2020 年）的通知 [R]. 北京：国务院办公厅，2014.

[4] 黄晓勇. 用长远眼光看待石油储备 [N]. 人民日报，2016-12-05.

[5] Huang W，Bai J，Zhao S，et al. Investigation of oil vapor emission and its evaluation methods [J]. Journal of Loss Prevention in the Process Industries，2011，24（2）：178-186.

[6] 散装液态石油产品损耗 GB/T 11085—1989 [S]. 1989.

[7] Zhang P，Du Y，Li Y. Study on process time of displacing oil vapor in oil tank with inert gas [J]. Procedia Engineering，2012，45：539-545.

[8] Zhang K，Li J，Yu B，et al. Fast prediction of the replacement process of oil vapor in horizontal tank and its improved safety evaluation method [J]. Process Safety and Environmental Protection，2019，122：298-306.

[9] Moshashaei P，Alizadeh S S，Khazini L，et al. Investigate the causes of fires and explosions at external floating roof tanks：A comprehensive literature review [J]. Journal of Failure Analysis and Prevention，2017，17（5）：1044-1052.

[10] Chue K，Park Y K，Jeon J K. Development of adsorption buffer and pressure swing adsorption（PSA）unit for gasoline vapor recovery [J]. Korean Journal of Chemical Engineering，2004，21（3）：676-679.

[11] Xia Z, Li X, Chen Z, et al. Hydrate-based acidic gases capture for clean methane with new synergic additives [J]. Applied Energy, 2017, 207: 584-593.

[12] Wang Y, Deng Y, Guo X, et al. Experimental and modeling investigation on separation of methane from coal seam gas (CSG) using hydrate formation [J]. Energy, 2018, 150: 377-395.

[13] Le Quang D, Bouillot B, Herri J M, et al. Experimental procedure and results to measure the composition of gas hydrate, during crystallization and at equilibrium, from N_2-CO_2-CH_4-C_2H_6-C_3H_8-C_4H_{10} gas mixtures [J]. Fluid Phase Equilibria, 2016, 413: 10-21.

[14] Kakati H, Mandal A, Laik S. Effect of SDS/THF on thermodynamic and kinetic properties of formation of hydrate from a mixture of gases ($CH_4+C_2H_6+C_3H_8$) for storing gas as hydrate [J]. Journal of Energy Chemistry, 2016, 25 (3): 409-417.

[15] Liu M, Jiang C, Liu Q, et al. Separation of C_3H_8 and C_3H_6 from butyl alcohol-octyl alcohol vent gas mixture via hydrate formation in the presence of SDS and THF in tap-water system [J]. Journal of Chemical & Engineering Data, 2019, 64 (3): 1244-1249.

[16] Kumar S, Parveen N. The clouding phenomenon for anionic sodium dodecyl sulfate+quaternary bromides in polar nonaqueous-water-mixed solvents [J]. Journal of Surfactants and Detergents, 2008, 11 (4): 335-341.

[17] Kumar S, Sharma D, Kabir-ud-Din. Cloud point phenomenon in anionic surfactant+quaternary bromide systems and its variation with additives [J]. Langmuir, 2000, 16 (17): 6821-6824.

[18] Veluswamy H P, Wong A J H, Babu P, et al. Rapid methane hydrate formation to develop a cost effective large scale energy storage system [J]. Chemical Engineering Journal, 2016, 290: 161-173.

[19] Ohmura R, Matsuda S, Uchida T, et al. Clathrate hydrate crystal growth in liquid water saturated with a guest substance: Observations in a methane+water system [J]. Crystal Growth & Design, 2005, 5 (3): 953-957.

[20] Gayet P, Dicharry C, Marion G, et al. Experimental determination of methane hydrate dissociation curve up to 55MPa by using a small amount of surfactant as hydrate promoter [J]. Chemical Engineering Science, 2005, 60 (21): 5751-5758.

[21] Song G C, Li Y X, Wang W C, et al. Experimental investigation on the microprocess of hydrate particle agglomeration using a high-speed camera [J]. Fuel, 2019, 237: 475-485.

[22] Shi L, Ding J, Liang D. Enhanced CH_4 storage in hydrates with the presence of sucrose stearate [J]. Energy, 2019, 180: 978-988.

[23] Zhong D L, Li Z, Lu Y Y, et al. Evaluation of CO_2 removal from a CO_2+CH_4 gas mixture using gas hydrate formation in liquid water and THF solutions [J]. Applied Energy, 2015, 158: 133-141.

[24] Wang X, Zhang F, Lipiński W. Research progress and challenges in hydrate-based carbon dioxide capture applications [J]. Applied Energy, 2020, 269: 114928.

[25] Dicharry C, Diaz J, Torré J P, et al. Influence of the carbon chain length of a sulfate-based surfactant on the formation of CO_2, CH_4 and CO_2-CH_4 gas hydrates [J]. Chemical Engineering Science, 2016, 152: 736-745.

[26] Wang Y, Yang B, Liu Z, et al. The hydrate-based gas separation of hydrogen and ethylene from fluid catalytic cracking dry gas in presence of poly (sodium 4-styrenesulfonate) [J]. Fuel, 2020, 275: 117895.

[27] Wang Y, Qian Y, Liu Z, et al. The hydrate-based separation of hydrogen and ethylene from fluid catalytic cracking dry gas in presence of *n*-octyl-β-D-glucopyranoside [J]. International Journal of Hydrogen Energy, 2022, 47 (73): 31350-31369.

[28] Zhong D L, Ding K, Lu Y Y, et al. Methane recovery from coal mine gas using hydrate formation in water-in-oil emulsions [J]. Applied Energy, 2016, 162: 1619-1626.

[29] Li Y, Li X, Zhou W, et al. Kinetics of ethylene hydrate formation in water-in-oil emulsion [J]. Journal of the Taiwan Institute of Chemical Engineers, 2017, 70: 79-87.

[30] Liu H, Wang J, Chen G, et al. High-efficiency separation of a CO_2/H_2 mixture via hydrate formation in W/O emulsions in the presence of cyclopentane and TBAB [J]. International Journal of Hydrogen Energy, 2014, 39 (15): 7910-7918.

[31] Heeschen K U, Schicks J M, Oeltzschner G. The promoting effect of natural sand on methane hydrate formation: Grain sizes and mineral composition [J]. Fuel, 2016, 181: 139-147.

[32] Zhao Y, Zhao J, Liang W, et al. Semi-clathrate hydrate process of methane in porous media-microporous materials of 5A-type zeolites [J]. Fuel, 2018, 220: 185-191.

[33] Babu P, Ho C Y, Kumar R, et al. Enhanced kinetics for the clathrate process in a fixed bed reactor in the presence of liquid promoters for pre-combustion carbon dioxide capture [J]. Energy, 2014, 70: 664-673.

[34] Hashemi S, Macchi A, Servio P. Gas-liquid mass transfer in a slurry bubble column operated at gas hydrate forming conditions [J]. Chemical Engineering Science, 2009, 64 (16): 3709-3716.

[35] Xu C G, Cai J, Li X S, et al. Integrated process study on hydrate-based carbon dioxide separation from integrated gasification combined cycle (IGCC) synthesis gas in scaled-up equipment [J]. Energy & Fuels, 2012, 26 (10): 6442-6448.

[36] Rossi F, Filipponi M, Castellani B. Investigation on a novel reactor for gas hydrate production [J]. Applied Energy, 2012, 99: 167-172.

[37] Hao W, Wang J, Fan S, et al. Study on methane hydration process in a semi-continuous stirred tank reactor [J]. Energy Conversion and Management, 2007, 48 (3): 954-960.

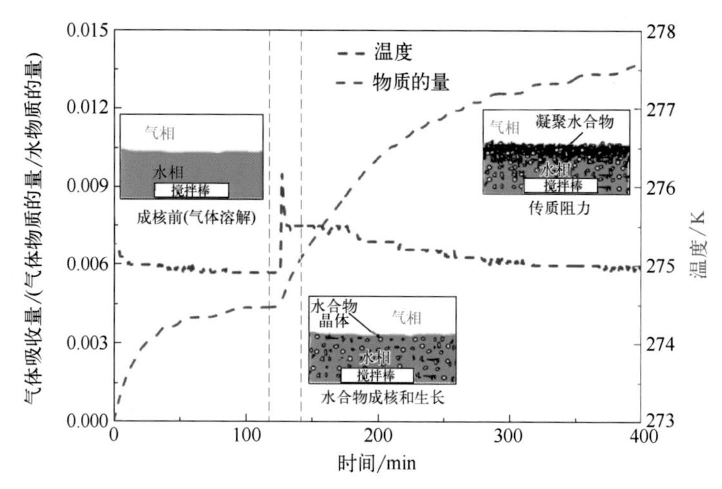

图 2-6 水合物整个生长过程中的气体吸收曲线以及相应的温度变化曲线

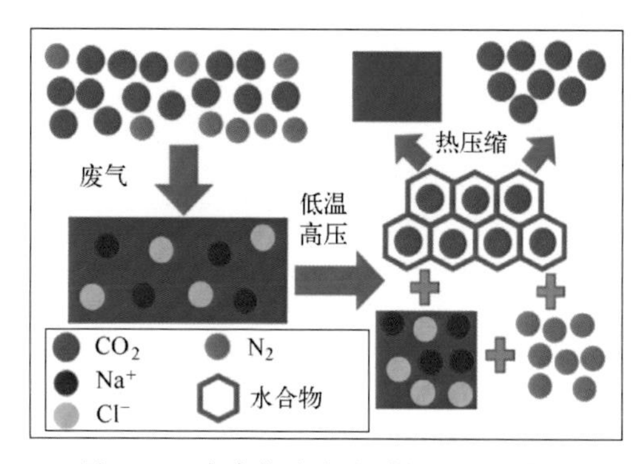

图 2-13 水合物法海水脱盐流程示意图

图 3-10 高压全透明水合物反应釜外观

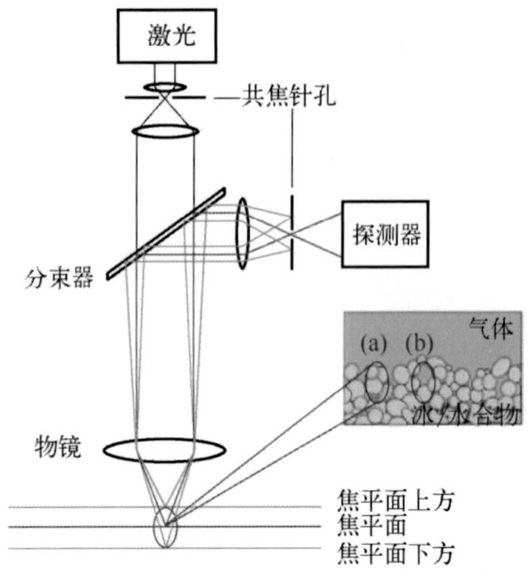

图 3-35 含封闭气体的冰/水合物样品的共聚焦拉曼光谱原理

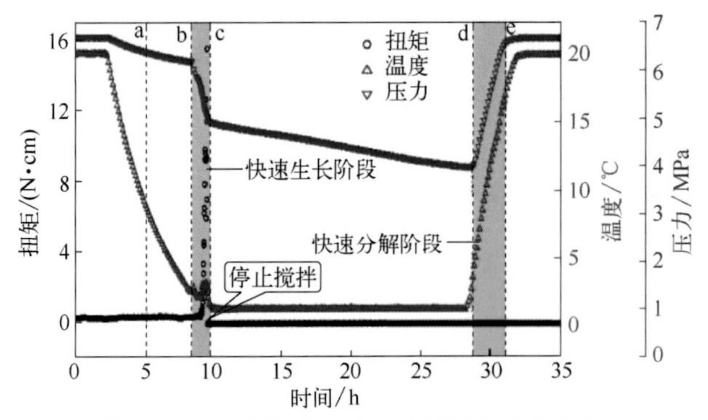

图 3-52 实验温度、压力和扭矩的变化规律

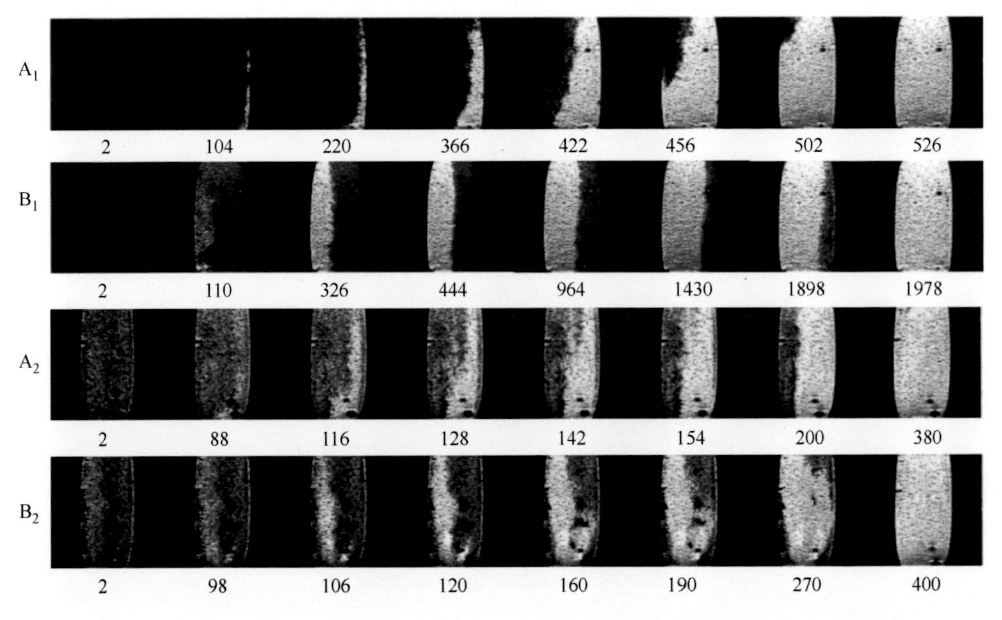

图 8-1 注入海水或水（流量为 1mL/min）时甲烷水合物的分布变化（单位：min）

背压为 3200kPa 和 3300kPa；A_1、B_1—海水；A_2、B_2—水

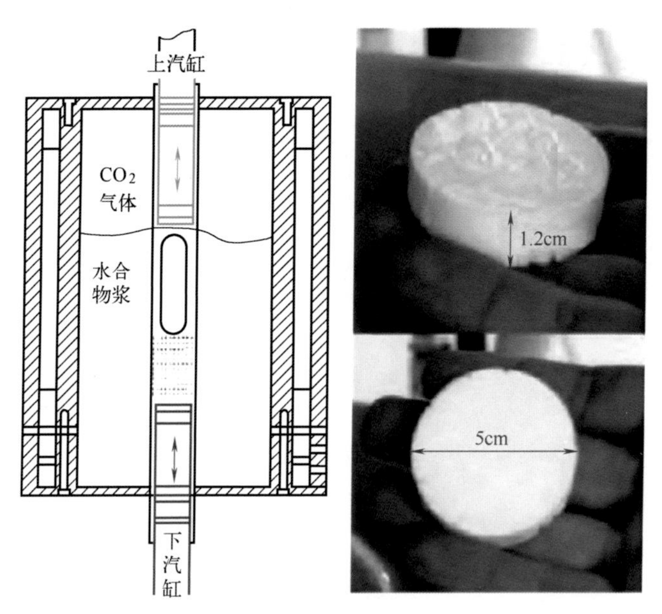

图 9-4　Park 等提出的水合法海水淡化装置图

图 14-13　水合物形态

图 19-3　中石化茂名分公司水合物法连续分离柴油加氢尾气装置